Gerald Webeler, Hermann Summa, Jürgen Klaeser (Hrsg.)
Vergabe von Planungsleistungen
De Gruyter Praxishandbuch

Vergabe von Planungsleistungen

Mit kommentiertem Mustervertrag

Herausgegeben von
Gerald Webeler, Hermann Summa, Jürgen Klaeser

DE GRUYTER

Zitiervorschlag:
Klaeser, in: Webeler/Summa/Klaeser, Vergabe von Planungsleistungen, § 1 Rn 55

ISBN 978-3-11-033777-8
e-ISBN (PDF) 978-3-11-033780-8
e-ISBN (EPUB) 978-3-11-038239-6

Bibliografische Information der Deutschen Nationalbibliothek
Die Deutsche Nationalbibliothek verzeichnet diese Publikation in der Deutschen Nationalbibliografie; detaillierte bibliografische Daten sind im Internet über http://dnb.d-nb.de abrufbar.

Einbandabbildung: Torsakarin/iStock/thinkstock
Datenkonvertierung/Satz: fidus Publikations-Service GmbH, Nördlingen
Druck: CPI books GmbH, Leck
♾ Gedruckt auf säurefreiem Papier
Printed in Germany

www.degruyter.com

Vorwort

Die Beauftragung von Planungsleistungen an einen Architekten oder Ingenieur ist eine der Bauausführung zwangsläufig vorausgehende, höchstkomplexe Aufgabe. Sie wird in der Praxis oftmals unterschätzt und kann zu rechtlichen und wirtschaftlichen Nachteilen führen, die den Erfolg eines gesamten Projektes oftmals schmälern oder in Frage stellen.

Aus dieser Problemstellung heraus, entwickelte sich die Idee zum Buch „Vergabe von Planungsleistungen", dass ein Praktikerhandbuch, eine Empfehlung und Leitlinie für öffentliche Auftraggeber sein will, für die Konzeptionierung des Planungsprozesses, die Durchführung eines Vergabeverfahrens über die Planungsleistungen bis hin zum Vertragsschluss und dessen Abwicklung.

Die Idee, speziell dem öffentlichen Auftraggeber eine Leitlinie beim Abschluss von Architekten und Ingenieurverträgen zu geben, wurde entwickelt vor rund fünf Jahren mit dem Gemeinde- und Städtebund Rheinland-Pfalz:

Anders als für Bauverträge existierte kein brauchbares Muster für den Abschluss eines Architekten- und Ingenieurvertrages, den die Mitglieder des Gemeinde- und Städtebundes verwenden konnten. Zur Vermeidung von Rechtsunsicherheiten wurde daher für den Gemeinde- und Städtebund Rheinland-Pfalz der Muster-Architekten- und Ingenieurvertrag entwickelt, der im Teil 2 dieses Buches behandelt wird, verbunden mit der Empfehlung, diesen der Vergabe von Planungsleistungen zur Verfügung zu stellen. Die Herausgeber danken insoweit dem Gemeinde- und Städtebund Rheinland-Pfalz, namentlich Herrn Dr. Stefan Meiborg, für die Bereitschaft, dass die für diese entwickelten Musterverträge im Rahmen dieses Buches behandelt werden kann.

Zum rechtssicheren Vertragsschluss hat jedoch für einen öffentlichen Auftraggeber zwingend die Beachtung der maßgeblichen vergaberechtlichen Vorschriften vorauszugehen. Anders als bei der Vergabe von Bau- und Lieferleistungen, die regelmäßig im Offenen Verfahren ausgeschrieben werden, werden Planungsleistungen im Verhandlungsverfahren vergeben, für die ein starres Gerüst für den Verfahrensablauf fehlt. Dieses Buch will helfen, als Praktikerhandbuch, den Rechtsunsicherheiten zu begegnen, die mit der Flexibilität des Verhandlungsverfahrens einhergehen.

Jedem Vergabeverfahren über Planungsleistungen müssen Überlegungen des öffentlichen Auftraggebers zur personellen und strukturellen Aufstellung des Planungs- und Bauprojektes vorausgehen. Auch hierzu will dieses Buch Ratgeber sein.

Die Herausgeber

Koblenz, April 2015

Inhaltsübersicht

Inhaltsverzeichnis

Kapitel 6
Rechtsschutz im Vergabeverfahren — 179

Abkürzungsverzeichnis

AVA	Allgemeinen Vertragsbestimmungen zum Einheitsarchitektenvertrag für Gebäude
BauR	Zeitschrift für Baurecht
BbgVergG	Brandenburgisches Vergabegesetz
BerlAVG	Berliner Ausschreibungs- und Vergabegesetz
BGB	Bürgerliches Gesetzbuch
BGH	Bundesgerichtshof
BHO	Bundeshaushaltsordnung
CPV-Code	Comment Procurement Vocabulay
EStG	Einkommensteuergesetz
EuGH	Gerichtshof der Europäischen Union
GemHVO	Gemeindehaushaltsverordnung
GWB	Gesetz gegen Wettbewerbsbeschränkungen
HIV-WAS	Handbuch für Ingenieurversträge in der Wasserwirtschaft
HOAI	Honorarordnung für Architekten und Ingenieure 2013
HVAF-StB	Handbuch für die Vergabe und Ausführung von freiberuflichen Leistungen im Straßen- und Brückenbau
HZ	Honorarzone
IBR	Immobilien- und Baurecht
juris	juris – Das Rechtsportal
LHO	Landeshaushaltsordnung
Lph	Leistungsphase
MRVG	Gesetz zur Verbesserung des Mietrechts
NTVerG	Niedersächsisches Tariftreue- und Vergabegesetz
NZBau	Neue Zeitschrift für Baurecht und Vergaberecht
OLG Naumburg	Oberlandesgericht des Landes Sachsen-Anhalt
OLG	Oberlandesgericht
RB-Bau	Richtlinien für die Durchführung von Bauaufgaben des Bundes
RIFT	Richtlinien der Staatlichen Vermögens- und Hochbauverwaltung Baden-Württemberg für die Mitwirkung freiberuflich Tätiger
RL 2014/24/EU	Richtlinie 2014/24/EU des Europäischen Parlaments und des Rates vom 26.02.2014 über die öffentliche Auftragsvergabe und zur Aufhebung der Richtlinie 2004/18/EG (Vergaberichtlinie)
RPW 2013	Richtlinie für Planungswettbewerbe

SektVO	Verordnung über die Vergabe von Aufträgen im Bereich des Verkehrs, der Trinkwasserversorgung und der Energieversorgung
TtVG	Bremisches Gesetz zur Sicherung von Tariftreue, Sozialstandards und Wettbewerb bei öffentlicher Auftragsvergabe-Tariftreue- und Vergabegesetz
TVgG	Tariftreue- und Vergabegesetz
UrhG	Urheberrechtsgesetz
VergabeR	Zeitschrift für das gesamte Vergaberecht
VgG	Verwaltungsreform-Grundsätze-Gesetz
VgV	Vergabeverordnung
VHF Bayern	Vergabehandbuch freiberufliche Dienstleistungen Bayern
VK	Vergabekammer
VKR	Richtlinie 2004/18/EG des Europäischen Parlaments und des Rates vom 31.03.2004 über die Koordinierung der Verfahren zur Vergabe öffentlicher Bauaufträge, Lieferaufträge und Dienstleistungsaufträge (Vergabekoordinierungsrichtlinie)
VOB/A	Vergabe- und Vertragsordnung für Bauleistungen – Teil A
VOB/B	Vergabe- und Vertragsordnung für Bauleistungen – Teil B
VOF	Vergabeordnung für freiberufliche Leistungen
VOL/A	Vergabe- und Vertragsordnung für Leistungen – Teil A
VOL-Richtlinie VBV	Richtlinie für die Vergabe- und Vertragsabwicklung von Liefer- und Dienstleistungen der Staatlichen Vermögens- und Hochbauverwaltung Baden-Württemberg
VSVgV	Vergabeverordnung für die Bereiche Verteidigung und Sicherheit
ZPO	Zivilprozessordnung

Literaturverzeichnis

Dreher/Hoffmann, Die erfolgreiche Selbstreinigung zur Wiedererlangung der kartellvergaberechtlichen Zuverlässigkeit und die vergaberechtliche Compliance, NZBau 2014, 67 ff. (Teil1) und NZBau 2014, 151 ff. (Teil 2)

Heiermann/Zeiss – jurisPK-Vergaberecht (online), 4. Auflage 2013 (zit.: Heiermann/Zeiss/*Bearbeiter*)

Kaufhold, Kalte, Wiesner – Die Vergabe freiberuflicher Leistungen ober- und unterhalb der Schwellenwerte, Bundesanzeiger Verlag, 2. Auflage, überarbeitete und erweiterte Auflage 2012

Locher/Koeble/Frik – HOAI-Kommentar, Werner Verlag, 12. Auflage 2013

Müller-Wrede – Der Architektenwettbewerb, Bundesanzeiger Verlag, 1. Auflage 2012

Müller-Wrede – Kommentar zur VOF, Werner Verlag, 5. Auflage 2014 (zit.: Müller-Wrede/*Bearbeiter*)

Pott/Dahlhof/Kniffka/Rath – Kommentar zur HOAI, Rudolf Müller, 9. Auflage, 2011 (zit.: Pott et. al./ Bearbeiter)

Prechtel/Terwiesche/Prote – Handbuch für öffentliche Auftraggeber, Kommunal- und Schul-Verlag 1. Auflage 2014 (zit.: Prechtel/Terwieche/Prote/*Bearbeiter*)

Staudinger, Kommentar zum BGB, Sellier – de Gruyter, Neubearbeitung 2014

Voppel/Osenbrück/Bubert – VOF Kommentar, C. H. Beck, 4. Auflage 2013

Ziekow/Völlink – Vergaberecht, Kommentar, Verlag C. H. Beck, 2. Auflage 2013 (zit.: Ziekow/Völlink/ *Bearbeiter*)

Bearbeiterverzeichnis

Gerald Webeler, Jg. 1968; Rechtsanwalt und Fachanwalt für Bau- und Architektenrecht in Koblenz; Partner der Sozietät Forkert, Webeler, Höfer. Er ist seit 1999 spezialisiert auf dem Gebiet des Vergaberechts tätig und berät öffentliche Auftraggeber laufend bei der Vergabe von Planungsleistungen. Er hat eine große Expertise im Architektenrecht und Architektenhonorarrecht. Herr Webeler ist Mitautor des Muster-Architekten- und Ingenieurvertrages, der vom Gemeinde- und Städtebund Rheinland-Pfalz empfohlen wird.

Hermann Summa, Jg. 1954; Richter am Oberlandesgericht Koblenz. Er gehört zu den wenigen Richtern, die seit 1999 ununterbrochen Mitglied eines Vergabesenats sind. Bekannt wurde er als Mitautor des juris PraxisKommentars Vergaberecht und Referent auf Fachveranstaltungen.

Jürgen Klaeser, Dipl.-Ing. (FH), Jg. 1965, Geschäftsführer der Vergabeberatungsstelle Klaeser GmbH. Herr Klaeser war nach seiner Tätigkeit als beratender Ingenieur in verschiedenen Consulting-Unternehmen viele Jahre Leiter der Eigenbetriebe und der Zentralen Vergabestelle der Verbandsgemeinde Montabaur. Heute unterstützt er öffentliche Auftraggeber in komplexen Vergabeverfahren sowie beim Qualitätsmanagement und der Organisation des Vergabewesens. Er ist Vertreter der kommunalen Spitzenverbände in verschiedenen Fachausschüssen des DIN.

Stefan Dausner, Fachanwalt für Bau- und Architektenrecht. Der erste Kontakt zu dem Baurecht begann im Frühjahr 1991 als Geschäftsführer des Landesverbandes Bauindustrie Rheinland-Pfalz e. V.. Im Jahr 1996 wurde er als Rechtsanwalt zugelassen. Nach dem Ausscheiden aus dem Landesverband im Jahr 2002 eröffnete er eine Einzelkanzlei nahe Mainz mit den Schwerpunkten Bau-, Architekten- und Vergaberecht bis er im Frühjahr 2010 zu der Kanzlei KUNZ Rechtsanwälte in deren Niederlassung in Mainz wechselte. Herr Dausner berät öffentliche Auftraggeber auf Bundes- Landes- und Kommunaler Ebene, sowie mittelständische Unternehmen unterschiedlicher Gewerke in sämtlichen Fragen seines Fachgebietes. Seit 2005 ist er als Schiedsrichter bei der Deutschen Gesellschaft für Baurecht zugelassen. Fortbildungen bei der Kommunalakademie Rheinland-Pfalz e. V. sowie unterschiedliche Seminare runden seine Tätigkeit ab. Er ist ebenso Autor bei dem Forum Verlag GmbH und veröffentlicht Beiträge in anderen Fachzeitschriften.

Holger Doberstein, Jg. 1976; Rechtsanwalt und Fachanwalt für Bau- und Architektenrecht in der Sozietät Forkert, Webeler, Höfer in Koblenz. Herr Doberstein vertritt schwerpunktmäßig Architekten und Ingenieure in Haftpflichtprozessen. Darüber hinaus berät er öffentliche Auftraggeber und Bauunternehmer in allen baurechtlichen Fragestellungen. Diese Tätigkeit umfasst neben der gerichtlichen Durchsetzung oder Abwehr von Mängel- und Vergütungsansprüchen auch die außergerichtliche Beratung, z. B. bei der Gestaltung von Bauverträgen.

Martin Schumm, LL.M. Eur., Jg. 1977; Rechtsanwalt mit Tätigkeitsschwerpunkten im deutschen und europäischen Vergaberecht sowie im öffentlichen Wirtschafts- und Zuwendungsrecht bei KUNZ Rechtsanwälte, Bonn (bis Mitte 2013 bei Heuking Kühn Lüer Wojtek). Er berät öffentliche Auftraggeber im Rahmen eines umfassenden juristischen Projektmanagements insbesondere bei der Beschaffung von Bau-, Dienst- und Lieferleistungen. Zu seinen Mandaten gehören vornehmlich Kommunen und Institutionen aus dem Gesundheits- und Sozialbereich. Aufgrund seiner früheren Tätigkeit in Brüssel verfügt Herr Schumm außerdem über Kenntnisse im Europa- und Beihilferecht. Er ist Dozent an der Dualen Hochschule des Landes Baden-Württemberg.

Teil 1
Die Ausschreibung von Planungsleistungen

Kapitel 1
Die Grundlagen: Projektvorbereitung und Organisation

Im nachfolgenden Kapitel werden die Rahmenbedingungen und **Organisationsvoraussetzungen** beschrieben, die dem **Planungsprozess** und somit auch der Vergabe von Planungsleistungen vorausgehen. 1

Selbstverständlich soll das Vergabeverfahren für die Vergabe von freiberuflichen Leistungen an Architekten und Ingenieure im Ergebnis dazu führen, dass ein fachkundiger, leistungsfähiger und zuverlässiger Planungspartner von der Grundlagenermittlung bis zur Gewährleistungsabnahme gefunden wird. Dies allein gibt jedoch nicht die Garantie für die **erfolgreiche Umsetzung** eines Planungs- und Bauprozesses. 2

Die Erfahrung zeigt an vielen Beispielen, dass verschiedene Projekte eines Planungsbüros bei vergleichbaren Projektzielen und -inhalten für verschiedene Auftraggeber zu völlig unterschiedlichen Ergebnissen führen. Die Überprüfung von Referenzen bestätigt dann: Planungsbüros werden für ähnliche Projekte von unterschiedlichen Auftraggebern in einer Spanne von sehr gut bis mangelhaft bewertet. 3

Die unterschiedlichen Beurteilungen sind einerseits der Subjektivität des Referenzgebers geschuldet. Andererseits ist das Gelingen eines Projektes aber auch sehr stark von der **Qualität des Projektmanagements** des Auftraggebers abhängig. 4

Die nachfolgenden Erläuterungen und Praxisbeispiele sollen daher zur kritischen Reflexion der eigenen Stärken innerhalb der Verwaltung anregen. Es werden Vorschläge gemacht und Praxistipps gegeben, wie – auch ohne kostenintensive Investitionen – ein tragfähiges Fundament für die Vertrauensleistung „Planung“ geschaffen werden kann. 5

Praxistipp !

Es ist von größter Bedeutung, die **Planungs- und Entscheidungsprozesse** als öffentlicher Auftraggeber sorgfältig vorzubereiten und sehr eng und kritisch-konstruktiv zu begleiten. Dieses Ziel kann nur dann erreicht werden, wenn die (verwaltungs-)internen Strukturen – von der Aufgaben- und Verantwortungszuweisung bis hin zu **klaren Entscheidungskompetenzen** – für alle Beteiligten erkennbar geregelt sind. Dies gilt nicht nur für Großprojekte, auch die vielen kleinen Projekte erfordern effektive Strukturen, innerhalb derer sich die beteiligten Mitarbeiter bewegen müssen.

Vor allem die kleinen und mittleren Projekte können wirtschaftlich in der Regel nur vom Auftraggeber mit seinen **eigenen Mitarbeitern** kostengünstig und effektiv gesteuert werden. Bei großen und komplexen Projekten kann es hingegen sinnvoll und effizient sein, sich hier durch einen **Projektsteuerer** unterstützen zu lassen.

A. Interne Strukturen und Organisation

6 Jede öffentliche Auftraggeberorganisation hat neben den gesetzlichen Bestimmungen ihre individuellen Regelwerke, aus denen die grundsätzlichen **Zuständigkeiten und Kompetenzen** hervorgehen. Dies können z. B. Satzungen, Aufgaben- oder Geschäftsverteilungspläne oder Dienstanweisungen sein. Sie sind gleichzeitig Teil der zu beachtenden Rahmenbedingungen für die jeweilige Projektarbeit.

7 Für die Projekte und Aufgaben, die zum Tagesgeschäft der jeweiligen Organisation gehören, müssen neben der Aufbauorganisation folglich auch die Projekt(management)-Standards dieser Organisation, für alle (Projekt-)Mitarbeiter allgemeinverbindlich und verständlich definiert sein.

8 Verlässliche Rahmenstrukturen und Standards zu formulieren ist unbestritten eine **Führungsaufgabe**. Für das Projektmanagement fallen demzufolge in den Aufgabenbereich der Führungskraft:

- Die Definition von Entscheidungszuständigkeiten und Aufgabenstellungen.
- Die Übertragung von Verantwortlichkeiten.
- Die Planung von Mitarbeiter-Ressourcen.
- Die Priorisierung von Projekten.
- Die Auswahl geeigneter Projektleiter.
- Das Sicherstellen eines regelmäßigen Erfahrungsaustausches von Mitarbeitern in vergleichbaren Projekten.
- Das Gewährleisten erforderlicher Aus- und Fortbildungsmaßnahmen.
- Die Definition von hausweiten Standards.

9 Sie gewährleistet damit die Basis für die erfolgreiche Arbeit und die Leistungsfähigkeit des **Projektteams** und darauf aufbauend für die zielgerichtete und lösungsorientierte Planungsleistung des Architekten oder Ingenieurs.

I. Kompetenzen innerhalb des Projektes

Die ewigen Fragen: „Wer entscheidet?“ und „Wer macht's?“

1. Ohne sie geht nichts: Die Entscheider

10 In jeder Organisation ist formal klar geregelt, wer welche Verantwortung trägt und welche Aufgaben auf der Seite der Aufraggeber (also verwaltungsintern) zu erfüllen sind. Dies geschieht in der Regel in Form von Dienstanweisungen, Aufgabengliederungsplänen, Geschäftsanweisungen, Satzungen etc.

11 Eine besondere Problematik in öffentlichen Verwaltungen und Organisationen besteht darin, dass bei Entscheidungen auf Auftraggeberseite die **Entscheidungskompetenz** nicht bei einer Person, sondern bei einem **politischen Gremium** liegt.

Hieraus erwächst die Notwendigkeit, die Mitglieder und vor allem die Meinungsbildner in diesen Gremien frühzeitig in die Projektarbeit einzubinden.

Technische Projekte – häufig verbunden mit hohen Investitionen und großer Außenwirkung – werden oft für politische Auseinandersetzungen genutzt bzw. missbraucht. Gerade dieser **politische Willensbildungsprozess** dient jedoch nicht selten der Profilierung einzelner Personen oder Gruppen und kann in der Folge zu Fehlentscheidungen aus technischer oder wirtschaftlicher Sicht führen. 12

Dieser Effekt kann vor allem von der Verwaltungsleitung vermieden werden. Hier kennt man die einzelnen Strömungen und handelnden Personen und kann sich so im Vorfeld **strategisch** darauf einstellen. Diese Notwendigkeit z. B. aus Zeitmangel zu ignorieren ist kontraproduktiv und führt im Ergebnis häufig zu einem wesentlich zeit- und kostenaufwendigeren Abstimmungsprozess. 13

Ob die „offizielle" Struktur in der Praxis tatsächlich gelebt wird, hängt sehr oft von den handelnden Personen ab. So gibt es in jeder Verwaltung starke Sachbearbeiter, die mehr zur Steuerung und Führung einer Organisationseinheit beitragen als die benannte Führungskraft. 14

Ein erfolgreicher Unternehmens-, Verwaltungs- oder Projektleiter wird dies erkennen und im Vorfeld der wichtigen **Projektentscheidungen** und Auftragserteilungen **alle Beteiligten** angemessen an der Entscheidungsfindung teilhaben lassen. Und das, ohne Zweifel daran aufkommen zu lassen, wer der faktische Entscheider im Projekt ist. 15

Praxistipp !

Binden Sie die heimlichen Entscheider Ihrer Organisation mit ein, wenn auch nur informell. Wenn verletzte Eitelkeiten im Projekt zum Tragen kommen, verpufft oft die positive Energie der Sacharbeit und steht hinter emotionalen Themen zurück. Die technischen, wirtschaftlichen und zeitlichen Projektziele werden gefährdet.

Auch eine – bewusst oder unbewusst – unzureichende Beteiligung der Entscheidungsträger und Meinungsbildner bei der Projektdefinition birgt das Risiko, in der fortgeschrittenen Planung wieder zurück in vorhergehende Leistungsphasen gehen zu müssen, um Ergänzungen oder Änderungen an der Planung vorzunehmen. Neben den dadurch entstehenden Kosten führen Umplanungen auch regelmäßig zu Zeitverzögerungen im Projekt, die in der Folge zu erhöhtem Druck aus Öffentlichkeit und Politik führen. Dies wiederum löst ein überhastetes und unausgereiftes Handeln seitens der Planer und der Projektleitung aus, da plötzlich sachfremde Erwägungen („... der Baubeginn muss zwingend vor der Wahl liegen ...") eine starke Gewichtung bekommen: Ein **Teufelskreis**!

---

2. Wer macht's?

Alle Mitarbeiter müssen in den jeweiligen Funktionen mit eindeutigen Aufgaben, Bereichs- und Kompetenzzuordnungen vertraut sein. Das alleine reicht bei den komplexen Vorgängen von der Projektidee über die Finanzierung, die bauliche Realisierung bis zum Betrieb jedoch nicht aus. 16

17 Eine arbeitsplatz- und fachübergreifende Zusammenarbeit der Kollegen innerhalb einer Organisationseinheit, aber auch **interdisziplinär** – also Organisationseinheiten übergreifend – ist unverzichtbar für den Projekterfolg.

18 Bei Zusammensetzung des Projektteams – vor allem bei der Auswahl des Projektleiters – ist häufiger Reflex von Führungskräften, diese Aufgabe auf den Mitarbeiter zu übertragen, der vergleichbare Projekte in der Vergangenheit am zuverlässigsten und erfolgreichsten erledigte.

19 Denn das **Anforderungsprofil** für einen Projektleiter ist vielschichtig. Er zeichnet sich aus durch:

- Fachwissen
- Erfahrung in der Projektarbeit
- Instrumenten- und Methodenkenntnisse zur Projektführung und Prozesssteuerung
- Soziale Kompetenzen (Kommunikationsfähigkeit, Überzeugungs- und Durchsetzungsfähigkeit, Verhandlungshärte und -geschick)
- Führungskompetenzen (motivieren, koordinieren, delegieren, kontrollieren, entscheiden)
- Belastbarkeit

20 Häufig wird dieser **Anforderungskatalog** mit dem Hinweis ignoriert, dass man im öffentlichen Dienst nun mal mit den Mitarbeitern „auskommen“ muss, die vorhanden sind. Kommentare wie „In der freien Wirtschaft würde man sich halt trennen, wir können das nicht“ oder „Man kann nur mit denen tanzen, die anwesend sind“ sind vielleicht Entschuldigungen zur Rechtfertigung eigener Führungsmängel, dienen langfristig aber nicht dem Erfolg der zu realisierenden Projekte oder einem nachhaltigen, erfolgreichen und wirtschaftlichen Handeln der Verwaltung insgesamt.

Wie kann dieses Problem gelöst werden?

21 Wenn der Mitarbeiter der gestellten Aufgabe nicht gewachsen ist, können die Gründe dafür in seiner fachlichen **Qualifikation** sowie in seiner **persönlichen Motivation** zu finden sein. In der Literatur spricht man in diesem Zusammenhang vom Grad der Mitarbeiterreife, die im nachfolgenden Schaubild dargestellt ist.

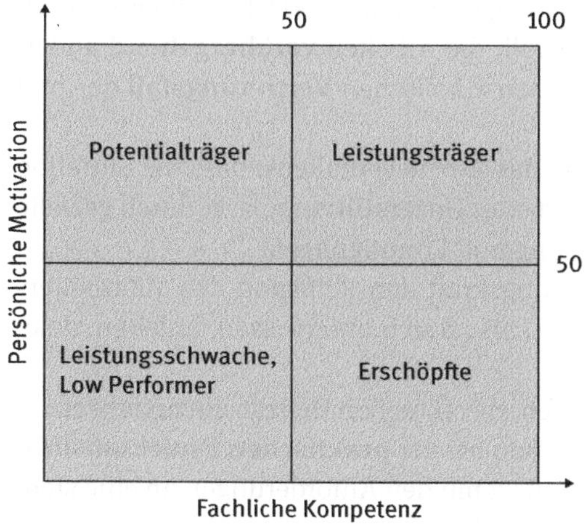

Abb. 1: Reifegradmodell in Anlehnung an Hersey und Blanchard

Der Leistungsschwache

Der „Reifegrad" des Leistungsschwachen ist gering, es fehlt ihm das Know-how ebenso wie die persönliche Motivation. Um eine Überforderung zu vermeiden, benötigt der Mitarbeiter klare aufgabenbezogene **Unterweisungen** in kleinen Teileinheiten und eine **enge Begleitung** bei der Aufgabenerledigung. 22

Der Potentialträger

Die Potentialträger haben eine hohe persönliche Leistungsbereitschaft und erhalten zur Entwicklung ihrer fachlichen Kompetenzen gezielte Förderungsmaßnahmen durch **persönliche Anleitung** und regelmäßige Schulungen. Erkennbare Fortschritte werden verstärkt durch entsprechende Rückmeldungen, um das hohe Engagement des Mitarbeiters zu erhalten. 23

Der Leistungsträger

Leistungsträger besitzen ein sehr hohes Maß an fachlicher Kompetenz und persönlicher Motivation. Hier ist die vollständige **Delegation** verantwortungsvoller Aufgaben aus Sicht der Führungskraft für den Mitarbeiter zum Erhalt seines Engagements unabdingbar. Leistungsträger erhalten dadurch die entsprechende Anerkennung für die geleistete Arbeit. 24

Der Erschöpfte

Für den Erschöpften bzw. vorübergehend ausgebrannten Mitarbeiter gilt es zunächst, die Ursachen zu analysieren und zwischen zwei Problemlagen zu unterscheiden: 25

- einer **akuten**, vorübergehend schwachen Leistungssituation oder
- einer **längerfristigen** Leistungsstörung.

26 Bei den akuten Problemen wie einer kurzfristigen Arbeitsüberlastung oder gesundheitlichen Problemen ist es durchaus sinnvoll, die Arbeiten **vorübergehend** anderweitig zu übertragen. Dies stellt aber eher den klassischen **Vertretungsfall** dar und darf nicht zur Regel werden.

27 Zeigt sich jedoch bei der Beobachtung des Arbeitsverhaltens, dass die Situation nicht vorübergehend ist, benötigt der Mitarbeiter **Unterstützung**, z. B. durch gezielte Hilfestellung bei einer Entscheidungsfindung und Ermutigungen.

28 Wichtig ist, dass die zuständige Führungskraft den Reifegrad des Mitarbeiters richtig analysiert und dann situativ reagiert, also durch unterweisen, anleiten, delegieren oder unterstützen.

29 Folgende Fragestellungen können helfen, die aktuellen Defizite einzugrenzen:
- Hat der Mitarbeiter vielleicht seine Stärken bei der **praktischen Projektausführung** (z. B. in der Bauüberwachung) und ist mit den Anforderungen an eine steuernde Aufgabe im Planungsprozess überfordert?
- Gibt es **fachliche Defizite** hinsichtlich der technischen Anforderungen des Projektes?
- Gibt es Schwächen bei der **verwaltungsmäßigen Abwicklung** der Projekte?
- Gibt es Verbesserungsbedarf in Bezug auf die **kommunikativen Fähigkeiten**?
- Gibt es Defizite bei der Nutzung der zur Verfügung stehenden **Hard- und Software**?

30 Sollte sich trotz aller Bemühungen dennoch mittelfristig zeigen, dass ein Mitarbeiter z. B. der Aufgabe als Projektleiter fachlich oder persönlich nicht gewachsen ist, müssen notwendige **Konsequenzen** gezogen werden. Die vordergründig oft ausweglose Situation muss jedoch nicht bedeuten, dass sich Verwaltung und Arbeitnehmer trennen.
- Lässt sich ein stark praktisch geprägter Mitarbeiter möglicherweise stärker in die Bauüberwachung integrieren?
- Ist es selbst bei Projekten in mittlerer Größenordnung sinnvoll, einen externen Projektsteuerer zu beauftragen?
- Können die Aufgaben des Projektleiters teilweise durch die Übertragung von Besonderen Leistungen an den Objekt- oder Fachplaner reduziert werden?
- Gibt es junge Mitarbeiter, die möglicherweise das langfristige Potenzial zur Übernahme von Projektleitungsaufgaben haben? Können diese Mitarbeiter ihre Stärken zur Unterstützung eines Kollegen einbringen? Diese Lösung bietet nicht nur die Chance auf mittelfristige Hilfe, sondern kann auch langfristig der Heranführung von Nachwuchskräften an neue Aufgaben dienen.

31 Generell lässt sich festhalten, dass die Quote der Leistungsschwachen oder gar der Leistungsverweigerer eher gering ist, zunächst kann jedem unterstellt werden, dass ein eigener Anspruch an Qualität und Quantität der geleisteten Arbeit besteht.

Praxistipp !

Erkennen Sie die **Stärken und Schwächen** Ihrer technischen Mitarbeiter. Oft haben diese ein sehr gutes technisches Know-how aus ihrer Ausbildung und der Berufserfahrung bei früheren Auftraggebern. Die Betreuung von Projekten beim öffentlichen Auftraggeber erfordert jedoch zusätzlich ein gewisses **Fundament an Kenntnissen** z. B. aus den Bereichen Verwaltungsrecht oder Haushaltsrecht.

Schulen Sie Ihre technischen Mitarbeiter in diesen Wissensbereichen mindestens bei Arbeitsantritt in der Verwaltung ganz individuell.

Anschließend lohnt eine **regelmäßige Fortbildung** in der Gruppe der projektbeteiligten Mitarbeiter. Dies verbessert nicht nur die Qualität der Arbeit, sondern es fördert vor allem das gegenseitige Verständnis der unterschiedlichen Mitarbeiter aus den verschiedenen Arbeitsbereichen.

II. Dokumentations- und Informationsstrukturen

Wo finde ich ...? Klare Strukturen helfen allen Beteiligten

Je nach Komplexität der Verwaltungsstrukturen und Anzahl bzw. Umfang der abzuwickelnden Projekte ist der Einsatz einer professionellen Projektmanagement-Software (**PMS**) oder Dokumentenmanagement-Software (**DMS**) sicherlich ratsam. Sie hat in großen Einheiten ihre Daseinsberechtigung, dagegen müssen sich die kleineren und mittleren Einheiten die Frage nach dem Kosten-Nutzen-Verhältnis stellen. Bei überschaubaren Verwaltungseinheiten kann die disziplinierte **Nutzung der vorhandenen EDV-Infrastruktur** in der Regel eine effektive und kostengünstige Alternative sein. 32

Die erfolgreiche Zusammenarbeit erfordert, dass alle Mitarbeiter, die in den Projekten ihre verschiedenen Funktionen und Aufgaben wahrnehmen, einerseits auf **einheitliche Informationen** zugreifen können, andererseits die **Informationsdokumentation und -weitergabe** aller Beteiligten einheitlich erfolgt. 33

Dafür ist zunächst grundsätzlich festzulegen, in welcher Form Projektdaten vorgehalten werden. Heute bietet es sich nahezu ausnahmslos an, die Projekte in erster Linie digital zu dokumentieren. 34

Allein der Hinweis auf die neue digitale Welt reicht an dieser Stelle jedoch nicht aus. Leider finden sich zu einzelnen Projekten in den Verwaltungen immer noch die verschiedensten Akten in **Papierform**. Je nach Größe und Struktur der Verwaltung befinden sich Projektakten beim Projektleiter in der Fachabteilung, bei dessen Stellvertreter, beim Abteilungsleiter, beim Sachbearbeiter in der Finanzabteilung, beim Beitragssachbearbeiter, beim Sitzungsdienst und zu allem Überfluss noch eine Handakte beim Dezernenten oder Bürgermeister. Alle Beteiligten haben so ein Gefühl von Überblick und Kontrolle über das Projekt, tatsächlich sind alle Akten unvollständig und teilweise auch unterschiedlich in den Informationsständen. 35

In den Jahren von der Projektinitiative bzw. der Projektidee über die Planungs- und Bauphase bis zur Gewährleistungsabnahme tauchen immer wieder die gleichen Probleme und Fragen auf: 36

– Hat jeder der Beteiligten den aktuellen Plansatz?

– Sind die neuesten Entwicklungen im Bereich der Kostenschätzung, Kostenberechnung oder der Kostenfeststellung bei allen Beteiligten angekommen?

Dies ist regelmäßig nicht der Fall und bei einer analogen Aktenführung unter Effektivitäts- und Wirtschaftlichkeitsaspekten auch nicht lösbar.

37 Obwohl häufig alle auftraggeberseitig beteiligten Mitarbeiter in derselben Verwaltung arbeiten und an demselben Netzwerk angeschlossen sind, gibt es häufig keine einheitlichen Regeln für eine strukturierte gemeinsame Führung einer **digitalen Projektakte** bei technischen Projekten. Die Regeln für einen Aktengliederungsplan, wie sie in der allgemeinen Verwaltung häufig Anwendung finden, eignen sich alleine nicht zur Dokumentation technischer Projekte während der gesamten Projektlaufzeit. Die Vorgaben müssen sich daher nach den speziellen Bedürfnissen richten, die sich aus einer Kombination der Erforderlichkeiten der technischen Bearbeitung und der konkreten **Organisationsform** in der Verwaltung ergeben.

38 Die Lösung kann darin liegen, dass alle Mitarbeiter auf demselben Laufwerk mit denselben Daten nach einheitlichen Standards arbeiten. Voraussetzung hierfür ist:

– Alle Mitarbeiter haben ausreichende **Lese- und Schreibberechtigungen** für die digitalen Projektordner
– Es gibt einheitliche **Mindeststandards** an die Vergabe von Dateinamen.
– Es gibt **Musterverzeichnisse** für die Projektdokumentation, die – einmal definiert – von allen Mitarbeitern zwingend zu benutzen sind.
– Für immer wiederkehrende Dokumentationen und Vorgänge (z. B. **Projektzeitpläne**) gibt es einheitliche Muster und Vordrucke.

! **Praxistipp**

Beginnen Sie z. B. mit einheitlichen Regeln für Dateien:

– Der Dateiname sollte mit dem Datum im Format JJJJ-MM-TT (Datumsformate nach ISO 8601:2004) beginnen. Dies stellt eine chronologisch korrekte Sortierung der Dateien im Explorer sicher und ist eine große Hilfe beim schnellen Auffinden von Unterlagen.
– Die Dateien sollten – soweit möglich – immer die Angabe des Speicherpfads und des Dateinamens in der Fußzeile haben. Dies erleichtert das schnelle Auffinden digitaler Unterlagen aufgrund vorliegender Analogausdrucke.

---

39 Jede Verwaltung bzw. Fachabteilung hat bestimmte Aufgabenschwerpunkte, an denen sich die Muster-Verzeichnisstruktur für technische Projekte orientieren muss. Diese Muster-Verzeichnisstruktur ist selbstverständlich keine allgemeingültige Vorgabe, in welcher sich alle Anforderungen eines jeden Ausnahmeprojektes wiederfinden. Dennoch finden sich in **durchdachten Standardvorgaben** die Bedürfnisse von wahrscheinlich über dreiviertel aller Projekte wieder. Bei allen anderen (Sonder-)Projekten muss dem einzelnen Mitarbeiter selbstverständlich freigestellt sein, einzelfallbezogen die vorgegebenen Strukturen zu verändern und zu ergänzen.

Diese Einzelfälle dürfen in einer guten Organisation jedoch argumentativ auch 40
nicht dafür benutzt werden, die **Grundsätze der Dokumentationsvorgaben** infrage zu stellen. Die nachstehende Grafik zeigt ein Beispiel:

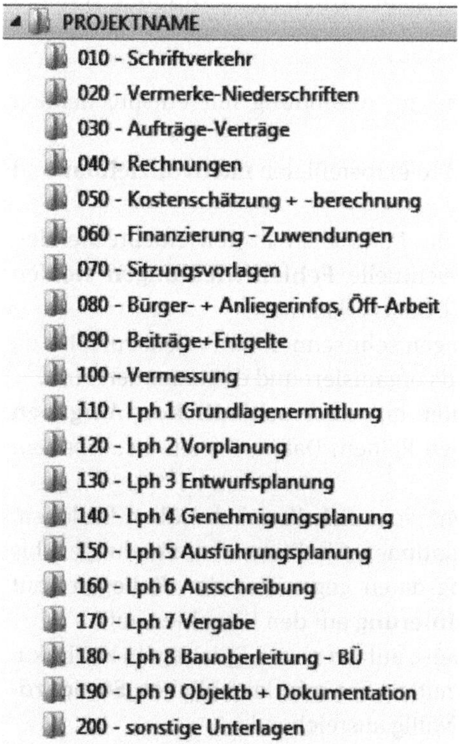

Abb. 2: Beispiel für eine Musterverzeichnisstruktur für Verkehrsanlagen- und Ingenieurbauprojekte in der Kommunalverwaltung

Das oben stehende Beispiel enthält auf der ersten Verzeichnisebene alle wichtigen 41
Projektbausteine, die für die verschiedenen Beteiligten im Laufe des Projektes Relevanz entwickeln.

Die vorangestellte Nummerierung sollte von allen Mitarbeitern verpflichtend ein- 42
gehalten und nicht verändert werden. Sie orientiert sich grob an den regelmäßigen Projektbedürfnissen:

- Die Verzeichnisse 010 bis 100 enthalten allgemeine Unterlagen, Schriftverkehr etc., der über die gesamte Projektlaufzeit anfällt. Ebenso die Unterlagen einer eventuellen Abrechnung von Erschließungs- und Ausbaubeiträgen.
- Die Verzeichnisse 110 bis 190 orientieren sich am chronologischen Ablauf des Planungsprozesses in Verbindung mit den einzelnen Leistungsphasen der HOAI.

- Das 200er-Verzeichnis steht für Unterlagen, die ausnahmsweise anfallen, sich aber thematisch nicht anderweitig zuordnen lassen.
- Die Nummerierung in 10er-Schritten erlaubt nach den Notwendigkeiten im Einzelfall auch die Flexibilität, Verzeichnisse bei Bedarf mit Zwischennummerierungen zu ergänzen, ohne dass die grundsätzliche Struktur und Ordnung verloren geht.

43 Die Vorteile einer festen Verzeichnisstruktur in Verbindung mit entsprechenden Regeln für Dateinamen liegen auf der Hand:

- Die Strukturen lassen das Arbeiten aller Projektbeteiligten **nachvollziehbar** und **transparent** werden.
- Die Kontrolle des Projektstands durch die Mitarbeiter in den entsprechenden Führungspositionen wird erleichtert, eventuelle **Fehlentwicklungen** werden durch das erhöhte Maß an Transparenz (früher) erkannt.
- Im **Vertretungsfall** finden sich die Kollegen sehr schnell im Projekt zurecht, da alle Projekte nach einheitlichen Standards organisiert und dokumentiert sind.
- Die Wahrscheinlichkeit, dass Mitarbeiter mit **unterschiedlichen Aufgaben** im gleichen Projekt mit unterschiedlichen Plänen, Daten, Kosten etc. arbeiten, nimmt rapide ab.
- Die Offenlegung sämtlicher Unterlagen, vom Schriftverkehr über Vorlagen, Berechnungen, Planunterlagen, Präsentationen für Bürgerversammlungen bis hin zu Abrechnungs- und Finanzierungsdaten gegenüber den Kollegen baut einen positiven Druck zur **Selbstdisziplinierung** auf den Einzelnen auf.
- Zur Umstellung der derzeitigen Arbeitsweise auf die neuen Spielregeln zur Dokumentation benötigt es keinerlei Finanzmittel. Ein mit der üblichen **Standard-Software** ausgestatteter Arbeitsplatz ist völlig ausreichend.
- Es sind keinerlei besonderen **EDV-Kenntnisse** erforderlich, die nicht ohnehin von einem Mitarbeiter erwartet werden müssen.
- Der Umfang der Datenhaltung und die damit verbundenen Kosten werden minimiert, da die Daten konsequent nur noch **1-fach vorgehalten** werden.
- Bei der Kommunikation innerhalb der Verwaltung kann sich auf das **Versenden von Links** zu den entsprechenden Informationen beschränkt werden. Hierdurch wird die Aktualität aller Daten für die Betroffenen sichergestellt. Gleichzeitig entfallen das speicherplatz- und zeitintensive Versenden und Abspeichern großer Datenmengen per E-Mail.
- Durch die enorme Reduzierung der Erforderlichkeit von Papierakten wird ein deutlicher **Effektivitätsgewinn** erzielt.
- Die Vermeidung von Ausdrucken trägt dem Umweltschutzgedanken Rechnung und ist kostensparend. Wertvoller **Archivplatz** nach Abschluss der Maßnahmen kann gespart werden.
- Die **Transparenz** bleibt auch Jahre nach Abschluss des Projektes erhalten. Die Suche nach Genehmigungs- oder Bestandsunterlagen endet nicht mit stun-

denlangem, erfolglosem Suchen im Archiv. Selbst Projektunbeteiligte finden in kurzer Zeit wichtige Unterlagen aus der Planungs- und Bauphase wieder.

Die vorgenannten Regeln müssen innerhalb der Verwaltung nicht nur festgelegt und z. B. per Dienstanweisung verkündet werden. Es bedarf einer permanenten Schulung und Fortbildung in der **Schlüsselqualifikation** „Umgang mit der eingesetzten Standard-Software". Die Standard-Software ist die Sprache, auf der der komplette digitale Informationsaustausch – intern und extern – beruht. Sprachprobleme oder gar Sprachlosigkeit an dieser Stelle kann zu Schnittstellenverlusten führen, deren Auswirkungen auf die Nachhaltigkeit und Wirtschaftlichkeit eines technischen Projektes größer sein kann als eine unzureichende Bauüberwachung. 44

Ohne die Bedeutung der Bauüberwachung zu schmälern: Fehler oder Kommunikationsprobleme in der **Steuerung von Projekten** – insbesondere in den frühen Planungsphasen – haben oftmals einen deutlich größeren Hebel zur Beeinflussung der Nachhaltigkeit und der Wirtschaftlichkeit als ein Fehler im Zuge der Ausführung. 45

Da eine erfolgreiche Arbeit auch auf gegenseitigem Verständnis und Respekt beruht, ist es Pflicht einer jeden Führungskraft, die Einhaltung der Regeln zum Informationsaustausch und zur Dokumentation **permanent zu überwachen** und einzufordern. 46

Regelverstöße sollten umgehend dem richtigen Adressaten angezeigt werden. Bei wiederholten Verstößen eine Rundmail an alle Mitarbeiter („Aus gegebenem Anlass weisen wir darauf hin, dass ...") zu senden dient zwar kurzfristig der erfolgreichen Konfliktvermeidung, trägt aber keineswegs zur Problemlösung bei. Im Gegenteil: Die wenigen Mitarbeiter, die das Problem betrifft, werden die Rundmail wahrscheinlich ignorieren, und alle anderen werden durch dieses Vorgehen eher brüskiert und demotiviert. 47

III. Standards, Definition von Planungs- und Ausschreibungsgrundsätzen

Im Zuge des Planungsprozesses für ein Gebäude, ein Ingenieurbauwerk oder eine Verkehrsanlage werden spezielle Anforderungen z. B. an die technische **Gestaltung und Ausstattung von Bauwerken**, an Materialqualitäten etc. definiert, die dann im Zuge der Ausschreibung und baulichen Umsetzung Berücksichtigung finden. Diese Vorgaben kommen auf sehr unterschiedlichen Wegen zustande. Z. B.: 48

- Die Gestaltung und Materialwahl wird wesentlich durch den Planer bestimmt, der – technisch zulässige – Freiheiten im Rahmen seiner Planung und Beratung nutzt.
- Der Bauherr/die Verwaltung hat sehr konkrete Vorstellungen, die im Zuge der Planung kommuniziert und vom Planer umgesetzt werden.

49 Daneben gibt es weitere **Einflussgrößen**, die eher informell bzw. im Hintergrund versuchen, Einfluss auf Planung und Materialwahl zu nehmen. Dieser Effekt sollte in der Praxis nicht vernachlässigt werden: Es ist sicher kein Zufall, dass bei Beauftragung von bestimmten Planungsbüros bereits vor der Planung mit hoher Sicherheit prognostiziert werden kann, wer der Lieferant oder Hersteller des Bodenbelags, der Alu-Profile, des PP-Abwasserrohrs, des Betonsteinpflasters oder der Heizungsanlage sein wird. Dass es diesbezügliche **Marktmechanismen** gibt, kann kaum geleugnet werden.

50 Dennoch sollte sich ein Auftraggeber, der ständig in bestimmten Sparten Bauinvestitionen tätigt, die Frage stellen, ob die Definition von einzelnen **(Qualitäts) Standards** hilfreich sein kann, um die Unterhaltungsaufwendungen für das Anlagevermögen in personeller und finanzieller Hinsicht zu minimieren. Die Definition solcher Standards ist im Bereich des Baus von Ingenieurbauwerken und Verkehrsanlagen sicherlich sinnvoll und mit überschaubarem Aufwand zu lösen, denn in diesen Planungsfeldern liegt der **Planungsfokus** stärker auf technischen Notwendigkeiten als auf architektonisch-gestalterischen Aspekten:

- Im Straßenbau gibt es z. B. in Abhängigkeit von Verkehrsbedeutung und belastung sowie baugrundspezifischen Rahmenbedingungen recht klare Empfehlungen hinsichtlich der technischen Ausgestaltung (Aufbau und Ausbauquerschnitt).
- Im Bereich der Ver- und Entsorgung bestimmen die Einzugs- bzw. Versorgungsgebiete die wesentlichen technischen Merkmale der späteren Anlage.

51 Dies bedeutet nicht, dass wegen solcher Standards die architektonische Gestaltung und die Ästhetik von Ingenieurbauwerken und Verkehrsanlagen vernachlässigt werden muss, jedoch steht bei diesen **Zweckbauwerken** die Funktion und Betriebssicherheit stärker im Vordergrund als die architektonische Gestaltung.

! **Praxistipp**

Wenn Sie regelmäßig Ingenieurbauwerke oder Verkehrsanlagen bauen und betreiben, stellen Sie für Ihre Organisation eine kurze Dokumentation der wichtigsten **Planungs- und Ausschreibungsgrundsätze** auf. Dies hilft Ihnen in mehrfacher Hinsicht, den Betrieb und die Unterhaltung Ihrer Anlagen langfristig zu optimieren und Einsparpotentiale zu generieren, z. B.:

- Welche Rohrmaterialien sind unter Berücksichtigung von Medium, Durchmesser und Gefälle einzusetzen?
- Welche Grundsätze sind im Bereich der EMSR-Technik zu berücksichtigen?
- Wie erfolgt der Abschluss der Verkehrslagen zum privaten Grundstück hin?
- Wie werden Hausanschlüsse hergestellt und dokumentiert?
- Welche Anlagenteile sind grundsätzlich in V4A-Qualität, welche in verzinkter Ausführung vorzusehen?
- Werden grundsätzlich Bestandsunterlagen verlangt, wenn ja, in welcher Form?

---

52 Die Definition der vorgenannten Planungs- und Ausschreibungsgrundsätze bedeutet nicht, dass der Planer im **Einzelfall** nicht etwas anderes empfehlen darf oder soll.

Seine geistig-schöpferische Planungsleistung soll dadurch auch nicht unterbunden werden. Die Planungs- und Ausschreibungsgrundsätze entheben ihn auch nicht von seiner **Planungsverantwortung** oder der Pflicht, im Rahmen der Vorplanung verschiedene Lösungsmöglichkeiten mit den Einflüssen auf bauliche und konstruktive Gestaltung, Zweckmäßigkeit und Wirtschaftlichkeit zu untersuchen und darzustellen.

Sie helfen aber allen Projektleitern einer Organisation, sich für die Verwaltung 53
oder den Eigenbetrieb **verlässlich** zu positionieren, und dienen auch der fortlaufenden internen Diskussion dieser Standards. Denn nur wenn diese dokumentiert und für alle Beteiligten transparent sind, können sie im Zuge eines kontinuierlichen **Verbesserungsprozesses** unter Berücksichtigung der Erfahrungen aus realisierten Projekten und dem **Anlagenbetrieb** weiterentwickelt werden.

Sie helfen dem Planer, die Vorgaben des Bauherrn eindeutig zu verstehen. In 54
allen Objektplanungen nach Teil 3 HOAI oder Fachplanungen nach Teil 4 HOAI steht im Grundleistungskatalog der **Leistungsphase 1**: „Klären der Aufgabenstellung auf Grund der Vorgaben oder der Bedarfsplanung des Auftraggebers". Was kann einem Planer Besseres passieren als eine schriftliche Zusammenfassung von Teilen dieser **Vorgaben**, die aus langen Erfahrungen in erfolgreichen Projekten seines Auftraggebers resultieren?

Die Standards führen dazu, dass Entscheidungen immer dann gleich getroffen 55
werden, wenn die gleichen Umstände vorliegen. Auch wenn in vielen Fällen technisch ein Ermessensspielraum vorliegt, ist es nicht immer sinnvoll, diesen **Ermessensspielraum** projektweise anders zu nutzen. Für das einzelne Bauwerk betrachtet, führt das möglicherweise zu einem guten Ergebnis, über die Vielzahl von gleichartigen Anlagen innerhalb eines Betriebs jedoch nicht.

Definierte Planungs- und Ausschreibungsgrundsätze, d. h. Standards reduzieren z. B.
- die **Vorhaltung** von verschiedenen Ersatzmaterialien am kommunalen Bauhof oder
- den **Schulungsaufwand** für die Mitarbeiter im Anlagenbetrieb, da sich die Anzahl der verschiedenen technischen Lösungen reduziert.

Bei Gebäuden ist dies häufig anders: Beispielsweise dient die Stadthalle nicht nur 56
technisch dem Zweck „Versammlungsstätte", sondern sie hat auch einen sehr hohen Anspruch auf eine eigene **architektonische Handschrift**. Bei diesen Gebäuden ist das Ziel des Bauherrn nicht nur, kulturelle Veranstaltungen technisch einwandfrei abzuwickeln. Er will in der Regel mit der Architektur dem Besucher eine eigene Botschaft geben oder z. B. nach außen eine Stadtbild prägende Einheit erzeugen.

B. Der Projektzyklus in (Bau-)Projekten

57 Projekte haben fast ausnahmslos die gleiche Grundstruktur und lassen sich in zeitlich aufeinander folgenden Phasen schematisieren:

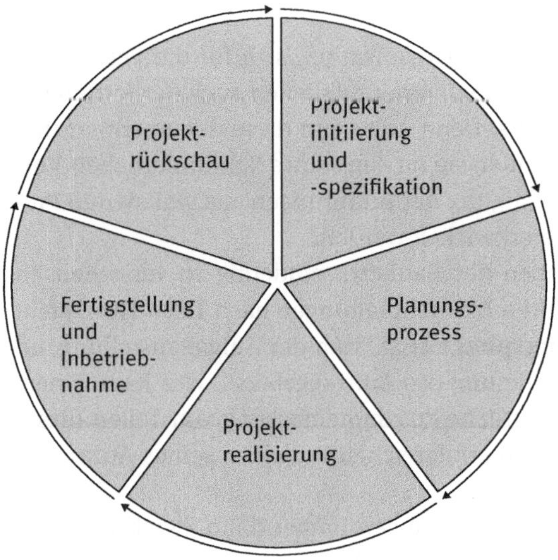

Abb. 3: Der Projektzyklus

58 Der Startschuss fällt mit der Projektinitiierung und -spezifikation. Man bezeichnet diese Phase auch als Bedarfsanalyse, in der
- die Projektidee,
- die Daten der Projektbeteiligten und die
- bislang bekannten Rahmenbedingungen

zusammengetragen werden. Auf Seiten des Auftraggebers, der Nutzer und der weiteren Projektbeteiligten werden **Anforderungen** formuliert, auf deren Machbarkeit überprüft und anschließend daraus **Projektziele** entwickelt.

59 Der Planungsprozess nutzt die Erkenntnisse der ersten Phase und konkretisiert das Vorhaben inhaltlich und organisatorisch in Plänen und Leistungsverzeichnissen. In einem **Projektablaufplan** werden Arbeitspakete und Projektmeilensteine definiert und durch detaillierte Zeit-, Kosten- und Ressourcenplanungen ergänzt.

60 Der Fortschritt des Projekts in der Phase der Projektrealisierung wird somit **mess- und überwachbar**. Dadurch können Fehlplanungen und Abweichungen durch Soll-Ist-Vergleiche rechtzeitig ausgemacht und begegnet werden. Ein permanentes **Projektcontrolling** überwacht die planmäßige Projektrealisierung bis zur Fertigstellung und der finalen Abnahme des Projektergebnisses durch den Auftraggeber.

Eine **Projektrückschau** dient der Analyse des gesamten Prozesses als Erkenntnisgewinn für künftige Projekte. 61

Werden dann im Laufe der Objektnutzung weitere oder andere Nutzungsanforderungen formuliert oder Verbesserungsbedarfe ausgemacht, schließt sich der Kreis und der Zyklus beginnt von vorn. 62

Die Prozesse, die ein Bauprojekt durchläuft, sind in einer Behörde bereits mehr oder weniger stark standardisiert. Mit Hilfe eines Schemas sind die sich stellenden Aufgaben den richtigen Phasen zuzuordnen und zu involvierende Entscheidungsträger, Nutzer und sonstige Beteiligte leichter auszumachen und darzustellen. Ein Schema erleichtert den **Projektvergleich**. Eine gute Organisationsstruktur und die Entwicklung von Standards in der Projektarbeit sind wichtige Hilfestellungen und ein solides Fundament für eine erfolgreiche Projektabwicklung. 63

C. Die Lebenszykluskosten eines Bauobjektes

Die Betrachtung der Lebenszykluskosten eines Bauobjektes beleuchtet jeden Kostenaspekt – von der ersten Idee des Objektes bis zu dessen Verwertung. Es handelt sich hier also um die **Summe aller Kosten**, die ein Gebäude oder allgemein ein Bauobjekt über seinen gesamten Existenzzeitraum hinweg verursacht. Dazu zählen die Gesamtkosten für die Planung und Errichtung des Bauobjektes ebenso wie die Nutzungs-, Wartungs-, Instandhaltungs- bzw. Sanierungskosten und darüber hinaus die Kosten für dessen Entsorgung oder Recycling. 64

Die Vergabe von Planungsleistungen beim öffentlichen Auftraggeber hat in der Regel ein Ziel: Die Errichtung eines Gebäudes oder eines sonstigen Bauwerks unter der Maßgabe eines **wirtschaftlichen und nachhaltigen Handelns**. Dabei sollte den Akteuren – sowohl auf der politischen als auch auf der administrativen Seite – bewusst sein, dass die Investitionskosten häufig nur 15 bis 20 % der Lebenszykluskosten eines Bauwerks betragen. Sie sind also bildlich gesprochen lediglich die sichtbare Spitze des Eisberges. Den weitaus größeren aber meist verborgenen Anteil an den Lebenszykluskosten bilden mit 80 bis 85 % die aufzuwendenden Kosten in der **Phase der Objektnutzung**. 65

Die Planungskosten wiederum betragen regelmäßig – in Abhängigkeit der Komplexität des Projektes – ca. 15 bis 25 % der Investitionskosten. 66

Die Zahlen verdeutlichen, dass die reinen **Planungskosten** bei Gebäuden oder sonstigen Bauwerken also regelmäßig zwischen 2 % und 4 % der Lebenszykluskosten liegen. 67

Sind folglich die Kosten für die Bedarfsanalyse und die Planungsphase im Verhältnis zu den Gesamtkosten eines Bauprojektes eher gering, kehrt sich dieses Verhältnis im Hinblick auf die Möglichkeit der **Beeinflussung von Objektkosten** in diesen ersten Phasen um. 68

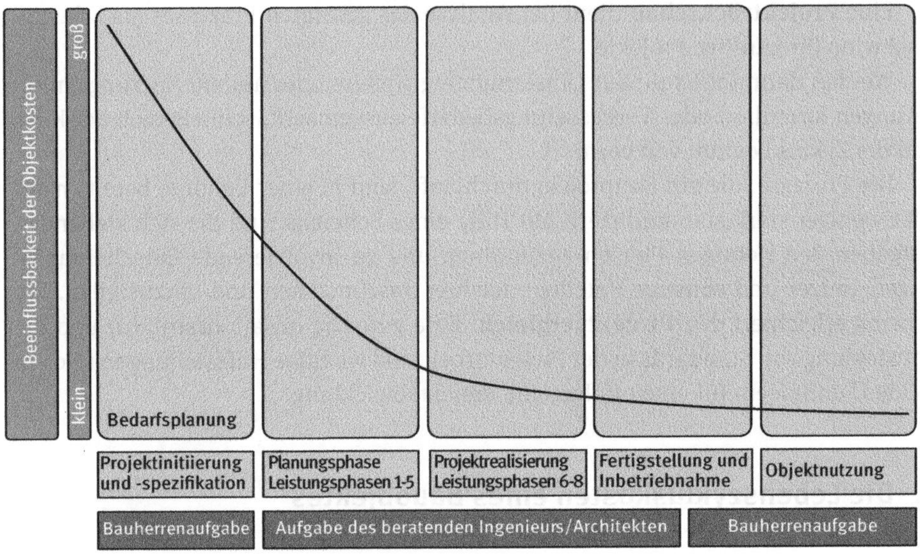

Abb. 4: Beeinflussbarkeit von Objektkosten

69 Trotz dieser Fakten ist häufiger Reflex bei öffentlichen Bauherren: Bereits vor Projektstart werden teilweise **finanzielle Zielvorstellungen** hinsichtlich der Bau- und Baunebenkosten sowie zeitliche Vorgaben zur Realisierung eines Bauprojektes entwickelt, was einer nachhaltig wirtschaftlichen Lösung abträglich sein kann.

70 Die Phase der Bedarfs- und Projektdefinition (Projektinitiierung) geht dem eigentlichen Planungsauftrag voraus und hat den entscheidendsten Einfluss auf die Entwicklung der Objektkosten in ihrer Gesamtsicht. Sie ist als unstrittige **Bauherrenaufgabe** die wichtigste Projektphase und bedarf daher der meisten Aufmerksamkeit.

! **Praxistipp**

Auf die Realisierungsphase wartet jeder mit Ungeduld, und ständig lauert die Versuchung, die Initiierungs-, die Spezifikations- und die Planungsphase zu schnell abzuhaken.

Nehmen Sie Ihre politisch Verantwortlichen in den Räten und Fachausschüssen auf dem Projektweg frühzeitig mit. Informieren Sie **aktiv und umfassend** in der frühen Phase der Bedarfsplanung über die realistisch zu erwartende Höhe und das Verhältnis von Planungskosten, Baukosten und Folgekosten (z. B. Abschreibungen, Energiekosten, Reinigungskosten) für die Lebenszeit des Bauprojektes.

Es wird schnell klar, dass eine gute Planung mit dem notwendigen Zeit- und Finanzbudget **alternativlos** ist, wenn ein technisch und wirtschaftlich optimiertes Ergebnis erzielt werden soll.

D. Der Projektstart

I. Die Projektinitiative

Beginnen Sie jede Projektarbeit mit der Erfassung der **wichtigsten Eckdaten** des zu realisierenden Bauprojektes, wenn auch noch in sehr allgemeiner Form: 71

- Aufgabenstellung, Projektbezeichnung
- „Grobe“ Ziele/Hauptzweck
- Auftraggeber/Baulastträger
- Projektleiter
- Projektbeteiligte
  - Nutzer
  - Sonstige Beteiligte (Interessengruppen)
- Rahmenbedingungen/Begrenzungen
  - finanziell
  - zeitlich
  - qualitativ
  - gesetzlich
  - quantitativ
- Risiken

Praxistipp !

Erstellen Sie ein allgemeines **Musterdatenblatt** mit den vorgenannten Metadaten des Projektes. Dieses Datenblatt sollte in einfacher Form, z. B. als Excel-Datei, allen mit Projektarbeit betrauten Mitarbeitern zur Verfügung stehen.

Einen Abdruck in Anlehnung an die DIN 18205 finden Sie in Teil F dieses Kapitels. Ihre Datei sollte zwei Arbeitsblätter enthalten: Die Projekterfassung in Anlehnung an die Prüfliste A der DIN 18205 sowie die Rahmenbedingungen, Ziele und Mittel in Anlehnung an die Prüfliste A der DIN 18205.

---

1. Aufgabenstellung

Die Aufgabenstellung findet sich bereits in der Projektbezeichnung mit den Angaben zu Standort und Anschrift des Bauvorhabens wieder. 72

2. „Grobe“ Ziele

„Wenn man das Ziel nicht kennt, ist kein Weg der richtige!“ Am leichtesten lässt sich in dieser frühen Phase das gewünschte Projektziel formulieren, indem man das angestrebte Ergebnis beschreibt bzw. die Hauptursachen/Auslöser für das Projekt benennt. An dieser Stelle geht es also darum WAS und nicht WIE gebaut werden soll. 73

Praxistipp
Ziele können sich selbstverständlich ändern, in der Kommunalverwaltung auch häufig bedingt durch wechselnde politische Mehrheiten. Auch dann bleibt es Aufgabe der Verwaltung, diesen neuen Vorgaben loyal umzusetzen. Das Beispiel zeigt jedoch, dass die **zeitnahe Dokumentation** der Zielfestlegungen wichtig ist, um Änderungen in zeitlicher oder finanzieller Sicht transparent zu machen.

3. Auftraggeber/Baulastträger

a) Wer baut? Wer finanziert?

74 In wessen Auftrag wird gehandelt? Diese Frage scheint so banal, dass sie häufig erst gar nicht gestellt und beantwortet wird. Die Komplexität des Baus und des Betriebs der heutigen Infrastruktur hat in den vergangenen Jahrzehnten jedoch stark zugenommen.

Beispiel
Bei der Erschließung eines neuen Baugebietes in den 60er Jahren gab es häufig nur einen Bauherren: die Gemeinde selbst. Sie hatte die Aufgaben des Straßenbaulastträgers und war für die Wasserversorgung und Abwasserbeseitigung zuständig. Die Versorgung mit Wärmeenergie erfolgte nicht leitungsgebunden (z. B. Öl oder Holz), die Versorgung mit elektrischer Energie erfolgte durch den Energieversorger über ein Freileitungsnetz (z. B. über Dachständer).

75 Heute stellt sich die Erschließung des Neubaugebietes in der gleichen Gemeinde wie folgt dar:

- Der Straßenbau erfolgt im Auftrag der Gemeinde, die diese Leistung mit ihrem eigenen Bauamt steuert. Hierzu gehört der klassische Straßenbau sowie die über Erdleitungen versorgte Straßenbeleuchtungsanlage.
- Für die Abwasserbeseitigung ist der Eigenbetrieb der Gemeinde zuständig. Der Eigenbetrieb handelt grundsätzlich selbstständig, die Projektabwicklung wird durch die eigenen Spezialisten sichergestellt.
- Die Wasserversorgung erfolgt über einen Wasserversorgungszweckverband. Die Gemeinde ist zwar Mitglied in diesem Verband, hat aber keine direkten Einflussmöglichkeiten auf die handelnden Personen.
- Der örtliche Netzbetreiber (Energieversorger) plant sein Niederspannungsnetz ebenfalls als erdverlegtes Leitungsnetz im Straßenkörper.
- Hinzu kommen ggf. die Gasversorgung, das Telefonnetz sowie verschiedene Kabelnetzbetreiber (Kabelfernsehen, Internet etc.)

76 Alle vorgenannten Organisationen sind also an dem Projekt mit einem Teillos beteiligt, doch jeder Beteiligte hat **unterschiedliche Herangehensweisen**: Die Gemeinde mit dem Eigenbetrieb Abwasserbeseitigung sind klassische öffentliche Auftraggeber, haben aber voneinander unabhängige Haushalts- und Wirtschaftspläne. Der Wasserversorgungszweckverband kann privatrechtlich oder öffentlich-rechtlich organisiert

sein. Das bedeutet nicht nur hinsichtlich der wichtigen Grundsatzentscheidungen und Vergaben zeitintensive und **komplexe Abstimmungs- und Entscheidungsvorgänge**. Diese Auftraggeber sind in der Regel auch durch das Haushaltsrecht an die entsprechenden vergaberechtlichen Bestimmungen gebunden.

Doch auch innerhalb der „kommunalen Familie“ unterscheiden sich diese Beteiligten in der Form der Refinanzierung: 77

- Die Kommune veranschlagt die Kosten des Straßenbaus im Haushaltsplan und refinanziert die Kosten zum Teil über Steuermittel, zum Teil über Erschließungs- und Ausbaubeiträge.
- Die Abwasserbeseitigung und die Wasserversorgung refinanzieren sich durch Gebühren und Beiträge.

Dies bedeutet, dass auch die **finanzielle Leistungsfähigkeit** zur Sicherstellung der Finanzierung z. B. bei der Kommune häufig nicht verlässlich für die zukünftigen Jahre prognostiziert werden kann. 78

Dem gegenüber stehen die am Projekt beteiligten Unternehmen im privaten Rechtskleid mit teilweise ganz anderen **technischen und wirtschaftlichen Zielsetzungen** und anderen Organisationsstrukturen. 79

b) Sinnvolle Regelungen bei Gemeinschaftsmaßnahmen verschiedener Baulastträger

Bei Gemeinschaftsmaßnahmen, z. B. bei vorgenanntem Beispiel einer Erschließungsmaßnahme, besteht oft das Problem, dass die verschiedenen Objektplanungen der einzelnen **Baulastträger** in erheblichen technischen Abhängigkeiten zueinander stehen. Trotzdem steuert jeder Baulastträger die Planung für das eigene Investitionsgut selbst. So werden die Planungen für die – aus Sicht der HOAI – eigenständigen Objekte 80

- Verkehrsanlage,
- Kanalisation,
- Wasserversorgungsleitungen,
- Gasversorgungsleitungen,
- Niederspannungsnetz und
- Telekommunikationsnetz

nicht nur von 6 unterschiedlichen Projektleitern in 6 unterschiedlichen Organisationen gesteuert. Hinzu kommt, dass die Planung häufig von unterschiedlichen Ingenieurbüros erstellt wird. Eine solche Konstellation erfordert ein Höchstmaß an **Abstimmungs- und Koordinationsaufwand**.

Wie kann dieses Problem gelöst werden?

Es besteht z. B. die Möglichkeit, dass sich zumindest die Baulastträger mit dem größten Bauvolumen und den stärksten Abhängigkeiten soweit abstimmen, dass ein 81 verantwortlicher – gemeinsamer – **Projektleiter** benannt wird. Idealerweise beauftragen diese Baulastträger dann auch einen gemeinsamen Planer, um die Abstimmungsprozesse und Reibungsverluste auf ein Mindestmaß zu reduzieren.

82 In der Regel sollte es möglich sein, diese Kooperation zumindest für die Bereiche Verkehrsanlage und Kanalisation sicherzustellen, da diese technisch die größten Abhängigkeiten voneinander besitzen. Auch wenn hierfür im Vorfeld zwischen den auftraggeberseitig vertretenen Organisationen **Kooperationsvereinbarungen** erforderlich werden, um z. B. den Projektleitungsaufwand miteinander abrechnen zu können: Der Aufwand zum Abschluss einer Kooperationsvereinbarung dürfte im Regelfall um ein Vielfaches geringer sein als die Aufwendungen und Risiken, die bei getrennter Abwicklung entstehen.

83 Mit der Projektinitiative für eine **Gemeinschaftsmaßnahme** sollten neben den organisatorischen Fragen (Wer steuert?) auch folgende Fragen geklärt werden, die im Projektverlauf früher oder später ohnehin zu beantworten sind. Z. B.:

84 – Gibt es einen mit allen Baulastträgern abgestimmten (einvernehmlichen und realistischen) **Zeitplan**?
  – Welche Vorstellung hat die Gemeinde hinsichtlich des **Vermarktungszeitpunktes** für das erschlossene Bauland?
  – Gibt es **Abhängigkeiten**, auf die kein beteiligter Baulastträger Einfluss hat (z. B. Rechtskraft der Baulandumlegung, Genehmigungsverfahren für Abwassereinleitung)?
  – Wann ist der **Mittelabfluss** für die Bauinvestition geplant? Stehen allen Beteiligten diese Mittel dann auch zur Verfügung?

85 – Gibt es Leistungen, die von allen Beteiligten gleichermaßen benötigt werden und können aus einer abgestimmten Vorgehensweise Einsparungen für alle Beteiligten generiert werden? Z. B.:
  – Können im Rahmen eines Baugrundgutachtens alle relevanten Untersuchungen zur Durchführung der Baumaßnahme einfließen? Hierdurch können die entstehenden **Kosten** für diese Leistung gegenüber einer Einzelbeauftragung erfahrungsgemäß um über 70 % gesenkt werden.
  – Die **gemeinsame Beauftragung** der verschiedenen Objektplanungen an ein einziges Ingenieurbüro führt häufig zu deutlichen Einsparungen im Bereich der Planungshonorare. Das beauftragte Büro kann z. B. die Nebenkosten, die örtliche Bauüberwachung oder die Koordinationsleistung zwischen den einzelnen Objekten regelmäßig niedriger kalkulieren.
  – Die gemeinsame Ausschreibung und Vergabe der gleichartigen Bauleistungen erschließt den verschiedenen Baulastträgern ebenfalls ein großes **Einsparpotential**. So können z. B. Aufwendungen wie die Baustelleneinrichtung durch die Unternehmen bei gemeinsamer Vergabe mehrerer „Auftraggeberlose“ anders umgelegt werden, die Gesamtmaßnahme wird für die Auftraggeber günstiger.

4. Projektleiter

Um ihn dreht sich alles: Der **Projektleiter** ist der zentrale Manager, bei dem alle Informationen zusammenlaufen und der somit auch in der Pflicht steht, den notwendigen Informationsfluss an die einzelnen **Spezialisten** aus den anderen Sachgebieten (z. B. Beitragserhebung, Finanzierung, Öffentlichkeitsarbeit und nicht zuletzt die Führungsebene und die Politik) sicherzustellen. 86

a) Aufgaben

Die Aufgaben des Projektleiters sind im Wesentlichen: 87

- Projektdefinition 88
  Der Projektleiter hilft bei der Definition der Projektziele, wobei er den politischen Willensbildungsprozess beratend und koordinierend zu begleiten hat. Dabei muss er mit Sachverstand und Verhandlungsgeschick ein möglichst präzises Formulieren **realistischer Projektziele** erreichen. Knackpunkte bei öffentlichen Baumaßnahmen sind hier regelmäßig die Kosten sowie der Zeitpunkt der Inbetriebnahme des fertigen Bauwerks.
  Nach Vorstellung der Politik soll dies häufig noch vor verbindlicher Definition des Projektumfangs verbindlich festgelegt werden. Dass dies häufig im Misserfolg endet, lässt sich an vielen prominenten Beispielen sehen.
- Projektorganisation und -planung 89
  Die Grundstruktur für die Abwicklung der technischen Projekte sollte allen Projektleitern durch die einheitlichen Regeln vorgegeben werden. Dennoch muss der Projektleiter aktiv die Rollen und Funktionen der sonstigen Projektbeteiligten transparent darlegen und projektbezogene **Team- und Kommunikationsstrukturen** festlegen.
  Er sollte das Projekt in Projektstufen sowie Projektphasen strukturieren und zu verschiedenen wichtigen Meilensteinen im Projekt (z. B. dem jeweiligen Abschluss der Bedarfsplanung, der Vorplanung, der Entwurfsplanung und der Ausführungsplanung) neben der Projektgruppe auch die Entscheidungsträger in Verwaltung und ggf. Politik aktiv über die bisherigen Planungsergebnisse informieren und um deren Zustimmung für den Eintritt in die nächste Planungs- oder Projektphase bitten.
- Kommunikation 90
  Die Sicherstellung der Kommunikation aller Projektbeteiligten sowie die Weiterleitung der Projektinformationen und -ergebnisse gehört sicherlich zu den wichtigsten und gleichzeitig schwierigsten Aufgaben des Projektleiters. Eine wichtige Basis hierfür – die strukturierte digitale Dokumentation – wurde bereits erläutert.
  In der betrieblichen Praxis kann es zu der Weitergabe von **Fehlinformationen** kommen bzw. erfolgt ein nur geringer oder kein **Informationsaustausch**. Oder es werden zu viele Informationen weitergegeben (eine Fehlentwicklung, die die digitale Technik durch die einfache Möglichkeit eines großen Verteilers bei

E-Mails stark gefördert hat). Beides – zu wenige oder zu viele Informationen – kann zu Demotivation von Projektbeteiligten und daraus resultierend zu ineffizienter Arbeit führen.

Der Projektleiter sollte daher vor allem darauf achten, dass Inhalt, Zeitpunkt sowie Art der Kommunikation aufeinander abgestimmt werden, um so einen reibungslosen und zielgerichteten Informationsaustausch – zum Beispiel durch regelmäßige **Projektmeetings und Statusberichte** – innerhalb der Gruppe zu gewährleisten. Durch geplante **Zwischenabnahmen** wird sichergestellt, dass auch der Auftraggeber permanent über den aktuellen Projektverlauf informiert bleibt.

91 – Projektcontrolling und -dokumentation

Der Projektleiter muss die Projektleistung, die Termine und Kosten sowie deren Übereinstimmung mit definierten Projektzielen permanent überwachen und erforderlichenfalls einfordern. Hierzu gehört auch die Plausibilitätsprüfung der Ergebnisse Dritter (Interner und Externer).

Gleichzeitig obliegt ihm die Dokumentation der Projektergebnisse und Zwischenschritte bzw. deren Überwachung.

92 – Koordination und Leitung des Projektteams

Der Projektleiter führt projektbezogen Mitarbeiter und Projektbeteiligte oft, ohne deren direkter Vorgesetzter zu sein. Auch ohne diese direkte Macht muss der Projektleiter sicherstellen, dass in seinem Projekt motiviert und verlässlich gearbeitet wird. Dies ist in der Praxis oft eine Gratwanderung und schwer durchzusetzen. **Echte Führung im Projekt** ist daher regelmäßig nur durch hohe Motivation seitens des Projektleiters zu bewerkstelligen.

Die in der Regel **hierarchischen Projektgruppen**, denen der Projektleiter während der gesamten Projektdauer vorsteht, bestehen meistens aus verschiedenen Mitgliedern der Verwaltung mit ihren verschiedenen Aufgaben sowie den extern beteiligten Planungsbüros und sonstigen fachlich an der Planung Beteiligten.

b) Die Kompetenzen

93 Ein erfolgreicher Projektleiter benötigt nicht nur eine besondere persönlich-fachliche Eignung: Er benötigt vor allem die Akzeptanz der Beteiligten und einen gewissen **Gestaltungsspielraum**. Es muss erkennbar festgelegt sein, wer bei dem Projekt Ansprechpartner, Dreh- und Angelpunkt ist. Der Projektleiter muss selbstverständlich die ihm übertragenen Aufgaben erbringen, d. h. eine Rückdelegation ist grundsätzlich nicht erlaubt. Gleichzeitig muss er sie aber auch **eigenverantwortlich** erbringen dürfen: Macht kommt von Machen, von nichts sonst. Mit Macht ist nicht zwangsläufig Machtmissbrauch oder Ego-Stärkung verbunden.

Praxistipp

!

Es ist wichtig, dass Sie Ihre Projektleiter mit der notwendigen **Entscheidungskompetenz** ausstatten. Dies bedingt jedoch gleichzeitig, dass Sie sich als Vorgesetzter des Projektleiters regelmäßig die Zeit für persönliches Feedback, Erfolgskontrollen und konstruktive Projektkritik nehmen, ohne dass dies den Projektleiter nach außen oder innen schwächt.

c) Die Unterstützung im Einzelfall: Der Projektsteuerer

Aus den vorgenannten Ausführungen geht hervor, dass bereits die Leitung eines Projektes mittlerer Größenordnung in Abhängigkeit der Anzahl der Projektbeteiligten große **Zeitkontingente** in Anspruch nehmen kann. Zu diesem zeitlichen Problem kommt bei komplexen Großprojekten noch ein fachliches hinzu: Wenn der eigene Mitarbeiter/Projektleiter keine regelmäßigen Erfahrungen in der **Steuerung von Großprojekten** hat und auch sonst keine geeigneten Personalkapazitäten zur Verfügung stehen, ist die Einschaltung eines **Projektsteuerers** nahezu alternativlos. 94

Die AHO-Fachkommission „Projektsteuerung/Projektmanagement" hat hierzu das Heft Nr. 9 „Untersuchungen zum Leistungsbild, zur Honorierung und zur Beauftragung von Projektmanagementleistungen in der Bau- und Immobilienwirtschaft" herausgegeben. Die Leistungen sind hier zunächst nach den verschiedenen Projektstufen gegliedert: 95

1. Projektvorbereitung
2. Planung (Vor-, Entwurfs- und Genehmigungsplanung)
3. Ausführungsvorbereitung (Ausführungsplanung, Vorbereiten der Vergabe und Mitwirken bei der Vergabe)
4. Ausführung (Objektüberwachung)
5. Projektabschluss (Objektbetreuung, Dokumentation)

Innerhalb dieser 5 Projektstufen gibt es die fünf Handlungsbereiche: 96

A Organisation, Information, Koordination und Dokumentation (handlungsbereichsübergreifend)
B Qualitäten und Quantitäten
C Kosten und Finanzierung
D Termine, Kapazitäten und Logistik
E Verträge und Versicherungen

Der Projektsteuerer wird jedoch nicht den Projektleiter ersetzen, sondern ihn beraten und unterstützen. Sämtliche Ergebnisse der Projektsteuerungsleistungen erfordern vor Freigabe und Umsetzung die vorherige Abstimmung mit dem Auftraggeber. 97

Praxistipp
Die Notwendigkeit auf Bauherrenseite, die Projekte mit **Sachverstand** und **Entscheidungskompetenz** zu begleiten, bleibt auch bei umfassender Beauftragung von Projektsteuerungsleistungen bestehen. Der Projektsteuerer kann den Bauherren bei der Projektstrukturierung und bei der Entscheidungsfindung „lediglich" unterstützen, die **Letztverantwortung** für die Entscheidungen verbleibt immer beim Auftraggeber.

5. Weitere Projektbeteiligte

98 Eine weitere wichtige Pflicht bei Projektstart: Trotz aller Lücken und Unwägbarkeiten zum Zeitpunkt Null im Projekt sind die Personen, Gruppen und Funktionen, die früher oder später an der Projektabwicklung beteiligt werden müssen, frühzeitig zu definieren.

99 Diese Aufgabe ist unbedingt in der **Startphase** zu erledigen, denn es sind die Beiträge dieser Beteiligten, die die Projektziele und den Projektumfang vorgeben oder beeinflussen.

a) Nutzer

100 Die Qualität des Bauergebnisses hängt entscheidend davon ab, inwieweit die Nutzer ihre **spezifischen Anforderungen** formulieren, ihr Wissen einbringen und so an der Projektentwicklung partizipieren können. Dies erfordert eine intensive **Kommunikation** mit den zukünftigen Nutzern, damit deren Kenntnisse schon bei der Bedarfsanalyse und in der nachfolgenden Planungsphase Berücksichtigung finden.

b) Sonstige Beteiligte

101 In fast allen öffentlichen Planungs- und Bauprojekten gibt es einzelne Personen oder **Personengruppen**, die wesentlichen Einfluss auf die Projektziele und den Projektablauf haben können.

102 Diese sind im Anhang A der DIN 18205 Bedarfsplanung im Bauwesen unter Ziffer A.5 „Andere Einflussgruppen" benannt. U. a. sind hier aufgeführt:
- Örtliche Verwaltung
- Finanzierer bzw. Förderer
- Gruppen bzw. Personen mit speziellen Interessen
- Nachbarn und ihre Berater
- Medien

103 Auch wenn man es aufgrund des Tagesgeschäfts und des hohen Zeitdrucks nicht immer wahrhaben will: Das **Einbinden** dieser Personen und Gruppen zum Projektstart und fortlaufend im Projekt bei den jeweils relevanten Meilensteinen bindet

weniger Zeiten und Kapazitäten als ein nachträgliches Einarbeiten von Änderungswünschen oder die aufwendige Beantwortung von Fragen zum Projekt.

Die Gefahr von Zeitverzögerungen und Umplanungen im Projekt wird erfahrungs- 104
gemäß umso größer, je näher sich das Projekt „am Bürger" befindet:

- Der Bau einer Sportanlage, eines Dorfgemeinschaftshauses oder einer Grillhütte wird die Interessen der Vereine berücksichtigen müssen.
- Der (beitragspflichtige) Ausbau einer Anliegerstraße hat naturgemäß eine deutlich größere und engagiertere Einflussgruppe als z. B. die Sanierung eines Abwasserpumpwerks.
- Bei der Realisierung von Schul- oder Kindergartenprojekten stellt die Elternschaft regelmäßig eine Interessengruppe dar, deren Anforderungen aufgenommen und abgewogen werden müssen.

6. Rahmenbedingungen/Begrenzungen

Häufig sind schon vor dem tatsächlichen Projektbeginn Rahmenbedingungen über 105
den Umfang des Projektes gesteckt, die – soweit bekannt – an dieser Stelle festgehalten werden müssen. Der Bauherr hat nicht selten eine Vorstellung hinsichtlich der klassischen **Begrenzungsfaktoren**, nämlich

- Kosten *(so günstig wie möglich – nicht mehr als ... EUR)*
- Zeit *(so schnell wie möglich – gestern ...)* und
- Qualität *(perfekt!)*

Vielleicht existiert bereits ein Projektbudget oder es gibt einen zwingend einzuhal- 106
tenden Zeitrahmen bzw. konkrete Qualitätsanforderungen. Diese Faktoren beeinflussen sich gegenseitig. Je mehr Augenmerk auf der Einhaltung eines gesetzten **Budgets** liegt, desto schwieriger kann es werden, die perfekte **Qualität** zu berücksichtigen

Diese Wechselwirkungen beschreibt das „Magische Projektmanagement-Drei- 107
eck".

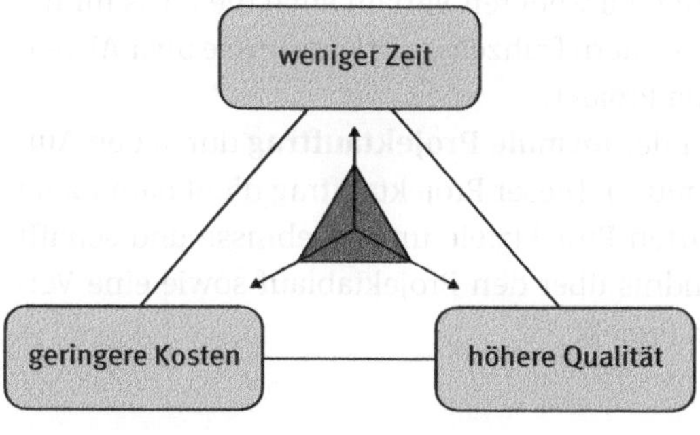

Abb. 5: Das Magische Dreieck

108 Wenn man im Projektverlauf eine dieser Größen nachsteuern muss, hat das immer einen negativen Einfluss auf die anderen Eckgrößen.

Darüber hinaus geben Gesetze und Vorschriften, geographische Bedingungen, begrenzte Mitarbeiter-Ressourcen usw. den Rahmen vor, innerhalb dessen geplant werden muss.

7. Risiken

109 Bereits mit Projektstart gilt es, mögliche **Projektrisiken** zu bedenken, deren Wahrscheinlichkeit abzuwägen und deren Auswirkungen auf das Projekt einzuschätzen. Vielleicht ist es an dieser Stelle auch schon denkbar, **Strategien zur Risikominimierung** zu entwickeln.

! **Praxistipp**

Bedenken Sie frühzeitig mögliche Abhängigkeiten der Projektrealisierung von
- Zuwendungen und künftigen Kostenentwicklungen,
- Auflagen von Genehmigungsbehörden,
- Grundstücksverfügbarkeiten oder
- Baurecht (Flächennutzungsplan, Bebauungsplan, Baulandumlegung).

Sorgen Sie für Puffer in Ihren Zeitplänen.

II. Spezifikation

110 Die Phase der Projektspezifikationen dient insbesondere der Definition von Projektzielen gemeinsam mit den künftigen Nutzern. Hier werden die **wesentlichen Merkmale** und die gewünschten/erforderlichen **Ergebnisqualitäten** des Projektes erarbeitet und dokumentiert.

111 Des Weiteren werden der Projektumfang, die Projektkosten und Zeitpläne in Grobkonzepten konkretisiert und das Projekt erhält eine erste inhaltliche und organisatorische Struktur. Diese Konzepte bilden im weiteren Verlauf auch die Basis für die sich anschließende Planungsphase und sichern frühzeitige Erkenntnisse über Abweichungen, Veränderungen und Risiken im Projekt.

112 Das Ergebnis dieser Phase ist immer der **formale Projektauftrag** durch den Auftraggeber/Entscheider (politisches Gremium). Dieser Projektauftrag dient damit zum einen der Dokumentation der vereinbarten Projektziele und ergebnisse und schafft zum anderen ein gemeinsames Verständnis über den Projektablauf sowie eine Verbindlichkeit und Identifikation mit dem Projekt

1. Festlegung der Projektziele

Die Definition der Projektziele im Rahmen der Bedarfsplanung setzt zunächst voraus, dass der Auftraggeber seinen Bedarf möglichst genau ermittelt, d. h. nun werden die wesentlichen Merkmale und die geforderten Ergebnisqualitäten des Projektes erarbeitet und dokumentiert. 113

Für das Erreichen eines optimalen Projektergebnisses sind die Anforderungen des Auftraggebers, ebenso die der künftigen Nutzer und sonstiger Interessensgruppen sowie gesetzliche Anforderungen so vollständig wie möglich zu erfassen und im Anschluss mit den anderen Rahmenbedingungen (Budget, Zeitrahmen, etc.) abzustimmen, um daraus die Projektziele abzuleiten. 114

In dieser Phase werden schon die ggf. unterschiedlichen Erwartungshaltungen der Beteiligten deutlich und können gegeneinander abgewogen und abgestimmt werden. Nicht selten schließen sich formulierte Anforderungen gegenseitig aus, auch hierüber muss vor der endgültigen Zielfestlegung eine Einigung über die **Bedarfspriorisierung** mit den Beteiligten erzielt werden. 115

Die aus den Rahmenbedingungen entwickelten Projektziele beschreiben letztlich das zu erreichende Projektergebnis im „fiktiven Soll" und beantworten im Wesentlichen die drei Fragen: 116

- Was soll erreicht werden?
- Wie soll es erreicht werden?
- Wie kann die Zielerreichung gemessen werden?

Ebenso wichtig bei der Formulierung von Projektzielen ist es, darauf zu achten, dass die Ziele realistisch erreicht werden können und von allen Beteiligten nachvollzogen und akzeptiert sind. 117

Der Abstimmungsaufwand für die Zieldefinition ist sehr stark projektabhängig. Bei einer Routinemaßnahme ist diese Aufgabe relativ schnell zu erledigen.

So wird es z. B. bei einer Kanalerneuerung kaum Probleme geben, die Notwendigkeit, die Randbedingungen, den technischen Umfang, das zeitliche Realisierungssoll und die zu erwartenden Kosten zu definieren. Als **Zielsetzung** für den Planer wird der Fokus hier auf der Technik und dem zeitlichen Rahmen liegen. Die resultierenden Kosten ergeben sich zum großen Teil aus dem Maßnahmenumfang und dem geforderten **Qualitätsziel**, welches sich regelmäßig im Rahmen enger gesetzlicher Vorschriften bewegen muss. Die Vorgabe, dass ein Kanal oder eine Kläranlage max. nur einen bestimmten Betrag kosten darf, führt meist nicht zum gewünschten Ziel. Im Bereich der Abwasserbeseitigung führen gesetzliche Bestimmungen und Auflagen eines Genehmigungsbescheids oft zu bestimmten Projektumfängen und -qualitäten, deren finanzieller Umfang im Rahmen der Bedarfsplanung nur eingeschränkt zu beeinflussen ist. Vielmehr gilt es bei diesen Projekten, vor allem im Rahmen der Leistungsphasen 1 bis 3 planerisch eine wirtschaftliche Lösung für die vorgegebenen technischen Zielsetzungen zu finden. 118

119 Im Gegensatz dazu kann die Planung einer Stadthalle wesentlich **komplexere Zielsetzungen** erfordern. Ohne eine ausführliche Bedarfsplanung ist es bei Projekten dieser Art kaum möglich, dem Planer verlässliche Zielsetzungen zu definieren. Anders als in dem vorgenannten Beispiel aus dem Bereich der Abwasserbeseitigung ist es hier jedoch denkbar, dass die Herangehensweise an das Projekt eher technisch/architektonisch **oder** wirtschaftlich geprägt ist, oder aus einer Kombination aus beidem besteht. Zwei Extreme hierzu:

- Es werden konkrete **technische Ziele ohne Budgetvorgaben** formuliert (z. B. Größe, Ausstattung, Materialqualitäten, EnEV-Ziele), die im Rahmen der Planung möglichst wirtschaftlich umzusetzen sind.
- Es werden **Budgetvorgaben** formuliert (z. B. Gesamtbudget für die Kostengruppen 200–500 oder Baukostenobergrenzen zu einzelnen Kostengruppen), innerhalb derer der Planer ein möglichst technisch optimiertes Ergebnis erzielen soll.

120 Auch wenn die Definition der Projektziele – insbesondere wenn sie in einem aufwendigen Abstimmungsprozess mit Nutzern, Verwaltung und Politik einhergehen – anstrengend und zeitintensiv sein kann: Sie ist wichtigste Voraussetzung für ein zielorientiertes und erfolgreiches Arbeiten des Objekt- oder Fachplaners!

121 Wird ohne Zielvorgabe in die Planung eingestiegen, bedeutet dies für den Bauherrn, dass er das größte **Kostenbeeinflussungspotential**, das nun einmal in der Zieldefinition und Vorbereitung der Planung steckt, ungenutzt lässt. Außerdem wird der Planungsablauf erschwert, und nicht selten werden teure Planungsänderungen erforderlich. Schlimmstenfalls wird sogar am Bedarf des Bauherrn oder der Nutzer vorbei gebaut.

2. Bedarfsplanung, Machbarkeitsstudie

122 Viele (öffentliche) Bauherren haben mit Projektstart noch keine konkreten Vorstellungen über den gewünschten Umfang und die Qualitäten des Projektes. Die frühe Untersuchung von Varianten ist oft höchst unbeliebt, da sie (scheinbar) nicht vorhandene Zeit kostet und (scheinbar) zusätzliche Kosten verursacht. Die Wirklichkeit sieht anders aus: Fehlende Grundlagendefinition und unzureichende Untersuchung möglicher, grundsätzlich unterschiedlicher Lösungsvarianten führt in der Praxis häufig zu Fehlentscheidungen, Um- oder Wiederholungsplanungen, die technisch und wirtschaftlich nachhaltig negative Auswirkungen haben.

123 Sofern das zu realisierende Projekt grundsätzlich unterschiedliche Lösungsmöglichkeiten zulässt, kann es für den Auftraggeber aus wirtschaftlicher, technischer und betrieblicher Sicht sehr lohnend sein, dem konkreten Planungsauftrag eine **Machbarkeits- oder Variantenstudie** vorzuschalten. Denn wie schon unter „C. Der Lebenszyklus eines Bauprojektes“ beschrieben, steckt in dieser Planungsphase das größte **Potential zur Beeinflussung** der Investitions- und Betriebskosten eines Projektes.

124 Auch im **Haushaltsrecht** ist der Grundsatz der Gegenüberstellung verschiedener Lösungsmöglichkeiten verankert. So führt z. B. §10 (1) Gemeindehaushaltsverordnung Rheinland-Pfalz aus: „Bevor Investitionen von erheblicher finanzieller Bedeutung beschlossen und im Finanzhaushalt ausgewiesen werden, soll unter mehreren in Betracht kommenden Möglichkeiten durch einen Wirtschaftlichkeitsvergleich, mindestens durch einen Vergleich der Anschaffungs- oder Herstellungskosten und der Folgekosten, die für die Gemeinde wirtschaftlichste Lösung ermittelt werden."

125 In vielen Fällen ist die Frage nach dem konkreten Planungsziel nicht ohne weitere Voruntersuchungen möglich. In der **Leistungsphase 1** hat der Planer im Rahmen der Bearbeitung der Grundleistung regelmäßig das „Klären der Aufgabenstellung auf Grundlage der Vorgaben oder der Bedarfsplanung des Auftraggebers" zu erbringen. Hier wird ersichtlich, dass sich der Auftraggeber seiner Verantwortung, dem Architekten oder dem Ingenieur **Vorgaben** hinsichtlich des Planungsziels zu machen, nicht entziehen kann.

126 Die HOAI sieht zwar in der Leistungsphase 2 (Vorplanung) z. B. in Anlage 10.1 das „Untersuchen, Darstellen und Bewerten von Varianten nach gleichen Anforderungen" vor, grundsätzlich unterschiedliche Möglichkeiten der Lösung einer Planungsaufgabe müssen jedoch dem Planungsauftrag nach HOAI vorausgehen. Regelmäßig liegt ein vielfach größerer Hebel zur **Beeinflussung der Gesamtwirtschaftlichkeit** von Projekten in der Phase vor der Beauftragung der Objektplanung (z. B. Bedarfsplanung, Machbarkeitsstudie).

Beispiele

- Ein Abwasserverband steht vor der Aufgabe, eine Kläranlage zu sanieren. In diesem Zusammenhang stellt sich die Frage, ob die sanierte Kläranlage auch das Abwasser einer weiteren Gemeinde aufnehmen kann, deren Kläranlage somit mittelfristig stillgelegt werden kann. Im Zuge der Objektplanung, Leistungsphase 2, ist diese Frage nicht zu klären. Vielmehr muss der Auftraggeber dem Ingenieur bereits mit Arbeitsaufnahme (Leistungsphase 1) die Vorgaben zum Einzugsgebiet der neuen (sanierten) Kläranlage übermitteln. Dies heißt, dass zunächst die verschiedenen Einzugsgebiete mit ihren spezifischen Charakteristika zu definieren sind. Anschließend müssen im Rahmen der Bedarfsplanung/Machbarkeitsstudie die Rahmenbedingungen dieser grundsätzlich unterschiedlichen Lösungsmöglichkeiten technisch dargestellt und hinsichtlich ihrer Investitions- und Betriebskosten verglichen werden. Aus wirtschaftlicher Sicht kann der Kostenvergleich in diesem Fall auf Basis der LAWA-Leitlinien für Kostenvergleichsrechnungen (Leitlinien zur Durchführung dynamischer Kostenvergleichsrechnungen der Bund/Länder-Arbeitsgemeinschaft Wasser) durchgeführt werden. Das Ergebnis ist anschließend hinsichtlich seiner Unsicherheiten in der frühen Projektphase zu bewerten, um festzustellen, ob für eine der untersuchten Varianten eine klare Empfehlung ausgesprochen werden kann. Ist das nicht der Fall, kann es auch erforderlich werden, z. B. zwei alternative Lösungsmöglichkeiten auf Vorplanungsniveau auszuarbeiten, um dann auf dieser Basis eine ausreichend abgesicherte Empfehlung abgeben zu können.
- Die Erstellung eines Generalentwässerungskonzeptes muss als Bedarfsplanung der Entscheidung für eine Sanierung des Abwassernetzes vor der Beauftragung der Objektplanung erfolgen. Das Konzept ist unter Berücksichtigung der Ergebnisse der Zustandserfassung des Kanalnetzes im Rahmen der Pflichten des Abwasserbeseitigungspflichtigen zur Umsetzung der Eigenkont-

rollverordnung zu bearbeiten. Auf Basis der Befahrungsergebnisse wird hierbei ein Kanalschadenskataster erstellt, in dem die festgestellten Schäden bewertet werden. Daran schließt sich die Entscheidung des Betreibers an, ob und wie ein schadhafter Kanalabschnitt saniert werden kann, beziehungsweise ob eine Komplettauswechslung erforderlich wird. Diese Entscheidungen sind Grundlage für die Aufgabenstellung des zu beauftragenden Objektplaners.

- Im Gebäudebereich stellt sich immer häufiger die Frage, ob die heute gewünschten oder erforderlichen energetischen Sanierungsziele durch die Generalsanierung eines Gebäudes sinnvoll und nachhaltig erreicht werden können, oder ob das bestehende Gebäude besser zurückgebaut werden soll, um anschließend einen Neubau zu errichten. Die Fragestellungen, die hierbei zu beantworten sind, gehen weit über einen Vergleich der Investitionskosten und der langfristigen Betriebskosten im Bereich Energie hinaus. Es sind z. B. Fragen zum langfristigen Einsparpotential durch optimierte Arbeitsabläufe oder Reinigungskosten zu beantworten. Eine klassische Aufgabe der Bedarfsplanung, die im Verantwortungsbereich des Auftraggebers liegt.

---

127 Die **Bedarfsplanung** ist seit April 1996 in der DIN 18205 normiert. Sie soll folgende Vorgehensweise sicherstellen:

- Die methodische Ermittlung der Bedürfnisse z. B. von Bauherrn und Nutzer.
- Deren zielgerichtete Aufbereitung als Bedarf.
- Die Umsetzung des Bedarfs in bauliche Anforderungen.

128 Auch wenn die Bedarfsplanung ureigene Aufgabe des Bauherren ist, kann sich der Bauherr dennoch für die Leistungen der Bedarfsplanung eines **externen Spezialisten** bedienen. Dies kann auch der (spätere) Objekt- oder Fachplaner sein. Das Ergebnis der Bedarfsplanung ist nicht nur die rein technische Definition der Rahmenbedingungen, sondern auch eine überschlägige Darstellung der zu erwartenden Projektkosten.

3. Prognose der zu erwartenden Gesamtkosten

129 Die Prognose der Projektkosten basiert in der Regel auf Erfahrungen aus vergleichbaren Projekten oder aus den Ergebnissen einer Machbarkeitsstudie.

Die **Kostenprognose** in dieser ersten Phase liefert Zahlen nicht in der belastbaren Qualität, wie sie häufig von den Projektbeteiligten angenommen wird. Diese **Unsicherheit** liegt ursächlich begründet in der systembedingten Schwäche von Organisations- und Entscheidungsstrukturen in öffentlichen Verwaltungen:

130 Auf dem Weg zum Projekt fallen oft über lange Zeiträume in den zuständigen politischen Gremien keine **verbindlichen Entscheidungen** zum Umfang und zur zeitlichen Realisierung von Projekten. Wenn dann aber die Entscheidung gefallen ist, sollen die Projekte in **kürzester Zeit** realisiert werden. Dabei hat das einzelne Ratsmitglied den Eindruck, dass ein Projekt, welches seit Jahren diskutiert wird, auch eine gewisse Planungstiefe besitzt. Dem gegenüber steht die Bauabteilung, die bis zu diesem Zeitpunkt noch keine Mittel zur Projektvorbereitung zur Verfügung hatte und daher in der Vergangenheit eine mit großen Unsicherheiten behaftete Aussage

zu möglichen Kosten gemacht hat. Häufig verselbstständigen sich die Kostenaussagen über die Zeit und werden als Kostenberechnungen mit hohem Genauigkeitsgrad wahrgenommen.

Es empfiehlt sich, bei der Prognose der Kosten immer konkret zu benennen, um 131 welche **Stufe der Kostenermittlung** es sich handelt. Die Stufen der Kostenermittlung sind unter anderem nach dem Zweck und dem Detailierungsgrad festgelegt. Die Stufen der Kostenermittlung nach DIN 276-1 sind:

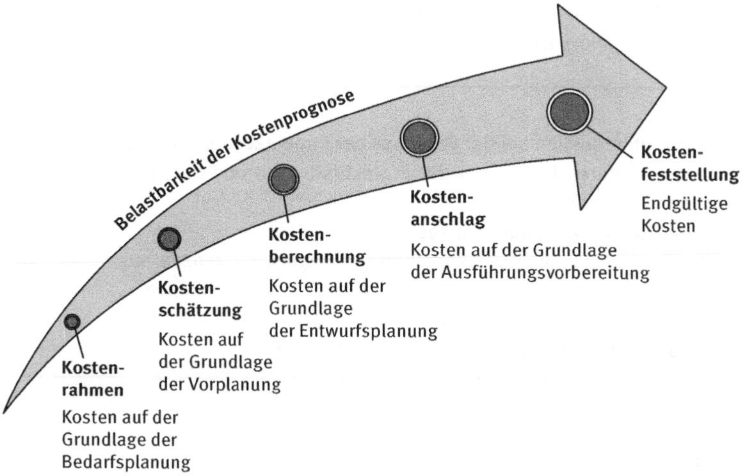

Abb. 6: Die Stufen der Kostenermittlung

Bei der Prognose der zu erwartenden Gesamtkosten kann es sich somit in der Regel 132 nur um den Kostenrahmen handeln. Nach DIN 276-1 dient der Kostenrahmen als eine Grundlage für die Entscheidung über die Bedarfsplanung sowie für grundsätzliche **Wirtschaftlichkeits- und Finanzierungsüberlegungen** und zur Festlegung der Kostenvorgabe. Beim Kostenrahmen werden insbesondere folgende Informationen zugrunde gelegt:
- quantitative Bedarfsangaben, z. B. Raumprogramm mit Nutzeinheiten, Funktionselemente und deren Flächen;
- qualitative Bedarfsangaben, z. B. bautechnische Anforderungen, Funktionsanforderungen, Ausstattungsstandards;
- gegebenenfalls auch Angaben zum Standort.

Im Kostenrahmen müssen innerhalb der Gesamtkosten mindestens die Bauwerkskosten gesondert ausgewiesen werden.

Aus den Ausführungen geht eindeutig hervor, dass eine Kostenprognose als Grund- 133 lage für die Grundsatzentscheidungen über ein Projekt einer gründlichen **Analyse** und Vorbereitung bedarf. Liegen keine hinreichenden **Referenzprojekte** vor, müssen im Einzelfall planerische Vorleistungen zur Erstellung von Machbarkeitsstudien oder Leistungen zur Unterstützung bei der Bedarfsplanung erbracht werden.

134 Zu hoch angesetzte oder mit zu vielen Sicherheiten belegte Kostenprognosen können unberechtigterweise zur Einstellung oder Verschiebung erforderlicher Investitionen führen. Demgegenüber können zu gering angesetzte Kostenprognosen in der Folge zu erheblichen **Finanzierungsproblemen** führen. Daher sind die Kostenprognosen mit größter Sorgfalt zu erstellen. Den Entscheidern oder Entscheidungsgremien sollten vorhersehbare Kostenrisiken nach ihrer Art, ihrem Umfang und ihrer Eintrittswahrscheinlichkeit benannt und geeignete Maßnahmen zur Reduzierung, Vermeidung und Steuerung dieser Risiken aufgezeigt werden.

! **Praxistipp**

Vermeiden Sie die häufigsten Fehlerquellen bei der Prognose der Projektkosten, wie z. B.

- fehlende Beteiligung der späteren Nutzer bei der Projektdefinition und daraus resultierende Sonderwünsche und Planungsänderungen
- unzureichende Berücksichtigung von Baunebenkosten
- Beeinflussung von Kostenermittlungen oder Vorgaben für Kostenobergrenzen aus dem politischen Raum ohne Berücksichtigung von sachlich-technischen Zusammenhängen
- unzureichende Berücksichtigung von Kostenentwicklungen

Bedenken Sie: Auch die Phase der Bedarfsplanung erfordert ein Budget!

---

4. Projektfinanzierung

135 Nachdem der Projektumfang aus technischer und wirtschaftlicher Sicht definiert ist und die Gesamtkosten ermittelt sind, stellt sich die Frage der Finanzierbarkeit. Gerade im Bereich öffentlicher Haushalte muss der jeweils gesamte Auftragswert zum Ausschreibungs- bzw. Vergabezeitpunkt zur Verfügung stehen.

136 Aus den vorangegangenen Ermittlungen (Projektziele, Projektkosten, Projektzeiten) lässt sich frühzeitig darstellen, welche Mittel in welchem Zeitraum für das Projekt erforderlich werden. Da es sich regelmäßig um Projekte handelt, die über mehrere Jahre geplant, realisiert und finanziert werden, sind die zu erwartenden Kosten in einem Finanzplan darzustellen.

137 Nicht selten ist die Finanzierung großer Ausgaben nur dann gesichert, wenn die Kosten teilweise durch Zuwendungen anderer Stellen refinanziert werden. Hierzu bedarf es wiederum eines Zuwendungsantrages, welchem Planunterlagen und eine Kostenberechnung auf Entwurfsplanungsniveau (Leistungsphase 3) zugrunde gelegt werden müssen.

138 Für die Beauftragung von Planungsleistungen bedeutet dies, dass **Finanzierung** und Beauftragung der Planung zunächst nur für die Leistungen bis Leistungsphase 3 zur Verfügung stehen müssen. Bei der Ermittlung des hierfür erforderlichen Finanzbedarfs darf nicht vergessen werden, dass außer den reinen Kosten für die Grundleistungen der Leistungsphase 3 weitere (besondere) Leistungen erforderlich sein

können (z. B. für Bestandsaufnahmen, Machbarkeitsstudien, Wirtschaftlichkeitsuntersuchungen etc.).

Sofern die Projektfinanzierung mit Beauftragung der Planungsleistungen nicht vollständig gesichert ist, sollte dies bei der Definition der Rahmenbedingungen, die der Vertragsverhandlung für die freiberuflichen Leistungen zugrunde liegen, Berücksichtigung finden. 139

Praxistipp !

Falls die Finanzierung der vollständigen Planungsmittel zum Auftragszeitpunkt nicht gesichert ist, kann eine Lösungsmöglichkeit hierfür sein, lediglich die im ersten Bearbeitungsschritt erforderlichen Leistungen und Leistungsphasen ohne weitere Optionen (**Vollauftrag**) zu beauftragen. Eine weitere Alternative ist der Abschluss eines **Stufenvertrags**, der einen gesonderten Abruf der weiteren Leistungen in Abhängigkeit des Realisierungswillens des Auftraggebers vorsieht.

5. Projektzeitplan

Leider folgen viele Projekte beim öffentlichen Auftraggeber dem gleichen Muster: 140
Über lange Zeiträume wird das Projekt in den Entscheidungsgremien diskutiert, aber verbindliche Entscheidungen, die die Verwaltung in Bezug auf die Projektvorbereitung handlungsfähig machen, bleiben aus.

Irgendwann, z. B. nach Mittelbereitstellung und der Genehmigung des Haus- 141
haltsplanes durch die Aufsichtsbehörde wechselt das Projekt in kürzester Zeit aus der Lethargie in den „wilden" Aktionismus, und das obwohl noch keine planerischen Vorbereitungen getroffen sind und die Objektplanung möglicherweise noch gar nicht beauftragt ist.

In der Planungsphase selbst ist eine detaillierte Projektzeitplanung noch nicht 142
möglich, dennoch lassen sich auch hier schon aufgrund von Erfahrungswerten erste Einschätzungen über die Dauer der einzelnen Projektphasen grob bemessen. Häufig sind auch bereits in der Planungsphase einzelne Meilensteine fixiert – und sei es nur ein gesetzter Fertigstellungstermin –, die erste Eckdaten für eine grobe Zeitplanung darstellen.

Praxistipp !

Beginnen Sie für die Erstellung eines groben Zeitplanes am Ende des Projektes und rechnen Sie die Zeitspannen für die einzelnen Projektphasen zurück. Für die Erstellung eines für alle Beteiligten Zeitplans bedarf es keiner nicht ohnehin vorhandenen Software. Als einfachste Lösung reichen schon wenige Informationen aus, um für alle Beteiligten eine Idee für die möglichen zeitlichen Ablaufes transparent zu machen:

Baumaßnahme/Projekt: Erweiterung Kläranlage XY	
Beschreibung	**Wochen**
Grundlagenermittlung	3 Wochen
Vorplanung	10 Wochen
Entwurfsplanung/Genehmigungsplanung	6 Wochen
Genehmigungsphase	16 Wochen
Ausführungsplanung/Erstellung Leistungsverzeichnisse	4 Wochen
Dauer Planungs- und Genehmigungsphase	**39 Wochen**
Vergabeverfahren einschl. Auftragserteilung	6 Wochen
Bauliche Realisierung	25 Wochen
Dauer Ausschreibungs- und Realisierungsphase	**31 Wochen**

Siehe auch Teil G dieses Kapitels für ausführliche Zeitpläne – Grob- und Detailausführung.

143 Mit zunehmender **Planungsreife** des Projektes werden auch die Aussagen über den zu erwartenden Zeitrahmen des Gesamtprojektes immer verlässlicher. Belastbare Angaben zum Zeitplan lassen sich nach Erstellung des detaillierten Projektablaufplanes treffen. Dazu empfiehlt sich folgende Vorgehensweise:

1. Einen Projektstrukturplan erstellen und Arbeitspakete definieren

144 Mit dem **Projektstrukturplan** (PSP) wird die mehr oder weniger komplexe Aufgabenstellung des Gesamtprojektes in kleinere, in sich abgeschlossene Arbeitspakete (=Teilaufgaben) zerlegt. Der PSP bildet somit alle Arbeitspakete eines Projektes ab, die zur Erreichung des vereinbarten Projektergebnisses bewältigt werden müssen.

145 Jedes **Arbeitspaket** wird inhaltlich beschrieben und dann einer namentlich zu benennenden Person verantwortlich zur Erledigung übertragen. Dabei kann der AP-Verantwortliche zur Bearbeitung seiner Aufgabe selbstverständlich weitere Mitarbeiter unterstützend hinzuziehen, die Verantwortung bleibt aber bei ihm.

2. Einen Projektablaufplan skizzieren und eine Zeitplanung abstimmen

146 Im nächsten Schritt wird ein in einem Projektablaufplan die **logische Reihenfolge**, in der die Arbeitspakete abzuarbeiten sind, festgehalten. Dabei müssen eventuelle Abhängigkeiten zu vor- oder nachgelagerten Arbeitspaketen unbedingt berücksichtigt werden. Manche Arbeitspakete lassen sich wiederum gleichzeitig abarbeiten.

147 Anschließend werden die Zeitaufwände je Arbeitspaket geschätzt und mit **Anfangs- und Endterminen** versehen. Nicht selten unterliegt die Terminfestlegung durch fixe Vorgaben schon gewissen Einschränkungen in Form von „Ende spätestens am ...“ oder „Beginn nicht vor ...“.

Anhand des terminierten Projektablaufplanes lässt sich die Gesamtdauer des Projektes ablesen. 148

Es empfiehlt sich den Projektablaufplan mit einer Zeitschiene zu visualisieren. Je nach Umfang kann dies einfach mit Microsoft Excel erfolgen. 149

3. Die Meilensteine festhalten

Ein Meilenstein ist ein bezeichneter Termin in einem Projekt, zu welchem dem Auftraggeber/Entscheider ein oder mehrere (Teil-)Ergebnisse vorgelegt werden müssen. Für jeden Meilenstein ist eine **Abnahme/Freigabe** durch den Auftraggeber erforderlich mindestens aber ratsam, bevor mit den darauf aufbauenden Arbeiten begonnen wird. Ein Übergang zum nächsten Meilenstein ist also erst möglich, wenn die Anforderungen des vorhergehenden Meilensteins erfüllt sind. Auch die Meilenstein-Termine sind in den Projektablaufplan als Fixtermine aufzunehmen. 150

Auch ein Projektzeitplan „lebt", denn er unterliegt internen und externen Einflüssen, die das Einhalten von Terminen erschweren bzw. eine nachträgliche Anpassung erforderlich machen. 151

Praxistipp !

- Berücksichtigen Sie Zeitpuffer bei der Erstellung von Zeitplänen.
- Kontrollieren Sie den Erledigungsfortschritt nach der Hälfte der für ein Arbeitspaket veranschlagten Zeit.
- Informieren Sie Auftraggeber/Entscheider frühzeitig, wenn die Nicht-Einhaltung eines Meilensteins erkennbar ist.

III. Die Festlegung der Eignungskriterien

Dem Haushaltsrecht ist zu entnehmen, dass vor Vergabe öffentlicher Aufträge grundsätzlich ein Wettbewerb stattfinden soll. Als Wettbewerb soll, aufgrund des **Ausnahmecharakters** von freiberuflichen Leistungen, der Leistungswettbewerb zum Tragen kommen. Es soll also kein reiner Preiswettbewerb stattfinden. Das ist nur dadurch zu erreichen, dass neben quantitativen Kriterien (Preis) auch qualitative Kriterien (Leistungsfähigkeit, Zuverlässigkeit, Erfahrung) herangezogen werden. Dies gilt unabhängig davon, ob der Schwellenwert unter- oder überschritten wird. 152

Verfahren zur Vergabe von freiberuflichen Leistungen sind in der Regel zweistufig. Zunächst erfolgt die Auswahl geeigneter Bewerber im Zuge der Eignungsprüfung in der ersten Stufe (**Auswahlverfahren**). Hierzu legt der Auftraggeber im Vorfeld entsprechende Eignungskriterien fest. Ein „Mehr an Eignung" führt in dieser Verfahrensstufe zu einer besseren Bewertung. 153

Aus der ersten Stufe gehen die geeignetsten Bewerber hervor, die anschließend zu den Verhandlungsgesprächen eingeladen werden. Hierfür definiert der Auftraggeber spätestens mit der Einladung zum Verhandlungsgespräch die Zuschlagskriterien. 154

155 Bei der Festlegung der **Eignungskriterien** sollte der Auftraggeber darauf achten, dass nur die Anforderungen gestellt und nur die Nachweise gefordert werden, die zur Eignungsfeststellung für den konkreten Auftrag tatsächlich erforderlich sind. Eine übermäßige Anforderung von Nachweisen in Qualität und Quantität führt nicht nur zu unverhältnismäßig hohem Aufwand für die Bewerber (zur Zusammenstellung und Einreichung der Unterlagen), sondern auch für die Vergabestelle, denn alle eingereichten Unterlagen müssen auch im Detail geprüft werden.

156 Als **Nachweise** zur Feststellung der Eignung (Leistungsfähigkeit, Fachkunde, Zuverlässigkeit) können z. B. verlangt werden:
- Nachweis einer Berufshaftpflichtversicherung
- Erklärungen zur Tariftreue/Mindestlohn (in Abhängigkeit von den jeweiligen landesrechtlichen Regelungen)
- Nachweis des Umsatzes bei der Durchführung vergleichbarer Leistungen
- Mitarbeiterzahl und -qualifikation
- Referenzen des Bewerbers und persönliche Referenzen des Schlüsselpersonals (z. B. des vorgesehenen Projektleiters)
- Maßnahmen zum Qualitätsmanagement im Unternehmen

157 Bei allen genannten Kriterien ist im konkreten Einzelfall darauf zu achten, dass die Mindestanforderungen nicht zu hoch, d. h. der Planungsaufgabe **angemessen** sind. Gleiches gilt bei der Festlegung der Höhe der Anforderungen, ab der im Punkteranking bei der Bewertung des jeweiligen Kriteriums die maximale Punktzahl erreicht werden kann.

Beispiel
- Es kann durchaus sinnvoll sein, bei einer Kindergartenplanung als Mindestanforderung an die Mitarbeiterzahl und -qualifikation einen Projektleiter mit der Ausbildung als Architekt und einen gleich qualifizierten stellvertretenden Projektleiter zu erwarten. Fraglich ist jedoch ob es sinnvoll ist, dass ein Bewerber mit 15 Architekten besser bewertet wird als ein Bewerber mit 5 Architekten.
- Der geforderte jährliche Mindestumsatz des Bewerbers sollte das zweifache des zu erwartenden Jahresumsatzes im konkreten Projekt in der Regel nicht überschreiten. Es ist im Regelfall auftragsbezogen nicht sinnvoll, einen Bewerber, der das 30fache des Projektumsatzes als Jahresumsatz nachweist, besser zu bewerten als einen Bewerber, der z. B. das 5fache des Projektumsatzes als Jahresumsatz nachweist.

---

158 Die Überdimensionierung der **Mindestanforderungen** an die Eignung, die Honorierung von sehr großen Mitarbeiterzahlen oder Umsätzen oder zu hohe Anforderungen an die Vorlage von Referenzen führen dazu, dass kleinere Büroorganisationen trotz faktischer Eignung für das konkrete Projekt bereits in der Stufe des Teilnahmewettbewerbs ausgeschlossen werden. Mittel- und langfristig schaden sich die öffentlichen Auftraggeber dadurch selbst, denn die Auswahl der Büros nach dem Motto „alt und

reich" verhindert die Vergabe von Planungsaufträgen trotz positiver Eignung im konkreten Projekt an junge und innovative Büroorganisationen.

E. Die Projektdokumentation

Auch bei Planungsleistungen gilt die alte Weisheit: „Wer schreibt, der bleibt". Bei den Projektdokumentationen muss jedoch unterschieden werden, welche Dokumentationen durch den Auftraggeber bzw. die Verwaltung erstellt werden müssen und wie der beauftragte Architekt bzw. Ingenieur seine Leistungen dokumentiert. 159

Der Mindestumfang der **Projektdokumentation** der Verwaltung sollte für alle betroffenen Mitarbeiter durch die Verwaltungsleitung definiert werden. Dies ist nicht nur ein **Baustein** zur Sicherung des Projekterfolgs, es stellt auch sicher, dass bei Übergabe eines Projektes an einen Kollegen oder im Vertretungsfall die relevanten Informationen schnell und widerspruchsfrei auffindbar sind. 160

Ähnlich verhält es sich bei den durch die beteiligten Büros zu erstellenden Dokumentationen. Für alle Beteiligten ist es von Vorteil, wenn dieses oft ungeliebte Thema bereits im Rahmen der **Vertragsverhandlung** angesprochen wird und im abzuschließenden Architekten- oder Ingenieurvertrag klar geregelt wird.

I. Die Bedarfsdokumentation, die Aufgabenbeschreibung sowie die Dokumentation des Vergabeverfahrens

Sämtliche Schritte, die der Einschaltung des Planers vorausgehen, sind durch den Auftraggeber selbst zu dokumentieren. Die Mindestanforderungen an den Umfang und den Inhalt der Dokumentation sollten sein: 161

1. Bedarfsdokumentation

Inhalt und Aufbau der Bedarfsdokumentation können sich an der DIN 18205 „Bedarfsplanung im Bauwesen" orientieren. Dies muss bei einem Standard- oder Routineprojekt keine sehr aufwendige oder umfangreiche Ausarbeitung sein. Das Teil 3 beigefügte Formular hilft, eine schnelle **Dokumentation der wichtigsten Metadaten** zum Projekt, der Rahmenbedingungen, der Ziele und der Mittel zu erstellen. 162

2. Aufgabenbeschreibung

Die Angaben zu der in der DIN 18205 aufgeführten „Prüfliste C" in einem Umfang, der den Anforderungen und der Komplexität des jeweiligen Projektes entspricht, hat die Aufgabenbeschreibung zum Ergebnis. 163

164 Eine Aufgabenbeschreibung sollte mindestens folgende Gliederungspunkte umfassen:
- Veranlassung
- Randbedingungen
- Zielsetzungen (technisch, wirtschaftlich, zeitlich)

165 Die Aufgabenbeschreibung ist unbedingt zum Bestandteil des Architekten- oder Ingenieurvertrags zu machen. Es gilt der Grundsatz: Je besser die **Aufgabenbeschreibung**, d. h. je konkreter der Auftraggeber sein Planungsziel beschreibt, desto höher ist die Wahrscheinlichkeit, ohne Umplanungen und ohne Zeitverzögerungen das **Planungsziel** zu erreichen.

166 Die Aufgabenbeschreibung sollte sich auf die **Leistungs- und Funktionsanforderungen** beschränken und nicht eine detaillierte Beschreibung von Lösungen beinhalten. Die Lösungsfindung (Variantenuntersuchung nach gleichen Anforderungen) ist dann Aufgabe und Ziel des Planungsprozesses. Zur Dokumentation der Aufgabenbeschreibung kann es neben einer textlichen Beschreibung hilfreich sein, diese durch Lagepläne, Skizzen oder Fotos zu ergänzen.

3. Auftragswertermittlung und Vergabeverfahren

a) Dokumentation des voraussichtlichen Auftragswertes

167 Der Ermittlung und Dokumentation des voraussichtlichen Auftragswertes kommt eine besondere Bedeutung zu, da sich in Abhängigkeit der Erreichung des zum Zeitpunkt der Einleitung des Vergabeverfahrens geltenden Schwellenwertes die Art des Vergabeverfahrens entscheidet. Auch wenn der Auftragswert sicher unterhalb des Schwellenwertes liegt, können z. B. aufgrund landesrechtlicher Regelungen oder verwaltungsinterner Dienstanweisungen die voraussichtlichen Auftragswerte erheblichen Einfluss auf die Ausgestaltung der Vergabeverfahren haben.

168 Auf Basis der in der Projektspezifikation ermittelten Gesamtkosten und der Festlegung des Umfangs der erforderlichen Architekten- und Ingenieurleistungen ist es möglich, eine Prognose des Honorarumfangs zu erstellen. Diese **Honorarprognose** sollte zunächst getrennt nach den freiberuflichen Leistungen der unterschiedlichen Leistungsbilder der HOAI, jeweils zuzüglich der zu erwartenden Besonderen Leistungen, die nicht im verordneten Teil der HOAI enthalten sind, erfolgen. Zu berücksichtigen sind auch alle Optionen oder etwaige Vertragsverlängerungen.

169 Sofern es beabsichtigt ist, die Leistungen mehrerer Leistungsbilder an einen (General-)Planer zu beauftragen, sind zur Ermittlung der Erreichung bzw. Unterschreitung des Schwellenwertes die zu erwartenden Honorare dieser Leistungsbilder zu addieren.

170 Die Ermittlung und deren Dokumentation muss gewissenhaft und **sachgerecht** erfolgen. Sie muss objektiv nachvollziehbar anhand der maßgeblichen Vorschriften vorgenommen werden. Soweit für die zu vergebende freiberufliche Tätigkeit eine

Gebühren- oder Honorarordnung existiert, wird die Gesamtvergütung hiernach ermittelt. Für Architekten- und Ingenieurleistungen liegt eine gesetzliche Honorarordnung, die HOAI, vor. Dies hat zur Folge, dass die dort vorgegebenen Berechnungssätze für die Bestimmung der Gesamtvergütung maßgeblich sind. Der geschätzte Auftragswert ist demzufolge nach den Bestimmungen der HOAI zu ermitteln.

Sofern es sich um sonstige, nicht verordnete Leistungen handelt, sind die zu 171
erwartenden Honorare nach Erfahrungswerten oder z. B. auf Basis des erforderlichen Zeitaufwands in Verbindung mit ortsüblichen Stunden- oder Tagessätzen zu ermitteln.

Maßgeblicher **Zeitpunkt** für die Schätzung des Auftragswertes ist die Einleitung 172
des Vergabeverfahrens. Da es sich bei der Schätzung um eine **Prognose** handelt, die zum Zeitpunkt der Erstellung nach bestem Wissen versucht, den zu erwartenden Auftragswert darzustellen, wird es in den wenigsten Fällen möglich sein, den **tatsächlichen Auftragswert** mit der Prognose genau zu treffen. Sofern die Ermittlung jedoch nicht grob fehlerhaft war und sich im Laufe des Vergabeverfahrens andere Honorare (höher oder niedriger) ergeben, führt dies nicht dazu, dass im laufenden Vergabeverfahren die Vergabeart geändert wird. Eine vor Einleitung des Vergabeverfahrens erstellte sorgfältige Honorarprognose behält ihre Gültigkeit für die Festlegung der Vergabeart weiterhin.

b) Dokumentation des Vergabeverfahrens/Vergabevermerk

Der Umfang der Dokumentation des Vergabeverfahrens ist abhängig von der gewähl- 173
ten Art des Vergabeverfahrens. Näheres hierzu ist in Kapitel 5 „Die Dokumentation des Vergabeverfahrens“ enthalten.

In allen Fällen ist die Dokumentation **zeitnah**, d. h. mit Einleitung des Vergabe- 174
verfahrens, zu beginnen und bis zum Vertragsabschluss mit dem freiberuflich Tätigen fortzuschreiben.

Im Vergabevermerk werden die einzelnen Stufen des Verfahrens, die Maßnah- 175
men, die Feststellungen sowie die Begründung der einzelnen Entscheidungen dokumentiert. Der Vergabevermerk sollte kurz und prägnant alle im Verfahren getroffenen Einzelentscheidungen und deren Gründe enthalten. Dies sind in Abhängigkeit des Einzelfalls z. B.

- Name und Anschrift des Auftraggebers
- Prognose des Auftragswertes/Schwellenwertermittlung
- Begründete Wahl der Vergabeart
- Aufgabenbeschreibung
- Wert des Auftrags
- Namen der berücksichtigten Bewerber und Gründe für ihre Auswahl
- Darstellung der Verfahrensdurchführung
- Name des erfolgreichen Bewerbers und die Gründe für die Auftragserteilung
- Gründe, aus denen auf die Auftragsvergabe verzichtet wurde

176 Insbesondere bei freihändigen Vergaben unterhalb des Schwellenwertes, bei denen im Einzelfall zulässigerweise mit nur einem Bewerber verhandelt wurde, ist auf die Dokumentation der Streuung der Aufträge/Wechsel des Bieterkreises besonderen Wert zu legen. Es liegt in der Natur der Sache, dass diese Dokumentation über das einzelne Vergabefahren hinausgeht.

! **Praxistipp**

Insbesondere der Nachweis der **Streuung der Aufträge** auf verschiedene Auftragnehmer bzw. der Nachweis des regelmäßigen Wechsels im Bieterkreis bei Vergaben unterhalb des Schwellenwertes, bei denen nur mit einem Bieter verhandelt wird, fällt vielen Vergabestellen schwer. Es empfiehlt sich daher, innerhalb der Verwaltung – über die Grenzen der einzelnen Fachbereiche oder Abteilungen hinweg – eine **Statistik** über die erteilten Freiberufler-Aufträge zu führen. Diese Statistik sollte mindestens folgende Informationen enthalten

- Projektbezeichnung
- Name und Anschrift des Auftragnehmers
- Art, Umfang und Wert der beauftragten Leistungen
- Auftragsdatum und Leistungszeitraum
- Name des Ansprechpartners/Projektleiters innerhalb der Verwaltung

Anhand dieser einfach zu pflegenden Auftragsdatenbank kann nicht nur die ordnungsgemäße Streuung der Aufträge dokumentiert werden. Es hilft auch beim verwaltungsinternen Austausch von Informationen zu einzelnen Projekten oder zur Eignung einzelner Bewerber.

II. Die Dokumentation während der Leistungserbringung sowie der Planungsergebnisse

177 Während des Planungsprozesses sind unterschiedliche Akteure am Werk. Dies sind vor allem der Projektleiter als Vertreter des Auftraggebers sowie die verschiedenen Objekt- und Fachplaner. Selbst wenn geklärt ist, wer inhaltlich welche Aufgaben und Pflichten hat, gibt es dennoch häufig Unklarheiten über den **Umfang und die Zuständigkeiten** bei der Dokumentation. Die nachstehenden Fragen sollten daher im Verhandlungsverfahren beantwortet werden und im Architekten- bzw. Ingenieurvertrag verbindlich vereinbart werden:

- Wer dokumentiert?
- Was ist zu dokumentieren?
- Wann sind die Dokumentationen zu erstellen?
- Wie ist zu dokumentieren?

178 Im Vertrag mit dem Architekt/Ingenieur sollte auf jeden Fall vereinbart werden, dass die einzelnen Grundleistungen der vereinbarten Leistungsbilder und Leistungsphasen zum Leistungsumfang gehören. Insbesondere durch die in der Novellierung der HOAI 2013 enthaltenen erhöhten **Dokumentationspflichten** ergibt sich hierdurch bereits eine gute Dokumentation der Leistungen des beauftragten Planers. Darüber

hinaus sollten die Anforderungen des Auftraggebers an sonstige Dokumentationen (z. B. Besprechungsprotokolle, Koordinationsprotokolle) im Vertrag geregelt werden.

Praxistipp

!

Ein wichtiger Punkt neben dem Umfang der Dokumentation ist deren Form. Legen Sie im Vertrag konkret fest, wie viele **analoge Ausfertigungen** von welchen Leistungen abzugeben sind. Gleichzeitig sollten Sie definieren, in welcher Datenform die **digitale Dokumentation** vorzulegen ist. Hierzu gehören z. B. Angaben zu Programmen und Programmversionen.
Bedenken Sie dabei, dass insbesondere Planunterlagen nicht nur im PDF-Format, sondern auch in einem für Sie lesbaren **CAD-Format** vorgelegt werden. Diese Ausfertigungen erlangen im Rahmen der digitalen Bestandsdokumentation und des CAFM-gestützten Betriebs von Gebäuden besondere Bedeutung. Die nachträgliche Digitalisierung von Planungs- oder Bestandsunterlagen kann aufwendig und teuer sein.

Dies alleine reicht jedoch nicht. Viele Leistungen erbringt der Planer zur Vorbereitung einer Entscheidung oder Handlung, die dem Auftraggeber vorbehalten ist. So bleibt die Wertung der Angebote, die Erstellung und Versendung von Informations- und Absageschreiben, die Auftragserteilung und die abschließende Erstellung des Vergabevermerks immer eine ureigene Aufgabe des Auftraggebers – auch wenn der freiberuflich Tätige hierzu vorbereitende Arbeiten ausführt und fachliche Empfehlungen gibt. 179

Neben inhaltlichen Vorgaben und Zuständigkeitsregelungen sollte im Vertrag festgelegt werden, wann die entsprechenden Dokumentationen zu erstellen bzw. vorzulegen sind. Um hinreichend Transparenz im Planungsprozess für beide Vertragsparteien sicherzustellen, empfiehlt es sich, die Inhalte und den Abschluss jeder Leistungsphase seitens des Planers einzeln zu dokumentieren und dem Auftraggeber jeweils analog und digital zu übergeben. 180

Demgegenüber sollte der Auftraggeber jede abgeschlossene und eingereichte (Teil-)Leistung prüfen und die Bearbeitung der jeweils nächsten Planungsphase durch den Planer **schriftlich freigeben.** Die so erstellten Dokumentationen dienen mit Abschluss des Projektes dem Leistungsnachweis durch den Planer und helfen dem Auftraggeber, mit Abschluss der vertraglichen Leistungen des Planers eine nachvollziehbare **Abnahme** der erbrachten Leistungen durchführen zu können. 181

Die zeitnahe Dokumentation der Planungsergebnisse der einzelnen Leistungsphasen in Verbindung mit den dazu erteilten Freigaben erleichtert die **Leistungsabnahme** insbesondere bei Projekten, die eine Laufzeit von mehreren Jahren haben. Dies ist bei Planungsaufträgen, die auch die Objektüberwachung/Bauüberwachung und ggf. die Objektbetreuung (Leistungsphase 9) zum Leistungsgegenstand haben, regelmäßig der Fall. 182

F. Checkliste in Anlehnung an DIN 18205

I. Beispiel: Projekterfassung

Checkliste

183

A.1	**Das Projekt**	
A.1.1	Datum der Projektaufnahme	*15.02.2009*
A.1.2	Aufgabenstellung / Projektbezeichnung	*Neubau eines Mulitfunktionsgebäudes für die Ortsgemeinde Musternhausen*
A.1.3	Standort, Adresse	*Flur 11, Flurstück 08/15, 55555 Musternhausen*
A.1.4	Gebäudeart, Nutzungsart	*Multifunktionsgebäude:* *Gemeinschaftliche Nutzung durch Bauhof, Feuerwehr und Ortsgemeinde mit Veranstaltungsräumen bzw. -flächen mit öffentlichen Toiletten*
A.2	**Projektzweck**	
A.2.1	Auslöser für das Projekt	*Bauhof:* *Fehlender Lagerraum für den Bauhof der Ortsgemeinde, unwirtschaftliche und unsachgemäße Unterbringung von Gerätschaften in mehreren angepachteten Gebäuden in der Gemarkung der Ortsgemeinde.* *Dorfgemeinschaftshaus (DGH):* *Unzureichende Räumlichkeiten für öffentliche und private Veranstaltungen* *Feuerwehr:* *Derzeit im DGH untergebracht- unzureichendes Raumangebot für die ordnungsgemäße Lagerung der vorhandenen Gerätschaften* *Freizeitbereich:* *Renovierung der vorhandenen Toilettenanlage am Sport- und Freizeitgelände der Ortsgemeinde* *Die vorhandenen gemeindeeigenen Gebäude bieten keine Möglichkeit zur Verbesserung der räumlichen Situation in den gemeindeeigenen Gebäuden.*
A.2.2	Hauptziele	*Das Gebäude muss den Bedarf für Bauhof und Feuerwehr abdecken. Es soll im Ausnahmefall Raum bieten für öffentliche Veranstaltungen der Ortsgemeinde, die ggf. witterungsbedingt in ein Gebäude verlagert werden müssen.* *Der in dem Gebäudekomplex eingeplante WC-Bereich muss den Bedarf an Behindertentoiletten abdecken, für den in unmittelbarer Nähe liegenden Freizeit- und Sportbereich.* *Die frei werdenden Räumlichkeiten im DGH (ehem. Nutzung durch die Feuerwehr) können durch Umplanung und Neugestaltung als Gastronomie- und Servicebereich für Veranstaltungen genutzt werden.*
A.3	**Auftraggeber / Bauherr**	
A.3.1	Bauherr	*Bauherrengemeinschaft: Verbandsgemeinde Musterstadt, Ortsgemeinde Musternhausen & Verein der Freiwilligen Feuerwehr*
A.3.2	Entscheidendes Gremium	*Verbandsgemeinderat Musterstadt, Ortsgemeinderat Musternhausen*

A.4	**Projektleitung**	
A.4.1	Projektleiter	***Herr Hans Mustermann, Verbandsgemeindeverwaltung Musterstadt - Bauverwaltung***
A.4.2	Projektteam	*Herr Franz Schmidt, Verbandsgemeindeverwaltung Musterstadt - Fachbereich Kindergärten* *Frau Irene Müller, Verbandsgemeindeverwaltung Musterstadt - Fachbereich Finanzen/Zuschüsse*
A.4.3	Berater für Bedarfsplanung/ Projektsteuerer	
A.5	**Projektbeteiligte**	
A.5.1	Nutzer	*Ortsgemeinde Musternhausen (Bauhof, öffentliche Toilettenanlage)* *Verbandsgemeinde Musterstadt (Feuerwehr)*
A.5.2	Sonstige Beteiligte:	
A.5.2.1	Gruppen/Personen mit speziellen Interessen	*Sportverein der Ortsgemeinde Musternhausen e.V.*
A.5.2.2	Nachbarn/Anlieger	*Anlieger der Straße "Am Sportplatz" in Musternhausen*
A.5.2.3	Örtliche Verwaltung	
A.5.2.4	Finanzierer/Förderer	*Verein der Freiwilligen Feuerwehr Musternhausen*
A.5.2.6	Medien	*Wochenblatt der Verbandsgemeinde, Tageblatt Musterstadt*
A.5.2.7	Versicherer	

A.6	**Rahmenbedingungen**	
A.6.1	Finanzrahmen	*Machbarkeitsstudie Raumbedarf / Herstellungskosten maximal 400 T€* *Antrag auf Zuwendung aus Konjunkturprogramm II* *Fördermittel können für die Nutzungseinheiten Bauhof / Feuerwehr beantragt werden.* *20% Kostenanteil Feuerwehr (Verbandsgemeinde)* *20% Kostenanteil Gemeinschaftl. Nutzung Feuerwehr / OG Multi-Halle (VG + OG)* *60% Kostenanteil Multi-Halle (Ortsgemeinde)*
A.6.2	Zeitrahmen	*Realisierung/Inbetriebnahme September 2010*
A.6.3	Qualitativer Rahmen	*rein funktionale und zweckdienliche Ausrichtung,* *kostengünstige Planung durch Verzicht auf hohe Ausstattungsstandards*
A.6.4	Quantitativer Rahmen/Größe	*Neubau einer Multifunktionshalle mit drei Funktionsbereichen* *Funktionsbereich 1 - unbeheizt* *ca. 200 qm Bauhof + Festhalle* *ca. 80 qm Stellplatz für Feuerwehrfahrzeug und Anhänger* *Funktionsbereich 2 - beheizt* *ca. 120 qm WC, Nebenräume / Werkstattbereich für Feuerwehr* *Funktionsbereich 3* *Überdachte Freifläche als Vorraum zur Halle und Verbindung zu den Toiletten* *Bauweise in Holzrahmenkonstruktion mit Alublechverkleidung*
A.6.5	Gesetzlicher Rahmen	
A.6.6	Gegenwärtiger Planungsstand	*Architektenwettbewerb: Machbarkeitsstudie*
A.7	**Risiken**	
A.7.1	Risiken	
A.7.2	Wahrscheinlichkeit	
A.7.3	Strategie	

II. Beispiel: Rahmen-Ziele-Mittel

Checkliste

184

B.1	**Projektorganisation**	
B.1.1	Datum	*04.10.2010*
B.1.2	Aufgabenstellung / Projektbezeichnung	*Neubau eines Mulitfunktionsgebäudes für die Ortsgemeinde Musternhausen*
B.2	**Gesetze; Normen Vorschriften**	
B.2.1	Übergeordnete Planung	
B.2.2	Rechtliche Einschränkungen für Gelände oder Gebäude	
B.2.3	Nutzungsverordnungen	
B.2.4	Finanzielle Vorschriften	*GemHVO, Haushaltsplan*
B.2.5	Baugesetzgebung, -vorschriften etc.	*LBauO*
B.2.6	Umweltgesetzgebung, -vorschriften etc.	*Energieverbrauchsrichtwerte, ökologische Baustoffe und Bauweisen, Umweltverträglichkeitsprüfung*
B.2.7	Politik und Verwaltung	
B.2.8	Soziales und Kultur Anhörungsverfahren, Interessen-gruppen, Medien...	*Bürgerentscheid*
B.3	**Finanzieller Rahmen**	
B.3.1	Finanzierung des Projektes	*Geschätzte Gesamtkosten 400.000,00 EUR* *Zuschuss des Landes aus dem Investitionsstock: 110.000 EUR* *Anteil der Verbandsgemeinde (für Feuerwehr): 115.000 EUR* *Anteil der Ortsgemeinde (Bauhof, Toiletten, etc.): 185.000 EUR (aus Rücklagen)*
B.3.2	Budgets	*Verbandsgemeinde: Bereitsstellung der erforderlichen Mittel im Haushaltsplan der VG*
B.3.3	Kosten	*Geschätzte Gesamtkosten: 400.000,00*
B.3.4	Risiken	

B.4	**Zeitlicher Rahmen**	
B.4.1	Terminvorgaben	*s. Bewilligungsbescheid I-Stock vom: ______ mit Baubeginn zum ______.* *Antrag auf Zuwendung für den Brandschutz und Zustimmung zum vorzeitigen Baubeginn vom _____* *ADD, Zustimmung zum vorzeitigen Baubeginn vom ____________* *Bauantrag am: _____________* *Baugenehmigung vom: ___________*
B.4.2	erwartete Lebensdauer	
B.4.3	Zeitliche Risiken	
B.5	**Projekthintergrund**	
B.5.1	Projektgeschichte	*- Machbarkeitsstudie in 2009* *- Beschluss des Ortsgemeinderates zum Bau des Multifunktionsgebäudes am ______* *- Bürgerinitiative wendet sich gegen den Bau des Gebäudes am geplanten Standort _________* *- Bürgermeister und Ortsgemeinderat lassen die Standortfrage im Wege eines Bürgerentscheides klären* *- Bürgerentscheid vom ________* *Mehrheitliche Entscheidung für den Neubau des multifunktionalen Gebäudes am Sportplatz* *65 % - Ja Stimmen, 35 % Nein-Stimmen* *Ergebnis des Bürgerentscheids kommt Ratsbeschluss gleich*
B.5.2	Gründe für die Projektinitiative	*s. A.2.1*
B.6	**Einflüsse von Grundstück und Umgebung**	
B.6.1	Verfügbarkeit des Grundstückes (Besitzverhätnisse, Nutzungsbeschränkungen, Zugang zum Grundstück...)	*Geplanter Standort: am Sport- und Freizeitgelände (im Außenbereich)* *Grundstückseigentümer: Ortsgemeinde Musternhausen* *Zentralen Standort aber dennoch nicht unmittelbar an oder in der Ortslage.Erreichbarkeit über mehrere Straßen* *Grundstück liegt innerhalb eines gültigen Bebauungsplan (kein BPlan-Verfahren!)*
B.6.2	Sonstige Einflüsse (Nachbarschaft, Bevölkerung, Nutzer, Auflagen, ...)	*Das geplante Gebäude steht in unmittelbarer Nähe zum Haupteinsatzbereich des örtlichen Bauhofs (am Freizeitgelände)*
B.6.3	Umweltdaten, Infrastruktur, Geophysische Daten	*Erschließung (Wasser, Abwasser, Strom) mit relativ geringem Aufwand möglich, da kurze Strecke zu vorhandenen Hauptleitungen, Zuwegung unkritisch - keine neue Erschließungsstraße erforderlich, lediglich Ausbau des vorhandenen Weges*
B.6.4	Bodeneigenschaften	*Das Grundstück ist absolut eben, es sind keine besonderen Gründungsarbeiten erforderlich:* *- keine Hanglage* *- keine Rodungsarbeiten* *- keine topografischen Besonderheiten*
B.6.5	Bestehende Gebäude (Nutzung, Fläche, Bauart, Bauzustand, Besonderheiten, ...)	*Freizeit- und Sportgelände mit renovierungsbedürftigen Sanitäranlagen*

B.7	**Geplante Nutzung im einzelnen**	
B.7.1	Aktivitäten und Abläufe (Zweck, Nutzungshäufigkeit und -dauer, Art und Anzahl der Nutzer,...)	*Nutzung durch Bauhof und Feuerwehr* *Nutzung der Sanitäranlagen bei Fußballturnieren (an den Wochenenden)* *und bei Dorffesten (ca. 2 x jährlich)* ***Herstellung von 3 Funktionsbereichen:*** ***Funktionsbereich 1 - unbeheizt*** *ca. 200 qm Bauhof + Festhalle* *ca. 80 qm Stellplatz für Feuerwehrfahrzeug und Anhänger* ***Funktionsbereich 2 - beheizt*** *ca. 120 qm WC, Nebenräume / Werkstattbereich für Feuerwehr* ***Funktionsbereich 3*** *Überdachte Freifläche als Vorraum zur Halle und Verbindung zu den Toiletten* *Bauweise in Holzrahmenkonstruktion mit Alublechverkleidung*
B.7.2	Beziehungen (Ähnliche Nutzungen, Kommunikations- und Transportwege, organisatorische Verflechtungen	*s. B.6.2 und B.6.3*
B.7.3	Liste der unterzubringenden Gegenstände	*Feuerwehr: Feuerwehrfahrzeug mit Anhänger* *Bauhof: Kommunalschlepper, Anbaugeräte, Anhänger; Mäher, ...*
B.7.4	Versorgung (Rohstoffe, Energie, Wasser/Abwasser, Informationstechnologie	*s. B.6.3 und B.8.3*
B.7.5	Sicherheits- und Gesundheitsrisiken	
B.8	**Beabsichtigte Wirkungen des Projektes / Ziele**	
B.8.1	... aus Sicht des Bauherrn	*ganzheitliches und zukunftsweisendes Raumkonzept für die OG s. a. B.8.3*
B.8.2	... aus Sicht der Nutzer/Öffentlichkeit	
B.8.3	... für die Umwelt	*Energiebewusstsein, Minimierung on Heizkosten durch die Schaffung von drei Nutzungsbereichen mit unterschiedlich beheizten bzw. gedämmten Bereichen, Ausführung des Gebäudedaches als Pultdach mit Ausrichtung nach Süden ermöglicht Installation einer Photovoltaikanlage*
B.8.4	Unerwünschte Wirkungen	
B.8.5	Prioritäten (Wertschöpfung, Zeit, Kosten, Qualität)	

G. Projektzeitpläne

I. Grobzeitplan

185 **Zeitplan/Ablaufplan**

Baumaßnahme/Projekt: Erweiterung Kläranlage XY	
Beschreibung	**Wochen**
Grundlagenermittlung	3 Wochen
Vorplanung	10 Wochen
Entwurfsplanung/Genehmigungsplanung	6 Wochen
Genehmigungsphase	16 Wochen
Ausführungsplanung/Erstellung Leistungsverzeichnisse	4 Wochen
Dauer Planungs- und Genehmigungsphase	**39 Wochen**
Vergabeverfahren einschl. Auftragserteilung	6 Wochen
Bauliche Realisierung	25 Wochen
Dauer Ausschreibungs- und Realisierungsphase	**31 Wochen**

II. Detailzeitplan

Zeitplan/Ablaufplan 186
Baumaßnahme/Projekt: Ausbau XY-Straße

Beschreibung	Wer?	Wann?
Maßnahmeninitiative		1. KW 2014
Beauftragung Ing.-Leistung (Planung und Vermessung)	Rat/Ausschuss	4. KW 2014
Beauftragung Bodengutachten	Rat/Ausschuss	4. KW 2014
Vorlage Bodengutachten	IB (Gutachter)	7. KW 2014
Besprechung Vorabzug Vorplanung	Projektleiter, Fachabteilungen, Dezernent	11. KW 2014
Vorlage der Vorplanung	IB	13. KW 2014
Zuwendungsantrag stellen	Fachabteilung	15. KW 2014
(Vorab-)Bewilligung Zuwendungsantrag	Fachabteilung	25. KW 2014
Abstimmung mit Versorgungsträgern	Projektleiter, IB, Vers-Träger	27. KW 2014
Besprechung Vorabzug Entwurfsplanung	Projektleiter, IB	29. KW 2014
Vorlage der Entwurfsplanung	IB	32. KW 2014
Berechnung der Gesamtkosten/Kostenbeteiligung	Projektleiter	35. KW 2014
Berechnung Ausbaubeiträge	Projektleiter	37. KW 2014
Vorstellung Entwurfsplanung incl. Finanzierungsgrundlagen	Fachabteilungen, Dezernent	39. KW 2014
Vorstellung Entwurfsplanung incl. Finanzierungsgrundlagen im Rat/Ausschuss	Projektleiter	43. KW 2014
Anliegerversammlung	Projektleiter	47. KW 2014
Vorlage der Ausführungsplanung, Ausschreibung	IB	3. KW 2015
Fertigstellung der Beschlussvorlage Bauprogramm	Projektleiter	6. KW 2015
Beschluss Bauprogramm im Rat	Rat/Ausschuss	9. KW 2015
Vorlage Unterlagen gem. Übergabeprotokoll an Vergabestelle	Projektleiter	9. KW 2015
Vorlage Zuwendungsbescheid	Fachabteilung	12. KW 2015
Veröffentlichung	Zentrale Vergabestelle	13. KW 2015
Ausschlussfrist	Zentrale Vergabestelle	15. KW 2015
Versand des LV's	Zentrale Vergabestelle	16. KW 2015
Submission	Zentrale Vergabestelle	19. KW 2015
Vorlage der Angebotsauswertung	Zentrale Vergabestelle	20. KW 2015
Fertigstellung der Beschlussvorlage	Zentrale Vergabestelle	21. KW 2015
Beauftragung Beweissicherung	Projektleiter	21. KW 2015
Vergabesitzung	Rat/Ausschuss	24. KW 2015
Durchführung Beweissicherung	Gutachter	26. KW 2015
Baubeginn		27. KW 2015
Baufertigstellung		30. KW 2016

Kapitel 2
Gesetzliche Grundlagen zur Ausschreibungspflicht von Planungsleistungen

Seinem Ursprung nach ist das **Vergaberecht Haushaltsrecht**, mit dem Hauptzweck eines sparsamen Umgangs mit öffentlichen Mitteln. Die gesetzlichen Grundlagen für die Vergabe öffentlicher Aufträge bildet insoweit zunächst das Haushaltsrecht. Für Aufträge, die darüber hinaus innerhalb der Europäischen Union eine Binnenmarktrelevanz haben, geltend zudem die Vorschriften der Europäischen Union,[1] die durch die §§ 98 ff. GWB in das nationale Recht umgesetzt sind. Eine solche Binnenmarktrelevanz wird angenommen ab einem Auftragswert, der die sogenannten **Schwellenwerte** erreicht oder überschreitet,[2] die durch die europäische Kommission festgesetzt werden[3] und durch die VgV, SektVO und VSVgV in nationales Recht umgesetzt. Solche Aufträge sind grundsätzlich europaweit auszuschreiben. 1

Die Schwellenwerte betragen derzeit: 2
- 134.000 € für Liefer- und Dienstleistungsaufträge der obersten und oberen Bundesbehörden sowie vergleichbarer Bundeseinrichtungen,
- 414.000 € für Liefer-und Dienstleistungsaufträge im Sektorenbereich,
- 414.000 € für Liefer-und Dienstleistungsaufträge im Bereich Verteidigung und Sicherheit,
- 207.000 € für sonstige Liefer-und Dienstleistungsaufträge,
- 5.186.000 € für Bauleistungen

Das **Vergaberecht** ist **mithin** zweigeteilt: Unterhalb der Schwellenwerte findet das **Haushaltsrecht** Anwendung und oberhalb der Schwellenwerte das so genannte **Kartellvergaberecht**. 3

Diese Differenzierung hat auch bei der Vergabe von Planungsaufträgen stattzufinden und führt bei der Bestimmung des Rechtsrahmens zu erheblichen Unterschieden. Ferner hat zur Bestimmung des Rechtsrahmens eine Differenzierung nach dem Inhalt der Planungsleistung stattzufinden. 4

---

1 Dies sind die Richtlinien 2004/17/EG, 2004/18/EG und 2009/81/EG. Die neuen Vergaberichtlinien 2014/24/EG, 2014/25/EG und 2014/23/EG müssen bis zum 17.04.2016 in nationales Recht umgesetzt werden.

2 EuGH, Beschl. v. 3.12.2011 – RS C 59/00, Rn. 19; die Vorschriften gelten nicht für Aufträge, deren Wert den festgeschriebenen Schwellenwert nicht erreicht EuGH, Urt. v. 21.2.2008 – RS C-412/04.

3 Zuletzt durch Verordnung (EU) Nr. 1136/2013 der Kommission vom 13. Dezember 2013 zur Änderung der Richtlinie 2004/17 EG, 2004/18 EG und 2009/81 EG.

A. Die Ausschreibungspflicht von Planungsaufträgen im Unterschwellenbereich

I. Haushaltsrechtliche Anforderungen im Bund und den Ländern

5 Eine Verpflichtung zur Beachtung haushaltsrechtlicher Vorschriften trifft nur den Rechtsanwender, der auch zur Beachtung des Haushaltsrechts verpflichtet ist – **persönlicher Anwendungsbereich** des Haushaltsrechts. Dies sind nach der BHO, LHO und den GemHVO grundsätzlich der Bund, die Bundesländer und die Gemeinden. Zu Verbänden, landeseigenen oder kommunalen Gesellschaften ist das jeweilige Landeshaushaltsrecht dahingehend zu prüfen, ob die jeweilige Gesellschaft in den Anwendungsbereich des Haushaltsrechts fällt. Regelmäßig ist dies nicht der Fall, wenn eine Gesellschaft in einem privatrechtlichen Rechtskleid, zum Beispiel als GmbH errichtet ist.

Beispiel
Soll ein Krankenhaus einen Planungsauftrag vergeben, macht es für die Beantwortung der Frage, ob haushaltsrechtliche Vorschriften anzuwenden sind, durchaus einen Unterschied, ob das Krankenhaus als Eigenbetrieb einer Gemeinde organisiert ist oder in einer selbstständigen GmbH.

---

6 Aus vergaberechtlicher Sicht sind Planungsleistungen Aufträge über Dienstleistungen.[4] Die haushaltsrechtlichen Vorschriften des §55 BHO, LHO, der GemHVO sowie die verschiedenen Vergabegesetze der Länder verweisen hinsichtlich der Ausschreibung von Dienstleistungen regelmäßig auf die VOL/A. Die Anwendungsvorschriften des §1 VOL/A lautet:

> *Die folgenden Regeln gelten für die Vergabe von öffentlichen Aufträgen über Leistungen (Lieferungen und Dienstleistungen). Sie gelten nicht*
> *-für Bauleistungen, die unter die Vergabe-und Vertragsordnung für Bauleistungen-VOB-fallen und*
> *-für Leistungen, die im Rahmen einer freiberuflichen Tätigkeit erbracht oder im Wettbewerb mit freiberuflichen Tätigkeiten angeboten werden. Die Bestimmungen der Haushaltsordnungen bleiben unberührt.*

7 Nach §1 Abs. 2 **VOF** finden die Bestimmungen der VOF nur Anwendung, wenn der **Schwellenwert** erreicht oder überschreiten wird. Für die Vergabe von Planungsleistungen fehlt insoweit -vorbehaltlich der Haushaltsordnungen- ein Rechtsrahmen, soweit es sich bei den Planungsleistungen um freiberufliche Dienstleistungen handelt oder sie im Wettbewerb mit diesen erbracht wurden, was regelmäßig der Fall ist:

4 Dies gilt auch dann, wenn die Rechtsprechung Architekten und Ingenieurverträge stets als Werkverträge qualifizierte, ständige Rechtsprechung seit BGH, Urt. v. 26.11.1959 – VII ZR 120/58.

Der Begriff der freiberuflichen Dienstleistung ist in §18 EStG definiert und umfasst die Leistungen der Architekten und Ingenieure. Der steuerrechtliche Begriff ist auf das Vergaberecht zu übertragen.[5] 8

Freiberufliche Dienstleistungen unterfallen daher grundsätzlich nicht dem Anwendungsbereich der VOL/A und unterhalb der Schwellenwerte nicht dem der VOF. 9

Haushaltsrechtlich sind die Anforderungen an die Vergabe von Planungsleistungen im Bund und in den einzelnen Bundesländern durchaus verschieden. Eine kurze Übersicht zur Rechtslage soll gegeben werden: 10

– **Bund**

Die allgemeine Verwaltungsvorschrift zur BHO verweist lediglich auf die VOL/A, die für freiberufliche Dienstleistungen anwendbar ist. Nähere Regelungen finden sich allerdings für die einzelnen Bauverwaltungen: Die Richtlinie für Bauvorhaben des Bundes (RB-Bau), als Richtlinie für die Durchführung von Bauaufgaben des Bundes sieht vor, dass bei der Vergabe von freiberuflichen Leistungen unter dem Schwellenwert die Regelungen der VOF zum Diskriminierungsverbot, zum Angebotsausschluss sowie zum Nachweis der finanziellen, wirtschaftlichen und fachlichen Eignung entsprechend anzuwenden sind. 11

Für die Straßenbaubehörden ist über das HVAF-StB zwar kein förmliches Vergabeverfahren vorgeschrieben. Es hat jedoch in der Regel eine Leistungsanfrage bei mehreren Bewerbern (mindestens drei) zu erfolgen, wenn die Vergabestelle über eine entsprechenden Marktübersicht verfügt, andernfalls ist ein öffentlicher Teilnahmewettbewerb durchzuführen. Die Wasserschifffahrtsverwaltung ist über die HIV-WAS entsprechend zu verfahren. 12

– **Baden-Württemberg**

Für die Vergabe von Dienstleistungen unterhalb der Schwellenwerte gilt in Baden-Württemberg die sog. VOL-Richtlinie VBV. Sie gilt lediglich für Leistungen, die unter die VOL/A fallen, also nicht für freiberufliche Planungsleistungen. Die Leistungen können daher freihändig vergeben werden.

– **Bayern**

Nach dem VHF Bayern ist bis zu einem Auftragswert von 2100 € (netto) eine freihändigen Vergabe von Planungsleistungen zulässig. Oberhalb dieses Auftragswertes hat ein leistungsbezogener Wettbewerb stattzufinden (mit oder ohne Teilnahmewettbewerb) mit einer formalen Leistungsanfrage an mindestens 3 Bewerber. 13

– **Berlin**

Das BerlAVG regelt für die Beschaffung von freiberuflichen Dienstleistungen keine Besonderheiten. Es verlangt lediglich, dass der Auftragnehmer Mindestlöhne zahlt. Es soll darüber hinaus bei der Auftragsvergabe Wert darauf gelegt werden, dass der Auftragnehmer auch Frauen beschäftigt und, dass der Auftragnehmer die ILO-Kern- 14

5 Heiermann/Zeiss/Webeler, §1 VOF Rn. 14.

arbeitsnormen beachtet. Unter diesen Voraussetzungen schließt das Gesetz eine freihändige Vergabe nicht aus.

– **Brandenburg**

15 Das BbgVergG stellt bei der Auftragsvergabe bis zu einem Auftragswert von 3000 € (netto) keinerlei Anforderungen. Bei darüber hinausgehenden Aufträgen hat die Vergabe an fachkundige, leistungsfähige und gesetzestreue Unternehmen zu erfolgen. Es hat insofern zumindest eine Eignungsprüfung stattzufinden.

– **Bremen**

16 Das TtVG des Landes Bremen verweist für die Vergabe von Dienstleistungsaufträgen lediglich auf die VOL/A, die wie erläutert, freiberufliche Dienstleistungen von ihrem Anwendungsbereich ausnimmt. Es sind insofern keine weitergehenden Anforderungen an die Vergabe von Planungsleistungen gestellt.

– **Hamburg**

17 Nach der Beschaffungsordnung der Freien und Hansestadt Hamburg ist hinsichtlich des Auftragswertes zu differenzieren. Bei einem Auftragswert bis 25.000 € kann auf die Einholung von Vergleichsangeboten verzichtet werden. Einem Auftragswert bis 100.000 € soll für die Vergabe von Planungsleistungen ein Verfahren in Anlehnung an die VOL/A stattfinden. Ab einem Auftragswert von 100.000 € soll ein Verfahren in Anlehnung an die VOF stattfinden.

– **Hessen**

18 Das Hessische Vergabegesetz stellt an die Vergabe von Dienstleistungsaufträgen die generelle Anforderung, dass ab einem Auftragswert von 80.000 € ein Interessenbekundungsverfahren durchzuführen ist.

– **Mecklenburg-Vorpommern**

19 Das VgG mv verweist hinsichtlich der Vergabe von Dienstleistungen lediglich auf die VOB/A, aus deren Anwendungsbereich freiberufliche Dienstleistungen ausgenommen sind. Es sind insofern keine weitergehenden gesetzlichen Anforderungen an die Vergabe gestellt.

– **Niedersachsen**

20 Das NTVerG verlangt ab einem Auftragswert von 10.000 € (netto), dass die gesetzlich bestimmten Anforderungen die Tariftreue und den Mindestlohn beachtet werden. Weitergehende Anforderungen des Vergabeverfahrens verlangt das Gesetz nicht.

– **Nordrhein-Westfalen**

21 Nach dem Runderlass des Finanzministeriums für die Vergabe öffentlicher Aufträge unterhalb der EU-Schwellenwerte bei der Beschaffung nach der VOL/A und VOB/A[6] wird für Dienstleistungen lediglich auf die VOB/A verwiesen. Da diese für freiberufliche Dienstleistungen nicht anwendbar ist, sind keine weiteren Anforderungen

6 Runderlass des Finanzministeriums (Az. I C2-0055-3/H4030-1 IVA3), des Ministeriums für Wirtschaft, Energie, Bauen, Wohnen und Verkehr (Az. II B1-80-00/1) sowie des Ministeriums für Innovation, Wissenschaft und Forschung (Az. 111-3.02.04-2011) vom 23.12.2010.

gestellt. Allerdings sind nach dem TVgG die gestellten Anforderungen an Tariftreue und Mindestlohnzahlungen zu beachten.

– **Rheinland-Pfalz**

Nach der Verwaltungsvorschrift „Öffentliches Auftrags- und Beschaffungswesen in Rheinland-Pfalz“[7] sind Aufträge über freiberufliche Dienstleistungen im Unterschwellenbereich an Freiberufler zu vergeben, deren Fachkunde, Leistungsfähigkeit und Zuverlässigkeit feststeht, die über eine ausreichende Erfahrung verfügen und die Gewähr für eine wirtschaftliche Planung und Ausführung bieten. Die Eignung des zu beauftragenden Büros ist mithin zu prüfen. Ob weitergehend ein Ausschreibungsverfahren durchzuführen ist, wird einzelfallabhängig geregelt: Die Verwaltungsvorschrift bestimmt, dass der Abschluss von Verträgen über Lieferungen und Leistungen grundsätzlich eine öffentliche Ausschreibung vorauszugehen hat und jeweils im Einzelfall Umstände aus der Natur des Rechtsgeschäfts ergeben, die eine Ausnahme rechtfertigen. Hierbei soll jedoch davon ausgegangen werden können, dass dieser Ausnahmetatbestand bei freiberuflichen Leistungen in der Regel erfüllt ist, gleichwohl aber ein wettbewerbsoffenes Verfahren durchzuführen sein soll, lediglich entbehrlich ist, bei 22

- Aufträgen < 500,00 € oder
- der Vergabe sogenannter Standardleistungen, weil bei diesen nach der HOAI ein Preis- und Leistungswettbewerb nicht zu tragen kommen soll.

Der letztgenannte Ausnahmetatbestand der Vergabe sogenannter „Standardleistungen“ erscheint in seiner Anwendung wenig praktikabel da, auch bei der Vergabe von Planungsleistungen mit dem Inhalt der Leistungsbilder der HOAI ein Preiswettbewerb innerhalb der Höchst- und Mindestsätze stattfindet, die Architektenleistungen zum Teil hinsichtlich ihres Preises frei verhandelbar sind und im Übrigen kaum Fälle denkbar erscheinen, in denen ein Leistungswettbewerb hinsichtlich des Inhaltes nicht zum Tragen kommt. 23

Im Zweifel dürfte der rheinland-pfälzische Landesgesetzgeber insoweit eine Ausschreibungspflicht für freiberufliche Dienstleistungen unterhalb der Schwellenwerte geregelt haben. 24

– **Saarland**

Nach dem saarländischen Tariftreue- und Vergabegesetz sind generell Dienstleistungsaufträge ab einem Auftragswert von 50.000 € an fachkundige, leistungsfähige, gesetzestreue und zuverlässige Unternehmer zu vergeben. Es ist mithin die Eignung zu prüfen. 25

– **Sachsen**

7 Verwaltungsvorschrift des Ministeriums für Wirtschaft, Klimaschutz, Energie und Landesplanung des Ministeriums des Inneren, für Sport und Infrastruktur, des Ministeriums der Finanzen und des Ministeriums der Justiz und für Verbraucherschutz vom 24.04.2014 – Ministerialblatt 2014, Seite 48.

26 Das SächsVergabeG nimmt freiberufliche Dienstleistungen von der Anwendung des Gesetzes aus. Es sind insoweit keine weitergehenden Anforderungen an die Vergabe von Planungsleistungen gestellt.

– **Sachsen Anhalt**

27 Das Landesvergabegesetz bestimmt, dass generell Aufträge ab einem Auftragswert von 25.000 € an fachkundige, leistungsfähige und zuverlässige Unternehmer vergeben werden. Es hat insofern eine Eignungsprüfung stattzufinden.

– **Schleswig Holstein**

28 Das Tariftreue-und Vergabegesetz schreibt vor, dass die Grundsätze von Gleichbehandlung und Transparenz gelten. Ferner ist die Eignung zu prüfen.

– **Thüringen**

29 Das Thüringer Vergabegesetz schreibt vor, dass ab 20.000 € (netto) einem Auftragswert die Eignung der Bieter generell zu prüfen ist.

30 Insbesondere mit der Einführung von Vergabegesetzen in verschiedenen Bundesländern sind bei der Durchführung von Vergabeverfahren zum Teil vergabefremde Aspekte zu berücksichtigen, die mit dem eigentlichen Grundsatz einer sparsamen Haushaltsführung nichts zu tun haben: In den Vergabeverfahren ist nach diesen Landesgesetzen sozialpolitischen, tarifpolitischen oder ökologischen Grundsätzen Rechnung zu tragen. Selbst wenn in diesem Bundesländern für die Vergabe von Planungsleistungen im Unterschwellenbereich kein förmliches Vergabeverfahren durchzuführen ist, ist die Beauftragung so zu gestalten, dass den jeweiligen Ansprüchen der Vergabegesetze Rechnung getragen wird. Dieses geschieht regelmäßig dadurch, dass bei der Auswahl des Vertragspartners besondere Eignungsanforderungen aus der jeweiligen landesgesetzlichen Regelung zu beachten sind.

II. Haushaltsrechtliche Anforderungen bei der Umsetzung geförderter Maßnahmen

31 Auch wenn der persönliche Anwendungsbereich des Haushaltsrechts nicht eröffnet, weil die vergebene Stelle nicht dem unmittelbaren Anwendungsbereich des Haushaltsrechts unterworfen ist, können sich Ausschreibungspflichten bei geförderten Maßnahmen ergeben und zwar aus den **Auflagen und Nebenbestimmungen zum Förderbescheid**. Werden Maßnahmen mit öffentlichen Mitteln gefördert, erfolgt die Zuwendung regelmäßig auf Grundlage eines Förderbescheids, der als Verwaltungsakt mit Auflagen zum Umgang mit den Fördermitteln versehen wird. Zu diesem gehört -ebenfalls regelmäßig- die **Auflage**, dass bei der Mittelverwendung das **Haushaltsvergaberecht** zu beachten ist.

! **Praxistipp**

Nehmen Sie bei Ihrer Maßnahme Fördermittel in Anspruch, prüfen Sie bitte sehr sorgfältig, welche Auflagen Ihnen aus haushaltsrechtlicher Sicht gemacht wurden und beachten Sie diese bei der Durchführung des Vergabeverfahrens! Häufig wird dies für Planungsleistungen übersehen!

Fettnapf

!

Nehmen Sie bei Ihrer Maßnahme Fördermittel in Anspruch, stellen Sie bitte allerhöchste Anforderungen an Ihre Dokumentation des Vergabeverfahrens. Auch Jahre nach Durchführung des Verfahrens kann eine Rechnungsprüfung stattfinden. Kann eine ordnungsgemäße Mittelverwendung hier nicht nachgewiesen werden, können gewährte Fördermittel zurückgefordert werden!

III. Aufträge, an denen ein grenzüberschreitendes Interesse besteht

Unter der vorstehenden Randnummer 3 wurde erläutert, dass unter Beachtung des Kartellvergaberechts nur solche Aufträge auszuschreiben sind, die die relevanten Schwellenwerte erreichen oder übersteigen. Der Grund liegt darin, dass für solche Aufträge eine Binnenmarktrelevanz angenommen wird.[8] 32

Dies heißt jedoch nicht, dass für Aufträge im **Unterschwellenbereich** das **Unionsrecht** überhaupt keine Bedeutung hat. Nach der Rechtsprechung des EuGH gelten für diese Aufträge nicht die strengen Regeln der Richtlinien. Gleichwohl sind öffentliche Auftraggeber verpflichtet, die Grundregeln und allgemeinen Grundsätze des Vertrages über die Zusammenarbeit der Europäischen Union und insbesondere das **Verbot der Diskriminierung** aus Gründen der Staatsangehörigkeit zu beachten, wenn feststeht, dass an dem Auftrag eindeutig ein **grenzüberschreitendes Interesse** besteht.[9] 33

Wird ein Auftrag entweder nur national oder, was bei Planungsaufträgen im Unterschwellenbereich in der Praxis sehr häufig vorkommt, überhaupt nicht bekannt gemacht, lässt sich die Frage, wann ein grenzüberschreitendes Interesse besteht, selbstverständlich nicht ohne weiteres beantworten. Nach der Rechtsprechung des EuGH hat die Prüfung anhand von Indizien zu erfolgen: Für ein grenzüberschreitendes Interesse spricht ein Volumen des Auftrages von einer **gewissen Größe** sowie ein Leistungsort in **Grenznähe**. Dem gegenüber kann das Bestehen eines grenzüberschreitendes Interesses ausgeschlossen werden, wenn der fragliche Auftrag von wirtschaftlich sehr geringer Bedeutung ist.[10] Es ist eine Prognoseentscheidung anzustellen, ob der Auftrag im Hinblick auf die angesprochenen Branchenkreise für ausländische Anbieter interessant sein könnte, die Leistung auch grenzüberschreitend auszuführen, gegebenenfalls in Anbetracht des Volumens und des Ortes der Ausführung.[11] Die Ergebnisse dieser Prognoseentscheidung gehört in die Dokumentation des Vergabeverfahrens. 34

8 EuGH, Beschl. v. 3.12.2001 – RS C-59/00; EuGH, Urt. v. 21.2.2008 – RS C-412/04.
9 EuGH, Urt. v. 13.11.2007 – RS. C-507/03, Rn. 29.
10 EuGH, Urt. v. 29.5.2013 – RS T-384/10.
11 BGH, Urt. v. 30.8.2011 – X ZR 55/10.

Fettnapf

Vergeben Sie zum Beispiel in Karlsruhe Planungsleistungen in einem Umfang von rund 180.000 € freihändig und ohne Vergabebekanntmachung, dann mag dieses haushaltsrechtlich nicht zu beanstanden sein. Ohne Prüfung, ob ein grenzüberschreitendes Interesse besteht, liegt die Verletzung des Unionsrecht nahe: Sowohl aus dem Leistungsort und der Größe des Auftrags lässt sich überhaupt nicht ausschließen, dass möglicherweise auch ein französischer Anbieter Interesse am Auftrag hat.

Praxistipp

Vergeben Sie Planungsaufträge im relativ grenznahen Bereich und sind diese Aufträge von nicht völlig unerheblicher Größe, machen sie die Aufträge zumindest auf Ihrer Homepage bekannt, besser noch in einem grenzüberschreitenden Bekanntmachungsmedium. Möchten Sie dies nicht für jeden Auftrag, weil Sie hierzu nach haushaltsrechtlichen Vorschriften nicht verpflichtet sind, veröffentlichen Sie zumindest hin und wieder einen Auftrag, damit Sie eine Argumentationsgrundlage haben, weshalb ein grenzüberschreitendes Interesse nicht vorhanden ist.

35 Ein Verstoß gegen das Gemeinschaftsrecht muss nicht sanktionslos bleiben: Die Bundesrepublik Deutschland hat sich zur Beachtung des Vertrags über die Zusammenarbeit der EU verpflichtet. Beachtet die Bundesrepublik diese Verpflichtung nicht -und bei dieser Betrachtung ist jeder öffentliche Auftraggeber Teil der Bundesrepublik- kann die Kommission ein sogenanntes **Vertragsverletzungsverfahren** gegen die Bundesrepublik betreiben, durch eine Klage vor dem Europäischen Gerichtshof. Die dort möglichen Sanktionen gehen bis zu empfindlichen Vertragsstrafen, um ein Unterlassen der Vertragsverletzung zu erreichen.

B. Die Ausschreibungspflicht von Planungsaufträgen im Oberschwellenbereich

36 Unter Rn. 1 dieses Kapitels wurde erläutert, dass öffentliche Aufträge, deren Auftragswerte die Schwellenwerte erreichen oder überschreiten, nach Maßgabe der § 97 ff. GWB auszuschreiben sind. Das Vergabeverfahren muss von einem öffentlichen Auftraggeber im Sinne des § 98 GWB betrieben werden. Die Personen, die als öffentliche Auftraggeber zur Ausschreibung verpflichtet sind, sind in § 98 GWB abschließend festgelegt. Innerhalb dieser Gruppe an Personen ist hinsichtlich des Gebiets, in dem der Auftraggeber tätig ist, zu differenzieren, nämlich ob der Auftraggeber im Sektorenbereich tätig ist, im Bereich der Verteidigung und Sicherheit oder außerhalb dieser Bereiche.

37 Sind öffentliche Auftraggeber nicht im Sektorenbereich oder im Bereich der Verteidigung und Sicherheit tätig, sind Planungsleistungen, die öffentlicher Auftrag im Sinne des § 99 GWB sind, nach der VOF auszuschreiben, sofern es sich um eine freiberufliche Dienstleistung handelt, die nicht eindeutig und erschöpfend beschrieben werden können. Können die Leistungen eindeutig und erschöpfend beschrieben werden, findet für die Ausschreibung die VOL/A-EG Anwendung.

Planungsleistungen für einen Sektorenauftraggeber sind nach der SektVO zu vergeben und Planungsleistungen für einen Auftraggeber, der im Bereich Verteidigung und Sicherheit tätig ist, nach der VSVgV. Eine Differenzierung hinsichtlich der Beschreibbarkeit des Auftragsgegenstandes findet hier nicht statt. 38

I. Planungsaufträge von Auftraggebern im Sinne des § 98 Nr. 1–3 und 5 GWB

1. Öffentliche Auftraggeber im Sinne von § 98 Nummer 1–3,5 und 6 GWB

– § 98 Nr. 1 GWB

§ 98 GWB geht vom sogenannten **funktionalen Auftraggeberbegriff** aus. Öffentlicher Auftraggeber ist hiernach, wer im weiteren Sinne **Staatsfunktion** erfüllt, weil er 39

- eine Tätigkeit erbringt, die im Interesse der Allgemeinheit liegt,
- weil der Auftraggeber vom Staat stark beeinflusst werden kann, sei es durch die Finanzierung oder eine staatliche Beherrschung,
- weil die Erbringung der Tätigkeit von Marktmechanismen entkoppelt ist.[12]

Nach § 98 Nr. 1 GWB sind öffentliche Auftraggeber zunächst die **Gebietskörperschaften** und deren Sondervermögen. Öffentliche Auftraggeber sind also in jedem Fall Bund, Länder und Gemeinden, sowie deren Regie- und Eigenbetriebe.[13] 40

– § 98 Nr. 2 GWB

Nach § 98 Nr. 2 GWG sind öffentliche Auftraggeber **juristische Personen** des öffentlichen oder privaten Rechts, die zum besonderen Zweck gegründet wurden, im **Allgemeininteresse liegende Aufgabe nicht gewerblicher Art** zu erfüllen, und die eine **besondere Staatsnähe** aufweisen, weil sie von diesem überwiegend finanziert oder beherrscht werden .[14] Diejenigen Auftraggeber, die unter diesem Begriff fallen, sind zahlreich. 41

Nach ständiger Rechtsprechung des EuGH ist ein öffentlicher Auftraggeber im Sinne des funktionalen Auftraggeberbegriffs eine Einrichtung, die zum besonderen Zweck gegründet wurde, im Allgemeininteresse liegende Aufgabe zu erfüllen, die nicht gewerblicher Art sind, die Rechtspersönlichkeit besitzt und eng mit dem Staat, Gebietskörperschaften und anderen Einrichtungen des öffentlichen Rechts verbunden ist. Dabei müssen die in der Bestimmung enthaltenen Voraussetzungen kumulativ vorliegen, wobei folgende Faustregel gilt: 42

In der Regel sind solche Einrichtungen öffentliche Auftraggeber im Sinne des § 98 Nr. 2 GWB, die von Marktmechanismen entkoppelt sind, weil die Einrichtung ihrer Leistung 43

12 Heiermann/Zeiss, § 98 GWB Rn. 1.

13 Heiermann/Zeiss, § 98 GWB Rn. 16.

14 Rudolf Weyand, Vergaberecht, 4. Auflage, § 98 GWG Rn. 23.

- in dem angebotenen Umfang und/oder
- zu den angebotenen Bedingungen

unter Bedingungen eines reinen fairen Wettbewerbs nicht erbringen würde.[15]

Beispiel
Die kommunale Schwimmbadbetriebs-GmbH arbeitet in der Regel nur, weil die anfallenden Verluste von der Gemeinde übernommen werden.

---

44 Weiteres Kriterium ist, dass der Auftraggeber nach § 98 Nr. 2 GWG eine eigene **Rechtspersönlichkeit** haben muss, er also juristische Person des öffentlichen Rechts oder juristische Person des Privatrechts ist.

45 Schließlich muss der Auftraggeber nach § 98 Nr. 2 GWG zu dem besonderen Zweck gegründet worden sein, Aufgaben zu erfüllen, die im Allgemeininteresse liegen, wobei genügt, wenn der Auftraggeber auch im **Allgemeininteresse liegende Aufgaben** erfüllt.[16]

46 Die Kausaistik der Rechtsprechung zu der Norm ist lang. Öffentliche Auftraggeber sind hiernach:[17]

- die staatlichen Universitäten
- die gesetzlichen Rentenversicherungen
- die Bundesagentur für Arbeit
- die gesetzlichen Krankenkassen
- die öffentlich-rechtlichen Rundfunkanstalten
- die Sozialversicherungsträger
- die Studentenwerke

47 Gesellschaften im Bereich der Daseinsvorsorge:

- die Deutsche Bahn AG
- Verkehrsverbund GmbH
- kommunale Nahverkehrsgesellschaften
- Stadtwerke GmbH
- Müllentsorgungsgesellschaften
- Wirtschaftsförderungsgesellschaften
- Beschäftigungsförderungsgesellschaften
- kommunale Krankenhausbetreibergesellschaften
- kommunale Schwimmbadbetriebsgesellschaften
- kommunale Bestattungsgesellschaften
- soziale Wohnungsbaugesellschaften

15 Heiermann/Zeiss, § 98 GWB Rn. 54.
16 Heiermann/Zeiss, § 98 GWB Rn. 100.
17 Heiermann/Zeiss, § 98 GWB mit weiteren Nachweisen.

– Messegesellschaften

Keine öffentlichen Auftraggeber sind hingegen:[18] 48

- öffentlich-rechtliche Religionsgemeinschaften
- die Selbstverwaltungskörperschaften der Berufe, sofern diese die Höhe der Beiträge selbst festlegen,[19] wie die kassenärztliche Vereinigung, die Rechtsanwaltskammer, die Ärztekammer, die Notarkammer, die Steuerberaterkammer, die Versorgungswerke der freien Berufe

– §98 Nr. 3 GWB

Nach §98 Nr. 3 GWB sind zur Ausschreibung verpflichtet **Verbände** der in §98 Nr. 1 49 und Nr. 2 GWG genannte Auftraggeber.

– §98 Nr. 5 GWB

Nach §98 Nr. 5 GWB sind darüber hinaus zur Ausschreibung verpflichtet so genannte 50 **Subventionsempfänger**. Dies sind alle natürlichen oder juristischen Personen des privaten Rechts und des öffentlichen Rechts, soweit sie nicht unter die Nr. 2 der Norm fallen, die eine **öffentliche Förderung von mehr als 50 %** erhalten, für die Durchführung von Tiefbaumaßnahmen, für die Errichtung von Krankenhaus-, Sport-, Erholung- oder Freizeiteinrichtungen, Schul-, Hochschulen- oder Verwaltungsgebäude und die damit in Verbindung stehenden Dienstleistungen.

– §98 Nr. 4 und GWB

Nicht zur Ausschreibung nach der VOF verpflichtet sind sogenannte **Baukonzessionäre**, nach §98 Nr. 6 GWB. Sogenannte **Sektorenauftraggeber** nach §98 Nr. 4 GWB 51 sind ebenfalls nicht zur Ausschreibung nach der VOF verpflichtet. Sie haben für ihre Vergabeverfahren die SektVO zu beachten haben, was nachstehend unter Kapitel 4 E behandelt wird.

2. Planungsleistungen als öffentlicher Auftrag im Sinne des § 99 GWB

Verträge über Planungsleistungen sind i. d. R. öffentliche Aufträge im Sinne des §99 52 GWB. Nach §99 Abs. 1 GWB sind öffentliche Aufträge entgeltliche Verträge von öffentlichen Auftraggebern mit Unternehmen über die Beschaffung von Leistungen, die Liefer-, Bau- oder Dienstleistungen zum Gegenstand haben, Baukonzessionen und Auslobungsverfahren, die zu Dienstleistungsaufträge führen sollen.

Ist der Planungsauftrag insoweit entgeltlich, ist seine Subsumtion unter dem 53 Begriff des öffentlichen Auftrags als Dienstleistungsauftrag regelmäßig unproblematisch, weil nach §99 Abs. 4 GWB als Dienstleistungsaufträge all diejenigen Verträge gelten, die keinen Bau- oder Lieferauftrag zum Gegenstand haben.

---

18 Heiermann/Zeiss, § 98 GWG mit weiteren Nachweisen.

19 EuGH, Urt. v. 12.9.2013 – RS. C5 106. 20/11.

54 Folgende Sonderfälle sind zu betrachten:

a) Gemischte Verträge

55 Nicht selten wird mit der Erbringung einer Bauleistung auch die Erbringung von Planungsleistungen verlangt. Für die Qualifikation des Vertragstyps ist bei gemischten Verträgen maßgeblich der **Schwerpunkt der vertraglichen Leistung**. Nach § 99 Abs. 10 GWB gilt ein öffentlicher Auftrag als Dienstleistungsauftrag, der neben Dienstleistungen auch Bauleistungen umfasst, die im Verhältnis zum Hauptgegenstand Nebenarbeiten sind. Es hat eine wertende Betrachtung stattzufinden: Danach ist der Auftrag dann nicht als Bauleistung einzuordnen, wenn es sich bei der Bauleistung im Verhältnis zur Hauptleistung um einen Nebenarbeit handelt. Nicht nur der Wert der Leistungsanteile, sondern die Frage, welcher Leistungsanteil den Auftrag prägt, ist entscheidend dafür, was Hauptgegenstand des Vertrages ist.[20] Schon im Hinblick auf den Wert der Bauleistung dürfte in der Regel umgekehrt die Planungsleistung Nebenarbeiten sein.

Praxistipp
Wird eine Bauleistung mit Planung ausgeschrieben, dann ist die Bauleistung regelmäßig nicht Nebenleistung. Bauleistungen nebst Planung sind regelmäßig Bauaufträge im vergaberechtlichen Sinne.

---

b) Vertragsverlängerungen/Vertragsänderungen

56 Das Ausschreibungsverfahren umfasst grundsätzlich nur diejenigen Leistungen, die auch Beschaffungsgegenstand sind. Probleme treten insofern immer dann auf, wenn bereits bestehende (ausgeschriebene) Verträge verlängert, erweitert oder verändert werden sollen. Es stellt sich nämlich dann immer die Frage, ob der insoweit **geänderte Beschaffungsgegenstand** nicht wiederum **erneut ausgeschrieben** werden müsste.

Beispiel
Zur Klärung der Frage, ob eine Gemeinde eine öffentliche Förderung für den Bau ihres Schwimmbades erhält, hat sie zunächst die Leistungsphasen 1–3 i. S. d. § 33 HOAI (Grundlagenermittlung bis Entwurfsplanung) beauftragt. Nachdem die Mittel bewilligt sind, möchte die Gemeinde ihren Vertragspartner mit den weiteren erforderlichen der Leistungsphasen 4–8 (Genehmigungsplanung bis Bauüberwachung) Planungsleistungen beauftragen.

---

57 Eine Verlängerung oder Erweiterung eines Auftrags ist immer dann als ein neuer öffentlicher Auftrag anzusehen, wenn sie wesentlich ist, wenn wesentliche Vertragsbestandteile geändert werden oder das Verhältnis zwischen Leistung und Gegen-

20 Heiermann/Zeiss, § 99 GWB Rn. 428.

leistung deutlich abgeändert wird.[21] Eine wesentliche Erweiterung der vertraglichen Leistung führt stets zu einem neuen, ausschreibungspflichtigen Auftrag. Im vorstehenden Beispiel wäre die gewollte Vertragserweiterung ohne weiteres ein ausschreibungspflichtiger Vorgang.

Praxistipp !

Kennen Sie den Umfang der zu beschaffenden Leistung von vornherein nicht genau, wählen Sie in der Vertragsgestaltung die Möglichkeit der Einräumung von Optionsrechten zu Ihren Gunsten: Lässt sich im vorstehenden Beispiel der Auftraggeber gleich mit der Ausschreibung der Entwurfsplanung im Sinne einer stufenweisen Beauftragung die Leistungsphasen 4–9 mit anbieten, stellt sich die Problematik der erneuten Ausschreibung nicht.

Ebenso problematisch wie Vertragserweiterungen sind **Vertragsänderungen**: Nicht selten ändert sich im Rahmen eines Planungsauftrages mehr oder weniger erheblich das Leistungsziel, so dass eine Vertragsänderung vereinbart werden muss. 58

Nach der Rechtsprechung des EuGH ist eine nachträgliche Vertragsänderung dann als ausschreibungspflichtige Neuvergabe zu behandeln, wenn sie, wäre sie inhaltlich bereits Gegenstand des ursprünglichen Ausschreibungsverfahrens gewesen, die Annahme eines anderen Angebotes erlaubt hätte.[22] 59

Vertragsänderungen bedingen hiernach eine Neuvergabe, wenn 60

- **Bedingungen** eingeführt werden, die die Zulassung eines anderen als des ursprünglichen Bieters erlaubt hätte,
- der Auftrag im **größeren Umfang** um nicht vorgesehene Dienstleistungen erweitert wird,
- das **wirtschaftliche Gleichgewicht** des Vertrages in einer im ursprünglichen Auftrag nicht vorhergesehenen Weise zu Gunsten des Auftragnehmers geändert wird.[23]

Zu einer ausschreibungspflichtigen Neuvergabe soll bereits als wesentliche Änderung das Auswechseln eines Subunternehmers führen können[24] und erst recht das Austauschen des Vertragspartners.[25] 61

Praxistipp !

Bedingen Sie sich bereits im Rahmen der Ausschreibung Leistungsänderungsrechte oder die Möglichkeit des Auswechselns des Vertragspartners oder dessen Subunternehmer aus.

---

21 OLG Düsseldorf, Beschl. v. 8.5.2002 – VII Verg 8-15/01; Heiermann/Zeiss, § 99 GWB Rn. 124.

22 EuGH, Urt. v. 19.6.2008 – RS. C 454/06.

23 Zum ganzen Heiermann/Zeiss, § 99 GWB Rn. 132 ff.

24 EuGH, Urt. v. 13.4.2010 – RS. 1091/08.

25 Zeiss, sichere Vergabe, 2. Auflage, 2012, Seite 50.

c) Eigengeschäfte und Inhouse-Vergaben

62 Öffentlicher Auftrag im Sinne des § 99 GWB ist der Planungsauftrag nur dann, wenn er von einem öffentlichen Auftraggeber mit einem Unternehmen geschlossen wird.

63 **Nicht ausschreibungspflichtig** ist ein Auftrag also dann, wenn Auftraggeber und Auftragnehmer personenidentisch sind, also ein sogenanntes **Eigengeschäft** erfolgt.

Beispiel
Eine Gemeinde beauftragt an ihren kommunalen Eigenbetrieb die Planung und die Bauüberwachung einer Straßenentwässerung.

---

64 Ebenfalls kein öffentlicher Auftrag liegt vor, wenn der Auftragnehmer zwar personenverschieden ist, der Auftraggeber aber über den Auftragnehmer die **Kontrolle ausübt**, als wäre der Auftragnehmer **seine Dienststelle**. Eine solche, nicht ausschreibungsfreie sog. Inhouse-Vergabe liegt dann vor,

- wenn der Auftraggeber die Kontrolle über den Auftragnehmer ausübt, diesen also gesellschaftsrechtlich beherrscht und seine Leitungsgremien kontrolliert, wobei kein privates Unternehmen an der Gesellschaft des Auftragnehmers beteiligt sein darf,[26]
- der Auftragnehmer seine Tätigkeiten „im Wesentlichen" gegenüber dem Auftraggeber erbringt.[27]

d) Leistungen innerhalb einer interkommunalen Kooperation

65 Die Möglichkeit, Planungsleistungen ausschreibungsfrei innerhalb von interkommunalen Kooperationen zu erbringen, ist nur sehr eingeschränkt möglich. Unternehmer im Sinne des § 99 Abs. 1 GWB kann durchaus auch eine Gebietskörperschaft sein.[28] Ein vergabefreier, staatlicher Organisationsakt liegt nur dann vor, wenn die Leistungserbringung unmittelbar der Erfüllung einer Gemeinwohlaufgabe dient.[29]

e) Planungsleistungen, die nach der VOF auszuschreiben sind

66 Eine Planungsleistung ist dann nach der VOF auszuschreiben (vgl. § 1 VOF), wenn sie

- im Rahmen einer freiberuflichen Tätigkeit erbracht wird oder im Wettbewerb mit freiberuflichen Tätigkeiten angeboten wird,

---

26 EuGH, Urt. v. 11.1.2005 – Rs. C 26/03.

27 Die Grenze dürfte zwischen 5 und 10 % Fremdumsatz zu ziehen sein, zum Stande der Rechtsprechung Heiermann/Zeiss, § 99 GWB Rn. 207 ff.

28 EuGH, Urt. v. 13.6.2013 – RS. C 386/11.

29 Bejaht für Leistungen der Abfallentsorgung EuGH, Urt. v. 9.6.2009 – RS. C 480/06, verneint für entgeltliche Gebäudereinigungsdienstleistungen EuGH, Urt. v. 13.6.2013 – RS. C3 386/11.

- ihre Lösung nicht von vornherein eindeutig und erschöpfend beschrieben werden kann und,
- der geschätzte Auftragswert den Schwellenwert nach § 2 VgV für Dienstleistungen erreicht oder überschreitet.

aa) Planungsleistung als freiberufliche Dienstleistung

Zu Planungsleistungen, deren Auftragswert den Schwellenwert nicht erreicht (Kapitel 67
2 Nr. 2), wurde erläutert, dass Planungsleistungen, als die Leistungen der Architekten oder Ingenieure regelmäßig unproblematisch freiberufliche Dienstleistungen sind. Sie sind dies auch, wenn sie im Wettbewerb mit diesen angeboten werden, weil der Architekt oder Ingenieur für seine Firma die Rechtsform einer Kapitalgesellschaft gewählt hat, zum Beispiel einer GmbH.

bb) Keine eindeutige und erschöpfende Beschreibbarkeit

Die zu vergebende Planungsleistung darf nicht von vornherein eindeutig und erschöp- 68
fend beschreibbar sein, weil sie anderenfalls dann nach der VOL/A-EG auszuschreiben ist. § 101 Abs. 7 GWB regelt den Vorrang des offenen Verfahrens, das stets voraussetzt, dass die Leistung eindeutig und erschöpfend beschrieben werden können, damit ein Wettbewerb ohne weitere Verhandlungen und in der Regel über den Preis stattfinden kann. Die Zulässigkeit des Verhandlungsverfahrens ist insoweit nur dann gerechtfertigt, wenn die zu vergebende Leistung **nicht** von vornherein **eindeutig und erschöpfend beschrieben** werden kann. Die **VOF** sieht als einzige Vergabeart das **Verhandlungsverfahren** vor[30] (vgl. § 3 VOF). Ist die Lösung hingegen eindeutig und erschöpfend beschreibbar, hat auch für die freiberufliche Tätigkeit die VOL/A zu gelten.[31]

Mit der nicht eindeutigen und erschöpfenden Beschreibbarkeit ist der Inhalt der 69
Aufgabenlösung gemeint. Nicht beschreibbar ist die Leistung dann, wenn der Auftragnehmer aufgrund ihm zugestandener Kognitions-, Wertungs- und Gestaltungsspielräume die Aufgabenlösung selbstständig zu entwickeln hat. Dies bezieht sich insbesondere auf hochqualifizierte und geistig-schöpferische Leistungen. Der Auftraggeber darf insoweit lediglich Zielvorstellungen und einen Lösungsrahmen, zum Beispiel in der Aufgabenbeschreibung vorgeben (vgl. § 6 VOF). Konkrete, detaillierte Aufgabenlösungen hat hingegen der Auftragnehmer zu erarbeiten, entweder alleine oder auch im Benehmen oder Einvernehmen mit dem Auftraggeber.[32]

---

30 Heiermann/Zeiss/Webeler, § 1 VOF Rn. 4.

31 OLG Düsseldorf, Beschl. v. 21.4.2010 – Verg 55/09.

32 OLG Düsseldorf, Beschl. v. 3.8.2011 – Verg 6/11; OLG Düsseldorf, Beschl. v. 21.4.2010 – Verg 55/09; OLG München, Beschl. v. 28.4.2006 – Verg 6/06.

70 Eine Leistung ist also dann nicht vorab eindeutig und erschöpfend beschreibbar, wenn eine noch **nicht existierende Lösung** für eine gestellte Aufgabe gesucht wird.

71 Denkbar ist auch, dass die nichtbeschreibbare Aufgabenlösung in den Verhandlungen von Beteiligten entwickelt werden soll,[33] wobei bei Planungsaufträgen diese Aufgabenlösung regelmäßig erst im Rahmen der Auftragsabwicklung vom Auftragnehmer entwickelt wird.

72 Hinsichtlich der Frage, ob eine Aufgabenlösung eindeutig und erschöpfend beschreibbar ist, hat der Auftraggeber keinen Beurteilungs- und Entscheidungsspielraum. Es handelt sich um einen unbestimmten Rechtsbegriff, der objektiv entweder gegeben ist oder nicht. Dabei ist auf den Zeitpunkt der Einleitung des Vergabeverfahrens abzustellen. Die Frage, ob eine Leistung nicht eindeutig und erschöpfend beschreibbar ist, ist mithin stets einzelfallabhängig.

73 Hinsichtlich der Vergabe von Planungsleistungen als Lösung für ein Bauvorhaben ist bezüglich des Leistungsumfanges zu differenzieren, der beauftragt werden soll:

74 Wird ein Auftrag über eine **Vollarchitektur** erteilt (Leistungsphasen 1 bis 9 im Sinne der Anlage 10 bzw. 12 zu § 33 HOAI) liegt eine geistig-schöpferische Aufgabenlösung noch nicht vor.[34] Die Leistung ist unproblematisch nicht eindeutig und erschöpfend beschreibbar, weil der Planungsprozess noch nicht abgeschlossen ist. Das Bauwerk ist schließlich noch nicht geplant. Gleiches gilt für die vollständige Beauftragung der Planung von Ingenieurbauwerken oder sonstigen Fachplanungsleistungen.

75 Problematisch können aber Fälle einer abschnittsweisen Beauftragung des Planungsprozesses sein:

76 Werden zunächst die Leistungen zur **Erstellung einer Entwurfs-oder Genehmigungsplanung** beauftragt (Leistungsphasen 1–3 oder 4), ist der geistig-schöpferische Planungsprozess in keiner Weise abgeschlossen. Der Prozess ist vielmehr gerade Gegenstand der Schaffung des Entwurfs für das Bauvorhaben.

77 Der geistig-schöpferische Anteil der Planungsleistung wird aber immer geringer, je weiter die Planung entwickelt oder umgesetzt wird. Werden insoweit im Rahmen einer abschnittsweisen Beauftragung die späteren Phasen einer Planung beauftragt, ist die Frage zu klären, ob die Nichtbeschreibbarkeit der Leistung noch gegeben ist.

Beispiel

Eine Gemeinde hat zunächst zur Klärung der Frage der Förderfähigkeit eines Schwimmbads eine Genehmigungsplanung in Auftrag gegeben. Nachdem die Mittel bewilligt sind möchte die Gemeinde die weiteren, erforderlichen Planungsleistungen für die Errichtung ausschreiben, nämlich die Leistungsphasen 5–9 (Ausführungsplanung bis zur Bauüberwachung).

---

33 Vgl. BGH, Beschl. v. 10.11.2009 – X ZB 8/09.

34 VK Südbayern, Beschl. v 31.10.2002 – 42-22/02; Voppel/Osenbrück/Bubert, Kommentar zur VOF § 1 Rn. 71.

Die zu übertragenden Auftragsinhalte sind zur Beurteilung maßgeblich: Weil der geistig-schöpferische Schaffensprozess des Architekten weitgehend abgeschlossen ist und es in der Ausführungsplanung nur noch um die Umsetzung der Genehmigungsplanung geht, wird zum Teil vertreten, dass die Leistungen der Ausführungsplanung eindeutig und erschöpfend beschreibbar sind.[35] Allerdings ist bei einer Beauftragung der Leistungsphase 5 (Ausführungsplanung) zumindest noch die Umsetzung der Entwurfsplanung im Maßstab 1:100 in eine ausführungsreife Darstellung im Maßstab 1:50 eine Leistung geistig-schöpferischen Inhaltes, deren Ergebnis nicht von vornherein festgelegt ist. Insbesondere finden wesentliche, gestaltende Prozesse der Planung wie die Materialwahl und die Farbgebung des Bauwerks statt. Zumindest bei der Planung von Gebäuden ist daher noch vertretbar, davon auszugehen, dass die Leistungen nicht von vornherein eindeutig und erschöpfend beschreibbar sind, wenn Planungsleistungen ab der Leistungsphase 5 (Ausführungsplanung) beauftragt werden sollen.[36] Bei der Planung von Ingenieurbauwerken kann dieses durchaus anders beurteilt werden, insbesondere wenn die wesentlichen Details der Ausführungsplanung über Standardplanungselemente erfolgt, was z. B. regelmäßig im Brückenbau oder Straßenbau der Fall ist. 78

Die Leistungsphasen 6 und 7 enthalten keinerlei gestalterische Elemente mehr und sind daher ohne weiteres eindeutig und erschöpfend beschreibbar.[37] 79

Aus der Objektüberwachung (Leistungsphase 8 der Anlage 10 zu § 33 HOAI) ist die Leistung regelmäßig und eindeutig beschreibbar.[38] 80

Praxistipp !

Möchten Sie die Planungsleistungen im Verhandlungsverfahren nach der VOF vergeben, gestalten Sie den „Zuschnitt" der zu vergebenden Leistung so, dass wesentliche Teile der gestalterischen Planung Gegenstand der Ausschreibung sind.

In diesem Zusammenhang ist noch nicht von der Rechtsprechung die Frage geklärt, wie mit der Ausschreibung von Teillosen im Bereich der Gebäudeplanung umzugehen ist, wenn ein Teil nicht eindeutig und erschöpfend beschreibbar ist und der andere Teil hingegen schon. 81

35 Die Beschreibbarkeit in Frage stellend: VK Arnsberg, Beschl. v. 9.4.2002 – VK 3/03/02; eine Beschreibbarkeit bejahend Voppel/Osenbrück/Bubert Kommentar zur VOF § 1 Rn. 72.

36 Heiermann/Zeiss/Webeler, § 1 VOF Rn. 27.

37 VK Arnsberg, Beschl. v. 9.4.2002 – VK 3/03/02.

38 VK Sachsen, Beschl. v. 5.1.2001 – 1 SVK/111-0; VK Köln, Beschl. v. 11.11.2009 – VK VOF 20/09; Beschreibbarkeit in fragestellend VK Arnsberg, Beschl. v. 9.4.2002 – VK 3/03/0212.2002 – 216/4004.20-062/02 – EFS.

Beispiel
Eine Gemeinde schreibt die Gebäudeplanung ihrer neuen Stadthalle aus. Hierbei möchte sie in jedem Fall einen Teilauftrag über die Planung vergeben (Leistungsphasen 1–5) und einen Teilauftrag über die Vergabe, Bauüberwachung und Baubetreuung (Leistungsphasen 6–9).

82 Eine solche **Trennung zwischen Planung und Bauüberwachung** kann sinnvoll sein, weil nicht jeder Entwurfsplaner gleichzeitig ein guter Bauüberwacher ist und umgekehrt. Ferner findet durch die Bauüberwachung eine Kontrolle der Ausführungsplanung statt. Dieses 4-Augen Prinzip kann Fehler vermeiden.

83 Entsprechend den vorstehend angestellten Überlegungen wäre das Los 1 (Planung) von vornherein eine nicht eindeutig und erschöpfend beschreibbare Leistung und nach der VOF auszuschreiben. Das Los 2 (Vergabe/Bauüberwachung/Baubetreuung) ist eindeutig und erschöpfend beschreibbar und wäre demnach nach der VOL/A-EG auszuschreiben. Diese Lösung würde im Ergebnis dazu führen, dass die Schwellenwerte der beiden Lose getrennt berechnet werden müssten und zwar zum einen für den VOF-Teil und zum anderen für den VOL/A-Teil.[39]

84 Da es aber in der Sache um die Planung ein und desselben Gebäudes geht und die Regelung des § 3 Abs. 7 VOF bestimmt, dass die Auftragswerte derselben Leistung bei der Schwellenwertberechnung zu addieren sind, dürfte es ebenso gut vertretbar sein, beide Lose nach der VOF auszuschreiben und die Schwellenwerte zu addieren.

f) Planungsleistungen, die ausnahmsweise nach der VOL/A-EG auszuschreiben sind

85 Eindeutig und erschöpfend beschreibbar sind regelmäßig diejenigen Leistungen, die als **Beratungsleistungen in der Anlage 1 zur HOAI** beschrieben sind.

86 Dies sind: Umweltverträglichkeitsstudien, Leistungen der thermischen Bauphysik, Leistungen für Schallschutz und Raumakustik, Leistungen für Bodenmechanik, Erd- und Grundbau sowie vermessungstechnische Leistungen. Diese Leistungen dürften in aller Regel zumindest funktional eindeutigen und erschöpfend beschreibbar sein, so dass sie regelmäßig nach der VOL/A EG auszuschreiben sind.

87 Die Frage der eindeutigen und erschöpfenden Beschreibbarkeit ist von der Rechtsprechung für folgende Fälle geklärt:
- Wasser- oder Bodenanalysen,
- Aufmaß von Bauleistungen,
- Überwachung von Kanalinspektionen,
- Technische Prüfung und Inspektionen,
- Reinzeichnungen von Plänen.

39 Für diese Lösung Voppel/Osenbrück/Bubert, Kommentar zur VOF, § 1 Rn. 106.

Praxistipp
Schreiben Sie Planungsleistungen für ein Gebäude nach der VOF aus, überlegen Sie, welche Beratungsleistungen Sie für die Gebäudeplanung benötigen und, ob diese sinnvollerweise mit ausgeschrieben werden.

II. Planungsaufträge im Sektorenbereich

Öffentliche Auftraggeber im Sinne des § 98 Nr. 1 bis 3 GWB, die im Sektorenbereich tätig sind, d. h. eine Tätigkeit im Sinne der Anlage zu § 98 Nr. 4 GWB ausüben, sind so genannte Sektorenauftraggeber im Sinne des § 98 Nr. 4 GWB. Dies sind kurz gesagt Auftraggeber, die auf dem Gebiet der **Trinkwasserversorgung und -verteilung**, der **Energieerzeugung und -verteilung** und im Bereich **des Verkehrs** tätig sind. Private Unternehmen, die eine Tätigkeit im Sinne der Anlage zu § 98 Nr. 4 GWB ausüben, sind ebenfalls Sektorenauftraggeber, soweit sie im Rahmen der Erbringung der Leistung staatliche Sonderrechte in Anspruch nehmen. 88

89 Zu ihnen zählen jedenfalls nicht mehr diejenigen privaten Unternehmen, die im Bereich der Erzeugung konventionelle Energie tätig sind, da diese von der Anwendbarkeit des Vergaberechts durch Beschluss der EU-Kommission vom 24.04.2012 freigestellt sind.

90 Hinsichtlich der Einzelheiten zur Sektorenauftraggebereigenschaft der öffentlichen und privaten Sektorenauftraggeber wird auf die Kommentierung von Summa[40] verwiesen, da eine intensive Auseinandersetzung mit diesem Thema den Rahmen dieses Buches sprengen würde.

91 Sektorenauftraggeber im Sinne des § 98 Nr. 4 GWB haben bei der Vergabe von Planungsaufträgen die Sektorenverordnung zu beachten. Sie gilt ab einem **Schwellenwert von 414.000 €** (netto).

92 Anders als bei der VOF gibt es keine Differenzierung zwischen Planungsleistungen, deren Ergebnis eindeutig und erschöpfend beschrieben werden kann oder nicht, bei der Vergabe von Planungsaufträgen im Sektorenbereich. Sie unterfallen, sofern der Schwellenwert von 414.000 € erreicht ist, generell der SektVO. Eine Differenzierung ist auch nicht erforderlich, da nach § 6 SektVO der Auftraggeber die freie Wahl zwischen den Vergabearten hat und insofern frei ist, das Verhandlungsverfahren zu wählen.

40 Heiermann/Zeiss/Summa, § 98 GWB Rn. 190 ff.

III. Planungsaufträge im Bereich Verteidigung und Sicherheit

93 Auftraggeber im Sinne des § 98 GWB, die im Sinne von § 99 Abs. 7 GWB verteidigungs- und sicherheitsrelevante Aufträge vergeben, haben nach § 99 Abs. 7 Nr. 3 und 4 GWB bei der Vergabe von Dienstleistungen, die den Verteidigungs -und sicherheitsrelevanten Aufträgen dienen oder mit diesem im Zusammenhang stehen, also auch bei der Vergabe von Planungsaufträgen, die VSVgV anzuwenden. Der Schwellenwert für die Anwendbarkeit beträgt 414.000 €.

94 **Planungsleistungen** sind sogenannte **prioritäre Dienstleistungen** im Sinne des Anhang I der Richtlinie 2009/81/EG. Soweit sie im Bereich der Verteidigung und Sicherheit erbracht werden fallen sie unter die VSVgV. Anders als bei der VOF ist eine Differenzierung, ob die Leistung eindeutig und erschöpfend beschreibbar ist, ist auch hier nicht erforderlich. Nach § 11 Abs. 1 VSVgV hat der Auftraggeber die Wahl zwischen dem nicht offenen Verfahren oder dem Verhandlungsverfahren mit Teilnahmewettbewerb. Der Auftraggeber kann insofern, entsprechend der VOF, für die Vergabe der Planungsleistung das **Verhandlungsverfahren** wählen.

C. Schätzung des Auftragswerts

95 Die Schätzung des Auftragswertes dient der Klärung der Frage, ob der vergaberechtlich relevante Schwellenwert erreicht oder überschritten ist.

96 Die Schwellenwerte betragen derzeit für Dienstleistungen:

- 134.000 € für Liefer-und Dienstleistungsaufträge der obersten und oberen Bundesbehörden sowie vergleichbarer Bundeseinrichtungen (§ 2 Nr. 1 VgV),
- 441.000 € für Liefer-und Dienstleistungsaufträge im Sektorenbereich (§ 1 SktVO),
- 414.000 € für Liefer-und Dienstleistungsaufträge im Bereich Verteidigung und Sicherheit (§ 1 VSVgV),
- 207.000 € für sonstige Liefer- und Dienstleistungsaufträge (§ 2 Nr. 2 VgV),

97 Der häufigste Fall wird die Vergabe von sonstigen Dienstleistungsaufträgen nach § 2 Nr. 2 VgV betreffen, für den nach § 2 Nr. 7 VgV die Besonderheit gilt, dass der Schwellenwert für Teillose 80.000 € beträgt, oder bei Losen von weniger als 80.000 € der addierte Auftragswert 20 % der Gesamtleistung.

98 Nach § 3 Abs. 1 VOB ist bei der Schätzung des Auftragswertes von der **geschätzten Gesamtvergütung** für die **vorgesehene Leistung** einschließlich etwaiger Prämien oder Zahlungen an Bewerber oder Bieter auszugehen. Dabei sind alle Optionen oder etwaige Vertragsverlängerungen zu berücksichtigen.

I. Grundsätze zur Schätzung des Auftragswertes

Die Schätzung bezieht sich zunächst auf den **Nettowert des Auftrages** ohne Umsatzsteuer (vgl. § 1 VgV). Die Vergabestelle muss eine ernsthafte Prognose über den voraussichtlichen Auftragswert erstellen. Dies muss realistisch, seriös und nachvollziehbar sein.[41] Sie gehört in die Dokumentation des Verfahrens. 99

Die Schätzung des Auftragswertes bei der Vergabe von Planungsleistungen macht zuweilen nicht unerhebliche Schwierigkeiten, da die Grundlage für die Errichtung des Bauwerks, nämlich die Planung, regelmäßig erst Auskunft über die Baukosten liefert und damit eine Aussage zu den maßgeblichen Planungshonoraren. 100

Ist für die Berechnung der Vergütung der Planungsleistung **eine Gebührenordnung** maßgeblich, ist diese bei der Schätzung zugrunde zu legen, insbesondere für Planungsleistungen die **HOAI.**[42] Da die HOAI als gesetzliches Preisrecht regelmäßig auf die Objektsplanungsleistungen anwendbar ist, ist Ausgangspunkt der Schätzung des Auftragswertes eine theoretische Berechnung des Honorars des Planers nach Maßgabe der HOAI. 101

Die Honorarberechnung nach der HOAI geht im Wesentlichen von der Höhe der anrechenbaren Baukosten, sowie von der Schwierigkeit des Objekts aus, d. h. von dessen Einordnung in die so genannte Honorarzone (vgl. § 6 Abs. 1 HOAI). Die Honorarberechnung folgt also im Grundsatz der Frage, in welchem Umfang Bauleistungen erbracht werden sollen und wie schwierig die Planung wird, was letztlich erst mit Durchführung der Planung feststehen wird. Die Einzelheiten zur Honorarberechnung werden in der Einleitung zum Teil 2 des Buches erläutert. 102

Zur Schätzung des Auftragswertes der Planungsleistung bedarf es also bereits einer **Schätzung der Baukosten**, die typischerweise erst Gegenstand der Planungsleistungen ist. Die Baukostenschätzung nach DIN 276 ist Leistung der Leistungsphase 2 im Sinne der Anlage 10 zu § 33 HOAI. 103

Hat ein Auftraggeber Erfahrungen zu Kosten, z. B. vorausgegangene Baumaßnahmen, können diese **Erfahrungen** der Baukostenschätzung zugrunde gelegt werden. Ein kommunaler Eigenbetrieb wird z. B. regelmäßig über Erfahrungen verfügen, welcher Aufwand je laufenden Meter einer Kanalsanierung entsteht. 104

Stehen entsprechende Erfahrungswerte für die Baukostenschätzung nicht zur Verfügung, wird dem Auftraggeber nichts anderes bleiben, als die ersten Elemente einer Planung, nämlich Teile der Grundlagenermittlung und der Baukostenschätzung im Wege einer **Machbarkeitsstudie** vorab zu erstellen oder zu beauftragen, um zumindest den Umfang der Bauleistung und den sich daraus ergebenden Planungshonorare einigermaßen seriös schätzen zu können. Die Beauftragung solcher Machbarkeitsstudien ist in der Regel auch nicht ungewöhnlich: Soll eine Planung für ein 105

41 VK Bund, Beschl. v. 12.5.2003 – VK 2 20/03; Heiermann/Zeiss/Lausen, § 3 VgV Rn. 10.

42 OLG Brandenburg, Beschl. v. 8.5.2006 – Verg W 2/06.

Bauwerk beschafft werden, dann ist selbstverständlich auch bereits für die Realisierung dieser Planung ein entsprechender Haushaltsansatz zu bilden, die erst recht für die Beschaffung der Bauleistung erforderlich wird.

106 Trotz aller Sorgfaltspflichten dürfen an die Schätzung des Auftragswertes durch den Auftraggeber jedoch **keine zu übertriebenen Anforderungen** gestellt werden. Dem Auftraggeber steht ein Beurteilungsspielraum zu, soweit er sich an die an die Schätzung gestellten Anforderungen hält.[43]

107 Bei der Honorarberechnung nach der HOAI ist folgendes zu berücksichtigen:

Hinsichtlich der Honorarberechnung nach der HOAI ist auf die **Mindestsätze** abzustellen. Soweit im Rahmen des Planungsauftrages Leistungen mit beauftragt werden, für die die HOAI kein zwingendes Preisrecht ist (z. B. Beratungsleistungen nach der Anlage 1 zur HOAI), können die dort gegebenen Vergütungsempfehlungen der Schätzung zugrunde gelegt werden. Soll ein Planungsauftrag für Leistungen im Bestand vergeben werden, ist ein **angemessener Umbauzuschlag** im Rahmen der Schätzung zu berücksichtigen.[44] Dieser dürfte bei Planungsleistungen mittlerer Schwierigkeit regelmäßig bei **20 %** liegen. Bei Bauleistungen im Bestand ist ferner die Neuregelung des § 4 Abs. 3 HOAI 2013 zu beachten, wonach im Rahmen der Honorarberechnung auch die **mitzuverarbeitende Bausubstanz** angemessen zu berücksichtigen ist. Da die Frage, in welchem Umfang eine mitzuverarbeitende Bausubstanz von der Planung betroffen wird, wiederum erst im Rahmen der Planung beantwortet wird, wird dem Auftraggeber wohl gewöhnlich nichts anderes bleiben, als einen Schätzansatz für die mitzuverarbeitende Bausubstanz zu bilden.

108 Auch die **Nebenkosten** sind bei der Honorarberechnung zu berücksichtigen, da es sich bei diesen um Entgelt für die erbrachte Leistung handelt.[45]

II. Umgang mit Fachlosen und Generalplanerleistungen im Rahmen der Schätzung

109 Bei Bau- oder Lieferleistungen ist hinsichtlich der Schätzung auf die **Gesamtvergütung** abzustellen, also diejenigen Leistungen, die in einem **funktionalen (techni-**

43 OLG Celle, Beschl. v. 12.7.2007 – 13 Verg 6/07; Heiermann/Zeiss/Lausen § 3 VgV Rn. 18.

44 VK Nordbayern v. 13.7.2012 – 21.VK-3194-11/12.

45 OLG Brandenburg, Beschl. v. 8.5.2006 – Verg W 2/06; Heiermann/Zeiss/Webeler § 1 VOF Rn. 11. Dies verneinend: OLG Schleswig, Beschl. v. 30.3.2004 – 6 Verg 1/03 unter Bezugnahme auf die Rechtsprechung BGH, Urt. v. 25.9.2003 – VII ZR 13/02, wonach die Nebenkosten nach der HOAI lediglich ein Ausgleich für den Aufwand der Auftragsdurchführung und folglich nicht Teil des Honorars seien. Die Einbeziehung der Nebenkosten für die Schätzung des Auftragswertes dürfte zutreffend sein. Durch die vorgenannte Entscheidung hat der BGH lediglich entschieden, dass die HOAI hinsichtlich der Nebenkosten keine preisliche Beschränkung regelt. Dass es sich bei den Nebenkosten um ein Teil des Honorars handelt, hat der BGH allerdings nicht in Frage gestellt.

schen) Zusammenhang stehen. § 3 Abs. 7 VgV differenziert bei freiberuflichen Leistungen nach dem Leistungsinhalt.

Wenn eine zu vergebende freiberufliche Leistung in mehrere Teilaufträge **derselben freiberuflichen Leistung** aufgeteilt wird, müssen die Werte der Teilaufträge zur Berechnung des geschätzten Auftragswertes **addiert** werden. Im Umkehrschluss bedeutet dies, dass der Schwellenwert für verschiedene freiberufliche Leistungen getrennt berechnet wird, wenn die freiberuflichen Leistungen als Teilaufträge vergeben werden, auch wenn sie funktional einem Objekt dienen. 110

Beispiel
Für die Errichtung eines Gebäudes ist eine Gebäudeplanung i. S. d. § 33 HOAI, eine Tragwerksplanung im Sinne von § 49 HOAI und eine Planung der technischen Ausrüstung nach § 53 HOAI erforderlich. Nach § 3 Abs. 7 VgV sind die Schwellenwerte für die verschiedenen Leistungsbilder getrennt zu berechnen, wenn der Auftrag an verschiedene Leistungserbringer vergeben werden sollen.

Praxistipp
Wer europarechtskonform handeln will, sollte die Regelung des § 3 Abs. 7 VgV nicht anwenden und bei der Schwellenwertberechnung auch verschiedenartige Planungsleistungen addieren, wenn sie funktional der Errichtung eines Gebäudes dienen.

An der **Richtlinienkonformität** des § 3 Abs. 7 VgV müssen **ernsthafte Zweifel** bestehen, da nach Art. 9 Abs. 1 VKR Grundlage für die Berechnung des geschätzten Auftragswertes der Gesamtwert ohne Mehrwertsteuer ist. Eine Differenzierung wie § 3 Abs. 7 Satz 3 VOF für freiberufliche Dienstleistungen nimmt die Richtlinie nach ihrem Wortlaut nicht vor. 111

Im Rahmen der Beurteilung der Frage, ob eine unzulässige Zersplitterung eines Planungsauftrages aus haushaltsrechtlichen Erwägungen in mehrere Einzelaufträge vorliegt, kam der EuGH zu dem Ergebnis, dass der Schwellenwert zu addieren ist, wenn in wirtschaftlicher und technischer Hinsicht eine innere Kohärenz und eine funktionale Kontinuität bestehe.[46] 112

Eine solche innere Verknüpfung der Planungsleistungen wird regelmäßig auch dann gegeben sein, wenn diese eng ineinander greifen, auch wenn es sich um verschiedene Planungsleistungen handelt. Auf Grundlage der Rechtsprechung des EuGH wird man insofern die Regelung des § 3 Abs. 7 VgV für nicht richtlinienkonform halten können, so dass richtigerweise auch die Auftragswerte verschiedenartiger Planungsleistungen zu addieren sind. 113

46 EuGH, Urt. v. 15.3.2012 – C-547/10 – juris Rn. 45.

! **Praxistipp**
Seien Sie insbesondere bei der Schwellenwertberechnung vorsichtig, wenn es um subventionierte Vorhaben geht, da möglicherweise Jahre nach Durchführung des Projekts Beanstandungen im Rahmen der Rechnungsprüfung zu einer Rückforderung gewährter Zuwendungen führen können, wenn das Vergaberecht als Auflage zum Zuwendungsbescheid nicht beachtet wurde. Im Hinblick auf die unklare Rechtslage zu § 3 Abs. 7 VgV empfiehlt sich zumindest bei diesen Vorhaben die Regelung nicht anzuwenden und die Auftragswertes der verschiedenen Teilleistungen, auch wenn es sich um verschiedenartiger Leistungen handelt, zu addieren.

114 Wird ein **Generalplaner** beauftragt, ist der **addierte Auftragswert** der verschiedenen Honorare in jedem Fall maßgeblich. Werden nämlich unterschiedliche fachspezifische Leistungen zusammenfassend vergeben, verbleibt es wiederum bei dem Grundsatz, dass auf die Summe der Leistungen abzustellen ist.[47]

115 Hält man die Regelung des § 3 Abs. 7 VgV für anwendbar, denn findet eine Addition der Auftragswertes auch bei einer losweisen Vergabe nicht statt, d. h. wenn im Rahmen einer Ausschreibung mehrere Lose verschiedenartiger Leistungen ausgeschrieben werden und eine losweise Vergabe vorbehalten ist. Anderenfalls würde die Regelung des § 3 Abs. 7 VgV leerlaufen.[48]

116 Anwendungsschwierigkeiten mit der Regelung des § 3 Abs. 7 VgV können ferner im Hinblick auf die Ausschreibung von Leistungen der **technischen Gebäudeausrüstung** entstehen: § 53 Abs. 2 HOAI unterscheidet hinsichtlich der Leistungen der technischen Gebäudeausrüstung in insgesamt 8 Anlagengruppen, die bei der Honorarberechnung getrennt zu berücksichtigen sind. Zum Teil wird hieraus geschlossen, dass es sich insoweit bei den Anlagengruppen um verschiedenartige Leistungen im Sinne des § 3 Abs. 7 VgV handelt und die Honorare getrennt zu berechnen sind.[49] Diese Untergliederung geht nach der hier vertretenen Auffassung zu weit: Die Regelung des § 3 Abs. 7 VgV differenziert nach der Frage, ob die Leistungen gleichartig sind. Die HOAI fasst die Planungsleistungen der technischen Ausrüstung in ihrem Teil 4, Abschnitt 2 zusammen. Darüber hinaus leuchtet es überhaupt nicht ein, warum ein Planer, der mit der 1. Anlagengruppe, der also mit den Bereichen Abwasser, Wasser und Gasversorgung beauftragt ist, eine grundsätzlich andere Planungsleistung erbringt, als wenn er die in die Anlagengruppe 2 fallenden Wärmeversorgung plant. Wird die Warmwasserversorgung eines Gebäudes mittels einer Gasheizung betrieben, wird schnell deutlich, dass es sich hier um die Planung einer technischen Ausrüstung dreht.

47 OLG München, Beschl. v. 28.4.2006 – Verg 6/06.
48 OLG Frankfurt, Beschl. v. 8.5.2012 – 11 Verg 2/12, zitiert nach juris Rn. 69.
49 Voppel/Osenbrück/Bubert Kommentar zur VOF, § 1 Rn. 107.

III. Umgang mit Teillosen

117 Bei der Beauftragung von Planungsleistungen ist eine abschnitts- oder stufenweise Beauftragung häufig, insbesondere wenn die Planungs- und/oder die Baumaßnahme mit öffentlichen Mitteln gefördert werden soll. Eine Realisierung kommt nämlich dann erst infrage, wenn die Mittel bewilligt sind. Die Beauftragung der Planungsleistungen erfolgt sodann in **verschiedenen Phasen**, wobei als Grundlage für die Beantragung der Fördergelder regelmäßig eine Entwurfs- oder Genehmigungsplanung erforderlich sein wird. In der vertraglichen Gestaltung des Architektenvertrages stehen hierfür in der Praxis verschiedene Modelle zur Verfügung, die in Teil 2 dieses Buches ausführlich behandelt werden.

– **Abschnittsweise Beauftragung:**

118 Die Beauftragung kann abschnittsweise erfolgen, d. h. durch verschiedene Einzelaufträge der aufeinander aufbauenden Leistung. In einem ersten Abschnitt können z. B. zunächst die Leistungsphasen 1 bis 3 und in einem zweiten Abschnitt die Leistungsphasen 4 bis 9 im Sinne der Anlage 10 zu § 33 HOAI beauftragt werden.

– **Stufenweise Beauftragung:**

119 Die Beauftragung kann dergestalt stufenweise erfolgen, dass zunächst unbedingt beauftragt wird, die Leistungsphasen 1 bis 3 im Sinne der Anlage 11 zu § 33 HOAI, und sich der Auftraggeber bereits mit Vertragsschluss als Option die Leistungsphasen 4 bis 9 im Sinne der Anlage 10 zu § 33 HOAI anbieten lässt.

120 Bei der zweitgenannten Beauftragung, der stufenweisen, ist das Honorar der optionierten Leistungsphasen in die Berechnung des Auftragswertes unproblematisch mit einzubeziehen, was sich bereits aus § 3 Abs. 1 Satz 2 VgV ergibt, wonach alle Optionen zu berücksichtigen sind.

121 Erfolgt die Beauftragung abschnittsweise, wird der **Schwellenwert** regelmäßig am Wert des **Gesamtauftrages** zu bemessen sein.[50] Diese rechtliche Beurteilung entspricht der Regelung des § 3 Abs. 7 Satz 2 VgV, wonach mehrere Teilaufträge derselben freiberuflichen Leistung bei der Berechnung des geschätzten Auftragswertes addiert werden müssen. Die Notwendigkeit einer Addition der Auftragswerte wäre allenfalls dann zu hinterfragen, wenn bei der Beauftragung des ersten Abschnittes Ziel des Auftrages nicht die bauliche Realisierung der Maßnahme, sondern ausschließlich die Klärung der Frage ist, ob Haushaltsmittel im Rahmen einer öffentlichen Förderung zur Verfügung stehen. Hier könnte die Notwendigkeit der Addition in Frage zu stellen sein, wenn hinsichtlich der übrigen Teilaufträge noch überhaupt **keine Realisierungsabsicht** vorliegt. Das Fehlen einer solchen Realisierungsabsicht wäre wiederum zu dokumentieren.

122 Ist bei einer getrennten Betrachtung, die nur ganz selten zutreffend sein dürfte, eine abschnittsweise Beauftragung vorzunehmen, bildet jeder Abschnitt der Leistung

---

50 1. VK Bremen, Beschl. v. 25.9.2001 – VK 5/01; VK Berlin, Beschl. v. 15.4.2011 – VK B 2 12/11.

ein Teillos im Rahmen der Schwellenwertberechnung, für das eine Schwellenwertberechnung nach § 3 Abs. 7 VgV stattzufinden hat: der Schwellenwert beträgt insoweit für jedes Los 80.000 € oder bei Losen von unter 80.000 € 20 % des Gesamtauftragswertes der Leistung.

! **Fettnapf**

HOAI 2013

Es soll die Gebäudeplanung für eine Umbaumaßnahme der Sanierung eines Gymnasiums ausgeschrieben werden. Die Baukosten betragen voraussichtlich 1,1 Million €. Die mitzuverarbeitende Bausubstanz hat einen Wert von 100.000 €.

Ausgehend von einer Honorarzone IV, Mindestsatz, einem Umbauzuschlag von 20 % und Nebenkosten von 5 % beträgt das voraussichtliche Nettohonorar rund 213.000 €.

Mit Inkrafttreten der HOAI 2013 sind die Honorare der Architekten und Ingenieure wesentlich gestiegen und zwar im Schnitt um 25–30 %. Dies hat zur Folge, dass es bei verhältnismäßig kleinen Baumaßnahmen die Planungsleistungen nach der VOF auszuschreiben sind.

---

123 Folgende Aspekte sollten bei einer Honorarberechnung nach der HOAI im Rahmen der Schätzung des Auftragswertes berücksichtigt werden:

? **Checkliste Schwellenwertberechnung nach der HOAI:**

- Wie viele Objekte werden im honorarrechtlichen Sinne geplant?
- Wie hoch sind die anrechenbaren Baukosten?
- In welcher Honorarzone ist das Objekt einzustufen?
- Beim Bauen im Bestand: ist ein Umbauzuschlag berücksichtigt und ist ein Ansatz für die mitzuverarbeitende Bausubstanz gebildet?
- Ist die Beauftragung besonderer Leistungen oder die Beauftragung von Beratungsleistungen absehbar und ist hierfür ein Ansatz gebildet?
- Ist ein Ansatz für die Nebenkosten gebildet?
- Bei der Vergabe von Generalplanerleistungen: Sind die verschiedenen Fachplanungsleistungen addiert?
- Bei Teillosvergaben: ist der Schwellenwert nach § 2 Nr. 7 VgV berücksichtigt?
- Sind nach der hier vorstehenden Auffassung die Fachlose der Planungsleistungen addiert?

Kapitel 3
Strukturierung des Planungsauftrages

Hinsichtlich der Strukturierung des Planungsauftrages sind Überlegungen anzustellen, welche Fach- und Teillose der zu beauftragenden Planungsleistungen zu bilden sind. Praktikabilitätserwägungen sind neben den rechtlichen Überlegungen anzustellen. 1

Beispiel
Eine Gemeinde plant die Sanierung ihres Veranstaltungshauses und dessen Erweiterung um ein Kongresszentrum. Nach einer Machbarkeitsstudie ist absehbar, dass folgende Planungsleistungen benötigt werden: Eine Gebäudeplanung, eine Planung der technischen Ausrüstung, Leistungen der Tragwerksplanung, ein Baugrund-und Gründungsgutachten, Planungsleistungen der Raumakustik, Planungsleistungen der Bauphysik sowie eine Verkehrs- und Freianlagenplanung.

Das Beispiel zeigt, dass hinsichtlich der Strukturierung des Planungsprozesses grundsätzliche Überlegungen anzustellen sind, nach der Frage, ob sich der Auftraggeber eines Generalsplanes bedient oder, ob er die diversen Fachplaner getrennt beauftragt, was voraussetzt, dass er einen erhöhten Abstimmungsaufwand auch leisten kann. 2

Es stellt sich insofern die Frage nach der Beauftragung eines Generalsplaners. Entscheidet sich der Auftraggeber für die Vergabe der unterschiedlichen Fachplanungsleistungen an verschiedene Büros, stellt sich die Frage, ob eine Zusammenfassung einzelner Fachplanungsleistungen sinnvoll ist. Ferner stellt sich die Frage, wann die Planung eingekauft werden soll, zum Beispiel zu Beginn des Planungsprozesses im Rahmen eines einheitlichen Ausschreibungsverfahrens, getrennt nach einzelnen Fachlosen oder sukzessive, wenn die jeweiligen Planungsleistungen gebraucht werden. 3

Schließlich stellt sich insbesondere im Hinblick auf die Gebäudeplanung, die Planung der technischen Ausrüstung und die Tragwerksplanung die Frage, ob der Auftraggeber sinnvollerweise gleich bei Einleitung des Verfahrens die komplette Planung beauftragt oder, ob er nicht vorzugsweise Leistungsstufen oder abschnittsweise beauftragt. 4

Mit der Beantwortung dieser Fragen befasst sich dieses Kapitel. 5

A. Die Zulässigkeit von Generalplanervergaben

6 Grundsätzlich ist der Auftraggeber in der Bestimmung des Beschaffungsgegenstandes frei. Dieser ist ein dem Vergabeverfahren vorgelagerte Prozess, der grundsätzlich weder von den Bietern, noch von der Vergabekammer in Zweifel zu ziehen ist.[1]

7 Eine Restriktion für die Vergabe von Generalplanerleistungen ergibt sich jedoch aus § 97 Abs. 3 GWB, der allerdings in der Judikatur für die Vergabe von Planungsleistungen bisher kaum Beachtung gefunden hat.

8 Nach § 97 Abs. 3 GWB sind **mittelständische Interessen** bei der Vergabe öffentlicher Aufträge vornehmlich zu berücksichtigen. Die Leistungen sind in der **Menge aufgeteilt (Teillose)** und getrennt nach **Art und Fachgebiet (Fachlose)** zu vergeben. Mehrere Teil- oder Fachlose dürfen zusammen vergeben werden, wenn wirtschaftliche oder technische Gründe dies erfordern. Bei der Regelung handelt es sich nicht um einen unverbindlichen Programmsatz, sondern um eine Verpflichtung des öffentlichen Auftraggebers, das mit einem subjektiven Bieter recht korrespondiert.[2]

9 Im Rahmen der Strukturierung des Vergabeverfahrens stellt sich insoweit die Frage, in welchem Umfang und unter welcher Voraussetzung Generalplanerleistungen beauftragt werden dürfen.

10 Es stellt sich hierbei die Frage, ob die Regelung des § 97 Abs. 3 GWB auf die Vergabe von Planungsleistungen überhaupt anwendbar ist, da ihr Ziel der Mittelstandsschutz ist und Planungsleistungen vorwiegend von kleinen und mittleren Unternehmen erbracht werden.[3]

11 Die Ausformung des Mittelstands, also die Größe und Leistungsfähigkeit der kleinen und mittleren Unternehmen, in einem bestimmten Wirtschaftssektor prägt vornehmlich das mittelständische Interesse dieses Wirtschaftszweigs. Um die mittelständischen Interessen bei einer Losaufteilung berücksichtigen zu können, muss daher auf die Größe und die Leistungsfähigkeit der Unternehmen des Wirtschaftszweigs abgestellt werden.[4]

12 Da für nahezu sämtliche Fachplanungsleistungen auch Fachplanungsbüros tätig sind, spielt der Mittelstandsschutzgedanke in § 97 Abs. 3 GWB eine Rolle. Im Dienstleistungsbereich kommt nämlich die Annahme eines Fachloses in Betracht, wenn

1 OLG Düsseldorf, Beschl. v. 15.6.2010 – Verg 10/10.

2 OLG Düsseldorf, Beschl. v. 8.9.2004 – VII-Verg 38/04; Heiermann/Zeiss/Summa, § 97 GWB Rn. 85.

3 Die EU-Kommission definiert – zum Zweck der Zuteilung von Fördermitteln – die kleinen und mittleren Unternehmen nach Umsatz und Anzahl der Mitarbeiter: weniger als 250 Mitarbeiter und Jahresumsatz bis 50 Mio. € bzw. Bilanzsumme bis 43 Mio. € (Empfehlung 2003/361/EG vom 6.5.2003, ABl. Nr. L 124,36). Nach dieser Definition dürften fast sämtliche Planungsbüros zu den kleinen und mittleren Unternehmen gehören.

4 OLG Karlsruhe, Beschl. v. 6.4.2011 – 15 Verg 3/11.

sich ein aufgabespezifischer Anbietermarkt entwickelt hat.[5] Dies dürfte bei nahezu sämtlichen Fachplanungsleistungen der Fall sein.

Die Teilung des Auftrages in ein Teil- oder Fachlos ist eine Ermessensentscheidung des Auftraggebers, die nur eingeschränkt der gerichtlichen Kontrolle unterliegt. 13

Das Zusammenfassen mehrerer Lose im Rahmen einer Ausschreibung ist nur dann zulässig, wenn **technische oder wirtschaftliche Gründe** dies erfordern. Dies ist nur dann der Fall, wenn die Gründe für eine Zusammenfassung überwiegen; Es genügt nicht, dass sie anerkennenswert sind. Insbesondere sind nicht zu berücksichtigen Nachteile, die üblicherweise mit einer Losvergabe verbunden sind und nach dem Willen des Gesetzgebers vom Auftraggeber grundsätzlich hinzunehmen sind. Hierzu gehören insbesondere auch ein erhöhter Koordinierungs- und Kontrollaufwand.[6] 14

Praxistipp !

Sollen mehrere Fachplanungsleistungen gemeinsam vergeben werden, empfiehlt es sich im Vergabevermerk die Gründe hierfür zu dokumentieren. Sinnvollerweise sollten technische oder planungstechnische Gründe herangezogen werden, sowie die Vermeidung von Schnittstellen in der Planung, und nicht ein erhöhter Koordinierungs-und Kontrollaufwand, weil dieser im Rahmen einer rechtlichen Wertung keine Berücksichtigung findet.

I. Praktische Überlegungen zur Beauftragung eines Generalplaners

Nach den Erfahrungen der Verfasser entscheiden sich öffentliche Auftraggeber für die Beauftragung eines Generalsplaners, wenn sie selber nicht in der Lage sind oder sie den Aufwand scheuen, die verschiedenen Fachplaner zu beauftragen oder diese zu steuern, z. B. weil sie nur **eingeschränkt über Personalressourcen** verfügen. 15

Das Argument des Aufwandes, die verschiedenen Fachplaner zusteuern, verfängt hierbei nur teilweise, weil nach der Neufassung der HOAI 2013 der Objektplaner im Rahmen der Grundleistungen die Koordination und Integration der Fachplanerleistungen schuldet. Zugegeben erspart die Durchführung eines VOF-Verfahrens zur Beauftragung eines Generalplaners die Durchführung diverser weiterer Vergabeverfahren für die Fachplaner. Stehen einem öffentlichen Auftraggeber allerdings für die Durchführung dieser Vergabeverfahren und für die spätere Koordination und Kontrolle der verschiedenen Fachplaner nicht die notwendigen Ressourcen zur Verfügung, sollte ernsthaft erwogen werden, neben den Planern auch **einen Projektsteuerer** zu beauftragen, der typischerweise die Koordination und Kontrollaufgaben des Bauherrn zum Teil mit übernimmt. 16

---

5 OLG Koblenz, Beschl. v. 16.9.2013 – 1 Verg 5/13.

6 OLG Koblenz, Beschl. v. 4.4.2012 – 1 Verg 2/11; Heiermann/Zeiss/Summa, § 97 GWB Rn. 113.

17 Die Beauftragung eines Generalplaners spart insbesondere im Hinblick auf die Durchführung der Vergabeverfahren einen gewissen Aufwand. Sie entbindet jedoch den Bauherrn nicht von seiner Obliegenheit, die Leistungen des Generalsplaners zu koordinieren und zu kontrollieren. Das Argument, dass hinsichtlich der Fachplanungsleistungen der Generalsplaner diese Aufgabe schuldet, verfängt nicht zu 100 %: Häufig bilden sich bei der Ausschreibung von Generalsplanungsleistungen Bieter-und Arbeitsgemeinschaften, die zuvor noch nie zusammengearbeitet haben. Dass der Generalsplaner die Schnittstellenkoordination schuldet ist das Eine, ob ihm diese gelingt ist das Andere.

18 Es sollte insofern im Einzelfall abgewogen werden, ob eine Generalplanerbeauftragung für die Zielerreichung sinnvoll ist oder, ob bei komplexeren Projekten der Auftraggeber möglicherweise besser mit der Beauftragung verschiedener Fachplaner fährt, unter Einschaltung eines Projektsteuerers.

II. Vergabe von Fachplanungsleistungen

19 Unter der Beachtung der unter Kapitel II C angestellten Überlegungen zur Auftragswertberechnung wird bei der Realisierung eines Bauvorhabens relativ häufig im Ergebnis die Durchführung mehrerer VOF-Verfahren zur Beauftragung der notwendigen Fachplaner notwendig werden. Ist die Durchführung eines VOF-Verfahrens für die Gebäudeplanung zwingend, wird regelmäßig im Hinblick auf die relativ hohen Planungshonorare im Bereich der technischen Gebäudeausrüstung ein zweites Verfahren für die Beauftragung dieser notwendig werden.

20 Sind mehrere Planungsaufträge unter Beachtung der VOF zu vergeben, stehen methodisch verschiedene Vorgehensweisen zur Verfügung:

21 Es ist durchaus möglich, zu Beginn des Planungsprozesses ein VOF-Verfahren für sämtliche Planungsleistungen durchzuführen und die verschiedenen Fachplanungsleistungen als einzelne Lose zu vergeben. In dieser Vorgehensweise entsteht ein geringerer Aufwand für die Veröffentlichung sowie für die Dokumentation, da diese nur einmal durchzuführen bzw. anzufertigen ist.

22 Die VOF-Verfahren können separat parallel oder nacheinander durchgeführt werden. Entscheidet sich ein Auftraggeber dafür, die Planungsleistungen nacheinander auszuschreiben, ist zu empfehlen, mit der Ausschreibung der Fachplanungsleistungen nicht allzu lange zu warten. Bereits im Stadium der Vorplanung benötigt der Gebäudeplaner regelmäßig bereits eine Abstimmung mit den Planungsergebnissen der anderen, an der Planung fachlich Beteiligten, z. B. mit dem Fachplaner der technischen Ausrüstung oder mit dem Gründungsgutachter.

III. Stufen- und abschnittsweise Beauftragung

Zu Beginn eines Planungsprozesses steht häufig noch nicht fest, ob das gewünschte Bauwerk überhaupt realisiert wird. Bei öffentlichen Auftraggebern hängt die Realisierung eines Projektes häufig von einer Bewilligung öffentlicher Mittel ab. In vielen Fällen ist insofern zunächst einmal **eine Entwurfsplanung** erforderlich, um die Frage des „ob" der Realisierung zu klären. Regelmäßig empfiehlt es sich in diesen Fällen nicht bereits zu Projektbeginn eine sogenannte Vollarchitektur (Leistungsphasen 1–9 im Sinne der Anlage 10 zu § 33 HOAI) zu beauftragen. Steht nämlich im Ergebnis der Entwurfsplanung fest, dass das Bauwerk entweder nicht so oder überhaupt nicht realisiert wird, weil keine hinreichenden Mittel beschafft werden können, wären die Leistungsphasen ab der Genehmigungsplanung (Leistungsphasen 4–9) nutzlos bestellt. Dem Auftraggeber bliebe in diesem Falle lediglich den Auftrag in diesem Restumfang zu kündigen, mit der Folge, dass er regelmäßig eine Kündigungsvergütung nach § 649 Satz 1 BGB schulden würde. 23

Praxistipp !
Ist die Realisierung der Baumaßnahme noch nicht sicher und benötigen Sie insbesondere zunächst zur Frage der Fördermittelbewilligung eine Entwurfsplanung, nehmen Sie eine abschnittsweise oder stufenweise Beauftragung vor.

IV. Abschnittsweise Beauftragung

Unproblematisch ist es möglich einem Planer zunächst einen Auftrag für die Erstellung einer Entwurfsplanung oder Genehmigungsplanung zu erteilen. Für die weiteren für die Baurealisierung notwendigen Planungsleistungen sind im Rahmen der Beauftragung folgende Probleme zu lösen: 24

1. Die jeweiligen Abschnitte der Planung werden in vergaberechtlicher Hinsicht regelmäßig **als Teillose** der Leistung im Sinne des § 2 Nr. 7 VgV zu behandeln sein. Der **Schwellenwert**, ab dem ein VOF-Verfahren durchzuführen wäre, beträgt also 80.000 € für jedes Teillos oder bei einem Auftragswert von unter **80.000 €** 20 % des Gesamtauftragswertes aller Lose. In vielen Fällen wird daher die Durchführung von zwei VOF-Verfahren notwendig werden. 25

Eine getrennte Schwellenwertberechnung wird wegen § 3 Abs. 7 Satz 2 VgV regelmäßig nicht zulässig sein. 26

2. Möchte der Auftraggeber den Auftragnehmer des 1. Planungsabschnittes auch für den 2. Abschnitt beauftragen, wird im Rahmen des Ausschreibungsverfahrens des 2. Abschnittes sicherzustellen sein, dass ein möglicher Wissensvorsprung des Auftragnehmers den Wettbewerb nicht verfälscht (vgl. § 5 Abs. II VOF). Dieses kann regelmäßig dadurch geschehen, dass die Ergebnisse der Bearbeitung des vorbefass- 27

ten Planers auch den übrigen Planern im Ausschreibungsverfahren zur Verfügung gestellt werden.[7]

28 3. Der Auftraggeber, der lediglich abschnittsweise eine Vor- oder Entwurfsplanung beauftragt hat, sollte dringend darauf achten, dass er im Rahmen der vertraglichen Gestaltung sich an der Vor- oder Entwurfsplanung **ein Nutzungsrecht** für die weitere Lösung der Bauaufgabe und ein Veränderungsrecht hat einräumen lassen. Architektenwerke können Urheberrechtsschutz genießen. Das Recht zur baulichen Realisierung einer Planung steht einem Auftraggeber erst regelmäßig ab der Beauftragung der Leistungsphase 4 – Genehmigungsplanung – zu. Im Übrigen können Veränderungen an der Planung, sofern diese urheberrechtlichen Schutz genießt, grundsätzlich nur mit Zustimmung des Urheberrechtsinhabers durchgeführt werden.

29 Hinsichtlich einer möglichen vertraglichen Gestaltung zur Lösung der angesprochenen Problematik nehmen wir Bezug auf Kapitel 8 Rn. 9 dieses Buches.

30 4. Kommt es bei der Ausschreibung des 2. Abschnittes der Planungsleistungen nicht zur Beauftragung desjenigen Planers, der auch den 1. Abschnitt geplant hat, entsteht in technischer Hinsicht **eine Schnittstelle**, die es zu lösen gilt.

31 5. Die Verjährungsfrist für Mängelansprüche hinsichtlich des 1. Planungsabschnittes beginnt mit gemäß § 640 BGB mit deren Abnahme zu laufen. Es entstehen insoweit hinsichtlich der Planungsleistung durchaus unterschiedliche Fristen für die **Verjährung von Mängelansprüchen**.

32 Die rechtlichen Probleme, die durch eine abschnittsweise Beauftragung entstehen, sind insoweit durchaus vielfältig.

V. Stufenweise Beauftragung

33 Zur Begegnung der vorgenannten Probleme steht als Instrument eine sogenannte stufenweise Beauftragung der Planungsleistungen zur Verfügung, und zwar mit folgender Methodik: Der Auftraggeber schreibt von vornherein die komplette Planungsleistung, die erforderlich ist, z. B. die Leistungsphasen 1–9 i. S. d. Anlage 10 zu § 33 HOAI – Gebäudeplanung – aus. Diejenigen Planungsleistungen, die er noch nicht sicher benötigt, lässt er sich optional anbieten.

34 Hinsichtlich der rechtlichen Lösung wird auf die 4.2 des mit diesem Buch empfohlenen Architekten und Ingenieurvertrag verwiesen. Die Regelung sieht ein optionales Angebot der Ausführungsplanung bis zur Baubetreuung vor (Leistungsphasen 5–9). Diese „Stufe“ ließe sich genauso gut in jeder anderen Stelle des Planungsprozesses einführen. Denkbar ist es selbst verständlich auch, mehrere Stufen vorzusehen.

7 Vgl. im Einzelnen Heiermann/Zeiss/Webeler, § 5 VOF Rn. 10.

Folgende Vorteile gehen mit dieser vertraglichen Konstruktion einher: 35

1. Es ist nur die Durchführung eines Vergabeverfahrens erforderlich. Hinsichtlich der Berechnung des Auftragswertes ist zwingend die optionierte Leistung mit einzubeziehen (vgl. § 3 VgV).
2. Die vorstehend dargestellte Problematik des vorbefassten Bieters stellt sich hinsichtlich der optionierten Leistungen nicht.
3. Die urheberrechtliche Problematik stellt sich nicht.
4. Im Hinblick auf eine einheitliche Abnahme der Leistung entsteht keine Gewährleistungsschnittstelle.

Zuweilen ist bei der Vergabe einer stufenweisen Beauftragung eine fehlende Bereit- 36
schaft der Auftragnehmer zu beobachten, dass für die Bauüberwachung vorgesehene Personal konkret zu benennen, mit dem Argument, dass der Auftragnehmer sich noch nicht sicher sein kann, dass die Bauüberwachung auch tatsächlich zur Ausführung gelangt. Dieser Nachteil sollte allerdings die vorstehend dargestellten Vorteile nicht kompensieren.

Kapitel 4
Die Durchführung des Vergabeverfahrens von Planungsleistungen

A. Ziel des Vergabeverfahrens: Eignungs- und Bestenauswahl

1 Bevor eine intensive Auseinandersetzung mit Einzelheiten zur Durchführung des Vergabeverfahrens von Planungsleistungen erfolgt, soll zunächst die Frage aufgeworfen werden, wenn sich im Ziel ein solches Verfahren betrieben wird: Im Hinblick darauf, dass die Planungsleistungen grundsätzlich nicht von vornherein eindeutig und erschöpfend beschreibbar sind und insofern ein Wettbewerb über den Preis auch nur eingeschränkt stattfinden kann, wird ein Vergabeverfahren den haushalterischen Ansatz eines sparsamen Umgangs mit Haushaltsmitteln als Primärziel des Vergabeverfahrens nur eingeschränkt gerecht. Oberhalb der Schwellenwerte ist Ziel des Vergabeverfahrens die **Marktöffnung**, also dem Wettbewerbsprinzip, dem Gleichbehandlungsgrundsatz und dem Transparenzprinzip des § 97 GWB gerecht zu werden. Das eigentliche, wirtschaftliche Hauptziel des Bestellers einer Planungsleistung, nämlich für die Realisierung seines Bauvorhabens die **bestmögliche Planungsleistung** zu erhalten, sollte allerdings in keiner Weise aus dem Auge verloren werden. Dieses lässt sich mit den an die Hand gegebenen Instrumentarien der VOF in ihrem grundsätzlich zweistufigen Aufbau auch durchaus erreichen.

2 In der Sache geht es nämlich zur Zielerreichung darum, mit potentiellen Auftragnehmern, die für die Erfüllung der Planungsaufgabe geeignet sind, Verhandlungen über den Auftragsgegenstand zu führen, um tatsächlich am Ende im Rahmen der Auswahlentscheidung denjenigen Planer zu beauftragen, der die bestmögliche Leistung erwarten lässt. Ziel eines jeden Vergabeverfahrens von Planungsleistungen sollte insofern eine **Eignungs- und Bestenauswahl** sein.

B. Durchführung des Vergabeverfahrens im Unterschwellenbereich

3 Dem Prinzip einer Eignungs-und Bestenauswahl wird im Rahmen von Vergabeverfahren im Unterschwellenbereich bei der Vergabe von Planungsleistungen erfahrungsgemäß eher selten gefolgt: Die Vergabe erfolgt hier oft eher nach dem Grundsatz **„bekannt und bewährt“** oder nach politischen Opportunität. Dies mag denjenigen Bundesländern opportun sein, in denen ein „Mehr“ gesetzlich oder haushaltsrechtlich nicht verlangt ist. Aus wirtschaftlichen Überlegungen sollte allerdings eine qualifizierte Auswahlentscheidung bei dem zu beauftragenden Planer generell getroffen werden. Ein solches Vorgehen genügt auf jeden Fall nicht in denjenigen Bundeslän-

dern, in denen auch bei der Vergabe im Unterschwellenbereich strengerer formaler Anforderungen gestellt sind. Die nachfolgenden Ausführungen nehmen insofern auf die vergaberechtlichen Anforderungen in den einzelnen Bundesländern Kapitel 2 Rn. 10 ff. Bezug.

I. Eignungsauswahl

1. Vergabeverfahren in den Ländern, in denen keine weitergehenden Anforderungen gestellt sind:

4 In **Baden-Württemberg, Bremen, Mecklenburg-Vorpommern und Sachsen** sind keinerlei Anforderungen an die Eignungsauswahl gestellt. Eine freihändige Vergabe ist insoweit regelmäßig zulässig.

2. Vergabeverfahren im Bund und den Ländern, in denen eine Eignungsauswahl stattzufinden hat:

5 Im Bund und in den Ländern, in denen Planungsaufträge ab bestimmten Auftragswerten nur an geeignete Unternehmen vergeben werden können, die leistungsfähig, fachkundig und gesetzestreu sind, besteht für den öffentlichen Auftraggeber zumindest die Verpflichtung diese Eignung zu prüfen. Dieses betrifft die **Bundesverwaltung und die Länder Brandenburg, das Saarland, Sachsen Anhalt und Thüringen**. Wie diese Eignung zu prüfen ist, ist jeweils nicht näher geregelt. Es gelten daher die allgemeinen Grundsätze, die letztlich für eine beschränkte Ausschreibung der Leistung geltend:

6 Entweder sind dem öffentlichen Auftraggeber eine oder mehrere geeignete Unternehmen bekannt. Dann fordert er dieses oder diese im Rahmen einer beschränkten Ausschreibung zur Angebotsabgabe auf. Der Grundsatz, die Eignung eines Unternehmers zu prüfen, beinhaltet nämlich noch nicht automatisch auch die Notwendigkeit, einen Leistungswettbewerb zu veranstalten.

7 Sind dem Auftraggeber hingegen keine Unternehmer bekannt, die für die Leistungserbringung geeignet sind, bleibt dem Auftraggeber wohl oder übel nichts anderes übrig, als in einem Teilnahmewettbewerb interessierte Unternehmen zum Nachweis ihrer Eignung aufzufordern, um sodann mit ihnen in Verhandlungen über die Auftragsvergabe zu treten.

3. Länder, in denen lediglich die Einhaltung der Tariftreue-und Mindestlohnbedingungen gefordert sind:

8 In **Niedersachsen, Nordrhein-Westfalen und Berlin** ist ab näher bestimmten Auftragswerten gefordert, dass Auftragnehmer nachweisen oder verpflichtet werden, die Tariftreue-und Mindestlohnbedingungen des jeweiligen Tariftreuegesetzes einzuhal-

ten. In der Sache ist dieses noch weniger als eine Eignungsprüfung: Es ist nämlich durchaus denkbar, dass ein ungeeignetes Unternehmen seine Mitarbeiter im Rahmen des Mindestlohns vergütet. Mit einer Eignungs-und Bestenauswahl haben diese Kriterien nichts zu tun. Ihre Beachtung setzt kein formalisiertes Verfahren voraus, sondern kann auch im Rahmen einer freihändigen Vergabe umgesetzt werden, zum Beispiel in der der Auftragnehmer verpflichtet wird, sich an das Tariftreue und Mindestlohngesetz zu halten.

4. Länder, in denen ein Leistungswettbewerb verlangt wird:

Ab bestimmten Auftragswerten haben in Hamburg und Bayern Leistungswettbewerbe 9
um die Vergabe von Planungsleistungen stattzufinden.

Hamburg geht hier am weitesten: Ab einem Auftragswert von 25.000 € hat 10
ein Vergabeverfahren in Anlehnung an VOL/A stattzufinden, d. h. mindestens eine beschränkte Ausschreibung unter Prüfung der Eignung. Ab einem Auftragswert von 100.000 € soll ein Verfahren stattfinden in Anlehnung an die VOF. Hinsichtlich der Formalien dieses Verfahrens gelten insofern die nachfolgenden Ausführungen unter Rn. 24. entsprechend.

In **Bayern** hat ab 2.100 € (netto) ein Leistungswettbewerb mit oder ohne Vergabe- 11
bekanntmachung stattzufinden. Ein Leistungswettbewerb ohne Vergabebekanntmachung kommt sicherlich nur infrage, wenn der Auftraggeber eine für einen Leistungswettbewerb hinreichende Anzahl von Planern kennt, die geeignet sind. Anderenfalls wären Vergabebekanntmachung durchzuführen und auf Grundlage der dort genannten Eignungskriterien die Eignung zu prüfen.

Für **Schleswig Holstein** kann im Prinzip nichts anderes gelten, wenn Auftrag- 12
geber verpflichtet sind, Planungsaufträge ab einem Auftragswert von 20.000 € unter Beachtung des Grundsatzes der Chancengleichheit und unter Wahrung des Transparenzprinzips zu vergeben. Insbesondere das Transparenzprinzip fordert eine hinreichende Öffentlichkeit im Verfahren, so dass letztlich ein Leistungswettbewerb mit einer Vergabebekanntmachung durchzuführen ist.

5. Sonderwege in Hessen und Rheinland-Pfalz:

Sonderwege beschreiten **Hessen und Rheinland-Pfalz**: 13

In Hessen ist beim Auftragswert von 80.000 € ein Interessenbekundungsverfah- 14
ren durchzuführen. Die Absicht, Planungsaufträge zu vergeben, ist mithin vom Auftraggeber bekanntzumachen. Melden sich nun nach einer Vergabebekanntmachung beim Auftraggeber eine beliebige Anzahl von Bietern, wird der vergebenden Stelle wohl oder übel gar nichts anderes übrig bleiben, als eine Eignungsauswahl zu treffen, da keine Auftraggeber mit einem ungeeigneten Bieter arbeiten möchte. Sind insoweit nach den im Rahmen des Interessenbekundungsverfahrens mitgeteilten Eignungskriterien mehrere Bieter übrig geblieben, wird der Auftraggeber nach einer Verhandlung

eine zumindest chancengleiche Auswahlentscheidung zu treffen haben. Im Ergebnis führt die Bekanntmachung mithin praktisch zu einem VOF-Verfahren „light".

15 In Rheinland-Pfalz besteht nach den jüngsten novellierten Haushaltsvorschriften die Verpflichtung bei Aufträgen oberhalb von 500 € mindestens 3 Unternehmen zur Angebotsabgabe aufzufordern, sofern nicht eine sogenannte „Standardleistung" im Sinne der Verwaltungsvorschrift vergeben wird, bei deren Beschaffung ein Preis- oder Leistungswettbewerb nicht stattfindet. Die Eignung der Unternehmer ist zu prüfen. Folgende Möglichkeiten stehen zur Verfügung:

16 Kennt der öffentliche Auftraggeber drei geeignete Büros, kann er diese im Rahmen einer beschränkten Ausschreibung zur Angebotsabgabe auffordern. Kennt der Auftraggeber hingegen nicht mindestens drei geeignete Büros, wird er eine Vergabebekanntmachung mit einem Teilnahmewettbewerb durchzuführen haben.

II. Bestenauswahl

17 Soweit in verschiedenen Bundesländern (wie vor) die formaljuristische Verpflichtung zur Einholung mehrerer Angebote und zur Eignungsprüfung besteht, hat schon aus haushaltspolitischen Erwägungen ein Auswahlverfahren stattzufinden, das sich an bestimmten, **auftragsbezogenen Kriterien** orientiert oder zumindest auf ein **„Mehr" an Eignung** abstellt:

18 Ist beispielsweise in Rheinland-Pfalz gefordert, dass mindestens drei Unternehmer zur Angebotsabgabe aufgefordert werden, wird die Bauverwaltung gegenüber dem Kämmerer in nicht unerhebliche Erklärungsnot geraten, wenn sie nicht den preiswertesten Bieter beauftragen will. Umgekehrt sind alle Bieter an das gesetzliche Preisrecht gebunden, so dass sie, sofern sie die Mindestsätze der HOAI anbieten, zumindest gleiche oder sehr ähnliche Angebote machen.[1] Wohl oder übel wird die vergebene Stelle insofern Eignungsanforderungen formulieren müssen, um ein „mehr an Eignung" herauszuarbeiten oder auftragsbezogene Vergabekriterien ermitteln, um ihre Vergabeentscheidung zu rechtfertigen.

19 Im Ergebnis führt mithin auch dieses zu einem VOF-Verfahren „Light", wobei selbstverständlich die Anforderungen an die Transparenz des Verfahrens und die formalen Anforderungen nicht mit der VOF zu vergleichen sind.

20 Etwas anderes gilt in Hamburg: Soweit Auftraggeber dort verpflichtet sind, oberhalb eines Auftragswertes 100.000 € ein Verfahren in Anlehnung an die VOF durchzuführen, gelten unsere Ausführungen zu den Vergaben oberhalb der Schwellenwerte entsprechend.

1 Diese Betrachtung lässt außer Acht die zahlreichen variablen Preisbestandteile, wie Nebenkosten, Umbauzuschläge, die Vergütung von besonderen Leistungen und Beratungsleistungen.

C. Durchführung der Angebotseinholung, Verhandlung und Beauftragung

Besondere Anforderungen an die Angebotseinholung, Verhandlung und Beauftragung sind im Unterschwellenbereich nicht gestellt. Die Beachtung von Praktikabilitätserwägungen sollte zu einem rechtssicheren Vertragsschluss führen: 21

Werden mehrere Angebote von Planern eingeholt, sollte der Angebotsanfrage zu Grunde gelegt werden zunächst eine, wenn auch knappe Leistungsbeschreibung, sowie eine Mitteilung der maßgeblichen Honorierungsparameter, nämlich die voraussichtlichen, anrechenbaren Baukosten, die Honorarzone und ein eventuell infrage kommender Umbauzuschlag. 22

Praxistipp !

Teilen Sie bei der Angebotsanfrage die notwendigen und maßgeblichen Honorierungsparameter mit – Sie vermeiden es so, „Äpfel mit Birnen" zu vergleichen.

Fügen Sie Ihrer Angebotsanfrage einen von Ihnen vorformulierten Architektenvertrag bei! Hier gilt der Grundsatz: „Wer schreibt, der bleibt". Kaum ein Architektur- oder Ingenieurbüro wird Ihnen einen Mustervertrag vorschlagen, der Ihre zivilrechtlichen und wirtschaftlichen Interessen hinreichend berücksichtigt.

Im Übrigen ist im Unterschwellenbereich das Vergabeverfahren über Planungsleistungen ein **Verhandlungsverfahren**. Auch wenn dieses für Architekten ungewöhnlich ist, gilt: Außerhalb der gesetzlichen Mindestsatzfiktion der HOAI sind **Verhandlungen über das Honorar** durchaus zulässig und führen zu einem wirtschaftlichen Ergebnis. In jedem Falle einer Verhandlung zugänglich sind hierbei die Höhe der Nebenkosten, der Umbauzuschlag, das Honorar für eventuelle besondere Leistungen, das Honorar für Beratungsleistungen sowie das Honorar über die Grundleistungen, sofern dem Architekt oder Ingenieur (vgl. § 8 HOAI) alle Leistungen der Grundleistung übertragen werden. 23

D. Durchführung des Vergabeverfahrens von Planungsleistungen im Oberschwellenbereich nach der VOF

I. Verhandlungsverfahren mit Teilnahmewettbewerb

Ist die Planungsleistung, die vergeben werden soll, nicht eindeutig und erschöpfend beschreibbar (vgl. Kapitel 2 Rn. 68) und erreicht der voraussichtliche Auftragswert den Schwellenwert (vgl. Kapitel 2 Rn. 2), hat grundsätzlich eine Vergabe der Aufträge dem Verhandlungsverfahren mit vorheriger öffentlicher Aufforderung zur Teilnahme (Teilnahmewettbewerb) zu erfolgen (vgl. § 1 Abs. 1 VOF). 24

25 Das Verhandlungsverfahren ist also die einzige Vergabeart, die die VOF vorschreibt. Es ist in der Regel ein Teilnahmewettbewerb voranzustellen.

26 Das **Verhandlungsverfahren** mit Teilnahmewettbewerb ist zwingend ein **zweistufiges Verfahren**. Lediglich in dem in § 3 Abs. 4 VOF genannten Ausnahmefällen ist der Teilnahmewettbewerb verzichtbar (vgl. hierzu die nachstehenden Ausführungen unter Kapitel 4 Rn. 99). Es hat grundsätzlich zunächst im Rahmen des Teilnahmewettbewerbs eine sogenannte Auswahlphase stattzufinden, im Rahmen derer die **Eignungsprüfung der Teilnehmer** durchgeführt wird.[2] Mit einer öffentlichen Auftragsbekanntmachung leitet der Auftraggeber das Verfahren ein und fordert interessierte Unternehmen auf, ihre Eignung nachzuweisen (sogenannter Teilnahmewettbewerb). Die geeigneten Unternehmen fordert der Auftraggeber sodann auf Grundlage der mitgeteilten Aufgabenbeschreibung (vgl. § 10 VOF) zur Angebotsabgabe und zur **Verhandlung** auf, im Ergebnis derer er den Auftrag an denjenigen Bieter erteilt, der die bestmögliche Leistung erwarten lässt (vgl. § 11 Abs. 5 VOF).

1. Einleitung des Teilnahmewettbewerbs durch Auftragsbekanntmachung

27 Ziel des Teilnahmewettbewerbes ist es aus Sicht des Auftraggeber, einen Kreis an Unternehmern zu qualifizieren, der generell geeignet ist, die angefragte Leistung zu erbringen. Erreicht werden kann dieses Ziel lediglich, wenn durch die Auftragsbekanntmachung auch ein hinreichend großer Kreis an potenziell geeigneten Teilnehmern angesprochen wird.

28 Zwingend hat die Auftragsbekanntmachung im VOF-Verfahren im EU Amtsblatt zu erfolgen und zwar unter Verwendung des Musters nach Anhang II der Verordnung (EG) Nummer 1564/95, nach § 9 Abs. 1 VOF. Die Veröffentlichung ist technisch einfach und ist über ein einzurichtendes Beschaffungsprofil auf der Seite der EU „www.simap.europa.eu“ einzurichten. Eine Auftragsbekanntmachung in weiteren Veröffentlichungsportalen ist sicherlich zulässig, aber nicht zwingend.

! **Praxistipp**
In der Auftragsbekanntmachung wird ein so genannter CPV-Code mitgeteilt, die für die verschiedenen, auszuschreibenden Planungsleistungen steht. Bieter, die sich auf der Seite der EU registriert haben, erhalten automatisch Nachricht, über die jeweils passende Veröffentlichung.

2. Zum Bekanntmachungsformular

29 Auf zwei Rubriken des Bekanntmachungsformulars soll hier näher eingegangen werden:

2 Heiermann/Zeiss/Webeler, § 5 VOF Rn. 7.

II.1 Kurze Beschreibung des Auftrags

Um einen interessierten Bieterkreis anzusprechen, hat der Auftraggeber im Rahmen der Bekanntmachung eine kurze Beschreibung des Auftrages zu geben. 30

Praxistipp

Beschreiben Sie im Rahmen der Kurzbeschreibung des Auftrages die Leistung nicht allzu präzise. Nehmen Sie in die Veröffentlichung unter der Beschreibung des Auftrages eher mehr als weniger Leistung hinein.

Beispiel

Zum Beispiel ist Ihre Vergabeabsicht eine 2-zügige Kindertagesstätte zu errichten. Im Zuge der laufenden Bedarfsfeststellung stellt sich heraus, dass eine 3-zügige Kindertagesstätte möglicherweise auch infrage kommt. Unter Kapitel 2 Rn. 57 dieses Buches wurde erläutert, dass eine wesentliche Änderung des Beschaffungsgegenstandes regelmäßig zu einer Neuausschreibung führt. Beschreiben Sie insofern den Auftragsgegenstand lediglich als die Planung einer noch zu errichtenden Kindertagesstätte, ohne die Angabe der Zügigkeit, stellt sich diese Problem im Nachhinein nicht.

III-Beschreibung der Anforderungen an die persönliche, wirtschaftliche und technische Leistungsfähigkeit

Hauptziel der Bekanntmachung ist es, einen generell geeigneten Bewerberkreis zu qualifizieren. In der Vergabebekanntmachung sind daher sämtliche Eignungskriterien aufzuführen, die bei der Prüfung der Eignung herangezogen werden sollen. Weitere Eignungskriterien, als die in der Vergabebekanntmachung genannten, dürfen bei der Auswahlentscheidung nicht berücksichtigt werden.[3] 31

Praxistipp

Arbeiten Sie bei der Festlegung der Eignungskriterien besonders sorgfältig, da eine spätere Änderung dieser, nach Abgabe der Teilnahmeanträge, nicht möglich ist.

Nach § 5 Abs. 6 VOF kann sich ein Bieter bei der Erfüllung des Auftrages im beliebigen Umfang Kapazitäten Dritter, das heißt der Kapazitäten von Nachunternehmern bedienen. Ein Nachunternehmereinsatz kann insoweit nicht ausgeschlossen werden. 32

Praxistipp

Legen Sie in der Auftragsbekanntmachung fest, dass der Bieter, sofern er sich bei der Erfüllung des Auftrages Dritter bedienen will, deren Eignung auf Verlangen nach den gleichen Kriterien nachzuweisen hat, die für den Bewerber gestellt sind.

3 OLG Celle, Beschl. v. 21.4.2014 – 13 Verg 2/14.

33 Das Bekanntmachung Standardformular der EU unterscheidet unter der Rubrik III.2.2 wirtschaftliche und finanzielle Leistungsfähigkeit und III.2.3 technische Leistungsfähigkeit in 2 Spalten, nämlich

1. Angaben und Formalitäten, die erforderlich sind, um die Einhaltung der Auflagen zu überprüfen,
2. möglicherweise geforderten **Mindeststandards.**

! **Praxistipp**

Wollen Sie bestimmte Mindestanforderungen für die Eignung festlegen, zum Beispiel einen Mindestdeckungsschutz der Haftpflichtversicherung oder den Nachweis einer Erfahrung anhand von Referenzen, schreiben Sie diese Mindestanforderungen immer in die Spalte 2.[4]

---

3. Zulässige und sinnvolle Eignungsanforderungen

34 Die Eignung des Bieters oder Bewerbers wird von §5 Abs.1 VOF als Fachkunde, Leistungsfähigkeit und Zuverlässigkeit definiert. Im Rahmen der Eignungsprüfung ist anhand dieser Kriterien die generelle Fähigkeit des Bewerbers zu prüfen und im Rahmen einer Prognoseentscheidung zu beurteilen.

35 Weil die Eignungsprüfung, zu der der Auftraggeber verpflichtet ist,[5] die Prognoseentscheidung über die generelle Befähigung des Bewerbers zur Ausführung des Auftrages ist, sind die Eignungskriterien individuell bezogen auf den jeweiligen Auftrag festzulegen. Sie sind sozusagen das Anforderungsprofil, das die Bieter für das konkrete Beschaffungsvorhaben erfüllen sollen.[6]

36 Für die Festlegung der Eignungskriterien hat der Auftraggeber einen weiten Beurteilungsspielraum, der von den Vergabekammern und -senaten nur eingeschränkt überprüfbar ist.

37 Mit der Pflicht des Auftraggebers, die Eignung der am Auftrag interessierten Bieter zu überprüfen, korrespondiert das Recht, die Vorlage von Eignungsnachweisen zu fordern. Vergabekammern und -senate sind nicht befugt, die Entscheidung des Auftraggebers, einen bestimmten Nachweis für erforderlich zu halten, durch eigene zu ersetzen oder Zweckmäßigkeitserwägungen anzustellen. Sie dürfen nur eingreifen, wenn die Forderung unzumutbar ist oder nicht mehr der Befriedigung eines mit Blick auf das konkrete Beschaffungsvorhaben berechtigten Informationsinteresses

4 Ein Ausschluss des Teilnahmeantrages wegen nicht hinreichender Mindestanforderungen ist nur rechtmäßig, wenn die Mindestanforderungen in der Spalte 2 genannt sind, vgl. OLG Koblenz, Beschl. v. 25.9.2012 – 1 Verg 5/12.

5 Vgl. Heiermann/Zeiss/Summa, §97 GWB Rn. 103.

6 Vgl. Heiermann/Zeiss/Webeler, §5 VOF Rn. 10.

des Auftraggebers dient, sondern ohne jeden sachlichen Grund ausgrenzend und damit wettbewerbsbeschränkend wirkt.[7]

a) Formelle Anforderungen, die an die Eignungsnachweise gestellt werden dürfen

Die Regelung des § 5 Abs. 2 VOF dient dem Zweck, den Bearbeitungsaufwand des Teil- 38
nahmeantrages für den Bieter zu reduzieren. Die in Abs. 2 Satz 1 genannten Nachweise sollen grundsätzlich durch **Eigenerklärungen** geführt werden. Nach § 5 Abs. 2 Satz 2 VOF ist die Forderung nach darüber hinausgehenden Unterlagen und Angaben vom Auftraggeber in der Dokumentation zu begründen. Eine sachgerechte Begründung dürfte regelmäßig schwerfallen, da diese letztlich nur mit einer fehlenden Glaubwürdigkeit des Bieters zu begründen wäre.

b) Die Eignungsprüfung: Nachforderung von Erklärungen und Nachweisen

Die nach § 10 Abs. 2 VOF in der Vergabebekanntmachung genannten Eignungs- 39
nachweise müssen mit dem Teilnahmeantrag vorgelegt werden. Ein Ausschluss des formell fehlerhaften Teilnahmeantrages im VOF-Verfahren folgt aus § 97 Abs. 2 GWB und dem dort geregelten Gleichbehandlungs- und Transparenzgebot.[8] Erklärungen und Nachweise, die bis zum Ablauf der Bewerbungsfrist nicht vorgelegt wurden, können auf Anforderung des Auftraggebers bis zum Ablauf einer zu bestimmenden Nachfrist nachgereicht werden.

Nach dem Wortlaut der Vorschrift steht es im **Ermessen des Auftraggebers**, ob 40
er **nachfordert**.[9] Zur annähernd wortgleichen Parallelvorschrift des § 11 Abs. 3 VOF hat allerdings das OLG Düsseldorf entschieden, dass sich das Wort „können" nicht auf den Auftraggeber, sondern vielmehr auf den Bieter beziehe und daher hinsichtlich der Angebote für den Auftraggeber die Verpflichtung bestehe, entsprechend der Parallelvorschrift des § 16 Abs. 1 Nr. 3 VOB/A, fehlende Erklärungen nachzufordern.[10] Es dürften insofern zutreffend sein, dass der Auftraggeber fehlende Erklärungen generell nachzufordern hat.

Die Frist zum Nachfordern der Unterlagen muss bestimmt und angemessen sein. 41
Eine Orientierungsgröße wird hier die **6-Tagesfrist** der Parallelvorschrift des § 16 Abs. 1 Nr. 3 VOB/A bieten.

---

7 OLG Koblenz, Beschl. v. 4.10.2010 – 1 Verg 8/10.

8 OLG Düsseldorf, Beschl. v. 21.10.2009 – VII-Verg 28/09 – juris Rn. 37; VK des Saarlandes, Beschl. v. 28.10.2010 – 1 VK 12/2010, anders als OLG Frankfurt, Beschl. v. 28.2.2006 – 11 Verg 15/05, das davon ausgeht, dass die Regelung des § 11 VOF (2006), heute § 4 VOF, eine abschließende Regelung für Ausschlussgründe sei.

9 *Röwekamp* in: Müller-Wrede, Kommentar zur VOF, 4. Aufl., § 5 Rn. 19.

10 OLG Düsseldorf, Beschl. v. 7.11.2012 – Verg 12/12.

c) Mögliche Nachweise zur finanziellen und wirtschaftlichen Leistungsfähigkeit

42 Für den Nachweis der finanziellen und wirtschaftlichen Leistungsfähigkeit können vom Bewerber in § 5 Abs. 4 VOF genannten Nachweise verlangt werden. Der Auftraggeber kann auch andere Nachweise fordern.[11]

aa) Haftpflichtversicherung

43 Üblicher und empfehlenswerter ist der Nachweis einer Berufshaftpflichtversicherung, der regelmäßig durch eine Kopie der Versicherungspolice geführt werden sollte.

! **Praxistipp**

Mit der Forderung zum Nachweis einer Haftpflichtversicherung sollte verbunden werden die Forderung eines ausreichenden Deckungsschutzes gegliedert in Personen, Sach- und sonstige Vermögensschäden. Die Forderung nach einem Deckungsschutz für Vermögensschäden ist immer dann geboten, wenn aus einer möglichen Schlechtleistung des Auftragnehmers solche Schäden drohen, z. B. Nutzungsausfallschäden.

---

44 Wichtig ist es, bei der Vergabe von Architekten- und Ingenieurleistungen den notwendigen Deckungsschutz der Haftpflichtversicherung an den Herstellkosten des Bauwerks festzumachen.[12] Die Höhe der zu fordernden Haftpflichtversicherung sollte regelmäßig am zu planenden Bauvolumen und an der Schadensträchtigkeit festgemacht werden.

45 Erfahrungsgemäß werden von wirtschaftlichen leistungsfähigen Architekten und Ingenieurbüros Haftpflichtversicherungen in einem Umfang von ca. 1–2 Mio. € vorgehalten. Darüber hinausgehende Versicherungen können als einzelfallbezogene Objektversicherungen abgeschlossen werden (Exzedentenversicherung).

46 Für solche Exzedentenversicherung wird es dem Bieter regelmäßig nicht zumutbar sein, einen entsprechenden Versicherungsnachweis bereits mit dem Teilnahmewettbewerb einzureichen. Insoweit wird in diesen Fällen im Sinne des § 5 Abs. 4 Satz 2 VOF seitens des Auftraggebers die Forderung nach einer Erklärung des Versicherers geboten sein, dass im Auftragsfalle Deckungsschutz gewährt wird.

47 Neben der Frage der Höhe des Deckungsschutzes stellt sich aus versicherungsrechtlicher Sicht die Frage, wie oft der Versicherungsschutz im Jahr zur Verfügung steht, was regelmäßig dadurch zum Ausdruck gebracht wird, wie häufig der Deckungsschutz „maximiert" ist. Die Forderung nach einem **zweifach maximierten Deckungsschutz** wird regelmäßig sachgerecht sein, da ansonsten nicht sichergestellt ist, ob der Schutz nicht bereits für einen anderen Schadensfall verbraucht ist.

---

11 *Kulatz* in: Müller-Wrede, Kommentar zur VOF, 4. Aufl., § 5 Rn. 26.

12 *Kaufhold*, Die Vergabe freiberuflicher Leistungen ober- und unterhalb der Schwellenwerte, 2. Aufl., § 5 VOF Rn. 6.

bb) Bilanzen und Bankauszüge

§ 5 Abs. 4 VOF erlaubt die Forderung nach Bilanzen und Bankauszügen. Diese Forderung zum Nachweis der finanziellen Leistungsfähigkeit hat bei der Vergabe freiberuflicher Dienstleistung in der Regel wenig Sinn, da bilanzierungspflichtig nach den §§ 325 ff. HGB lediglich Kapitalgesellschaften sind. Die allermeisten Bieter oder Bewerber werden regelmäßig nicht bilanzierungspflichtig sein und daher die Forderung nach einer Bilanz oder einem Bilanzauszug auch nicht erfüllen können. Die Forderung wird daher die allermeisten Bieter oder Bewerber, die als Freiberufler nicht bilanzierungspflichtig sind, benachteiligen und wäre wohl als Verstoß gegen § 2 Abs. 2 VOF zu werten.[13] 48

cc) Umsatz

Gefordert werden können Erklärungen zum Gesamtumsatz des Bewerbers, für die entsprechende Dienstleistung in den drei letzten Geschäftsjahren. Allerdings dürfte aus Art. 47 Abs. 1 lit c) VKR Newcomern die Möglichkeit einzuräumen sein, die noch keine volle 3 Jahre tätig sind, Angaben für die Zeit ab Gründungsdatum oder dem Datum der Aufnahme der Geschäftstätigkeit zu machen.[14] 49

Die Umsätze mit vergleichbaren Projekten werden als sachgerechtes Kriterium für die Beurteilung der wirtschaftlichen Leistungsfähigkeit akzeptiert.[15] 50

Praxistipp !

Der Umsatz eines Büros dürfte in praktischer Hinsicht kaum ein Kriterium sein, die Eignung des Büros für die jeweilige Leistungserbringung festzumachen. Was interessiert Sie als Auftraggeber der Umsatz eines Büros mit Planungsleistungen im Hochbau, wenn Sie eine Straße planen? Fragen Sie sinnvollerweise eher nach dem Umsatz von vergleichbaren Projekten.

---

d) Nachweis der fachlichen Eignung

§ 5 Abs. 5 VOF beschreibt die Eignungsnachweise, die zum Nachweis der fachlichen Eignung gefordert werden können. Die Aufzählung ist abschließend, da sie Art. 48 VKR entspricht und diese Regelung ein geschlossenes System bildet.[16] 51

---

13 *Kaufhold*, Die Vergabe freiberuflicher Leistungen ober- und unterhalb der Schwellenwerte, 2. Aufl., § 5 VOF Rn. 7.

14 OLG Koblenz, Beschl. v. 25.9.2012 – 1 Verg 5/12.

15 VK Lüneburg, Beschl. v. 25.9.2006 – VgK-19/2006 – juris Rn. 62.

16 EuGH, Urt. v. 18.10.2012 – Rs. C-218/11 Rn. 29.

aa) Nachweis der beruflichen Befähigung

52 Der Nachweis der beruflichen Befähigung ist durch Berufszulassung oder Studiennachweise zu erbringen. Für Architekten und Ingenieure ist die Sondervorschrift des § 19 VOF zu beachten.

! **Praxistipp**
Auch Leistungserbringer von freiberuflichen Dienstleistungen arbeiten häufig arbeitsteilig. Es ist daher geboten, konkret zu erfragen, wer im Auftragsfall in Person die wesentlichen Leistungen erbringen wird. Für diese Personen sollten die berufliche Qualifikation sowie die Berufserfahrung abgefragt werden.

---

bb) Referenzen

53 Der Auftraggeber kann über die wesentlichen in den drei letzten Jahren erbrachten Leistungen Referenzen erfragen, und zwar unter Beschreibung der erbrachten Leistung, mit Angabe des Rechnungswertes, der Leistungszeit sowie der öffentlichen und privaten Auftraggeber der Dienstleistung.

! **Praxistipp**
Die Referenzliste gibt Auskunft über die Erfahrung des Bieters mit der Erbringung vergleichbarer Leistungsgegenstände. Es gibt sowohl gute als auch schlechte Erfahrungen. Es hat sich daher in der Praxis durchaus bewährt, sich vom Referenzgeber einen Ansprechpartner und dessen Kontaktdaten benennen zu lassen und bei diesem auch konkret nach den gemachten Erfahrungen mit den Bietern nachzufragen.

! **Praxistipp**
Lassen Sie sich im Rahmen von Referenzen durchaus erläutern, ob die Bauzeit und die Baukosten eingehalten wurden und verneinendenfalls warum. Sie erhalten so schnell eine Aussage zur Qualität der Arbeit des Büros.

---

54 Die Referenzen können erfragt werden für die in den letzten drei Jahren erbrachten Leistungen. Die Regelung ist unpräzise, da sie offen lässt, ob auch begonnene Leistungen als Referenz benannt werden können.[17] Es ist daher grundsätzlich zu empfehlen, klarzustellen, ob die als Referenz vorgelegten Leistungen abgeschlossen sein sollen oder, verneinendenfalls, in welchem Umfang.

55 Hinsichtlich der Referenzen ist häufig ein Problem, inwieweit sich der Bewerber auf Referenzen **übernommener Mitarbeiter** berufen kann: Hinsichtlich der Qualität einer freiberuflichen Dienstleistung steht die Qualifikation des persönlichen Leistungserbringers im Vordergrund. Daher wird bei einem übernommenen Mitarbeiter

17 Verneinend *Müller-Wrede* in: Müller-Wrede, Kommentar zur VOF, 4. Aufl., § 5 Rn. 40.

die Zurechnung einer Referenz möglich sein, wenn nachvollziehbar ist, dass die Leistung auch tatsächlich von diesem erbracht wurde.[18]

cc) Angaben über die technische Leitung

Es kann der Nachweis verlangt werden, wer seitens des Bieters in Person die technische Leitung über die Leistungserbringung übernimmt. 56

Praxistipp !

Im Hinblick darauf, dass bei einer freiberuflichen Dienstleistung die Fähigkeit des jeweiligen Leistungserbringers im Vordergrund steht, empfiehlt es sich für die Vertragsgestaltung des Dienstleistungsauftrages, auch eine Leistungserbringung durch die benannten Personen zu vereinbaren, die der Bieter mit seinem Teilnahmeantrag angibt. Es wird insofern auf den empfohlenen Architekten- und Ingenieurvertrag Bezug genommen.

Ferner kann der Auftraggeber eine Angabe verlangen über die in den vergangenen drei Jahren Beschäftigten und die Führungskräfte des Bewerbers. 57

dd) Technische Ausrüstung

Der Auftraggeber kann eine Beschreibung der technischen Ausstattung des Bieters verlangen, die für die Auftragserbringung erforderlich ist. Hierbei wird es sich bei freiberuflichen Dienstleistungen regelmäßig um die Beschreibung der Computer-Hard- und Software handeln. 58

ee) Maßnahmen der Qualitätssicherung

Der Auftraggeber kann eine Beschreibung der Maßnahmen des Bieters für die Gewährleistung der Qualität verlangen. Die Regelung ist im Zusammenhang mit §5 Abs. 7 VOF zu lesen, nach dem auch die Erfüllung bestimmter Qualitätssicherheitsnormen verlangt werden kann. 59

Praxistipp !

Fordern Sie nicht eine Beschreibung von Qualitätssicherungsmaßnahmen als Gegenstand der Eignung, sondern lassen Sie sich lieber mit dem Angebot konkret erklären, welche Qualitätssicherungsmaßnahmen der Planung der Auftragnehmer bei Erledigung des konkreten Auftrages vornehmen

18 So auch VK Sachsen, Beschl. v. 14.4.2008 – 1/SVK/013-08 – juris Rn. 139. Nach anderer Ansicht ist eine Zurechnung der Referenz von übernommenen Mitarbeitern nicht möglich, da die Leistung unternehmensbezogen beurteilt werden müsse Müller-Wrede in: Müller-Wrede, Kommentar zur VOF, 4. Aufl., §5 Rn. 39. Hierbei wird jedoch der persönliche Leistungscharakter übersehen, der bei einer freiberuflichen Dienstleistung regelmäßig im Vordergrund stehen wird.

möchte. Sie können in diesem Fall nämlich die Qualitätssicherung der Planung zu einem Zuschlagskriterium machen, über das sich die späteren Angebote zum Teil durchaus sinnvoll differenzieren lassen.

ff) Forderung von Kontrollen

60 Bei der Vergabe von Leistungen komplexer Art kann der Auftraggeber Kontrollen fordern, die die Leistungsfähigkeit, erforderlichenfalls die Untersuchungs- und Forschungsmöglichkeiten des Bewerbers und die Maßnahmen zur Gewährleistung der Qualität betreffen. Der Auftraggeber kann diese Kontrollen entweder selbst durchführen oder durch Dritte durchführen lassen. Die Forderung von Kontrollen erscheint als Eignungsnachweis wenig praktikabel.

gg) Leistungsanteile im Unterauftragnehmerverhältnis

61 Der Auftraggeber kann vom Bieter eine Erklärung verlangen, welchen Teil oder Anteil des Auftrages er unter Umständen als Unterauftrag zu vergeben beabsichtigt. Der Auftragnehmer kann also verpflichtet werden zu erklären, welche Leistungen er nicht persönlich, sondern durch **Dritte** erbringen lässt, d. h. durch Kapazitäten anderer Unternehmen (§ 5 Abs. 6 VOF).

62 Die Absicht des Bewerbers zur Unterbeauftragung darf mit Blick auf die in § 5 Abs. 6 VOF, Art. 25 und Art. 47 Abs. 2, 48 Abs. 3 Richtlinie 2004/18/EG nicht nachteilig bewertet werden. Dem Bewerber ist insoweit die Möglichkeit der so genannten **Eignungsleihe** einzuräumen.[19]

63 Er muss in diesem Fall vor Zuschlagserteilung dem Auftraggeber gegenüber nachweisen, dass ihm die erforderlichen Mittel zur Verfügung stehen, z. B. durch Vorlage einer entsprechenden **Verpflichtungserklärung** dieser Unternehmen.

64 Die Regelung ist die wortgleiche Umsetzung des Art. 47 Abs. 2 VKR, der für die wirtschaftliche und finanzielle Leistungsfähigkeit, und des Art. 48 Abs. 3 VKR, der für die technische Leistungsfähigkeit einen Nachweis der Eignung durch Dritte gestattet.

65 Die Regelung macht keine Vorgaben, welche rechtliche Verbindung zwischen dem Bieter und dem anderen Unternehmen bestehen muss, auf dessen Grundlage die Leistungserbringung im Auftragsfalle erfolgt. Regelmäßig wird hier ein Unterauftragsverhältnis geschlossen werden. Die Regelung steht daher im unmittelbaren Zusammenhang mit § 5 Abs. 2 lit. h VOF.

66 Der Nachweis, dass die Mittel des Dritten bei Zuschlagserteilung zur Verfügung stehen, soll durch eine **rechtsverbindliche Verpflichtungserklärung** sicherzustellen sein.[20] Ob im Rahmen des Teilnahmewettbewerbes bereits eine rechtsverbind-

19 OLG Düsseldorf, Beschl. v. 31.10.2012 – Verg 1/12 – Rn. 33 zitiert nach Juris.
20 *Kulartz* in: Kulartz/Kus/Portz GWB-Vergaberecht, § 97 Rn. 90.

liche Verpflichtungserklärung überhaupt abgegeben werden kann, erscheint indes ausgesprochen fraglich. Die Vergabe eines Auftrages nach Maßgabe der VOF im Verhandlungsverfahren ist nur deshalb zulässig, weil die Leistung seitens des öffentlichen Auftraggebers nicht eindeutig und erschöpfend beschreibbar ist. Ist aber der Leistungsinhalt noch nicht eindeutig und erschöpfend beschreibbar, kann eine wirksame Verpflichtungserklärung von dem jeweiligen Dritten kaum abgegeben werden.

Ein wirksamer Vertragsschluss und ein wirksames Angebot eines Dritten setzt zumindest voraus, dass der **Leistungsinhalt bestimmbar ist.**[21] Ohne Bestimmbarkeit des Leistungsinhaltes besteht keine wirksame Leistungspflicht. 67

Daher scheint es kaum möglich, dass im Rahmen des Teilnahmeantragsverfahrens der Bieter bereits eine rechtlich bindende Verpflichtungserklärung eines Dritten vorlegt. Zu diesem Zeitpunkt hat der Bieter die Aufforderung zur Angebotsabgabe ebenso wenig erhalten, wie ein Angebot gelegt. Mehr als eine Absichtserklärung wird der Bieter insoweit nicht beibringen können. Ob diese genügt, ist von der Rechtsprechung nicht geklärt. 68

Problematisch ist der **Zeitpunkt**, wann die Verpflichtungserklärung vorgelegt werden kann oder muss. Der Wortlaut und die systematische Einordnung in § 5 VOF spricht dafür, dass die **Verpflichtungserklärung mit dem Teilnahmeantrag** vorzulegen ist. Das Verhandlungsverfahren mit Teilnahmewettbewerb ist ein zwingend zweistufiges Verfahren, in dem zunächst im Rahmen des Teilnahmewettbewerbs die sogenannte Auswahlphase stattzufinden hat, im Rahmen derer die Eignung der Teilnehmer zu prüfen ist, der sich sodann die Verhandlungsphase anschließt. 69

Für die Vergabe von Bauleistungen hat der BGH entschieden, dass eine Verpflichtung des Unternehmers bindend die Nachunternehmer bereits mit dem Angebot in ein Offenes Verfahren zu benennen, den Bieter über Gebühr belasten kann, weil sich der Bieter die angefragte Leistung von dem jeweils ins Auge gefassten Nachunternehmer zusagen lassen müsste.[22] Der hiermit einhergehende zeitliche und organisatorische Aufwand sei dem Bieter nicht zuzumuten. Das OLG München weist zu dieser Problematik zutreffend daraufhin, dass weder in den Art. 47, 48 VKR noch in Art. 25 VKR ein Zeitpunkt für die Vorlage der Verpflichtungserklärung genannt ist.[23] 70

Würden diese Argumente auch im VOF-Verfahren gelten, wäre die Forderung nach einer **Verpflichtungserklärung bereits mit dem Teilnahmeantrag unzulässig.** 71

Die Konsequenz dessen wäre, dass ein Auftraggeber in der ersten Stufe des Vergabeverfahrens, dem Teilnahmewettbewerb, die Eignung des Bieters nicht feststellen kann, soweit dieser sich Kapazitäten Dritter bedienen will.

---

21 BGH, Urt. v. 27.1.1971 – VIII ZR 151/69 – juris Rn. 12; *Toussaint* in: jurisPK-BGB, 5. Aufl. 2010, § 241 Rn. 36.

22 BGH, Urt. v. 10.6.2008 – X ZR 78/07 – juris Rn. 14.

23 OLG München, Beschl. v. 22.1.2009 – Verg 26/08 – juris Rn. 46 f.

72 *Summa*, der diese Situation als **Dilemma** bezeichnet, schlägt für die Vergabe von Bauleistungen vor, im Rahmen des Teilnahmewettbewerbs die Bewerber zu verpflichten, den Kreis der Nachunternehmer zu benennen, die für die Leistungserbringung in Frage kommen.[24]

73 Dass die Forderung, bereits mit dem Teilnahmeantrag Nachunternehmer zu benennen und für diese eine Verpflichtungserklärung vorzulegen, die Bewerber im VOF- Verfahren unangemessen belastet, erscheint im Lichte der Rechtsprechung des BGH **nicht zwingend**. Der BGH hatte eine ungemessene Belastung angenommen, weil es dem Bieter zeitlich und organisatorisch nicht zuzumuten sei, bereits mit der Angebotsabgabe Nachunternehmer zu suchen und zu binden, weil diese sich im Teilnahmewettbewerb noch nicht mit den konkreten Inhalten der Angebotsabgabe auseinandersetzen müssen. Dieser Aufwand scheint sowohl für die Bewerber, als auch die zu benennenden Nachunternehmer ausgesprochen überschaubar. Die Situation im VOF-Verfahren ist daher nicht ohne weiteres mit der Vergabe von Bauleistungen vergleichbar.

! **Praxistipp**
Da nach § 10 Abs. 2 VOF der Auftraggeber verpflichtet ist, die Eignungskriterien in der Vergabebekanntmachung zu benennen, ist es dringend zu empfehlen, die Forderung vergabebekannt zu machen, dass der Bieter auf Verlangen im Teilnahmewettbewerb die Eignung der Nachunternehmer mit der gleichen Art und Weise nachzuweisen hat, wie die eigene Eignung.

---

74 Für ein Nachunternehmen kann ein Auftraggeber die gleichen Eignungsanforderungen verlangen wie für den Bieter.[25]

75 Für zulässig gehalten wird die Forderung nach einer Verpflichtungserklärung, die im Übrigen zwingend einer Fremderklärung ist, zum Zeitpunkt der Abgabe eines indikativen Angebots.[26]

hh) Qualitätssicherungsmaßnahmen

76 Vom Auftraggeber kann gefordert werden, dass der Auftragnehmer Qualitätssicherungsnormen erfüllt, die durch unabhängige Stellen zertifiziert sind. Regelmäßig können diese Qualitätssicherungssysteme nach der DIN EN ISO 9000 ff. sein.[27] Sofern der Auftraggeber bestimmte Nachweise von Zertifizierungsinstituten fordert, kann eine entsprechende Forderung diskriminierend wirken, wenn ein freier Zugang zu

---

24 Heiermann/Zeiss/Summa, § 6 VOB/A EG Rn. 150 f.
25 OLG Düsseldorf, Beschl. v. 16.11.2011 – Verg 60/11.
26 VK Baden- Württemberg, Beschl. v. 17.6.2011 – 1 VK 29/11.
27 Vgl. hierzu OLG Jena, Beschl. v. 5.12.2001 – Verg 3/01.

diesen Zertifizierungsinstituten beschränkt ist, weil diese z. B. nur Mitgliedern offenstehen. In diesem Fall muss eine **gleichwertige Zertifizierung** zugelassen werden.[28]

ii) Nachweis für Umweltmanagementmaßnahmen

Der Auftraggeber kann fordern, dass vom Bewerber bestimmt Nachweise für das Umweltmanagement erfüllt werden. Die Praxisrelevanz dieser Vorschrift scheint bei der Vergabe freiberuflicher Dienstleistungen kaum gegeben, da diese regelmäßig in keinem besonderen Maße in umweltgefährdender Art und Weise erbracht werden.[29] 77

jj) Bescheinigungen von Berufskammern

Nach § 5 Abs. 9 VOF sind bei der Prüfung der Eignung als Nachweise auch Bescheinigungen der zuständigen Berufskammern durch den Auftraggeber anzuerkennen. In Frage kommen wird hier nach § 5 Abs. 5a VOF der Nachweis der Berufszulassung. 78

kk) Empfehlung zur Festlegung von Eignungskriterien

Der Katalog der zulässigen Eignungsanforderungen des § 5 Abs. 5 VOF legt nahe, die Eignungsauswahl über die zulässige Forderung nach dem Umsatz der Büros und nach der jeweiligen Erfahrung mit der Planungsaufgabe vorzunehmen. In der Praxis führt diese Regelung jedoch zu regelmäßig unbefriedigenden Ergebnissen, da eine echte Chance in die Verhandlungsrunde zu gelangen, nur diejenigen Büros haben, die groß sind, über erhebliche Umsätze verfügen und mit der entsprechenden Leistung profunde Erfahrung haben. Diese Auswahl nach den Kriterien **„reich und alt"** führt aber regelmäßig dazu, dass Büros in die zweite Verhandlungsrunde geraten, die an einem „kleineren" Auftrag gegebenenfalls kein rechtes Interesse haben oder die **Innovationskraft und der Ideenreichtum von jüngeren Büros** nicht genutzt werden kann. Folgende Eignungskriterien dürften viel eher sachgerecht sein: 79

- ein Gewerbe- oder Handelsregisterauszug für körperschaftlich organisierte Büros (GmbH oder AG)
- ein Nachweis der Berufszulassung für Freiberufler oder Personengesellschaften aus solchen
- als **Mindestanforderung**: Der Nachweis einer hinreichenden Berufshaftpflichtversicherung
- eine Eigenerklärung, dass keine schweren unternehmensbezogenen Straftaten oder Verfehlungen begangen wurden.

---

28 Heiermann/Zeiss/Webeler, § 5 VOF Rn. 73.
29 Heiermann/Zeiss/Webeler, § 5 VOF Rn. 74.

- eine Erklärung, wer im Auftragsfalle die Leistungserbringung persönlich übernimmt.
- bei Bietergemeinschaften: Welches Mitglied der Bietergemeinschaft im Auftragsfalle, welche Leistung übernimmt.
- eine Erklärung, welche Leistungen der Bieter im Auftragsfalle an Dritte vergeben will und wer für die Ausführung der Leistung vorgesehen ist.
- eine Erklärung über den Umsatz des Büros mit Planungsleistungen vergleichbarer Art
- eine nicht zu große Anzahl an nicht zu eng gefassten Referenzen
- als **Mindestanforderung**: Eine hinreichende Anzahl an für die Leistungserbringung qualifizierter Personen und deren Vertreter, z. B. eine qualifizierte Person für die Planung und/oder Bauleitung und Forderung nach einem mindestens vergleichbar qualifizierten Vertreters.

ll) Zusätzliche Anforderungen an Eignungskriterien

80 Nichts mit der Eignung eines Bieters oder Bewerbers hat die nach § 97 Abs. 4 Satz 2 GWB zugelassene Anforderung zu tun, dass soziale, umweltbezogene und innovative Aspekte eine Rolle spielen können. Diese müssen nach § 97 Abs. 4 Satz 2 GWB im sachlichen Zusammenhang mit dem Auftragsgegenstand stehen und sich aus der Leistungsbeschreibung ergeben. Nach § 97 Abs. 4 Satz 2 GWB zugelassene weitergehende Anforderungen sind insofern keine Eignungsanforderungen.

4. Zulässige Beschränkung der Anzahl der in die engere Wahl kommenden Bewerber – Gestaltung der Auswahlentscheidung

81 Nach § 10 Abs. 1 VOF wählt der Auftraggeber unter den Bewerbern, die nicht ausgeschlossen wurden und die die Eignungskriterien (Fachkunde, Zuverlässigkeit und Leistungsfähigkeit) erfüllen, diejenigen aus, die sie zur Verhandlung auffordern.

82 In der Praxis bewerben sich in der Regel allerdings wesentlich mehr Büros, als für die Durchführung eines Verhandlungsverfahrens sinnvoll sind. Eine sinnvolle Reduzierung der Anzahl der Bewerber sollte vorgenommen werden, wobei die Voraussetzungen hierfür schon mit der Vergabebekanntmachung zu schaffen sind.

83 Nach § 10 Abs. 4 VOF hat der Auftraggeber die Möglichkeit die Mindestzahl und gegebenenfalls die Höchstzahl der zur Verhandlung aufzufordernden Bewerber in der Bekanntmachung zu benennen. Eine Eintragung ist unter III. 2.1 des Standardbekanntmachungsformulars vorzunehmen. Die Anzahl darf nicht unter drei liegen, nach § 10 Abs. 4 Satz 2 VOF.

Praxistipp

!

Begrenzen Sie die Anzahl der zur Verhandlung zuzulassenden Bewerber nicht zu stark. Sie können nie ausschließen, dass der ein oder andere Bewerber entweder gar kein Angebot abgibt oder ein nicht wertbares Angebot abgibt, so dass eine Wettbewerbssituation nicht hinreichend entstehen kann. Die Höchstzahl der zur Verhandlung zugelassenen Bewerber sollte insofern nicht unter sechs liegen.

Keine wirklich sinnvolle Möglichkeit zur Reduzierung der Teilnehmeranzahl ist die unter § 10 Abs. 3 VOF gegebene Möglichkeit, die Auswahlentscheidung durch Los zu entscheiden. Die **Losentscheidung** ist nämlich nur dann möglich, wenn mehrere Bewerber gleichermaßen die Anforderung an die Eignung erfüllen und die Bewerberzahl nach einer objektiven Auswahl entsprechend der zugrunde gelegten Kriterien zu hoch ist. Die VOF geht in § 10 Abs. 3 insofern davon aus, dass zunächst über die bekannt zu machenden objektiven Kriterien zur Auswahl der Bewerber ein „Mehr an Eignung" nicht zu einer hinreichenden Reduzierung des Bewerberkreises geführt hat. 84

§ 10 Abs. 3 VOF gestattet nämlich insofern objektive Kriterien für die Auswahl der Bewerber bekannt zu machen, die es dem Auftraggeber erlauben ein **„Mehr an Eignung"** bei seiner Auswahlentscheidung zu berücksichtigen. Die VOF schreibt hierbei eine Bekanntmachung der Gewichtung der Kriterien anders als für die Zuschlagskriterien nicht vor.[30] 85

Ob die **Angabe einer Gewichtung** sinnvoll ist, ist durchaus Geschmackssache. Nach der Auffassung des Verfassers beschränkt der Auftraggeber den ihm zustehenden Beurteilungsspielraum durch die Vorgabe einer Gewichtung, so dass sie sich einer gesetzlich eingeräumten Entscheidungsfreiheit im Verfahren nimmt. Zuzugeben ist, dass die Angabe einer Gewichtung die Transparenz im Vergabeverfahren fördert.[31] 86

Die objektiven Kriterien zur Auswahl der Bewerber dürfen nicht diskriminierend sein. Sie dürfen ein „Mehr an Eignung" berücksichtigen. Infrage kommen insofern: 87

- die **Berufserfahrung** der zur Leistungserbringung vorgesehenen Personen
- ein „Mehr" an Erfahrung, nachgewiesen durch die **Anzahl der Referenzen**
- den **Nachweis von prämierten und ausgezeichneten Leistungen**
- besondere **Berufsqualifikationen** der zur Leistungserbringung vorgesehenen Personen

Durchaus sinnvoll kann aber auch die Festlegung solcher Kriterien sein, die unmittelbar im Zusammenhang stehen mit der späteren Planungsaufgabe. Ist z. B. Gegenstand der Leistung die Gebäudeplanung für ein Bauwerk, das sich in die Umgebungsbebauung einfügen soll, kann durchaus zum Kriterium gemacht werden die Beurteilung der **planerischen Qualität** der gezeigten Referenzen im Hinblick auf deren Einfügen in das Stadtbild. 88

30 Heiermann/Zeiss/Wagner, 4. Auflage 2013, § 10 Rn. 37.

31 Vgl. so im Ergebnis Heiermann/Zeiss/Wagner, 4. Auflage 2013, § 10 Rn. 39.

Praxistipp
Die Auswahlentscheidung nach § 10 VOF kann nämlich „ein Mehr" an Eignung berücksichtigen.

89 Eine sinnvolle Festlegung kann ergänzend sein:
- eine Beurteilung der Qualität der Arbeit des Bieters anhand der Referenzen bezogen auf Anforderungen, die für die Erfüllung des Auftrages wesentlich sind, wie z. B. die Einhaltung von Kosten und Terminen oder die Lösung von bestimmten Problemen, bei erfüllten Aufträgen, die bei dem zu vergebenden Auftrag eine Rolle spielen werden,
- die Berufserfahrung der zur Leistungserbringung vorgesehenen Personen.

5. Auswahl der Bewerber

90 Unter den fristgerecht eingegangen Teilnahmeanträgen wählt der Auftraggeber unter den Bewerbern diejenigen aus, die nicht ausgeschlossen wurden und die die Eignungskriterien erfüllen (Fachkunde, Zuverlässigkeit und Leistungsfähigkeit).

6. Zwingender Ausschluss mangels Eignung

91 Zwingend vom Vergabeverfahren wegen Unzuverlässigkeit auszuschließen ist ein Bewerber, dem das Verhalten einer Person zuzurechnen ist, die wegen einer der in § 4 Abs. 6 VOF genannten Straftaten rechtskräftig verurteilt worden ist. Auskunft hierüber gibt die im Rahmen des Teilnahmeantrages abzufragende **Selbstauskunft** oder gegebenenfalls eine **Einsichtnahme in das Gewerbezentralregister**. Dieses wird in Berlin geführt und ist für jeden öffentlichen Auftraggeber frei zugänglich. Es sind dort alle unternehmensbezogenen Straftaten und Ordnungswidrigkeiten registriert, die mit einer Geldbuße von mehr als 200,00 € geahndet wurden.

7. Fakultativer Ausschluss von Bietern oder Bewerbern

92 Vom Vergabeverfahren können ausgeschlossen werden Bieter oder Bewerber, nach § 4 Abs. 9 VOF,
- deren Unternehmen oder Büro sich im Insolvenzverfahren oder Liquidationsverfahren befindet,
- die aufgrund eines rechtskräftigen Urteils bestraft worden sind aus Gründen, die ihre berufliche Zuverlässigkeit in Frage stellen,
- die im Rahmen ihrer beruflichen Tätigkeit eine schwere Verfehlung begangen haben, vom Auftraggeber nachweislich festgestellt wurden,
- die ihre Verpflichtung von Abgaben und Steuern nicht erfüllt haben
- oder die bei der Erteilung von Auskünften zur Eignung im erheblichen Maße falsche Erklärungen abgegeben haben oder Auskünfte unberechtigt nicht erteilt haben.

Der Ausschluss nach § 4 Abs. 9 ist eine **„Kann-Vorschrift“**. Dem Auftraggeber steht insofern ein Beurteilungsspielraum zu, ob er einen Ausschluss vornimmt oder nicht. Steht dem Auftraggeber ein entsprechender Beurteilungsspielraum zur Verfügung, muss dieser auch genutzt werden. Die entscheidungserheblichen Erwägungen des Auftraggebers müssen **dokumentiert** werden.[32] 93

Eine mögliche Unzuverlässigkeit des Bieters oder des Bewerbers kommt in der Praxis gelegentlich hinsichtlich einer Vorverurteilung wegen unternehmensbezogenen Straftaten in Frage, wegen derer eine Person verurteilt worden ist, deren Verhalten dem Bieter oder Bewerber zuzurechnen ist. Unternehmensbezogene Straftaten sind hierbei regelmäßig Vermögensdelikte, wie z. B. Diebstahl, Unterschlagung, Untreue und Betrug, Bestechung und Bestechlichkeit, wettbewerbsbeschränkende Absprachen. 94

Erhält ein Auftraggeber Kenntnis von einem entsprechenden Sachverhalt, ist dringend zu empfehlen, mit dem Bewerber oder Bieter **eine Aufklärung** des Sachverhaltes zu betreiben. Der Auftraggeber hat nämlich im Rahmen der Eignungsprüfung eine Prognoseentscheidung anzustellen, ob die vorliegenden Umstände den Schluss rechtfertigen, dass das Verhalten des Bieters wieder eine Unzuverlässigkeit im Rahmen der Auftragserfüllung erwarten lässt.[33] Dem Bewerber oder Bieter steht hierbei grundsätzlich die Möglichkeit offen, eine **sogenannte Selbstreinigung** durchzuführen, also diejenigen Verhaltensweisen im geschäftlichen Verkehr zu ändern, die den Schluss auf eine Unzuverlässigkeit zulassen. Ob und welche Maßnahmen der Bieter hierbei gegriffen hat, ist von der vergebenden Stelle zu prüfen.[34] 95

8. Auswahl der verbleibenden Teilnahmeanträge

Die Teilnehmer, die ihre Eignung mit den Teilnahmeanträgen nachgewiesen haben und die gestellten Anforderungen erfüllen, werden vom Auftraggeber zur Verhandlung aufgefordert. Ist entsprechend der vorstehenden Ausführungen vom Auftraggeber Gebrauch gemacht worden, die Anzahl der Teilnehmer zu beschränken, ist eine Auswahl der Teilnehmer durchzuführen. Der Vorgang ist zu dokumentieren. 96

9. Nichtberücksichtigte Bewerber

Gemäß § 10 Abs. 5 VOF hat der Auftraggeber den nichtberücksichtigten Bewerbern innerhalb von 15 Tagen nach Abschluss des Teilnahmewettbewerbes die Gründe ihrer Ablehnung für die Bewerbung am Verhandlungsverfahren mitzuteilen. 97

32 OLG Düsseldorf, Beschl. v. 2.5.2012 – Verg 68/11.
33 OLG Düsseldorf, Beschl. v. 9.6.2010 – Verg 14/10.
34 OLG Düsseldorf, Beschl. v. 9.6.2010 – Verg 14/10.

Praxistipp
Versenden Sie die Mitteilung über die Nichtberücksichtigung des Teilnahmeantrages stets mit einem Zugangsnachweis!

98 Diejenigen Bewerber, die eine Mitteilung nach § 10 Abs. 5 VOF erhalten haben, brauchen nicht mehr über den beabsichtigten Zuschlag gemäß § 101 a GWB informiert zu werden.[35]

II. Verhandlungsverfahren ohne Teilnahmewettbewerb

99 Das Verhandlungsverfahren mit Teilnahmewettbewerb ist die Regelvergabeart nach der VOF. § 3 Abs. 4 VOF regelt einen abschließenden Katalog von Fällen, in denen ausnahmsweise ein Verhandlungsverfahren ohne Teilnahmewettbewerb zulässig ist. Da der Verzicht auf einen Teilnahmewettbewerb den Wettbewerb erheblich reduziert oder sogar ausschließt, ist eine restriktive Auslegung der Vorschrift daher stets geboten.[36] Es ist Sache des öffentlichen Auftraggebers, die Gründe für das Vorliegen des Ausnahmetatbestandes darzulegen.[37]

Praxistipp
Auch über den Wortlaut des § 12 VOF hinaus sollten insoweit die Gründe für den Verzicht auf den Teilnahmewettbewerb unbedingt dokumentiert werden.

100 Liegen die Voraussetzungen des § 3 Abs. 4 VOF vor, bedeutet dies nicht automatisch, dass eine Direktvergabe an nur einen Bewerber erfolgen darf. Die Regelung bestimmt lediglich Fälle, in denen ein **Verzicht auf einen Teilnahmewettbewerb** zulässig ist, nicht aber ein völliger Verzicht auf jeden Wettbewerb. Die Regelung des § 10 Abs. 4 VOF gilt fort, nach der grundsätzlich eine hinreichende Anzahl von Bewerbern zu den Verhandlungen aufzufordern ist.[38] Es stellt sich insoweit stets die Frage, ob trotz des Vorliegens eines Ausnahmetatbestandes nach § 3 Abs. 4 VOF die Durchführung eines Wettbewerbes noch möglich ist – z. B. in Fällen einer Dringlichkeit. Anders liegen die Dinge, wenn der Ausnahmetatbestand zwingend einen Wettbewerb ausschließt, z. B. weil die Leistung nur von einer bestimmten Person erbracht werden kann.

35 Rudolf Weyand, IBR-online-Kommentar Vergaberecht, § 101 a GWB, Rn. 568.
36 EuGH, Urt. v. 10.4.2003 – C-20/01, Heiermann/Zeiss/Webeler, § 3 VOF Rn. 9.
37 EuGH, Urt. v. 10.4.2003 – C-20/01; EuGH, Urt. v. 15.10.2009 – C-275/08 – juris Rn. 56; VG München, Beschl. v. 20.1.2011 – M 15 K 10.3148.
38 OLG Düsseldorf, Beschl. v. 1.10.2009 – VII-Verg 31/09.

Fettnapf

Das Vorliegen der Voraussetzungen des § 3 Abs. 4 VOF bedeutet nicht, dass die Verhandlungen nur mit einem Büro geführt werden dürfen. Es steht zu prüfen, ob nicht mehrere Büros in die Verhandlungen einzubeziehen sind.

Folgende Gründe erlauben einen Verzicht auf einen Teilnahmewettbewerb: 101

1. Technische, künstlerische Gründe oder Ausschließlichkeitsrechten

Nach § 3 Abs. 4 lit. a VOF kann der Auftrag im Verhandlungsverfahren ohne Teilnahmewettbewerb vergeben werden, wenn der Auftrag aus technischen oder künstlerischen Gründen oder aufgrund des Schutzes von Ausschließlichkeitsrechten, nur von einer bestimmten Person ausgeführt werden kann. 102

Von Praxisrelevanz sind Fälle, in denen ein Planer zum Beispiel für ein bestimmtes bautechnisches Vorhaben ein Ausschließlichkeits-Know-how oder ein Patentrecht besitzt. Häufiger sind Fälle, in denen der Planer ein **Ausschließlichkeitsrecht über das Urheberrecht** genießt.

Aus technischen Gründen kann vom Teilnahmewettbewerb abgesehen werden, wenn tatsächlich nur ein Wirtschaftsteilnehmer technisch in der Lage ist, die Dienstleistung zu erbringen. Es darf insoweit in der Europäischen Union keinen weiteren Dienstleistungserbringer geben, der zur Leistungserbringung in der Lage wäre. Diese Frage ist regelmäßig durch **eine Marktforschung** zu klären.[39] 103

Als Ausschließlichkeitsrechte im Rahmen der Vergabe von Dienstleistungsaufträgen kommen in Betracht Patent-, Lizenz- und Urheberrechte. Hauptanwendungsfall des § 3 Abs. 4 lit. a VOF sind urheberrechtlich geschützte Planungsleistungen, und zwar in zwei Fallkonstellationen: 104

2. Urheberrechtlich geschützter Vorentwurf

Die Planungsleistung soll auf Grundlage eines **urheberrechtlich geschützten Vorentwurfs** erbracht werden, an dem dem öffentlichen Auftraggeber kein Nutzungsrecht zusteht. Dies kann beispielsweise dann der Fall sein, wenn der Architekt oder Ingenieur des urheberrechtlich geschützten Werks nur einen Teilauftrag erhalten hat und eine Vereinbarung über das Nutzungsrecht nicht getroffen wurde. Zu klären ist in diesen Fällen stets die Frage, ob die Planungsleistung Rechtsschutz genießt als persönliche geistige Schöpfung im Sinne des § 2 Abs. 1 Nr. 4 und 7 UrhG, § 2 Abs. 2 UrhG. Dies ist dann der Fall, wenn sich die Architektenleistung von der Masse des durch- 105

39 EuGH, Urt. v. 15.10.2009 – C-275/08.

schnittlichen, üblichen oder täglichen Bauschaffens abhebt und nicht nur das Ergebnis eines reinen handwerklich routinemäßigen Schaffens ist (**„Gestaltungshöhe“**).[40]

106 Haben die Parteien des Architektenvertrages keine Vereinbarung hinsichtlich des Nutzungsrechts am Architektenwerk getroffen und ist das Architektenwerk urheberrechtlich geschützt, besteht ein Recht zum Nachbau regelmäßig erst, wenn die Genehmigungsplanung erstellt worden ist, und nicht bereits, wenn eine Entwurfsplanung im Sinne der Leistungsphase 3 der Anlage 10 zu § 33 HOAI ausgeführt worden ist.[41] Ein Kontrahierungszwang mit dem Architekten/Ingenieur, der die Entwurfsplanung erstellte, besteht also lediglich dann, wenn

- das Architektenwerk Urheberrechtsschutz genießt,
- der Auftraggeber zum Weiterbauen nicht auf Grundlage vertraglicher Abreden berechtigt ist oder
- vom Urheberrechtsinhaber auch die Genehmigungsplanung erstellt wurde, da mit ihrer Ausführung auch regelmäßig konkludent ein Nutzungsrecht eingeräumt ist.[42]

3. Änderungsplanung

107 Eine Urheberrechtsverletzung kann auch dann in Frage kommen, wenn ein bestehendes Architektenwerk verändert werden soll, insbesondere durch Umbau.

108 Nach den §§ 14, 23 Urheberrechtsgesetz genießt der Urheber den Schutz, dass sein Werk unverändert bleibt. Ein Kontrahierungszwang aus § 3 Abs. 4 lit. a VOF kann sich insoweit ergeben, wenn

- ein Architektenwerk einer Gebäudeplanung Urheberrechtsschutz genießt,
- dem Auftraggeber kein Änderungsrecht am bestehenden Architektenwerk vertraglich eingeräumt wurde.

109 Das Recht des Urhebers, Änderungen seines Werks zu verbieten, konkurriert mit dem Interesse des Eigentümers, zwingende technische Änderungen und Veränderungen des Bauwerks vorzunehmen. Hierbei kann das Änderungsinteresse des Eigentümers das Schutzinteresse des Urhebers überwiegen. Es hat eine Interessenabwägung stattzufinden.[43]

---

40 OLG Celle, Urt. v. 2.3.2011 – 14 U 140/10, *Locher/Koeble/Frik*, Kommentar zur HOAI, 10. Aufl., Einl. Rn. 300.

41 OLG Celle, Urt. v. 2.3.2011 – 14 U 140/10.

42 OLG Celle, Urt. v. 2.3.2011 – 14 U 140/10.

43 *Werner/Pastor*, Der Bauprozess, 13. Aufl., Rn. 2461.

4. Beauftragung im Anschluss an einen Wettbewerb

Die Durchführung eines Teilnahmewettbewerbs hat zu unterbleiben, wenn die Auftragsvergabe im Anschluss an einen Wettbewerb an den Gewinner oder einen Preisträger des Wettbewerbes erfolgen muss. Die Einzelheiten hierzu werden nachfolgend unter Kapitel 4 C dieses Buches erläutert. 110

5. Dringlichkeit

Auf einen Teilnahmewettbewerb kann verzichtet werden, wenn aus Gründen der Dringlichkeit die vorgeschriebenen Fristen nicht eingehalten werden können. Die Umstände, die die zwingende Dringlichkeit begründen, dürfen auf keinen Fall dem Verhalten des Auftraggebers zuzuschreiben sein. 111

Maßgeblich sind für diese Betrachtungen die Fristen des §7 Abs. 1 und 2 VOF, die für die Veröffentlichung grundsätzlich eine Frist von 37 Tagen vorschreiben, die aber in Fällen besonderer Dringlichkeit auf 15 Tage und bei elektronischer Übermittlung auf 10 Tage verkürzt werden kann. Die Auftragsvergabe muss also so eilig sein, dass nicht einmal die Einhaltung der 10-tägigen Veröffentlichungsfrist eingehalten werden kann.[44] Selbst in Fällen der Dringlichkeit entfällt für den Auftraggeber nur die Verpflichtung, einen Teilnahmewettbewerb durchzuführen, nicht aber jeden Wettbewerb auszuschließen; es sind also gegebenenfalls auch mehrere Dienstleistungserbringer zu Verhandlungen aufzufordern.[45] 112

6. Zusätzliche Dienstleistungen

Von großer Praxisrelevanz ist die Regelung zur Beauftragung von zusätzlichen Dienstleistungen, die ohne Teilnahmewettbewerb vergeben werden dürfen. 113

Ist ein Dienstleistungsauftrag bereits an einen Bieter erteilt, dürfen an diesen Auftragnehmer **zusätzliche Dienstleistungen** ohne Vergabebekanntmachung beauftragt werden, wenn 114

- die Dienstleistung weder in dem der Vergabe zugrundeliegenden Entwurf noch in dem zuerst geschlossenen Vertrag vorgesehen ist,
- eine zusätzliche Dienstleistung wegen eines unvorhergesehenen Ereignisses zur Ausführung der beauftragten Dienstleistung erforderlich wird,
- zusätzliche Dienstleistungen sich in technischer und wirtschaftlicher Hinsicht nicht ohne wesentlichen Nachteil für den Auftraggeber trennen lassen oder sie zwar von der Ausführung des ursprünglichen Auftrages getrennt werden könnten, aber für dessen Vollendung unbedingt erforderlich sind,

44 VG München, Urt. v. 20.1.2010 – M 15 K 10.3148.
45 OLG Düsseldorf, Beschl. v. 1.10.2009 – VII-Verg 31/09.

- der Auftragswert der zusätzlichen Dienstleistung 50 % des Wertes der Hauptleistung nicht überschreitet.

115 Der typische Anwendungsfall der Regelung ist, dass im Zuge der Bauausführung des Objekts eine **zusätzliche oder geänderte Leistung** erforderlich wird, die auch eine **Überarbeitung der Planung** erforderlich macht.

116 Die zusätzliche Dienstleistung muss nicht unvorhersehbar sein. Es reicht, wenn sie insoweit hinsichtlich ihrer Erforderlichkeit unvorhergesehen war.[46]

117 Die Dienstleistung muss sich in technischer und wirtschaftlicher Hinsicht nicht ohne wesentlichen Nachteil vom Hauptauftrag trennen lassen. Wirtschaftlich und technisch ist jeweils Voraussetzungen kumulativ zu verstehen.[47]

7. Wiederholung gleichartiger Planungsleistungen

118 §3 Abs. 4 lit. e VOF erlaubt eine Vergabe von Planungsleistungen ohne Teilnahmewettbewerb, wenn die neue Leistung eine Wiederholung der gleichartigen Leistung ist, an denselben Bieter vergeben wird und sofern sie einem Grundentwurf entspricht und dieser Entwurf Gegenstand des ersten Auftrages war.

119 Die Voraussetzungen liegen vor, wenn die zu vergebende Leistung vom Erstauftrag nur **geringfügig abweicht**. Eine geringfügige Änderungen und Erweiterungen aus der Fortentwicklung des Auftrages hindern das Vorliegen der Voraussetzungen des Ausnahmetatbestandes nicht.[48]

120 Erforderlich ist ferner, dass die Wiederholung des Auftrages bereits bei der Vergabe des Erstauftrages absehbar war. Auf die Möglichkeit muss bereits im Rahmen der **Bekanntmachung der Erstausschreibung hingewiesen** werden.

121 Ausgesprochen zweifelhaft scheint in diesem Zusammenhang die Forderung, dass die Wiederholungsleistung bei der Berechnung des Auftragswertes zur Ermittlung des Schwellenwertes des Erstauftrages zu berücksichtigen ist.[49]

122 Nach §3 Abs. 1 Satz 2 VgV sind in der Schätzung des Auftragswertes alle Optionen und etwaige Vertragsverlängerungen zu berücksichtigen. Die Möglichkeit einer Auftragswiederholung unterscheidet sich allerdings von der Option maßgeblich, da nämlich eine Option regelmäßig ein einseitig bindendes Angebot des Bieters ist.[50]

---

46 Für die Vergabe von Dienstleistungen OLG Celle, Beschl. v. 29.10.2009 – 13 Verg 8/09; *Kaufhold*, Die Vergabe freiberuflicher Leistungen ober- und unterhalb der Schwellenwerte, 2. Aufl.,§3 Rn. 9.

47 Heiermann/Zeiss/Webeler, §3 VOF Rn. 50; *Kaufhold*, Die Vergabe freiberuflicher Leistungen ober- und unterhalb der Schwellenwerte, 2. Aufl., §3 Rn. 10.

48 *Müller-Wrede* in: Müller-Wrede, Kommentar zur VOF, 4. Aufl., §3 Rn. 101.

49 *Müller-Wrede* in: Müller-Wrede, Kommentar zur VOF, 4. Aufl., §3 Rn. 102.

50 Backmann in: jurisPK-BGB, 5. Aufl. 2010, §146 BGB Rn. 56, 57.

123 Schließlich können die Voraussetzungen des Ausnahmetatbestandes nur dann Anwendung finden, wenn seit der Beendigung des ersten Auftrages mehr als drei Jahre vergangen sind.

E. Durchführung des Vergabeverfahrens von Planungsleistungen im Oberschwellenbereich nach der SektVO

124 Ist die vergebende Stelle Sektorenauftraggeber (Kap. 2 B II dieses Buches) und erreicht der Auftragswert den maßgeblichen Schwellenwert von 414.000,00 € (netto), hat die Vergabe der Planungsleistung unter Beachtung der Maßgaben der SektVO stattzufinden.

125 Unterhalb des Schwellenwerts richtet sich die Frage der Ausschreibungspflicht wiederum danach, ob den Auftraggeber haushaltsrechtliche Anforderungen zur Ausschreibungspflicht der Planungsleistung treffen.

Beispiel

Eine Gemeinde will beispielsweise als Eigenbetrieb einen Windpark ausschrieben. Planungen für die Windenergieanlagen kosten voraussichtlich ca. 300.000,00 €.
Es wäre nach den jeweiligen haushaltsrechtlichen Anforderungen des Bundeslandes, in dem die Gemeinde liegt, zu klären, ob eine Ausschreibungspflicht besteht (vgl. Kap. 4 B dieses Buches). Liegt der Auftragswert des Planungsauftrages voraussichtlich über 414.000,00 €, müsste eine Ausschreibung nach der SektVO stattfinden.

---

126 Architekten- und Ingenieurleistungen fallen in die Kategorie 12 der Anlage I – Verzeichnis der Dienstleistungen – zur SektVO. Nach § 4 Abs. 1 SektVO sind die Regelungen der SektVO auf die Vergaben uneingeschränkt anwendbar.

I. Regelvergabeart: Verhandlungsverfahren mit Bekanntmachung

127 Nach § 6 Abs. 1 SektVO hat der Auftraggeber die freie Wahl zwischen dem Offenen Verfahren, dem Nichtoffenen Verfahren mit Bekanntmachung und dem Verhandlungsverfahren mit Bekanntmachung.

128 Da Planungsleistungen regelmäßig nicht eindeutig und erschöpfend beschreibbar sind (vgl. Kap. 2 Rn. 68). Die Wahl des Offenen oder Nichtoffenen Verfahrens wird kaum in Frage kommen und geeignet sein, da eine erschöpfende Leistungsbeschreibung im Sinne des § 7 Abs. 1 SektVO regelmäßig nicht möglich ist. Das Verhandlungsverfahren mit Bekanntmachung ist daher auch nach der SektVO, wie nach der VOF, die Regelvergabeart.

II. Ausnahme: Verhandlungsverfahren ohne Bekanntmachung

129 Wie auch bei der VOF ist unter engen Voraussetzungen ein Verhandlungsverfahren ohne Bekanntmachung zulässig. Ausnahmetatbestände sind in § 6 Abs. 2 SektVO abschließend aufgezählt.

130 Die Fälle, in denen ein Verhandlungsverfahren ohne Bekanntmachung zulässig ist, entsprechen den relevanten Ausnahmetatbeständen der VOF. Auf die dortigen Erläuterungen wird verwiesen. Ausnahmsweise zulässig ist ein Verhandlungsverfahren ohne Bekanntmachung

- nach § 6 Abs. 2 Nr. 3 SektVO, weil die Leistung nur von einem bestimmten Unternehmen erbracht werden kann, wegen des Bestehens eines Ausschließlichkeitsrechts,
- nach § 6 Abs. 2 Nr. 4 SektVO, wenn die Leistung besonders dringlich ist,
- nach § 6 Abs. 2 Nr. 6 SektVO, wenn die Leistung eine zusätzliche Dienstleistung ist, die in dem ursprünglichen Entwurf noch nicht vorgesehen war, die aber wegen eines unvorhergesehenen Ergebnisses zur Ausführung des Auftrages erforderlich wird,
- nach § 6 Abs. 2 Nr. 12 SektVO, wenn die Leistung an den Gewinner eines Auslobungsverfahrens (eines Wettbewerbes) vergeben werden muss.

III. Ablauf des Vergabeverfahrens

131 Das Verhandlungsverfahren mit Bekanntmachung ist wie das VOF-Verfahren ein zweistufiges Verfahren. Unsere insoweit gemachten Ausführungen gelten entsprechend. Das Verfahren beginnt mit einer Bekanntmachung des Teilnahmewettbewerbs nach § 14 SektVO. Im Rahmen des Teilnahmewettbewerbs haben sich die Bieter hinsichtlich ihrer Eignung zu präqualifizieren. Die Eignungsanforderungen sind bekanntzumachen. Allerdings lässt § 20 SektVO dem Auftraggeber einen wesentlich weiteren Spielraum zur Festlegung der Eignungsanforderungen, als diese die VOF vorgibt.

132 § 20 SektVO bestimmt lediglich, dass der Auftraggeber die Unternehmer anhand von objektiven Kriterien auszuwählen hat, die einem interessierten Unternehmen zugänglich sein müssen.

133 Wie auch bei Verfahren nach der VOF kann sich der Bieter hinsichtlich des Nachweises der Leistungsfähigkeit anderer Unternehmer bedienen. Die Ausführungen zum VOF-Verfahren zur Zulässigkeit von Bietergemeinschaften, zur sinnvollen Auswahl und Festlegung der Eignungsanforderungen und zur Bewerberauswahl im VOF-Verfahren gelten insofern entsprechend.

134 Die hinsichtlich ihrer Eignung präqualifizierten Unternehmen fordert der Auftraggeber zur Angebotsabgabe auf. Wir nehmen insofern Bezug auf unsere nachstehenden Ausführungen unter Kap. 4, Rn. 237.

F. Durchführung des Vergabeverfahrens von Planungsleistungen im Oberschwellenbereich nach der VSVgV

Ist der zu vergebende Planungsauftrag verteidigungs- und sicherheitsrelevant im Sinne des § 99 Abs. 7 GWB, erfolgt die Vergabe durch einen öffentlichen Auftraggeber im Sinne des § 98 GWB und erreicht der voraussichtliche Auftragswert 414.000,00 € (netto) ist für die Vergabe der Planungsleistungen die VSVgV anzuwenden. 135

Sie ist uneingeschränkt anwendbar, da Planungsaufträge als Leistung von Architekten und Ingenieuren in dem Anhang I der Richtlinie 2009/81/EG fallen und sich daher die Anwendbarkeit aus § 5 Abs. 1 VSVgV ergibt. 136

I. Verhandlungsverfahren mit Teilnahmewettbewerb als Regelvergabeart

Nach § 11 Abs. 1 VSVgV erfolgt die Vergabe von Dienstleistungsaufträgen im Nichtoffenen Verfahren oder im Verhandlungsverfahren mit Teilnahmewettbewerb. 137

Da Planungsleistungen regelmäßig nicht eindeutig und erschöpfend beschreibbar sind (vgl. Kap. 2 Rn. 68), wird eine Vergabe der Leistung im Offenen oder Nichtoffenen Verfahren regelmäßig entweder nicht möglich sein oder zu keinem sachgerechten Ergebnis führen. 138

II. Ablauf des Verfahrens

1. Verhandlungsverfahren ohne Teilnahmewettbewerb

Nach § 12 VSVgV ist ein Verhandlungsverfahren ohne Teilnahmewettbewerb zulässig, wenn 139

- nach § 12 Abs. 1 Nr. 1 lit. b bb) VSVgV besondere Dringlichkeit gegeben ist,
- nach § 12 Abs. 1 Nr. 1 lit. c VSVgV der Auftrag wegen Ausschließlichkeitsrechten von einem Auftragnehmer erbracht werden kann,
- nach § 12 Abs. 1 Nr. 3 VSVgV es sich um zusätzliche Dienstleistungen handelt, die entweder in dem den Verfahren zugrundeliegenden Entwurf, noch in dem ursprünglich geschlossenen Vertrag vorgesehen waren, aber wegen eines unvorhergesehenen Ereignisses zur Ausführung erforderlich werden.

Hinsichtlich der Voraussetzungen der Ausnahmetatbestände wird auf die Ausführung zur VOF Bezug genommen. Ein Verhandlungsverfahren ohne vorhergehenden Teilnahmewettbewerb im Anschluss an ein Wettbewerbsverfahren kennt die VSVgV, anders als die VOF, nicht. 140

2. Verhandlungsverfahren mit Teilnahmewettbewerb

141 Das Verhandlungsverfahren mit Teilnahmewettbewerb ist, wie bei der VOF ein zweistufiges Verfahren. Es beginnt mit einer Bekanntmachung nach §18 VSVgV mit der Verwendung des dort genannten Formulars. In der Vergabebekanntmachung sind die Eignungskriterien für die Auswahl der Bewerber anzugeben. Hinsichtlich der näheren Maßgaben, die als Anforderung an die wirtschaftliche und finanzielle Leistungsfähigkeit, sowie an den Nachweis der fachlichen und technischen Leistungsfähigkeit gestellt werden können, wird auf die §§27 und 28 VSVgV Bezug genommen.

142 Nach Durchführung der Teilnehmerauswahl, die prinzipiell entsprechend der VOF durchzuführen ist, erfolgt die Teilnehmerauswahl. Diese ausgewählten Teilnehmer werden nach Maßgabe des §29 VSVgV zur Angebotsabgabe aufgefordert. Hinsichtlich der Durchführung des Verhandlungsverfahrens wird Bezug genommen auf die nachstehenden Ausführungen des Kap. 4 Rn. 176.

G. Planungswettbewerbe

I. Begriff des Wettbewerbs, Ziele und Arten

143 §15 Abs. 1 VOF definiert den Wettbewerb als Auslobungsverfahren, das dazu dient, dem Auftraggeber einen Plan oder eine Planung zu verschaffen, deren Auswahl durch ein Preisgericht aufgrund vergleichender Beurteilung mit oder ohne der Verteilung von Preisen erfolgt. Es handelt sich dabei also um einen Ideen-Wettstreit mit dem Ziel, dem Auftraggeber durch Beurteilung eines **Preisgerichts**, als fachlich kompetentes Gremium, eine Entscheidungshilfe für die Auswahl der bestmöglichen Leistung zu bieten.[51]

144 Bei Wettbewerben handelt es sich um eine Auslobung, im Sinne der §§ 657 ff. BGB, und zwar um ein Preisausschreiben nach § 661 BGB.[52] Aus dieser Regelung ergibt sich der zivilrechtliche Anspruch auf den Preis.

145 Die §§ 15–17 VOF geben für Durchführung von Wettbewerben den Rahmen und legen die wesentlichen Prinzipien des Wettbewerbsverfahrens fest, nämlich
- Gleichbehandlung aller Teilnehmer am Wettbewerb,
- Verpflichtung zur Definition einer eindeutigen Aufgabenstellung,
- Verpflichtung zur Festlegung angemessener Preise für die Wettbewerbsarbeiten,[53]
- die Einsetzung eines unabhängigen und kompetenten Preisgerichts,

51 Heiermann/Zeiss/Schneevogel/Hofmann, 4. Auflage, §15 VOF Rn. 4.

52 Voppel/Osenbrück/Bubert, Kommentar zur VOF, §15 VOF Rn. 8.

53 Der Wortlaut des §15 Abs. 1 VOF ist insofern irreführend, da §16 VOF einen verbindlichen Anspruch auf ein Preisgeld regelt. So auch Schneevogel/Hofmann in Juris-PK Vergaberecht, 4. Auflage, §15 VOF Rn. 4.

- die anonyme Behandlung der Wettbewerbsbeiträge, sowie
- das Auftragsversprechen.[54]

Es ist zu unterscheiden zwischen sogenannten Ideenwettbewerben und sogenannten Realisierungswettbewerb: 146

Ein **Ideenwettbewerb** dient dazu, Ideen und Vorschläge zur Lösung eines Problems zu gewinnen, ohne dass bereits Durchführung eines konkreten Projektes beschlossen ist.[55] Der Preis entspricht in diesem Fall der Festlegung, dass eine bestimmte Lösung die beste ist. Der oder die Gewinner des Wettbewerbs erhalten aber nicht unbedingt den Auftrag. 147

Im Rahmen eines **Realisierungswettbewerbs** soll dem Auslober eine planerische Lösung für ein konkretes Projekt beschafft werden. Dabei ist von zentraler Bedeutung, dass ein konkretes Planungsvorhaben besteht. Der Realisierungswettbewerb dient der Auswahl der Unternehmen, mit denen im Anschluss über die Auftragsvergabe verhandelt werden soll.[56] 148

§ 15 Abs. 2 VOF behandelt beide Verfahren als gleichwertig: Ein Ideenwettbewerb kann zur Lösung einer bestimmten Planungsaufgabe völlig unabhängig oder neben einem Verhandlungsverfahren durchgeführt werden. Der Realisierungswettbewerb dient der Klärung der Frage, mit wem Verhandlungen über den konkreten Planungsauftrag zu führen sind. 149

II. Verhältnis zur RPW 2013

Zur Vereinheitlichung der Durchführung von Planungswettbewerben hat das Bundesministerium für Verkehr, Bau und Stadtentwicklung in Zusammenarbeit mit den Bundesarchitekten-und Ingenieurkammern sowie den Ländern und den kommunalen Spitzenverbänden eine Richtlinie für Planungswettbewerben, nun vorliegend in der Fassung vom 31.1.2013-die RPW 2013 erarbeitet. 150

Ihre Anwendung ist für Bundesbehörden verbindlich vorgeschrieben. In den Ländern und insbesondere für die kommunale Beschaffung ist sie nur teilweise verbindlich vorgeschrieben. Gleichwohl ist ihre Anwendung für die Durchführung von Planungswettbewerben zu empfehlen: Die §§ 15–17 VOF geben lediglich den Rahmen für die Durchführung von Wettbewerben vor. Zahlreiche Einzelfragen sind jedoch nicht in einer hinreichenden Dichte gelöst, so dass die ergänzende Anwendung der RPW 2013 bei der Durchführung des Verfahrens eine zusätzliche Rechtssicherheit 151

54 Heiermann/Zeiss/Schneevogel/Hofmann, 4. Auflage, § 15 VOF Rn. 5.
55 Müller-Wrede, Der Architektenwettbewerb Rn. 136.
56 OLG Koblenz, Beschl. v. 16.2.2011 – 1 Verg 2/10; Voppel/Osenbrück/Bubert, Kommentar zur VOF, § 15 VOF Rn. 25.

schafft. Gemäß § 15 Abs. 2 Satz 2 VOF wird sie für die Verfahrensbeteiligten durch ihre Verwendungen in der Anwendung verbindlich.

152 Das für die Vergabe anzuwendende Regelwerk ist mit der Bekanntmachung mitzuteilen.

III. Offene und beschränkte Wettbewerbe sowie die Struktur des Verfahrens

153 Die VOF unterscheidet zwischen **offenen und beschränkten Wettbewerben**. Beim beschränkten Wettbewerb wird ein Verfahren durchgeführt, bei dem sich interessierte Dienstleistungserbringer zunächst um die Teilnahme bewerben müssen. Aus der Zahl der Bewerber wird eine vorher festgelegte Zahl von Teilnehmern ausgewählt, die dann die Möglichkeit haben, Wettbewerbsarbeiten einzureichen. Bei beschränkten Wettbewerben kommt unter dem Gesichtspunkt des Gleichbehandlungsgebots der Auswahlentscheidung eine besondere Bedeutung zu, wobei § 16 Abs. 3 VOF hierzu lediglich generalklauselartig festhält, dass bei Wettbewerben mit beschränkter Teilnehmerzahl der Auftraggeber eindeutig und nicht diskriminierende Auswahlkriterien festzulegen haben.[57] Für diese Teilnehmerauswahl können die vorstehenden Ausführungen unter Kap. 4, Rn. 164 dieses Buches entsprechend herangezogen werden.

154 Beim offenen Wettbewerb kann jeder interessierte Dienstleistungserbringer eine Wettbewerbsarbeit einrichten und dem Preisgericht zur Begutachtung stellen.

155 Sowohl für den offenen und dem nicht offenen Wettbewerb sieht die RPW 2013 eine Abwicklung des Verfahrens in 2 Phasen vor. Nach § 3 Abs. 4 RPW 2013 soll sich das Verfahren wie folgt strukturieren:

- 1. Phase:
  - die Teilnahme steht allen teilnahmeberechtigten Personen offen;
  - Beschränkung auf grundsätzliche Lösungsansätze;
  - die Teilnehmer der 2 Phasen werden nach Beurteilung der Lösungsansätze durch das Preisgericht ausgewählt.
- 2. Phase:
  - Zahl der Teilnehmer muss der Bedeutung der Wettbewerbsaufgabe angemessen sein;
  - die Besetzung des Preisgerichts bleibt unverändert.

156 Bei einem Realisierungswettbewerb schließt sich an die Entscheidung des Preisgerichts über den Gewinner/die Gewinner des Wettbewerbs eine Verhandlung mit den Gewinnern/dem Gewinner über die Auftragserteilung der weitergehenden Planungsleistungen an.

57 Voppel/Osenbrück/Bubert, Kommentar zur VOF § 15 VOF Rn. 26.

IV. Schwierigkeit der Eignungsprüfung im offenen Wettbewerb

Die Auswahl eines Teilnehmers durch das Preisgericht ersetzt nicht die Verpflichtung des Auftraggebers/Auslobers Eignung des Bieters festzustellen und zu prüfen. An einen ungeeigneten Preisträger darf eine Beauftragung nicht erfolgen.[58] Wird insoweit im Rahmen der Einleitung des Wettbewerbs die Eignung der Teilnehmer nicht geprüft und festgestellt, muss und kann diese nachgeholt werden.[59] Kann im Rahmen dieser Eignungsprüfung eine Eignung des Gewinnes nicht festgestellt werden, wäre eine Beauftragung dieses Bieters nicht möglich, obwohl er zu den Gewinnern des Wettbewerbs gehört. 157

Praxistipp !
Um sicherzustellen, dass nur geeignete Bewerber am Wettbewerb teilnehmen, erscheint das nicht offene Verfahren vorzugswürdig, in dem zunächst die Eignung der Teilnehmer festgestellt wird, und diese sodann zur Erstellung einer Wettbewerbsarbeit aufgefordert werden.

V. Preise und Anerkennungen

Hinsichtlich der Preise und Anerkennungen legt §16 Abs. 1 VOF lediglich fest, dass mit der Auslobung Preise und gegebenenfalls Anerkennung festzusetzen sind, die der Bedeutung und Schwierigkeit der Bauaufgabe, sowie dem Leistungsumfang nach der jeweils geltenden Honorarordnung angemessen sind. Preise sind Geldbeträge, welche aufgrund der Entscheidung des Preisgerichts als Auszeichnungen für Wettbewerbsarbeiten zuerkannt werden, die dem Wettbewerb unterworfene Aufgabe am besten lösen.[60] Mit Anerkennungen werden solche Wettbewerbsarbeiten bedacht, die zwar keine als solche vertretbare Gesamtlösung der Aufgabe beinhalten, aber bemerkenswerte Teilleistungen darstellen.[61] Hinsichtlich der Höhe der Preise und Anerkennungen ist die HOAI nicht zwingend vorgeschrieben, aber als Maßstab heranzuziehen. §7 Abs. 2 der RP W2 1013 sowie deren Anlage II gibt eine Empfehlung zur Ermittlung eines verbindlichen Rahmens aller Preise (Wettbewerbssumme). 158

58 OLG Düsseldorf, Beschl. v. 2.12.2009 – Verg 39/09.
59 Müller-Rede, Der Architektenwettbewerb Rn. 281.
60 Voppel/Osenbrück/Bubert, Kommentar zur VOF §16 Rn. 2.
61 Voppel/Osenbrück/Bubert, Kommentar zur VOF §16 Rn. 3.

VI. Preisgerichts

159 Die Besetzung des Preisgerichts erfolgt gemäß § 16 Abs. 4 VOF so, die Preisrichter von den Wettbewerbern unabhängig sind.[62] Ferner haben die Preisrichter qualifiziert zu sein. § 16 Abs. 4 Satz 2 VOF verlangt, dass wenn von den Teilnehmern eine bestimmte berufliche Qualifikation verlangt wird, die Mehrheit der Preisrichter über dieselbe oder eine gleichwertige Qualifikation verfügen müssen. Nach § 2 Abs. 3 RPW 2013 ist das Preisgericht unabhängige Berater des Auslobers. Die Preisrichter sollen mit ihrem Fachwissen und ihrer Erfahrung die anderen Wettbewerbsbeteiligten unterstützen und dabei insbesondere den Auslober während des gesamten Verfahrens beraten.[63] § 6 Abs. 1 RPW bestimmt, dass das Preisgericht aus Fach- und Sachpreisrichtern zu bestehen hat. **Fachpreisrichter** besitzen die fachliche Qualifikation der Teilnehmer. **Sachpreisrichter** sollen mit der Wettbewerbsaufgabe und den örtlichen Verhältnissen vertraut sein. Das Preisgericht wählt aus dem Kreis der Fachpreisrichter seinen Vorsitzenden.

160 Insbesondere bei der Ausschreibung von Architektenleistungen im Rahmen eines Wettbewerbs dürfte hinsichtlich der Personen der Preisrichter die Einholung der Empfehlung der Architektenkammer hilfreich sein.

VII. Durchführung des Wettbewerbsverfahrens

1. Bekanntmachung und Auslobung des Wettbewerbs

161 Eingeleitet wird das Wettbewerbsverfahren mit einer europaweiten Bekanntmachung gemäß § 9 Abs. 2 VOF. Hierfür ist das Standardformular „Wettbewerbsbekanntmachung" zu verwenden. Hinsichtlich der notwendigen Inhalte auf das Formblatt sowie auf die Anlage I der RPW 2013 Bezug genommen. Folgende Aspekte sind besonders beachtlich:

2. Beschreibung der Wettbewerbsaufgabe und der Beurteilungskriterien

162 Auslober müssen sich grundsätzlich im Vorfeld eines Wettbewerbs auf eine konkrete, von den Wettbewerbsteilnehmern zu lösende Aufgabe festlegen, nach § 2 Abs. 1 RPW 2013. Die Beschreibung der Wettbewerbsaufgabe ist der zentrale Bestandteil der Bekanntmachung. Gemäß § 5 Abs. 1 der RPW 2013 muss der Auslober aber dafür Sorge tragen, dass die Beschreibung der **Wettbewerbsaufgabe „klar und eindeu-**

62 Ein Angehörigkeitsverhältnis zwischen Teilnehmer und Preisrichter schadet allerdings nicht, wenn eine konkrete Wettbewerbsverzerrung nicht festgestellt wird, vgl. OLG München, Beschl. v. 11.4.2013 – Verg 2/13.

63 Müller-Wrede, Der Architektenwettbewerb, Rn. 116.

tig" erfolgt. Daher muss der Auslober sich vor der Ausschreibung des Wettbewerbs über die Zielsetzung der Aufgabe im Klaren sein und diese, sowie alle zu beachtenden Planungsvoraussetzungen in der Beschreibung der Wettbewerbsaufgabe allen Bewerbern deutlich vermitteln, so dass dadurch das erwartete Ergebnis des Wettbewerbs aus der Auslobung klar hervortritt. Dies erfolgt in der Regel durch eine detaillierte Auflistung der Wettbewerbsleistungen, die in dem im Einzelfall notwendigen Maß, Umfang und Detaillierungsgrad zu formulieren sind, um die Wettbewerbsarbeiten zu erstellen, zweifelsfrei beurteilen und untereinander vergleichen zu können.[64]

Ferner sind mit der Wettbewerbsaufgabe die **Kriterien für die Beurteilung der** 163
Wettbewerbsbeiträge der Teilnehmer durch das Preisgericht je nach Aufgabenstellung festzulegen, gemäß § 16 Abs. 5 Satz 2 VOF. Die Beurteilungskriterien sind mit den Zuschlagskriterien in einem Verhandlungsverfahren vergleichbar, nach § 11 Abs. 4 VOF.[65] Der Grundsatz der Trennung von Eignung- und Zuschlagskriterien wird insofern auch hier gelten. Bei dem Beurteilungskriterien muss es sich um solche Kriterien handeln, die leistungsbezogen sind und eine objektiv und nachprüfbare Bewertung der Arbeiten durch das Preisgericht möglich machen. Das Preisgericht ist in seiner Entscheidung und an die Beachtung der Beurteilungskriterien gebunden.[66]

3. Definition von Zulassungsvoraussetzungen

Der Auslober kann formelle Anforderungen für die Teilnahme am Wettbewerb defi- 164
nieren. Er kann darüber hinaus zusätzliche fachliche Anforderungen an die Bewerber festlegen, nach § 16 Abs. 3 VOF und § 4 Abs. 1 RPW 2013. Diese Anforderungen stellen Eignungsanforderungen dar. Der Auslober kann mithin Bewerberkriterien festlegen, wie beispielsweise die Fachkunde anhand von bereits geplanten und durchgeführten Projekten nachzuweisen.[67] Die Festlegung solcher Eignungsanforderungen führt im Ergebnis zur Durchführung eines nicht offenen Wettbewerbes (vgl. Kapitel 4C Randnummer dieses Buches)

4. Die Wettbewerbsbeiträge

Nach der erfolgten Auslobung haben die Teilnehmer die Lösung der Wettbewerbsauf- 165
gabe zu erarbeiten.

In der Bearbeitungsphase kann der Auslober die Durchführung eines Kolloqui- 166
ums vorsehen, in dem Fragen mit Wettbewerbsteilnehmern geklärt werden können. Die Durchführung eines solchen Kolloquiums ist in der Regel empfehlenswert, um

64 Müller Wrede, Der Architektenwettbewerb Rn. 169.
65 Müller-Wrede, Der Architektenwettbewerb Rn. 205.
66 Voppel/Osenbrück/Bubert, Kommentar zur VOF § 16 VOF Rn. 38.
67 Müller Wrede, Der Architektenwettbewerb, Rn. 168.

eventuelle Unklarheiten hinsichtlich der Wettbewerbsaufgabe bei den Teilnehmern zu beseitigen.

167 Bei der Behandlung der Wettbewerbsbeiträge ist der Grundsatz der Anonymität zu beachten. Hierzu gibt § 5 Abs. 3 RPW 2013 die Wettbewerbsarbeit mit einer so genannten **Verfassererklärung** zu versehen, die die Anschrift, den Namen von Beteiligten, Mitarbeitern, Sachverständigen sowie im Falle der Teilnahme von Gesellschaften oder Arbeitsgemeinschaften ein bevollmächtigten Vertreter und Verfasser nennt. Hiernach ist die **Wettbewerbsarbeit zu anonymisieren**, wobei insbesondere auf die Anlage II der RPW 2013 Bezug genommen wird, die das Anonymisierungsverfahren regelt. Nach § 5 Abs. 3 RPW 2013 sind die Wettbewerbsarbeiten mit einer Kennzahl zu versehen, verschlossen und insoweit anonymisiert einzureichen. Aus Gründen der Chancengleichheit dürfen selbstverständlich nur fristgerecht eingereichte Arbeiten eine Berücksichtigung finden.[68]

168 Mit Vorsicht ist die Regelung des § 5 Abs. 2 RPW 2013 zu genießen. Sie sieht vor, dass von jedem Teilnehmer nur **eine Wettbewerbsarbeit** abgegeben werden darf. Diese Vorgabe ist unionsrechtlich problematisch, da zumindest eine Mehrfachbeteiligung als Bieter und als Mitglied einer Bietergemeinschaft europarechtlich zulässig sein kann.[69]

5. Arbeit des Auslobers und des Preisgerichts

169 Der Auslobung des Preisgerichts haben die eingereichten Arbeiten in einer Vorprüfung zu sichten. Hiernach lässt das Preisgericht aller Arbeiten zu,
- die den formalen Bedingungen der Auslobung entsprechen,
- die als bindend bezeichneten Vorgaben der Auslobung erfüllen,
- in wesentlichen Teilen dem geforderten Leistungsumfang entsprechen,
- termingerecht eingegangen sind,
- kein Verstoß gegen den Grundsatz der Anonymität erkennen lassen (vgl. § 6 Abs. 2 RPW 2013).

170 Es erfolgt sodann die Bewertung der Arbeiten auf Grundlage der mitgeteilten Wertungskriterien. Gegebenenfalls kann sich gemäß § 6 Abs. 3 RPW 2013 eine sogenannte Überarbeitungsphase anschließen, wenn das Preisgericht dies für die in die engere Wahl gezogenen Arbeiten empfiehlt.

171 Die besten Arbeiten werden sodann vom Preisgericht prämiert. Die Arbeit des Preisgerichts ist zu protokollieren. Gemäß § 8 Abs. 1 RPW 2013 informiert der Auslober die Teilnehmer unverzüglich über das Ergebnis durch Versendung des Protokolls der Preisrichtersitzung, bei mehrfachen Wettbewerben nach jeder Phase.

68 Müller-Wrede, Der Architektenwettbewerb Rn. 181.
69 EuGH, Urt. v. 23.12.2009 – RS. C 376/08.

6. Verhandlungen mit dem Gewinner/den Gewinnern

Im Rahmen eines Realisierungswettbewerbes kann nach Abschluss des Wettbewerbs in das Verhandlungsverfahren mit den Preisträgern übergegangen werden. § 3 Abs. 4 b VOF erlaubt in diesem Fall die Durchführung des Verhandlungsverfahrens ohne Teilnahmewettbewerb. 172

Es dürfen lediglich die Gewinner/Preisträger aus dem Wettbewerb einbezogen werden.[70] 173

Für das Verhandlungsverfahren mit den Preisträgern gelten die nachfolgenden Ausführungen dieses Buches zur Durchführung des Verhandlungsverfahrens (Kapitel 4 Rn. 373). Insbesondere sind den Preisträger mit der Aufforderung zur Angebotsabgabe die Wertungskriterien mitzuteilen, auf Grundlage derer die Zuschlagsentscheidung getroffen werden soll (vgl. § 11 Abs. 5 VOF). 174

Eine echte Rechtspflicht zur Beauftragung der oder des gewinnendes Planungswettbewerbs wird sich aus § 17 Abs. 1 VOF für den Fall der Realisierung des Vorhabens ergeben.[71] Sie ergibt sich ferner aus § 8 Abs. 2 RPW 2013. Von einer Beauftragung wird insofern der Auslober bzw. Auftraggeber nur dann absehen können, wenn ein wichtiger Grund hierfür vorliegt.[72] 175

H. Das Verhandlungsverfahren

Der Struktur der vorherigen Unterkapitel folgend widmet sich das Teilkapitel zum Verhandlungsverfahren zwar im Wesentlichen den Abläufen nach der Vergabeordnung für freiberufliche Dienstleistungen. Es sollen darüber hinaus aber auch die groben Strukturen von Verfahren zur Vergabe von Planungs- und Ingenieurleistungen in der Sektorenverordnung und der Vergabeordnung für die Bereiche Verteidigung und Sicherheit zur Umsetzung der Richtlinie 2009/81/EG des Europäischen Parlaments und des Rates vom 13.07.2009 über die Koordinierung der Verfahren zur Vergabe bestimmter Bau-, Liefer- und Dienstleistungsaufträge in den Bereichen Verteidigung und Sicherheit und zur Änderung der Richtlinien 2004/17/EG und 2004/18/EG (Vergabeordnung Verteidigung und Sicherheit – VSVgV) besprochen werden. Die entsprechenden Anmerkungen sind am Ende des Kapitels zu finden. 176

70 VK Lüneburg, Beschl. v. 23.1.2012 – VgK-57/2011.
71 Voppel/Osenbrück/Bubert, Kommentar zur VOF Rn. 2.
72 Müller-Wrede, Der Architektenwettbewerb 273 ff.

I. Das Verhandlungsverfahren

177 Aufträge über freiberufliche Leistungen sind nach der Vergabeordnung für freiberufliche Dienstleistungen (VOF) im Verhandlungsverfahren zu vergeben. § 3 Abs. 1 VOF bestimmt ausdrücklich, dass Aufträge im Verhandlungsverfahren mit vorheriger öffentlicher Aufforderung zur Teilnahme (Teilnahmewettbewerb) zu vergeben sind.

178 Abweichend von den anderen Vergabeordnungen kennt die VOF die in Übereinstimmung mit der Vergabekoordinierungsrichtlinie benannten vier grundsätzlich verschiedenen Vergabearten, nämlich das offene Verfahren, das nicht-offene Verfahren und den wettbewerblichen Dialog nicht. Die VOF sieht ausschließlich das Verhandlungsverfahren vor, weshalb dem Auftragnehmer keine Wahlmöglichkeit zukommt.

179 Er kann also nicht, ohne einen Vergabeverstoß zu begehen, ein offenes oder ein nicht-offenes Verfahren durchführen.[73] Anders als in der VOL/A und der VOB/A sind Aufträge über freiberufliche Leistungen somit in der VOF zwingend im Verhandlungsverfahren zu vergeben. Ein offenes, oder nicht-offenes Verfahren, bei denen Verhandlungen zwischen den Bietern und dem Auftraggeber weitestgehend untersagt sind, kennt die VOF nicht.

! **Fettnapf**

Anwendung des wettbewerblichen Dialogs?

Anders als in der VOB/A und der VOL/A findet sich in der VOF weder eine Regelung noch eine Bezugnahme für die (durch Art. 29 VKR) neu eingeführte Verfahrensart des wettbewerblichen Dialogs.

Gab § 6 a VgV a. F. den staatlichen Auftraggebern noch die Möglichkeit, die Vergabe von Liefer-, Dienstleistungs- und Bauaufträgen mittels eines wettbewerblichen Dialogs durchzuführen, der aufgrund der Normenhierarchie trotz Nichtregelung in der VOF zulässig war, ist der wettbewerbliche Dialog als Verfahren in der VOF nicht mehr zulässig, da mit der Neufassung der VgV § 6 a VgV a. F. ersatzlos entfallen ist.

Damit stellt auch der wettbewerbliche Dialog im Rahmen der VOF die falsche Verfahrensart dar und bedeutet einen schweren Vergabeverstoß.

---

180 Aufgrund der Tatsache, dass das Verhandlungsverfahren mit vorheriger öffentlicher Aufforderung zur Teilnahme das Regelverfahren in der VOF darstellt, ist die Wahl des Verhandlungsverfahrens im Gegensatz zu den übrigen Vergabe- und Vertragsordnungen (VOB/A und VOL/A) nicht begründungspflichtig. Die Begründung der Verfahrenswahl ergibt sich mit der Wahl der VOF als Verfahrensordnung. In der SektVO steht den Auftraggebern ein Wahlrecht zu.

! **Praxistipp**

Begründung der Wahl der VOF als Vergabeordnung: Nicht maßgeblich für die Bestimmung des Geltungsbereichs der VOF ist der in Anlage I der VgV (vgl. auch Anhang I. der VOF) aufgeführte Katalog

---

73 Vgl. OLG Hamburg, Beschl. v. 24.9.2010 – 1 Verg 2/10.

von Dienstleistungen. Soweit es das Kriterium der Freiberuflichkeit betrifft, darf der Katalog mithin nicht dazu verführen, die dort angegebenen Leistungen ohne weiteres der VOF zuzuordnen. Denn dieser Katalog beschreibt lediglich Dienstleistungen im Sinne der Vergabekoordinierungsrichtlinie in Abgrenzung zu Bauleistungen und Lieferleistungen, und ist – siehe dort Anhang II – wortgleich in VOF und VOL/A.

Anders als im offenen oder nicht-offenen Verfahren, bei denen Verhandlungen zwi- 181
schen den Bietern und dem Auftraggeber weitestgehend untersagt sind, liegt der Kern des Verhandlungsverfahrens gerade darin, über die Einzelheiten des zu vergebenen Auftrags und die damit im Zusammenhang stehenden Preise zu „verhandeln".

Es gibt im Verhandlungsverfahren daher entgegen einer in der Praxis häufig 182
leider anzutreffenden Meinung kein Verbot, auch über Preisbestandteile zu verhandeln und diese zu ändern, solange keine zwingenden preisrechtlichen Vorgaben der einschlägigen Honorarordnung entgegenstehen. Inhaltliche Gespräche zwischen Auftraggeber und Bieter sind – im Gegenteil – oftmals erwünscht und notwendig, um die freiberuflichen Leistungen dem gewünschten späteren Vertragsinhalt anpassen zu können.

II. Rechtsrahmen

Der Rechtsrahmen, in dem das Verhandlungsverfahren abzubilden ist, bestimmt sich 183
im Wesentlichen anhand der Regelungen der VOF. Aber eben nicht nur. Der öffentliche Auftraggeber darf selbstverständlich kein Unternehmen diskriminieren und hat die Teilnehmer an einem Vergabeverfahren gleich zu behandeln. Hierbei gilt allerdings die Ausnahme, dass eine Benachteiligung gestattet ist, so lange sie aufgrund des vierten Teils des Gesetzes gegen Wettbewerbsbeschränkungen (GWB) ausdrücklich geboten oder gestattet ist.

Das GWB spielt dabei wegen des im deutschen Vergaberechts geltenden Kaska- 184
denprinzips bei der Vergabe von öffentlichen Aufträgen eine herausragende Rolle. Es stellt die grundlegende Rechtsquelle für alle Verfahrensarten dar.

Denn es ist Rechtsgrundlage der Vergabeverordnung (VgV), die ihrerseits wiede- 185
rum auf die Vergabe- und Vertragsordnungen (VOB/A, VOL/A sowie auf die VOF) verweist und diesen dadurch rechtliche Verbindlichkeit verleiht. Durch die Verabschiedung der Sektorenverordnung (SektVO) im Zuge der Vergaberechtsreform 2009 wurde dieses System „abfallender" Verweise allerdings erstmals durchbrochen, indem die SektVO selbst als Rechtsverordnung auf der Grundlage des GWB erlassen wurde und insoweit der VgV (rechtlich) gleichgeordnet ist. Auch ohne den Hebel der VgV sind öffentliche Auftraggeber damit an die SektVO gebunden.

Auch wenn § 101 Abs. 5 GWB das Verhandlungsverfahren behandelt, kann dies 186
nicht darüber hinwegtäuschen, dass das Verhandlungsverfahren mit und ohne Teilnahmewettbewerb im Wesentlichen durch die vergaberechtliche Entscheidungspra-

xis ausgestaltet worden ist. Die Definition des Verhandlungsverfahrens im GWB ist daher für die inhaltliche Ausgestaltung eines rechtssicheren Verhandlungsverfahrens nichtssagend.

187 Sie besagt allein, dass sich im Verhandlungsverfahren ein Auftraggeber mit oder ohne vorherige öffentliche Aufforderung zur Teilnahme an ausgewählte Unternehmen wendet, um mit einem oder mehreren über die Auftragsbedingungen zu verhandeln.

188 Glücklicherweise geht die Regelungstiefe der VOF darüber hinaus. Sie sieht bspw. vor, dass das Verhandlungsverfahren in verschiedenen aufeinanderfolgenden Phasen abgewickelt werden kann, um so die Zahl der Angebote, über die verhandelt wird, anhand der in der Bekanntmachung oder in den Vergabeunterlagen angegebenen Zuschlagskriterien (sukzessiv) zu verringern.

189 Wesentliche Ausgestaltungen des Verhandlungsverfahrens selbst finden sich insbesondere in § 11 der VOF, der die Aufforderung zur Verhandlung und damit den Beginn des Verhandlungsverfahrens im engeren Sinne (Angebotsabgabe) bezeichnet. Schließlich startet das Verhandlungsverfahren erst nach Auswahl der Bieter anhand ihres Teilnahmeantrags. Erst wenn aus Bewerbern Bieter werden, befinden wir uns damit im Verhandlungsverfahren im engeren Sinne. In der 2. Stufe des VOF-Verfahrens fordert der Auftraggeber die ausgewählten Bieter daher zur Teilnahme am Verhandlungsverfahren auf.

190 Der wesentliche Rechtsrahmen eines Verhandlungsverfahrens bestimmt sich allerdings – wie in den übrigen Vergabe- und Vertragsordnungen auch – anhand der Kernbotschaften des Vergaberechts, die als Grundsätze in § 97 GWB niedergeschrieben sind. Ein Angebot, das von denen vom Auftraggeber vorgegebenen Angebotsbedingungen abweicht, muss daher selbstverständlich auch im VOF-Verhandlungsverfahren zur Wahrung des Gleichbehandlungsgebots gemäß § 97 Abs. 2 GWB von der Wertung ausgeschlossen werden.[74]

Beispiel

Alle gleich oder manche gleicher?

Der Auftraggeber schrieb Generalplanerleistungen für den Bau einer Umgehungsstraße im Verhandlungsverfahren mit vorhergehendem öffentlichen Teilnahmewettbewerb der VOF europaweit aus. In den Vergabeunterlagen machte er detaillierte Vorgaben zu Form und Inhalt der Angebote. Er gab beispielsweise vor, dass bei der Präsentation „die mit den Angebotsunterlagen eingereichten Präsentationsfolien zu verwenden sind."

Nachdem ein Bieter in der Präsentation mit geänderten Folien aufwartete, schloss der Auftraggeber den Bieter „aus formalen Gründen wegen der Verwendung abweichender Präsentationsfolien" vom weiteren Vergabeverfahren aus. Der ausgeschlossene Bieter rügte daraufhin seinen Ausschluss mit dem Argument, dass ein solcher Ausschlussgrund in der VOF nicht geregelt sei.

Zu recht?

74 Vgl. OLG Frankfurt a. M., Beschl. v. 5.3.2014 – 11 Verg 2/14.

Das OLG Frankfurt stellte ausdrücklich klar, dass der Auftraggeber bei der Entscheidung über Gestaltung, Zeitpunkt und Ablauf der Verhandlungsgespräche unter Berücksichtigung der allgemeinen Grundsätze der Gleichbehandlung und Transparenz weitgehend frei sei.
Legt sich ein Auftraggeber in den Vergabebedingungen jedoch fest und macht ausdrückliche Vorgaben, sind diese als formale Bedingungen von allen Bietern strikt einzuhalten. Das Gleichbehandlungsgebot gemäß § 97 Abs. 2 GWB beansprucht folglich auch im Verhandlungsverfahren volle Geltung, weshalb ein Bieter, der sich unter Verstoß gegen die Vergabebedingungen Wettbewerbsvorteile verschaffen will, zwingend vom weiteren Vergabeverfahren auszuschließen ist.
Öffentliche Auftraggeber sind daher gehalten, verfahrensleitende Vorgaben stets vorab auf ihre Praxistauglichkeit hin zu prüfen. Des Häufigeren mussten aussichtsreiche und wirtschaftliche Angebote bereits aufgrund formeller Unachtsamkeiten zwingend aus dem Verhandlungsverfahren ausgeschlossen werden.

---

§ 97 GWB fasst die wesentlichen Grundsätze und damit auch den Rechtsrahmen eines Verhandlungsverfahrens nach VOF zusammen, auch wenn sich Detailregelungen in den Vergabeordnungen finden. Überragende Bedeutung kommt den drei – das gesamte Vergaberecht tragenden – Grundprinzipien Wettbewerbsgrundsatz, Transparenzgebot und Diskriminierungsverbot zu. 191

Aus diesen drei tragenden Grundprinzipien entwickelt die vergaberechtliche Rechtsprechung Verletzungen des Bieters in seinen subjektiven Rechten. Zu den allgemeinen Grundsätzen der Vergabe zählt selbstverständlich auch die Festlegung der unternehmensbezogenen Vergabekriterien auf die Merkmale Fachkunde, Leistungsfähigkeit und Zuverlässigkeit sowie die Vorgabe, dass der Zuschlag auf das wirtschaftlichste Angebot zu erteilen ist. 192

Die öffentliche Hand ist bei der Ermittlung des wirtschaftlichsten Angebots auf eine möglichst ungestörte Preisbildung am Markt angewiesen. Der Wettbewerbsgrundsatz soll als das tragende Prinzip bei der Beschaffungstätigkeit Wettbewerbsverfälschung oder wettbewerbswidrige Vergabepraktiken unterbinden. 193

Beispiel
Gegen das Wettbewerbsprinzip verstößt beispielsweise, wenn
– mind. 2 potenzielle Konkurrenten Angebotspreise oder sonstige Wettbewerbselemente abstimmen (können),
– ein Bieter an der Ausschreibung teilnimmt, dem (ganz oder teilweise) das Angebot oder zumindest die Angebotsgrundlagen eines Mitbewerbers bekannt sind,
– der Auftraggeber überzogene und damit abschreckend wirkende Anforderungen an potenzielle Interessenten stellt,
– der erfolgreiche Bieter verpflichtet wird, eine ihn nicht treffende Schuld zu übernehmen,
– von der an sich möglichen Losvergabe abgesehen wird, obwohl eine Teilleistung aus patentrechtlichen Gründen nur von einem Bieter erbracht werden kann, der dann zwangsläufig auch als einziger zur Erbringung der ausgeschriebenen Gesamtleistung in der Lage ist.[75]

---

75 *Summa* in: juris PK-VergR, § 97 GWB Rn. 61.

194 Das Verhandlungsverfahren stellt in sich einen dynamischen Prozess dar, in dem sich durch Verhandlungen sowohl auf Nachfrage- als auch auf Angebotsseite Veränderungen ergeben können.

195 Auftraggeber und potentielle Auftragnehmer haben daher die Möglichkeit, den Auftragsinhalt und die Auftragsbedingungen solange zu besprechen, bis allen Beteiligten die Leistung und die Bedingung, zu der die Leistung erbracht werden soll, klar ist.

196 Ziel der Verhandlungen ist es daher, einen eindeutigen und hinreichend bestimmten Vertrag – ohne ungewöhnliche Wagnisse – abzuschließen, weshalb schließlich die Leistung für die Bieter vor Abgabe ihres letztverbindlichen Angebotes eindeutig und erschöpfend beschrieben sein muss, der Preis bestimmt werden muss und klar zu definieren ist, zu welchen Konditionen der Auftragnehmer zu liefern hat.

III. Der Umgang mit Projektanten

197 In der Praxis kommt es häufig vor, dass Bewerber oder Bieter vor Einleitung des Vergabeverfahrens den Auftraggeber beraten oder in sonstiger Weise unterstützt haben. In solchen Fällen schreibt § 4 Abs. 4 VOF vor, dass die Auftraggeber sicherzustellen haben, dass der Wettbewerb durch die Teilnahme solcher Bewerber oder Bieter nicht verfälscht wird.

198 Haben Bewerber oder Bieter vor Einleitung des Vergabeverfahrens Auftraggeber beraten oder sonst wie unterstützt, stellt dies allerdings keinen zwingenden bzw. „automatischen“ Ausschlussgrund dar. Vielmehr hat der Auftraggeber sicherzustellen, dass der Wettbewerb durch die Teilnahme dieser Bewerber oder Bieter nicht verfälscht wird.

199 Als **vorbefasster Bewerber** oder Bieter ist indes anzusehen, wer im Vorfeld eines Vergabeverfahrens für den Auftraggeber Leistungen erbracht hat, etwa eine Machbarkeitsstudie, ein Vorentwurf oder die Aufgabebeschreibung. Hierbei ist insbesondere zu berücksichtigen, dass öffentliche Auftraggeber oftmals ohne solche Vorentwürfe oder Machbarkeitsstudien schlichtweg den Umfang der sich anschließenden Beauftragung nicht rechtssicher prognostizieren können. Auch fehlt in vielen öffentlichen Verwaltungen aufgrund des jahrzehntelangen Stellenabbaus schlicht und ergreifend das Fachwissen zur Erbringung von derartigen Leistungen. Die sog. **Projektantenproblematik** ist daher in der Praxis häufig vertreten und bereitet den öffentlichen Auftraggebern zunehmend Schwierigkeiten.

200 Denn das in § 4 Abs. 5 VOF zum Ausdruck kommende Recht des vorbefassten Bieters, nicht ohne Anlass vom Verfahren ausgeschlossen zu werden, zwingt den öffentlichen Auftraggeber zu einem aktiven Handeln im Hinblick auf die gebotene Transparenz und Gleichbehandlung der übrigen Bieter.

Fettnapf

Einsichtnahme in Vorarbeiten nicht ausreichend!

Es genügt im Hinblick auf die gebotene Transparenz und Gleichbehandlung aller Bewerber und Bieter nicht mehr, wenn der öffentliche Auftraggeber in der Bekanntmachung lediglich die Möglichkeit der Einsichtnahme der „Vorarbeiten" mitteilt.

Um an dieser Stelle das Vergabeverfahren möglichst rechtssicher zu gestalten, sollte der öffentliche Auftraggeber nicht nur die dem Projektanten übermittelten Informationen zur Verfügung stellen, sondern auch und insbesondere die Arbeitsergebnisse des vorbefassten Bieters den anderen Bietern aktiv übergeben, damit diese bei Angebotserstellung in gleichem Maße darauf zurückgreifen können wie der vorbefasste Bieter selbst.

Das Problem der Beteiligung eines Projektanten am Vergabeverfahren besteht insbesondere darin, dass der Projektant aufgrund seiner Vorarbeiten einen Informations- bzw. Wissensvorsprung gegenüber den anderen Bewerbern bzw. Bietern besitzt. Durch seine bessere Kenntnis über den vorgesehenen Auftrag kann er (theoretisch) ein detaillierteres Angebot erstellen und zielgenauer kalkulieren. Schließlich kennt er die Anforderungen der Leistungs- bzw. Aufgabenbeschreibung und kann sie besser interpretieren bzw. Lücken passgenauer ausfüllen als dies anderen Bewerbern möglich ist. 201

Unter „beraten" und „sonst unterstützen" versteht die VOF sämtliche Leistungen, die einen Bezug zu dem später eingeleiteten Vergabeverfahren und seiner Ausgestaltung sowie zum Auftragsgegenstand haben. Der Begriff ist also weitgehend. Gerade unter die als Auffangtatbestand konzipierte Formulierung „sonst unterstützt" fällt neben Machbarkeitsstudien auch das Erstellen von Vorplanungen und Bauvoranfragen. Bereits die Gestaltung der Vergabeunterlagen oder der Aufgabenbeschreibung sowohl in rechtlicher wie in fachlicher Hinsicht unterfallen diesem Tatbestandsmerkmal. 202

Auftraggeber sollten daher Vorsicht walten lassen, wie sie mit der Teilnahme von Projektanten am Vergabeverfahren umgehen. Mit der Neufassung der VOF ist der öffentliche Auftraggeber nämlich – ausgehend von der europarechtlichen Rechtsprechung[76] – aktiv in die Pflicht genommen, sicherzustellen, dass vorbefasste Bewerber oder Bieter am Vergabeverfahren teilnehmen können. Gleichzeitig hat der Auftraggeber aber auch dafür Sorge zu tragen, dass der Wettbewerb durch die Teilnahme solcher Bewerber oder Bieter nicht verfälscht wird. Ein mitunter schwieriger Spagat. 203

Fettnapf

Ausschluss von Projektanten

Ein klarer Vergabeverstoß liegt allerdings darin, wenn öffentliche Auftraggeber vorbefasste Bieter „automatisch" ausschließen.

76 Vgl. EuGH, Urt. v. 3.3.2005 – Rs. C-34/03 – „Fabricom".

Bewerber oder Bieter, die den Auftraggeber vor Einleitung des Vergabeverfahrens beraten oder sonst unterstützt haben, dürfen nämlich nur als *ultima ratio* und damit als letztes Mittel zur Einhaltung eines wettbewerblichen diskriminierungsfreien und transparenten Vergabeverfahrens vom weiteren Verfahren ausgeschlossen werden. Andernfalls begeht der Auftraggeber einen schwerwiegenden Vergabeverstoß, der zur Anfechtung des gesamten Verfahrens führen kann.

---

204 Erkennt der Auftraggeber daher die Gefahr, dass ein diskriminierungsfreier Wettbewerb zwischen dem vorbefassten Bewerber und anderen Bewerbern nicht gesichert ist, hat er die Pflicht, Maßnahmen zu ergreifen, um einen einwandfreien Wettbewerb auch bei Teilnahme des Projektanten zu gewährleisten.

205 Welche Maßnahmen der öffentliche Auftraggeber hierbei ergreift, ist ihm freigestellt.

206 Er ist an keinerlei Vorgabe gebunden, wie solche Maßnahmen auszusehen haben. Allein entscheidend ist in dieser Hinsicht die Effektivität der Maßnahme. Ergreift der öffentliche Auftraggeber aber Maßnahmen zur Nivellierung der Wissens- und/oder Informationsvorsprünge des vorbefassten Bieters, ist er dabei selbstverständlich an den Gleichheitsgrundsatz und das Wettbewerbsprinzip gebunden.

207 Der Wissensvorsprung kann dabei in unterschiedlicher Art und Weise nivelliert werden. Neben der reinen Zurverfügungstellung der Unterlagen, die die Ergebnisse der Beratungs- oder Unterstützungshandlung enthalten, kann es angezeigt sein, den anderen Bietern gleichfalls die den Ergebnissen zugrunde liegenden Ausarbeitungen zur Verfügung zu stellen. Hierbei geraten öffentlichen Auftraggeber oftmals mit Urheber- und Datenschutzgesetzen in Konflikt.

208 Ob das Angebot reicht, die Unterlagen beim Auftraggeber oder einer von ihm benannten Stelle zur Einsicht auszulegen, muss sich an der Komplexität des Vergabeverfahrens im Einzelfall orientieren. Je komplexer die Verhältnisse des Verfahrens sind, umso erforderlicher ist es, die im Rahmen der früheren Befassung erarbeiteten Ergebnisse nicht nur zur Ansicht auszulegen, sondern den Wettbewerbern zur weiteren Bearbeitung zu überlassen.

! **Praxistipp**

Einsichtnahme ja, aber wie?

Legt ein öffentlicher Auftraggeber die Unterlagen lediglich zur Einsichtnahme aus, ist es ratsam, die Einsichtnahme durch Beaufsichtigung zu flankieren.

Einsichtnahme bedeutet nämlich gerade nicht die Überlassung der Unterlagen. Der Auftraggeber kann daher in geeigneten Fällen vorschreiben, dass keine Ablichtungen, d. h. Fotokopien und Fotos (Handykamera etc.) von den ausgelegten Unterlagen gemacht werden. Dies kann insbesondere bei Urheberrechtsverstößen notwendig werden.

---

209 In der Praxis hat sich darüber hinaus bewährt, den Wissens- und Wettbewerbsvorteil nicht nur im Hinblick auf einen Informationsvorsprung auszugleichen, sondern auch einen Ausgleich in zeitlicher Hinsicht zu schaffen, um den Vorsprung des Projektanten weitestgehend zu neutralisieren.

Auch hier gilt: Je nach Umfang der relevanten von den Bietern durchzuarbeitenden Unterlagen ist ein angemessener Zeitraum zur Verfügung zu stellen. 210

Auch wenn §4 Abs. 5 VOF keine dezidierte Regelung für den Fall trifft, dass der Auftraggeber eine Verfälschung des Wettbewerbs bei Beteiligung eines vorbefassten Bieters nicht verhindern kann, ergibt sich allein aus den vergaberechtlichen Grundsätzen, dass der Projektant in diesem Fall vom Vergabeverfahren ausgeschlossen werden muss. 211

Zwar ist der Ausschluss als *ultima ratio* nur zulässig, wenn andere Maßnahmen nicht zum Erfolg führen. Unzutreffend ist aber die teilweise in der Praxis anzutreffende Ansicht, ein Ausschluss des Projektanten käme mangels Rechtsgrundlage nicht in Betracht. Einem vorbefassten Bieter ist allerdings vor dem Ausschluss selbstverständlich Gelegenheit zu geben, darzulegen, dass seine Beteiligung keine Verfälschung des Wettbewerbs mit sich bringt. Auch wenn die bloße Nichtgewährung von rechtlichem Gehör vor einer solchen Entscheidung für sich genommen allein nicht durch die Nachprüfungsinstanzen sanktioniert werden dürfte, bietet sich ein entsprechendes rechtliches Gehör vor dem Ausschluss an. 212

IV. Doppelmandate

Im Umgang mit vorbefassten Personen stellt sich eine weitere mit dem Gleichbehandlungsgebot im Zusammenhang stehende Problematik: Die Teilnahme von Personen an der Vergabeentscheidung, die ein sog. Doppelmandat innehaben. Das heißt, dass sie zugleich bei einem der Bewerber oder Bieter eine Funktion bekleiden und zugleich auf die Vergabeentscheidung des öffentlichen Auftraggebers Einfluss haben. Allein die Gefahr, dass eine solche Person mit **Doppelmandat** ihren möglichen Einfluss innerhalb der Vergabegremien zugunsten des mit ihr verbundenen Bewerbers/Bieters geltend macht und auf diese Weise diesen gegenüber anderen Wettbewerbern bevorzugt, stellt nach Ansicht der obergerichtlichen Rechtsprechung einen Vergabeverstoß dar. 213

Um eine solche Diskriminierung zu verhindern, wurde §16 VgV geschaffen. §16 Abs. 1 VgV verbietet es öffentlichen Auftraggebern, während eines laufenden Vergabeverfahrens bestimmte Personen, die in einem Näheverhältnis sowohl zum Auftraggeber als auch zu einem Bewerber oder Bieter stehen, am Vergabeverfahren mitwirken zu lassen. Im Falle eines Verhandlungsverfahrens beginnt dieses Mitwirkungsverbot – im Gegensatz zum offenen und nicht-offenen Verfahren nach allgemeiner Auffassung bereits dann, wenn eine dem Auftraggeber zuzurechnende Person in einem relevanten Näheverhältnis zu einem Bewerber steht, der für die Teilnahme am Verfahren ernsthaft in Betracht kommt. 214

! **Praxistipp**

Zeitpunkt des Mitwirkungsverbots

Beim Verfahren ohne Teilnahmewettbewerb beginnt das Mitwirkungsverbot somit in dem Zeitpunkt, in dem der Bewerber bekannt ist. Im Falle eines Verhandlungsverfahrens mit öffentlichem Teilnahmewettbewerb setzt das Mitwirkungsverbot üblicherweise erst mit dem Eingang der Teilnahmeanträge ein.

215 Zwischen den Fällen des § 16 Abs. 1 Nr. 1 und 2 VgV und der Aufzählung in Nr. 3 besteht allerdings ein sehr praxisrelevanter Unterschied. Folgt aus der jeweils beschriebenen Stellung in den Nummern 1 und 2 die unwiderlegliche Vermutung der Voreingenommenheit, ist die Vermutung in den Fällen der Nr. 3 widerleglich.

216 Diese Widerlegung ist erfolgreich, wenn entweder kein Interessenkonflikt besteht oder sich die Tätigkeit nicht auf die Entscheidungen im Vergabeverfahren auswirken (kann). Es ist jedoch Sache des Auftraggebers, die Vermutung zu widerlegen.

217 Wird allerdings gegen das Mitwirkungsverbot des § 16 VgV verstoßen, verletzt dies die Rechte der anderen Bewerber. Die Entscheidung, die unter Verstoß gegen das Mitwirkungsverbot getroffen worden sind, sind daher rechtswidrig.

! **Praxistipp**

Dokumentation und Heilung!

Die Rechtswidrigkeit einer unter Mitwirkung einer ausgeschlossenen Person durchgeführten Maßnahme kann allerdings grundsätzlich nachträglich geheilt werden, indem die betreffende Entscheidung erneut, diesmal aber ohne Mitwirkung der ausgeschlossenen Person geprüft und getroffen wird. Sofern die Vermutung widerlegbar ist, muss der Auftraggeber dies in der Vergabeakte dokumentieren.

V. Planungsleistungen in der Angebotsphase

218 Welches VOF-Vergabeverfahren für den öffentlichen Auftraggeber das Geeignete ist, entscheidet sich oftmals an der Frage, ob Planungsleistungen in der Angebotsphase vom Auftraggeber gewünscht sind oder nicht. Die VOF unterscheidet insofern zwischen Vergabeverfahren ohne Planung und Vergabeverfahren mit Planung.

219 Im erstgenannten Fall fußt die Vergabeentscheidung des Auftraggebers dann allerdings allein auf einer Prognose über die Leistungserbringung. Entscheidet sich der öffentliche Auftraggeber hingegen für ein VOF-Vergabeverfahren mit Planungsleistungen (Verhandlungsverfahren mit Lösungsvorschlägen nach Teilnahmewettbewerb, nicht-offener Planungswettbewerb während Verhandlungsverfahren oder offener Planungswettbewerb vor Verhandlungsverfahren) fußt seine Vergabeentscheidung nicht mehr nur allein auf einer Prognose, sondern zusätzlich auf Planungsansätzen für die anstehende Aufgabe. Der Auftraggeber kann seine Vergabeentscheidung auf diese Weise doppelt absichern.

220 Im Unterschied zu einem Verhandlungsverfahren mit Lösungsvorschlägen nach Teilnahmewettbewerb kann der Auftraggeber aber auch in einen nicht offenen Pla-

nungswettbewerb während des Verhandlungsverfahrens oder einen offenen Planungswettbewerb vor einem Verhandlungsverfahren eintreten.

221 In beiden Fällen erhält der Auftraggeber Lösungsvorschläge für die anstehende Aufgabe, deren Qualität bei allen abgefragten Aspekten durch die unterschiedlichen Konkurrenzvorschläge optimiert werden kann. Auf diese Weise erhält der Auftraggeber mit dem Ergebnis des Planungswettbewerbs über die bereits gesammelten Informationen eine weitreichende Entscheidungsgrundlage und kann auf diese Weise seine Vergabeentscheidung dreifach absichern.

222 Die denkbar größte Auswahl eröffnet sich einem Auftraggeber bei einem offenen Planungswettbewerb, da der Planungswettbewerb ohne Zusatzbeschränkung ausgestaltet ist und auf diese Weise das gesamte denkbare Potential an Qualität und Kompetenz abgefragt wird. Demgegenüber beschränkt ein nicht-offener Planungswettbewerb die Auswahl der Teilnehmer am Wettbewerb entweder auf der Basis historischer Leistungen oder nach den RPW auf Basis von Referenzprojekten.

223 Die nachfolgende Übersicht verdeutlicht die unterschiedlichen Möglichkeiten der Gestaltung eines Vergabeverfahrens nach der VOF mit und ohne Planungsleistungen in der Angebotsphase.

Tab. 1: Synopse der Verfahrensmöglichkeiten

VOF-Vergabeverfahren **ohne Planung**	**VOF-Vergabeverfahren** **mit Planung** während des Verhandlungsverfahrens	**VOF-Vergabeverfahren** **mit Planung** während des Verhandlungsverfahrens	**VOF-Vergabeverfahren** **mit Planung** vor dem Verhandlungsverfahren
Teilnahmewettbewerb gemäß VOF	**Teilnahmewettbewerb** gemäß VOF	**Teilnahmewettbewerb** gemäß VOF oder RPW	
Ausschlusskriterien	Ausschlusskriterien	Ausschlusskriterien	
Auswahlkriterien	Auswahlkriterien	Auswahlkriterien	
	Lösungsvorschläge gem. HOAI § 20 (3) VOF	**nicht-offener Planungswettbewerb** §§ 15 ff. + 20 (2) VOF	**offener Planungswettbewerb** §§ 15 ff. + 20 (2) VOF
	kein Preisgericht	Beurteilungskriterien	Beurteilungskriterien
Verhandlungsverfahren § 11 VOF + § 20 VOF	**Verhandlungsverfahren** § 11 VOF + § 20 VOF	**Verhandlungsverfahren** § 11 VOF + § 20 VOF	**Verhandlungsverfahren** § 11 VOF + § 20 VOF
Auftragskriterien	Auftragskriterien	Auftragskriterien	Auftragskriterien

224 Planungsleistungen in der Angebotsphase sind jedoch nur solche Unterlagen, die über die Ausarbeitung der Bewerbungs- und Angebotsunterlagen deutlich hinausgehen. Die eingereichten Planungsleistungen müssen daher nicht nur der Ergänzung oder Erläuterung der Bewerbungsunterlagen bzw. eines Angebot dienen, sondern selbständige und in sich geschlossene Leistungen darstellen.

225 Die Unterscheidung zwischen dem, was in quantitativer und qualitativer Hinsicht im Rahmen einer ordnungsgemäßen Erstellung eines Angebotes in einem VOF-Vergabeverfahren erwartet werden kann in Abgrenzung zu der Erstellung von Unterlagen, die an sich in den Aufgabenbereich des Auftraggebers fallen, ist entscheidende Grundlage für die Kostenerstattungspflicht durch den öffentlichen Auftraggeber und stets im Einzelfall zu prüfen.

226 Den Bietern müssen im Rahmen der Vergabeverhandlungen daher Planungsaufgaben abverlangt werden, die über die bloße Angebotsabgabe hinausgehende Leistungen beinhalten, quasi eine partielle Vorwegnahme der ausgeschriebenen Leistung mit sich bringen. Dies kann aber der Fall sein, wenn der Auftraggeber Lösungsvorschläge fordert. Allein die Modifizierung oder Aktualisierung eines Angebots auf Anforderung des Auftraggebers genügt dem aber nicht.[77]

227 Ob es sich bei den abgeforderten Leistungen im Rahmen eines Vergabeverfahrens um Planungsleistungen in der Angebotsphase handelt, ist allerdings im jeweiligen Einzelfall zu bewerten. Die Rechtsprechung zieht hier die Grenze nicht trennscharf auf, sondern stellt lediglich fest, dass die Ausarbeitung von Bewerbungsunterlagen im Rahmen eines öffentlichen Planungswettbewerbs für sich genommen noch keine echte Leistung des Bewerbers mit einem rechtlich und tatsächlich bewertbaren Vergütungswert darstellt. Nicht die Qualität von Planungsleistungen soll daher die projektbezogene Präsentation des Angebots[78] sowie die Abfrage von Konzeptideen haben.

VI. Honorierung von Planungsleistungen in der Angebotsphase

228 Ob Planungsleistungen in der Angebotsphase durch den öffentlichen Auftraggeber nach der HOAI honoriert werden müssen, ist abhängig von der durch den Auftraggeber im Vergabeverfahren abgefragten Leistung.

229 Fordern öffentliche Auftraggeber eine Ausarbeitung von Lösungsvorschlägen für eine gestellte Planungsaufgabe im Rahmen eines Planungswettbewerbs, erhalten die Bieter die Honorierung für den damit verbundenen erheblichen Aufwand mittels der ausgelobten Preise.

77 Vgl. OLG Koblenz, Urt. v. 10.12.2013 – 8 U 1341/12.

78 Vgl. VK Südbayern, Beschl. v. 25.3.2013 – Z3-3-3194-1-06-03/13.

Diese wiederum richten sich nach den Vorgaben der VOF und haben sich an der 230
Bedeutung und Schwierigkeit der Bauaufgabe sowie dem Leistungsumfang nach der jeweils geltenden Honorarordnung zu orientieren. Dabei stellt der Verweis auf die „Bauaufgabe" offenbar einen redaktionellen Fehler dar, der auf die Herkunft dieser Regelung aus § 25 VOF 2006 und damit dem Anwendungsbereich der Planungswettbewerbe verweist. Die §§ 15 ff. VOF differenzieren hingegen ersichtlich nicht zwischen Planungs- und sonstigen Wettbewerben, so dass davon auszugehen ist, dass an die Stelle der „Bauaufgabe" die jeweilige „Wettbewerbsaufgabe" zu treten hat. Andernfalls ergäbe der Verweis auf die „jeweils geltende Honorarordnung" keinen Sinn, da man ansonsten allein auf die HOAI (als für Planungswettbewerbe anwendbare Honorarordnung) hätte verweisen können.

Damit kommt es vor allem auf Qualität und Quantität der gestellten Aufgabe an. In 231
der Praxis kann diese Formel allerdings nur in den wenigsten Fällen zur Berechnung der Höhe der Preise und Anerkennungen Verwendung finden. Aus diesem Grund vertiefen die Richtlinien für Planungswettbewerbe in der Fassung vom 31.01.2013 (RPW 2013) die Vorgaben zur Prämierung.

Die Honorierung von Planungsleistungen im Rahmen eines Wettbewerbs nach 232
Kapitel 2 der VOF hat zwar seine eigenen Tücken, der öffentliche Auftraggeber ist aber unmissverständlich verpflichtet, die erbrachten Planungsleistungen entsprechend den Vorgaben zu vergüten. Ist eine Umsetzung des Projekts von vornherein ohnehin nicht vorgesehen, also ein reiner Ideenwettbewerb beabsichtigt, ist das Preisgeld sogar angemessen zu erhöhen.

Verlangen öffentliche Auftraggeber hingegen Lösungsvorschläge für gestellte 233
Planungsvorgaben außerhalb eines Planungswettbewerbs, steht den betroffenen Bietern auf Grundlage der Vergabeordnung für freiberufliche Dienstleistungen unmittelbar ein Vergütungsanspruch zu, wobei sich der Vergütungsanspruch dann nach der HOAI bestimmt.[79] Damit hat sich die Rechtsprechung, wonach vorvertragliche Planungsleistungen im Rahmen eines Verhandlungsverfahrens nach VOF außerhalb eines Planungswettbewerbs als vergütungspflichtiger Lösungsvorschlag für gestellte Planungsaufgaben qualifiziert werden können, verfestigt. Ist dies der Fall steht den beiteiligten Bietern unmittelbar auf Grundlage des § 20 Abs. 3 VOF ein Vergütungsanspruch nach der HOAI zu.

Doch wie ist nun die Abgrenzung zu § 13 Abs. 2 und 3 VOF zu ziehen? Regelt § 13 234
VOF doch gerade, dass für die Ausarbeitung der Bewerbungs- und Angebotsunterlagen gerade keine Kosten erstattet werden. Nur wenn der Auftraggeber darüber hinaus vom Bieter Entwürfe, Pläne, Zeichnungen, Berechnungen oder andere Unterlagen ausarbeiten lässt, hat er für alle Bieter eine angemessene Vergütung festzusetzen. Die Vergütung soll den Aufwand für die Bearbeitung der besonders geforderten Unter-

79 So schon OLG Koblenz, Urt. v. 6.7.2012 – 8 U 45/11; nun auch OLG München, Beschl. v. 20.3.2013 – Verg 5/13.

lagen abdecken; ein über den entstehenden Aufwand hinausgehenden Gewinnanteil ist jedoch nicht geschuldet. Insofern wäre der Begriff Entschädigung, wie er in § 8 Abs. 8 Nr. 1 Satz 2, 3 VOB/A Verwendung findet, wohl glücklicher gewesen als der Begriff der Vergütung.

235 Auch wenn die Rechtsprechung zu dieser Frage noch nicht trennscharf Stellung genommen hat, so sollten in der Praxis keine Lösungsvorschläge für die Planungsaufgabe verlangt werden, sondern allenfalls Skizzen oder Strichzeichnungen sowie Ideen abgefordert werden. Auch der Begriff Konzept stellt ein zulässiges Wertungskriterium dar, weshalb dann aber zugleich in den Bewerbungsbedingungen klargestellt werden muss, dass die Ausarbeitung eines Lösungsvorschlags zur Planungsaufgabe gerade nicht verlangt wird.

236 Trotz der bisherigen Rechtsprechung kann die Unterscheidung aber im Einzelfall recht schwierig werden, weshalb sich nach Auffassung des Autors derzeit eine trennscharfe Lösung für die abgeforderten Leistungen der Rechtsprechung nicht abschließend entnehmen lässt. Von besonderer Wichtigkeit ist daher, von den Bietern keine abschließenden Lösungsvorschläge für eine gestellte Planungsaufgabe zu fordern. Streben Auftraggeber solche konkreten Lösungsvorschläge an, sollten sie einen Planungswettbewerb durchführen.

! **Praxistipp**

Schützt Festsetzung einer Pauschalvergütung?

Das OLG Koblenz hat in seinem Beschluss vom 06.07.2012 (8 U 45/11) in der Nichtfestsetzung einer Pauschalvergütung nach § 13 Abs. 3 VOF zwar ein negatives Tatbestandsmerkmal mit der Folge erkannt, dass eine pauschale Entschädigung eine Vergütung nach HOAI ausschließt. Auch wenn diese Feststellung nicht unumstritten ist, können öffentliche Auftraggeber zumindest im Geltungsbereich des OLG Koblenz auf diese Weise die Mindestsätze der HOAI unterlaufen. Ob diese Rechtsauffassung allerdings Bestand hat, ist zu bezweifeln!

VII. Aufforderung zur Verhandlung

237 Mit der Aufforderung zur Verhandlung (auch als Aufforderung zur Angebotsabgabe bezeichnet) beginnt die zweite Phase des Verhandlungsverfahrens. Nachdem die Auftraggeber unter den Bewerbern diejenigen ausgewählt haben, die nicht ausgeschlossen werden mussten und die die Eignungskriterien Fachkunde, Zuverlässigkeit und Leistungsfähigkeit erfüllen, werden diese aufgefordert, ein Angebot abzugeben und darüber mit dem Auftraggeber zu verhandeln.

? **Checkliste**

Die Aufforderung zur Verhandlung hat dabei mindestens folgenden Inhalt zu haben: Anschreiben mit den Verfahrensbedingungen

- Angaben zu den Fristen
- Hinweis auf die europaweite Bekanntmachung

- Bekanntgabe der Zuschlagskriterien, falls sie noch nicht in der Bekanntmachung aufgeführt waren
- Aufgabenbeschreibung
- Vertragsentwurf (evtl.), aus dem die konkrete Leistung und die Auftragsbedingungen hervorgehen

1. Anschreiben mit den Verfahrensbedingungen

§ 11 VOF regelt die verschiedenen Schritte der zweiten Stufe des Verhandlungsverfahrens leider relativ unsystematisch. Die Aufforderung zu Verhandlungen hat dabei in Textform, also in Schriftform per Fax oder E-Mail (vgl. § 126 b BGB) an alle im Teilnahmewettbewerb nach § 10 VOF ausgewählten Bewerber oder – im Fall des § 3 Abs. 4 lit. b) VOF – an alle Preisträger eines Wettbewerbs gleichzeitig zu erfolgen. 238

Notwendiger Bestandteil der Aufforderung zur Verhandlung ist daher ein Anschreiben mit den Verfahrensbedingungen, welcher Ort, Zeit der Verhandlung, Teilnehmer seitens des Auftraggebers, technische Rahmenbedingungen, zeitlicher Rahmen und Gliederung des Verhandlungsgesprächs benennt. 239

Insbesondere die Gliederung des Verhandlungsgesprächs und die Mitteilung des vorgesehenen weiteren Ablaufs des Verfahrens sind Bestandteil der Verfahrensbedingungen. Danach fallen die üblichen formalen Vorgaben unter die Verfahrensbedingungen. 240

Praxistipp **!**

Abschichten erlaubt!

Wollen die Auftraggeber das Verhandlungsverfahren in verschiedenen aufeinanderfolgenden Phasen abwickeln, um so die Zahl der Angebote, über die verhandelt wird, zu verringern, ist spätestens in den Vergabeunterlagen anzugeben, ob diese Möglichkeit in Anspruch genommen wird. Die Verfahrensbedingungen haben daher diesen Umstand zu berücksichtigen.

2. Angaben zu den Fristen

Die Aufforderung zur Verhandlung hat Angaben zu den Fristen zu enthalten. Auch wenn der Gesetzgeber eine Konkretisierung der zwingend mitzuteilenden Fristen versäumt hat, kann sich die Verpflichtung nur auf solche Fristen beziehen, die vom Auftraggeber absehbar festzulegen sind. Darunter fallen insbesondere etwaige Angebotsfristen oder Fristen zur Einreichung von Unterlagen vor der Verhandlung. 241

Auch wenn die VOF keine Regelungen zu Angebotsfristen enthält, verlangt der allgemeine Grundsatz der Verhältnismäßigkeit, dass die Angebotsfristen oder Zeiträume zur Ausarbeitung und Vorbereitung von Präsentationen und Verhandlungsgesprächen einzelfallbezogen angemessen bestimmt und mitgeteilt werden.[80] 242

---

80 So zumindest in einem VOB/A-Verfahren: OLG Naumburg, Beschl. v. 20.9.2012 – 2 Verg 4/12.

3. Ablauf des Verfahrens

243 Mit der Aufforderung zur Verhandlung hat der öffentliche Auftraggeber die Bieter ebenfalls über den vorgesehenen weiteren Ablauf des Verfahrens zu informieren. Leider hat der Gesetzgeber diese Vorgabe nicht – wie zu erwarten wäre – in § 11 VOF aufgenommen, sondern sie – der Systematik widersprechend – in § 3 Abs. 3 VOF geregelt.

Checkliste

Ein Verhandlungsverfahren kann folgenden Ablauf haben:

- Aufforderung zur Angebotsabgabe
- Angebotsbearbeitung
- eventuelle Durchführung eines Kolloquiums oder eines Besichtigungstermins
- Bieterpräsentation
- Verhandlungsrunde
- Verfahrensabschluss

244 Der Verfahrensablauf selbst wird durch die VOF allerdings nicht unmittelbar vorgegeben, weshalb die Mitteilung des Auftraggebers an die Bieter umso wichtiger ist. Auf diese Weise tritt nämlich eine Selbstbindung des Auftraggebers an den mitgeteilten vorgesehen Ablauf des weiteren Verhandlungsverfahrens ein.

245 Gleichwohl ist der Auftraggeber nicht sklavisch an den einmal mitgeteilten Verfahrensablauf gebunden. Er kann aus nachvollziehbaren Gründen das Verfahren auch abweichend vom zuvor mitgeteilten Verfahrensablauf gestalten. Gerade in einem Verhandlungsverfahren, welches ein dynamischer Prozess ist, können sich im Laufe des Verhandlungsprozesses Änderungen ergeben, die eine Anpassung des weiteren Verfahrensablaufs erforderlich machen. Der Gesetzgeber beabsichtigt mit der Mitteilung über den Verfahrensablauf nämlich gerade nicht, dass das Verhandlungsverfahren die ihm innewohnende Flexibilität einbüßt. Den Bietern soll – quasi als Gegenstück – zu dieser Flexibilität aber gleichfalls ein Mindestmaß an Transparenz entgegengestellt werden.

Fettnapf

Änderungen im Verfahrensablauf

Selbstverständlich zulässig ist es, den mitgeteilten Verfahrensablauf nachträglich zu ändern. Tut der Auftraggeber dies, muss er dies aber in nicht diskriminierender und transparenter Weise allen Bietern zeitgleich mitteilen, damit sich diese auf die modifizierenden Gegebenheiten einstellen können.

Eine nachträgliche Änderung des vorgesehenen Verfahrensablaufs ist allerdings nur aus objektiv nachvollziehbaren Gründen zulässig und darf gerade nicht willkürlich erfolgen, um möglicherweise die allgemein bekannte Zeitnot eines Bieters auszunutzen.

246 Mit der Mitteilung zum Ablauf des Verfahrens erhält der Auftraggeber die Möglichkeit, das Verhandlungsverfahren auf der zweiten Stufe zu strukturieren und in Abschnitte zu gliedern. Davon zu unterscheiden ist hingegen die Abwicklung des Verhandlungsverfahrens in Phasen, die lediglich der Reduktion des Bieterkreises dient.

Praxistipp

Indikative Angebote einholen!

In der Praxis bewährt hat sich bei Beschaffungsmaßnahmen mit überschaubarer Komplexität zunächst auf der Grundlage der vorhandenen Informationen von den Bietern ein Honorarangebot einzuholen. Dieses sogenannte indikative Angebot (vgl. nachfolgend Titel VII.1.) schafft für beide Seiten eine erste Verhandlungsgrundlage, auch wenn das Honorar nach der HOAI weitgehend von objektiven, nicht verhandelbaren Gesichtspunkten abhängt. Im Anschluss an diese Verhandlungsrunde kann den Bietern Gelegenheit gegeben werden, ihr indikatives Angebot zu überarbeiten. In diese Überarbeitung können dann die Erkenntnisse der Verhandlungen ihres ersten indikativen Honorarangebotes einfließen.

Die Präzisierung der Angebote kann nunmehr – notfalls mittels mehrerer Verhand- 247
lungsrunden – soweit fortgeführt werden, bis die unterbreiteten Entwürfe den Vorstellungen des Auftraggebers entsprechen und die damit einhergehenden Honorarbedingungen sowie Vertragsbedingungen umfassend zur Zufriedenheit der Beteiligten verhandelt sind. Damit ist selbstverständlich in besonderem Maße darauf zu achten, dass die Bewerber gleichbehandelt, insbesondere zu Beginn jeder Runde auf einen einheitlichen Informationsstand gebracht werden.[81]

4. Hinweis auf die Bekanntmachung

Die Aufforderung zum Hinweis auf die Bekanntmachung kann entweder durch Bei- 248
fügung einer Kopie oder Benennung der Fundstelle im Amtsblatt der Europäischen Union erfolgen. Auch wenn sich die Sinnhaftigkeit dieser Regelung nicht erschließen will, stellt ihre Nichtbeachtung einen Vergaberechtsverstoß dar.

5. Hinweis auf die Zuschlagskriterien und deren Auswahl

Soweit der Auftraggeber die Zuschlagskriterien nicht schon in der europaweiten 249
Bekanntmachung angegeben hat, sind diese im Anschreiben mit deren Gewichtung bekanntzugeben. Die Auswahl und Bestimmung der Zuschlagskriterien ist ebenso wie deren Gewichtung dem Auftraggeber überlassen. Er genießt einen großzügigen Beurteilungsspielraum.

Praxistipp

§ 11 Abs. 5 VOF Beispiele enthält einen Beispielkatalog möglicher Zuschlagskriterien:

- Qualität
- fachlicher oder technischer Wert
- Ästhetik
- Zweckmäßigkeit
- Umwelteigenschaften
- Kundendienst und technische Hilfe

81 Voppel/Osenbrück/Bubert, VOF, Kommentar 3. Auflage 2012, § 3 Rn 56.

- Leistungszeitpunkt
- Ausführungszeitraum und
- Preis/Honorar
- Qualitätsmanagement im Rahmen der Planung
- Präsenz der örtlichen Bauleitung
- Qualitätsmanagement im Hinblick auf Bauzeit und Baukosten

---

250 Der Auftraggeber ist an die Aufzählung des § 11 Abs. 5 VOF jedoch in keiner Weise gebunden. Diese ist gerade nicht abschließend und soll nur klarstellen, dass nur Kriterien in Betracht kommen können, die durch den Auftragsgegenstand selbst gerechtfertigt sind.

251 Damit stellt die VOF klar, dass auch bei der Vergabe freiberuflicher Dienstleistungen die Entscheidung über die Vergabe des Auftrags ausschließlich nach Kriterien zu erfolgen hat, die der Ermittlung des wirtschaftlich günstigsten Angebots dienen und damit rein auftragsbezogen sind. Eine Berücksichtigung von personenbezogenen Eignungskriterien bei der Wertung ist hingegen unzulässig.[82]

252 In Konkretisierung der Vermischung von Zuschlags und Eignungskriterien hat der Gesetzgeber mit der 7. Verordnung zur Änderung der Verordnung über die Vergabe öffentlicher Aufträge in § 4 Abs. 2 S. 2 VgV für Ausschreibungen nach der Vergabe- und Vertragsordnung für Leistung und in § 5 Abs. 1 S. 2 für Ausschreibungen nach der Vergabeordnung für freiberufliche Dienstleistungen allerdings nunmehr eine Regelung eingeführt, wonach dem Auftraggeber bei nachrangigen Dienstleistungen (insbesondere bei sozialen Dienstleistungen) die Berücksichtigung von bieterbezogenen Qualitätskriterien bei der Zuschlagserteilung ermöglicht. Diese Berücksichtigung darf allerdings nur bis zu einer Quote von 25 % aller Zuschlagskriterien reichen.

253 Damit dürfen öffentliche Auftraggeber im Bereich von nachrangigen Dienstleistungen, also solchen nach Anlage I Teil B VOF, die Qualifikation und die Erfahrung des bei der Durchführung des betreffenden Auftrags eingesetzten Personals als Zuschlagskriterium bei der Ermittlung des wirtschaftlichsten Angebotes berücksichtigen.

! **Fettnapf**

Vorsicht bei der Vermischung von Zuschlags- und Eignungskriterien

Die Gewichtung der Organisation, der Qualifikation und der Erfahrung des mit der Durchführung des betreffenden Auftrags betrauten Personals darf aber insgesamt nicht über 25 % der Gewichtung aller Zuschlagskriterien hinausgehen.

Eignungskriterien dürfen daher nur bei Dienstleistungen nach Anlage I Teil B und nur unter der vorgenannten Einschränkung zur Bewertung des wirtschaftlichsten Angebotes und damit als Zuschlagskriterium Verwendung finden.

---

82 Vgl. dazu OLG Karlsruhe, Beschl. v. 21.12.2012 – 15 Verg 10/11; OLG Düsseldorf, Beschl. v. 3.8.2011 – VII – Verg 16/11; OLG München, Beschl. v. 10.2.2011 – Verg 24/10.

Da die Verwendung unzulässiger Zuschlagskriterien die Wiederholung des Verfahrens bedingt, ist die Angabe zulässiger und aussagekräftiger nicht diskriminierender Zuschlagskriterien von besonderer Bedeutung für den Erfolg eines Verhandlungsverfahrens. 254

Praxistipp

!

Flexibilität nutzen!

Die Wahlmöglichkeit des Auftraggebers, die Zuschlagskriterien in der Bekanntmachung oder in der Aufforderung zur Verhandlung anzugeben, sollte zwingend genutzt werden.

Der öffentliche Auftraggeber ist an einmal bekannt gemachte Zuschlagskriterien gebunden, weshalb die spätere Bekanntgabe mit Aufforderung zur Verhandlung dem öffentlichen Auftraggeber ein weiteres Maß an Flexibilität eröffnet. Schon so manches Mal ist im Teilnahmewettbewerb die ein oder andere Entscheidung getroffen worden, die Auswirkung auf die Wirtschaftlichkeit eines Angebotes haben kann und damit auf die Wertung.

Der Auftraggeber hat die Zuschlagskriterien ebenfalls mit einer Gewichtung zu versehen. Die Gewichtungsregeln bestimmen, wie die Angaben der Bieter zu den einzelnen Kriterien und Unterkriterien zu bewerten sind und auf welche Weise eine Umrechnung in Wertungspunkte erfolgt. Ausschlaggebend ist, dass das gewählte System in sich widerspruchsfrei und die Gewichtung der Kriterien rechnerisch richtig umgesetzt wird. 255

Die Gewichtung gibt also den Grad der Bedeutung, d. h. die Maßzahl an, die das Zuschlagskriterium im Rahmen der Angebotswertung zur Ermittlung des für den Zuschlag vorgesehenen Angebotes einnimmt. 256

6. Aufgabebeschreibung

Der Aufforderung zur Verhandlung muss zudem die Aufgabenbeschreibung beigefügt sein. In diesem zweiten Verfahrensabschnitt des Verhandlungsverfahrens muss sie deutlich aussagekräftiger und präziser sein als die Beschreibung des Auftrags in der europaweiten Bekanntmachung. 257

Gem. § 6 VOF versteht man unter dem Begriff der „Aufgabenbeschreibung" die Beschreibung einer durch den Bieter zu erfüllenden Aufgabenstellung, ohne dass damit die Leistung als solche, nämlich die konkrete Lösung der Aufgabe mit allen dazu führenden Lösungsschritten, beschrieben wäre oder beschrieben werden könnte. Die Aufgabenbeschreibung steht damit Leistungsbeschreibungen bzw. Leistungsverzeichnissen bei Beschaffungen nach der VOB/A bzw. der VOL/A gleich. 258

7. Mindestanforderungen

Die Anwendung der allgemeinen vergaberechtlichen Grundsätze hat zur Folge, dass es dem öffentlichen Auftraggeber, wenn er Mindestbedingungen in der Ausschrei- 259 bung festgelegt hat, grundsätzlich verwehrt ist, zugunsten eines Bieters auf die Erfüllung dieser Mindestbedingungen zu verzichten.

260 Schon aus dem Transparenzgebot und dem Gleichbehandlungsgrundsatz folgt für den öffentlichen Auftraggeber mit dem Aufstellen der Mindestanforderungen eine Selbstbindung an diese, die bieterschützende Wirkung mit der Folge hat, dass der öffentliche Auftraggeber die entsprechende Anforderung nicht ohne Weiteres aufgeben darf, wenn zumindest einer der Bieter diese erfüllt.

261 Das Aufstellen von Mindestanforderungen ist darüber hinaus insbesondere von hoher Bedeutung, wenn der Auftraggeber die Zulassung von Nebenangeboten zugelassen hat.

262 Unter einer Variante oder einem Alternativangebot (nach nationaler Terminologie „Nebenangebot“) ist ein Angebot zu verstehen, welches in mindestens einem Punkt von den Vorgaben des Auftraggebers in den Vergabeunterlagen abweicht. Solche Abweichungen können sich beispielsweise in der Preisgestaltung ergeben (Pauschalierung; Preisnachlass unter bestimmten Bedingungen). Auch wenn die VOF im Gegensatz zur VOB/A und VOL/A keine Leistungsbeschreibung im engeren Sinne kennt, können Nebenangebote durchaus sinnvoll erscheinen.

263 Dann sind jedoch Besonderheiten zu beachten. Auftraggeber dürfen nämlich nur solche Nebenangebote werten, die die vom Auftraggeber aufgestellten Mindestanforderungen berücksichtigen. Versäumt der Auftraggeber, diese Mindestanforderungen aufzustellen, darf er die eingereichten Varianten selbst dann nicht werten, wenn er sie in der europaweiten Vergabebekanntmachung zugelassen hat.

264 Zwar ist im Einzelnen umstritten, in welcher Art Mindestanforderungen zu formulieren sind. Auftraggeber müssen daher eigene Anforderungen für Varianten entwickeln und diese vor dem Hintergrund der Gleichbehandlung und der Transparenz aufstellen. Ziel der Zulassung von Nebenangeboten ist die weitergehende Aktivierung des Fach- und Sachverstandes der Bieter. Diesen soll die Möglichkeit gegeben werden, auch Vorschläge für eine abweichende Gestaltung einzureichen, an die der Auftraggeber selbst nicht gedacht hat und damit Innovationen fördern.

! **Praxistipp**

Preis und Nebenangebote

Auch wenn der BGH entschieden hat, dass Nebenangebote unzulässig sind, wenn der Preis das einzige Zuschlagskriterium ist, spielt diese Frage im Anwendungsbereich der VOF keine wesentliche Rolle, da allein aufgrund der Tatsache der fehlenden Beschreibbarkeit der Lösung der Aufgabe der Preis allein nicht das einzige Zuschlagskriterium sein kann.

---

8. Vertragsentwurf

265 Gegenstand der Aufforderung zur Verhandlung kann – fakultativ – auch ein Vertragsentwurf sein, aus dem für den Bieter die konkrete Leistung und die Auftragsbedingungen hervorgehen.

Im Hauptanwendungsgebiet der VOF, nämlich der Vergabe von Architekten- und Ingenieurleistungen hat es sich in der Praxis allerdings bewährt, dem Anschreiben einen Entwurf des Architekten- oder Ingenieurvertrages mit den aus Auftraggebersicht wesentlichen Rahmenbedingungen einschließlich etwaiger Allgemeinen Vertragsbedingungen (AVB) beizulegen. 266

Auf der einen Seite ermöglicht dies dem Bieter, unnötige Risikoaufschläge nicht pauschal einkalkulieren zu müssen; zum anderen erhält der Bieter auf diese Weise für die kommende Verhandlungsrunde mit dem öffentlichen Auftraggeber die Möglichkeit, zum vorgelegten Entwurf des Architekten- oder Ingenieurvertrages entsprechend Stellung zu nehmen. 267

Im Rahmen der VOF gibt es allerdings kein Verhandlungsverfahren ohne Verhandlungen, weshalb der Auftraggeber grundsätzlich verpflichtet ist, mit allen Bietern wenigstens eine Verhandlungsrunde durchzuführen. Neben Gesprächen zum konkreten Leistungsinhalt dienen die Verhandlungsrunden insbesondere auch dazu, die Regelungen des späteren Vertrages mit den Bietern zu konkretisieren und abzustimmen. 268

Nichts desto trotz ist der Auftraggeber aus § 11 Abs. 2 VOF nicht verpflichtet, der Aufforderung zur Verhandlung einen Vertragsentwurf beizulegen, aus dem die konkrete Leistung und die Auftragsbedingungen hervorgehen. Tut er dies allerdings nicht mit Aufforderung zur Verhandlung, muss er den Vertragsentwurf zu einem späteren Zeitpunkt in das Verhandlungsverfahren einführen. In diesem Fall kann es – wenn die Verfahrensstruktur mit nur einer Verhandlungsrunde geplant ist – zu zeitlichen Verzögerungen und damit zu einem Ausbrechen aus dem beabsichtigten Termingerüst kommen. 269

In der Praxis hat sich daher bewährt, im Hauptanwendungsgebiet der VOF bei der Vergabe von Architekten- und Ingenieurleistungen, dem Anschreiben zur Verhandlung einen Entwurf des Architekten- oder Ingenieurvertrages mit den aus Auftraggebersicht wesentlichen Rahmenbedingungen einschließlich der AVB beizulegen. Es ist aber allenthalben ratsam, den Bietern möglichst frühzeitig im Verfahrensstadium die vertraglichen Rahmenbedingungen zur Verfügung zu stellen, um das Vergabeverfahren so fristgerecht wie möglich abzuwickeln. Als Entwurf kann selbstverständlich der in diesem Buch behandelte Mustervertrag des Gemeinde- und Städtebundes Rheinland-Pfalz dienen. 270

Gleichfalls ist es ratsam, den Bieter mit der Übersendung des Vertragsentwurfs dazu aufzufordern, mit seinem Angebot konkrete Abänderungsvorschläge einzureichen, sofern er diese für notwendig erachtet. In diesem Zusammenhang ist zudem die Vorgabe anzuraten, Abänderungsvorschläge nur mit einem ausformulierten Regelungsvorschlag zuzulassen, um eine ergebnisorientierte und effektive Diskussion zwischen den Vertragspartnern zu ermöglichen, die allseits Aufwand spart. 271

9. Angaben zum Honorar

272 Mit der Aufgabenbeschreibung muss der Auftraggeber den Bietern alle relevanten Anknüpfungstatsachen für die HOAI-gebundenen Honorarbestandteile übermitteln. Er muss den Bietern daher alle für eine zweifelsfreie und vollständige Kalkulation erforderlichen Unterlagen und Informationen zur Verfügung stellen.

! **Fettnapf**

Bitte nicht nachmachen!

Die teilweise zu beobachtende Tendenz der öffentlichen Auftraggeber, den Bietern keine Vorgaben für die Honorarparameter zu machen und vielmehr den Bietern aufzugeben, diese selbst zu ermitteln, ist grundsätzlich unzulässig.

Dies gilt insbesondere für die Festlegung der Honorarzone. Die Honorarzone ist grundsätzlich nicht verhandelbar, sondern hat Mindestsatzcharakter, weshalb sich der Auftraggeber notfalls mit einem Sachverständigen dahingehend beraten lassen muss.

---

273 Ist die zu vergebende Leistung folglich nach der HOAI zu vergüten, hat der Auftraggeber die Beschreibung so zu gestalten, dass die Bieter Honorare berechnen und anbieten können. Der öffentliche Auftraggeber hat folglich alle HOAI-gebundenen Bedingungen zur Honorarberechnung in der Aufgabenbeschreibung – und damit mit der Aufforderung zur Angebotsabgabe – den beteiligten Bietern mitzuteilen.

? **Checkliste**

Mindestinhalt

Bei HOAI-gebunden Architekten- und Ingenieurleistungen gehört hierzu mindestens:

- die Festlegung der anrechenbaren Kosten,
- Angabe der Honorarzone, der die gewünschten Leistungen in Abhängigkeit von den Planungsleistungen zuzuordnen sind,[83]
- Angabe der Leistungsphasen, deren Vergabe beabsichtigt ist,
- bei der Vergabe von Teilleistungen die Angabe der Prozentsätze der betroffenen Leistungsphasen.

---

274 Die Gefahr bei nicht hinreichenden Angaben zu den Anknüpfungstatsachen für die HOAI-Honorarberechnung besteht insbesondere darin, dass die Angebote der Bieter nicht miteinander vergleichbar sind, weil die Bieter zu erheblichen Differenzen bei den Honorarberechnungen kommen.

275 Das OLG Koblenz vertritt allerdings die Auffassung, dass öffentliche Auftraggeber den Bietern die Honorarzone nicht vorgeben dürfen. Die Vorgabe einer Honorarzone sei bei einer europaweiten Ausschreibung allein deswegen hoch problematisch, weil § 1 HOAI den Anwendungsbereich auf Planer mit Sitz im Inland beschränke und zudem noch voraussetze, dass die Leistung auch vom Inland aus erbracht werde.

---

83 Vgl. Haug/Panzer in: jurisPK-VergR 4. Auflage 2013, § 6 VOF Rn. 13 m. w. N.; andere Ansicht OLG Koblenz, Beschl. v. 29.1.2014 – 1 Verg 14/13.

Im Rahmen einer europaweiten Ausschreibung dürften Interessenten aus anderen Mitgliedstaaten der Europäischen Union aber nicht dem Preisrecht der HOAI unterworfen werden, wenn diese die Leistung eben nicht im Inland erbringen würden. Diese Entscheidung bringt rechtliche Schwierigkeiten mit sich. Nicht nur muss der Auftraggeber den Bietern dann entsprechende Informationen zur Verfügung stellen, damit diese eine hinreichend genaue Einschätzung der Honorarzone treffen können. Der Auftraggeber muss dann auch dafür Sorge tragen, dass die Angebote miteinander vergleichbar sind. Der Autor vertritt daher die Auffassung, dass die Angabe der Honorarzone – auch wenn dies das OLG Koblenz anders beurteilt – zumindest den Wettbewerb schützt und damit insgesamt wünschenswert ist.

10. Zusätzlicher Inhalt

Neben den üblichen Hinweisen, die heutzutage obligatorisch in den aktualisierten 276
Vergabebedingungen enthalten sind, stellt sich für den öffentlichen Auftraggeber die Frage, ob er die Abgabe mehrerer Hauptangebote zulassen möchte.

Dass die Abgabe mehrere Hauptangebote durch ein und denselben Bieter grund- 277
sätzlich zulässig ist, hat die Rechtsprechung bisher weitgehend einheitlich und ständig anerkannt.[84] Dabei muss es sich aber um technisch verschiedene Hauptangebote handeln. Unterschiedliche Hauptangebote mit jeweils allein abweichenden Preisangaben sind nach derzeitigem Stand der Rechtsentwicklung hingegen als unzulässig zu betrachten.

Da es sich bei der Zulassung von mehreren Hauptangeboten von einem Bieter um 278
die Abweichung vom Regelfall handelt, ist es ratsam, den Bietern diese Möglichkeit mit Aufforderung zur Verhandlung klar und deutlich mitzuteilen.

Ein Bedarf für mehrere Hauptangebote kann sich insbesondere dann ergeben, 279
wenn die Vergabeunterlagen mehrdeutige Formulierungen enthalten, die verschiedene Interpretationen ermöglichen und Bieterfragen beispielsweise nicht mehr zulässig sind oder keine Klärung gebracht haben.

Insbesondere im Bereich der VOF können den Bietern damit Flexibilitäten eröff- 280
net werden, auf Zuschlagskriterien wie „technischer Wert" oder „Ästhetik" und „Zweckmäßigkeit" sowie „Gebrauchstauglichkeit" einzugehen. Bieter können dann mehrere Hauptangebote in der Hoffnung abgeben, mit einem Angebot die Vorstellungen des Auftraggebers bedient zu haben.

Die Zulassung mehrerer Hauptangebote erhöht insgesamt die Innovationskraft 281
und Flexibilität des Verfahrens, ohne sich mit der Schwierigkeit der Zulassung von Nebenangeboten und damit verbunden der Ausarbeitung von Mindestanforderungen zur Einreichung dieser auseinandersetzen zu müssen. Möchten Auftraggeber jedoch

84 So zuletzt OLG Düsseldorf, Beschl. v. 19.12.2012 – VI Verg 37/12; OLG München, Beschl. v. 29.10.2013 – Verg 11/13.

von dieser Möglichkeit Gebrauch machen, so müssen sie die Zulassung mehrere Hauptangebote spätestens mit der Aufforderung zur Verhandlung mitteilen.

VIII. Die Angebotsphase

282 Das Verhandlungsverfahren unterscheidet sich vom offenen bzw. nicht-offenen Verfahren insbesondere dadurch, dass der Leistungsgegenstand nicht bereits in der Ausschreibung in allen Einzelheiten festgeschrieben sein muss und Bieter ihre Angebote im weiteren Verlauf des Vergabeverfahrens modifizieren können, nachdem sie abgegeben wurden.

283 Die Angebotsphase stellt damit einen dynamischen Prozess dar, der durch den Auftraggeber zur Erhöhung der Transparenz klar strukturiert werden sollte, da es für die Gestaltung des Verhandlungsverfahrens weder in der Vergabekoordinierungsrichtlinie noch im nationalen Vergaberecht aussagekräftige Vorgaben gibt.

284 Den Regelfall bildet das einphasige Verfahren, in dessen Verlauf der Auftraggeber mit allen Bietern die Angebotsbedingungen verhandelt und alle Bieter über den Verlauf des Verfahrens zur Abgabe eines finalen Angebots aufgefordert werden. Demgegenüber steht die Möglichkeit der Abwicklung des Verhandlungsverfahrens in Phasen, vgl. § 3 Abs. 2 VOF, wonach nicht mit allen Bietern bis zum Ende verhandelt wird, sondern nur mit den Bietern, mit denen der Vertragsschluss ersichtlich in Betracht kommt. Ein solches Abschichten in Phasen ist gängige Praxis und mindert den Aufwand des Auftraggebers während des Verhandlungsverfahrens in erheblichem Maße.

285 Diese Abwicklung in Phasen hat der Auftraggeber allerdings mit der Aufforderung zur Angebotsabgabe den Bietern transparent mitzuteilen. Unabhängig davon, ob der Auftraggeber von dieser Möglichkeit des Abschichtens im Verlauf eines Verhandlungsverfahrens Gebrauch macht, haben sich in der vergaberechtlichen Praxis unterschiedliche Angebotsvarianten während des Verlaufs eines Verhandlungsverfahrens herausgebildet.

! **Praxistipp**

Komplexität des Beschaffungsgegenstandes beachten

Je höhe die Komplexität des Beschaffungsgegenstandes ist, umso eher bietet sich die Strukturierung des Verhandlungsverfahrens in unterschiedliche Angebotsformen an.

Diese ermöglichen dem öffentlichen Auftraggeber zugleich die Abwicklung des Verhandlungsverfahrens in Phasen gemäß § 3 Abs. 2 VOF, um den Aufwand des Verfahrens allseits in vertretbaren Bahnen zu halten.

---

1. Indikative Angebote

Nach Ablauf der vom Auftraggeber gesetzten Angebotsfrist müssen öffentliche Auftraggeber im offenen und nicht-offenen Verfahren die eingegangenen Angebote vergaberechtlich nach den vorab bekannt gemachten Wertungskriterien werten. 286

Im Verhandlungsverfahren kann hingegen ein dynamischer Prozess beginnen, 287 in dem sich durch Verhandlungen sowohl auf Nachfrage- als auch auf Angebotsseite Veränderungen am Leistungsgegenstand und den Ausführungsbedingungen ergeben können. Dieser Verhandlungsprozess läuft dabei üblicherweise in Stadien ab, die der öffentliche Auftraggeber dazu nutzen kann, die aussichtsreichen Bieter von den übrigen zu trennen und nur mit diesen Bietern das Verhandlungsverfahren zu Ende zu führen.

Zur Strukturierung des Verhandlungsverfahrens hat sich das Abfordern von sog. 288 indikativen Angeboten als ersten Schritt der Angebotsphase mehrheitlich bewährt. Auch wenn die Rechtsnatur eines indikativen Angebots in der vergaberechtlichen und zivilrechtlichen Literatur und Rechtsprechung nicht näher behandelt wird, gilt ein indikatives Angebot in der Praxis als unverbindliche Verhandlungsgrundlage zwischen dem jeweiligen Bieter und dem öffentlichen Auftraggeber.[85]

Der Auftraggeber sollte aber zur Vermeidung von Unklarheiten immer klarstellen, 289 ob die geforderten Angebot indikative oder verbindliche Angebote sein sollen. Denn der Bieter muss sich auch im Verhandlungsverfahren an seinem Angebot festhalten lassen und damit rechnen, dass ihm keine weitere Gelegenheit zur Angebotsabgabe eingeräumt wird. Die Klarstellung zur Natur der abgefragten Angebote ist daher wichtig.

Indikative Angebote sind streng genommen ein unverbindlicher Vorschlag, der 290 den Ausgangspunkt weiterer Verhandlungsgespräche bilden sollen. Selbstverständlich ist das Erfordernis eines verbindlichen Angebotes auch im Vergaberecht notwendig, um eine vergleichende Angebotswertung durchführen zu können. Angebote müssen daher mithin den Anforderungen einer Willenserklärung entsprechen, die hinreichend bestimmt ist und mit Rechtsbindungswillen abgegeben wird. Andernfalls kann der öffentliche Auftraggeber das Angebot nicht annehmen.

Diese Verbindlichkeit ist aber zum Zeitpunkt der Abgabe eines indikativen 291 Angebotes und auch im Verfahrensstadium des Verhandlungsverfahrens von den Beteiligten noch nicht (abschließend) gewollt, da die von den Bietern eingereichten indikativen Angebote – je nach geforderter Detailtiefe – im Laufe des Verhandlungsverfahrens spezifiziert und abgeändert werden (können).

Ein indikatives Angebot ist folglich nicht in dem Sinn verbindlich, wie es in einem 292 offenen Vergabeverfahren der Fall ist. Ziel des indikativen Angebotes ist daher an erster Stelle festzustellen, ob der Bieter den Bedarf des öffentlichen Auftraggebers

85 Vgl. VK Bund, Beschl. v. 22.6.2010 – VK 2-44/10; VK Niedersachsen, Beschl. v. 28.11.2013 – VgK-36/2013.

richtig erkannt hat und an welcher Stelle eine Weiterentwicklung des Angebotes von Nöten ist.

293 Das indikative Angebot unterliegt dabei keiner vergaberechtlichen Wertung nach den Zuschlagskriterien, sondern ist allein anhand der mit der Aufforderung zur Angebotsabgabe übermittelten Verfahrensbedingungen zu messen. Selbstverständlich gilt aber, dass auch verspätet eingegangene indikative Angebote vom weiteren Verlauf des Vergabeverfahrens auszuschließen sind. Dies folgt allein aus dem Gleichbehandlungsgrundsatz, der auch im ansonsten weniger formstrengen Verhandlungsverfahren Anwendung findet.

2. Überarbeitete Angebote

294 Auf der Grundlage der eingereichten indikativen Angebote führen die Auftraggeber nunmehr eine Verhandlungsrunde bzw. einen Workshop mit den Bietern durch, die ein indikatives Angebot abgegeben haben.

295 Ziel dieser Verhandlungsrunde ist es, den Bietern die Informationen zukommen zu lassen, die sie benötigen, um ihr indikatives Angebot im vom Auftraggeber gewünschten Sinne weiter zu entwickeln. Das nun einzureichende Angebot ist damit ein überarbeitetes indikatives Angebot, welches – im Gegensatz zum indikativen Angebot – nun jedoch verbindlich ist.

296 Die Verbindlichkeit der überarbeiteten Angebote ermöglicht es dem öffentlichen Auftraggeber, die überarbeiteten Angebote vergaberechtlich nach zuvor festgelegten und transparent gemachten Zuschlagskriterien zu werten. Wickelt der Auftraggeber das Verhandlungsverfahren nämlich – was anzuraten ist – nicht einphasig sondern zweiphasig ab, schafft die vergaberechtliche Auswertung der überarbeiteten Angebote eine Reihenfolge unter den Bietern gemäß den bekanntgemachten Zuschlagskriterien, aufgrund deren Grundlage sodann ggf. eine Reduzierung der Bieter erfolgen kann.

297 Diese Gestaltungsmöglichkeit unterliegt aber der ausdrücklichen Beschränkung dahingehend, dass der Auftraggeber in der Bekanntmachung oder in den Vergabeunterlagen diese beabsichtigte Struktur des Verhandlungsverfahrens angekündigt hat.

! **Fettnapf**

Bekanntmachung oder Vergabeunterlagen?

Formell ist gefordert, dass der Auftraggeber diese Gestaltungsmöglichkeit in der Bekanntmachung oder in den Vergabeunterlagen ankündigen muss. Nachteil einer Ankündigung in der Bekanntmachung (Rubrik V.1.3.) ist allerdings die Verbindlichkeit der Angabe in der Bekanntmachung. Entscheidet sich der Auftraggeber daher in der Bekanntmachung für oder gegen die Möglichkeit, ist er im weiteren Verfahren daran gebunden.

Gleichfalls ist jedoch auch die Ankündigung in den Vergabeunterlagen zugelassen, die der Auftraggeber zu einem späteren Zeitpunkt entscheiden muss und ihm damit mehr Flexibilität im Hinblick auf die Struktur des Verfahrens einräumt.

Auf die Abgabe der überarbeiteten Angebote folgen nunmehr Verhandlungen mit den ausgewählten Bietern zum Leistungsgegenstand, zu den Konditionen und Preisen mit dem Ziel, einen unterschriftsreifen Vertragsentwurf auszuhandeln. Sofern notwendig, können diese Schwerpunkte in separaten Runden verhandelt werden. 298

Ziel der überarbeiteten Angebote ist damit die weitere Konkretisierung des vom Auftraggeber abgefragten Leistungsgegenstandes, um vergleichbare Angebote zu erzeugen. Diese stetige Konkretisierung der einzureichenden Angebote im Sinne eines dynamischen Prozesses führt insbesondere im Bereich der Architekten- und Ingenieurleistungen oftmals zu einem erheblichen Abbau von Risikozuschlägen, die sich in unterschiedlichen Honorarzonen wiederspiegeln. 299

3. Letztverbindliche Angebote

Das letztverbindliche Angebot wird auch als finales Angebot bezeichnet. Ebenso eingebürgert hat sich die englischsprachige Bezeichnung des best and final offers (BAFO). Schon die Begrifflichkeit macht den Charakter dieses Angebots deutlich. 300

Die Struktur des Verhandlungsverfahrens mit indikativem und überarbeiteten Angebot hat idealtypischerweise auf der Grundlage der Verhandlungsrunden für alle Beteiligten ein klares Bild des Leistungsgegenstandes und der Auftragsbedingungen geschaffen, auf der die Bieter ihr sog. letztverbindliches bzw. finales Angebot abgeben können. Dieses letztverbindliche Angebot ist – im Gegensatz zum indikativen Angebot – rechtlich verbindlich und unveränderlich. Es kann somit vom Auftraggeber durch Zuschlag bzw. Vertragsschluss in der VOF angenommen werden. 301

Das letztverbindliche Angebot bestimmt somit den obsiegenden Bieter. Führt der öffentliche Auftraggeber ein einphasiges Verhandlungsverfahren durch, wertet er allein das letztverbindliche Angebot nach den Zuschlagskriterien und bestimmt damit das wirtschaftlichste Angebot. 302

Hat sich der Auftraggeber hingegen für die Abwicklung des Verhandlungsverfahrens in Phasen entschieden und macht von der Reduktion des Bieterkreises während des Verhandlungsverfahrens Gebrauch, hat er zwar bereits das überarbeitete Angebot nach den Zuschlagskriterien gewertet und anhand dieser Rang- und Reihenfolge Bieter an dem weiteren Verfahren ausgeschlossen. Daher entscheiden die letztverbindlichen Angebote darüber, welcher Bieter das wirtschaftlichste Angebot eingereicht hat. 303

IX. Das Führen der Verhandlungen

Die VOF regelt bekanntermaßen keine Details über die Durchführung der Verhandlungen. Der Auftraggeber genießt deshalb bei der Gestaltung dieser Verhandlungen mit den Bietern einen weiten Spielraum, der allerdings wiederum durch die allgemeinen Grundsätze des Vergaberechts eingeschränkt wird. Die Verhandlungen müssen daher mit allen Bietern fair und transparent durchgeführt werden. 304

305 Die VOF schreibt dem Auftraggeber aber ebensowenig die Anzahl der Verhandlungsrunden, die er mit den Bietern durchführt, vor, noch setzt sie dem Auftraggeber Fristen für das Führen der Verhandlungen.

306 Im Hinblick auf die Transparenz und Gleichbehandlung ist aber das Setzen von Fristen durch den Auftraggeber sehr zu empfehlen. Sie sorgen nicht nur für eine strukturierte Durchführung des Verhandlungsverfahrens, sondern fördern zugleich Transparenz und Gleichbehandlung, so dass sich der Auftraggeber nicht dem Vorwurf ausgesetzt sieht, das Verhandlungsverfahren mit allen Mitteln intransparent gestaltet zu haben, um einen „Wunschbieter" zu bezuschlagen.

1. Pflicht zur Verhandlung?

307 Die VOF normiert kein Verhandlungsverbot, wie es für das offene und nicht-offene Verfahren in der VOL/A und der VOB/A geregelt ist. Im Gegenteil: Das Wesen des Verhandlungsverfahrens ist es, dass zwischen dem Auftraggeber und den Bietern Verhandlungen hinsichtlich des ausgeschriebenen Leistungsgegenstandes und der hierauf abgegebenen Angebote geführt werden.[86]

308 Verhandeln heißt hierbei, den Auftragsinhalt und die Auftragsbedingungen solange zu besprechen, bis klar ist, wie die Leistungen konkret beschaffen sein sollen und zu welchen Konditionen und insbesondere zu welchem Preis der Auftragnehmer diese ausführt. Anders als im offenen und im nicht-offenen Verfahren sind Verhandlungen im Verhandlungsverfahren also naturgemäß zugelassen.[87]

309 Eine Pflicht zur Verhandlung ergibt sich für den Auftraggeber allerdings dann, wenn er lediglich indikative Angebote abfragt, auf die der Zuschlag grundsätzlich nicht erteilt wird. Als nicht verbindliche Angebote kann der Auftragnehmer diese nicht ohne Weiteres annehmen. Sie sind mithin nicht zuschlagsfähig. Um den erst späteren Vertragsinhalt zu konkretisieren, muss der Auftraggeber daher zur Herstellung der Zuschlagsreife mit den Bietern in Verhandlungen treten. In diesem Fall besteht mithin die Pflicht zu Verhandlungen.

310 Hat der öffentliche Auftraggeber die Bieter hingegen aufgefordert, bereits das erste Angebote als verbindliches Erstangebot einzureichen und stellen sich die eingereichten Angebote als zuschlagsfähig dar, wird in der Rechtsprechung gleichwohl überwiegend vertreten, dass der Auftraggeber verpflichtet ist, zumindest eine Verhandlungsrunde durchzuführen.[88]

---

86 Vgl. OLG Dresden, Beschl. v. 11.4.2005 – WVerg 5/05.

87 Vgl. BGH, Urt. v. 10.9.2009 – VII ZR 50/08.

88 Vgl. OLG Naumburg, Beschl. v. 12.4.2012 – 2 Verg 1/12; OLG Düsseldorf, Beschl. v. 3.8.2011, – VII – Verg 16/11; für die Vergabe von Architekten- und Ingenieurleistungen OLG Brandenburg, Beschl. v. 13.9.2005 – Verg W 8/05; ausschließlich für die VOF: VK Sachsen, Beschl. v. 20.12.2013 – 1/SVK/042-13.

Praxistipp

Ausgestaltung Pflicht-Verhandlungsrunde

Eine Vorstellung des Unternehmens und ein Gespräch über Referenzen und das vorgesehene Personal genügt den Anforderungen der VOF an eine Verhandlungsrunde allerdings nicht![89]

Unabhängig davon, ob Auftraggeber lediglich indikative oder verbindliche Erstangebote abfragen, lässt sich eine Verpflichtung zur Durchführung mindestens einer Verhandlungsrunde für ein Verhandlungsverfahren nach der VOF aber auch aus dem Wortlaut der Regelungen §§ 11 Abs. 1 S. 1, Abs. 6 Unterabs. 2 und § 20 Abs. 1 S. 1 VOF herleiten. Liegt doch die Ausschließlichkeit des Verhandlungsverfahrens im Rahmen der Vergabe freiberuflicher Leistungen gerade darin begründet, dass die gewünschte Leistung nicht eindeutig und erschöpfend beschrieben werden kann, weshalb ein offenes bzw. nicht-offenes Verfahren unzweckmäßig wäre. 311

Das Verhandlungsverfahren soll die eindeutige und erschöpfende Beschreibbarkeit der Aufgabenlösung ja erst herstellen und auf diese Weise zuschlagsfähige vergleichbare Angebote schaffen. Daran fehlt es offensichtlich in der Regel, wenn der Auftraggeber die Aufgabe so deutlich beschreiben kann, dass bereits auf Grundlage der Aufgabenbeschreibung zuschlagsfähige Angebote erwartet werden, ohne dass es weiterer Verhandlungen bedarf. 312

Fettnapf

Im Umkehrschluss gilt:

Kann der Auftraggeber die Entscheidung über die Auftragsvergabe ohne vorhergehende substantielle Verhandlung treffen, ist die Wahl des Verhandlungsverfahrens und damit im vorliegenden Zusammenhang zugleich die Wahl der Vergabeordnung für freiberufliche Dienstleistungen als Vergabeordnung mit hoher Wahrscheinlichkeit fehlerhaft erfolgt.[90]

Der Zuschlag auf ein Erstangebot ohne Verhandlungen soll dementsprechend nur dann – ganz ausnahmsweise! – erfolgen können, wenn nur ein Angebot abgegeben wurde oder die formelle Prüfung ergibt, dass nur ein Angebot in der Wirtschaftlichkeitswertung verblieben ist.[91] 313

Denklogisch können Verhandlungen selbstverständlich auch in den Fällen unterbleiben, in denen ohnehin nur ein Unternehmen für die Leistungserbringung in Betracht kommt. Auch wenn nach Teilen der Rechtsprechung die Durchführung von Verhandlungen verzichtbar ist, wenn die unterlegenen Angebote aufgrund eines beträchtlichen preislichen Abstands zum aussichtsreichsten Angebot selbst nach 314

89 So ausdrücklich zumindest VK Sachsen, Beschl. v. 5.10.2004 – 1/SVK/092-04.

90 Vgl. VK Schleswig-Holstein, Beschl. v. 25.4.2008 – VK-SH04/08; vgl. auch *Roth*, VergabeR 2009, 423, 424, 432.

91 Vgl. *Müller-Wrede* in: Müller-Wrede, VOF, 4. Aufl., § 3 Rn. 48.

Verhandlungsgesprächen keine „echte Chance“ auf eine Bezuschlagung hätten, ist hier allergrößte Vorsicht geboten.

315 Eine rechtssichere Reduktion des Bieterkreises ist allein anhand von überarbeiteten Angeboten zu treffen, die nach den zuvor bekannt gegebenen Zuschlagskriterien ordnungsgemäß gewertet werden.

2. Verhandlungsmanagement

316 Der öffentliche Auftraggeber ist verpflichtet, das Verhandlungsverfahren objektiv zu führen. Er darf insbesondere nicht einzelne Bewerber gegenüber anderen begünstigen oder benachteiligen.

317 Das Verhandlungsverfahren bietet aufgrund der geringeren Formstrenge bei der Strukturierung und Durchführung des Verfahrens insgesamt einen weiten Gestaltungsspielraum, den der öffentliche Auftraggeber nach Maßgabe der Vergabegrundsätze diskriminierungsfrei ausgestalten kann.

318 Ein Verhandlungsmanagement muss daher dafür Sorge tragen, dass Bieter nicht gegeneinander ausgespielt werden, etwa indem Details der Verhandlungen mit einer Partei an die andere mit dem Ziel, den Preis zu drücken, weitergegeben werden.

319 In der Praxis kommt es allerdings häufig vor, dass Auftraggeber gegen den Gleichbehandlungsgrundsatz verstoßen, indem sie mit einzelnen Bietern über abweichende Auftragsgegenstände verhandeln, ohne die – möglicherweise weniger aussichtsreichen Bieter – hierüber entsprechend zu informieren.

! **Fettnapf**

Vortäuschen der Auftragsverhandlungen

Der Auftraggeber verstößt gegen die allgemeinen Prinzipien des Vergaberechts, wenn er Auftragsverhandlungen mit einem Bieter vortäuscht.

Führt der Auftraggeber daher ein Verhandlungsverfahren nur zum Schein durch, ohne dass hiermit das Ziel eines Vertragsschlusses verfolgt wird, stellt dies einen Vergaberechtsverstoß dar. Der Auftraggeber macht sich damit schadenersatzpflichtig!

---

3. Zulässige Verhandlungen über den Leistungsinhalt

320 Verhandlungen über andere als die ausgeschriebenen Leistungen bewegen sich nicht im vergaberechtlich zulässigen Rahmen der Verhandlungen und sind somit unzulässig.

321 Die Identität des ausgeschriebenen Beschaffungsvorhabens muss in jedem Fall gewahrt bleiben.

322 Zwar enthält die VOF keine Regelung, aus der ersichtlich wäre, wann die Identität des Beschaffungsvorhabens nicht mehr gewahrt ist. Von einer Änderung des Beschaffungsgegenstandes ist aber jedenfalls dann auszugehen, wenn nicht ausgeschlossen werden kann, dass sich auch andere Unternehmen um die Teilnahme beworben

hätten, wäre der geänderte Leistungsgegenstand bereits aus der Vergabebekanntmachung erkennbar gewesen.

Nach der einschlägigen Rechtsprechung fallen darunter auch wesentliche Auftragserweiterungen oder -beschränkungen, etwa die Abspaltung eines jedenfalls wesentlichen Teils der ursprünglich ausgeschriebenen Leistung.[92] Gerade bei Planungsleistungen von Architekten und Ingenieuren kommt es darauf an, ob die ausgeschriebene und ausgehandelte Leistung sich in seinen Grundelementen von dem unterscheidet, was wesentlichen Einfluss auf die charakteristischen Kernelemente der planerischen Lösung hat. 323

Angesichts des Wesens des Verhandlungsverfahrens kann aber selbstredend keine Identität der ausgeschriebenen und angebotenen Leistungen im Maßstab 1 : 1 erzielt werden, da die VOF und damit das Verhandlungsverfahren andernfalls die unzulässige und damit vergaberechtswidrige Verfahrensart wäre. 324

Im Verhandlungsverfahren grundsätzlich zulässig und gewünscht im Rahmen einer Konkretisierung ist daher die Modifikation des Auftragsgegenstandes mit dem Ziel, die Aufgabenbeschreibung für die Beteiligten so konkret zu fassen, dass vergleichbare Angebote erwartet werden können. Daher ist im Gegensatz zu einer Auswechselung des Leistungsgegenstandes eine bloße Modifikation desselben vom Verhandlungsverfahren gedeckt. Verhandlungen über Optimierungen, Vertragsspezifikationen und Änderungswünsche sind folglich im Rahmen einer VOF-Vergabe ohne Weiteres zulässig, soweit sie sich nach Art und Umfang nicht auf die Beschaffung einer anderen Leistung richten, also zur Beschaffung eines *aliud* führen. 325

Modifiziert der Auftraggeber den Leistungsgegenstand, so muss er die Bieter darüber transparent und diskriminierungsfrei unterrichten. In der Praxis besteht die größte Gefahr bei Verhandlungen in Verstößen gegen das Diskriminierungsverbot. 326

Öffentliche Auftraggeber verstoßen gegen diesen allumfassenden Vergabegrundsatz oftmals allein dadurch, dass Bieter unterschiedlich über Änderungen des Leistungsgegenstandes informiert werden, vom Auftraggeber aufgestellte Mindestbedingungen zugunsten eines Wunschbieters abgeschwächt oder aufgegeben werden, verspätete Handlungen eines Bieters trotz vorgegebener Fristen noch berücksichtigt werden, oder gar unterschiedliche Fristen gesetzt werden. Oftmals werden mit den Bietern zudem unterschiedlich ernsthafte Verhandlungen geführt. 327

Die Verhandlungen dürfen aber nicht willkürlich und unter einseitiger Betonung der Interessen des Auftraggebers geführt werden. Ausgehend von § 20 Abs. 1 VOF dienen die Verhandlungen insbesondere dazu, den Bieter zu ermitteln, der am ehesten die Gewähr für eine sachgerechte und qualitätsvolle Ausführung der Leis- 328

92 Vgl. OLG Dresden, Beschl. v. 3.12.2003 – WVerg 15/03; VK Baden-Württemberg, Beschl. v. 19.7.2005 – 1 VK 34/05, wonach die Reduzierung des Auftragsumfangs um 30 % noch keine Veränderung des Beschaffungsziels darstellt.

tung erwarten lässt. Zu diesem Zweck kann der öffentliche Auftraggeber Auftragsgespräche führen.

329 Das Verhandlungsverfahren soll nach der Vorstellung des Gesetzgebers schlichtweg das gewährleisten, was bei Durchführung des formstrengen offenen Verfahrens für die Auswahl des Bieters nicht erreicht werden kann: Die Ermittlung des wirtschaftlichsten Angebots i. S. d. § 97 Abs. 5 GWB.

330 Verstärkt wird diese Zielvorgabe noch durch § 11 Abs. 6 Unterabs. 2 VOF, wonach der Bieter zu ermitteln ist, der aufgrund der ausgehandelten Auftragsbedingung die bestmögliche Leistung erwarten lässt. Dabei müssen die Verhandlungen stets einen Bezug auf die bekanntgemachten Auftragskriterien haben. Davon losgelöst sind Verhandlungen als solche stets unzulässig.

4. Zulässige Verhandlungen über den Preis und die Preisgrundlagen

331 Verhandlungen sind selbstverständlich auch über den Preis und die Preisgrundlagen im weitesten Sinne zulässig. Die Grenzen der Zulässigkeit solcher Verhandlungen orientieren sich im Wesentlichen anhand der gesetzlichen Gebühren- und Honorarordnungen. Sind sie zwingend anzuwenden, darf über die unveränderlichen Preisbestandteile zwischen Auftraggeber und Bieter nicht verhandelt werden.

332 Verhandlungen über den Preis oder die Preisgrundlagen sind darüber hinaus ebenfalls untersagt, wenn sie ohne sachlichen Grund allein dazu dienen, die Angebotspreise zu drücken und Bieter gegeneinander auszuspielen oder einzelne Bieter gegenüber anderen zu bevorzugen.

333 Zur Vertiefung der Zulässigkeit von Verhandlungen über den Preis und die Preisgrundlagen im Verhandlungsverfahren sei zudem auf die Ausführungen des Autors Dausner zum Mustervertrag und zum Honorar verwiesen (Teil II, Kapitel 6 Honorarvereinbarung, Vergütung).

! **Fettnapf**

Gelegenheit zur Angebotsnachbesserung

Öffentliche Auftraggeber müssen vorsichtig sein, wenn sie Bietern „Gelegenheit geben, ihre Angebote nachzubessern.“ Die Rechtsprechung erkennt darin mitunter eine unzulässige Verhandlungsführung, wenn der Auftraggeber nach Auswertung der Angebote die Bieter zur Nachbesserung ihrer Angebote auffordert, obwohl entsprechende Honorarangebote bereits im Wettbewerb abgegeben worden sind. In einem solchen Fall ist die Forderung eines weiteren überarbeiteten Angebots schlichtweg nicht durch Sachgründe gestützt, weshalb die Rechtsprechung darin einen Verstoß gegen zwingendes Preisrecht erkennen will.

---

5. Lösungsalternativen

334 Hat sich der öffentliche Auftraggeber dazu entschieden, ein VOF-Vergabeverfahren mit Planung während des Verhandlungsverfahrens durchzuführen, stellen die von

den Bietern mit den jeweiligen Angeboten eingereichten Lösungsalternativen selbstverständlich einen Verhandlungsgegenstand dar.

Ziel des Führens der Verhandlungen ist daher nicht nur das Erreichen von Konsens über die Auftrags- und Vertragsbedingungen: Im Rahmen der Verhandlungen kann der öffentliche Auftraggeber selbstverständlich auch über den Leistungsgegenstand verhandeln und diesen im Rahmen des rechtlich zulässigen so fortentwickeln, dass die erbrachten Planungsleistungen durch die Bieter seine Anforderungen in optimaler Weise erfüllen. 335

Die von den Bietern darzulegenden Lösungsalternativen für die gestellte Planungsaufgabe sind allerdings eine persönliche, geistige Schöpfung des Bieters und stellen damit grundsätzlich ein Werk im Sinne des Urheberrechtsgesetzes dar, sofern es einen so hohen Grad individueller ästhetischer Gestaltungskraft aufweist, dass es aus der Masse des alltäglichen Bauschaffens herausragt. Daraus folgt, dass nicht jede geistig-schöpferische Leistung automatisch dem Urheberrecht unterliegt. Vielmehr ist eine Einzelfallbeurteilung anzustellen. 336

Die Weiterentwicklung der indikativen und/oder überarbeiteten Angebote ist gerade wegen der Unterschiedlichkeit der Lösungsalternativen für die gestellte Planungsaufgabe interessant. Im Rahmen des rechtlich zulässigen – also unter Beachtung des Urheberrechts – ist es den Auftraggebern daher gestattet, besonders optimale Lösungsalternativen bzw. Teilelemente daraus als für das weitere Verfahren verbindliche Anforderung zu definieren. Auf diese Weise kann es gelingen, dass Innovationspotential der Bieter in höchst möglichen Maße für die eigene Aufgabenerfüllung des öffentlichen Auftraggebers nutzbar zu machen. 337

Das Verhandlungsverfahren stellt sich daher wie ein Trichter dar, der als dynamischer Prozess schlussendlich optimale Angebote für die ausgeschriebene Planungsaufgabe hervorbringt. Dazu kann es unter Umständen sinnvoll und notwendig werden, Lösungsalternativen unterschiedlicher Bieter – rechtlich zulässig – miteinander zu „kombinieren" um den größtmöglichen Effekt für den öffentlichen Auftraggeber im Rahmen eines VOF-Vergabeverfahrens zu erreichen. Dabei hat der öffentliche Auftraggeber selbstverständlich aber die rechtlichen Rahmenbedingungen und Grenzen des Urheberrechtsgesetzes zu beachten. 338

Praxistipp !

Keine Pauschalierung

Ob unterschiedliche Lösungsalternativen miteinander „kombiniert" werden dürfen, ist jeweils im Einzelfall zu prüfen. Andernfalls setzt sich der Auftraggeber der Gefahr aus, im Verlauf des Vergabeverfahrens eine Urheberrechtsverletzung zu begehen.

Ratsam ist daher die Einholung einer Einverständniserklärung des geistigen Urhebers dahingehend, dass dem öffentlichen Auftraggeber/Auslober die Befugnisse zur Nutzung und Änderung der eingereichten Lösungsalternativen/Wettbewerbsarbeiten eingeräumt wird.

X. Angebotswertung

339 Der Auftraggeber hat bei der Wertung der eingereichten Angebote das Verfahrensstadium und damit die vergaberechtliche Qualität zu berücksichtigen. Eine unterschiedliche Angebotswertung ist insbesondere zwischen sog. indikativen Angeboten und überarbeiteten/letztverbindlichen Angeboten notwendig. Dies folgt unmittelbar aus § 11 Abs. 6 Satz 1 VOF, wonach die Entscheidung für einem Bieter nur auf der Grundlage eines zuschlagsfähigen Angebotes zulässig ist. Zuschlagsfähig ist jedoch nur ein formal korrektes Angebot, welches die erste Wertungsstufe – und damit die formelle Prüfung – ohne Beanstandungen durchlaufen hat.

1. Die Angebotswertung indikativer Angebote

340 Die Wertung indikativer Angebote unterscheidet sich gegenüber der Wertung überarbeiteter/letztverbindlicher Angebote im Wesentlichen dadurch, dass die indikativen Angebote als sog. unverbindliche Erstangebote nicht nach den bekannt gemachten Zuschlagskriterien gewertet werden.

341 Gleichwohl darf der öffentliche Auftraggeber nur über solche Angebote verhandeln, die zum Zeitpunkt der Angebotsabgabe nicht an wesentlichen Mängeln leiden. Auch wenn die strengen Ausschlussvorschriften der VOB/A und der VOL/A (§§ 16 Abs. 1 Nr. 1 ff. VOB/A, 19 Abs. 3 ff. VOL/A) weder direkt noch analog auf das Vergabeverfahren nach der VOF anwendbar sind, ist der Auftraggeber in erster Linie doch an sein für die Durchführung des Verhandlungsverfahrens eigens bekannt gemachtes formales Anforderungsprofil für die ersten indikativen Angebote gebunden. Schließlich hat er dieses Anforderungsprofil für alle Bieter gleichermaßen mit der Aufforderung zur Angebotsabgabe bekannt gegeben, weshalb er an diese formalen Anforderungen auch gegenüber allen gleichermaßen gebunden ist. Umso wichtiger ist es, dass das Anforderungsprofil eindeutig ist und keine Auslegung durch die Bieter zulässt.

342 Gibt der öffentliche Auftraggeber daher selbst formale Regeln vor, etwa die Vorlage bestimmter Unterlagen innerhalb einer festgesetzten Frist, ist er daran gebunden und muss dagegen verstoßene Angebote – auch indikative Angebote – vom weiteren Vergabeverfahren ausschließen. Andernfalls verstößt er gegen den allgemeinen Gleichbehandlungsgrundsatz, der selbstverständlich auch für Vergabeverfahren nach der VOF Geltung beansprucht.[93]

343 Dies gilt nur dann nicht, soweit der Auftraggeber mittels der neu geschaffenen Möglichkeit nach § 11 Abs. 3 VOF bei Fehlen von Erklärungen und Nachweisen im Angebot eines Bieters dem betreffenden Bieter eine Frist zur Nachreichung setzt.

93 Vgl. OLG Frankfurt a. M., Beschl. v. 5.3.2014 – 11 Verg 2/14; OLG Naumburg, Beschl. v. 13.10.2008 – 1 Verg 10/08.

Diese Heilungsmöglichkeit für unvollständige Angebote gilt auch für indikative Erstangebote. In Abgrenzung zu § 5 Abs. 3 VOF, der ausschließlich eignungsbezogene Erklärungen und Nachweise erfasst, bezieht sich die Nachforderungsmöglichkeit des § 11 Abs. 3 VOF aber nur auf angebotsbezogene Erklärungen und Nachweise.

Im Gegensatz zu den detaillierten Regelungen der VOB/A (§ 16 EG Abs. 1 Nr. 1 lit. 344 c) Halbsatz 2 sowie § 16 VS Abs. 1 Nr. 1 lit. c) Halbsatz 2 VOB/A) und der VOL/A (§ 19 EG Abs. 2 Satz 2 VOL/A) lässt die VOF in § 11 Abs. 3 bedauerlicherweise eine Regelung zu fehlenden Preisangaben vermissen. Unklar verhält sich die Regelung auch zu der Frage, ob bereits nachgeforderte Erklärungen und Nachweise auf Grundlage des § 11 Abs. 3 VOF erneut nachgefordert werden dürfen, wenn der Bieter der Aufforderung zur Nachreichung nicht nachgekommen ist.

Im Hinblick auf die Regelungen der VOB/A und der VOL/A besteht allerdings 345 im weniger formstrengen VOF-Vergabeverfahren wohl kein Bedürfnis, dem Bieter nach Ablauf einer Nachfrist erneut die Gelegenheit zur Nachreichung einzuräumen. Immerhin hat der Auftraggeber den Bieter bereits einmal auf sein Versäumnis aufmerksam gemacht. Allein im Hinblick auf den Gleichbehandlungsgrundsatz aus § 97 Abs. 2 GWB ist eine zweite Nachforderung höchst problematisch, sobald auch nur ein Bieter die nachgeforderten Erklärungen und Unterlagen im Zuge der ersten Nachreichungsfrist beigebracht hat.

Darüber hinaus ist bei der Auslegung der Absatz 6 S. 2 VOF zu beachten, wonach 346 der Auftraggeber den Vertrag mit dem Bieter schließt, der aufgrund des ausgehandelten Auftragsinhalts und der ausgehandelten Auftragsbedingungen im Rahmen der bekannt gemachten Zuschlagskriterien und deren Gewichtung die bestmögliche Leistung erwarten lässt. Im Hinblick auf die Vergabe von Architekten- und Ingenieurleistungen kommt noch hinzu, dass der Bieter im Hinblick auf die gestellte Aufgabe am ehesten die Gewähr für eine sachgerechte und qualtitäsvolle Leistungserfüllung bieten muss, vgl. § 20 Abs. 1 S. 1 VOF.

Vergegenwärtigt man sich die Situation des Verhandlungsverfahrens, wonach 347 ein Bieter nach Teilnahme nunmehr ein womöglich alles entscheidendes letztverbindliches Angebot beizubringen hat und er vom Auftraggeber bereits einmal die Gelegenheit zur Nachreichung von nicht beigebrachten Erklärungen und Nachweisen erhalten hat, spricht wenig für die Annahme auf Seiten des Auftraggebers, ein Bieter, der eine weitere Nachreichungsfrist benötigt, lasse die bestmögliche Leistung erwarten. Ein solcher Bieter bietet daher wohl gerade nicht am ehesten die Gewähr für eine sachgerechte und qualitätsvolle Leistungserfüllung. Auch wenn daher der neu geschaffene § 11 Abs. 3 VOF den Auftraggebern nicht verbietet, eine erneute Frist zur Nachreichung von Erklärungen und Nachweisen zu setzen, ist dies aus Gleichbehandlungsgesichtspunkten und einer sachgerechten Bewertung der Angebote wenig zweckdienlich und wird in der vergaberechtlichen Rechtsprechung wohl auch nicht zugelassen werden.

2. Die Angebotswertung letztverbindlicher Angebote

348 Die Wertung der letztverbindlichen Angebote erfolgt – wie auch im Rahmen der Verhandlungsverfahren nach VOB/A und VOL/A – anhand von vier Bewertungsstufen.

349 Auf Stufe 1 hat der öffentliche Auftraggeber zunächst zu prüfen, ob Angebote ausgeschlossen werden müssen. Dies kann insbesondere dann der Fall sein, wenn Angebote nicht rechtzeitig, unvollständig oder nicht ordnungsgemäß eingereicht wurden. Die Prüfung umfasst daher die Einhaltung der durch den Auftraggeber zuvor festgelegten Formalien.

Praxistipp

Achtung – Landesvergabegesetze

Hierzu zählen auch die Vorgaben der unterschiedlichen Tariftreue- und Vergabegesetze der Bundesländer. Je nach Bundesland gelten aufgrund der Vielzahl der Landesgesetze unterschiedliche Vorgaben für Ausschreibungsverfahren, die es zu prüfen gilt.

350 Auf Stufe 2 hat der Auftraggeber die Eignung des Bieters zu prüfen. Dabei ist zu überprüfen, ob der Bieter leistungsfähig, fachkundig und zuverlässig ist. Diese Prüfung kann im Regelfall unterbleiben, sofern es sich um ein Verhandlungsverfahren mit vorheriger öffentlicher Aufforderung zur Teilnahme (Teilnahmewettbewerb) handelt. Hat der öffentliche Auftraggeber daher den Teilnahmewettbewerb abgeschlossen muss er in die Eignungsprüfung im Rahmen der Wertung letztverbindlicher Angebote nur dann erneut einsteigen, wenn dem Auftraggeber in der Angebotsphase Umstände bekannt werden, die ihn an der zuvor festgestellten Eignung des Bieters zweifeln lassen.

Fettnapf

Bestandsänderung

Höchste Gefahrenstufe ist auszurufen, wenn sich nach Ablauf der Teilnahmefrist bzw. der Angebotsfrist Änderungen in der Zusammensetzung einer Bewerber- bzw. Bietergemeinschaft ergeben. In einer grundlegenden Entscheidung hat das OLG Düsseldorf dazu ausgeführt, dass Änderungen in der Zusammensetzung einer Bietergemeinschaft nach Angebotsabgabe zu einem Identitätswechsel des Bieters und damit zu einer unzulässigen Änderung des Angebots führt.[94]

351 Im Regelverfahren der VOF – dem Verhandlungsverfahren mit vorgeschaltetem Teilnahmewettbewerb – tritt die Bindung der Zusammensetzung einer Bewerbergemeinschaft allerdings schon früher ein, nämlich mit dem Ablauf der Teilnahmefrist und Aufforderung zur Abgabe eines Angebots.

352 Eine pauschale Lösung verbietet sich an dieser Stelle, auch wenn das OLG Celle in seiner entgegenstehenden Rechtsauffassung auf die Rechtstellung von Bewerber-

94 Vgl. OLG Düsseldorf, Beschl. v. 24.5.2005 – VII Verg 28/05 (zur VOB/A); Beschl. v. 26.1.2005 – VII Verg 45/05 (zur VOL/A), dem folgend VK Bund, Beschl. v. 22.2.2008 – VK 1 – 4/08 (zur VOB/A).

und Bietergemeinschaften abstellt.[95] Unabhängig davon hat der öffentliche Auftraggeber bei jedwedem Austausch von Bietergemeinschaftspartnern zu prüfen, ob die Eignung des verbliebenen Teils noch angenommen werden kann. Der Austausch von Partnern darf die Eignung der Bewerber- bzw. Bietergemeinschaft als Ganzes daher nicht beeinflussen und den Inhalt der Bewerbung oder des Angebots verändern. Andernfalls würden die übrigen Bewerber oder Bieter diskriminiert und benachteiligt.

Auf der 3. Wertungsstufe prüft der Auftraggeber üblicherweise die Angemessenheit der Preise. Er geht somit der Frage nach, ob die angebotenen Preise unangemessen niedrig oder hoch sind. Diese Prüfung soll zum einen die Auftraggeber vor der absehbaren Insolvenz des Dienstleisters bei Unterkostenangeboten schützen und zugleich die Bieter vor einem ruinösen Konkurrenzkampf. 353

Bei der Vergabe von freiberuflichen Leistungen nach der VOF ist allerdings zu berücksichtigen, dass sobald die freiberufliche Leistung in den Anwendungsbereich einer Gebühren- oder Honorarordnung fällt, der Preis nach § 11 Abs. 5 Satz 3 VOF nur im dort vorgeschriebenen Rahmen zu berücksichtigen ist. Diese Regelung soll sicherstellen, dass die Qualität der Leistungen zum wichtigsten Zuschlagskriterium wird und der Preis insofern nur als zusätzliches Kriterium Bestand hat. 354

Bei der Prüfung, ob sich ein Angebot im gesetzlich vorgeschriebenen Rahmen der Gebührenordnung bewegt, ist daher grundsätzlich auf die Einhaltung der Mindest- und Höchstsätze abzustellen. Allein zwischen diesen ist ein Preiswettbewerb zulässig. 355

Zur Vertiefung der Zulässigkeit von Verhandlungen über den Preis und die Preisgrundlagen im Verhandlungsverfahren sei zudem auf die Ausführungen des Autors Dausner zum Mustervertrag und zum Honorar verwiese (Teil II, Kapitel 6 Honorarvereinbarung, Vergütung). 356

Nimmt der Auftraggeber hingegen eine unzulässige Unterschreitung der Mindestsätze an, so ist er zunächst angehalten, das fragwürdige Angebot aufzuklären. Erst wenn sich im Wege der Angebotsaufklärung die Annahme des Auftraggebers, es liegt eine unzulässige Unterschreitung der Mindestsätze vor, als richtig erweist, ist er berechtigt, das Angebot von der weiteren Wertung auszuschließen. Dies gilt allerdings nur dann, wenn der Auftraggeber in der Bekanntmachung oder den Vergabeunterlagen die betroffene Honorarordnung festgehalten hat. In diesem Fall liegt nämlich eine Selbstbindung dergestalt vor, dass auf ein Angebot, dessen Preis sich nicht im Rahmen der Gebühren- oder Honorarordnung bewegt, der Zuschlag nicht erteilt werden darf. Das betreffende Angebot ist folglich von der Wertung auszuschließen. 357

Hat der öffentliche Auftraggeber keine Festlegungen getroffen, verbleibt ihm die Möglichkeit, im Wege von Nachverhandlungen die Angebote auf die Mindest- 358

95 Vgl. OLG Celle, Beschl. v. 3.12.2009 – 13 Verg 14/09; OLG Celle, Beschl. v. 5.9.2007 – 13 Verg 9/07.

sätze anzuheben. Erhärten die Aufklärungsbemühungen allerdings den ursprünglichen Verdacht einer unzulässigen Mindestsatzunterschreitung nicht, verbleibt das Angebot unverändert in der Wertung.

Praxistipp

Keine Pflicht zur Nachverhandlung!

Eine Pflicht zur Nachverhandlung mit der Möglichkeit einer Anhebung auf die Mindestsätze der betroffenen Gebühren- oder Honorarordnung besteht allerdings nicht.

Weder kann eine derartige Pflicht der VOF entnommen werden, noch ist sie mit den Verantwortungsbereichen von Auftraggeber und Bieter vereinbar. Die Rechtmäßigkeit eines Angebotes ist und bleibt generell allein der Risikosphäre des Bieters zugeordnet.

Im Rahmen der 4. Wertungsstufe hat der Auftraggeber schließlich zu prüfen, welches der eingegangenen und nicht auf einer der vorherigen Wertungsstufen auszuschließendes Angebot nach den zuvor definierten Zuschlagskriterien das Wirtschaftlichste ist.

---

359 Dabei ist der Auftraggeber an die von ihm bekannt gegebenen Wertungskriterien, deren Unterkriterien sowie ihre Gewichtung gebunden. Dies folgte bereits aus § 11 Abs. 6 S. 2 VOF, wonach die Angebote nur im Rahmen der bekannt gemachten Zuschlagskriterien und deren Gewichtung gewertet werden dürfen.

360 Optimalerweise hat der Auftraggeber eine Wertungsmatrix mit Zuschlagskriterien erarbeitet, die den Bietern mit der Aufforderung zur Angebotsabgabe bekannt gegeben wurde. Die mit dem letztverbindlichen Angebot eingereichten Unterlagen können sodann anhand der zuvor festgelegten Zuschlagskriterien gewertet und mit einer entsprechenden Punktzahl versehen werden. Der Bieter, der im Rahmen der bekanntgebenden Zuschlagskriterien und deren Gewichtung die Höchstpunktzahl erzielt hat und damit am ehesten die Gewähr für eine sachgerechte und qualitätsvolle Leistungserfüllung bietet, hat das wirtschaftlichste Angebot eingereicht und gilt damit als Bestbieter.

361 Die Auswertung von Konzepten bzw. Präsentationen nach einem Schulnotensystem erfordert grundsätzlich eine – wenn auch kurz gehaltene – Verschriftlichung der gewonnenen Eindrücke und vergebenen Noten. Die Rechtsprechung ist – derzeit – noch recht großzügig im Hinblick auf Umfang und Tiefe der Begründung einer vergebenen Note im Rahmen eines Konzeptes bzw. einer Präsentation.

362 Den Bietern ist der Termin zur Präsentation bzw. Teststellung aber rechtzeitig vorab anzukündigen. Auch muss der Auftraggeber die Bewertungskriterien einschließlich der Unterkriterien sowie die Punkteskala mit einer Erläuterung der einzelnen Punktewerte für die Bewertung der Präsentation bzw. der Konzepte den Bietern vorab bekannt geben.

363 Nach dem OLG München[96] wird ein rechtskonformes Verfahren zur Wertung eingehalten, wenn der Auftraggeber dafür sorgt, dass:

---

96 OLG München, Beschl. v. 2.11.2012 – Verg 26/12.

- vor der Präsentation eine genaue Einweisung aller Jurymitglieder in die Bewertung stattfindet,
- die Einstufung der Punktewerte schriftlich vorliegt,
- die verbale Ausführung der Punkte vorliegt,
- sich die Jurymitglieder bei der Präsentation gegenüber dem jeweiligen Bieter neutral verhalten, und
- sich der öffentliche Auftraggeber an alle Vorgaben hält, die er für die Präsentation aufgestellt und den Bietern mitgeteilt hat.

Nach Auffassung des OLG München genügt es, wenn die Bewertungskriterien der ein- 364
zelnen zu vergebenden Punkte für die Präsentation oder Konzepte in der Vergabeakte verbalisiert sind. Eine zusätzliche wörtliche, ins Detail gehende Begründung für die einzelne Bewertung sei – nach Auffassung des OLG München – nicht erforderlich. Hier ist jedoch Vorsicht geboten. Ratsam ist daher eine transparente Begründung der vergebenen Notenstufe, um jeglichen Irritationen vorab zu begegnen.

XI. Absage der unterlegenen Bieter – das Vorabinformationsschreiben

Nachdem der öffentliche Auftraggeber das wirtschaftlichste Angebot aus den 365
zuschlagsfähigen Angeboten heraus im Rahmen seiner Angebotswertung bestimmt hat, hat er gem. § 101a GWB die betroffenen Bieter, deren Angebot nicht berücksichtigt werden soll über den Namen des Unternehmens, dessen Angebot angenommen werden soll, über die Gründe der vorgesehenen Nichtberücksichtigung des eingereichten Angebotes als auch über den frühesten Zeitpunkt des Vertragsschlusses unverzüglich in Textform zu informieren.

Erfolgt die Information postalisch, darf der Zuschlag frühestens 15 Kalendertage 366
nach Absendung der Information erteilt werden; unterrichtet der Auftraggeber die betroffenen Bieter, deren Angebote nicht berücksichtigt werden sollen, hingegen per Fax oder auf elektronischem Wege (E-Mail), kann der Zuschlag frühestens 10 Kalendertage nach Absendung der Information erteilt werden.

Praxistipp !

Fristberechnung

Nach dem Wortlaut des § 101a GWB beginnt die Frist am Tag nach der Absendung der Informationen durch den Auftraggeber, wobei es auf den Tag des Zugangs beim betroffenen Bieter und Bewerber nicht ankommt. Der Zuschlag darf daher niemals vor dem in der Vorabinformation angegebenen frühesten Zeitpunkt des Vertragsschlusses erfolgen. Andernfalls kann sich ein unterlegener Bieter auf die Unwirksamkeit nach § 101b GWB berufen.

Das Fristende verschiebt sich auch nicht dadurch, dass es auf einen Samstag, einen Sonntag oder einen Feiertag fällt. § 193 BGB ist insofern nicht entsprechend anwendbar.

Fristbeginn: **Montag** – Absendung der Information

Fristende: **Dienstag**, 24:00 Uhr

Kalendertage seit Absendung

Mo	Di	Mi	Do	Fr	Sa	So	Mo	Di	Mi	Do	Fr	Sa	So	Mo	Di
0	1	2	3	4	5	6	7	8	9	10	11	12	13	14	15

1. Woche | 2. Woche | 3. Woche

Abb. 1: Beispiel 15-Tage-Mindestfrist (Postversand)
Der Zuschlag darf im obigen Beispiel also ab 0:00h am Mittwoch, dem 16. Kalendertag nach der Absendung der Vorabinformation auf dem Postwege, erteilt werden.

Fristbeginn: **Montag** – Absendung der Information

Fristende: **Dienstag**, 24:00 Uhr

Kalendertage seit Absendung

Mo	Die	Mi	Do	Fr	Sa	So	Mo	Di	Mi	Do
0	1	2	3	4	5	6	7	8	9	10

1. Woche | 2. Woche

Abb. 2: Beispiel 10-Tage-Mindestfrist (elektronischer Versand)
Der Zuschlag darf in obigem Beispiel also ab 0:00 h am Freitag, dem 11. Kalendertag nach der Absendung der Vorabinformation auf elektronischem Wege, erteilt werden.

Beispiel für Fristende Wochenende
Fristende:
Sonntag, 24:00 Uhr

Mi	Do	Fr	**Sa**	**So**
11	12	13	**14**	**15**
2. Woche				3. Woche

Beispiel für Fristende gesetzl. Feiertag
Fristende:
Feiertag (Mi), 24:00 Uhr

Sa	**So**	Mo	Di	**Mi**
11	**12**	13	14	**15**
2. Woche				3. Woche

Abb. 3: Keine Verschiebung des Fristendes
Das Fristende verschiebt sich nicht dadurch, dass es auf einen Samstag, einen Sonntag oder einen Feiertag fällt.

Im Vergleich zur früheren Regelung des §13 VgV hat die Vorabinformation der nicht berücksichtigten Bieter eine hinreichende Verschärfung der mitzuteilenden Informationen erfahren. Die Vorabinformation muss die unterlegenen Bieter nunmehr zumindest über die in der Checkliste aufgeführten Angaben informieren. 367

Checkliste
Mindestangaben Vorabinformation
- den Namen des Unternehmens, dessen Angebot angenommen werden soll,
- die Gründe der vorgesehenen Nichtberücksichtigung und schließlich
- den frühesten vorgesehenen Zeitpunkt für den Vertragsschluss (Zuschlag) informieren.

Der Name des Bieters, dessen Angebot angenommen werden soll, ist eindeutig. Es müssen aber auch „die Gründe“ für die Nichtberücksichtigung angegeben werden. Nicht ausreichend ist dabei die Aussage, der unterlegene Bieter habe nicht das „wirtschaftlichste Angebot“ eingereicht. 368

Öffentliche Auftraggeber sollten sich nicht auf allgemeine Floskeln nach Mustervorlagen zurückzuziehen, sondern eine aussagekräftige Begründung für die Nichtberücksichtigung eines Angebotes übermitteln. 369

Praxistipp
Aussagekräftige Absageschreiben erstellen!
Öffentliche Auftraggeber müssen sich vergegenwärtigen, dass ein Absageschreiben in einem Vergabeverfahren personelle Konsequenzen beim Bieter nach sich ziehen kann.
Die Neigung, ein Nachprüfungsverfahren einzuleiten, ist umso höher, je weniger aussagekräftig und nachvollziehbar die Begründung für die Absage ist. Auftraggeber sollten daher im eigenen Interesse den unterlegenen Bietern eine aussagekräftige und nachvollziehbare Begründung für deren Nichtberücksichtigung übermitteln.
In der Praxis bewährt hat sich außerdem das Angebot mit der Vorabinformation zu einem persönlichen Erläuterungsgespräch der Vor- und Nachteile des jeweiligen Angebotes. Ein solches Gespräch findet aber selbstverständlich nur nach Zuschlagserteilung statt.

---

370 Daneben sieht § 14 Abs. 5 VOF eine eigenständige Anspruchsgrundlage für Bieter vor, den Auftraggeber um Mitteilung der Gründe für die Ablehnung ihres Angebotes und die Merkmale und Vorteile des erfolgreichen Angebotes sowie den Namen des erfolgreichen Bieters zu bitten. Eine solche Mitteilung muss der Auftraggeber, sofern ein entsprechender Antrag eingeht, spätestens innerhalb von 15 Kalendertagen beantworten.

371 Erfahrungsgemäß reicht es aus, wenn den Bietern auf der Grundlage der Aufgabenbeschreibung und der konkreten Auftragskriterien die Ablehnungsgründe stichwortartig mitgeteilt und erläutert werden. Nichtsdestotrotz muss der Auftraggeber die Gründe gegenüber dem Bieter stets so detailliert angeben, dass dieser erkennen kann, worauf die Entscheidung des Auftraggebers über die Auftragserteilung beruht und ob er demgemäß ggf. gegenüber der Vergabestelle eine Rüge erteilt oder ein Nachprüfungsverfahren einleitet.[97]

372 Für beide Mitteilungen gilt aber zugleich, dass aus Gründen des Wettbewerbsschutzes und der Vertraulichkeit geheimhaltungsbedürftige Angaben des obsiegenden Angebotes wie etwa konkrete Inhalte oder Angebotspreise den unterlegenen Bietern nicht mitgeteilt werden dürfen. Verlangt ein unterlegener Bieter trotzdem nach entsprechender Einsichtnahme, so ist er auf den Nachprüfungsantrag und die dann mögliche Akteneinsicht in die Vergabeakte zu verweisen.

XII. Der Vertragsschluss – Abschluss des Verhandlungsverfahrens

373 Im Gegensatz zum offenen und nicht-offenen Vergabeverfahren nach der VOB/A und der VOL/A endet das Vergabeverfahren nach der VOF nicht mit Zuschlag, sondern mit Vertragsschluss oder mit Verzicht auf die Auftragserteilung.

374 Nach der VOF bindet damit nicht der Zuschlag, sondern der Vertragsschluss den Bieter an den Auftraggeber. Es ist folglich ein separater Vertrag zwischen Bieter und Auftraggeber erforderlich.

375 Ob und wann ein solcher Vertrag zustande kommt, richtet sich nach dem allgemeinen Zivilrecht, weshalb der Vertragsschluss insbesondere kommunalen Formvorschriften genügen muss.

376 Aus dem Charakter der Auftragserteilung als zivilrechtlichem Vertrag folgt zudem, dass zur Wirksamkeit des Vertragsschlusses die Erklärung des Auftraggebers zur Auftragserteilung dem Bieter zugegangen sein muss. Das Verfahren ist damit nicht bereits mit Absendung der Erklärung des Auftraggebers beendet, sondern erst, sobald dem Bieter die Erklärung des Auftraggebers auch wirklich zugegangen ist.

377 Als zweite Alternative der Verfahrensbeendigung kommt der Verzicht auf die Auftragserteilung in Betracht. Ausgehend vom Grundsatz der Privatautonomie kann der

97 Vgl. Portz, in Müller-Wrede, Kommentar zur VOF, 5. Aufl., § 14 Rn. 39.

Auftraggeber grundsätzlich nicht verpflichtet werden, einen Vertrag zu schließen. Für den Fall, dass sich im Verlauf des Verhandlungsverfahrens herauskristallisiert, dass keiner der Bieter eine befriedigende Lösungsalternative erwarten lässt, kann der Auftraggeber daher auf die Erteilung eines Zuschlages verzichten.

Auch wenn § 11 Abs. 7 VOF keine Gründe benennt, die zum Verzicht der Auftrags- 378 erteilung berechtigen können, ergibt sich aus der Gesamtschau der Regelungen zur Aufhebung eines förmlichen Vergabeverfahrens (§§ 20 EG Abs. 1 VOL/A, 17 EG Abs. 1 sowie 17 VS Abs. 1 VOB/A), dass nur objektive Gründe zum Verzicht der Auftragserteilung berechtigen können. Alles andere stünde im krassen Gegensatz zu den vergaberechtlichen Grundsätzen der Transparenz und Nichtdiskriminierung.

Schließlich investieren die Bieter unter Eingehung eines vorvertraglichen Schuld- 379 verhältnisses, aus dem ein Vertrauensschutz folgt, nicht in unerheblichem Aufwand in die Angebotslegung und damit Teilnahme am Vergabeverfahren. Könnten Auftraggeber Vergabeverfahren im Bereich der VOF ohne Angabe objektiver Gründe aufheben, könnten sie die Beauftragung eines ungeliebten Bieters, der aber nach der Wertung der letztverbindlichen Angebote das wirtschaftlichste Angebot abgegeben hat, in willkürlicher Weise stets durch Aufhebung verbinden. Das kann nicht richtig sein.

Um Willkür zu verhindern, muss der Auftraggeber die Aufhebung gemäß § 14 380 Abs. 6 Satz 1 VOF allen Bietern unter Angabe der Gründe mitteilen und zugleich das Amt für Veröffentlichungen der europäischen Union über die Entscheidung, auf die Vergabe eines Auftrags verzichten zu wollen, benachrichtigen. Selbstverständlich sind die Gründe für einen Verzicht auf die Auftragsvergabe im Vergabevermerk zu dokumentieren.

XIII. Freiberufliche Leistungen nach der Sektorenverordnung und der Vergabeordnung Verteidigung und Sicherheit

Gemäß § 2 Abs. 1 VSVgV sind die Vorschriften dieser Verordnung für die Vergabe von 381 sicherheits- und verteidigungsrelevanten Liefer- und Dienstleistungsaufträgen anzuwenden. Der Begriff der Dienstleistungsaufträge im Sinne der VSVgV umfasst dabei auch Dienstleistungen freiberuflicher Art im Sinne der Verdingungsordnung für freiberufliche Leistungen. Insofern kann auf den Verfahrensablauf eines Verhandlungsverfahrens vollumfänglich verwiesen werden.

Für die Vergabe freiberuflicher Leistungen durch Sektorenauftraggeber und im 382 Sektorenbereich gilt allerdings die SektVO. Durch die Einführung der SektVO hat sich die Rechtslage insoweit grundlegend verändert. Vom Anwendungsbereich der SektVO sind damit erstmals auch freiberufliche Dienstleistungen erfasst.

Zwar existiert keine ausdrückliche Regelung, die die Vergabe freiberufliche 383 Dienstleistungen ausdrücklich der SektVO zuordnet. Aus § 11 SektVO kann aber allein gefolgert werden, dass es sich dabei um freiberufliche Leistungen handeln muss.

Indem der Anhang I Teile A und B denen der VOL/A und der VOF entspricht, werden folglich auch klassische freiberufliche Leistungen wie Architektur (Kategorie 12) und Rechtsberatung (Kategorie 21) erfasst. Mangels Sonderzuweisung zu anderen vergaberechtlichen Regelungen sind diese im Bereich der SektVO auch nach deren Bestimmungen zu vergeben.

384 Ein Verhandlungsverfahren nach der SektVO hat sich dabei im Wesentlichen an den Verfahrensgestaltungen der VOF zu orientieren, weshalb überwiegend auf die Ausführungen zum Ablauf eines Verhandlungsverfahrens verwiesen werden kann.

385 Verhandlungsverfahren unterhalb der europaweiten Schwellenwerte im Bereich freiberuflicher Dienstleistungen können sich ebenfalls an den gemachten Ausführungen zum Verhandlungsverfahren orientieren. Wichtig ist insoweit, dass der öffentliche Auftraggeber die Grundprinzipien des Vergaberechts beachtet und ein transparentes und diskriminierungsfreies Verfahren durchführt, welches dem wettbewerblichen Grundgedanken verpflichtet bleibt. Die Ausführungen zum Ablauf eines Verhandlungsverfahrens können insofern ebenfalls entsprechend herangezogen werden.

Kapitel 5
Die Dokumentation des Vergabeverfahrens

A. Überblick

Gemäß § 12 Abs. 1 VOF **ist** das Vergabeverfahren *„von Anbeginn fortlaufend zu dokumentieren, sodass die einzelnen Stufen des Verfahrens, die einzelnen Maßnahmen sowie die Begründung der einzelnen Entscheidungen festgehalten werden.“* 1

Eine ordnungsgemäße Dokumentation gehört somit zu den gesetzlichen **Pflichten** eines jeden öffentlichen Auftraggebers, der einen Planungsauftrag im Verfahren nach der VOF vergeben will. Diese Pflicht besteht auch, wenn das Vergabeverfahren mit elektronischen Mitteln abgewickelt wird (Art. 84 Abs. 2 RL 2014/24/EU). 2

Die Dokumentation, die auch als Vergabevermerk bezeichnet wird, dient der **Transparenz des Vergabeverfahrens.** Sie ist so abzufassen, dass auch ein nicht am Verfahren beteiligter, aber sachkundiger Leser in die Lage versetzt wird, die einzelnen Verfahrensschritte und Entscheidungen des Auftraggebers nachzuvollziehen. 3

Ein weiterer Zweck ist **Eigenkontrolle** der mit dem Vergabeverfahren befassten Personen. Die Dokumentation zwingt dazu, Entscheidungen auf sachlicher Grundlage zu treffen. Wer Schwierigkeiten hat, eine Ermessensentscheidung argumentativ zu untermauern, sollte sich selbstkritisch fragen, ob die ins Auge gefasste Entscheidung wirklich der Weisheit letzter Schluss ist oder eine ordnungsgemäße Ermessensausübung nicht zu einem anderen Ergebnis führen müsste. 4

Schließlich ist die Pflicht zur Führung eines Vergabevermerks ein probates Mittel der **Korruptionsprävention.** 5

Das Vergabeverfahren ist ein dynamischer Prozess, der sich in der Dokumentation abbilden muss. Daraus folgt, dass der Auftraggeber den Vergabevermerk **ständig aktualisieren** muss. 6

Verantwortlich für den Vergabevermerk ist immer der **Auftraggeber**. Er darf sich zwar auch externer Hilfe bedienen, nicht aber die Verantwortung delegieren. 7

Macht sich der Auftraggeber den **Entscheidungsvorschlag** eines Beraters oder eines sonstigen Dritten zu eigen, muss dessen Empfehlung schriftlich und inhaltlich aussagekräftig sein. Außerdem muss aus einem Zustimmungsvermerk ersichtlich sein, dass und wie weit der Auftraggeber dem Vorschlag des Dritten **aus eigener Verantwortung** folgt. 8

Damit der Vergabevermerk die ihm zugedachte **Beweisfunktion** erfüllen kann, sind die einzelnen Bestandteile mit einen Datum zu versehen und von demjenigen, der die Maßnahme oder Entscheidung getroffen hat, (elektronisch) zu **unterschreiben**. Ein Behördenstempel o. Ä. genügt nicht.[1] 9

1 Müller-Wrede/Portz, § 12 VOF Rn. 12.

10 **Potentielle Leser** der Dokumentation sind neben Bewerbern, Bietern, Vergabekammern und Vergabesenaten in einem Nachprüfungsverfahren auch die EU-Kommission (Art. 84 Abs. 3 RL 2014/24/EU), Aufsichtsbehörden, Rechnungshöfe, Zivilgerichte und staatliche Stellen, die Zuwendungen in Sinne des § 23 BHO (sowie entsprechender Regelungen auf Länder- und Kommunalebene) gewähren.

11 Fordert ein Bieter vom Auftraggeber **Schadensersatz** etwa mit der Begründung, nicht der angebliche Ausschreibungsgewinner, sondern er hätte den Auftrag erhalten müssen, ist ein ordnungsgemäß geführter Vergabevermerk geeignet, das Gericht davon zu überzeugen, dass alles mit rechten Dingen zugegangen ist oder der Anspruchsteller selbst dann chancenlos gewesen wäre, wenn es nicht zu dem behaupteten Vergaberechtsverstoß gekommen wäre.

12 Zudem kann dem Vergabevermerk auch Bedeutung zukommen, wenn der Auftraggeber **Zuwendungen** erhalten hat und die gewährende Stelle sich dafür interessiert, ob alles mit rechten Dingen zugegangen ist. Ein Auftraggeber, der den Vergabevermerk nicht mit der gebotenen Sorgfalt geführt hat, kann im Ernstfall in Argumentationsnöte kommen.

13 § 12 VOF gilt zwar nur für Aufträge, die unter den Vierten Teil des GWB fallen (Schwellenwertvergaben). Angesichts des weiten potentiellen Leserkreises ist Auftraggebern aber dringend zu raten, auch die grundsätzlich zulässige freihändige Vergabe von Planungsleistungen im **Unterschwellenbereich** zu dokumentieren.

14 Aus dem Vergabevermerk sollte sich dann zumindest ergeben, dass die Leistung an einen Planer vergeben wurde, dessen Fachkunde, Leistungsfähigkeit und Zuverlässigkeit geprüft wurde bzw. bekannt ist und der die Gewähr sowohl für eine wirtschaftliche als auch qualitativ ansprechende Leistungserbringung bietet.

15 Auch wenn der Auftraggeber von einem Auftragswert unter dem jeweils zu beachtenden Schwellenwert ausgeht, kann sich die **EU-Kommission** für das Verfahren und damit auch für die Dokumentation interessieren, etwa wenn

- ein Auftrag mit **Binnenmarktrelevanz** in Betracht kommt;
- der Verdacht besteht, dass der Auftragswert heruntergerechnet wurde, um eine Ausschreibung nach der VOF zu vermeiden;
- die Planungsleistungen für ein geplantes Gesamtvorhaben in mehrere „Aufträge“ aufgeteilt wurden.[2]

2 Siehe dazu EuGH, Urt. v. 15.3.2012 – C-574/10 – VergabeR 2012, 593.

B. Inhalt der Dokumentation nach § 12 VOF

I. Mindestinhalt nach Abs. 2

§ 12 Abs. 2 VOF enthält eine aus dem früheren Art. 43 Abs. 1 VKR übernommene Aufzählung von Angaben, die der Vergabevermerk zwingend enthalten muss. Die Erfüllung dieser Mindestanforderung ist aber regelmäßig nicht ausreichend. Deshalb sollte der Auftraggeber diese Aufzählung lediglich als Orientierungshilfe ansehen. 16

Was tatsächlich zu dokumentieren ist, hängt vom **konkreten Einzelfall** ab. Maßgeblich ist insoweit § 12 Abs. 1 VOF, aus dem sich ergibt, dass jede Maßnahme und jede Entscheidung **nachvollziehbar** niederzulegen ist. 17

Der Vergabevermerk muss daher regelmäßig einen erheblichen Detaillierungsgrad aufweisen. 18

Es kommt nicht auf den Umfang, sondern auf die inhaltliche Substanz an. Kurze, aber präzise und vor allem nachvollziehbare Ausführungen sind romanhaften Werken vorzuziehen. 19

Praxistipp

Vermeiden sie Alternativ- oder Hilfserwägungen („Selbst wenn, dann ...“). Sie erwecken sonst den Eindruck, Sie seien sich Ihrer Sache nicht sicher. Zudem bieten Sie Angriffsflächen in einem Nachprüfungsverfahren. Wenn Sie der Überzeugung sind, dass Ihre Entscheidung aus dem Grund A richtig (vertretbar) ist, sollten Sie auch dazu stehen.

II. Notwendiger Inhalt im Einzelfall

1. Allgemeines

Niederzulegen sind die einzelnen Maßnahmen sowie die Begründung der einzelnen Entscheidungen. 20

Dokumentationspflichtige Maßnahmen sind in der Regel Handlungen des Auftraggebers, die im Zusammenhang mit einem Vergabeverfahren notwendig werden und später, z. B. in einem Nachprüfungsverfahren, von Bedeutung sein können. 21

Beispiel

Im Falle einer Rechtsänderung kann die Frage aufkommen, ob altes oder neues Recht anzuwenden ist. In der Regel ist für das gesamte Vergabeverfahren das Recht maßgeblich, das bei Einleitung des Verfahrens galt.[3] Ein Vergabeverfahren beginnt, wenn der Auftraggeber seinen internen Beschaffungsentschluss nach außen erkennbar umsetzt. Dies ist bei einem Verhandlungsverfahren mit Teilnahmewettbewerb in aller Regel die Absendung der Bekanntmachung an das Amtsblatt der EU. Deshalb sollte sich der Tag der Absendung aus der Dokumentation ergeben.

---

3 Siehe z. B. § 131 Abs. 3 GWB und § 23 VgV.

22 Zu diesen Maßnahmen gehören auch
- die Aufforderung zur Verhandlung (§ 11 Abs. 1 VOF)
- Antworten auf Bieterfragen
- Aufklärungsgespräche
- Verhandlungen
- die Versendung der Vorabinformation (§ 101a GWB)

23 Maßnahmen sind nicht selten die Folge von Entscheidungen – wie etwa der Ausschluss eines Interessenten gemäß § 4 Abs. 6 VOF. Insoweit genügt es nicht, die Maßnahme als solche zu dokumentieren. Niederzulegen sind auch die Gründe für die vorausgegangene Entscheidung.

Praxistipp
Orientieren Sie sich an folgenden Faustregeln:
Steht Ihnen ein **Beurteilungs- oder Ermessensspielraum** zu, müssen Sie darlegen, warum Sie so und nicht anders entschieden haben. Dabei besteht erhöhter Begründungsbedarf, wenn Sie mit Ihrer Entscheidung von einem Regelfall abweichen bzw. von einem Ausnahmetatbestand Gebrauch machen wollen (Beispiel: Absehen von einer Losvergabe).
Ist eine Entscheidung die **zwingende Folge** eines bestimmten Geschehens, ist dieses nachvollziehbar zu dokumentieren (Beispiel: Ausschluss wegen Unvollständigkeit nach Ablauf der Nachreichungsfrist des § 11 Abs. 3 VOF).

---

2. Maßnahmen und Entscheidungen im Vorfeld der Ausschreibung

24 Entgegen dem missverständlichen Wortlaut des § 12 Abs. 1 VOF müssen auch Maßnahmen und Entscheidungen dokumentiert werden, die der Einleitung des Vergabeverfahrens vorausgehen, dieses aber erheblich beeinflussen. Ein Beispiel ist die Kostenschätzung.

Beispiel
Die Schätzung des Auftragswerts geht der Einleitung des Vergabeverfahrens voraus. Sie ist aber eine wesentliche Weichenstellung; von ihr hängt ab, ob eine freihändige Vergabe zulässig oder ein Verhandlungsverfahren nach der VOF – mit der Möglichkeit der Nachprüfung im Verfahren nach den §§ 107 f. GWB – einzuleiten ist. Deshalb ist der geschätzte Auftragswert in der Dokumentation festzuhalten. Liegt dieser unter dem Schwellenwert, hängt der weitere Begründungsaufwand von der Höhe ab. Je mehr sich der Auftragswert dem Schwellenwert nähert, desto eingehender müssen die Schätzungsgrundlagen dargelegt werden.[4] Ein geschätzter Auftragswert knapp unter dem Schwellenwert begründet den Verdacht eines Verstoßes gegen § 3 Abs. 2 VgV, der durch eine schlüssige Argumentation entkräftet werden muss.

---

4 OLG Celle, Beschl. v. 12.7.2007 – 13 Verg 6/07 – VergabeR 2007, 808.

In allen Fällen, in denen die Unterschreitung des Schwellenwerts nicht offenkundig ist, ist eine korrekte und argumentativ gestützte **Kostenschätzung** eine notwendige Voraussetzung für das rechtssichere Absehen von einem förmlichen Vergabeverfahren nach der VOF. 25

Bei Planungsleistungen besteht die Besonderheit, dass deren voraussichtliche Kosten nur auf der Grundlage vorausgehender Schätzungen und Bewertungen ermittelt werden können. Die honorarwirksamen Grundlagen (anrechenbare Kosten, Vor- oder Eigenleistungen, Honorarzone, Zuschläge usw.) müssen ebenfalls schlüssig dokumentiert werden, damit die Schätzung der Planungskosten nachvollziehbar ist.[5] 26

Maßgeblich für die Kostenschätzung ist der Tag, an dem das Vergabeverfahren durch Absendung der Bekanntmachung oder auf andere Weise eingeleitet wird. Liegt die Kostenschätzung schon länger zurück, muss sich aus dem Vergabevermerk zumindest ergeben, dass und warum zwischenzeitlich keine Umstände eingetreten sind, die den Auftragswert über die Schwelle heben könnten. 27

Im Vergabevermerk niederzulegen sind auch die Gründe für „Vorentscheidungen wie 28

- ein Abweichen von dem sich aus § 2 Abs. 4 VOF in Verbindung mit § 97 Abs. 3 GWB ergebenden Gebot der **Losvergabe**
- die Wahl des **Verhandlungsverfahrens ohne Teilnahmewettbewerb** nach § 3 Abs. 4 VOF
- die Wahl eines **beschleunigten Verfahren** nach § 7 Abs. 2 VOF
- die Forderung nach Vorlage bestimmter **Eignungsnachweise** (§ 5 Abs. 2 Satz 2 VOF)
- die Festlegung von Mindestanforderungen an die Eignung.

3. Die wichtigsten Handlungen im Vergabeverfahren

a) Die Eignungsprüfung

Bereits im Vorfeld der Ausschreibung sollte der Auftraggeber das einzelfallbezogene Eignungsprofil skizzieren und im Vergabevermerk darlegen, was er von einem potentiellen Auftragnehmer erwartet, damit er ihm redlicherweise zutrauen kann, den Auftrag fachgerecht und reibungslos über die Bühne zu bringen. 29

Vom Eignungsprofil zu unterscheiden sind die im nationalen Recht leider nicht geregelten **Mindestanforderungen** an bestimmte Eignungskriterien – wie beispielsweise ein Mindestumsatz. Ihre **auftragsbezogene Notwendigkeit** ist im Vergabevermerk zu begründen; anders als das allgemeine Eignungsprofil müssen sie in die Bekanntmachung aufgenommen werden.[6] 30

---

5 VK Mecklenburg-Vorpommern, Beschl. v. 21.11.2013 – 2 VK 14/13 – juris.

6 Das bei Schwellenwertvergaben zwingend zu verwendende Standardformular 2 enthält dafür besondere Spalten.

31 Dem Vergabevermerk muss zu entnehmen sein, dass eine Eignungsprüfung stattgefunden hat, die diese Bezeichnung verdient. Nicht selten wird lediglich niedergelegt, ob/dass alle geforderten Eignungsnachweise vorgelegt wurden. Damit ist die Eignungsprüfung aber nicht abgeschlossen, sondern erst die Grundlage für deren Durchführung geschaffen. Der Vergabevermerk muss ergeben, dass der Auftraggeber anhand der rechtzeitig vorgelegten (oder gemäß §11 Abs. 3 VOF nachgeforderten) Eignungsnachweise jeden Bewerber darauf überprüft hat, ob er für den konkreten Auftrag als Auftragnehmer in Frage kommt.

32 Das Prüfungsergebnis ist kurz zu begründen, und zwar unabhängig davon, ob ein Bewerber als geeignet oder ungeeignet angesehen wird. Es genügt nicht, wenn der Auftraggeber (oder sein Berater) schreibt: „*Nach Durchsicht der Unterlagen sind alle Bewerber mit Ausnahme des X als geeignet anzusehen.*“

33 Die Eignungsprüfung ist nicht auf die angeforderten und vorgelegten Unterlagen beschränkt. Der Auftraggeber darf auch allgemeinzugängliche Informationsquellen benutzen oder eigene Erkundigungen vornehmen. Das Ergebnis ist im Vergabevermerk festzuhalten.

34 Hat der Auftraggeber für einen Bewerber Nachteiliges zu Tage gefördert, muss er dem Betroffenen Gelegenheit zur Stellungnahme geben. Dies muss dem Vergabevermerk zu entnehmen sein; ebenso, dass die Antwort des Bewerbers in die Entscheidung eingeflossen ist.

Praxistipp
Die bloße Benennung von „Referenzobjekten“ durch die Bewerber hilft dem Auftraggeber nicht weiter, weil er nicht weiß, ob der Auftrag auch ordnungsgemäß ausgeführt wurde oder ob es Probleme gab, die für eine fehlende Eignung sprechen. Selbstverständlich darf der Auftrageber Erkundigungen bei früheren Auftraggebern einziehen. Der Name des Gesprächspartners und das Ergebnis der Erkundigung sind zu dokumentieren.

---

b) Die Auswahl der Teilnehmer am Verhandlungsverfahren

35 Häufig will der Auftraggeber nicht mit allen Interessenten verhandeln, die die Hürde der allgemeinen Eignungsprüfung genommen haben, sondern eine weitere Auswahl treffen (§10 Abs. 1 VOF)

36 Üblich ist die Auswahl unter dem Gesichtspunkt „Mehr an Eignung“. Dabei muss der Auftraggeber darauf achten, dass es nicht zu einer (ungewollten) Übergewichtung bestimmter Gesichtspunkte kommt.

Beispiel
Bei den personalintensiven Planungsleistungen gibt es einen unmittelbaren Zusammenhang zwischen der Mitarbeiterzahl und dem Umsatz. Wer beide Gesichtpunkte zu Auswahlkriterien macht läuft Gefahr, der wirtschaftlichen Stärke ein Gewicht beizumessen, das mit Blick auf den konkreten Auftrag unangemessen sein kann.

Summa

Der Auswahlprozess ist nachvollziehbar zu dokumentieren. Aus dem Vergabevermerk muss sich ergeben, dass sich der Auftraggeber an seine eigenen, gemäß § 10 Abs. 2 u. 4 VOF bekanntzumachenden Spielregeln gehalten hat.[7] 37

Die Entscheidung für oder gegen einen Bewerber ist zu begründen. 38

c) Die Verhandlungen

Zunächst einmal muss dem Vergabevermerk zu entnehmen sein, dass überhaupt Verhandlungen stattgefunden haben. Die weitverbreitete Praxis, diejenigen Bewerber, die die Hürde des Teilnahmewettbewerbs genommen haben, zu einer Präsentation einzuladen, in der lediglich Zuschlagskriterien wie *„Erläuterung interner Methoden zur Terminplanung, Koordination"* oder *„vorgesehene bürointerne Projektorganisation"* bewertet werden, führt faktisch zu einem nicht offenen Verfahren mit „Schautafeln", was nicht mit § 20 Abs. 1 VOF zu vereinbaren ist. 39

Das Verhandlungsverfahren gibt dem Aufftraggeber weitgehende Freiheiten, was den Gegenstand der Gespräche angeht. Die Kehrseite ist ein erhöhter Dokumentationsbedarf. 40

Während im offenen oder nicht offenen Verfahren der Vertragsinhalt (mit Ausnahme der Gegenleistung des Auftraggebers) von Anfang an feststeht, kann er im VOF-Verfahren durch Verhandlungen (weiter-)entwickelt werden. Dieser Prozess muss nicht nur formal, sondern auch **inhaltlich dokumentiert** werden.[8] 41

Dokumentationsmängel können zwar nachträglich geheilt werden, aber nur in gewissen Grenzen.[9] Eine Heilung ist nicht möglich, wenn sich Bieter und Auftraggeber später über Inhalt und Ergebnis der unzureichend dokumentierten Verhandlungen streiten. Dann bleibt nur noch die zeitraubende Wiederholung der Gespräche. 42

Praxistipp !

Als Auftraggeber sollten Sie den Verlauf, den wesentlichen Inhalt und das Ergebnis der Verhandlungen knapp, aber verständlich protokollieren **und** sich das Protokoll vom Verhandlungspartner als zutreffend anerkennen lassen.

---

d) Die Entscheidung über die Auftragsvergabe

Auch für die Entscheidung über die Auftragsvergabe gilt: Dem Vergabevermerk muss zu entnehmen sein, dass sich der Auftraggeber ohne Wenn und Aber an die von ihm 43

7 Zur Verbindlichkeit einer bekanntgegebenen Höchstteilnehmerzahl siehe OLG München, Beschl. v. 19.12.2013 – Verg 12/13 – juris.

8 VK Mecklenburg-Vorpommern am 5.9.2013 – 2 VK 12/13.

9 Siehe B. III.

selbst aufgestellten Entscheidungskriterien gehalten hat. Dazu gehört, dass der Auftraggeber

- Zuschlagskriterien wie angekündigt gewichtet[10]
- eine Bewertungsmatrix wie angekündigt anwendet.

44 Auch bei „weichen“ Zuschlagskriterien, die subjektiv geprägt sind, muss der Auftraggeber, selbst wenn es schwerfällt, kurz, aber nachvollziehbar darlegen, warum z. B. die „Konzeptidee“ des einen Bieters ansprechender ist als die der Konkurrenten.

45 Es muss deutlich werden, dass und warum gerade von dem ausgewählten Bieter die bestmögliche Leistung (§§ 11 Abs. 6 Satz 2, 20 Abs. 1 VOF) zu erwarten ist. Dies erfordert eine vergleichende Bewertung unter Einbeziehung aller Kriterien und Unterkriterien.

46 Nicht selten ist die Bewertung einer Selbstdarstellung der Bieter und ihrer Konzepte oder Ideen (**Präsentation**) mitentscheidend für die Auswahl des Auftragnehmers. Dagegen ist rechtlich nichts einzuwenden, es muss aber auch insoweit die Pflicht zu Dokumentation beachtet werden.

47 Dafür genügt es grundsätzlich nicht, dass die Mitglieder des Bewertungsgremiums lediglich Punkte vergeben. Jeder muss seine Entscheidung auch – zumindest stichwortartig – begründen,[11] damit erforderlichenfalls festgestellt werden kann, ob sie auf sachlichen oder sachfremden Erwägungen beruht.

Beispiel

Bewertet werden soll die „Verfügbarkeit der Projektleitung in angemessener Zeit“ Ein Jurymitglied teilt einem Bieter 0 Punkte zu und notiert zur Begründung: „Keine örtliche Präsenz der Projektleitung während der Planungsphase“. Diese Begründung deckt auf, dass die Bewertung nicht sachgerecht ist. Zum einen wird „Verfügbarkeit“ zu Unrecht mit „vor Ort präsent“ gleichgesetzt, zum anderen wird übersehen, dass die Präsenz vor Ort in der Planungsphase bei Weitem nicht so wichtig ist wie bei der Objektüberwachung.

---

48 Die Jurymitglieder können ausnahmsweise von einer (weiteren) Begründung absehen, wenn der Auftraggeber selbst diese vorweggenommen hat.

Beispiel

Zu vergeben sind 0–3 Punkte. Auf dem Beurteilungsformular hat der Auftraggeber jeweils vorgegeben, welche Voraussetzungen seiner Meinung nach erfüllt sein müssen, damit 0, 1, 2 oder 3 Punkte in Betracht kommen (z. B. z. B.; „wesentliche Gesichtspunkte der Aufgabenstellung überhaupt nicht erkannt: 0 Punkte“). Die Jurymitglieder können sich diese Vorbewertung konkludent zu Eigen machen.

---

10 Zu einer möglichen Fehlerquelle siehe VK Rheinland-Pfalz, Beschl. v. 30.10.2013 – VK 1-19/13 – juris.
11 VK Südbayern, Beschl. v. 08.10.2013 – Z3-3-3-3194-1-26-08/13 – juris.

Jeder Auftraggeber sollte die Jurymitglieder eindringlich darauf aufmerksam machen, dass sie an einem wichtigen Schritt eines förmlichen Vergabeverfahrens teilnehmen, dessen Spielregeln einzuhalten sind. Dazu gehört, dass die Bewertung nicht in Widerspruch zur Bekanntmachung und zu vorangegangenen Hinweisen der Vergabestelle stehen darf. 49

Auch auf dem „Umweg" über eine Bewertung durch ein Gremium dürfen die bekannt gemachten Kriterien und Unterkriterien weder ergänzt noch weggelassen werden. Dies ist nur gewährleistet wenn der Auftraggeber z. B. durch interne Erläuterungen dafür sorgt, dass alle Jurymitglieder die Kriterien in gleicher Weise verstehen und anwenden. 50

Checkliste ?

Eine Dokumentation in einem Verfahren nach dem Kapitel 1 der VOF ist in der Regel nur vollständig, wenn sich aus ihr schlüssige Informationen bzw. Unterlagen zu folgenden Punkten ergeben:[12]

- Festlegung des konkreten Gegenstands des Auftrags
- Schätzung des Auftragswertes
- ggf. interne/haushaltsrechtliche Bedarfsanforderung (Vergabereife)
- ggf. Begründung für ein Verhandlungsverfahren ohne Teilnahmewettbewerb
- Begründung des Loszuschnitts insbesondere bei relativ großen Losen
- ggf. Begründung für eine Gesamtvergabe
- Ausschreibungsunterlagen (Aufgabenbeschreibung, ggf. weitere Vertragsbedingungen und Vertragsentwurf)
- Festlegung der Eignungs-, Auswahl- und Zuschlagskriterien
- ggf. Begründung für ein Beschleunigtes Verfahren
- ggf. Maßnahmen nach § 4 Abs. 5 VOF
- europaweite Bekanntmachung
- Anfragen interessierter Unternehmen und deren Beantwortung
- Anforderungen der Teilnahmeunterlagen durch die Unternehmen
- Teilnahmeanträge mit Eingangsvermerk
- Dokumentation der Eignungsprüfung und der Auswahl der Bewerber
- Anschreiben an die ausgewählten Bewerber (Aufforderung zur Verhandlung)
- ggf. Rügen der Bewerber und deren Bearbeitung
- Angebote und Dokumentation des Eingangs
- Dokumentation der Öffnung der Angebote
- ggf. Dokumentation der Nachforderung von fehlenden Erklärungen und Nachweisen
- Dokumentation der Verhandlungen einschließlich eventueller Zwischenergebnisse
- Dokumentation der Wertung einschließlich einer Präsentation
- Name und Gründe für die Wahl des für den Vertragsschluss vorgesehenen Bieters
- Name und Gründe für die Ablehnung der anderen Bieter
- Dokumentation der Information der Bieter über die Vergabeentscheidung
- ggf. Reaktionen (Rügen) der unterlegenden Bieter und deren Bearbeitung
- Dokumentation des Zuschlags
- ggf. Gründe für den Verzicht auf eine Auftragserteilung.

---

12 Siehe auch Heiermann/Zeiss/Hillmann, § 12 VOF Rn. 27.

III. Heilung von Dokumentationsmängeln

51 Bis in die jüngere Vergangenheit gab es Vergabekammern und -senate, die bereits einen **Dokumentationsmangel** als hinreichenden Grund für den Erfolg eines Nachprüfungsantrags ansahen.[13] Danach konnten Dokumentationsmängel nicht durch ergänzenden Sachvortrag im Nachprüfungsverfahren geheilt werden; vielmehr musste eine unzureichend dokumentierte Handlung oder Entscheidung wiederholt werden. Begründet wurde dies in erster Linie mit dem Argument, die nachträgliche Ergänzung des Vergabevermerks sei manipulationsanfällig; der Auftraggeber könnte versucht sein, die Dokumentation an Notwendigkeiten auszurichten, die sich aus dem Nachprüfungsverfahren ergeben. Dass diese Gefahr auch bei (der Dokumentation) einer Wiederholung genau so groß ist, wurde übersehen; die Verzögerungen, die sich aus dieser Entscheidungspraxis ergaben, wurden hingenommen.

52 In jüngerer Zeit ist ein vom Bundesgerichtshof[14] angestoßenes Umdenken zu beobachten. Künftig wird zu unterscheiden sein:[15]

53 Ist lediglich die Begründung einer Entscheidung oder Maßnahme mangelhaft, darf der Auftraggeber – mit oder ohne anwaltliche Hilfe – auch im laufenden Nachprüfungsverfahren argumentativ nachbessern. Dies kann auch durch Schriftsätze an die Vergabekammer geschehen. Trotzdem ist dem Auftraggeber zu empfehlen, zusätzlich auch den Vergabevermerk zu ergänzen.

Beispiel
In einem Fall, in dem über einem Bieter das Damoklesschwert eines fakultativen Ausschlussgrundes schwebte, ist aus dem Vergabevermerk ersichtlich, dass man das Problem gesehen hat. Die Vergabekammer weist darauf hin, dass sie die Begründung für die getroffene Ermessensentscheidung für wenig überzeugend hält. Der Auftraggeber kann dann versuchen, im laufenden Verfahren mit weiteren Argumenten die Vergabekammer von der Richtigkeit seiner Entscheidung zu überzeugen.

---

54 Anders ist es, wenn die Dokumentation darauf schließen lässt, dass eine zu treffende Entscheidung überhaupt nicht getroffen wurde. Dann muss der Auftraggeber Versäumtes nachholen und dokumentieren. Hält der Antragsteller die nunmehr getroffene Entscheidung für vergaberechtswidrig, muss er deshalb kein neues Nachprüfungsverfahren einleiten; die Entscheidung wird vielmehr im laufenden Verfahren überprüft.

Beispiel
Der Inhalt des Vergabevermerks lässt nur den Schluss zu, dass der Auftraggeber lediglich Forderungskataloge abgehakt (sog. formale Eignungsprüfung) und eine materielle Eignungsprüfung, die diese

13 OLG Celle, Beschl v. 11.2.2010 – 13 Verg 16/09 – VergabeR 2010, 669.
14 BGH, Beschl. v. 8.2.2011 – X ZB 4/10 – VergabeR 2011, 452.
15 Siehe Prechtel/Terwiesche/Prote/Summa, S. 194.

Bezeichnung verdient, überhaupt nicht stattgefunden hat. Es genügt dann nicht, wenn der Verfahrensbevollmächtigte des Auftraggebers darlegt, wie die Eignungsprüfung hätte ausfallen können oder müssen, wenn sie denn durchgeführt worden wäre. Vielmehr muss der Auftraggeber selbst seine Hausaufgaben machen, die materielle Eignungsprüfung nachholen – was auch während eines laufenden Vergabeverfahrens zulässig ist – und diese ordnungsgemäß dokumentieren. Unter Vorlage dieser Dokumentation kann er dann versuchen, eine für ihn nachteilige Entscheidung der Vergabekammer abzuwenden.

C. Besonderheiten bei Realisierungswettbewerben (§§ 15, 16 VOF)

Ein **Realisierungswettbewerb** ist Bestandteil eines **förmlichen Vergabeverfahrens**. Es handelt sich um einen Teilnahmewettbewerb eigener Art, denn er dient neben der Ideensuche in erster Linie der Auswahl der Planer, mit denen über die Vergabe eines konkreten Planungsauftrags verhandelt werden soll.[16] 55

Das Protokoll über die Sitzung des (unabhängigen) Preisgerichts wird deshalb **Bestandteil des Vergabevermerks**. Der in der Anlage IV zu RPW 2008 dargestellte (Regel-)Ablauf einer Preisgerichtssitzung sollte sich in dem Protokoll widerspiegeln. 56

Die fachlich-subjektive Bewertung der Wettbewerbsarbeiten ist einer (gerichtlichen) Kontrolle kaum zugänglich und deshalb grundsätzlich verbindlich (§ 661 Abs. 2 Satz 2 BGB). 57

Die Kehrseite ist die strikte Bindung des Preisgerichts an die Wettbewerbsregeln im Sinne des § 16 Abs. 5 Unterabs. 2 VOF. Dazu gehören nicht nur formale Teilnahmebedingungen, sondern auch zwingend zu beachtende sachliche Vorgaben der Auslobung. Deren Beachtung kann mit einem Nachprüfungsantrag in Zweifel gezogen werden. 58

Aus dem Sitzungsprotokoll muss sich deshalb unmissverständlich ergeben, dass die Preisrichter die Wettbewerbsregeln penibel beachtet haben. Setzt sich das Preisgericht über verbindliche Vorgaben des Auftraggebers hinweg, entfällt die Bindungswirkung seiner Entscheidung. 59

Beispiel

Ein Flügel eines denkmalgeschützten Rathauses ist weitgehend baufällig und nicht mehr durch eine bloße Sanierung zu retten. In der Aufgabenstellung für einen Realisierungswettbewerb wird vorgegeben, dass bestimmte, genau bezeichnete Gebäudeteile auf jeden Fall unverändert erhalten bleiben sollen. Einer der Preisträger hatte diese Vorgabe missachtet. Im Sitzungsprotokoll heißt es dazu, dieser Mangel könne durch „Optimierungen" im Zuge der Verhandlungen beseitigt werden. Damit ergibt sich aus dem Protokoll, dass das Preisgericht rechtswidrig gehandelt hat.

16 OLG Koblenz, Beschl. v. 16.2.2011 – 1 Verg 2/10 – VergabeR 2011, 631.

60 In einem solchen Fall muss der Auftraggeber eingreifen (§ 16 Abs. 6 Unterabs. 2 VOF), sonst droht ein Nachprüfungsverfahren, in dem die Entscheidung des Preisgerichts für nicht bindend erklärt und dem Auftraggeber untersagt wird, mit einem oder mehreren Preisträgern in Verhandlungen zu treten.

61 Aus dem Sitzungsprotokoll muss sich auch die **Rangfolge** der preiswürdigen Arbeiten ergeben, die in die engere Wahl kamen (§ 16 Abs. 6 Satz 1 VOF). Die Rangfolge ist wichtig für den Fall, dass ein Preisträger nachträglich wegfällt und der bestpatzierte Nichtpreisträger nachrücken soll.

62 Kommt das Preisgericht zu dem Ergebnis, dass es nicht mehr preiswürdige Arbeiten als Preise gibt, muss sich dies ebenfalls aus dem Sitzungsprotokoll ergeben – am Besten mit dem Zusatz, dass ein Nachrücken ausgeschlossen wird.

63 Ein **lückenhaftes Sitzungsprotokoll** kann nachgebessert werden – auch noch während eines laufenden Nachprüfungsverfahrens.[17] Dabei ist allerdings zu beachten:

- Das Protokoll kann um Entscheidungen ergänzt werden, die tatsächlich getroffen worden sind, aber – warum auch immer – keinen Eingang in die Niederschrift gefunden haben.
- Unterbliebene Entscheidungen wie etwa die Festlegung einer Rangfolge können nachgeholt werden, allerdings nicht mehr nach **Aufhebung der Anonymität** der Wettbewerbsarbeiten.
- Wurde die Anonymität bereits aufgehoben und wird dann festgestellt, dass eine notwendige Entscheidung unterblieben ist, bleibt nur eine **Wiederholung des gesamten Wettbewerbs** mit anderen Preisrichtern.

64 Für eine Nachbesserung sind allein die Preisrichter verantwortlich. Jeder Einzelne muss eine Ergänzung als richtig anerkennen. Widerspricht nur einer, ist die Nachbesserung gescheitert.

17 OLG Koblenz, Beschl. v. 16.2.2011 – 1 Verg 2/10 – VergabeR 2011, 631.

Kapitel 6
Rechtsschutz im Vergabeverfahren

A. Überblick

Im Zusammenhang mit einem Vergabeverfahren ist zwischen Primärrechtsschutz und Sekundärrechtsschutz zu unterscheiden. 1

Der **Primärrechtsschutz** gibt einem Unternehmen die Möglichkeit, in einem förmlichen Verfahren Einfluss auf ein laufendes Beschaffungsvorhaben eines öffentlichen Auftraggebers zu nehmen. Mit Hilfe eines Gerichts oder einer anderen (gerichtsähnlichen) Institution kann der Auftraggeber zu einem Tun oder Unterlassen zugunsten des Antragstellers gezwungen werden, bevor der Auftrag wirksam vergeben wird. 2

Für Vergabeverfahren, auf die der Vierte Teil des GWB anwendbar ist, hat der Gesetzgeber ein vergabespezifisches Nachprüfungsverfahren mit einer gerichtsähnlichen **Vergabekammer** als Eingangsinstanz und einem **Vergabesenat** beim Oberlandesgericht als einzige Gerichtsinstanz geschaffen. Wenn keine der in §§ 100–100c GWB normierten Bereichsausnahmen vorliegt, unterliegen alle Verfahren zur Vergabe von Planungsleistungen mit einem geschätzten Auftragswert von (derzeit) mindestens 207.000 € (bzw. 414.000 € bei Sektorenauftraggebern sowie bei der Vergabe von VS-Leistungen[1] und 134.000 € bei bestimmten Bundesbehörden) der Nachprüfung im Verfahren nach §§ 107 f. GWB 3

Bei alle anderen Ausschreibungen kann Primärrechtsschutz vor einem **Zivilgericht** durch einen Antrag auf Erlass einer einstweiligen Verfügung nach den §§ 935 f. ZPO angestrebt werden. 4

Die Bundesländer Sachsen, Sachsen-Anhalt und Thüringen haben auch für Unterschwellenvergaben einen vergabespezifischen **„Primärrechtsschutz light"** eingeführt. 5

Ziel des **Sekundärrechtsschutzes** ist nicht die Einflussnahme auf das Beschaffungsvorhaben, sondern der Ausgleich geldwerter Nachteile, die einem am Auftrag interessierten Unternehmen durch ein Tun oder Unterlassen des öffentlichen Auftraggebers in einem abgeschlossenen Vergabeverfahren entstanden sind. 6

Über Schadensersatzansprüche entscheiden unabhängig vom Auftragswert die Zivilgerichte. Dies gilt auch für den nur bei Schwellenwertvergaben in Betracht kommenden Schadensersatzanspruch aus § 126 GWB. 7

---

1 Sektorenauftraggeber müssen auch bei der Vergabe von Planungsleistungen aller Art ab 414.000 € die nicht immer passende SektVO anwenden und passend machen. Bei der Vergabe von verteidigungs- und sicherheitsrelevanten Planungsaufträgen (§ 99 Absatz 7 GWB) ab 414.000 € ist ebenfalls nicht die VOF, sondern die VSVgV anzuwenden.

8 Eine **Besonderheit** in Verfahren zur Vergabe von Planungsleistungen ist § 20 Abs. 3 VOF. Diese Norm gibt einem Architekten oder Ingenieur einen Anspruch auf eine **Honorierung nach der HOAI** für Leistungen, die er nicht als Auftragnehmer von Planungsleistungen, sondern als Teilnehmer an einem Vergabeverfahren erbracht hat.[2] Zuständig sind ebenfalls die Zivilgerichte.

B. Vermeidung von Rechtsstreitigkeiten durch Bieteranfragen und deren Beantwortung

I. Zulässigkeit der Bieteranfrage

9 Die Vermeidung von Nachprüfungsverfahren und anderen Rechtsstreitigkeiten sollte im Interesse aller Beteiligten liegen. Dafür gibt es neben der Rüge[3] (§ 107 Abs. 3 GWB) die Bitte von Bewerbern oder Bietern um weitere sachdienliche Auskünfte (kurz: **Bieteranfrage**).

10 Zwar gibt es in der VOF keine Norm, in der – wie in § 12 Abs. 7 [EG/VS] VOB/A oder § 12 EG Abs. 8 VOL/A – von zusätzlichen Auskünften des Auftraggebers die Rede ist. Es spricht allerdings auch nichts dagegen, bei der Vergabe von Leistungen nach der VOF entsprechend zu verfahren, zumal mit der Beantwortung von Bieteranfragen dem Transparenzgebot Rechnung getragen wird.

11 Jeder am Auftrag interessierte Planer hat somit das Recht, vom Auftraggeber ergänzende Informationen zu erbitten. Der Informationsbedarf kann sich sowohl aus einem subjektiven Missverständnis als auch aus einer objektiven Erläuterungsbedürftigkeit der Vergabeunterlagen oder anderer vom Auftraggeber stammender Schriftstücke ergeben.

12 Bieteranfragen sind zudem geeignet, den Auftraggeber auf tatsächliche oder vermeidliche Formulierungsmängel oder Lücken hinzuweisen und ihm Gelegenheit zu Klarstellungen zu geben.

13 Wer ein Interesse am Auftrag hat und irgendetwas, das vom Auftraggeber stammt, nicht richtig versteht, sollte nicht den Kopf in den Sand stecken oder aus Angst vor einer Benachteiligung im laufenden Verfahren untätig bleiben. Bieteranfragen sind ein zulässiges Instrument der zielführenden Mitwirkung am Vergabeverfahren. Wer nicht fragt, riskiert Nachteile.

---

2 Zur Abgrenzung von Leistungen nach § 13 Abs. 3 Satz 1 VOF siehe OLG Koblenz, Beschl. v. 6.7.2012 – 8 U 45/11 – VergabeR 2013, 636; LG München, Urt. v. 21.3.2013 – 11 O 17404/12 – juris.

3 Siehe unten C.

Beispiel
Aus der Aufgabenbeschreibung für einen Realisierungswettbewerb ergibt sich, dass es für das zu bebauende Grundstück im Eingangsbereich der Stadt keinen Baubauungsplan gibt. Die Angaben insbesondere zur Höhe der Bauwerke in der Umgebung sind ersichtlich unvollständig. Architekt A kümmert sich nicht weiter darum, macht von seiner künstlerischen Freiheit Gebrauch und konzipiert ein Gebäude, das nicht nur architektonisch aus der Umgebung herausragen würde. Erst als er die Mitteilung erhält, dass seine Idee wegen Unvereinbarkeit mit § 34 BauGB chancenlos ist, erkennt er, dass es besser gewesen wäre, rechtzeitig um ergänzende Auskünfte nachzusuchen.

II. Form und Inhalt der Bieteranfrage

Da die VOF überhaupt keine Regelungen über die Bieteranfragen enthält, fehlt es 14
auch an einer Formvorschrift. Die Auskünfte könnten daher auch telefonisch erbeten werden. Zu empfehlen ist diese Verfahrensweise – auch wegen des Stille-Post-Phänomens – jedoch nicht. Vielmehr ist es ratsam, Bieteranfragen schriftlich oder zumindest in Textform (§ 126b BGB) zu stellen.

Bei der Formulierung der Bewerber- oder Bieteranfragen ist Sachlichkeit geboten; 15
wichtig ist, dass der Auftraggeber erkennen kann, welches konkrete Informationsbedürfnis besteht.

III. Umgang mit einer Bieteranfrage

Eine dem bekundeten Informationsbedürfnis Rechnung tragende professionelle 16
Antwort auf eine sachlich formulierte Bieteranfrage kann zu einem reibungslosen Ablauf des Vergabeverfahrens beitragen.

Die Antwort sollte schriftlich oder zumindest per E-Mail erfolgen. Ob die Antwort 17
nur dem Fragenden oder allen Bietern mitgeteilt werden muss, hängt vom Einzelfall ab.

Eine Auskunft, die nur für den anfragenden Bieter von Interesse ist, etwa weil 18
dieser ersichtlich die Vergabeunterlagen nicht vollständig gelesen oder erfasst hat, muss auch nur diesem erteilt werden. Allerdings sollte der Auftraggeber immer sorgfältig prüfen, ob tatsächlich nur eine intellektuelle Fehlleistung eines Einzelnen vorliegt oder ob sich aus der Bieteranfrage ein allgemeines Informationsbedürfnis ergeben könnte. Im Zweifel ist von Letzterem ausgehen und die Antwort allen Bietern zukommen lassen. Beispielhaft sei auf Auskünfte zu mehrdeutigen Formulierungen in der Aufgabenbeschreibung oder lückenschließende Ergänzungen hingewiesen.

Findet sich die Antwort bereits in den Vergabeunterlagen, ist ein entsprechender 19
Hinweis ausreichend. Im Übrigen gilt: Die Antwort hat knapp, aber präzise dem Informationsbedürfnis der Bieter Rechnung zu tragen. Missverständliche Formulierungen in den Vergabeunterlagen sind zu berichtigen. Bei inhaltlichen Änderungen muss der

Auftraggeber dafür Sorge tragen, dass diese den Bietern so rechtzeitig zugehen, dass sie bei der Angebotserstellung berücksichtigt werden können. Erforderlichenfalls sind Fristen angemessen zu verlängern.

! **Praxistipp**

Der anfragende Bieter sollte in der Antwort nicht benannt werden, sondern anonym bleiben („*Ein Bieter hat folgende Frage gestellt: ...*").

Die Übermittlung der Auskunft sollte so erfolgen, dass nach menschlichem Ermessen mit einem nahezu zeitgleichen Zugang bei allen Bietern zu rechnen ist.

C. Vermeidung von Rechtsstreitigkeiten durch Rügen und deren Behandlung

I. Überblick

20 Eine Rüge im Sinne des Vergaberechts ist die Mitteilung eines Bewerbers oder Bieters an den öffentlichen Auftraggeber, er halte ein bestimmtes Tun oder Unterlassen in einem laufenden Vergabeverfahren für rechtswidrig, verbunden mit der (konkludenten) Aufforderung, den gerügten Vergaberechtsverstoß abzustellen. Damit dient die Rüge zunächst einmal dem Zweck, dem Auftraggeber die Möglichkeit zur **freiwilligen Fehlerkorrektur** zu geben und auf diese Weise (zeit- und kostspielige) Nachprüfungsverfahren nach den §§ 107 f. GWB zu vermeiden.

21 Ein Bewerber oder Bieter **darf** rügen, dazu verpflichtet ist er nicht. Allerdings hat der Gesetzgeber über § 107 Abs. 3 Satz 1 Nrn. 1–3 GWB eine **Rügeobliegenheit** eingeführt, d. h. es liegt im eigenen Interesse eines an einem öffentlichen Auftrag interessierten Unternehmens, von der Rügemöglichkeit auch Gebrauch zu machen. Sieht es freiwillig davon ab oder übersieht es schuldhaft einen zu rügenden Vergaberechtsverstoß, erleidet es Rechtsnachteile in Form der **Rügepräklusion.**[4]

22 Mit dieser Regelung hat der Gesetzgeber dem Nachprüfungsverfahren faktisch eine Art **Abhilfeverfahren** vorgeschaltet, das Unternehmen und Auftraggeber aus guten Gründen auch nutzen sollten.

II. Rügeberechtigter

23 Die Rüge muss entweder vom Inhaber eines Einzelunternehmens, dem gesetzlichen Vertreter einer Gesellschaft oder einem Bevollmächtigten erhoben werden.

---

4 Näheres zur Rügepräklusion unter D. II. 5.

Eine **Bietergemeinschaft** kann einen Vergaberechtsverstoß grundsätzlich nur entweder durch ein zur **Vertretung im Vergabeverfahren** berufenes Mitglied im Namen der Bietergemeinschaft oder durch alle Mitglieder gemeinsam rügen.[5] 24

Das Mitglied der Bietergemeinschaft, das im Angebot für den Fall des Zuschlags als bevollmächtigter Vertreter „für den Abschluss und die Durchführung des Vertrages" bezeichnet ist, ist nicht allein deshalb auch zur Vertretung in vorausgehenden Vergabeverfahren berufen. 25

III. Adressat der Rüge

Adressat der Rüge kann immer nur der in der Bekanntmachung oder in den Vergabeunterlagen bezeichnete Auftraggeber sein, nicht eine von diesem personenverschiedene (externe) Vergabestelle oder ein Berater (Projektsteuerer). 26

Allerdings kann sich der Auftraggeber auch in einem Vergabeverfahren vertreten lassen. Dann ist auch der Eingang der Rüge beim Vertreter ausreichend. Das Vertretungsverhältnis muss aber grundsätzlich auch nach außen deutlich gemacht werden. 27

Praxistipp !
Der Auftraggeber, der sich im Vergabeverfahren vertreten lassen will, sollte schon in der Bekanntmachung, spätestens aber in den Vergabeunterlagen die Person oder die Stelle benennen, die für ihn Erklärungen aller Art entgegen nimmt.

Allein die Beratung des Auftraggebers im Vergabeverfahren begründet noch keine **Vertretungsbefugnis** des Beraters nach außen. 28

IV. Anlass der Rüge

Jedem Unternehmen, das sich an einer Ausschreibung beteiligt, steht es zwar frei, jederzeit auf eine fehlerfreie Durchführung des Vergabeverfahrens hinzuwirken und den Auftraggeber auf drohende Vergaberechtsverstöße aufmerksam zu machen. Gegenstand einer Rüge kann aber nur bestimmtes, **nach außen** gerichtetes Tun oder Unterlassen der Vergabestelle in einem konkreten Vergabeverfahren sein, das zudem als **Vergaberechtsverstoß** zu qualifizieren ist. Absichtsbekundungen oder einzelne Schritte der internen Willensbildung beim Auftraggeber können noch keine Vergaberechtsverstöße darstellen und folglich auch nicht gerügt werden. 29

5 Zur analogen Anwendung des Instituts der gewillkürten Prozessstandschaft auf die Rüge siehe OLG Dresden, Beschl. v. 23.7.2013 – Verg 4/13 – VergabeR 2014, 81.

Beispiel
Der den Auftraggeber beratende Rechtsanwalt empfiehlt, das Angebot des Bieters A wegen Unvollständigkeit auszuschließen. A erfährt davon und erhebt eine Rüge. Diese ist verfrüht, solange der Auftraggeber selbst noch keine Entscheidung getroffen hat.

30 Nun ist es auf den ersten Blick nichts Schlimmes, wenn ein Bewerber oder Bieter zu früh rügt. Das kann sogar den positiven Effekt haben, dass der Auftraggeber das Vorbringen in seine Überlegungen einbezieht mit der Folge, dass es erst gar nicht zu einem Vergaberechtsverstoß kommt. Das Risiko liegt woanders. Verfrühte (vorbeugende) „Rügen" sind **verfahrensrechtlich unbeachtlich**. Sie entbinden ein Unternehmen grundsätzlich nicht von der Obliegenheit, eine Rüge zu erheben, wenn der befürchtete Vergaberechtsverstoß später tatsächlich begangen wird.

31 Wer zu früh rügt, läuft Gefahr, zum richtigen Zeitpunkt nicht daran zu denken, das Richtige zu tun. Zwar reicht es im Falle einer verfrühten Rüge aus, wenn der Bewerber oder Bieter nach tatsächlicher Begehung des zunächst nur befürchteten Vergaberechtsverstoßes dem Auftraggeber unmissverständlich zu verstehen gibt, dass er die vorher erhobenen Beanstandungen ohne Wenn und Aber aufrechterhält.[6] Ob diese Voraussetzung aber im Einzelfall erfüllt ist, entscheiden im Nachhinein Vergabekammern oder -senate, die ihre eigene Sicht der Dinge haben können.

Praxistipp
Wer verfrüht gerügt hat, ist auf der sicheren Seite, weil er sich die Mühe macht, die Rüge zum richtigen Zeitpunkt zu wiederholen.

V. Form und Inhalt der Rüge

32 Das Gesetz schreibt für die Rüge keine bestimmte Form vor. Rechtlich reicht also ein Telefonanruf aus. Auch kann ein Bewerber oder Bieter persönlich beim Auftraggeber vorsprechen und seine Bedenken vortragen.

Praxistipp
Rügen Sie **schriftlich**! Sie haben schlechte Karten, wenn im Nachprüfungsverfahren über den genauen Wortlaut eines Gespräches gestritten wird. Vom Ausgang dieses Streits kann es aber abhängen, ob Ihre Äußerung rechtlich als Rüge oder unbeachtliche Unmutsäußerung qualifiziert wird. Davon wiederum kann der Erfolg des Nachprüfungsantrags abhängen.
Aus dem Rügeschreiben muss für einen verständigen Leser erkennbar sein, was der Erklärende will. Eine Rüge verlangt mehr als eine Unmutsäußerung oder eine allgemein gehaltene Kritik am Vergabeverfahren. Erforderlich ist die unbedingte Behauptung eines konkreten Verstoßes gegen (bieterschützende) Vorschriften des Vergaberechts, verbunden mit der Aufforderung, diesen und die sich aus ihm

6 OLG Naumburg, Beschl. v. 29.10.2013 – 2 Verg 3/13 – juris.

ergebende Benachteiligung des Rügenden zu beseitigen. Es muss deutlich werden, welches **konkrete Tun oder Unterlassen** der Vergabestelle für rechtswidrig erachtet wird.[7] Auch muss klar sein, dass es sich um eine **Beanstandung** handelt und nicht etwa um eine Bieteranfrage zu (tatsächlich oder vermeintlich) missverständlichen Formulierungen in den Vergabeunterlagen.

Praxistipp !

Es genügt nicht, lediglich zu behaupten, die Aufgabenbeschreibung sei *„nicht mit § 6 Abs. 1 VOF zu vereinbaren"* oder die Entscheidung, den Auftrag an ein anderes Unternehmen zu vergeben, sei *„offensichtlich vergaberechtswidrig"*. Vorzutragen sind Tatsachen, aus denen sich der konkrete Vergaberechtsverstoß ergeben soll.

VI. Zugang der Rüge

Die Rüge ist erst dann wirksam erhoben, wenn sie dem Auftraggeber so zugeht, dass 33 er auch die Möglichkeit hat, den Inhalt zu Kenntnis zu nehmen. Es genügt also nicht in jedem Fall, dass sich ein Rügeschreiben innerhalb der Räume des Auftraggebers befindet.

Praxistipp !

Ein Bewerber sollte nie auf den Gedanken kommen, das Rügeschreiben in dem Umschlag mit dem Teilnahmeantrag zu „verstecken". Dieser Umschlag wird erst nach Ablauf der Bewerbungsfrist geöffnet, vorher hat der Auftraggeber nicht die Möglichkeit, das Rügeschreiben inhaltlich zur Kenntnis zu nehmen.

VII. Behandlung von Rügen durch den Auftraggeber

Die Bearbeitung von Rügen macht zweifelsohne Arbeit. Eine sachlich formulierte 34 Rüge gibt dem Auftraggeber aber auch die Möglichkeit, ein Nachprüfungsverfahren zu vermeiden. Diese Möglichkeit sollte er auf jeden Fall nutzen.

Jede Rüge ist **selbstkritisch und ergebnisoffen** zu prüfen. Jeder Auftraggeber 35 sollte davon ausgehen, dass der Rügende glaubt, ein berechtigtes Anliegen zu haben und nicht bloß aktiv wurde, um jemanden zu ärgern.

Dabei sollte sich der Auftraggeber nicht allein auf den fachlich-technischen Sach- 36 verstand von Beratungsunternehmen verlassen. Es kommt gar nicht so selten vor, dass Beratende Ingenieure oder Beratende Architekten recht eigenwillige Rechtsauffassungen vertreten.

7 OLG München, Beschl. v. 10.12.2009 – Verg 16/09 – VergabeR 2010, 246.

37 Die nicht selten beim Lesen von Vergabevermerken spürbare Abwehrhaltung ist nicht zielführend. Sophistische Haarspalterei bei der „Auslegung" von Rügeschreiben ist völlig fehl am Platze.

38 Es kostet in der Regel weniger Zeit (und Geld), einen Vergaberechtsverstoß einzugestehen und etwa durch den Verzicht auf eine überzogene Eignungsanforderung oder eine Ergänzung der Aufgabenbeschreibung zu korrigieren, als sich einem Nachprüfungsverfahren zu stellen.

D. Primärrechtsschutz bei Schwellenwertvergaben (§§ 107 f. GWB)

I. Überblick

39 Mit dem am 1. Januar 1999 in Kraft getretenen Vierten Teil des GWB wurde Schwellenwertvergaben ein **spezifischer Primärrechtsschutz** für Unternehmen geschaffen, die an einem bestimmten öffentlichen Auftrag interessiert sind. Diese haben einen subjektiven und damit „einklagbaren" Anspruch auf Einhaltung der Spielregeln für des Vergabeverfahrens (§ 97 Abs. 7 GWB).

40 Weil es nicht um die allgemeine Kontrolle der Verwaltung, sondern um subjektive Ansprüche geht, wird das Nachprüfungsverfahren nach §§ 107 f. GWB nur auf **Antrag** eingeleitet.

41 Ein Nachprüfungsantrag kann in jeder Lage des Verfahrens sowohl **erweitert** als auch ganz oder teilweise **zurückgenommen** werden. Einer nachträglichen Erweiterung kann aber die **Rügepräklusion** entgegenstehen.

42 Eingangsinstanz ist eine **Vergabekammer**; deren Entscheidung ist mit einer sofortigen Beschwerde zu einem bei einem Oberlandesgericht eingerichteten **Vergabesenat** anfechtbar.

43 Ziel eines Nachprüfungsantrags kann grundsätzlich nur eine Einflussnahme auf ein **bestimmtes** Vergabeverfahren sein (§ 104 Abs. 2 GWB), das im Zeitpunkt der Antragstellung schon begonnen haben muss und noch nicht wirksam beendet sein darf.

44 Nicht notwendig ist die Einleitung eines **förmlichen Vergabeverfahrens** etwa durch Bekanntgabe der beabsichtigten Auftragsvergabe. Es genügt, dass der zur Beschaffung einer bestimmten Ware oder Leistung entschlossene Auftraggeber nach außen Aktivitäten entfaltet, die zum Ziel haben, einen entsprechenden Vertrag zu schließen. Somit kann auch eine drohende oder bereits erfolgte (§ 101b Abs. 1 Nr. 2 GWB) unzulässige **Direktvergabe,** d. h. die Beauftragung eines ohne förmliches Vergabeverfahren ausgewählten Unternehmens, zum Gegenstand eines Nachprüfungsverfahrens gemacht werden.

Auch die **Aufhebung einer Ausschreibung** kann zur Nachprüfung gestellt werden.[8] Allerdings sind insoweit die Erfolgsaussichten gerade in einem VOF-Verfahren eher gering. Anders als die VOB/A oder die VOL/A kennt die VOF keine geschriebenen Aufhebungsgründe. Dies hat seinen Grund darin, dass diese Vergabeordnung keine traditionelle, rein nationale Vorgängerin hat, sondern allein der Umsetzung des Vergaberechts der Union in deutsches Recht dient. Das Unionsrecht geht aber stillschweigend von dem Recht des Auftraggebers aus, auf die Vergabe eines Auftrags, für den eine Ausschreibung stattgefunden hat, gänzlich zu verzichten oder ein neues Vergabeverfahren einzuleiten. Dies hat in §§ 11 Abs. 7, 14 Abs. 6 VOF seinen Niederschlag gefunden. Die Ausübung dieses Rechts ist nicht vom Vorliegen schwerwiegender oder außergewöhnlicher Umstände abhängig.[9] Der Auftraggeber darf ein Vergabeverfahren auch dann abbrechen, wenn er den Aufhebungsgrund selbst zu verantworten hat.[10] 45

Praxistipp !

Ein auf Fortsetzung des Vergabeverfahrens gerichteter Nachprüfungsantrag sollte nur gestellt werden, wenn der Antragsteller glaubt, er könne die Vergabekammer oder den Vergabesenat davon überzeugen, dass die Aufhebung lediglich dem Zweck dient, eine unerwünschte Auftragsvergabe an ihn zu vermeiden und/oder einem erwünschten Vertragspartner, der im laufenden Verfahren keine Chance gehabt hätte, in einem neuen Verfahren den Auftrag zukommen zu lassen (**Scheinaufhebung**).

In einem Nachprüfungsverfahren kann **Prozesskostenhilfe** gewährt werden.[11] Die Stellung eines entsprechenden Antrages sollte aber gut überlegt werden, weil damit eine schlechte wirtschaftliche Situation offengelegt wird, was wiederum den Auftraggeber auf den naheliegenden Gedanken bringen kann, nunmehr die **wirtschaftliche Leistungsfähigkeit** in Zweifel zu ziehen. 46

Der Gesetzgeber hat in den §§ 107, 108 GWB einige Hürden errichtet, die ein Antragsteller nehmen muss, um mit seinem Nachprüfungsantrag Erfolg haben zu können. 47

§ 107 Abs. 2 GWB regelt die **Antragsbefugnis** und normiert zugleich Anforderungen an die Antragsbegründung (die in § 108 Abs. 2 GWB ergänzt werden). § 107 Abs. 3 GWB bestimmt die Voraussetzungen, unter denen ein formal und inhaltlich ordnungsgemäßer Antrag (ganz oder teilweise) wegen **Rügepräklusion** (Nrn. 1–3) oder **Fristversäumung** (Nr. 4) unzulässig ist. 48

Den sich aus §§ 107, 108 GWB ergebenden Anforderungen muss ein Nachprüfungsantrag auch dann genügen, wenn der Antragsteller die **Unwirksamkeit** des Vertrags (Zuschlags) nach § 101b GWB geltend macht. Diese Unwirksamkeit ist kein 49

8 BGH, Beschl. v. 18.2.2003 – X ZB 43/02 – VergabeR 2003, 313.
9 EuGH, Urt. v. 16.9.1999 – C-27/98 – NZBau 2000, 153.
10 EuGH, Urt. v. 16.10.2003 – C-244/02 – VergabeR 2004, 592.
11 OLG Düsseldorf, Beschl. v. 28.5.2008 – VII-Verg 31/08 – juris.

Vergaberechtsverstoß zum Nachteil des antragstellenden Unternehmens, sondern ein Rechtszustand, der bewirkt, dass das Vergabeverfahren eben nicht als wirksam beendet anzusehen ist und der Nachprüfungserteilung trotz Erteilung des Zuschlags zulässig ist. Die Feststellung der Unwirksamkeit nach § 101b GWB ist somit nur der Türöffner für den eigentlichen Nachprüfungsantrag mit dem Ziel, die Chancen des Antragstellers auf Erteilung eines wirksamen Zuschlags zu erhalten oder zu verbessern.[12]

50 **Erledigt** sich ein **zulässiger** Nachprüfungsantrag nachträglich, etwa weil der Auftraggeber den geltend gemachten Vergaberechtsverstoß vor einer Entscheidung der Vergabekammer abstellt, kann der Antragsteller auf einen **Feststellungsantrag** umstellen (§ 114 Abs. 2 Satz 2 GWB).[13]

51 Im Verfahren vor der Vergabekammer besteht **kein Anwaltszwang**, d. h. jedes Unternehmen, das ein Nachprüfungsverfahren einleiten will, kann den Antrag auch selbst verfassen. Antragsmängel können allerdings Rückfragen und Hinweise der Vergabekammer auslösen; die damit verbundenen Verzögerungen können dem Auftraggeber die Gelegenheit geben, durch die wirksame Erteilung des Zuschlags vollendete Tatsachen zu schaffen. Schlimmstenfalls wird ein grob mangelhafter Nachprüfungsantrag sofort als offensichtlich unzulässig zurückgewiesen.

! **Praxistipp**
Ein Architekt oder Ingenieur ohne juristischen Background sollte die Hilfe eines Rechtsberaters in Anspruch nehmen, der mit den Tücken des Nachprüfungsverfahrens vertraut ist.

II. Der Nachprüfungsantrag zur Vergabekammer

1. Antragsgegner

52 Der Nachprüfungsantrag ist immer gegen den öffentlichen Auftraggeber zu richten, also gegen die juristische Person, die im Falle der Auftragserteilung Vertragspartner des Ausschreibungsgewinners wird. Die vollständige Bezeichnung des richtigen Antragsgegners ist ein Muss für jeden Antragsteller. Mangelnde Sorgfalt oder Fehler können dazu führen, dass die Vergabekammer den Nachprüfungsantrag zwar nicht sofort als unzulässig verwirft, aber zurückhält und den Antragsteller um Aufklärung oder Änderung bittet. In der Zwischenzeit ist der Auftraggeber nicht daran gehindert, den Auftrag zu erteilen.

---

12 Siehe ergänzend Summa, Der Feststellungsantrag im Nachprüfungsverfahren, VPR 2014, 273.

13 Zum notwendigen Feststellungsinteresse als ungeschriebene Zulässigkeitsvoraussetzung siehe Ziekow/Völlink/Brauer, § 114 GWB Rn. 40.

In Angelegenheiten der **Bundesauftragsverwaltung** (Art. 90 Abs. 2 GG), also beispielsweise im Fernstraßenbau, treten die Bundesländer in eigenem Namen auf und sind deshalb auch Auftraggeber, obwohl sie Bundesaufgaben wahrnehmen.[14] 53

Beispiel
Bei Maßnahmen im Fernstraßenbau auf dem Gebiet des Landes Rheinland-Pfalz ist Antragsgegner das „Land Rheinland-Pfalz, vertreten durch den Landesbetrieb Mobilität Rheinland-Pfalz, dieser vertreten durch die Geschäftsführer …“, nicht etwa die Bundesrepublik Deutschland oder der als Vergabestelle des Landes auftretende Landesbetrieb.

2. Antragsbefugnis (§ 107 Abs. 2 GWB)

a) Allgemeines

Nachprüfungsverfahren dienen nicht der allgemeinen Rechtmäßigkeitskontrolle der Gebietskörperschaften und sonstiger öffentlicher Auftraggeber, sondern der Durchsetzung subjektiver Rechte von Unternehmen, die sich um einen konkreten öffentlichen Auftrag beworben haben oder bewerben wollen. 54

Deshalb knüpft der Gesetzgeber die **Zulässigkeit des Nachprüfungsantrages** an mehrere Voraussetzungen, die **kumulativ** erfüllt sein müssen. 55

Prüfungsgrundlage ist in erster Linie der Nachprüfungsantrag selbst. Er muss deshalb eine in sich geschlossene, durch Tatsachen untermauerte Darlegung der Antragsbefugnis enthalten. 56

b) Interesse am Auftrag

Antragsbefugt sind von vorn herein nur natürliche und juristische Personen sowie Bietergemeinschaften, die ein Interesse an einem konkreten Auftrag haben. Gemeint ist damit ein **unmittelbares Interesse**, d. h. nur potentielle Vertragspartner des Auftraggebers können einen zulässigen Nachprüfungsantrag stellen. Damit scheiden Dritte mit einem **mittelbaren Interesse** (wie Nachunternehmer oder Lieferanten) als Antragsteller aus. 57

Praxistipp
Es gilt die Faustregel: Antragsbefugt ist, wer sich entweder als Bewerber oder Bieter an dem der (beabsichtigten) Auftragsvergabe vorausgehenden Wettbewerb beteiligt hat oder **schlüssig darlegt**, gerade daran durch den behaupteten Verstoß gegen Vorschriften des Vergaberechts gehindert gewesen zu sein.[15]

14 OLG Celle, Beschl. v. 8.11.2012 – 13 Verg 7/12; BGH, Beschl. v. 20.3.2014 – X ZB 18/13.
15 Zur Antragsbefugnis ohne Beteiligung am Vergabeverfahren siehe auch Heiermann/Zeiss/Summa, VT 1 zu § 107 GWB.

c) Rechtsverletzung

58 Zudem muss der Antragsteller einen Verstoß gegen eine bieterschützende Bestimmung über das Vergabeverfahren (§ 97 Abs. 7 GWB) und eine darauf beruhende **Verletzung in eigenen Rechten** geltend machen. Das Nachprüfungsverfahren dient allein der Durchsetzung subjektiver Rechte des Antragstellers und nicht der Wahrung der Interessen Dritter.

Beispiel
Ein inländisches Unternehmen kann sich nicht darauf berufen, dass die Forderung nach der Vorlage bestimmter Urkunden ausländische Unternehmen benachteiligt.[16]

---

59 Für die Zulässigkeit des Nachprüfungsantrages reicht die tatsachengestützte **schlüssige Behauptung** eines die eigenen Rechte verletzenden Vergaberechtsverstoßes aus. Ob ein solcher tatsächlich vorliegt, ist eine Frage der Begründetheit.

60 Ein entsprechender Vortrag fällt einem Antragsteller oft nicht leicht, weil ihm Informationen fehlen – z. B. über Details zu der den Teilnahmewettbewerb abschließenden Auswahlentscheidung. Einsicht in die Vergabeakten, in denen Informationen zu finden sind, erhält er aber erst, wenn er das Nadelöhr der §§ 107, 108 GWB mit einen zulässigen Nachprüfungsantrag passiert hat.

61 Um diesem Dilemma Rechnung zu tragen, verlangt die Rechtssprechung nicht, dass sich der Antragsteller ausschließlich auf Tatsachen stützt, von denen er positive Kenntnis hat. Vielmehr darf er auch Tatsachenbehauptungen aufstellen, die er auf der Grundlage seines oft nur beschränkten Informationsstandes **redlicherweise für wahrscheinlich oder möglich** halten darf.

62 Der Antragsteller muss also zumindest tatsächliche Anknüpfungstatsachen vortragen, die seine Behauptung als plausibel erscheinen lassen.[17] Nicht zielführend sind allerdings Behauptungen ins Blaue hinein („*Wenn ich nicht geeignet bin, dann ist es niemand.*“) oder gar wider besseres Wissen.

Beispiel
Wenn es einem Unternehmen trotz intensiver Bemühungen nicht gelingt, innerhalb der Bewerbungsfrist eine als Eignungsnachweis vorzulegende Erklärung einer bestimmten Stelle zu erhalten, darf er daraus redlicherweise den Schluss ziehen, dass auch die Teilnahmeanträge der Konkurrenten unvollständig sind.

---

16 VK Bund, Beschl. v. 11.6.2012 – VK 3 – 51/12.
17 BGH, Beschl. v. 26.9.2006 – X ZB 14/06 – VergabeR 2007, 59.

d) Schaden

Ein weiterer **Grobfilter** ergibt sich aus § 107 Abs. 2 Satz 2 GWB: Antragsbefugt ist nur ein Bewerber oder Bieter, der schlüssig darlegen kann, dass ihm infolge des behaupteten Vergaberechtsverstoßes ein **Schaden** zu entstehen droht. Diese Voraussetzung ist erfüllt, wenn die Aussichten des Antragstellers auf die Erteilung des Zuschlags durch den behaupteten Vergaberechtsverstoß zumindest verschlechtert worden sein **können.**[18] 63

Der Antragsteller muss deshalb grundsätzlich nicht darlegen, dass er bei Durchführung eines in jeder Hinsicht fehlerfreien Verfahrens sehr gute Chancen auf den Zuschlag gehabt hätte oder gar Ausschreibungsgewinner geworden wäre. Umgekehrt reicht es aber nicht aus, dies bloß zu behaupten. 64

Unzulässig dürfte ein Nachprüfungsantrag in der Regel nur dann sein, wenn sich schon aus der Antragsschrift selbst ergibt, dass der Antragsteller auch ohne den Vergaberechtsverstoß chancenlos wäre. 65

Beispiel

Aus der vom Antragsteller dem Nachprüfungsantrag beigefügten Vorabinformation nach § 101a GWB ergibt sich, dass er bei der abschließenden Wertung den 4. Platz erreicht hat. Die Wertung seines eigenen Angebots greift er nicht an; sein einziges Ziel ist vielmehr der Ausschluss des Ausschreibungsgewinners wegen fehlender Eignung. Der Nachprüfungsantrag ist unzulässig, weil der Antragsteller auch nach dem angestrebten Ausschluss zu den Verlierern gehören würde. Ein bloßes Vorrücken in der Rangliste ist kein zulässiges Antragsziel. Verfahrensrechtlich verfolgt der Antragsteller keine eigenen, sondern die Interessen des Zweitplatzierten.

Es fehlt auch dann an einem kausalen (drohenden) Schaden, wenn der Antragsteller willens und in der Lage ist, eine als vergaberechtswidrig zu qualifizierende Vergabebedingung zu erfüllen. 66

Beispiel

Bei geschätzten Planungskosten knapp über dem Schwellenwert verlangt der Auftraggeber als Nachweis der wirtschaftlichen Leistungsfähigkeit einen Mindestumsatz von 1 Mio. €/a. Ingenieur A beanstandet diese Anforderung an die Eignung als völlig überzogen. Er gehört allerdings zu den Ingenieuren, die den geforderten Nachweis erbringen könnten. Deshalb ist sein Nachprüfungsantrag unzulässig, obwohl er in der Sache Recht haben dürfte.

Die Antragsbefugnis ist auch nicht gegeben, wenn dem Antragsteller aus der von ihm behaupteten Fehlerhaftigkeit der Aufgabenbeschreibung kein Schaden entstanden ist, weil er trotz des vermeintlichen Verstoßes in der Lage war zutreffend zu erkennen, was der Auftraggeber will. 67

---

18 BGH, Beschl. v. 10.11.2009 – X ZB 8/09 – VergabeR 2010, 210.

e) Sonderfall

68 Eine **besondere Verfahrenssituation** liegt vor, wenn sich aus der Antragsbegründung ergibt, dass der Antragsteller bzw. sein Angebot ausgeschlossen wurde und diese Maßnahme zu Recht erfolgte – etwa weil eine bestimmte Urkunde nicht vorgelegt oder nachgereicht wurde. Ähnlich kann es sein, wenn der Antragsteller die Wertung seines Angebots beanstandet, der Auftraggeber sich im Nachprüfungsverfahren erstmals auch auf einen Ausschlussgrund beruft und der Antragsteller dem nichts entgegensetzen kann.

69 In derartigen Fallkonstellationen hat der Antragsteller im laufenden Verfahren keine Chance auf den Zuschlag. Trotzdem kann sein Nachprüfungsantrag zulässig sein bzw. bleiben. Dafür muss er allerdings unter Mitteilung konkreter Tatsachen[19] schlüssig darlegen, dass der Auftraggeber jedenfalls auf der Grundlage der jetzigen Ausschreibung **keinem Bieter** den Zuschlag erteilen darf, sei es wegen unheilbarer Mängel des Vergabeverfahrens, sei es wegen des Fehlens zuschlagsfähiger Angebote von Konkurrenten.[20]

70 In einem solchen Fall kann der Antragsteller unabhängig von dem eigenen Fehler dadurch in seinen Rechten verletzt sein, dass der Auftraggeber ihm eine **„zweite Chance"** – sei es durch Aufhebung und Neuausschreibung, sei es durch eine transparente und diskriminierungsfreie Änderung der Vergabeunterlagen[21] – zu Unrecht verwehrt.[22]

71 Im Einzelfall kann die Zulässigkeit des Nachprüfungsantrags also davon abhängen, ob nach dem Vortrag des Antragstellers bei vergaberechtskonformer Verfahrensweise des Auftraggebers kein einziger Bieter übrig bliebe, dem der Auftrag erteilt werden **dürfte**. Dies ist nicht der Fall, wenn auf einen oder mehrere Bieter nur **fakultative** Ausschlussgründe (§ 4 Abs. 9 VOF) anwendbar sind.

3. Partielle Antragsfrist (§ 107 Abs. 3 Satz 1 Nr. 4 GWB)

72 Dem deutschen Recht war eine Frist zur Stellung eines Nachprüfungsantrags, deren Versäumung zur Unzulässigkeit des Antrags führt, ursprünglich völlig fremd. Dies hat sich durch das am 24.04.2009 in Kraft getretene Gesetz zur Modernisierung des Vergaberechts geändert. Mit § 107 Abs. 3 Satz 1 Nr. 4 GWB wurde eine 15-tägige **Antragsfrist** geschaffen, nach deren Ablauf ein Nachprüfungsantrag nicht mehr in zulässiger Weise auf einen Vergaberechtsverstoß gestützt werden kann, wenn die Vergabestelle eine entsprechende Rüge zurückgewiesen hatte.

---

19 OLG München, Beschl. v. 7.8.2007 – Verg 8/07 – ZfBR 2007, 718.

20 BGH, Beschl. v. 26.9.2006 – X ZB 14/06 – VergabeR 2007, 59.

21 BGH, Urt. v. 1.8.2006 – X ZR 115/04 – NZBau 2006, 797.

22 Siehe auch OLG Koblenz, Beschl. v. 4.7.2007 – 1 Verg 3/07 – ZfBR 2007, 712.

Die Unzulässigkeit erfasst nicht zwangsläufig den gesamten Nachprüfungsantrag, sondern „nur" die Beanstandungen, die unter die Voraussetzungen des § 107 Abs. 3 Satz 1 Nr. 4 GWB fallen. Die Norm bestimmt also eine **partielle Antragsfrist,** deren Versäumung zu einer **partiellen Unzulässigkeit** des Nachprüfungsantrags führen kann. 73

Nach dem Wortlaut des Gesetzes müssen zwei Voraussetzungen erfüllt sein: 74

- Ein Bieter oder Bewerber muss eine Beanstandung erhoben haben, die die Bezeichnung „Rüge" verdient.[23]
- Der Auftraggeber muss unmissverständlich zum Ausdruck gebracht haben, dass er überhaupt nicht daran denkt, dem Rügenden Recht zu geben.

Eine weitere Voraussetzung ergibt sich aus dem Unionsrecht. Der Auftraggeber muss bereits in der **Bekanntmachung** entweder über die Frist des § 107 Abs. 3 Satz 1 Nr. 4 GWB **belehren oder eine Stelle benennen**, bei der Auskünfte über die Einlegung von Rechtsbehelfen erhältlich sind.[24] Entsprechende Mitteilungen in den Vergabeunterlagen kommen zu spät und sind deshalb unbeachtlich. 75

Macht der Auftraggeber von der ersten Möglichkeit Gebrauch, genügt es nicht, lediglich auf § 107 Abs. 3 Satz 1 Nr. 4 GWB hinzuweisen. Zumindest der Wortlaut der Norm sollte vollständig wiedergegeben werden. 76

Die Alternative erfordert die Mitteilung von *„Name, Anschrift, Telefonnummer, Faxnummer und E-Mail-Adresse des Dienstes, bei dem diese Auskünfte eingeholt werden können*". Es muss sich um eine Stelle handeln, die bei dem Auftraggeber eingerichtet ist oder für diesen Rechtsauskünfte erteilen soll. Die Vergabekammer gehört nicht dazu, weil es nicht ihre Aufgabe ist, an Stelle des Auftraggebers rechtsberatend tätig zu sein. 77

Das Gesetz schreibt für die Mitteilung des Auftraggebers, er helfe einer Rüge nicht ab, **keine bestimmte Form** vor; rechtlich würde also auch ein Telefonanruf ausreichen. 78

Praxistipp !

In seinem eigenen Interesse sollte der Auftraggeber eine Übermittlung wählen, die keinen Raum für einen Streit über den **Inhalt** lässt und zugleich den möglichst einfachen Nachweis des **Eingangs** beim Rügenden gewährleistet. Dies ist bei einem **Einschreiben mit Rückschein** immer der Fall.

Die Antragsfrist beträgt 15 volle Kalendertage. Sie wird zwar rechtlich durch den Eingang der Nichtabhilfeentscheidung des Auftraggebers ausgelöst. Rechnerisch beginnt sie aber um 00:00 Uhr des Folgetages (1. Tag) und endet am 15. Tag um 24:00 Uhr. Fällt der letzte Tag der Frist auf einen **Samstag, Sonntag oder gesetzlichen Fei-** 79

23 Siehe dazu unter C. V.

24 OLG Brandenburg, Beschl. v. 13.9.2011 – Verg W 10/11 – VergabeR 2012, 242.

ertag, ist entsprechend § 31 Abs. 3 Satz 1 VwVfG die Einreichung des Nachprüfungsantrags bis zum Ablauf des nächsten Werktags rechtzeitig.

80 § 107 Abs. 3 Nr. 4 GWB normiert eine gesetzliche Ausschlussfrist im Sinne des § 32 Abs. 1 VwVfG, sodass bei **unverschuldeter Fristversäumung** eine Wiedereinsetzung in den vorigen Stand in Betracht kommt.

! **Praxistipp**

§ 107 Abs. 3 Satz 1 Nr. 4 GWB setzt andere Fristen nicht außer Kraft. Gehen einem Bieter die Nichtabhilfeentscheidung und die Vorabinformation nach § 101a GWB per Fax gleichzeitig zu, ist der Auftraggeber durch die noch laufende Antragsfrist nicht daran gehindert, bereits nach Ablauf von 10 Tagen den Zuschlag zu erteilen.

---

81 Für ein Nachprüfungsverfahren, welches die **Feststellung der Unwirksamkeit** einer Auftragserteilung nach § 101b GWB zum Gegenstand hat, tritt an die Stelle des § 107 Abs. 3 Satz 1 Nr. 4 GWB die speziellere Regelung des § 101b Abs. 2 GWB.[25]

82 § 107 Abs. 3 Satz 1 Nr. 4 GWB soll nach der Vorstellung des Gesetzgebers dazu beitragen, dass Streitpunkte in einem Vergabeverfahren möglichst früh geklärt werden. Die vom Gesetzgeber wahrscheinlich nicht gesehene Kehrseite ist die Gefahr mehr oder weniger sinnloser Nachprüfungsanträge, die zu erheblichen Verfahrensverzögerungen führen können. § 107 Abs. 3 Satz 1 Nrn. 1–3 GWB zwingt Bewerber und Bieter, so früh wie möglich zu rügen. Rügen sie in einem frühen Stadium des Vergabeverfahrens und teilt der Auftraggeber ihnen sofort mit, er denke nicht daran abzuhelfen, müssen sie alsbald Nachprüfungsanträge stellen – die sie in einem späteren Verfahrensstadium womöglich überhaupt nicht gestellt hätten.

! **Praxistipp**

Auftraggeber sind nicht verpflichtet, sofort auf Rügen einzugehen. Sie können auf den Zeitpunkt der möglichen Stellung von Nachprüfungsanträgen Einfluss nehmen, indem sie **taktieren**, Rügen sammeln, den weiteren Verlauf des Verfahrens beobachten (Wer gibt überhaupt ein Angebot ab? Sind die Angebote der Rügenden überhaupt wertbar?) und Nichtabhilfebescheide erst dann versenden, wenn das Risiko am geringsten zu sein scheint.

---

4. Weitere Anforderungen an den Nachprüfungsantrag (§ 108 GWB)

83 Ergänzend zu den Anforderungen an den Inhalt des Nachprüfungsantrags, die sich (direkt oder indirekt) aus § 107 Abs. 2 GWB ergeben, stellt § 108 GWB weitere Mindestanforderungen auf.

25 OLG Naumburg, Beschl. v. 22.12.2011 – 2 Verg 10/11 – VergabeR 2012, 445.

a) Schriftform (§ 108 Abs. 1 Satz GWB)

Ein Nachprüfungsantrag muss **schriftlich** gestellt werden. Das Schriftformerfordernis soll gewährleisten, dass der Inhalt einer Erklärung und die Person des Erklärenden hinreichend zuverlässig feststellbar sind. Außerdem muss feststehen, dass es sich bei dem Schriftstück nicht bloß um einen Entwurf handelt, sondern dass es mit Wissen und Wollen des Verfassers dem Adressaten zugeleitet wurde. Eine **Unterschrift** ist insoweit nützlich, aber nicht unbedingt erforderlich.[26] 84

Es ist auch nicht erforderlich, dass ein **Schriftstück** eingereicht wird. Vielmehr genügt es auch, wenn auf Veranlassung des Absenders durch den Einsatz technischer Hilfsmittel erst beim Empfänger eine körperliche Urkunde hergestellt wird, deren geistiger Urheber nicht zweifelhaft ist und bei der es sich ersichtlich nicht um einen Entwurf handelt. Das verfahrensrechtliche Schriftformerfordernis wird in der Regel auch bei Übermittlung per Fax oder Computerfax gewahrt. 85

Anders ist es bei einer **E-Mail**, die erst auf Veranlassung des Empfängers zu einer körperlichen Urkunde wird. Sie genügt deshalb nicht der Schriftform, kann allerdings unter den Voraussetzungen des § 3a VwVfG (Stichwort: elektronische Signatur) eine schriftliche Eingabe ersetzen. 86

b) Antragsbegründung (§ 108 Abs. 1 Satz 1 GWB)

Der Antrag ist **unverzüglich** zu begründen. Daraus folgt, dass zunächst ein „nackter“ Nachprüfungsantrag gestellt und die Begründung nachgereicht werden kann. 87

Praxistipp !

Von der rechtlich zulässigen Einreichung eines „nackten“ Nachprüfungsantrags ist dringend abzuraten. Weil er nicht auf Zulässigkeit oder Erfolgsaussichten überprüft werden kann,[27] wird die Vergabekammer ihn zunächst liegen lassen und die Antragsbegründung abwarten. In der Zwischenzeit kann der Auftraggeber von dem Antrag erfahren und nach Ablauf der Wartefrist auch einmal an einem Wochenende den Zuschlag erteilen, um vollendete Tatsachen zu schaffen.

Die Antragsbegründung **muss** *„die Bezeichnung des Antragsgegners, eine Beschreibung der behaupteten Rechtsverletzung mit Sachverhaltsdarstellung und die Bezeichnung der verfügbaren Beweismittel enthalten sowie darlegen, dass die Rüge gegenüber dem Auftraggeber erfolgt ist“*. Diese Angaben sind also zwingend; ihr Fehlen führt günstigstenfalls zu Nachfragen der Vergabekammer, oft aber zur Verwerfung des Antrags als unzulässig. 88

---

26 A. A. Ziekow/Völlink/Dicks, § 108 GWB Rn. 2.

27 Siehe § 110 Abs. 2 Satz 1 GWB.

89 Die **Bezeichnung des Antragsgegners** muss so eindeutig sein, dass die Vergabekammer weiß oder ohne größeren Ermittlungsaufwand herausfinden kann, wem der Antrag übermittelt werden soll.

90 Zusammen mit § 107 Abs. 2 GWB bestimmt § 108 Abs. 2 GWB, dass der Antragsteller die behauptete **Rechtsverletzung** mit einem schlüssigen, aus sich heraus verständlichen Tatsachenvortrag zu belegen hat, soweit ihm dies aus eigenem Wissen möglich ist oder bei zumutbarer Anstrengung möglich wäre.[28]

91 Die Ausführungen zur Beachtung der **Rügeobliegenheit** müssen so präzise sein, dass die Vergabekammer allein anhand der Antragsbegründung feststellen kann, ob das Antragsbegehren in zulässiger Weise auf bestimmte Vergaberechtsverstöße gestützt wird. Hatte der Antragsteller im Vorfeld des Nachprüfungsverfahrens keine Rüge erhoben, muss er jedenfalls dann, wenn Annahme einer Rügeobliegenheit nicht fernliegend ist, darlegen, dass eine solche nicht bestanden hat.[29]

92 Die Angabe eines **bestimmten Begehrens** und die **Benennung der sonstigen Beteiligten** sind in **Soll**bestimmungen geregelt, deren Missachtung nicht zur Unzulässigkeit führt.

! **Praxistipp**
Als Antragsteller sollten Sie trotzdem einen konkreten Antrag formulieren, aus dem sich ergibt, welches bestimmte Tun oder Unterlassen von der Vergabestelle zur Beseitigung eines Vergaberechtsverstoßes und seiner Folgen verlangt wird. Dadurch wird die Konzentration der unter Zeitdruck stehenden Vergabekammer in die gewünschte Richtung gelenkt.

---

93 Zur Beschleunigung des Verfahrens soll der Antragsteller die Unternehmen benennen, deren **Beiladung** nach § 109 GWB in Betracht kommt. Gemeint sind die Konkurrenten, deren bessere Wettbewerbspositionen durch den Nachprüfungsantrag in Frage gestellt werden. In der Regel reicht es aus, den Bieter zu bezeichnen, der nach der Mitteilung des Auftraggebers den Auftrag erhalten soll. Wird der Nachprüfungsantrag in einem frühen Stadium des Vergabeverfahrens gestellt, etwa wegen einer Vorgabe in der Bekanntmachung, wäre die Bezeichnung weiterer Beteiligter reine Spekulation und ist deshalb entbehrlich.

5. Rügeobliegenheit und Rügepräklusion (§ 107 Abs. 3 Satz 1 Nrn. 1–3 GWB)

a) Überblick

94 Die Erfüllung der sich aus §§ 107 Abs. 2, 108 GWB ergebenden formalen und inhaltlichen Anforderungen an den Nachprüfungsantrag hat nicht zwangsläufig dessen

---

28 OLG Düsseldorf, Beschl. v. 28.8.2001 – Verg 27/01 – juris; zu weiteren Einzelheiten siehe Heiermann/Zeiss/Summa, § 108 GWB Rn. 32 ff.
29 OLG Koblenz, Beschl. v. 10.8.2000 – 1 Verg 2/00 – BauR 2001, 240.

Zulässigkeit zur Folge. Eine weitere Hürde ist in § 107 Abs. 3 Satz 1 Nrn. 1–3 GWB normiert. Danach ist ein Nachprüfungsantrag unzulässig, wenn und soweit ein Antragsteller seiner Rügeobliegenheit nicht nachgekommen ist.

Der Sinn und Zweck der **Rügeobliegenheit** ist ohne weiteres nachvollziehbar, 95
soweit sie in § 107 Abs. 3 Satz 1 Nr. 1 GWB an die **Kenntnis** von einem Vergaberechtsverstoß anknüpft. Der Gesetzgeber hält es für zumutbar, dass ein Bewerber oder Bieter, der weiß, dass der Auftraggeber einen Fehler gemacht hat, zunächst einmal ohne Inanspruchnahme von Rechtsschutz in einem förmlichen Verfahren auf eine einvernehmliche Änderung hinwirkt. Macht er von dieser Möglichkeit keinen Gebrauch, hat dies eine **Rügepräklusion** zur Folge. Das bedeutet, dass er sich im Nachprüfungsverfahren so behandeln lassen muss als gäbe es den Vergaberechtsverstoß überhaupt nicht.

Für ein weites Spektrum von Vergaberechtsverstößen geht die gesetzliche Rege- 96
lung allerdings weiter. Auch wenn einem Bieter oder Bewerber die Fehlerhaftigkeit des Vergabeverfahrens überhaupt nicht bewusst war, kann er unter Umständen so behandelt werden, als habe er die Fehler des Auftraggebers erkannt.

Nach § 107 Abs. 3 Satz 1 Nrn. 2 u. 3 GWB kommt eine Rügepräklusion – mit der 97
Folge der Unzulässigkeit eines Nachprüfungsantrags – nämlich auch dann in Betracht, wenn und soweit ein Vergaberechtsverstoß **erkennbar** war. Wer sich vorwerfen lassen muss, er sei selbst schuld, dass ihm der Fehler nicht bewusst geworden ist, wird verfahrensrechtlich einem Bewerber oder Bieter gleichgestellt, der bewusst von der Erhebung einer Rüge abgesehen hat. Dies kann im Einzelfall dazu führen, dass einem Bewerber oder Bieter der Zugang zum Nachprüfungsverfahren nur deshalb abgeschnitten wird, weil er sich nicht mit der gebotenen Sorgfalt mit der Ausschreibung und ihren Rechtsgrundlagen befasst hat.

Zulässigkeitsvoraussetzung für den Nachprüfungsantrag ist allein die Erfül- 98
lung der Rügeobliegenheit. Das Gesetz kennt keine **Wartefrist**, innerhalb derer der Rügende vor Stellung eines Nachprüfungsantrags eine wie auch immer geartete Reaktion des Auftraggebers abwarten müsste.

Keine Rügeobliegenheit besteht für Vergaberechtsverstöße, die dem Antrag- 99
steller erst während eines laufenden Nachprüfungsverfahrens bekannt werden, diese können sofort in das Verfahren eingebracht werden. Kraft Gesetzes (§ 107 Abs. 3 Satz 2 GWB) ist die Rüge entbehrlich, wenn und soweit die Unwirksamkeit des Vertrages nach § 101b Abs. 1 Nr. 2 GWB (unzulässige Direktvergabe) geltend gemacht wird. Grund dafür ist, dass der Auftraggeber selbst den Vertrag überhaupt nicht rückgängig machen kann, die Rüge also ins Leere ginge. Vielmehr kann die Unwirksamkeit des Vertragsschlusses nur in einem Nachprüfungsverfahren festgestellt werden.

Summa

b) Positive Kenntnis von einem Vergaberechtsverstoß (§ 107 Abs. 3 Satz 1 Nr. 1 GWB)

100 Nach § 107 Abs. 3 Satz 1 Nr. 1 GWB ist ein Nachprüfungsantrag unzulässig, wenn der Antragsteller einen von ihm **erkannten** Vergaberechtsverstoß nicht unverzüglich gerügt hat.

101 Zwar ist in Deutschland seit einigen Jahren umstritten, ob der Begriff „unverzüglich" dem Bestimmheitsgebot genügt oder wegen seiner Ungenauigkeit gegen Unionsrecht verstößt und deshalb in Nachprüfungsverfahren unbeachtlich ist.[30] Solange aber die Unvereinbarkeit mit dem Unionsrecht nicht verbindlich festgestellt ist und auch der nationale Gesetzgeber an der jetzigen Fassung § 107 Abs. 3 Satz 1 Nr. 1 GWB festhält, muss jeder Bewerber oder Bieter damit rechnen, dass sich Auftraggeber auf diese Norm berufen und die Nachprüfungsinstanzen sie anwenden.

102 Für am Auftrag interessierte Unternehmen bedeutet dies, dass sie im eigenen Interesse erkannte Vergaberechtsverstöße so schnell wie möglich rügen sollten.

103 Positive Kenntnis liegt nicht erst dann vor, wenn jemand sich absolut sicher ist, dass der Auftraggeber einen Vergaberechtsverstoß begangen hat. Erforderlich, aber auch ausreichend ist das Wissen um einen Sachverhalt, der den Schluss auf einen Vergaberechtsverstoß erlaubt und der es bei vernünftiger Betrachtung als gerechtfertigt erscheinen lässt, das Vergabeverfahren als fehlerhaft zu beanstanden.[31]

! **Praxistipp**
Jeder Bewerber oder Bieter, der ein Tun oder Unterlassen des Auftraggebers im Vergabeverfahren als vergaberechtswidrig einschätzt, sollte eine entsprechende Rüge erheben. Damit vermeidet er nicht den späteren Vorwurf, er habe einen erkannten Vergaberechtsverstoß unbeanstandet gelassen. Inzwischen kann er auch davon ausgehen, dass die meisten Auftraggeber nicht beleidigt, sondern professionell auf eine sachlich vorgebrachte Rüge reagieren und ihre Verfahrensweise selbstkritisch überprüfen – was beiden Seiten ein Nachprüfungsverfahren mit allen seinen Risiken und Nebenwirkungen ersparen kann.

---

104 Erst die positive Kenntnis von einem Vergaberechtsverstoß setzt die nach den Umständen des Einzelfalles zu bemessende **Rügefrist** in Gang, deren Überschreitung zur Rügepräklusion führt. Die Prüfung, die erst zu der Erkenntnis führt, dass ein Vergaberechtsverstoß vorliegt, ist demgegenüber an überhaupt keine Frist gebunden. Anders ausgedrückt: Die Rügefrist beginnt erst mit Abschluss des Erkenntnisprozesses.

105 Die Rüge soll nach der Vorstellung des Gesetzgebers **unverzüglich** erfolgen. Unverzüglich wird in § 121 BGB mit „*ohne schuldhaftes Zögern*" gleichgesetzt, was aber nicht weiterhilft, weil auch diese Definition einem Bewerber oder Bieter nicht die Frage beantwortet, ob er zu spät kommt, wenn er nicht heute, sondern erst morgen rügt. Zudem bietet die Rechtsprechung ein eher diffuses Bild, das von Einzelfallent-

30 Siehe dazu Heiermann/Zeiss/Summa, § 107 GWB Rn. 181 ff.
31 OLG Celle, Beschl. v. 5.7.2007 – 13 Verg 8/07 – ZfBR 2007, 706.

scheidungen geprägt ist, die schon bei geringen Abweichungen im Sachverhalt auch anders hätten ausfallen können. Auf der sicheren Seite ist ein Bewerber oder Bieter, wenn er **binnen drei Werktagen** rügt.

Praxistipp !

Die Erhebung einer Rüge will nicht lange und gut überlegt sein, sondern soll nach dem Willen des Gesetzgebers so schnell wie möglich erfolgen. Vor dem Hintergrund der derzeitigen unsicheren Rechtslage gilt für Bewerber und Bieter: Rügen Sie am Besten noch an dem Tag, an dem Ihnen der Vergaberechtsverstoß auffällt. Sie brauchen dafür keinen Anwalt. Einen Rechtsberater können Sie noch später hinzuziehen, wenn die Rüge ohne Erfolg bleibt. Zunächst geht es darum, mit einer knapp, aber sachlich begründeten Eingabe die Rügefrist zu wahren.

Will ein Bewerber oder Bieter schon für die Abfassung der Rüge anwaltliche Hilfe in 106
Anspruch nehmen, so obliegt es ihm, dem Rechtsanwalt oder dessen Kanzleipersonal die Dringlichkeit der Angelegenheit deutlich zu machen und sich nicht auf einen Besprechungstermin vertrösten zu lassen, der die Einhaltung der Rügefrist in Frage stellt. Anwaltsversäumnisse sind dem Antragsteller zuzurechnen.

c) Erkennbare Vergaberechtsverstöße (§ 107 Abs. 3 Satz 1 Nrn. 2 u. 3 GWB)

Es versteht sich von selbst, dass ein Bewerber oder Bieter keine Veranlassung für eine 107
Rüge sieht, solange er nicht auf den Gedanken kommt, der Auftraggeber verhalte sich vergaberechtswidrig. Diese Gutgläubigkeit kann sich aber nachteilig auswirken. Die Nrn. 2 und 3 der § 107 Abs. 3 Satz 1 GWB verlangen keine positive Kenntnis von einem Vergaberechtsverstoß. Es reicht aus, dass ein Tun oder Unterlassen des Auftraggebers als vergaberechtswidrig **erkennbar** war.

Betroffen sind Vergaberechtsverstöße, die sich aus der **Bekanntmachung** (Nr. 2) 108
oder den **Vergabeunterlagen** im Sinne des § 11 Abs. 2 VOF (Nr. 3) ableiten lassen.

Für § 107 Abs. 3 Satz 1 Nr. 2 GWB kommen beispielsweise in Frage: 109

- fehlerhafte Wahl der Vergabeordnung[32]
- Unterlassen einer gebotenen Losvergabe
- zu kurze Bewerbungsfrist
- überzogene oder unzumutbare Eignungsanforderungen.

Aufgrund der Vergabeunterlagen können z. B. erkennbar sein 110

- Unklarheiten oder Lücken in der Aufgabenbeschreibung
- zu niedrige Vergütung nach § 13 Abs. 3 Satz 1 VOF

---

32 Die Objektüberwachung ist in der Regel eine Leistung, deren Lösung vorab eindeutig und erschöpfend beschrieben werden kann und deshalb – bei gesonderter Ausschreibung – nach der VOL/A auszuschreiben ist. Gleiches gilt z. B. für die Leistungsphasen 6 und 7 des § 34 HOAI.

- unzulässige Zuschlagskriterien[33]
- fehlende oder unzureichende Angaben zu den Zuschlagskriterien.

111 Für eine Rügepräklusion kommt es darauf an, ob dem Antragsteller das Übersehen des Verstoßes gegen das Vergaberecht vorgeworfen werden kann. Anders ausgedrückt: Ist dem Antragsteller eine **schuldhafte Vernachlässigung einer Obliegenheit** anzulasten?

112 Unklarheiten bestehen nach wie vor hinsichtlich des **Prüfungsmaßstabs.**[34] Es deutet sich jedoch an, dass sich die Ansicht durchsetzt, die nicht auf die individuellen Kenntnisse und Fähigkeiten des Antragstellers abstellt, sondern den **„Durchschnittsbieter"** zum Maßstab macht.[35]

113 Das Abstellen auf den Durchschnittsbieter hat allerdings nicht zur Folge, dass (nahezu) jeder Fehler in der Bekanntmachung oder in den Vergabeunterlagen als erkennbar angesehen wird. Vom Durchschnittsbieter kann nicht erwartet werden, dass er die inzwischen doch sehr zahlreichen Entscheidungen von Vergabekammern und -senaten kennt oder über mehr als Grundkenntnisse im Vergaberecht verfügt. Vielmehr wird im Einzelfall zu prüfen sein, ob sich das Vorliegen eines Vergaberechtsverstoßes **aufdrängte.**[36]

114 Das **praktische Problem** ist allerdings, dass die Einzelfallprüfung durch Vergabekammer oder Vergabesenat im Nachhinein stattfindet, wenn das Kind möglicherweise schon in den Brunnen gefallen ist. Zu diesem Zeitpunkt hat ein Bewerber oder Bieter kaum noch die Möglichkeit, den Gang der Dinge zu beeinflussen. Was vom Durchschnittsbieter zu erwarten war, entscheiden dann Andere.

115 Ein Bewerber oder Bieter steht aber viel früher vor der Frage, was er tun soll, um es erst gar nicht so weit kommen zu lassen. Er handelt möglicherweise gegen eigene Interessen, wenn er sorglos und gutgläubig mit den Informationen umgeht, die ihm der Auftraggeber zur Verfügung stellt.

! **Praxistipp**

Vergessen Sie die Aussage, ein Bewerber oder Bieter müsse die Bekanntmachung und die Vergabeunterlagen nicht vorsorglich auf Vergaberechtsverstöße durchforsten. Natürlich ist er dazu rechtlich nicht verpflichtet. Unterlässt er es aber, erhöht sich deutlich das Risiko, dass er etwas übersieht, was später in einem Nachprüfungsverfahren als erkennbar qualifiziert wird. Es schadet also nichts, wenn jemand, der am Auftrag ernsthaft interessiert ist, die Bekanntmachung und/oder die Vergabeunterlagen „freiwillig" zumindest auf solche Fehler durchsieht, von denen in der Branche bekannt ist, dass sie nicht selten gemacht werden.

---

33 Solange § 11 Abs. 5 Satz 2 VOF nicht geändert wird, gilt das strikte Gebot der Trennung von Eignungs- und Zuschlagskriterien.

34 Ziekow/Völlink/Dicks, § 107 GWB Rn. 50.

35 Zu den Einzelheiten siehe Heiermann/Zeiss/Summa, § 107 GWB Rn, 252 ff.

36 Siehe auch EuGH, Urt. v. 28.1.2010 – C-406/08 – VergabeR 2010, 451: Es ist auf den Zeitpunkt abzustellen, zu dem „*der Kläger von dem Verstoß Kenntnis erlangt hat oder hätte erlangen* ***müssen***".

Die Rügepräklusion tritt ein, wenn der Bieter oder Bewerber einen nicht erkannten, aber erkennbaren Vergaberechtsverstoß nicht bis zum Ablauf der **Bewerbungsfrist** (Teilnahmewettbewerb) bzw. bis zum Ablauf der in der **Bekanntmachung** benannten Angebotsfrist rügt. 116

Auf den ersten Blick ist die Regelung widersinnig, denn der Gesetzgeber scheint die Unkenntnis (Gutgläubigkeit) eines Bewerbers oder Bieters mit einer Handlungspflicht (Rügen) zu verknüpfen. Tatsächlich geht es aber um eine Ausschlussfrist für das Nachprüfungsverfahren; das Ende der Bewerbungs- oder Angebotsfrist ist die Deadline: Erkennt der Bieter oder Bewerber zu einem späteren Zeitpunkt tatsächlich den Vergaberechtsverstoß, kann er zwar noch rügen in der Hoffnung, der Auftraggeber werde das Richtige tun. Der anschließende Zugang zum Nachprüfungsverfahren ist ihm aber wegen Rügepräklusion versperrt. 117

d) Besonderheiten im Verhandlungsverfahren

Planungsleistungen nach der VOF werden regelmäßig im **Verhandlungsverfahren** mit vorausgehendem Teilnahmewettbewerb vergeben. Zwingend bekanntzumachen ist der Schlusstermin für den Eingang der Teilnahmeanträge (Bewerbungsfrist). Nicht unbedingt erforderlich und auch unüblich ist die Bekanntmachung einer Angebotsfrist; deren Mitteilung erfolgt regelmäßig zu einem späteren Zeitpunkt. 118

Nach dem Wortlaut des Gesetzes geht § 107 Abs. 3 Satz 1 Nr. 3 GWB bei der Vergabe von Planungsleistungen regelmäßig ins Leere, weil es innerhalb der bekanntgemachten Bewerbungsfrist noch keine Vergabeunterlagen gibt und es an einer **bekanntgemachten Frist** zur Abgabe eines (letzten) Angebots fehlt. 119

Praxistipp !

Architekten und Ingenieure sollten sich nicht darauf verlassen, dass eine Vergabekammer oder ein Vergabesenat daraus die – wohl richtige – Konsequenz zieht, dass es im VOF-Verfahren in der Regel keine Rügepräklusion nach § 107 Abs. 3 Satz 1 Nr. 3 GWB geben kann. Für das Verhandlungsverfahren ohne Teilnahmewettbewerb – und damit auch ohne Bekanntmachung – wurde bereits eine analoge Anwendung des § 107 Abs. 3 Satz 1 Nr. 3 GWB für geboten erklärt.[37] Danach soll statt der bekanntgemachten Angebotsfrist die in den Vergabeunterlagen mitgeteilte Ausschlussfrist für die Einreichung der (indikativen oder verbindlichen?) Angebote maßgeblich sein. Eine Ausdehnung dieser Rechtsprechung auf alle VOF-Verfahren ist nicht unwahrscheinlich.

---

e) Auswirkungen und Umfang der Rügepräklusion

Nach dem Wortlaut des Gesetzes hat eine Rügepräklusion „nur“ zur Folge, dass ein Nachprüfungsantrag unzulässig ist, wenn und soweit er auf eine präkludierte Beanstandung gestützt wird. Die Konsequenzen reichen jedoch weiter. Ein Bewerber oder 120

37 OLG Naumburg, Beschl. v. 18.8.2011 – 2 Verg 3/11 – VergabeR 2012, 93.

Bieter kann § 107 Abs. 3 Satz 1 Nrn. 1–3 GWB nicht dadurch umschiffen, dass er die Zulässigkeitshürde mit einer nicht präkludierten Rüge nimmt und sich danach auf Vergaberechtsverstöße beruft, mit denen er die Zulässigkeitshürde nicht genommen hätte. Auch sein Ansinnen, die Vergabekammer möge im Rahmen ihrer Entscheidungskompetenz nach § 114 Abs. 1 Satz 2 GWB eine präkludierte Beanstandung von Amts wegen berücksichtigen, ist zum Scheitern verurteilt.[38]

121 Ist eine Rüge präkludiert, hat dies zur Folge, dass das als vergaberechtswidrig beanstandete Verhalten des Auftraggebers im Verhältnis zum Säumigen – nicht zu anderen Teilnehmern am Vergabeverfahren – als vergaberechtskonform fingiert wird. Rechtlich wird der Säumige als jemand behandelt, der nicht (mehr) in seinen eigenen Rechten verletzt ist.

122 Die Rügepräklusion erfasst in der Regel auch **(Folge-)Fehler,** die untrennbar mit dem nicht gerügten Vergaberechtsverstoß zusammenhängen und/oder sich zwingend aus ihm ergeben.[39]

Beispiel

Hat es ein Bieter versäumt, den Ausschluss seines Angebots wegen Unauskömmlichkeit zu rügen, ist damit auch der zur Annahme dieses Ausschlussgrundes führende Wertungsvorgang der Überprüfung entzogen. Dies gilt auch für die spätere Behauptung, der vom Auftraggeber für die Angebotswertung hinzugezogene Sachverständige sei befangen gewesen oder fehlerhaft bestellt worden.[40]

---

123 Die Auswirkungen einer Rügepräklusion können sogar über das Vergabeverfahren hinausreichen. Versäumt es ein Bieter, eine Vergütung nach § 13 Abs. 3 VOF als zu niedrig zu rügen, ist es ihm später verwehrt, eine höhere Vergütung vor einen Zivilgericht einzuklagen.[41]

Checkliste

- Welche Vergabekammer ist zuständig?
- Wurde der Vergaberechtsverstoß gerügt?
- Ist die Frist des § 107 Abs. 3 Satz 1 Nr. 4 GWB noch einzuhalten?
- Ist der Antragsbegründung zu entnehmen, dass das Vergabeverfahren noch nicht durch wirksamen Zuschlag beendet wurde?
- Ist dargelegt/ersichtlich, dass der 4. Teil des GWB anwendbar ist?
  - Schwellenwert
  - öffentlicher Auftrag
  - öffentlicher Auftraggeber
  - kein Fall einer Bereichsausnahme (§§ 100–100c GWB)

---

38 OLG Naumburg, Beschl. v. 18.8.2011 – 2 Verg 3/11 – VergabeR 2012, 93.
39 Einzelheiten siehe Heiermann/Zeiss/Summa, § 107 GWB Rn. 294 ff.
40 OLG Koblenz, Beschl. v. 18.9.2003 – 1 Verg 4/03 – VergabeR 2003, 709.
41 OLG Koblenz, Urt. v. 6.7.2012 – 8 U 45/11 – VergabeR 2013, 636.

- Wird ein im Nachprüfungsverfahren zulässiges Antragsziel verfolgt (Vornahme oder Unterlassung in einem bestimmten Vergabeverfahren)?
- Sind die Mindestanforderungen gemäß § 108 Abs. 2 GWB erfüllt?
  - Bezeichnung des Antragsgegners
  - einzelfallbezogene Darstellung des behaupteten Vergaberechtsverstoßes
  - Ausführungen zur Erfüllung/zum Nichtbestehen einer Rügeobliegenheit
  - Bezeichnung verfügbarer Beweismittel
  - Benennung der bekannten sonstigen Beteiligten
- Ist die Antragsbefugnis schlüssig vorgetragen?
  - Interesse am Auftrag,
  - Darlegung eines kausalen Schadens
- Belege beigefügt (wie Kopie des Rügeschreibens, Erwiderung der Vergabestelle)?
- Scheck für den Kostenvorschuss (oder ein Überweisungsbeleg) vorbereitet/beigefügt?[42]

III. Überblick über das Verfahren vor der Vergabekammer

1. Erste Prüfung des Nachprüfungsantrags (§ 110 Abs. 2 Satz 1 GWB)

Erhält der Auftraggeber von der Vergabekammer[43] die Mitteilung, dass ein Nachprüfungsantrag eingegangen ist, kann er in dem betroffenen Verfahren nicht mehr wirksam den Zuschlag erteilen (§ 115 Abs. 1 GWB). Wegen dieser einschneidenden Konsequenz ist die Vergabekammer gehalten, zunächst zu prüfen, ob der Antrag **offensichtlich unzulässig oder unbegründet** ist. 124

Praxistipp !

Der Auftraggeber kann auf diese Prüfung entscheidenden Einfluss nehmen. Rechnet er mit einem Nachprüfungsantrag eines bestimmten Unternehmens mit einer bestimmten Zielrichtung, kann er vorsorglich bei der Vergabekammer eine **Schutzschrift** einreichen, in der er zu den erwarteten Beanstandungen Stellung nimmt (§ 110 Abs. 2 Satz 2 GWB). Darin kann er beispielsweise darlegen, dass der potentielle Antragsteller in der Wertung so weit hinten liegt, dass er selbst dann keine Chance auf den Auftrag hätte, wenn es zu dem von ihm angestrebten Ausschluss des Erstplatzierten käme. Die Vergabekammer muss die Schutzschrift bei ihrer Prüfung berücksichtigen. Deren frühzeitige Einreichung kann also Verzögerungen bei der Auftragsvergabe verhindern.

Wird der Nachprüfungsantrag nicht als offensichtlich unzulässig/unbegründet verworfen, ist dem Auftraggeber **eine Kopie** (z. B. per Fax) zu übermitteln. Eine förmliche Zustellung ist nicht erforderlich, auch nicht für den Eintritt des Zuschlagsverbots gemäß § 115 Abs. 1 GWB. 125

---

42 Ob ein Kostenvorschuss notwendig ist, hängt von der jeweiligen Vergabekammer ab. Die Praxis ist leider nicht bundeseinheitlich.

43 Die Übermittlung einer Abschrift der Antragsschrift durch den Antragsteller genügt nicht.

2. Beiziehung der Vergabeakten

126 Die wichtigsten Entscheidungsgrundlagen für die Vergabekammer sind regelmäßig die Akten, in denen der bisherige Ablauf des Vergabevermerks dokumentiert sein sollte (§ 12 VOF).

127 Der Auftraggeber hat der Aufforderung der Vergabekammer, diese Akten vorzulegen (§ 110 Abs. 2 Satz 3 GWB), unverzüglich Folge zu leisten. Die Akten sind vollständig zu übermitteln; es steht dem Auftraggeber nicht zu, darüber zu befinden, welche Aktenteile wichtig sind oder nicht.

3. Akteneinsicht (§ 111 GWB)

128 Einer der heikelsten Punkte eines Nachprüfungsverfahrens ist die Akteneinsicht. Auf der einen Seite gehört das Recht eines Verfahrensbeteiligten, die Akten einzusehen, die der Vergabekammer vorliegen, zu den grundlegenden Errungenschaften eines rechtsstaatlichen Verfahrens. Andererseits können die Vergabeakten, in denen sich ja auch Teilnahmeanträge und Angebote befinden (können), Informationen enthalten, die schutzbedürftig sind.

129 Nach § 111 Abs. 1 GWB haben alle Verfahrensbeteiligten grundsätzlich das Recht auf Einsicht in die **gesamten verfahrensbezogenen Akten**, die der Vergabekammer vorgelegt bzw. von ihr angelegt werden.

130 Ausnahmsweise darf die Vergabekammer die Akteneinsicht versagen, wenn und soweit dies aus einem **wichtigen Grund**, insbesondere zum Schutz von Geheimnissen des Auftraggebers oder eines Unternehmens, geboten ist (§ 111 Abs. 2 GWB).

131 Nach § 111 Abs. 3 GWB hat jeder Beteiligte mit Übersendung seiner Akten oder Stellungnahmen auf die in Absatz 2 genannten **Geheimnisse** hinzuweisen und diese in den Unterlagen entsprechend **kenntlich zu machen**. Erfolgt dies nicht, kann die Vergabekammer von seiner Zustimmung auf Einsicht ausgehen. Diese Regelung ist nicht ganz gelungen. Die Vergabeakten übersendet der Auftraggeber, der aber nicht unbedingt wissen muss, was die Bieter, deren Angebote sich in den Akten befinden, für unbedingt schützenswert erachten.

! **Praxistipp**

Jedes Unternehmen sollte in einem Begleitschreiben zum Teilnahmeantrag bzw. zum Angebot und/oder auf einem seinen Unterlagen vorgehefteten Blatt die Teile bezeichnen, die es für geheimhaltungsbedürftig hält, und dies kurz begründen.

---

4. Fehlerkorrektur durch den Auftraggeber

132 Entgegen der missverständlichen Überschrift des § 115 GWB muss der Auftraggeber das Vergabeverfahren nicht stoppen, wenn er über den Eingang eines Nachprüfungsantrags informiert wird. Er darf es vielmehr bis zur Zuschlagsreife fortsetzen.

Dies schließt die Befugnis ein, **Vergaberechtsverstöße aller Art** zu beheben und damit für eine fehlerfreie Fortsetzung des Vergabeverfahrens zu sorgen. Das gilt auch für die Vergaberechtsverstöße, die der Antragsteller beanstandet hat. 133

Darüber hinaus darf der Auftraggeber auch Vergaberechtsverstöße aufgreifen, die sich zunächst zugunsten des Antragstellers ausgewirkt haben. Somit kann er sich auch im laufenden Nachprüfungsverfahren erstmals auf Ausschlussgründe berufen, die die Erfolgsaussichten des Nachprüfungsantrags zunichtemachen. 134

Praxistipp !

Planungsleistungen werden in der Regel in einem zweistufigen Verfahren mit vorgezogener Eignungsprüfung vergeben. Hat der Auftraggeber in der ersten Stufe die Eignung bejaht und den Bewerber zur Teilnahme an den Verhandlungen aufgefordert, ist dies für das weitere Verfahren grundsätzlich bindend. In einem Nachprüfungsverfahren darf er deshalb die Eignung des Bieters nur in Frage stellen, wenn er sich auf neue **Umstände** stützen kann, die ihm nach der Aufforderung zur Angebotsabgabe bekannt wurden.

IV. Eilverfahren (§ 115 Abs. 2 GWB)

1. Eilantrag zur Vergabekammer

Ein Auftraggeber, der sich sicher ist, das bisherige Vergabeverfahren fehlerfrei durchgeführt (oder Fehler inzwischen korrigiert) zu haben, kann bei **Eilbedürftigkeit** der Auftragsvergabe die **Gestattung des Zuschlags** vor Abschluss des Nachprüfungsverfahrens beantragen (§ 115 Abs. 2 Satz 1 GWB). Daneben ist auch der Bieter antragsbefugt, der in der Vorabmitteilung nach § 101a GWB als Ausschreibungsgewinner bezeichnet wurde. 135

Praxistipp !

Der Ausschreibungsgewinner sollte schon wegen des Kostenrisikos von der Stellung eines Eilantrags absehen, weil es ihm kaum gelingen dürfte, die Eilbedürftigkeit der Auftragsvergabe darzulegen, wenn der Auftraggeber selbst nicht rührt. Stellt aber der Auftraggeber einen Eilantrag, kann sich der Bieter zurücklehnen und abwarten.

Es versteht sich von selbst, dass ein derartiger Antrag Zuschlagsreife voraussetzt und ausschließlich das Zuschlagsverbot nach § 115 Abs. 1 GWB dem Abschluss des Vergabeverfahrens entgegenstehen darf. 136

Die Erfolgsausichten des Eilantrages sind nicht sehr groß, weil der Antragsteller mit dem Zuschlag seinen Primärrechtsschutz verlöre. Ihm bliebe zwar noch ein Feststellungsantrag nach § 114 Abs. 2 Satz 2 GWB, aber das eigentliche Ziel des Nachprüfungsantrages, nämlich der Auftragserteilung zumindest näher zu kommen, könnte 137 er dann nicht mehr erreichen. Dafür muss es gewichtige Gründe geben, die nur ausnahmeweise bejaht werden können.[44]

138 Bei Planungsleistungen dürfte ein **unabweisbares Bedürfnis** für eine sofortige Auftragserteilung nur sehr selten bestehen.

Beispiel
Ein Bauwerk (wie ein Stadion oder eine Halle für ein unverschiebbares Großereignis) muss zu einem bestimmten Termin unbedingt fertig sein und schon die Verschiebung der Beauftragung von Planungsleistungen stellt die rechtzeitige Fertigstellung ernsthaft in Frage.
Der Trakt eines Krankenhauses, in dem sich die Intensivstation befand, wurde bei einem Brand zerstört. Wegen der erheblichen Lücke bei der Versorgung schwerkranker Menschen sind schon geringfügige Verzögerungen bei der Planung des Neubaus nicht hinnehmbar.

---

2. Anfechtung der stattgebenden Entscheidung (§ 115 Abs. 2 Satz 5 GWB)

139 Gibt die Vergabekammer dem Antrag des Auftraggebers statt, darf der Zuschlag nicht sofort, sondern **frühestens 2 Wochen nach Bekanntgabe der Entscheidung** an das die Nachprüfung beantragende Unternehmen erteilt werden.

140 Diese Wartefrist gibt dem Antragsteller seinerseits die Möglichkeit, die Entscheidung der Vergabekammer mit einem **Eilantrag zum Beschwerdegericht** (§ 115 Abs. 2 Satz 5 GWB) anzufechten. Ein solcher Antrag hat keinen Suspensiveffekt, d. h. er hindert den Auftraggeber nicht an der **wirksamen Erteilung des Zuschlages**, wenn zwei Wochen abgelaufen sind und die Entscheidung des Vergabesenats noch aussteht. Ein Antragsteller, der die Eilentscheidung der Vergabekammer anfechten will, ist also gut beraten, dies spätestens nach Ablauf einer Woche zu tun.

Praxistipp
Beim Eingang des Eilantrags liegen dem Vergabesenat noch keine Akten vor. Deshalb sollte in der Antragsbegründung unter Benennung des Datums der Bekanntgabe der angefochtenen Entscheidung auf die **Dringlichkeit** hingewiesen werden.
Im Übrigen gilt für die Antragsbegründung: Der Vergabesenat benötigt in diesem Verfahrensstadium in erster Linie **präzise Informationen** dazu, warum die von der Vergabekammer angenommene Eilbedürftigkeit des Zuschlags falsch sein soll.

---

3. Anfechtung der ablehnenden Entscheidung (§ 115 Abs. 2 Satz 6 GWB)

141 Lehnt die Vergabekammer einen Eilantrag ab, kann diese Entscheidung mit einem weiteren, nicht fristgebundenen **Antrag zum Vergabesenat** angegriffen werden (§ 115 Abs. 2 Satz 6 GWB).

44 OLG Celle, Beschl. v. 31.1.2011 – 13 Verg 21/10 – juris.

Nach dem Wortlaut des Gesetzes ist nur der Auftraggeber, nicht aber – anders 142
als nach § 115 Abs. 2 Satz 1 GWB – der Ausschreibungsgewinner antragsbefugt. Es ist allerdings davon auszugehen, dass es sich um ein Versehen des Gesetzgebers handelt und die Regelungslücke durch eine analoge Anwendung geschlossen werden kann.[45]

Die stattgebende Entscheidung des Vergabesenats ist unanfechtbar. Deshalb darf 143
der Auftraggeber den Zuschlag **sofort** erteilen; eine Wartefrist gibt es nicht.

4. Gemeinsame Regeln für das Eilverfahren vor dem Vergabesenat (§ 115 Abs. 2 Satz 7 GWB)

Bei Eilanträgen zum Vergabesenat ist zu beachten, dass § 115 Abs. 2 Satz 7 GWB auf 144
§ 121 Abs. 2 Satz 1 u. 2 und Absatz 3 GWB verweist. Es genügt also nicht, wenn der Antragsteller lediglich sein Vorbringen aus dem Verfahren vor der Vergabekammer wiederholt. Gemäß § 121 Abs. 2 Satz 2 GWB sind die zur Begründung des Antrags vorzutragenden Tatsachen sowie der Grund für die Eilbedürftigkeit **mit geeigneten Beweismitteln glaubhaft** zu machen.

Praxistipp !

Faustregel: In einem Eilverfahren kommen als Mittel der Glaubhaftmachung nur Beweismittel in Betracht, die der Vergabesenat ohne weiteres durch Lesen oder Ansehen zur Kenntnis nehmen kann, also eidesstattliche Versicherungen, sonstige Schriftstücke, Abbildungen u.Ä. Es ist völlig sinnlos, Zeugen zu benennen oder gar die Einholung von Sachverständigengutachten zu beantragen.

---

§ 121 Abs. 3 GWB verweist wiederum auf § 120 GWB. Nach dessen Abs. 1 besteht im Ver- 145
fahren vor dem Vergabesenat grundsätzlich **Anwaltszwang**. Lediglich **juristische Personen des öffentlichen Rechts** können sich von einem Mitarbeiter vertreten lassen, der das zweite juristische Staatsexamen abgelegt hat (sog. Volljurist).

V. Entscheidung der Vergabekammer über den Nachprüfungsantrag

Ein **unzulässiger** Nachprüfungsantrag wird ohne sachliche Prüfung des Vergabever- 146
fahrens verworfen. § 114 Abs. 2 Satz 2 GWB findet dann keine Anwendung, weil die Vergabekammer nicht dazu berufen ist, unabhängig von einem berechtigten Anliegen des Antragstellers auf das Vergabeverfahren einzuwirken.[46]

Ist der Nachprüfungsantrag **zulässig**, prüft die Vergabekammer, ob ein Verstoß 147
gegen bieterschützende Vorschriften des Vergaberechts zu Lasten des Antragstellers vorliegt. Ist dies der Fall, trifft sie – ohne Bindung an Anträge – Anordnungen, die

45 Ziekow/Völlink/Hermann, § 115 GWB Rn. 33.

46 OLG Düsseldorf, Beschl. v. 26.7.2002 – Verg 22/02 – NZBau 2002, 634.

im **Interesse des Antragstellers** zur (Wieder-)Herstellung seiner Chancen auf den Zuschlag geeignet und notwendig sind.

148 In der Praxis führt dies häufig dazu, dass der Auftraggeber verpflichtet wird, das Vergabeverfahren ab dem Zeitpunkt zu **wiederholen**, zu dem sich der festgestellte Vergaberechtsverstoß erstmals zum Nachteil des Antragstellers ausgewirkt haben kann.

149 Hatte der Auftraggeber überzogene oder gar objektiv unerfüllbare Anforderungen an die Eignung gestellt, wird ihm die Vergabekammer in der Regel untersagen, auf der Grundlage bisherigen Vergabebedingungen den Zuschlag zu erteilen. Es obliegt dann dem Auftraggeber, daraus die richtige Konsequenz zu ziehen und den Bewerbern mitzuteilen, wie er nunmehr die Eignung prüfen will.

150 Erweist sich der Nachprüfungsantrag als **unbegründet**, hat sich die Vergabekammer darauf zu beschränken, dies festzustellen. Sie überschreitet ihre Kompetenzen, wenn sie dem Auftraggeber trotzdem irgendwelche Anweisungen hinsichtlich der weiteren Gestaltung des Verfahrens erteilt.

151 Die Entscheidung der Vergabekammer ist ein Verwaltungsakt, der ohne fristgerechte Anfechtung **bestandskräftig und vollstreckbar** wird. Darüber hinaus gibt es auch Auswirkungen auf mögliche Folgeverfahren: Begehrt der Antragsteller wegen eines Vergaberechtsverstoßes **Schadensersatz**, ist das ordentliche Gericht an die bestandskräftige Entscheidung der Vergabekammer gebunden (§ 124 Abs. 1 GWB). Das bedeutet: Hat die Vergabekammer einen Vergaberechtsverstoß festgestellt, darf ein Zivilgericht nicht zu einem anderen Ergebnis kommen.

VI. Kostenrisiko (§ 128 GWB)

152 Nachprüfungsverfahren sind nicht kostenlos. Die Vergabekammer erhebt von demjenigen, der unterliegt oder aus anderen Gründen die Kosten des Verfahrens zu tragen hat, eine vom Auftragswert abhängige Gebühr. Die Spanne reicht von mindestens 2.500 € bis 50.000 €; in selten Ausnahmefällen sind bis zu 100.000 € möglich (§ 128 Abs. 2 GWB). Die Vergabekammern orientieren sich derzeit in der Regel an einer Gebührentabelle,[47] die die Mindestgebühr von 2.500 € für Auftragswerte bis 80.000 € und die Höchstgebühr von 50.000 € bei einem Auftragswert von 70. Mio. € vorsieht.

153 Hinzukommen können die Kosten des eigenen sowie der gegnerischen Rechtsanwälte.

154 Aber auch wer gewinnt, hat nicht zwangsläufig einen Anspruch auf Erstattung seiner Anwaltskosten. Im Verfahren vor der Vergabekammer besteht **kein Anwaltszwang**. Deshalb sind Anwaltskosten nur erstattungsfähig, wenn die Vergabekammer

47 Die Gebührentabelle kann z. B. über die Webseite der Bezirksregierung Münster eingesehen werden.

die Hinzuziehung eines Verfahrensbevollmächtigten ausdrücklich **für notwendig erklärt** hat (§ 128 Abs. 4 Satz 3 GWB in Verbindung mit § 80 Abs. 2 VwVfG bzw. der entsprechenden landesrechtlichen Vorschrift).[48]

Bewerber und Bieter haben insoweit in der Regel gute Aussichten, weil sie das Nadelöhr der §§ 107, 108 GWB passieren müssen. Auch die Chancen eines **Gelegenheitsauftraggebers** nach § 98 Nrn. 5, 6 GWB sind meist nicht schlecht. 155

Anders ist es bei **staatlichen oder staatsnahen Auftraggebern**, die regelmäßig öffentliche Aufträge vergeben. Die Hinzuziehung eines Bevollmächtigten durch sie kann notwendig sein, wenn Regelungen des Unionsrechts und/oder Entscheidungen des EuGH eine Rolle spielen,[49] zahlreiche eher schwierige Rechtsfragen anzusprechen sind[50] oder (auch) über ungeklärte Fragen des Verfahrensrechts gestritten wird.[51] Mit „Alltagsproblemen" des Vergaberechts müssen sie alleine zurechtkommen. 156

Praxistipp !

Erstattungsfähig sind nur die Gebühren nach dem RVG, nicht höhere Kosten aus einer Honorarvereinbarung. Außerdem besteht nur ein Anspruch auf Erstattung der **notwendigen** Kosten. Reisekosten, Tage- und Abwesenheitsgelder eines **auswärtigen Rechtsanwalts** sind nur dann erstattungsfähig, wenn gerade die Zuziehung dieses Anwalts notwendig war. Wenn ein im Rheinland ansässiger Architekt einen „Vergaberechtsspezialisten" aus Berlin zur Vergabekammer in Köln einfliegen lässt, riskiert er, dass er auch dann auf einem Teil der Kosten sitzen bleibt, wenn er gewinnt.[52]

VII. Überblick über das Beschwerdeverfahren

1. Anfechtbare Entscheidungen (§ 116 Abs. 1 GWB)

Jeder Verfahrensbeteiligte kann die Entscheidung der Vergabekammer über den Nachprüfungsantrag anfechten, soweit sie für ihn nachteilig ist. 157

Jedem Anfechtungsberechtigten steht es frei, das Rechtsmittel von vorn herein oder nachträglich auf bestimmte Beschwerdepunkte zu beschränken. 158

Beispielsweise kann der Antragsteller die Abweisung seines Nachprüfungsantrags bestandskräftig werden lassen und sich lediglich dagegen zur Wehr setzen, dass die Vergabekammer die Hinzuziehung eines Bevollmächtigten durch den Auftraggeber für notwendig erklärt hat. 159

Der (isolierten) Anfechtung entzogen sind verfahrensgestaltende oder -leitende Zwischenentscheidungen der Vergabekammer oder ihres Vorsitzenden, z. B. die Verweigerung von Akteneinsicht (§ 111 Abs. 4 GWB). 160

---

48 Siehe auch Heiermann/Zeiss/Summa, § 128 GWB Rn. 85 ff.
49 OLG Düsseldorf, Beschl. v. 7.1.2004 – Verg 55/02 – VergabeR 2004, 266.
50 BayObLG, Beschl. v. 19.9.2003 – Verg 11/03 – VergabeR 2004, 259.
51 OLG Düsseldorf, Beschl. v. 28.2.2002 – Verg 37/01 – VergabeR 2002, 378.
52 OLG Naumburg, Beschl. v. 23.12.2008 – 1 Verg 11/08 – juris.

161 Von diesem Grundsatz gibt es eine wichtige **Ausnahme**: Die Gewährung von Einsicht in Unterlagen, die unter § 111 Abs. 2 GWB fallen könnten, ist selbständig anfechtbar. Grund dafür ist, dass Nachteile, die durch das Bekanntwerden von Geheimnissen entstehen können, in der Regel irreparabel sind[53] und es dem Betroffenen wenig nützt, wenn ein Vergabesenat Wochen oder Monate später im Hauptsacheverfahren eher beiläufig feststellt, die Akteneinsicht hätte eigentlich versagt werden müssen.

162 Hat die Vergabekammer innerhalb der (eventuell verlängerten) Frist des § 113 Abs. 1 GWB keine schriftliche Endentscheidung erlassen, gilt der Nachprüfungsantrag kraft Gesetzes als abgelehnt (§ 116 Abs. 2 GWB); diese **fingierte Ablehnung** kann ebenfalls angefochten werden.

2. Form- und Frist (§ 117 GWB)

163 Obwohl sich das Rechtsmittel gegen einen Verwaltungsakt (§ 114 Abs. 3 Satz 1 GWB) richtet, sieht das Gesetz als Rechtsmittel eine **befristete** (§ 117 Abs. 1 GWB) Beschwerde zum **Oberlandesgericht** vor.

164 Die Beschwerde ist schriftlich unmittelbar beim Vergabesenat des Oberlandesgerichts (§ 116 Abs. 3 GWB) einzureichen. Die Beschwerdeschrift muss dort binnen einer Frist von **zwei Wochen** ab Zustellung des angefochtenen Beschlusses **eingegangen** sein. Eine Übermittlung an die Vergabekammer ist nicht fristwahrend.

165 Für die Fristberechnung gelten die §§ 187 f. BGB. Der Tag der Zustellung wird nicht mitgerechnet. Erfolgt die Zustellung beispielsweise an einem Mittwoch, so endet die Frist am übernächsten Mittwoch um 24:00 Uhr. Fällt das Fristende auf einen Samstag, Sonntag oder gesetzlichen Feiertag (am Sitz des Vergabesenats), so endet die Frist mit Ablauf des nächsten Werktages (§ 193 BGB).

166 Aus Gründen der Verfahrensbeschleunigung muss der Beschwerdeführer selbst die anderen Beteiligten durch Übermittlung von Ausfertigungen der Beschwerdeschrift unterrichten (117 Abs. 4 GWB).

167 Die Beschwerde ist **zugleich** mit der Einlegung zu begründen; die **Begründung** muss den Anforderungen des § 117 Abs. 2 Satz 2 GWB genügen. Dafür muss der Beschwerdeführer den aus seiner Sicht noch entscheidungsrelevanten Streitstoff so aufarbeiten, dass das Beschwerdegericht weiß, worauf es ankommt. Eine bloße **Bezugnahme** auf das Vorbringen im Verfahren vor der Vergabekammer genügt in der Regel ebenso wenig wie eine Beschränkung auf Rechtsausführungen.

168 Auch im Verfahren nach den §§ 116 f. GWB ist die **Anschlussbeschwerde** zulässig.[54]

53 OLG Düsseldorf, Beschl. v. 28.12.2007 – VII-Verg 40/07 – VergabeR 2008, 281.

54 Siehe dazu Heiermann/Zeiss/Summa, § 116 GWB Rn. 56 ff.

3. Anwaltszwang (§ 120 Abs. 1 GWB)

Im Beschwerdeverfahren müssen sich grundsätzlich alle Verfahrensbeteilgte anwaltlich vertreten lassen. Eine Ausnahme gibt es nur für juristische Personen des öffentlichen Rechts, also insbesondere die „klassischen" öffentlichen Auftraggeber Bund. Länder und Gemeinden. Sie können sich von einem Mitarbeiter vertreten lassen, der die Voraussetzungen des § 5 DRiG erfüllt („Volljurist" mit 2. Staatsexamen). 169

4. Aufschiebende Wirkung (§ 118 GWB)

Auch wenn der Nachprüfungsantrag von der Vergabekammer als unzulässig oder unbegründet verworfen wurde, darf der Auftraggeber nicht sofort den Zuschlag erteilen. Das **Zuschlagsverbot** nach § 115 Abs. 1 GWB endet frühestens mit dem Ablauf der Beschwerdefrist. Legt der Antragsteller rechtzeitig sofortige Beschwerde ein, verlängert sich das Zuschlagsverbot um **weitere zwei Wochen** (§ 118 Abs. 1 Satz 2 GWB). Nach Ablauf dieser Frist darf der Auftraggeber den Zuschlag erteilen, es sei denn das Beschwerdegericht hat die aufschiebende Wirkung der sofortigen Beschwerde und damit das **Zuschlagsverbot verlängert**. (§ 118 Abs. 3 GWB). 170

5. Verlängerungsantrag (§ 118 Abs. 1 Satz 3, Abs. 2 GWB)

Der vor der Vergabekammer unterlegene Antragsteller kann sein Rechtsmittel mit dem Antrag verbinden, das auf insgesamt vier Wochen ab Zustellung des angefochtenen Beschlusses befristete Zuschlagsverbot bis zur abschließenden Entscheidung über die Beschwerde zu verlängern (§ 118 Abs. 1 Satz 3, Abs. 2 GWB). 171

Die Vergabesenate prüfen dann in der Regel zunächst die Erfolgsaussichten des Rechtsmittels. Sind diese gering, hat der Eilantrag meist schon aus diesem Grund keinen Erfolg. Demgegenüber wird einem Eilantrag in der Regel stattgegeben, wenn vieles für die Unrichtigkeit der angefochtenen Entscheidung spricht und eine besondere Eilbedürftigkeit der Auftragsvergabe nicht zu bejahen ist. 172

Häufig lässt sich in dem frühen Stadium des Beschwerdeverfahrens dessen Ausgang aber noch nicht abschätzen. Dann muss der Vergabesenat eine Interessenabwägung vornehmen. Dabei kommt dem Interesse des Antragstellers ein großes Gewicht zu, weil der Zuschlag vollendete Tatsachen schafft. Deshalb wird der Eilantrag nur abgelehnt, wenn **gewichtige Belange der Allgemeinheit** einen raschen Abschluss des Vergabeverfahrens erfordern. 173

Praxistipp !

Ein Auftraggeber sollte einem Eilantrag nach § 118 Abs. 1 Satz 3, Abs. 2 GWB nur dann entgegen treten, wenn er glaubt darlegen zu können, dass weitere Verzögerungen bei der Auftragsvergabe durch nichts mehr zu rechtfertigen sind.

---

6. Eilantrag nach § 121 GWB

174 Gibt die Vergabekammer einem Nachprüfungsantrag statt, enthält die Entscheidung in der Regel Anordnungen, die es dem Auftraggeber zumindest für eine gewisse Zeit unmöglich machen, den Zuschlag zu erteilen (§ 118 Abs. 3 GWB). In diesem Fall kann der Auftraggeber mit oder nach Einlegung der sofortigen Beschwerde beantragen, ihm **den Zuschlag zu gestatten** (§ 121 GWB). Die Abwägungskriterien sind die gleichen wie beim Antrag nach § 118 Abs. 1 Satz 3, Abs. 2 GWB (Erfolgsaussichten des Rechtsmittels, Eilbedürftigkeit der Auftragsvergabe).

175 Der Antrag muss den besonderen Anforderungen des § 121 Abs. 2 GWB genügen. Das bedeutet insbesondere, dass der Auftraggeber alle Tatsachen, die er für entscheidungserheblich hält, **glaubhaft machen** muss (§ 294 ZPO). Dafür genügt es nicht, Beweismittel zu bezeichnen. Vielmehr muss er diese beifügen, wobei nur solche in Betracht kommen, die der Vergabesenat ohne weiteres verwerten kann, also eidesstattliche Versicherungen, Urkunden, Fotos u. Ä.

! **Praxistipp**

Ein Antrag nach § 121 GWB will gut überlegt sein, denn seine Ablehnung kann weitreichende Konsequenzen haben. Erfolgt die Ablehnung mit der Begründung, das bisherige Vergabeverfahren sei fehlerhaft gewesen, muss der Auftraggeber **binnen 10 Tagen** ab Zustellung des ablehnenden Beschlusses geeignete Maßnahmen ergreifen, um das Verfahren in vergaberechtskonforme Bahnen zu lenken. Tut er dies nicht, gilt das Vergabeverfahren **kraft Gesetzes als beendet** (§ 122 GWB).

---

176 Ein Eilantrag nach § 121 GWB ist unzulässig, wenn er lediglich eine Reaktion auf eine Verlängerungsentscheidung der Vergabekammer nach § 118 Abs. 1 Satz 3, Abs. 2 GWB ist. Diese Entscheidung ist nämlich unanfechtbar; die Unanfechtbarkeit kann nicht mit einem „Gegenantrag“ umgangen werden. Zulässig ist ein solcher „Gegenantrag“ nur dann, wenn er auf **neue Tatsachen** gestützt wird, die der Auftraggeber im Verfahren nach § 118 Abs. 1 Satz 3, Abs. 2 GWB noch nicht vortragen konnte, weil die für eine besondere Eilbedürftigkeit sprechenden Umstände erst nachträglich entstanden sind.

7. Verfahren vor dem Vergabesenat (§ 120 GWB)

177 Auch wenn das Beschwerdeverfahren wegen der Einbindung in die Verfahrensregeln des GWB und der ZPO (§ 120 Abs. 2 GWB) etwas förmlicher ist, können die Verfahrensbeteiligten im Wesentlichen genauso agieren wie vor der Vergabekammer.

178 Der Auftraggeber darf auch noch im Beschwerdeverfahren zu der Erkenntnis gelangen, dass er doch einen Fehler gemacht hat, und diesen korrigieren.

179 Alle Beteiligten können ihren Angriff bzw. ihre Verteidigung auf neue Tatsachen und Beweismittel stützen, soweit sie sich auf dem Spielfeld bewegen, das der

Beschwerdeführer mit seinem Vortrag gemäß § 117 Abs. 2 Satz 2 Nr. 1 GWB abgesteckt hat.[55]

8. Entscheidung des Vergabesenats (§ 123 GWB)

Das Verfahren vor dem Vergabesenat ist die erste und zugleich letzte gerichtliche Instanz im Hauptsacheverfahren. Mit der Verkündung der Entscheidung des Vergabesenats wird diese rechtskräftig, das Nachprüfungsverfahren ist beendet. 180

Der Vergabesenat hat zwar nach § 123 Satz 2 GWB die Möglichkeit, bei einer erfolgreichen Beschwerde nicht selbst zu entscheiden, sondern sich auf eine Aufhebung des angefochtenen Beschlusses zu beschränken und die Sache an die Vergabekammer zurückzuverweisen. Davon wird aber, auch mit Blick auf das Beschleunigungsgebot, so gut wie nie Gebrauch gemacht. 181

Im Übrigen bestehen keine Besonderheiten im Vergleich zum Inhalt der Entscheidung einer Vergabekammer.[56] 182

Selbstverständlich entfaltet auch der Beschluss des Vergabesenats Bindungswirkung für ein nachfolgendes Zivilverfahren wegen Schadensersatzansprüchen (§ 124 Abs. 1 GWB). 183

Für die **Kostenentscheidung** gilt in der Regel: Wer verliert, zahlt die Kosten des Verfahrens und hat dem Gewinner die notwendigen Auslagen (einschließlich der Anwaltskosten) zu erstatten. 184

E. Primärrechtsschutz unterhalb der Schwellenwerte

I. Überblick

Die Auftragswerte der meisten Planungsaufträge erreichen nicht die Schwellenwerte. Somit unterliegt nur ein kleiner Teil der Vergabeverfahren der Nachprüfung durch Vergabekammern und Vergabesenate. Aber auch im Unterschwellenbereich gibt es einen Primärrechtsschutz. Er ist allerdings bei Weitem nicht so bieterfreundlich ausgestaltet wie das Nachprüfungsverfahren des GWB. 185

Zum einem kann ein Unternehmen Primärrechtsschutz durch einen **Antrag auf Erlass einer einstweiligen Verfügung** nach den §§ 935 f. ZPO durch ein Zivilgericht erreichen. Inhalt einer gerichtlichen Verfügung könnte beispielsweise sein, dass dem Auftraggeber (vorläufig) untersagt wird, den Zuschlag zu erteilen. 186

---

55 Zur Berücksichtigung ungerügter Vergaberechtsverstöße siehe Heiermann/Zeiss/Summa, § 123 GWB Rn. 17 ff.

56 Siehe oben C.V.

187 Zum anderen haben einige Bundesländer für den Unterschwellenbereich eine **„Nachprüfung light"** geschaffen. Bereits an dieser Stelle sei angemerkt, dass es in keinem dieser Bundesländer zu der Flut von Nachprüfungsverfahren gekommen ist, die von Gegnern einer Ausdehnung der §§ 107 f. GWB auf Unterschwellenvergaben immer als Gespenst aus dem Hut gezaubert wird.

II. Der Antrag auf Erlass einer einstweiligen Verfügung (§ 935 f. ZPO)

1. Allgemeines

188 Bei Auftragsvergaben unterhalb der Schwellenwerte haben Bewerber und Bieter einen Anspruch aus Art. 3 Abs. 1 GG auf Gleichbehandlung durch den öffentlichen Auftraggeber.

189 Nach einer inzwischen wohl in der Rechtsprechung überwiegend vertretenen Auffassung[57] haben die am Auftrag interessierten Unternehmen zudem Anspruch auf Einhaltung der Regeln, die zu beachten der Auftraggeber bei der Ausschreibung versprochen hat. Dazu gehören auch die Bestimmungen der **Vergabeordnung**, die der Auftraggeber seiner Ausschreibung zugrunde legt.[58]

190 Verstößt der Auftraggeber gegen diese Regeln und kann dieser Verstoß zu einer Beeinträchtigung der Chancen eines Bewerbers oder Bieters führen, hat dieser einen **Unterlassungsanspruch** aus §§ 241 Abs. 2, § 311 Abs. 2 BGB unter der Voraussetzung, dass er bei rechtmäßiger Verfahrensweise des Auftraggebers eine Chance auf den Zuschlag hätte. Es genügt ein **schuldhafter** Verstoß, bewusst willkürliches Verhalten ist insoweit nicht erforderlich.

191 Durchsetzbar ist dieser Unterlassungsanspruch mit einem Antrag auf Erlass einer einstweiligen Verfügung.[59] Damit dieser Antrag Erfolgsaussichten hat, muss der Antragsteller (Verfügungskläger) sowohl einen schuldhaften, sich zu seinem Nachteil auswirkenden Verstoß des Auftraggebers gegen vergaberechtliche Vorschriften (**Verfügungsanspruch**) als auch ein Bedürfnis für eine Eilentscheidung (**Verfügungsgrund**) schlüssig darlegen und glaubhaft machen.

2. Vergabe ohne Vergabeordnung

192 Schon der Teilnehmer an einem Wettbewerb um einen Bauauftrag oder einen Dienstleistungsauftrag, der unter die VOL/A fällt, hat Probleme, diese Voraussetzungen zu

57 Z. B. OLG Düsseldorf, Urt. v. 13.1.2010 – 27 U 1/09 – VergabeR 2010, 531; siehe auch BGH, Urt. v. 5.6.2012 – X ZR 161/11 – VergabeR 2012, 842.

58 OLG Jena, Urt. v. 8.12.2008 – 9 U 431/08 – VergabeR 2009, 524.

59 Die Nachprüfungsmöglichkeit nach Landesrecht schließt das Recht auf Anrufung eines Zivilgerichts nicht aus.

erfüllen. Er kennt in der Regel nicht den Stand des Vergabeverfahrens und weiß auch nicht, ob der Zuschlag unmittelbar bevorsteht.[60] Zudem hat er auch keinen Zugang zu den Akten des Auftraggebers.[61] Immerhin kann er sich aber am Regelwerk der VOB/A oder der VOL/A orientieren und im Einzelfall durchaus dessen Missachtung durch den Auftraggeber schlüssig darlegen.

Bei der Vergabe von Planungsleistungen sind am Auftrag interessierte Unterneh- 193
men in einer noch schlechteren Situation. Die VOL/A ist nur auf wenige Leistungen wie die – gesondert vergebene – Objektüberwachung anwendbar. Im Übrigen gilt Haushaltsrecht und sonstiges, sich ständig änderndes Landesrecht, das allgemeine Grundsätze wie das Gleichbehandlungsgebot, das Transparenzgebot und das Gebot, nur geeignete Unternehmen zu beauftragen, aufgreift.

Eine Vergabeordnung oder sonstige spezielle Regelungen für Leistungen, die bei 194
höheren Auftragswerten nach der VOF zu vergeben wären, fehlen im Unterschwellenbereich völlig. Selbst das Gebot der Losvergabe wird, wenn es überhaupt ausgesprochen wird, auf Aufträge beschränkt, die nach der VOB/A oder der VOL/A vergeben werden.[62]

Die meisten Planungsleistungen werden somit freihändig vergeben, d.h. in 195
einem Vergabeverfahren, für das allenfalls rudimentäre Spielregeln existieren. So wird beispielsweise im Hessischen Vergabeerlass die Durchführung eines *„formlosen Interessebekundungsverfahrens“* empfohlen, aber erst für Auftragswerte ab 80.000 €.

Vor diesem Hintergrund bleibt nur die nüchterne Feststellung, dass Architekten 196
und Ingenieure im Unterschwellenbereich so gut wie keine Möglichkeit haben, einen erfolgversprechenden Antrag auf Erlass einer einstweiligen Verfügung zu stellen.

Da der Auftraggeber in den allermeisten Fällen kaum mehr zusagt als die Beach- 197
tung des **Gleichbehandlungsgrundsatzes**, kommt in der Regel nur ein Verfügungsanspruch aus Art. 3 Abs. 1 GG in Betracht. Dafür genügt es aber nicht, dass der Auftraggeber im Zusammenhang mit einer freihändigen Vergabe irgendeinen Fehler gemacht hat.

Art. 3 Abs. 1 GG ist bei der Vergabe öffentlicher Aufträge grundsätzlich erst dann 198
verletzt, wenn die Rechtsanwendung bzw. das Verfahren unter keinem denkbaren Aspekt mehr rechtlich vertretbar ist und sich daher der Schluss aufdrängt, dass sich der Auftraggeber von sachfremden und damit willkürlichen Erwägungen leiten ließ.[63]

---

60 Es sei denn, er lebt in einem Bundesland, in dem eine Vorabinformation vorgeschrieben ist. Leider sind insoweit auch Rückschritte zu verzeichnen. § 14 Abs. 10 MFG Schleswig-Holstein, der eine aus § 101a GWB übernommene Pflicht zur Vorabinformation vorschrieb, wurde ersatzlos gestrichen.

61 Es besteht zwar möglicherweise ein Auskunftsanspruch aufgrund eines Informationsfreiheitsgesetzes. Bis die Auskunft aber tatsächlich erteilt wird, kann soviel Zeit vergehen, dass die Antwort zu spät kommt.

62 Siehe z. B. § 3 Abs. 7 TVgG – NRW, § 3 Abs. 8 TTG Schleswig-Holstein und 3.1 des Hessischen Vergabeerlasses.

63 OLG Brandenburg, Beschl. v. 2.10.2008 – 12 U 91/08 – VergabeR 2009, 530.

199 Eine derart „krasse Fehlentscheidung“ wird ein Verfügungskläger allenfalls in sehr selten Ausnahmefällen schlüssig darlegen können – etwa wenn eine Gemeinde immer wieder den **ortsansässigen „Haus- und Hofarchitekten“** beauftragt, ohne wenigstens hin und wieder auf den Gedanken zu kommen, auch andere potentielle Interessenten an einem Vergabeverfahren teilnehmen zu lassen.

3. Rügeobliegenheit

200 Bei den Landgerichten, die in der Regel die Eingangsinstanz im Verfahren nach §§ 935 f. ZPO sind, ist die Ansicht weitverbreitet, der Verfügungskläger könne nicht mit Beanstandungen gehört werden, die er nicht zuvor gegenüber dem Auftraggeber geltend gemacht hat, wenn ihm dies ohne drohenden Rechtsverlust – etwa aus Zeitgründen – möglich gewesen war.[64] Ob sich diese Aufpassung, die auf eine entsprechende Anwendung des § 107 Abs. 3 Satz 1 GWB hinausläuft, durchsetzen wird, bleibt abzuwarten. Inzwischen hat sich das OLG Saarbrücken[65] dieser Ansicht angeschlossen.

201 Ein Teilnehmer an einem Vergabeverfahren, der den Weg der §§ 935 f. ZPO beschreiten will, sollte diese Entscheidungspraxis aber kennen und mit der nicht fernliegenden Möglichkeit rechnen, dass sich auch das für ihn zuständige Landgericht bzw. Oberlandesgericht dieser Auffassung anschließt.

! **Praxistipp**
In dem Antrag auf Erlass einer einstweiligen Verfügung sollte der Verfügungskläger darlegen, dass er entweder erfolglos gerügt hat oder eine Rüge wegen eines drohenden Rechtsverlusts – wie unmittelbar bevorstehender Zuschlag – unzumutbar war.

III. Die Nachprüfungsverfahren nach Landesrecht

1. Thüringen

202 Das ThürVgG vom 18. April 2011 enthält in § 19 folgende Regelung:

- Bei Dienstleistungen (einschließlich Planungsleistungen) mit einem geschätzten Auftragswert von mehr als **50.000 €** muss der öffentliche Auftraggeber – auch der privatrechtlich organisierte im Sinne des § 98 Nr. 2 GWB – alle Bieter, deren Angebote nicht berücksichtigt werden sollen, **schriftlich** über die Gründe dafür und den Namen des Ausschreibungsgewinners unterrichten.

---

64 LG Köln, Urt. v. 7.11.2012 – 90 O 59/12; LG Berlin, Beschl. v. 5.12.2011 – 52 O 254/11; LG Wiesbaden, Beschl. v. 12.7.2012 – 4 O 17/12, alle bei juris.

65 OLG Saarbrücken, Urt. v. 21.1.2015 – 1 U 138/14

- Der Auftraggeber darf **frühestens am 8. Tag** nach der Absendung der Vorabinformation den Zuschlag erteilen.
- Erhebt ein Bieter innerhalb der Wartefrist **schriftlich** eine Beanstandung und hilft der Auftraggeber dieser nicht ab, sind die Vergabeakten der Vergabekammer zur Nachprüfung vorzulegen.
- Der Auftraggeber darf den Auftrag erst erteilen, wenn die Vergabekammer das Vergabeverfahren nicht innerhalb von 14 Kalendertagen mit einer zu begründenden Entscheidung als vergaberechtswidrig qualifiziert.
- Beanstandet die Vergabekammer das Vergabeverfahren, hat der öffentliche Auftraggeber deren Entscheidung unverzüglich umzusetzen.

Das Gesetz lässt offen, ob, gegebenenfalls von wem und wie eine Entscheidung der Vergabekammer anfechtbar ist. Bisher gibt es dazu noch keine Rechtsprechung. 203

Ebenso ist offen, ob sich die Vergabekammer nur mit den von einem Bieter erhobenen Beanstandungen befassen darf – aus Zeitgründen wird sie kaum mehr tun können – oder ob sie auch befugt ist, vom Amts wegen einzugreifen, wenn ihr andere Fehler des Auftraggebers ins Auge springen. 204

2. Sachsen-Anhalt

Das am 1. Januar 2013 in Kraft getretene LVG LSA enthält eine Regelung, die der in Thüringen nahezu wörtlich entspricht. 205

Allerdings ist die Wartefrist nach Einleitung des Nachprüfungsverfahrens deutlich länger: Nach § 19 Abs. 2 Satz 2 LVG LSA darf der Auftraggeber den Auftrag erst dann erteilen, wenn er nicht binnen **vier Wochen** Gegenteiliges von der Vergabekammer hört – wobei der Vorsitzende der Vergabekammer diese Frist im Einzelfall um zwei Wochen verlängern kann. 206

Nach Ansicht der Vergabekammer in Halle ist ein ohne Vorabinformation oder vor Ablauf der Fristen erteilter Zuschlag gemäß § 134 BGB **nichtig.**[66]

3. Sachsen

In Sachsen hat man einen anderen Weg eingeschlagen. Nachprüfungsstelle ist nicht die Vergabekammer, sondern die Aufsichtsbehörde, bei kreisangehörigen Gemeinden und Zweckverbänden die Landesdirektion Sachsen (§ 8 Abs. 2 Satz 4 SächsVergabeG). Zudem ist ausdrücklich ausgesprochen, dass ein Bieter **keinen Anspruch** auf Tätigwerden der Nachprüfungsbehörde hat (§ 8 Abs. 2 Satz 3 SächsVergabeG). 207

Die Wartefrist zwischen Vorabinformation und Zuschlag bzw. nach Einleitung des Nachprüfungsverfahrens beträgt jeweils **10 Tage.** 208

---

66 VK Sachsen-Anhalt, Beschl. v. 15.5.2013 – VK LSA 03/13 – juris.

209 § 8 SächsVergabeG gilt auch für Aufträge von Zuwendungsempfängern, die keine öffentlichen Auftraggeber sind; für die Nachprüfung ist dann die Bewilligungsbehörde zuständig.

F. Rechtsschutz gegen Vergabesperren

210 Nach § 4 Abs. 9 lit. c) VOF kann ein Bewerber oder Bieter von der Teilnahme am Vergabeverfahren ausgeschlossen werden, wenn er nachweislich im Rahmen seiner beruflichen Tätigkeit eine schwere Verfehlung begangen hat. Neben dieser Einzelfallprüfung gibt es **Vergabesperren**, die öffentliche Auftraggeber aufgrund landesrechtlicher Vorschriften (z. B. § 6 Abs. 3 BerlAVG) oder aus eigener Machtvollkommenheit[67] verhängen.

211 Dagegen könnte sich ein betroffenes Unternehmen mit einer **Unterlassungsklage** wehren. Angesichts der heutigen Dauer von Zivilverfahren ist allerdings zu befürchten, dass eine – in der Regel auf höchstens drei Jahre befristete – Vergabesperre längst abgelaufen ist, bevor eine rechtskräftige Entscheidung vorliegt. Deshalb ist von der Erhebung einer Unterlassungsklage abzuraten.

212 Erfolgversprechender ist es, die Vergabesperre im Zusammenhang mit einem konkreten Vergabeverfahren anzugreifen.

213 Ist der Anwendungsbereich des Vierten Teils des GWB eröffnet (Schwellenwertvergaben), kann der auf eine Auftragssperre gestützte Ausschluss gerügt und erforderlichenfalls mit einem Nachprüfungsantrag beanstandet werden. Dabei kann sich das betroffene Unternehmen entweder auf eine Wiederherstellung der „Gesetzestreue" insbesondere durch interne Organisationsmaßnahmen (Stichwort: **„Selbstreinigung"**)[68] oder Unverhältnismäßigkeit der Sanktion berufen.

214 Bei allen anderen Aufträgen kann die Vergabesperre mit einem Antrag auf Erlass einer einstweiligen Verfügung angegriffen werden.

---

67 Was das Kammergericht (Urt. v. 8.12.2011 – 2 U 11/11 – VergabeR 2012, 208) mit einer Begründung, die zumindest für Schwellenwertvergaben nicht tragfähig sein dürfte, für zulässig hält.

68 Siehe dazu eingehend Dreher,Meinrad/Hoffmann,Jens, Die erfolgreiche Selbstreinigung zur Wiedererlangung der kartellvergaberechtlichen Zuverlässigkeit und die vergaberechtliche Compliance, NZBau 2014, 67 ff. (Teil1) und NZBau 2014, 151 ff. (Teil 2).

G. Sekundärrechtsschutz

I. Überblick

Sekundärrechtsschutz gewährt einem Unternehmen keinen unmittelbaren Schutz gegen ein vergaberechtwidriges Tun oder Unterlassen eines öffentlichen Auftraggebers in einem laufenden Vergabeverfahren, sondern einen Anspruch auf Ausgleich der finanziellen Nachteile, die durch ein rechtswidriges Verhalten des Auftraggebers entstanden sind. 215

Der Schadensersatzanspruch kann **unabhängig vom Auftragswert** auf §280 Abs. 1 BGB in Verbindung mit §§241 Abs. 2, §311 Abs. 2 Nr. 1 BGB gestützt werden. Er setzt ein **schuldhaftes Fehlverhalten** des Auftraggebers voraus. 216

In Frage kommt die Erstattung nutzloser Aufwendungen, die durch die Teilnahme am Vergabeverfahren entstanden sind[69] (**negatives Interesse**) oder der Ersatz des entgangenen Gewinns (**positives Interesse**). 217

Daneben gibt es mit §126 GWB noch eine nur für Schwellenwertvergaben geltende Anspruchsgrundlage, die ebenfalls einen Anspruch auf **Aufwendungsersatz** gewährt. Anders als der Anspruch nach dem BGB setzt er lediglich voraus, dass der Auftraggeber **objektiv** einen Vergaberechtsverstoß begangen hat; ein Verschulden ist nicht erforderlich.[70] 218

Die **gleichzeitige Geltendmachung** des positiven und des negativen Interesses ist ausgeschlossen. Durch die Zubilligung des positiven Interesses wird ein Bieter wirtschaftlich so behandelt, als habe er den Zuschlag erhalten – seine Aufwendungen wären dann auch nicht zu erstatten gewesen.

Der Anspruch auf Schadensersatz setzt nicht voraus, dass der Anspruchsteller vorher ein Nachprüfungsverfahren angestrengt hatte.[71] Ein erfolgreich durchgeführtes Nachprüfungsverfahren hat aber den Vorteil, dass der Anspruchsteller im nachfolgenden Verfahren nicht erneut einen Vergaberechtsverstoß darlegen und bewiesen muss (§124 Abs. 1 GWB). 219

Der Schadensersatzanspruch ist in einem Verfahren nach der ZPO vor einem Zivilgericht geltend zu machen. 220

II. Positives Interesse

Weil immer nur einer der Teilnehmer am Vergabeverfahren seine Gewinnerwartungen realisieren kann, und das auch nur für den Fall der Auftragsvergabe, setzt 221

69 Siehe dazu Heiermann/Zeiss/Dippel, §126 GWB Rn. 24 ff.
70 BGH, Urt. v. 27.11.2007 – X ZR 18/07 – VergabeR 2010, 836.
71 OLG Koblenz, Beschl. v. 6.6.2013 – 2 U 522/12 – juris.

ein Anspruch auf Ersatz des entgangenen Gewinns voraus, dass der Auftrag[72] **tatsächlich vergeben** wurde und der Anspruchsteller bei Durchführung eines in jeder Hinsicht vergaberechtskonformen Verfahrens den **Auftrag hätte erhalten müssen** (nicht: können).

222 Bei Planungsleistungen dürfte nahezu jeder Versuch, das positive Interesse einzuklagen, daran scheitern, dass der Anspruchsteller die zweite Voraussetzung nicht darlegen oder gar beweisen kann.

223 Auch wenn beispielsweise feststellbar sein sollte, dass das Vergabeverfahren fehlerhaft war oder die Wertung nicht so wie vom Auftraggeber angekündigt vorgenommen wurde, bleibt angesichts der üblicherweise ausschlaggebenden **„weichen" Zuschlagskriterien** in der Regel offen, wer den Zuschlag erhalten hätte, wenn alles mit rechten Dingen zugegangen wäre. Selbst wenn sich der Auftraggeber über die Entscheidung seines Preisgerichts hinwegsetzt und auch mit einem Wettbewerbteilnehmer verhandelt, der nicht zu den Preisträgern gehört oder einen von mehreren Preisträgern ignoriert, lässt sich kaum feststellen, wer beauftragt worden wäre, wenn der Auftraggeber sich anders verhalten hätte.

224 Aussichtsreich ist eine Klage allenfalls dann, wenn der Anspruchsteller (mit Hilfe des Vergabevermerks) nachweisen kann, dass er nach einer fehlerfreien Wertung vom Auftraggeber selbst als Ausschreibungsgewinner ermittelt worden war, aber aus reiner Willkür nicht den Auftrag erhalten hat.

225 Zudem ist die Darlegung der Höhe des entgangenen Gewinns schwierig, weil der Architekt oder Ingenieur wegen der Bindung an die HOAI die beanspruchte Gegenleistung regelmäßig nicht wie andere Unternehmer aus den kalkulierten Kosten für die Leistungserbringung und einem Gewinnzuschlag ermittelt, sondern – vereinfacht ausgedrückt – zusehen muss, dass er mit dem, was ihm der Gesetzgeber im Wege einer Mischkalkulation zugebilligt hat, über die Runden kommt.

III. Negatives Interesse

1. § 280 Abs. 1 BGB

226 Auch die Aufwendungen für die Teilnahme am Vergabeverfahren sind für die meisten Bieter selbst dann nutzlos, wenn der Auftraggeber alles richtig macht. Deshalb hat grundsätzlich auch nur der Bieter einen Anspruch auf Aufwendungsersatz, der bei Durchführung eines in jeder Hinsicht vergaberechtskonformen Verfahrens den Auftrag hätte erhalten müssen.

227 Dieser Grundsatz gilt jedoch nicht uneingeschränkt. Auch ein Bieter, der darlegen und beweisen kann, dass er sich erst gar nicht am Vergabeverfahren beteiligt hätte,

72 Zur Auftragsidentität siehe BGH, Urt. v. 8.9.1998 – X ZR 99/96 – BGHZ 139, 280.

wenn er gewusst hätte, wie sich der Auftraggeber verhalten wird, hat unabhängig von den Chancen seines Angebots einen Anspruch auf Ersatz des negativen Interesses.

Ein derartiger Ausnahmefall dürfte regelmäßig in Betracht kommen, wenn der Auftraggeber das Verfahren zur Vergabe von Planungsleistungen ohne jeden sachlichen Grund abbricht.[73] 228

Bei Leistungen, die nach der VOL/A zu vergeben sind, löst eine Aufhebung, die von § 17 VOL/A oder § 20 EG VOL/A gedeckt ist, nie Schadensersatzansprüche aus. 229

2. § 126 GWB

Eine etwas bessere Ausgangsituation haben die Teilnehmer an einem Vergabeverfahren mit unionsweiter Ausschreibung. Anspruchsberechtigt sind alle Bieter (außer dem Auftragnehmer), deren Chancen auf den Zuschlag durch einen **Vergaberechtsverstoß** (z. B. ungerechtfertigter Ausschluss) beeinträchtigt wurden und die bei ordnungsgemäßer Wertung ihrer Angebote eine **echte Chance** auf den Zuschlag gehabt hätten. 230

Das sind alle Bieter, die ein mangelfreies Angebot abgegeben haben und innerhalb des dem Auftraggeber bei der Entscheidung über die Auftragsvergabe zustehenden **Beurteilungsspielraums** als rechtmäßiger Auftragnehmer in Frage gekommen wären. Dies ist im Einzelfall anhand der vom Auftraggeber benannten Zuschlagskriterien zu prüfen. Nur wenn der Preis das einzige Zuschlagskriterium ist – was bei Planungsleistungen aber kaum vorkommen dürfte –, kann es nur einen Anspruchberechtigten geben. 231

73 BGH, Urt. v. 9.6.2011 – X ZR 143/10 – VergabeR 2011, 703.

Teil 2

Die Vertragsgestaltung im Rahmen der Beauftragung von Planungsleistungen auf Grundlage des GStB-Mustervertrages

Kapitel 7
Text der Musterverträge

A. Architektenvertrag

Muster

Architektenvertrag 1

Zwischen

______

Straße: ______

PLZ, Ort: ______

vertreten durch: ______

nachfolgend **Auftraggeber (AG)** genannt -

und dem

Architekturbüro ______

Straße: ______

PLZ, Ort: ______

vertreten durch: ______

nachfolgend **Auftragnehmer (AN)** genannt-

wird für das Projekt
folgender Architektenvertrag geschlossen:

1. Gegenstand des Vertrages

Gegenstand dieses Vertrages sind Planungsleistungen für folgende Maßnahmen:

☐ Objektplanung für Gebäude gemäß § 34 HOAI
  ☐ Ein Objekt.
  ☐ Mehrere Objekte iSv § 11 HOAI im Rahmen einer Baumaßnahme.

☐ Objektplanung für Innenräume gemäß § 34 HOAI
  ☐ Ein Objekt.
  ☐ Mehrere Objekte iSv § 11 HOAI im Rahmen einer Baumaßnahme.

☐ Objektplanung für Freianlagen gemäß § 39 HOAI
  ☐ Ein Objekt.
  ☐ Mehrere Objekte iSv § 11 HOAI im Rahmen einer Baumaßnahme.

für das Bauvorhaben

Projektbezeichnung: _____

Projektbeschreibung: _____
(Hier Projektbezeichnung und –beschreibung einfügen (z.B. Veranlassung, Zweck, Lage, Umfang, technische Kenndaten, Bezug auf die Bedarfsplanung, Nutzungsziele etc.)

Zielvorgaben:

Vorgaben zur Qualität: _____

Vorgaben zur Quantität: _____

Vorgaben zur Gestaltung: _____

Vorgaben zur Technik: _____

Vorgaben zur Wirtschaftlichkeit: _____

2. Vertragsbestandteile / Vertragsunterlagen

2.1 Der Vertrag enthält folgende Bestandteile, die in nachstehender Reihenfolge auszulegen sind:

2.1.1 beigefügte Bestandteile

☐ dieser Architektenvertrag	
☐ Besondere Leistungen	– Anlage 1 –
☐ Honorarzusammenstellung	– Anlage 2 –
☐ Terminplan	– Anlage _____ –
☐ Vorgaben / Ergebnis der Bedarfsplanung	– Anlage _____ –
☐ _____	– Anlage _____ –

2.1.2 nicht beigefügte Bestandteile

- ☐ Anforderungskatalog für CAD-Zeichnungsdateien vom _____, (Downloadmöglichkeit unter www.Musterstadt.de/Vorducke)
- ☐ Umfang der Vermessungsleistungen incl. der Auswertungen vom _____ (Downloadmöglichkeit unter www.Musterstadt.de/Vorducke)
- ☐ _____
- ☐ _____

2.2 Der Auftraggeber stellt die erforderlichen (Karten-)Grundlagen

- ☐ Katasterunterlagen, Luftbilder
- ☐ Bestandsunterlagen zu Ver- und Entsorgungsleitungen
- ☐ Bestandsunterlagen und Baugenehmigung Bestandsgebäude
- ☐ Baugrundgutachten
- ☐ _____
- ☐ _____

in digitaler Form zur Verfügung bzw. übernimmt die Kosten von deren Beschaffung, soweit sie beim AN nicht vorhanden sind.

2.3 Die Leistungen des AN müssen allen für das Bauvorhaben einschlägigen gesetzlichen, öffentlich-rechtlichen und behördlichen Vorschriften, Haushaltsvorschriften, Verordnungen, Richtlinien sowie technischen Bestimmungen und fachlich allgemein anerkannten Regeln der Technik und Baukunst entsprechen.

Ebenso sind die Grundsätze größtmöglicher Wirtschaftlichkeit für den späteren Betrieb unter Einbeziehung der Unterhaltungs- und Betriebskosten einzuhalten.

3. Allgemeine Vertragspflichten des AN

3.1 Soweit der zwischen den Vertragsparteien vereinbarte Werkerfolg nicht die Einhaltung eines höheren Standards erfordert, muss die Leistung des AN den fachlich allgemein anerkannten Regeln der Technik zum Zeitpunkt der Abnahme der Leistung entsprechen.

Der AN hat den AG in jeder Phase der Zusammenarbeit rechtzeitig schriftlich auf voraussichtliche Qualitäts-, Kosten- und Terminabweichungen hinzuweisen und Lösungsvorschläge zur Einhaltung der vom AG vorgegebenen Qualitäten, Kosten und Termine zu unterbreiten.

3.2.1 Der AG teilt mit, dass für die Realisierung der Baumaßnahme (Kostengruppe 200 - 500 i.V.m. der DIN 276-1 2008) ein Gesamtbudget von _____ € (brutto, incl. 19% MwSt.) zur Verfügung steht.

Auch hinsichtlich derjenigen Leistung, die durch die Planung des AN nicht beeinflusst sind, hat der AN im Rahmen der Planungskoordination die Kostenbetrachtung der weiteren Planer in die von ihm erstellte Kostenberechnung einzustellen und auf mögliche Überschreitungen des Budgets hinzuweisen. Diese Verpflichtung besteht in jeder Leistungsphase.

Erkennt der Auftragnehmer, dass eine Budgetüberschreitung droht, hat er dem AG Vorschläge zu unterbreiten, welche Möglichkeiten zur Kosteneinsparung bestehen, welche Auswirkungen diese Maßnahmen auf die planerischen Ziele haben und welche Maßnahmen hierfür erforderlich sind.

3.2.2 Es werden Regelungen zu Baukostenobergrenzen vereinbart:

☐ Nein, nachstehende Regelungen gelten nicht.
☐ Ja, siehe nachstehende Regelungen.

Der AN hat folgende Baukostenobergrenzen (brutto, incl. 19% MwSt.) einzuhalten für diejenigen Leistungen, die von seiner Planung beeinflusst sind:

☐ Kostengruppe 200 (Herrichten und Erschließen): _____ €

☐ Kostengruppe 300 (Bauwerk - Baukonstruktionen): _____ €

☐ Kostengruppe 400 (Bauwerk - Technische Anlagen): _____ €

☐ Kostengruppe 500 (Außenanlagen): _____ €

3.3 Der AN hat die übernommenen Leistungen persönlich bzw. durch seine Gesellschafter bzw. mit eigenen angestellten Mitarbeitern zu erbringen.

Beabsichtigt der AN, vertragsgegenständliche Leistungen durch Dritte erbringen zu lassen, ist in jedem Einzelfall eine vorherige schriftliche Zustimmung des AG erforderlich, falls diese nicht schon in diesem Vertrag erteilt wurde. Der AG ist berechtigt, dem AN zur Erbringung der Leistungen im eigenen Betrieb eine Frist zu setzen und nach fruchtlosem Ablauf der Frist den Vertrag aus wichtigem Grund zu kündigen.

Der AN verpflichtet sich, sein Mitarbeiterteam hinsichtlich der Anzahl der Mitarbeiter und deren fachlicher Qualifikation so zu besetzen und während der Vertragsdurchführung vorzuhalten, dass keine Verzögerungen in Planung und Durchführung des Objekts entstehen und insbesondere die in vereinbarten und für weitere Leistungsstufen zu vereinbarenden Termine eingehalten werden.

Der AN verpflichtet sich, im Bedarfsfall weitere Mitarbeiter zur Verfügung zu stellen.

Der AN benennt nachfolgend diejenigen Personen, die die vereinbarten Leistungen persönlich erbringen. Sie sind berechtigt den AN gegenüber dem AG und Dritten zu vertreten:

Projektleiter: Planungsphase (bis Leistungsphase 4): _____
Ausführungsphase (ab Leistungsphase 5): _____

Weitere vorgesehene Personen bei der Projektbearbeitung und deren Funktionen:

☐ _____

☐ _____

☐ _____

Der AN ist nur mit Zustimmung des AG berechtigt die Leistung durch andere als die vorgenannten Personen erbringen zu lassen. Der AG darf die Zustimmung aus wichtigem Grund nicht verweigern, der insbesondere dann vorliegt, wenn in der persönlichen Leistungserbringung eine nicht zu vertretende Verhinderung eintritt, zum Beispiel Krankheit, Kündigung etc..

Es ist durch den AN beabsichtigt, Leistungen an Dritte weiterzugeben:

☐ Nein.

☐ Ja, folgende Leistungen werden vom AN an Dritte weitergegeben:

a) Leistung: _____
a) Nachunternehmer: _____

b) Leistung: _____
b) Nachunternehmer: _____

3.4 Der AN ist – soweit er als Objektplaner tätig ist - verpflichtet, den AG über die Notwendigkeit und den richtigen Zeitpunkt des Einsatzes von Anderen an der Planung fachlich Beteiligten zu beraten.

3.5 Der AN wird alle ihm zugehenden oder zugänglichen Informationen über das Projekt, insbesondere im Zusammenhang mit Ausschreibungen und Verhandlungen mit Bietern absolut vertraulich behandeln und seine

Mitarbeiter und Erfüllungsgehilfen zur absoluten Verschwiegenheit verpflichten.

3.6 Der AN ist verpflichtet, dem AG jederzeit und kurzfristig Auskunft über die von ihm zu erbringenden und bereits erbrachten Leistungen zu erteilen und Einsicht in alle Unterlagen zu gewähren. Diese Verpflichtung des AN besteht bis zum Zeitpunkt des Ablaufs der Verjährfrist der Mängelansprüche des AN. Während der Durchführung des Bauvorhabens ist der AN verpflichtet, dem AG alle Unterlagen digital und analog (colorierte Plots) rechtzeitig zur Verfügung zu stellen, nach folgender Maßgabe für beauftragte Leistungsbilder und Leistungsphasen:

Leistungsphase	digital	vervielfältigt
Lph 1: Grundlagenermittlung	1	1
Lph 2: Vorplanung	1	1
Lph 3: Entwurfsplanung	1	1
Lph 4: Genehmigungsplanung	1	5
Lph 5: Ausführungsplanung	1	3
Lph 6: Vorbereitung der Vergabe	1	1
Lph 7: Mitwirkung bei der Vergabe	1	1
Lph 8: Objektüberwachung – Bauüberwachung und Dokumentation	1	1
Lph 9: Objektbetreuung	1	1

Die digitalen Ausfertigungen sind in folgendem Format auf CD-ROM abzugeben:
- Texte im Format Microsoft Word, Version 2010.
- Tabellenkalkulationen im Format Microsoft Excel, Version 2010.
- Zeichnungen im Format dwg oder dxf.
- Kostenschätzungen und -berechnungen sowie Leistungsverzeichnisse im GAEB-Format XML Version 3.1.
- Zusätzlich sind alle Unterlagen im PDF-Format abzugeben.

Der Abschluss und das Ergebnis jeder beauftragten Leistungsphase sind schriftlich zu dokumentieren. Dabei ist für beauftragte Leistungsbilder und Leistungsphasen auf jede beauftragte Grundleistung gemäß
- Anlage 10 HOAI 2013
  (Grundleistungen im Leistungsbild Gebäude und Innenräume) bzw.
- Anlage 11 HOAI 2013
  (Grundleistungen im Leistungsbild Freianlagen)

detailliert einzugehen.

Die erbrachten Leistungen sind durch den AG freizugeben. Bis zum Abschluss der Genehmigungsplanung des Projektes (oder von Projektabschnitten) darf mit der Bearbeitung der jeweils nächsten

Planungsphase erst nach der schriftlichen Freigabe der vorhergehenden Leistungsphase begonnen werden.
Eine Teilabnahme der Leistung des AN ist mit der Freigabe nicht verbunden.

Nach Abschluss des Bauvorhabens hat der AN dem AG sämtliche noch nicht ausgehändigten Unterlagen in digitaler und in 1facher analoger Ausfertigung auszuhändigen. Gleiches gilt für die Beendigung des Vertrages durch Kündigung einer der beiden Vertragsparteien.

3.7 Der AN hat alle ihm zur Verfügung gestellten Unterlagen und Anordnungen des AG darauf zu prüfen, ob sie mit den vertraglich vereinbarten Kosten-, Quantitäts-, Qualitäts- und Terminvorgaben vereinbar sind. Bei Bedenken gegen Quantität und / oder Qualität dieser Unterlagen hat er den AG hierüber in Textform zu informieren und die Bedenken zu begründen.

3.8 Der AN hat an den Bau-, Planungs- und Koordinationsbesprechungen teilzunehmen, über den Inhalt der Besprechungen – sofern er als Objektplaner tätig ist - Niederschriften anzufertigen und dem AG unverzüglich digital zu übermitteln. Die Ergebnisse hat der AN in die von ihm geschuldeten Planungsleistungen einzuarbeiten.

Soweit er fachlich betroffen ist, hat er seine Leistung mit anderen an der Planung Beteiligten fachlich zu koordinieren und – sofern er als Objektplaner tätig ist - Koordinationsprotokolle anzufertigen.

3.9 Massenberechnungen, Abrechnungszeichnungen und Abschlags- und Schlussrechnungen sind sachlich, fachtechnisch und rechnerisch unverzüglich und vollständig zu prüfen und weiterzuleiten, und zwar so rechtzeitig, dass der AG in der Lage ist, unter Einhaltung der Prüfungsfrist nach § 16 Nr. 1 von 21 Tagen bzw. § 16 Nr. 3 VOB / B von 30 Tagen, fristgerecht seinen Zahlungspflichten nachzukommen. Für den Fall, dass die Rechnungen nicht prüffähig sind, hat der AN den AG unverzüglich zu informieren, damit der Auftraggeber rechtzeitig innerhalb der vorgenannten Prüfungsfristen die fehlende Prüfbarkeit der Rechnungen anzeigen kann. Die geprüften Abrechnungsunterlagen sind mit dem Prüfvermerk „fachtechnisch und rechnerisch richtig" zu versehen und zu unterzeichnen. Gleiches gilt für Abschlags- und Schlussrechnungen.

Ist zwischen dem AG und dem Werkunternehmer eine Skontovereinbarung getroffen, hat der AN die Prüfung und Weiterleitung der Rechnung nach Möglichkeit im Einzelfall so zu beschleunigen, dass der AG in der Lage ist die Skontofrist einzuhalten.

4. Beauftragter Leistungsumfang des AN

Eine stufenweise Beauftragung ist vorgesehen:

- ☐ Nein, es handelt sich um einen Vollauftrag, siehe Ziffer 4.1
- ☐ Ja, es handelt sich um eine stufenweise Beauftragung, siehe Ziffer 4.2

4.1. Vollauftrag

Der AG überträgt dem AN mit Vertragsabschluss nachbenannte Leistungen im Sinne des

- ☐ § 34 HOAI (Leistungsbild Gebäude und Innenräume) in Verbindung mit Anlage 10 HOAI, und zwar die Leistungsphasen
  - ☐ Leistungsphase 1 Grundlagenermittlung,
  - ☐ Leistungsphase 2 Vorplanung,
  - ☐ Leistungsphase 3 Entwurfsplanung,
  - ☐ Leistungsphase 4 Genehmigungsplanung,
  - ☐ Leistungsphase 5 Ausführungsplanung,
  - ☐ Leistungsphase 6 Vorbereitung der Vergabe,
  - ☐ Leistungsphase 7 Mitwirkung bei der Vergabe,
  - ☐ Leistungsphase 8 Objektüberwachung und Dokumentation
  - ☐ Leistungsphase 9 Objektbetreuung

- ☐ § 39 HOAI (Leistungsbild Freianlagen) in Verbindung mit Anlage 11 HOAI, und zwar die Leistungsphasen
  - ☐ Leistungsphase 1 Grundlagenermittlung,
  - ☐ Leistungsphase 2 Vorplanung,
  - ☐ Leistungsphase 3 Entwurfsplanung,
  - ☐ Leistungsphase 4 Genehmigungsplanung,
  - ☐ Leistungsphase 5 Ausführungsplanung,
  - ☐ Leistungsphase 6 Vorbereitung der Vergabe,
  - ☐ Leistungsphase 7 Mitwirkung bei der Vergabe,
  - ☐ Leistungsphase 8 Objektüberwachung und Dokumentation,
  - ☐ Leistungsphase 9 Objektbetreuung,

soweit unter Ziffer 8.2 dieses Vertrages nicht bestimmte Teilleistungen der jeweiligen Leistungsphase vom Leistungsumfang ausgenommen sind.

4.2. Stufenweise Beauftragung

Der AG beauftragt den AN mit Unterzeichnung dieses Vertrages im Sinne eines vom Auftragnehmer geschuldeten Teilerfolgs zunächst mit den in Ziffer 4.2.1 aufgeführten Leistungen der so genannten Leistungsstufe 1 dieses Vertrages.

Durch schriftliche Auftragserteilung kann der Auftraggeber dem Auftragnehmer ferner die weiteren erforderlichen Planungsleistungen beauftragen, die unter Ziffer 4.2.2 genannt sind, die so genannte Leistungsstufe 2 im Sinne dieses Vertrages.

In seiner Entscheidung die Leistungsstufe 2 zu beauftragten ist der Auftraggeber frei, ob er zunächst den Abschluss der Stufe 1 durch den Auftragnehmer abwarten oder ob er die Leistungen der Stufe 2 bereits während der Erfüllung der Leistungen der Stufe 1 durch den Auftragnehmer beauftragt.

Ein Rechtsanspruch des Auftragnehmers auf Beauftragung weiterer Leistungen über die Leistungen der Stufe 1 hinaus im Sinne dieses Vertrages besteht nicht.
Der Auftragnehmer wird von seiner Verpflichtung zur Erbringung weiterer Leistungen gemäß Ziffer 4.2.2 frei, wenn diese vom Auftraggeber nicht innerhalb eines Zeitraums von 1 Jahr nach Beendigung der zuletzt beauftragten Leistungen in Auftrag gegeben werden.

4.2.1 Leistungsstufe 1

- ☐ § 34 HOAI (Leistungsbild Gebäude und Innenräume) in Verbindung mit Anlage 10 HOAI, und zwar die Leistungsphasen
  - ☐ Leistungsphase 1 Grundlagenermittlung
  - ☐ Leistungsphase 2 Vorplanung
  - ☐ Leistungsphase 3 Entwurfsplanung
  - ☐ Leistungsphase 4 Genehmigungsplanung

- ☐ § 39 HOAI (Leistungsbild Freianlagen) in Verbindung mit Anlage 11 HOAI,
  und zwar die Leistungsphasen
  - ☐ Leistungsphase 1 Grundlagenermittlung
  - ☐ Leistungsphase 2 Vorplanung
  - ☐ Leistungsphase 3 Entwurfsplanung
  - ☐ Leistungsphase 4 Genehmigungsplanung

soweit unter Ziffer 8.2 dieses Vertrages nicht bestimmte Teilleistungen der jeweiligen Leistungsphase vom Leistungsumfang ausgenommen sind.

4.2.2. Leistungsstufe 2

☐ § 34 HOAI (Leistungsbild Gebäude und Innenräume) in Verbindung mit Anlage 10 HOAI, und zwar die Leistungsphasen
- ☐ Leistungsphase 5 Ausführungsplanung
- ☐ Leistungsphase 6 Vorbereitung der Vergabe
- ☐ Leistungsphase 7 Mitwirkung bei der Vergabe,
- ☐ Leistungsphase 8 Objektüberwachung
- ☐ Leistungsphase 9 Objektbetreuung

☐ § 39 HOAI (Leistungsbild Freianlagen) in Verbindung mit Anlage 11 HOAI,
und zwar die Leistungsphasen
- ☐ Leistungsphase 5 Ausführungsplanung,
- ☐ Leistungsphase 6 Vorbereitung der Vergabe,
- ☐ Leistungsphase 7 Mitwirkung bei der Vergabe,
- ☐ Leistungsphase 8 Objektüberwachung,
- ☐ Leistungsphase 9 Objektbetreuung

soweit unter Ziffer 8.2 dieses Vertrages nicht bestimmte Teilleistungen der jeweiligen Leistungsphase vom Leistungsumfang ausgenommen sind.

4.3 Die in Anlage 1 aufgeführten Besonderen Leistungen sind im Zusammenhang mit der jeweils beauftragten Leistungsphase zum vereinbarten oder erforderlichen Zeitpunkt zu bearbeiten. Der AN ist zur Ausführung der vorgenannten Leistungen verpflichtet. Für die Vergütung gilt Ziffer 8 dieses Vertrages.

Der AN ist verpflichtet, den AG auf den Bedarf und die Erforderlichkeit weiterer Besonderer Leistungen hinzuweisen und dies in Textform zu begründen.

Die Beauftragung eventuell erforderlicher, weiterer Besonderer Leistungen erfolgen schriftlich durch den AG. Der AN verpflichtet sich die übertragenen Leistungen zu erbringen.

4.4 Ist gemäß vorstehender Regelung die Leistungsphase 6 - Vorbereitung der Vergabe - vereinbart, ist Gegenstand des Leistungsumfangs des Auftragnehmers ergänzend zur Anlage 10 bzw. Anlage 11 HOAI folgendes:

Das Ergebnis der Leistungsphase 6 ist im GAEB-Format (XML Version 3.1) abzugeben. Hierzu gehören
- ☒ die Massenermittlung (Abgabeform: DA 11),
- ☒ das Leistungsverzeichnis (Abgabeform: DA 83) sowie
- ☒ die Bepreisung des Leistungsverzeichnisses (Abgabeform: DA 84).

4.5 Ist gemäß vorstehender Regelung die Leistungsphase 8 - Objektüberwachung - vereinbart, ist Gegenstand des Leistungsumfangs des Auftragnehmers ergänzend zur Anlage 10 bzw. Anlage 11 HOAI folgendes:

Der Mindestinhalt des Bautagebuchs umfasst Angaben zu:

- Witterungsverhältnissen
- Termine und Ergebnisse von Baubesprechungen
- Einweisung von Firmen in ihre Arbeit
- Beurteilungen von Lieferungen
- Besondere Vorkommnisse wie Arbeitsbehinderungen, Unterbrechungen und Verzögerungen
- Personeller und örtlicher Einsatz der Unternehmer
- Beschreibung der Bauleitertätigkeiten
- Beschreibung sonstiger wesentlicher Ereignisse
- Beschreibung von Bauablaufstörungen
- Anordnungen der Bauüberwachung
- Anordnungen des Auftraggebers

4.6 Grundsätzlich sind alle im Rahmen der beauftragten Grundleistungen zu erstellenden Kostenschätzungen und -berechnungen nach DIN 276-1 oder DIN 276-4 in der jeweils geltenden Fassung aufzustellen.

☐ Die Kostenschätzungen und -berechnungen sind gemäß der Gliederung entsprechend den im Rahmen der späteren Ausschreibung vorzusehenden Fachlose als „Ausführungsorientierte Gliederung der Kosten" nach Ziffer 4.2 der DIN 276-1 oder DIN 276-4 zu erstellen.

5. Vollmacht des AN

5.1 Der AN ist im Rahmen der Bauüberwachung berechtigt und verpflichtet, die ausführenden Unternehmen zur Erfüllung der vertragsgemäßen Leistungen aufzufordern und Anordnungen gegenüber den ausführenden Unternehmern und den sonstigen an der Überwachung fachlich Beteiligten (Fachbauleiter etc.) zu erteilen.

5.2 Der AN ist grundsätzlich nicht bevollmächtigt, den AG rechtsgeschäftlich zu vertreten. Die Weisungsbefugnis des AN gegenüber anderen am Bauvorhaben Beteiligten beschränkt sich grundsätzlich auf solche Weisungen, die zur Sicherstellung des reibungslosen und uneingeschränkten Projektablaufs unbedingt erforderlich sind und keinerlei negative Auswirkungen qualitativer, terminlicher und finanzieller Art für den AG beinhalten. Finanzielle Verpflichtungen zu Lasten des AG darf der AN nicht eingehen.

6. Pflichten des AG

6.1 Der Auftraggeber erbringt folgende Leistungen:

- Vorgabe von Projektzielen.
- Freigabe der einzelnen Leistungsphasen, nachdem diese durch den AN abgeschlossen, dokumentiert und übergeben wurden.
- Beauftragen von Sonderfachleuten, sofern die Leistungen nicht Bestandteil dieses Architektenvertrags sind.
- Wahrnehmen von projektbezogenen Repräsentationspflichten.

Bei Durchführung des Vergabeverfahrens durch den AG:

- Übergabe der Vertragsunterlagen mit den ausführenden Unternehmen, je digital als pdf und als GAEB-Datei im Format X86.

6.2 Der AG fördert die Planung und Durchführung der Baumaßnahme und wird anstehende Entscheidungen rechtzeitig treffen. Der AG übergibt dem AN sämtliche das Bauvorhaben betreffende Rechnungen, soweit diese für die Vertragserfüllung und/oder die Erstellung der prüffähigen Honorarrechnungen vom AN benötigt werden.

7. Termine und Fristen

Unbeschadet der sich aus den übertragenen Grundleistungen ergebenden Pflicht des AN zur Terminplanung, Koordination und Terminkontrolle vereinbaren die Parteien folgendes:

7.1 Die zeitliche Ausführung der vom AN zu erbringenden Leistungen hat sich nach den vereinbarten Terminen mit den Planern, Fachplanern, Beratern und/oder Sonderfachleuten sowie den bauausführenden Unternehmern zu orientieren. Der AN hat diese zu koordinieren. Der AN hat seine Leistungen so rechtzeitig zu erbringen und fertig zu stellen, dass die gesamte Planung und Bauausführung termingerecht erfolgen kann.

7.2 Termine, Bearbeitungsdauer

Der AN wird seine Leistungen so rechtzeitig erbringen, dass nachfolgende Termine eingehalten werden bzw. die nachstehende Bearbeitungsdauer nicht überschritten wird:

☐ Abschluss Lph 1: _____ Wochen nach Auftragserteilung
☐ Abschluss Lph 2: _____ Wochen nach Freigabe der Lph 1
☐ Abschluss Lph 3: _____ Wochen nach Freigabe der Lph 2
☐ Abschluss Lph 4: _____ Wochen nach Freigabe der Lph 3

Alternativ:

☐ Die Vertragsparteien machen den als Anlage 3 beigefügten Terminplan zum Gegenstand dieses Vertrages. Als verbindliche Fristen vereinbaren die Parteien die in diesem Plan geregelten Termine von der Planungsvorbereitung bis zur Genehmigungsplanung. Diesen hat der AN insoweit spätestens bis zum _____ genehmigungsreif vorzulegen.

Die Termine für die weiteren Leistungen werden mit Beauftragung dieser Leistungen einvernehmlich festgelegt.

7.3 Der AN hat die erforderliche Ausführungsplanung rechtzeitig vor der Vergabe der jeweiligen Bauleistungen zu erstellen und die Ausführungsplanung während der Objektausführung so rechtzeitig fortzuschreiben, dass der abgestimmte Bauablauf und die vereinbarten Ausführungsfristen eingehalten werden und dass es keinerlei Störungen in der Arbeitsvorbereitung der jeweils ausführenden Firmen gibt.

7.4 Gerät der AN mit seiner Leistung in Verzug und leistet er trotz einer angemessenen Nachfrist nicht oder nicht vollständig, ist der AG berechtigt die Leistungen auf Kosten des AN durch Dritte ausführen zu lassen (Ersatzvornahme).

7.5 Glaubt sich der AN in der Ausführung seiner Leistung aus Gründen behindert, die nicht aus seinem Risikobereich stammen, hat er den hindernden Umstand dem AG unverzüglich schriftlich mitzuteilen. Nur in diesem Fall verlängern sich die Ausführungsfristen des AN entsprechend für die Dauer, in denen die Behinderung fortwirkt.

8. Honorar

8.1 Honorargrundlage bei Kostenschätzung oder Kostenberechnung

Für die Honorierung der nach diesem Vertrag übertragenen und zur weiteren Beauftragung vorbehaltenen Leistungen gem. Ziffer 4.1 bzw. 4.2 werden folgende Honorargrundlagen vereinbart:

☐ § 35 HOAI Objektplanung (Leistungsbild Gebäude und Innenräume)
Honorarzone: ______
Honorarsatz: Mindestsatz

☐ § 40 HOAI Objektplanung (Leistungsbild Freianlagen)
Honorarzone: ______
Honorarsatz: Mindestsatz

Ist die Einordnung des Objekts in die Honorarzone nicht eindeutig und sind Bewertungsmerkmale aus mehreren Honorarzonen anwendbar, bewerten AG und AN diese einvernehmlich wie folgt:

	Bewertungsmerkmale nach HOAI	Max. Pkte	Bewertung
1			
2			
3			
4			
5			
6			

- Honorarzone I: bis zu Punkte
- Honorarzone II: bis Punkte
- Honorarzone III: bis Punkte
- Honorarzone IV: bis Punkte
- Honorarzone V: bis Punkte

Ergebnis: Das Projekt ist der Honorarzone zuzuordnen.

8.2 Eigenleistungen des AG / nicht beauftragte Teilleistungen

☐ Vom AG werden innerhalb der beauftragten Leistungsphasen keine Eigenleistungen erbracht. Es werden alle Teilleistungen beauftragt.
(Hinweis: nachstehende Regelungen der Ziffer 8.2 gelten nicht)

☐ Vom AG werden innerhalb der beauftragten Leistungsphasen nachfolgende Leistungen ganz oder zum Teil selbst erbracht bzw. Teilleistungen werden nicht beauftragt. Daher wird einvernehmlich eine Reduzierung der Vom-Hundert-Sätze der einzelnen Leistungsphasen unter Berücksichtigung des zusätzlichen Koordinierungs- oder Einarbeitungsaufwands wie folgt vereinbart:

	vom AG zu erbringende Leistungen / nicht beauftragte Teilleistungen	Reduzierung um %
Leistungsphase 1:	•	
Leistungsphase 2:	• •	
Leistungsphase 3:	• •	
Leistungsphase 4:	• •	
Leistungsphase 5:	• •	
Leistungsphase 6:	• Zusammenstellen der Vergabeunterlagen (für alle Leistungsbereiche) •	5 %
Leistungsphase 7:	• Einholen von Angeboten • Prüfen und Werten der Angebote einschließlich Aufstellen eines Preisspiegels nach Einzelpositionen oder Teilleistungen, Prüfen und Werten der Angemessenheit der Preise • Führen von Bietergesprächen • Erstellen der Vergabevorschläge, Dokumentation des Vergabeverfahrens • Zusammenstellen der Vertragsunterlagen • Kostenkontrolle durch Vergleichen der Ausschreibungsergebnisse mit den vom Planer bepreisten Leistungsverzeichnissen oder der Kostenberechnung • Mitwirken bei der Auftragserteilung	90 %
Leistungsphase 8:	• •	
Leistungsphase 9:	•	

8.3 Anrechenbare Kosten außerhalb der Tafelwerte

☐ Die ermittelten anrechenbaren Kosten liegen nicht außerhalb der Tafelwerte der HOAI.
(Hinweis: nachstehende Regelungen der Ziffer 8.3 gelten nicht)

☐ Die ermittelten anrechenbaren Kosten liegen außerhalb der Tafelwerte der HOAI.

Für Leistungen deren ermittelte anrechenbaren Kosten, außerhalb der Tafelwerte der HOAI liegen, wird nachfolgendes Honorar vereinbart:

☐ Es gelten die Grundlagen der Honorarermittlung gemäß Ziffer 8.1, jedoch mit der Maßgabe, dass sich die Mindest- und Höchstsätze der Honorare aus der Tafelfortschreibung nach RifT (Richtlinien der Staatlichen Vermögens- und Hochbauverwaltung Baden-Württemberg für die Beteiligung freiberuflich Tätiger) in der zum Zeitpunkt des Vertragsabschlusses gültigen Fassung ergeben.

☐ Pauschalvereinbarung: Honorarpauschale _____ €

☐ Zeithonorar gem. Ziffer 9.3

☐ Prozentsatz der anrechenbaren Kosten auf Grundlage der
☐ Kostenberechnung: %
☐ Kostenfeststellung: _____ %

8.4 Pauschalvereinbarung

☐ Es wird keine Pauschalvereinbarung getroffen.
(Hinweis: nachstehende Regelungen der Ziffer 8.4 gelten nicht)

☐ Die Vertragsparteien vereinbaren ein Pauschalhonorar in Höhe von _____ € netto zzgl. der jeweils gültigen gesetzlichen Mehrwertsteuer.

Diesem Pauschalhonorar liegen anrechenbare Baukosten nach einer vorläufigen Kostenschätzung in Höhe von _____ € netto zugrunde.

In dem Pauschalhonorar ist der erhöhte Aufwand in der Leistungsphase 8 für die Überwachung der Instandhaltungs- und Instandsetzungsmaßnahme bereits enthalten.

Ein Umbauzuschlag ist in der Pauschale inkludiert.

8.5 Bei Leistungen im Bestand

☐ Folgender Umbauzuschlag/Modernisierungszuschlag wird vereinbart: 0,0 % *[1]

☐ Folgender Instandhaltungs-/Instandsetzungszuschlag gem. § 12 HOAI wird für die Grundleistungen der Leistungsphasen Objektüberwachung und Bauoberleitung – sofern beauftragt - vereinbart: 0,0 % *[2]

8.6 Mitzuverarbeitende Bausubstanz

☐ Den Wert und Umfang der mitzuverarbeitenden Bausubstanz im Sinne des § 2 Absatz 7 HOAI werden die Parteien zum Zeitpunkt der Kostenberechnung bewerten und durch schriftliche Vereinbarung festlegen. Die Ermittlung erfolgt bauteilbezogen nach der Elementmethode / Bauteilmethode. Für jedes Bauteil werden die Menge, der Neuwert, der Zustandsfaktor und der Leistungsfaktor ermittelt. Mit diesen Werten werden dann für jedes Bauteil die anrechenbaren Kosten aus der vorhandenen Bausubstanz nach § 4 Abs. 3 HOAI ermittelt. Der Gesamtwert der anrechenbaren Kosten aus der mitzuverarbeitenden vorhandenen Bausubstanz errechnet sich durch Addition der Einzelwerte.

☐ Den Wert der mitzuverarbeitenden Bausubstanz im Sinne des § 2 Absatz 7 HOAI können die Parteien bereits bei Vertragsschluss bewerten. Sie legen für die mitverarbeitete Bausubstanz hinsichtlich der anrechenbaren Kosten _____ € fest.

8.7 Besondere Leistungen i.V.m. Anlage 1

Die Vergütung der Besonderen Leistungen ist in der Anlage 2 – Honorarzusammenstellung – festgelegt.

8.8 Nebenkosten

Die Nebenkosten gem. § 14 Abs. 2 HOAI werden

☐ entsprechend der Festlegungen in der Anlage 2 – Honorarzusammenstellung – vergütet.
☐ auf Nachweis vergütet.
☐ sind mit dem Honorar abgegolten.

---

[1] Bei einer Planung mit einer durchschnittlichen Schwierigkeit kann der Zuschlag für Gebäude mit 0-33 %, für Innenräume mit 0-50 % und für Freianlagen mit 0-33 % vereinbart werden.

[2] Der Instandhaltungs-/Instandsetzungszuschlag kann mit 0-50 % vereinbart werden.

8.9 Bonusregelung (nach § 7 Abs. 6 HOAI)

☐ Es wird keine Bonusregelung vereinbart
(Hinweis: nachstehende Regelungen der Ziffer 8.10 gelten nicht)

☐ Es wird nachstehende Bonusregelung vereinbart

Die Parteien gehen von Bauwerkskosten in Höhe von _____ € (netto) im Sinne der DIN 276-1 Dezember 2008 oder DIN 276-4 (jeweils Kostengruppen 300 und 400) aus.

Der AG wird dem AN bei Kostenunterschreitungen, die unter Ausschöpfung technisch-wirtschaftlicher oder umweltverträglicher Lösungsmöglichkeiten zu einer wesentlichen Kostensenkung ohne Verminderung des vertraglich festgelegten Standards führen, einen Bonus i. H. v. _____ % je _____ € Kosteneinsparung, höchstens jedoch 10 % des vereinbarten Honorars als Erfolgshonorar zahlen.

8.10 Malusregelung (nach § 7 Abs. 6 HOAI)

☐ Es wird keine Malusregelung vereinbart.
(Hinweis: nachstehende Regelungen der Ziffer 8.11 gelten nicht)

☐ Es wird nachstehende Malusregelung vereinbart

Die Parteien legen als anrechenbare Kosten einen Betrag von _____ € fest. Der AG wird dem AN ab einer vom AN zu vertretenden Überschreitung dieser festgelegten Kosten von _____ % einen Malus i. H. v. _____ % je € Kostenüberschreitung bis zu 5% des vereinbarten Honorars vom Honorar der Schlussrechnung in Abzug bringen.

9. Andere Leistungen und Änderungsleistungen

Unbeschadet der Regelung des § 10 HOAI vereinbaren die Parteien hinsichtlich der Ausführung geänderter und zusätzlicher Leistung folgendes:

9.1 Andere Leistungen, die durch die Änderung des Leistungsziels, des Leistungsumfangs, einer Änderung des Leistungsablaufs -so genannte geänderte Leistungen- bleiben dem Auftraggeber vorbehalten anzuordnen.

Nicht vereinbarte Leistungen, die zur Ausführung der vertraglichen Leistung erforderlich werden -so genannte zusätzliche Leistungen-, hat der Auftragnehmer auf Verlangen des Auftraggebers mit auszuführen, außer wenn sein Büro auf derartige Leistungen nicht eingerichtet ist.

9.2 Hinsichtlich der Erforderlichkeit geänderter oder zusätzlicher Leistungen hat der Auftragnehmer den Auftraggeber in jeder Leistungsphase zu beraten. Vor Ausführung einer vom Auftragnehmer empfohlenen zusätzlichen oder geänderten Leistung, hat der Auftragnehmer dem Auftraggeber ein schriftliches Honorarangebot zu machen.

9.3 Für zusätzliche und geänderte Leistungen im Sinne von Ziffer 9.1 dieses Vertrages steht dem Auftragnehmer eine Vergütung zu. Sie ist vor der Ausführung der Leistung zu vereinbaren. Die Vereinbarung ist zwingend Voraussetzung für einen Vergütungsanspruch des AN, er ist vor Abschluss der Vereinbarung nicht zur Ausführung der Leistungen verpflichtet.

Für die Kalkulation solcher zusätzlichen und geänderten Leistungen gibt der Auftragnehmer folgende Stundensätze an:

Für den Auftragnehmer
(Geschäftsführer oder Partner der Gesellschafter) _____ €/h

Für freiberufliche Architekten / Ingenieure / Dipl.-Ingenieure _____ €/h

Für Technische Zeichner und sonstige Mitarbeiter mit vergleichbarer Qualifikation, die technische oder wirtschaftliche Aufgaben erfüllen _____ €/h

Vereinbaren die Parteien, dass zusätzliche oder geänderte Leistungen im Zeithonorar ausgeführt werden sollen, gelten die vorgenannten Sätze.

Umfang und Inhalt von vereinbarten Leistungen im Zeithonorar sind zeitnah – jedoch spätestens mit Abschluss der Leistungsphase, in der sie erbracht wurden - mit folgenden Mindestangaben zu dokumentieren:

- Zeitpunkt der jeweils ausgeführten Leistungen (Datum, Uhrzeit).
- Detaillierte fachliche Beschreibung der ausgeführten Arbeiten.
- Anzahl der Arbeitsstunden, die je Arbeitskraft angefallen sind.
- Namentliche Erfassung der Arbeitskräfte in den jeweils angefallenen Arbeitsstunden.

10. Zahlung, Abnahme

10.1 Das Honorar wird fällig, wenn die Leistungen abgenommen sind und eine prüffähige Honorarschlussrechnung beim Auftraggeber eingegangen ist.

10.2 Der Auftragnehmer ist berechtigt, Abschlagszahlungen in angemessenen zeitlichen Abständen für nachgewiesene Leistungen zu verlangen. Abschlagszahlungen sind innerhalb von 21 Tagen nach Rechnungseingang beim Auftraggeber zur Zahlung fällig.

10.3 Die Leistung des AN ist förmlich abzunehmen. Ein Anspruch des AN auf Teilabnahme ist ausgeschlossen. Dies gilt auch im Falle einer stufenweisen Beauftragung (Ziffer 4.2 dieses Vertrages), wenn die schriftliche Auftragserteilung der Stufe 2 vor Abschluss der Leistungen der Stufe 1 erfolgt.

Einen Anspruch auf Abnahme hat der Auftragnehmer erst mit Fertigstellung der Leistungen der zuletzt beauftragten Leistungsstufe.

11. Mängelhaftung / Haftpflichtversicherung

11.1 Die Haftung des AN bestimmt sich nach den gesetzlichen Vorschriften.

11.2 Zur Absicherung von Ersatzansprüchen des AG aus diesem Vertrag hat der AN eine Berufshaftpflichtversicherung mit den Mindestdeckungssummen

- für Personenschäden in Höhe von 1.500.000 €.
- für sonstige Schäden (Sach- und Vermögensschäden) in Höhe von 750.000 €.

die 2fach pro Versicherungsjahr zur Verfügung stehen müssen, nachzuweisen, und für die gesamte Dauer des Vertrages aufrechtzuerhalten.

11.3 Zum Nachweis des Versicherungsschutzes ist der AN verpflichtet, vor Unterzeichnung des Vertrages eine entsprechende aktuelle Bestätigung seines Haftpflichtversicherers mit der Versicherungsnummer und den mit dem AG vereinbarten Deckungssummen zu überreichen, spätestens jedoch 3 Wochen nach Unterzeichnung dieses Vertrages.

Vor Vorlage dieses Nachweises über den Versicherungsschutz werden Honoraransprüche des AN nicht fällig.

Legt der AN dem AG den Versicherungsnachweis nicht fristgerecht vor, ist der AG nach Ablauf einer gesetzten Nachfrist von weiteren vier Wochen mit Kündigungsandrohung zur Kündigung des Vertrages aus wichtigem Grund berechtigt.

12. Herausgabe von Unterlagen / Zurückbehaltungsrechte

12.1 Die vom AN zur Erfüllung dieses Vertrages angefertigten Unterlagen (Zeichnungen, Pläne, Berichte, Berechnungen etc.) sind dem AG auszuhändigen. Sie werden dessen Eigentum. Gleiches gilt auch bei Beendigung des Vertrages durch Kündigung einer der beiden Vertragsparteien. Die Unterlagen sind binnen zwei Wochen nach Vertragsbeendigung vorzulegen.

12.2 Der AN ist berechtigt, die von ihm im Zusammenhang mit der Vertragserfüllung erstellten Unterlagen dem AG zur Übergabe anzubieten, bei dessen Ablehnung zu vernichten, jedoch nicht vor Ablauf von 5 Jahren nach der Vertragsbeendigung.

12.3 Zurückbehaltungsrechte des AN hinsichtlich der von ihm erstellten und für die Durchführung der Planung und die Realisierung des Bauvorhabens erforderlichen Planungs- und Bauunterlagen sind ausgeschlossen.

13. Urheberrecht

13.1 Der AN überträgt dem AG die Verwertungs-, Nutzungs- und Änderungsrechte an allen von ihm für das vertragsgegenständliche Objekt erstellten Unterlagen, Pläne und die ausgeführten Leistungen.

Der AG ist berechtigt, das Bauwerk nach seiner Fertigstellung ohne Mitwirkung des AN zu ändern, insbesondere umzubauen und zu modernisieren.

13.2 Der AG darf die Unterlagen und sonstigen Leistungen des AN für das vertragsgegenständliche Bauvorhaben ohne Mitwirkung des AN unter Wahrung von dessen eventuellen Urheberpersönlichkeitsrechten nutzen und ändern. Dies gilt auch für das ausgeführte Bauwerk.

Der AG ist berechtigt, das Werk zu vollenden:
- im Falle einer vorzeitigen Beendigung des Vertrages oder
- im Falle der Nichtbeauftragung weiterer Leistungen oder
- im Falle einer vereinbarten Stufenbeauftragung.

Der AG wird den AN vor Änderungen eines nach dem Urheberrecht geschützten Werkes - soweit zumutbar - anhören.

13.3 Der AG hat das Recht zur Veröffentlichung des vom AN geplanten Bauwerks unter Namensangabe des AN.

13.4 Der AG ist berechtigt, diese Nutzungs-, Verwertungs- und Änderungsrechte auf Dritte zu übertragen.

13.5 Mit der vereinbarten Vergütung sind sämtliche Ansprüche des AN im Zusammenhang mit der Übertragung der Nutzungs-, Verwertungs- und Änderungsrechte an seiner Leistung abgegolten.

13.6 Der AN ist zu Veröffentlichungen über das vertragsgegenständliche Bauvorhaben mit Einwilligung des AG, die nur aus berechtigten Interessen heraus vom AG verweigert werden darf, befugt.

13.7 Der AN steht dafür ein, dass seine Planung frei von Urheberrechten Dritter ist und auch auf Dauer frei hiervon bleibt. Er stellt den AG von möglichen Ansprüchen Dritter wegen Verletzung von Urheber- und Leistungsschutzrechten oder sonstigen Rechten frei.

13.8 Sämtliche vorgenannten Regelungen gelten uneingeschränkt auch in jedem Fall der vorzeitigen Vertragsbeendigung.

14. Kündigung

14.1 Unbeschadet der Regelung des § 649 BGB kann der AG den Vertrag bis zur Vollendung des Vertrages aus wichtigem Grund kündigen.

Ein wichtiger Kündigungsgrund liegt insbesondere vor, wenn
- der AN seine Zahlungen eingestellt hat, das Insolvenzverfahren über sein Vermögen beantragt worden oder die Leistungsfähigkeit des AN aus anderen Gründen so nachhaltig beeinträchtigt ist, dass ein Vertrauen in die weitere vertragsgerechte Erfüllung nicht mehr besteht.
- der AN gegen seine Vertragspflichten trotz Abmahnung verstößt.

Im Falle wiederholter Terminüberschreitungen durch den AN ist der AG nach erfolgloser Setzung einer angemessenen Frist berechtigt, den Vertrag aus wichtigem Grund fristlos zu kündigen und die Ausführung aller vertraglich vereinbarten Leistungen des AN an Dritte auf Kosten des AN zu übertragen sowie Schadensersatz statt der Leistung geltend zu machen.

14.2 Der AN kann den Vertrag nur aus wichtigem Grund kündigen.

Ein solcher Grund liegt insbesondere vor, wenn
- das Vertrauensverhältnis zwischen den Parteien auf Grund nach Vertragsabschluss eingetretener und vom AG zu vertretender Umstände erheblich und nachhaltig gestört ist oder

- der AG eine ihm obliegende wesentliche Mitwirkung trotz Fristsetzungen und Nachfristsetzungen unterlässt und dadurch den AN wesentlich behindert, seine Leistungen vertragsgerecht auszuführen oder
- der AG mit einer fälligen Zahlung in Verzug gerät und trotz Mahnung ausstehende Zahlungen nicht leistet.

Bei Streit über die Berechtigung der Höhe eines fälligen Zahlungsanspruchs ist eine Kündigung ausgeschlossen, wenn der AG berechtigte Gründe für einen Einbehalt darlegt und den nach seiner Auffassung berechtigten Vergütungsanteil bezahlt.

14.3 Kündigt der AG aus einem Grund, den der AN zu vertreten hat, steht dem AN nur die Vergütung der bis zur Kündigung erbrachten Leistungen zu.

Der AG ist in diesem Fall berechtigt, die infolge der Kündigung entstehenden Mehrkosten, vor allem aus der Beauftragung eines Dritten oder solche, die infolge eines Leistungsverzugs des AN entstehen oder entstanden sind, vom AN ersetzt zu bekommen. Ein weitergehender Schadensersatzanspruch des AG bleibt unberührt.

14.4 Im Falle einer Kündigung oder sonstigen Beendigung des Vertragsverhältnisses hat der AN seine Arbeiten so abzuschließen und die Leistungsergebnisse zu dokumentieren, dass ohne unangemessene Schwierigkeiten eine Übernahme der Leistungen und die Weiterführung der Leistungen und des Bauvorhabens durch einen etwaigen Dritten möglich ist. Der AN ist verpflichtet, dem AG binnen 3 Kalendertagen sämtliche Unterlagen iSv Ziffer 12.1 zur Verfügung zu stellen, ohne dass ihm ein Zurückbehaltungsrecht zusteht.

14.5 Die Kündigung bedarf der Schriftform mit Einschreiben / Rückschein.

15. Streitigkeiten, Schlichtungsverfahren

15.1 Streitfälle berechtigen die Vertragsparteien nicht, ihre Mitwirkung an der Vertragserfüllung einzustellen. Insbesondere ist der AN nicht zur Einstellung seiner Arbeiten oder zur Zurückbehaltung von Leistungen und Unterlagen berechtigt, es sei denn, dass einer Partei ein vertraglich vereinbartes oder gesetzliches Zurückbehaltungsrecht zusteht.

15.2 Gerichtsstand ist das für den Ort des geplanten Bauvorhabens zuständige Gericht.

16. Salvatorische Klausel / Vertragsänderungen und -ergänzungen

16.1 Sollten einzelne Bestimmungen dieses Vertrages rechtsunwirksam sein, so wird dadurch die Rechtswirksamkeit der übrigen Vereinbarungen nicht berührt. AG und AN verpflichten sich, die rechtsunwirksame Regelung durch eine solche zu ersetzen, die dem Vertragszweck am wirtschaftlichsten entspricht. Entsprechendes gilt, wenn sich bei der Durchführung dieses Vertrages eine Regelungslücke ergeben sollte.

16.2 Änderungen und Ergänzungen dieses Vertrages bedürfen der Schriftform. Gleiches gilt auch für den Verzicht auf die Schriftform.

Für den AG:	Für den AN:
________, den ________________	________, den ________________
______________________________	______________________________

Anlage 1: vereinbarte Besondere Leistungen

- ☐ Terrestrische Vermessung (Vermessung des gesamten Planungsgebietes als Grundlage für alle nachfolgenden Planungsschritte).
  - ☐ Detailbeschreibung des Leistungsumfangs und der Datenaufbereitung siehe „Umfang der Vermessungsleistungen incl. der Auswertungen vom _____“.
- ☐ Aufnahme der bestehenden Bausubstanz incl. Anfertigung von Bestandzeichnungen im Maßstab _____.
- ☐ Erarbeitung und / oder Unterstützung bei der Bedarfsplanung nach DIN 18205.
- ☐ Aufstellen von vergleichenden Kostenübersichten mit Auswertung der Beträge an der Planung fachlich Beteiligter.
  (Hinweis: Im Zuge der Leistungsphase 6)
- ☐ Prüfen und Werten von Nebenangeboten nach Bedarf auf Basis des erforderlichen Zeitaufwands.
- ☐ Überwachung der Mangelbeseitigung innerhalb der Verjährfristen nach Bedarf auf Basis des erforderlichen Zeitaufwands.
  (Hinweis: Im Zuge der Leistungsphase 9)
- ☐ _____
- ☐ _____

Anlage 2: vorläufige Honorarzusammenstellung

vorläufige Honorarermittlung

Auftraggeber: **Stadt Musterhausen**
Projekt: **Testprojekt**

Leistungsbild Gebäude gem. § 34 HOAI		
Honorartafel	§ 35	
Anrechenbare Kosten (vorläufig)		825.000,00 €
	mzB	120.000,00 €
	Summe vorläufig geschätzt	945.000,00 €
	Honorarzone gem. Ojektliste Anlage 10.2 HOAI	III
	Honorarsatz	0%
	Grundhonorar	125.722,20 €

Leistungsphase	nach HOAI	vereinbartes Honorar	Honorar
Lph 1	2,0 %	2,0 %	2.514,44 €
Lph 2	7,0 %	7,0 %	8.800,55 €
Lph 3	15,0 %	15,0 %	18.858,33 €
Lph 4	3,0 %	3,0 %	3.771,67 €
Lph 5	25,0 %	25,0 %	31.430,55 €
Lph 6	10,0 %	9,0 %	11.315,00 €
Lph 7	4,0 %	0,4 %	502,89 €
Lph 8	32,0 %	32,0 %	40.231,10 €
Lph 9	2,0 %	2,0 %	2.514,44 €
Zwischensumme	**100,0 %**	**95,4 %**	**119.938,97 €**
Umbauzuschlag	0 bis 33 %	12,0 %	14.392,68 €
Instandsetzungszuschlag Lph 8	0 bis 50 %	0,0 %	0,00 €

Summe Objektplanung	**134.331,65 €**

Besondere Leistungen (siehe Anlage 1)		
Topographische Vermessung des Baugrundstücks einschl. der angrenzenden Verkehrs-/Zufahrtsflächen	pauschal	1.150,00 €
Kosten-/Nutzen-Analyse	pauschal	2.500,00 €
Summe Besondere Leistungen		**3.650,00 €**

Zusammenstellung Honorar nach HOAI		
Zw.-Summe netto		137.981,65 €
Nebenkosten	6%	8.278,90 €
Summe Honorar nach HOAI (netto)		**146.260,55 €**
Mehrwertsteuer	19%	27.789,50 €

Summe Honorar nach HOAI (brutto)	**174.050,05 €**

B. Ingenieurvertrag

I. Ing-Bau und Verkehr

Muster

Ingenieurvertrag 2

Zwischen

Straße: ______
PLZ, Ort: ______
vertreten durch: ______

nachfolgend **Auftraggeber (AG)** genannt -

und dem

Ingenieurbüro ______
PLZ, Ort: ______
Straße: ______
vertreten durch: ______

nachfolgend **Auftragnehmer (AN)** genannt-

wird für das Projekt
folgender Ingenieurvertrag geschlossen:

1. Gegenstand des Vertrages

Gegenstand dieses Vertrages sind Planungsleistungen für folgende Maßnahmen:

- ☐ Ingenieurbauwerke gemäß § 41 HOAI
  - ☐ Eine bauliche Anlage.
  - ☐ Mehrere bauliche Anlagen iSv § 11 HOAI im Rahmen einer Baumaßnahme.

- ☐ Verkehrsanlagen gemäß § 45 HOAI
  - ☐ Eine bauliche Anlage.
  - ☐ Mehrere bauliche Anlagen iSv § 11 HOAI im Rahmen einer Baumaßnahme.

für das Bauvorhaben

Projektbezeichnung: _____

Projektbeschreibung: _____
(Hier Projektbezeichnung und –beschreibung einfügen (z.B. Veranlassung, Zweck, Lage, Umfang, technische Kenndaten, Bezug auf die Bedarfsplanung, Nutzungsziele etc.)

Zielvorgaben:

Vorgaben zur Qualität: _____

Vorgaben zur Quantität: _____

Vorgaben zur Gestaltung: _____

Vorgaben zur Technik: _____

Vorgaben zur Wirtschaftlichkeit: _____

2. Vertragsbestandteile / Vertragsunterlagen

2.1 Der Vertrag enthält folgende Bestandteile, die in nachstehender Reihenfolge auszulegen sind:

2.1.1 beigefügte Bestandteile

☐ dieser Ingenieurvertrag	
☐ Besondere Leistungen	– Anlage 1 –
☐ Honorarzusammenstellung	– Anlage 2 –
☐ Terminplan	– Anlage _____ –
☐ Vorgaben / Ergebnis der Bedarfsplanung	– Anlage _____ –
☐ _____	– Anlage _____ –

2.1.2 nicht beigefügte Bestandteile

- ☐ Anforderungskatalog für CAD-Zeichnungsdateien vom _____, (Downloadmöglichkeit unter www.Musterstadt.de/Vorducke)
- ☐ Umfang der Vermessungsleistungen incl. der Auswertungen vom _____ (Downloadmöglichkeit unter www.Musterstadt.de/Vorducke)
- ☐ Ausschreibungsgrundsätze für die Ausschreibung von Verkehrsanlagen und Ingenieurbauwerken vom _____ (Downloadmöglichkeit unter www.Musterstadt.de/Vorducke)
- ☐ _____
- ☐ _____

2.2 Der Auftraggeber stellt die erforderlichen (Karten-)Grundlagen

- ☐ Katasterunterlagen, Luftbilder
- ☐ Bestandsunterlagen der vorhandenen Kanalisation und der Wasserversorgungsleitungen
- ☐ Baugrundgutachten
- ☐ _____
- ☐ _____

in digitaler Form zur Verfügung bzw. übernimmt die Kosten von deren Beschaffung, soweit sie beim AN nicht vorhanden sind.

2.3 Die Leistungen des AN müssen allen für das Bauvorhaben einschlägigen gesetzlichen, öffentlich-rechtlichen und behördlichen Vorschriften, Haushaltsvorschriften, Verordnungen, Richtlinien sowie technischen Bestimmungen und fachlich allgemein anerkannten Regeln der Technik und Baukunst entsprechen.

Ebenso sind die Grundsätze größtmöglicher Wirtschaftlichkeit für den späteren Betrieb unter Einbeziehung der Unterhaltungs- und Betriebskosten einzuhalten.

3. Allgemeine Vertragspflichten des AN

3.1 Soweit der zwischen den Vertragsparteien vereinbarte Werkerfolg nicht die Einhaltung eines höheren Standards erfordert, muss die Leistung des AN den fachlich allgemein anerkannten Regeln der Technik zum Zeitpunkt der Abnahme der Leistung entsprechen.

Der AN hat den AG in jeder Phase der Zusammenarbeit rechtzeitig schriftlich auf voraussichtliche Qualitäts-, Kosten- und Terminabweichungen hinzuweisen und Lösungsvorschläge zur Einhaltung der vom AG vorgegebenen Qualitäten, Kosten und Termine zu unterbreiten.

3.2 Der AN hat die übernommenen Leistungen persönlich bzw. durch seine Gesellschafter bzw. mit eigenen angestellten Mitarbeitern zu erbringen.

Beabsichtigt der AN, vertragsgegenständliche Leistungen durch Dritte erbringen zu lassen, ist in jedem Einzelfall eine vorherige schriftliche Zustimmung des AG erforderlich, falls diese nicht schon in diesem Vertrag erteilt wurde. Der AG ist berechtigt, dem AN zur Erbringung der Leistungen im eigenen Betrieb eine Frist zu setzen und nach fruchtlosem Ablauf der Frist den Vertrag aus wichtigem Grund zu kündigen.

Der AN verpflichtet sich, sein Mitarbeiterteam hinsichtlich der Anzahl der Mitarbeiter und deren fachlicher Qualifikation so zu besetzen und während der Vertragsdurchführung vorzuhalten, dass keine Verzögerungen in Planung und Durchführung des Objekts entstehen und insbesondere die in vereinbarten und für weitere Leistungsstufen zu vereinbarenden Termine eingehalten werden.

Der AN verpflichtet sich, im Bedarfsfall weitere Mitarbeiter zur Verfügung zu stellen.

Der AN benennt nachfolgend diejenigen Personen, die die vereinbarten Leistungen persönlich erbringen. Sie sind berechtigt den AN gegenüber dem AG und Dritten zu vertreten:

Projektleiter: Planungsphase (bis Leistungsphase 4): _____
Ausführungsphase (ab Leistungsphase 5): _____

Weitere vorgesehene Personen bei der Projektbearbeitung und deren Funktionen:

☐ _____

☐ _____

Der AN ist nur mit Zustimmung des AG berechtigt die Leistung durch andere als die vorgenannten Personen erbringen zu lassen. Der AG darf die Zustimmung aus wichtigem Grund nicht verweigern, der insbesondere dann vorliegt, wenn in der persönlichen Leistungserbringung eine nicht zu vertretende Verhinderung eintritt, zum Beispiel Krankheit, Kündigung etc..

Es ist durch den AN beabsichtigt, Leistungen an Dritte weiterzugeben:

☐ Nein.

☐ Ja, folgende Leistungen werden vom AN an Dritte weitergegeben:

a) Leistung: _____
a) Nachunternehmer: _____

b) Leistung: _____
b) Nachunternehmer: _____

3.3 Der AN ist – soweit er als Objektplaner tätig ist - verpflichtet, den AG über die Notwendigkeit und den richtigen Zeitpunkt des Einsatzes von Fachingenieuren zu beraten.

3.4 Der AN wird alle ihm zugehenden oder zugänglichen Informationen über das Projekt, insbesondere im Zusammenhang mit Ausschreibungen und Verhandlungen mit Bietern absolut vertraulich behandeln und seine Mitarbeiter und Erfüllungsgehilfen zur absoluten Verschwiegenheit verpflichten.

3.5 Der AN ist verpflichtet, dem AG jederzeit und kurzfristig Auskunft über die von ihm zu erbringenden und bereits erbrachten Leistungen zu erteilen und Einsicht in alle Unterlagen zu gewähren. Diese Verpflichtung des AN besteht bis zum Zeitpunkt der Ablaufs der Verjährfrist der Mängelansprüche des AN. Während der Durchführung des Bauvorhabens ist der AN verpflichtet, dem AG alle Unterlagen digital und analog (colorierte Kopien) rechtzeitig zur Verfügung zu stellen, nach folgender Maßgabe für die beauftragten Leistungsbilder und Leistungsphasen:

Leistungsphase	digital	vervielfältigt
Lph 1: Grundlagenermittlung	1	1
Lph 2: Vorplanung	1	1
Lph 3: Entwurfsplanung	1	1
Lph 4: Genehmigungsplanung	1	5
Lph 5: Ausführungsplanung	1	3
Lph 6: Vorbereitung der Vergabe	1	1
Lph 7: Mitwirkung bei der Vergabe	1	1
Lph 8: Bauoberleitung	1	1
Lph 9: Objektbetreuung	1	1

Die digitalen Ausfertigungen sind in folgendem Format auf CD-ROM abzugeben:
- Texte im Format Microsoft Word, Version 2010.
- Tabellenkalkulationen im Format Microsoft Excel, Version 2010.
- Zeichnungen im Format dwg oder dxf.
- Kostenschätzungen und -berechnungen sowie Leistungsverzeichnisse im GAEB-Format XML Version 3.1.
- Zusätzlich sind alle Unterlagen im PDF-Format abzugeben.

Der Abschluss und das Ergebnis jeder beauftragten Leistungsphase sind schriftlich zu dokumentieren. Dabei ist für beauftragte Leistungsbilder und Leistungsphasen auf jede beauftragte Grundleistung gemäß
- Anlage 12 HOAI 2013
  (Grundleistungen im Leistungsbild Ingenieurbauwerke)
- Anlage 13 HOAI 2013
  (Grundleistungen im Leistungsbild Verkehrsanlagen)

detailliert einzugehen.

Die erbrachten Leistungen sind durch den AG freizugeben. Bis zum Abschluss der Genehmigungsplanung des Projektes (oder von Projektabschnitten) darf mit der Bearbeitung der jeweils nächsten Planungsphase erst nach der schriftlichen Freigabe der vorhergehenden Leistungsphase begonnen werden.
Eine Teilabnahme der Leistung des AN ist mit der Freigabe nicht verbunden.

Nach Abschluss des Bauvorhabens hat der AN dem AG sämtliche noch nicht ausgehändigten Unterlagen in digitaler und in 1facher analoger Ausfertigung auszuhändigen. Gleiches gilt für die Beendigung des Vertrages durch Kündigung einer der beiden Vertragsparteien.

3.6 Der AN hat alle ihm zur Verfügung gestellten Unterlagen und Anordnungen des AG darauf zu prüfen, ob sie mit den vertraglich vereinbarten Kosten-, Quantitäts-, Qualitäts- und Terminvorgaben vereinbar sind. Bei Bedenken gegen Quantität und / oder Qualität dieser Unterlagen hat er den AG hierüber in Textform zu informieren und die Bedenken zu begründen.

3.7 Der AN hat an den Bau-, Planungs- und Koordinationsbesprechungen teilzunehmen, über den Inhalt der Besprechungen – sofern er als Objektplaner tätig ist - Niederschriften anzufertigen und dem AG unverzüglich digital zu übermitteln. Die Ergebnisse hat der AN in die von ihm geschuldeten Planungsleistungen einzuarbeiten.

Soweit er fachlich betroffen ist, hat er seine Leistung mit anderen an der Planung Beteiligten fachlich zu koordinieren und – sofern er als Objektplaner tätig ist - Koordinationsprotokolle anzufertigen.

3.8 Massenberechnungen, Abrechnungszeichnungen und Abschlags- und Schlussrechnungen sind sachlich, fachtechnisch und rechnerisch unverzüglich und vollständig zu prüfen und weiterzuleiten, und zwar so rechtzeitig, dass der AG in der Lage ist, unter Einhaltung der Prüfungsfrist nach § 16 Nr. 1 von 21 Tagen bzw. § 16 Nr. 3 VOB / B von 30 Tagen, fristgerecht seinen Zahlungspflichten nachzukommen. Für den Fall, dass die Rechnungen nicht prüffähig sind, hat der AN den AG unverzüglich zu informieren, damit der Auftraggeber rechtzeitig innerhalb der vorgenannten Prüfungsfristen die fehlende Prüfbarkeit der Rechnungen anzeigen kann. Die geprüften Abrechnungsunterlagen sind mit dem Prüfvermerk „fachtechnisch und rechnerisch richtig“ zu versehen und zu unterzeichnen. Gleiches gilt für Abschlags- und Schlussrechnungen.

Ist zwischen dem AG und dem Werkunternehmer eine Skontovereinbarung getroffen, hat der AN die Prüfung und Weiterleitung der Rechnung nach Möglichkeit im Einzelfall so zu beschleunigen, dass der AG in der Lage ist die Skontofrist einzuhalten.

4. Beauftragter Leistungsumfang des AN

Eine stufenweise Beauftragung ist vorgesehen:

- ☐ Nein, es handelt sich um einen Vollauftrag, siehe Ziffer 4.1
- ☐ Ja, es handelt sich um eine stufenweise Beauftragung, siehe Ziffer 4.2

4.1. Vollauftrag

Der AG überträgt dem AN mit Vertragsabschluss nachbenannte Leistungen im Sinne des

- ☐ § 43 HOAI (Leistungen im Leistungsbild Ingenieurbauwerke) in Verbindung mit Anlage 12 HOAI, und zwar die Leistungsphasen
  - ☐ Leistungsphase 1 Grundlagenermittlung,
  - ☐ Leistungsphase 2 Vorplanung,
  - ☐ Leistungsphase 3 Entwurfsplanung,
  - ☐ Leistungsphase 4 Genehmigungsplanung,
  - ☐ Leistungsphase 5 Ausführungsplanung,
  - ☐ Leistungsphase 6 Vorbereitung der Vergabe,
  - ☐ Leistungsphase 7 Mitwirkung bei der Vergabe,
  - ☐ Leistungsphase 8 Bauoberleitung,
  - ☐ Leistungsphase 9 Objektbetreuung,

- ☐ § 47 HOAI (Leistungen im Leistungsbild Verkehrsanlagen) in Verbindung mit Anlage 13 HOAI, und zwar die Leistungsphasen
  - ☐ Leistungsphase 1 Grundlagenermittlung,
  - ☐ Leistungsphase 2 Vorplanung,
  - ☐ Leistungsphase 3 Entwurfsplanung,
  - ☐ Leistungsphase 4 Genehmigungsplanung,
  - ☐ Leistungsphase 5 Ausführungsplanung,
  - ☐ Leistungsphase 6 Vorbereitung der Vergabe,
  - ☐ Leistungsphase 7 Mitwirkung bei der Vergabe,
  - ☐ Leistungsphase 8 Bauoberleitung,
  - ☐ Leistungsphase 9,

soweit unter Ziffer 8.2 dieses Vertrages nicht bestimmte Teilleistungen der jeweiligen Leistungsphase vom Leistungsumfang ausgenommen sind.

4.2. Stufenweise Beauftragung

Der AG beauftragt den AN mit Unterzeichnung dieses Vertrages im Sinne eines vom Auftragnehmer geschuldeten Teilerfolgs zunächst mit den in Ziffer 4.2.1 aufgeführten Leistungen der so genannten Leistungsstufe 1 dieses Vertrages.

Durch schriftliche Auftragserteilung kann der Auftraggeber dem Auftragnehmer ferner die weiteren erforderlichen Planungsleistungen der

Objektplanung beauftragen, die unter Ziffer 4.2.2 genannt sind, die so genannte Leistungsstufe 2 im Sinne dieses Vertrages.

In seiner Entscheidung die Leistungsstufe 2 zu beauftragten ist der Auftraggeber frei, ob er zunächst den Abschluss der Stufe 1 durch den Auftragnehmer abwarten oder ob er die Leistungen der Stufe 2 bereits während der Erfüllung der Leistungen der Stufe 1 durch den Auftragnehmer beauftragt.

Ein Rechtsanspruch des Auftragnehmers auf Beauftragung weiterer Leistungen über die Leistungen der Stufe 1 hinaus im Sinne dieses Vertrages besteht nicht.
Der Auftragnehmer wird von seiner Verpflichtung zur Erbringung weiterer Leistungen gemäß Ziffer 4.2.2 frei, wenn diese vom Auftraggeber nicht innerhalb eines Zeitraums von 1 Jahr nach Beendigung der zuletzt beauftragten Leistungen in Auftrag gegeben werden.

4.2.1 Leistungsstufe 1

☐ § 43 HOAI (Leistungen im Leistungsbild Ingenieurbauwerke) in Verbindung mit Anlage 12 HOAI, und zwar die Leistungsphasen,
  - ☐ Leistungsphase 1 Grundlagenermittlung
  - ☐ Leistungsphase 2 Vorplanung
  - ☐ Leistungsphase 3 Entwurfsplanung
  - ☐ Leistungsphase 4 Genehmigungsplanung

☐ § 47 HOAI (Leistungen im Leistungsbild Verkehrsanlagen) in Verbindung mit Anlage 13 HOAI, und zwar die Leistungsphasen
  - ☐ Leistungsphase 1 Grundlagenermittlung
  - ☐ Leistungsphase 2 Vorplanung
  - ☐ Leistungsphase 3 Entwurfsplanung
  - ☐ Leistungsphase 4 Genehmigungsplanung

soweit unter Ziffer 8.2 dieses Vertrages nicht bestimmte Teilleistungen der jeweiligen Leistungsphase vom Leistungsumfang ausgenommen sind.

4.2.2. Leistungsstufe 2

☐ § 43 HOAI (Leistungen im Leistungsbild Ingenieurbauwerke) in Verbindung mit Anlage 12 HOAI, und zwar die Leistungsphasen
- ☐ Leistungsphase 5 Ausführungsplanung
- ☐ Leistungsphase 6 Vorbereitung der Vergabe
- ☐ Leistungsphase 7 Mitwirkung bei der Vergabe,
- ☐ Leistungsphase 8 Bauoberleitung
- ☐ Leistungsphase 9 Objektbetreuung

☐ § 47 HOAI (Leistungen im Leistungsbild Verkehrsanlagen) in Verbindung mit Anlage 13 HOAI, und zwar die Leistungsphasen
- ☐ Leistungsphase 5 Ausführungsplanung,
- ☐ Leistungsphase 6 Vorbereitung der Vergabe,
- ☐ Leistungsphase 7 Mitwirkung bei der Vergabe,
- ☐ Leistungsphase 8 Bauoberleitung,
- ☐ Leistungsphase 9 Objektbetreuung,

soweit unter Ziffer 8.2 dieses Vertrages nicht bestimmte Teilleistungen der jeweiligen Leistungsphasen vom Leistungsumfang ausgenommen sind.

Ein Rechtsanspruch des AN auf die Beauftragung der Leistungen der Leistungsstufe 2 besteht nicht.

4.3 Die in Anlage 1 aufgeführten Besonderen Leistungen sind im Zusammenhang mit der jeweils beauftragten Leistungsphase zum vereinbarten oder erforderlichen Zeitpunkt zu bearbeiten. Der AN ist zur Ausführung der vorgenannten Leistungen verpflichtet. Für die Vergütung gilt Ziffer 8 dieses Vertrages.

Der AN ist verpflichtet, den AG auf den Bedarf und die Erforderlichkeit weiterer Besonderer Leistungen hinzuweisen und dies in Textform zu begründen.

Die Beauftragung eventuell erforderlicher, weiterer Besonderer Leistungen erfolgen schriftlich durch den AG. Der AN verpflichtet sich die übertragenen Leistungen zu erbringen.

4.4 Ist gemäß vorstehender Regelung die Leistungsphase 6 - Vorbereitung der Vergabe - vereinbart, ist Gegenstand des Leistungsumfangs des Auftragnehmers ergänzend zur Anlage 12 / 13 / 14 / 15 HOAI folgendes:

Das Ergebnis der Leistungsphase 6 ist im GAEB-Format (XML Version 3.1) abzugeben. Hierzu gehören
- ☒ die Massenermittlung (Abgabeform: DA 11),
- ☒ das Leistungsverzeichnis (Abgabeform: DA 83) sowie
- ☒ die Bepreisung des Leistungsverzeichnisses (Abgabeform: DA 84).

4.5 Grundsätzlich sind alle im Rahmen der beauftragten Grundleistungen zu erstellenden Kostenschätzungen und -berechnungen nach DIN 276-1 oder DIN 276-4 in der jeweils geltenden Fassung aufzustellen.

☐ Die Kostenschätzungen und -berechnungen sind gemäß der Gliederung entsprechend den im Rahmen der späteren Ausschreibung vorzusehenden Fachlose als „Ausführungsorientierte Gliederung der Kosten" nach Ziffer 4.2 DIN 276-1 oder DIN 276-4 zu erstellen.

☐ Die Kostenberechnung (Leistungsphase 3) ist außerdem nach der „Anweisung zur Kostenberechnung für Straßenbaumaßnahmen, Ausgabe 1985 (AKS 1985)" zu erstellen.

Die Parteien vereinbaren, dass die Abgabe der Kostenschätzungen und -berechnungen nach vor stehender Regelung mit dem Honorar der jeweiligen Leistungsphase abgegolten ist.

5. Vollmacht des AN

5.1 Der AN ist im Rahmen der Bauüberwachung berechtigt und verpflichtet, die ausführenden Unternehmen zur Erfüllung der vertragsgemäßen Leistungen aufzufordern und Anordnungen gegenüber den ausführenden Unternehmern und den sonstigen an der Überwachung fachlich Beteiligten (Fachbauleiter etc.) zu erteilen.

5.2 Der AN ist grundsätzlich nicht bevollmächtigt, den AG rechtsgeschäftlich zu vertreten. Die Weisungsbefugnis des AN gegenüber anderen am Bauvorhaben Beteiligten beschränkt sich grundsätzlich auf solche Weisungen, die zur Sicherstellung des reibungslosen und uneingeschränkten Projektablaufs unbedingt erforderlich sind und keinerlei negative Auswirkungen qualitativer, terminlicher und finanzieller Art für den AG beinhalten. Finanzielle Verpflichtungen zu Lasten des AG darf der AN nicht eingehen.

6. Pflichten des AG

6.1 Der Auftraggeber erbringt folgende Leistungen:

- Vorgabe von Projektzielen.
- Freigabe der einzelnen Leistungsphasen, nachdem diese durch den AN abgeschlossen, dokumentiert und übergeben wurden.
- Beauftragen von Sonderfachleuten, sofern die Leistungen nicht Bestandteil dieses Architektenvertrags sind.
- Wahrnehmen von projektbezogenen Repräsentationspflichten.

Bei Durchführung des Vergabeverfahrens durch den AG:

- Übergabe der Vertragsunterlagen mit den ausführenden Unternehmen, je digital als pdf und als GAEB-Datei im Format X86.

6.2 Der AG fördert die Planung und Durchführung der Baumaßnahme und wird anstehende Entscheidungen rechtzeitig treffen. Der AG übergibt dem AN sämtliche das Bauvorhaben betreffende Rechnungen, soweit diese für die Vertragserfüllung und/oder die Erstellung der prüffähigen Honorarrechnungen vom AN benötigt werden.

7. Termine und Fristen

Unbeschadet der sich aus den übertragenen Grundleistungen ergebenden Pflicht des AN zur Terminplanung, Koordination und Terminkontrolle vereinbaren die Parteien folgendes:

7.1 Die zeitliche Ausführung der vom AN zu erbringenden Leistungen hat sich nach den vereinbarten Terminen mit den Planern, Fachplanern, Beratern und/oder Sonderfachleuten sowie den bauausführenden Unternehmern zu orientieren. Der AN hat diese zu koordinieren. Der AN hat seine Leistungen so rechtzeitig zu erbringen und fertig zu stellen, dass die gesamte Planung und Bauausführung termingerecht erfolgen kann.

7.2 Termine, Bearbeitungsdauer

Der AN wird seine Leistungen so rechtzeitig erbringen, dass nachfolgende Termine eingehalten werden bzw. die nachstehende Bearbeitungsdauer nicht überschritten wird:

☐ Abschluss Lph 1:	Wochen nach Auftragserteilung
☐ Abschluss Lph 2:	Wochen nach Freigabe der Lph 1
☐ Abschluss Lph 3:	Wochen nach Freigabe der Lph 2
☐ Abschluss Lph 4:	Wochen nach Freigabe der Lph 3

Alternativ:

☐ Die Vertragsparteien machen den als Anlage 3 beigefügten Terminplan zum Gegenstand dieses Vertrages. Als verbindliche Fristen vereinbaren die Parteien die in diesem Plan geregelten Termine von der Planungsvorbereitung bis zur Genehmigungsplanung. Diesen hat der AN insoweit spätestens bis zum _____ genehmigungsreif vorzulegen.

Die Termine für die weiteren Leistungen werden mit Beauftragung dieser Leistungen einvernehmlich festgelegt.

7.3 Der AN hat die erforderliche Ausführungsplanung rechtzeitig vor der Vergabe der jeweiligen Bauleistungen zu erstellen und die Ausführungsplanung während der Objektausführung so rechtzeitig fortzuschreiben, dass der abgestimmte Bauablauf und die vereinbarten Ausführungsfristen eingehalten werden und dass es keinerlei Störungen in der Arbeitsvorbereitung der jeweils ausführenden Firmen gibt.

7.4 Gerät der AN mit seiner Leistung in Verzug und leistet er trotz einer angemessenen Nachfrist nicht oder nicht vollständig, ist der AG berechtigt die Leistungen auf Kosten des AN durch Dritte ausführen zu lassen (Ersatzvornahme).

7.5 Glaubt sich der AN in der Ausführung seiner Leistung aus Gründen behindert, die nicht aus seinem Risikobereich stammen, hat er den hindernden Umstand dem AG unverzüglich schriftlich mitzuteilen. Nur in diesem Fall verlängern sich die Ausführungsfristen des AN entsprechend für die Dauer, in denen die Behinderung fortwirkt.

8. Honorar

8.1 Honorargrundlage bei Kostenschätzung oder Kostenberechnung

Für die Honorierung der nach diesem Vertrag übertragenen und zur weiteren Beauftragung vorbehaltenen Leistungen gem. Ziffer 4.1 bzw. 4.2 werden folgende Honorargrundlagen vereinbart:

☐ Ingenieurbauwerke
Honorarzone: _____
Honorarsatz: Mindestsatz

☐ Verkehrsanlagen
Honorarzone: _____
Honorarsatz: Mindestsatz

Ist die Einordnung des Objekts in die Honorarzone nicht eindeutig und sind Bewertungsmerkmale aus mehreren Honorarzonen anwendbar, bewerten AG und AN diese einvernehmlich wie folgt:

Bewertungsmerkmale nach HOAI	Max. Pkte	Bewertung
1		
2		
3		
4		
5		

- Honorarzone I: bis zu Punkte
- Honorarzone II: bis Punkte
- Honorarzone III: bis Punkte
- Honorarzone IV: bis Punkte
- Honorarzone V: bis Punkte

Ergebnis: Das Projekt ist der Honorarzone zuzuordnen.

8.2 Eigenleistungen des AG / nicht beauftragte Teilleistungen

☐ Vom AG werden innerhalb der beauftragten Leistungsphasen keine Eigenleistungen erbracht. Es werden alle Teilleistungen beauftragt. (Hinweis: nachstehende Regelungen der Ziffer 8.2 gelten nicht)

☐ Vom AG werden innerhalb der beauftragten Leistungsphasen nachfolgende Leistungen ganz oder zum Teil selbst erbracht bzw. Teilleistungen werden nicht beauftragt. Daher reduzieren sich die Vom-Hundert-Sätze unter Berücksichtigung des zusätzlichen Koordinierungs- oder Einarbeitungsaufwands wie nachfolgend aufgeführt:

	vom AG zu erbringende Leistungen / nicht beauftragte Teilleistungen	Reduzierung in %
Leistungsphase 1:	•	
Leistungsphase 2:	• •	
Leistungsphase 3:	• •	
Leistungsphase 4:	• •	
Leistungsphase 5:	• •	
Leistungsphase 6:	• Zusammenstellen der Vergabeunterlagen •	5 %
Leistungsphase 7:	• Einholen von Angeboten • Prüfen und Werten der Angebote, Aufstellen des Preisspiegels • Abstimmen und Zusammenstellen der Leistungen der fachlich Beteiligten, die an der Vergabe mitwirken • Führen von Bietergesprächen • Erstellen der Vergabevorschläge, Dokumentation des Vergabeverfahrens • Zusammenstellen der Vertragsunterlagen • Vergleichen der Ausschreibungsergebnisse mit den vom Planer bepreisten Leistungsverzeichnissen und der Kostenberechnung • Mitwirken bei der Auftragserteilung	100 %
Leistungsphase 8:	• •	
Leistungsphase 9:	•	

8.3 Anrechenbare Kosten außerhalb der Tafelwerte

☐ Die ermittelten anrechenbaren Kosten liegen nicht außerhalb der Tafelwerte der HOAI.
(Hinweis: nachstehende Regelungen der Ziffer 8.3 gelten nicht)

☐ Die ermittelten anrechenbaren Kosten liegen außerhalb der Tafelwerte der HOAI.

Für Leistungen deren ermittelte anrechenbaren Kosten, außerhalb der Tafelwerte der HOAI liegen, wird nachfolgendes Honorar vereinbart:

☐ Es gelten die Grundlagen der Honorarermittlung gemäß Ziffer 8.1, jedoch mit der Maßgabe, dass sich die Mindest- und Höchstsätze der Honorare aus der Tafelfortschreibung nach RifT (Richtlinien der Staatlichen Vermögens- und Hochbauverwaltung Baden-Württemberg für die Beteiligung freiberuflich Tätiger) in der zum Zeitpunkt des Vertragsabschlusses gültigen Fassung ergeben.

☐ Pauschalvereinbarung: Honorarpauschale _____ €

☐ Zeithonorar gem. Ziffer 9.3

☐ Prozentsatz der anrechenbaren Kosten auf Grundlage der
☐ Kostenberechnung: _____ %
☐ Kostenfeststellung: _____ %

8.4 Pauschalvereinbarung

☐ Es wird keine Pauschalvereinbarung getroffen.
(Hinweis: nachstehende Regelungen der Ziffer 8.4 gelten nicht)

☐ Die Vertragsparteien vereinbaren ein Pauschalhonorar in Höhe von _____ € netto zzgl. der jeweils gültigen gesetzlichen Mehrwertsteuer.

Diesem Pauschalhonorar liegen anrechenbare Baukosten nach einer vorläufigen Kostenschätzung in Höhe von _____ € netto zugrunde.

In dem Pauschalhonorar ist der erhöhte Aufwand in der Leistungsphase 8 für die Überwachung der Instandhaltungs- – und Instandsetzungsmaßnahme bereits enthalten.

Ein Umbauzuschlag ist in der Pauschale inkludiert.

8.5 Bei Leistungen im Bestand:

☐ Folgender Umbauzuschlag/Modernisierungszuschlag wird vereinbart: 0,0 % *[1]

☐ Folgender Instandhaltungs-/Instandsetzungszuschlag gem. § 12 HOAI wird für die Grundleistungen der Leistungsphasen Objektüberwachung und Bauoberleitung – sofern beauftragt - vereinbart: 0,0 % *[2]

8.6 Mitzuverarbeitende Bausubstanz:

☐ Den Wert und Umfang der mitzuverarbeitenden Bausubstanz im Sinne des § 2 Absatz 7 HOAI werden die Parteien zum Zeitpunkt der Kostenberechnung bewerten und durch schriftliche Vereinbarung festlegen. Die Ermittlung erfolgt bauteilbezogen nach der Elementmethode / Bauteilmethode. Für jedes Bauteil werden die Menge, der Neuwert, der Zustandsfaktor und der Leistungsfaktor ermittelt. Mit diesen Werten werden dann für jedes Bauteil die anrechenbaren Kosten aus der vorhandenen Bausubstanz nach § 4 Abs. 3 HOAI ermittelt. Der Gesamtwert der anrechenbaren Kosten aus der mitzuverarbeitenden vorhandenen Bausubstanz errechnet sich durch Addition der Einzelwerte.

☐ Den Wert der mitzuverarbeitenden Bausubstanz im Sinne des § 2 Absatz 7 HOAI können die Parteien bereits bei Vertragsschluss bewerten. Sie legen für die mitverarbeitete Bausubstanz hinsichtlich der anrechenbaren Kosten _____ € fest.

8.7 Besondere Leistungen iVm Anlage 1

Die Vergütung der Besonderen Leistungen ist in der Anlage 2 – Honorarzusammenstellung – festgelegt.

8.8 Nebenkosten

Die Nebenkosten gem. § 14 Abs. 2 HOAI werden entsprechend der Festlegungen in der Anlage 2 - Honorarzusammenstellung – vergütet.

---

[1] Bei einer Planung mit einer durchschnittlichen Schwierigkeit kann der Zuschlag für Ingenieurbauwerke und Verkehrsanlagen mit 0-33 %, für Tragwerksplanungen und Technische Ausrüstung mit 0-50 % vereinbart werden.

[2] Der Instandhaltungs-/Instandsetzungszuschlag kann mit 0-50 % vereinbart werden.

8.9 Bonusregelung

☐ Es wird keine Bonusregelung vereinbart.
(Hinweis: nachstehende Regelungen der Ziffer 8.10 gelten nicht)

☐ Es wird nachstehende Bonusregelung vereinbart.

Die Parteien gehen von Bauwerkskosten in Höhe von _____ € (netto) im Sinne der DIN 276-1 Dezember 2008 oder DIN 276-4 (jeweils Kostengruppen 300 und 400) aus.

Der AG wird dem AN bei Kostenunterschreitungen, die unter Ausschöpfung technisch-wirtschaftlicher oder umweltverträglicher Lösungsmöglichkeiten zu einer wesentlichen Kostensenkung ohne Verminderung des vertraglich festgelegten Standards führen, einen Bonus i. H. v. _____ % je _____ € Kosteneinsparung, höchstens jedoch 10 % des vereinbarten Honorars als Erfolgshonorar zahlen.

8.10 Malusregelung

☐ Es wird keine Malusregelung vereinbart.
(Hinweis: nachstehende Regelungen der Ziffer 8.11 gelten nicht)

☐ Es wird nachstehende Malusregelung vereinbart

Die Parteien legen als anrechenbare Kosten einen Betrag von _____ € fest.

Der AG wird dem AN ab einer vom AN zu vertretenden Überschreitung dieser festgelegten Kosten von _____ % einen Malus i. H. v. _____ % je EUR Kostenüberschreitung bis zu 5% des vereinbarten Honorars vom Honorar der Schlussrechnung in Abzug bringen.

9. Andere Leistungen und Änderungsleistungen

Unbeschadet der Regelung des § 10 HOAI vereinbaren die Parteien hinsichtlich der Ausführung geänderter und zusätzlicher Leistung folgendes:

9.1 Andere Leistungen, die durch die Änderung des Leistungsziels, des Leistungsumfangs, einer Änderung des Leistungsablaufs -so genannte geänderte Leistungen- bleiben dem Auftraggeber vorbehalten anzuordnen.

Nicht vereinbarte Leistungen, die zur Ausführung der vertraglichen Leistung erforderlich werden -so genannte zusätzliche Leistungen-, hat der Auftragnehmer auf Verlangen des Auftraggebers mit auszuführen, außer wenn sein Büro auf derartige Leistungen nicht eingerichtet ist.

9.2 Hinsichtlich der Erforderlichkeit geänderter oder zusätzlicher Leistungen hat der Auftragnehmer den Auftraggeber in jeder Leistungsphase zu beraten. Vor Ausführung einer vom Auftragnehmer empfohlenen zusätzlichen oder geänderten Leistung, hat der Auftragnehmer dem Auftraggeber ein schriftliches Honorarangebot zu machen.

9.3 Für zusätzliche und geänderte Leistungen im Sinne von Ziffer 9.1 dieses Vertrages steht dem Auftragnehmer eine Vergütung zu. Sie ist vor der Ausführung der Leistung zu vereinbaren. Die Vereinbarung ist zwingend Voraussetzung für einen Vergütungsanspruch des AN, er ist vor Abschluss der Vereinbarung nicht zur Ausführung der Leistungen verpflichtet.

Für die Kalkulation solcher zusätzlichen und geänderten Leistungen gibt der Auftragnehmer folgende Stundensätze an:

Für den Auftragnehmer
(Geschäftsführer oder Partner der Gesellschafter) _____ €/h

Für freiberufliche Architekten / Ingenieure / Dipl.-Ingenieure _____ €/h

Für Technische Zeichner und sonstige Mitarbeiter mit vergleichbarer Qualifikation, die technische oder wirtschaftliche Aufgaben erfüllen _____ €/h

Vereinbaren die Parteien, dass zusätzliche oder geänderte Leistungen im Zeithonorar ausgeführt werden sollen, gelten die vorgenannten Sätze.

Umfang und Inhalt von vereinbarten Leistungen im Zeithonorar sind zeitnah – jedoch spätestens mit Abschluss der Leistungsphase, in der sie erbracht wurden - mit folgenden Mindestangaben zu dokumentieren:

- Zeitpunkt der jeweils ausgeführten Leistungen (Datum, Uhrzeit).
- Detaillierte fachliche Beschreibung der ausgeführten Arbeiten.
- Anzahl der Arbeitsstunden, die je Arbeitskraft angefallen sind.
- Namentliche Erfassung der Arbeitskräfte in den jeweils angefallenen Arbeitsstunden.

10. Zahlungen, Abnahme

10.1 Das Honorar wird fällig, wenn die Leistungen abgenommen sind und eine prüffähige Honorarschlussrechnung beim Auftraggeber eingegangen ist.

10.2 Der Auftragnehmer ist berechtigt, Abschlagszahlungen in angemessenen zeitlichen Abständen für nachgewiesene Leistungen zu verlangen. Abschlagszahlungen sind innerhalb von 21 Tagen nach Rechnungseingang beim Auftraggeber zur Zahlung fällig.

10.3 Die Leistung des AN ist förmlich abzunehmen. Ein Anspruch des AN auf Teilabnahme ist ausgeschlossen. Dies gilt auch im Falle einer stufenweisen Beauftragung (Ziffer 4.2 dieses Vertrages), wenn die schriftliche

Auftragserteilung der Stufe 2 vor Abschluss der Leistungen der Stufe 1 erfolgt.

Einen Anspruch auf Abnahme hat der Auftragnehmer erst mit Fertigstellung der Leistungen der zuletzt beauftragten Leistungsstufe.

11. Mängelhaftung / Haftpflichtversicherung

11.1 Die Haftung des AN bestimmt sich nach den gesetzlichen Vorschriften.

11.2 Zur Absicherung von Ersatzansprüchen des AG aus diesem Vertrag hat der AN eine Berufshaftpflichtversicherung mit den Mindestdeckungssummen

- für Personenschäden in Höhe von 1.500.000 €.
- für sonstige Schäden (Sach- und Vermögensschäden) in Höhe von 750.000 €.

die 2fach pro Versicherungsjahr zur Verfügung stehen müssen, nachzuweisen, und für die gesamte Dauer des Vertrages aufrechtzuerhalten.

11.3 Zum Nachweis des Versicherungsschutzes ist der AN verpflichtet, vor Unterzeichnung des Vertrages eine entsprechende aktuelle Bestätigung seines Haftpflichtversicherers mit der Versicherungsnummer und den mit dem AG vereinbarten Deckungssummen zu überreichen, spätestens jedoch 3 Wochen nach Unterzeichnung dieses Vertrages.

Vor Vorlage dieses Nachweises über den Versicherungsschutz werden Honoraransprüche des AN nicht fällig.

Legt der AN dem AG den Versicherungsnachweis nicht fristgerecht vor, ist der AG nach Ablauf einer gesetzten Nachfrist von weiteren vier Wochen mit Kündigungsandrohung zur Kündigung des Vertrages aus wichtigem Grund berechtigt.

12. Herausgabe von Unterlagen / Zurückbehaltungsrechte

12.1 Die vom AN zur Erfüllung dieses Vertrages angefertigten Unterlagen (Zeichnungen, Pläne, Berichte, Berechnungen etc.) sind dem AG auszuhändigen. Sie werden dessen Eigentum. Gleiches gilt auch bei Beendigung des Vertrages durch Kündigung einer der beiden Vertragsparteien. Die Unterlagen sind binnen zwei Wochen nach Vertragsbeendigung vorzulegen.

12.2 Der AN ist berechtigt, die von ihm im Zusammenhang mit der Vertragserfüllung erstellten Unterlagen dem AG zur Übergabe anzubieten, bei dessen Ablehnung zu vernichten, jedoch nicht vor Ablauf von 5 Jahren nach der Vertragsbeendigung.

12.3 Zurückbehaltungsrechte des AN hinsichtlich der von ihm erstellten und für die Durchführung der Planung und die Realisierung des Bauvorhabens erforderlichen Planungs- und Bauunterlagen sind ausgeschlossen.

13. Kündigung

13.1 Unbeschadet der Regelung des § 649 BGB kann der AG den Vertrag bis zur Vollendung des Vertrages aus wichtigem Grund kündigen.

Ein wichtiger Kündigungsgrund liegt insbesondere vor, wenn
- der AN seine Zahlungen eingestellt hat, das Insolvenzverfahren über sein Vermögen beantragt worden oder die Leistungsfähigkeit des AN aus anderen Gründen so nachhaltig beeinträchtigt ist, dass ein Vertrauen in die weitere vertragsgerechte Erfüllung nicht mehr besteht.
- der AN gegen seine Vertragspflichten trotz Abmahnung verstößt.

Im Falle wiederholter Terminüberschreitungen durch den AN ist der AG nach erfolgloser Setzung einer angemessenen Frist berechtigt, den Vertrag aus wichtigem Grund fristlos zu kündigen und die Ausführung aller vertraglich vereinbarten Leistungen des AN an Dritte auf Kosten des AN zu übertragen sowie Schadensersatz statt der Leistung geltend zu machen.

13.2 Der AN kann den Vertrag nur aus wichtigem Grund kündigen.

Ein solcher Grund liegt insbesondere vor, wenn

- das Vertrauensverhältnis zwischen den Parteien auf Grund nach Vertragsabschluss eingetretener und vom AG zu vertretender Umstände erheblich und nachhaltig gestört ist oder
- der AG eine ihm obliegende wesentliche Mitwirkung trotz Fristsetzungen und Nachfristsetzungen unterlässt und dadurch den AN wesentlich behindert, seine Leistungen vertragsgerecht auszuführen oder
- der AG mit einer fälligen Zahlung in Verzug gerät und trotz Mahnung ausstehende Zahlungen nicht leistet.

Bei Streit über die Berechtigung der Höhe eines fälligen Zahlungsanspruchs ist eine Kündigung ausgeschlossen, wenn der AG berechtigte Gründe für einen Einbehalt darlegt und den nach seiner Auffassung berechtigten Vergütungsanteil bezahlt.

13.3 Kündigt der AG aus einem Grund, den der AN zu vertreten hat, steht dem AN nur die Vergütung der bis zur Kündigung erbrachten Leistungen zu.

Der AG ist in diesem Fall berechtigt, die infolge der Kündigung entstehenden Mehrkosten, vor allem aus der Beauftragung eines Dritten oder solche, die infolge eines Leistungsverzugs des AN entstehen oder entstanden sind, vom AN ersetzt zu bekommen. Ein weitergehender Schadensersatzanspruch des AG bleibt unberührt.

13.4 Im Falle einer Kündigung oder sonstigen Beendigung des Vertragsverhältnisses hat der AN seine Arbeiten so abzuschließen und die Leistungsergebnisse zu dokumentieren, dass ohne unangemessene Schwierigkeiten eine Übernahme der Leistungen und die Weiterführung der Leistungen und des Bauvorhabens durch einen etwaigen Dritten möglich ist. Der AN ist verpflichtet, dem AG binnen 3 Kalendertagen sämtliche Unterlagen iSv Ziffer 12.1 zur Verfügung zu stellen, ohne dass ihm ein Zurückbehaltungsrecht zusteht.

13.5 Die Kündigung bedarf der Schriftform mit Einschreiben / Rückschein.

14. Streitigkeiten, Schlichtungsverfahren

14.1 Streitfälle berechtigen die Vertragsparteien nicht, ihre Mitwirkung an der Vertragserfüllung einzustellen. Insbesondere ist der AN nicht zur Einstellung seiner Arbeiten oder zur Zurückbehaltung von Leistungen und Unterlagen berechtigt, es sei denn, dass einer Partei ein vertraglich vereinbartes oder gesetzliches Zurückbehaltungsrecht zusteht.

14.2 Gerichtsstand ist das für den Ort des geplanten Bauvorhabens zuständige Gericht.

15. Salvatorische Klausel/Vertragsänderungen und -ergänzungen

15.1 Sollten einzelne Bestimmungen dieses Vertrages rechtsunwirksam sein, so wird dadurch die Rechtswirksamkeit der übrigen Vereinbarungen nicht berührt. AG und AN verpflichten sich, die rechtsunwirksame Regelung durch eine solche zu ersetzen, die dem Vertragszweck am wirtschaftlichsten entspricht. Entsprechendes gilt, wenn sich bei der Durchführung dieses Vertrages eine Regelungslücke ergeben sollte.

15.2 Änderungen und Ergänzungen dieses Vertrages bedürfen der Schriftform. Gleiches gilt auch für den Verzicht auf die Schriftform.

Für den AG: Für den AN:

______, den ______________ ______, den ______________

______________________ ______________________

Anlage 1: vereinbarte Besondere Leistungen

☐ Der AG beauftragt den AN mit folgenden Besonderen Leistungen im Zuge der Leistungsphase 8:

- Kostenkontrolle
- Prüfen von Nachträgen
- Örtliche Bauüberwachung:
  - Plausibilitätsprüfung der Absteckung
  - Überwachen der Ausführung der Bauleistungen
    - Mitwirken beim Einweisen des Auftragnehmers in die Baumaßnahme (Bauanlaufbesprechung)
    - Überwachen der Ausführung des Objektes auf Übereinstimmung mit den zur Ausführung freigegebenen Unterlagen, dem Bauvertrag und den Vorgaben des Auftraggebers,
    - Prüfen und Bewerten der Berechtigung von Nachträgen
    - Durchführen oder Veranlassen von Kontrollprüfungen
    - Überwachen der Beseitigung der bei der Abnahme der Leistungen festgestellten Mängel
    - Dokumentation des Bauablaufs
- Mitwirken beim Aufmaß mit den ausführenden Unternehmen und Prüfen der Aufmaße
- Mitwirken bei behördlichen Abnahmen
- Mitwirken bei der Abnahme von Leistungen und Lieferungen
- Rechnungsprüfung, Vergleich der Ergebnisse der Rechnungsprüfungen mit der Auftragssumme
- Mitwirken beim Überwachen der Prüfung der Funktionsfähigkeit der Anlagenteile und der Gesamtanlage

Ergänzend gilt folgendes:
Der AN verpflichtet sich, während der Bauzeit jeden Baustellenbesuch der örtlichen Bauüberwachung zu dokumentieren. Das Bautagebuch ist wöchentlich dem AG vorzulegen.

Der Mindestinhalt des Bautagebuchs umfasst Angaben zu:

- Witterungsverhältnissen
- Termine und Ergebnisse von Baubesprechungen
- Einweisung von Firmen in ihre Arbeit
- Beurteilungen von Lieferungen
- Besondere Vorkommnisse wie Arbeitsbehinderungen, Unterbrechungen und Verzögerungen
- Personeller und örtlicher Einsatz der Unternehmer
- Beschreibung der Bauleitertätigkeiten
- Beschreibung sonstiger wesentlicher Ereignisse
- Beschreibung von Bauablaufstörungen
- Anordnungen der Bauüberwachung
- Anordnungen des Auftraggebers

☐ Terrestrische Vermessung (Vermessung des gesamten Planungsgebietes als Grundlage für alle nachfolgenden Planungsschritte).

☐ Detailbeschreibung des Leistungsumfangs und der Datenaufbereitung siehe „Umfang der Vermessungsleistungen incl. der Auswertungen vom ______".

☐ Aufnahme der bestehenden Bausubstanz incl. Anfertigung von Bestandzeichnungen im Maßstab ______.

☐ Erarbeitung und / oder Unterstützung bei der Bedarfsplanung nach DIN 18205.

☐ Aufstellen von vergleichenden Kostenübersichten mit Auswertung der Beträge an der Planung fachlich Beteiligter.
(Hinweis: Im Zuge der Leistungsphase 6)

☐ Prüfen und Werten von Nebenangeboten nach Bedarf auf Basis des erforderlichen Zeitaufwands.

☐ Überwachung der Mangelbeseitigung innerhalb der Verjährfristen nach Bedarf auf Basis des erforderlichen Zeitaufwands.
(Hinweis: Im Zuge der Leistungsphase 9)

☐ ______

☐ ______

Anlage 2: Vorläufige Honorarzusammenstellung

Honorarermittlung Verkehrsanlagen

Auftraggeber: **Stadt Musterhausen**
Projekt: **Ausbau der Teststraße**

Objektplanung Verkehrsanlagen § 45 HOAI		
Honorartafel	§ 48	
Anrechenbare Kosten (vorläufig)		360.000,00 €
	mzB	0,00 €
	Summe vorläufig geschätzt	360.000,00 €
	Honorarzone gem. Ojektliste Anlage 12.2 HOAI	III
	Honorarsatz	0%
	Grundhonorar	38.417,50 €

Leistungsphase	nach HOAI	vereinbartes Honorar	Honorar
Lph 1	2,0 %	2,0 %	768,35 €
Lph 2	20,0 %	20,0 %	7.683,50 €
Lph 3	25,0 %	25,0 %	9.604,38 €
Lph 4	8,0 %	0,0 %	0,00 €
Lph 5	15,0 %	15,0 %	5.762,63 €
Lph 6	10,0 %	9,0 %	3.457,58 €
Lph 7	4,0 %	0,0 %	0,00 €
Lph 8	15,0 %	15,0 %	5.762,63 €
Lph 9	1,0 %	1,0 %	384,18 €
Zwischensumme	**100,0 %**	**87,0 %**	**33.423,25 €**
Umbauzuschlag	0 bis 33 %	0,0 %	0,00 €

Summe Objektplanung	**33.423,25 €**

Besondere Leistungen		
- örtliche Bauüberwachung nach Anlage 1	2,9 %	10.440,00 €
Vermessungsleistungen	pauschal	1.800,00 €
Summe Besondere Leistungen		**12.240,00 €**

Honorar nach HOAI		
Zw.-Summe netto		45.663,25 €
Nebenkosten	6%	2.739,80 €
Summe Honorar nach HOAI (netto)		**48.403,05 €**
Mehrwertsteuer	19%	9.196,58 €

Summe Honorar nach HOAI (brutto)	**57.599,63 €**

II. TGA

Muster

3

Ingenieurvertrag

Zwischen

_____

Straße: _____

PLZ, Ort: _____

vertreten durch: _____

nachfolgend **Auftraggeber (AG)** genannt -

und dem

Ingenieurbüro _____

Straße: _____

PLZ, Ort: _____

vertreten durch: _____

nachfolgend **Auftragnehmer (AN)** genannt-

wird für das Projekt
folgender Ingenieurvertrag geschlossen:

1. Gegenstand des Vertrages

Gegenstand dieses Vertrages sind Planungsleistungen für folgende Maßnahmen:

☐ Planungsleistungen der Technischen Ausrüstung gemäß § 53 HOAI
- ☐ Anlagengruppe 1 (Abwasser-, Wasser- und Gasanlagen)
- ☐ Anlagengruppe 2 (Wärmeversorgungsanlagen)
- ☐ Anlagengruppe (Lufttechnische Anlagen)
- ☐ Anlagengruppe 4 (Starkstromanlagen)
- ☐ Anlagengruppe 5 (Fernmelde- und informationstechnische Anlagen)
- ☐ Anlagengruppe 6 (Förderanlagen)
- ☐ Anlagengruppe 7 (nutzungsspezifische Anlagen und verfahrenstechnische Anlagen)
- ☐ Anlagengruppe 8 (Gebäudeautomation und Automation von Ingenieurbauwerken)

- ☐ Eine bauliche Anlage.
- ☐ Mehrere bauliche Anlagen iSv § 11 HOAI im Rahmen einer Baumaßnahme.

für das Bauvorhaben

Projektbezeichnung: _____

Projektbeschreibung: _____
(Hier Projektbezeichnung und –beschreibung einfügen (z.B. Veranlassung, Zweck, Lage, Umfang, technische Kenndaten, Bezug auf die Bedarfsplanung, Nutzungsziele etc.)

Zielvorgaben:

Vorgaben zur Qualität: _____

Vorgaben zur Quantität: _____

Vorgaben zur Gestaltung: _____

Vorgaben zur Technik: _____

Vorgaben zur Wirtschaftlichkeit: _____

2. Vertragsbestandteile / Vertragsunterlagen

2.1 Der Vertrag enthält folgende Bestandteile, die in nachstehender Reihenfolge auszulegen sind:

2.1.1 beigefügte Bestandteile

☐ dieser Ingenieurvertrag

☐	Besondere Leistungen	– Anlage 1 –
☐	Honorarzusammenstellung	– Anlage 2 –
☐	Terminplan	– Anlage _____ –
☐	Vorgaben / Ergebnis der Bedarfsplanung	– Anlage _____ –
☐	_____	– Anlage _____ –

2.1.2 nicht beigefügte Bestandteile

- ☐ Anforderungskatalog für CAD-Zeichnungsdateien vom _____, (Downloadmöglichkeit unter www.Musterstadt.de/Vorducke)
- ☐ _____
- ☐ _____

2.2 Der Auftraggeber stellt die erforderlichen (Karten-)Grundlagen

- ☐ _____
- ☐ _____

in digitaler Form zur Verfügung bzw. übernimmt die Kosten von deren Beschaffung, soweit sie beim AN nicht vorhanden sind.

2.3 Die Leistungen des AN müssen allen für das Bauvorhaben einschlägigen gesetzlichen, öffentlich-rechtlichen und behördlichen Vorschriften, Haushaltsvorschriften, Verordnungen, Richtlinien sowie technischen Bestimmungen und fachlich allgemein anerkannten Regeln der Technik und Baukunst entsprechen.

Ebenso sind die Grundsätze größtmöglicher Wirtschaftlichkeit für den späteren Betrieb unter Einbeziehung der Unterhaltungs- und Betriebskosten einzuhalten.

3. Allgemeine Vertragspflichten des AN

3.1 Soweit der zwischen den Vertragsparteien vereinbarte Werkerfolg nicht die Einhaltung eines höheren Standards erfordert, muss die Leistung des AN den fachlich allgemein anerkannten Regeln der Technik zum Zeitpunkt der Abnahme der Leistung entsprechen.

Der AN hat den AG in jeder Phase der Zusammenarbeit rechtzeitig schriftlich auf voraussichtliche Qualitäts-, Kosten- und Terminabweichungen hinzuweisen und Lösungsvorschläge zur Einhaltung der vom AG vorgegebenen Qualitäten, Kosten und Termine zu unterbreiten.

3.2 Der AN hat die übernommenen Leistungen persönlich bzw. durch seine Gesellschafter bzw. mit eigenen angestellten Mitarbeitern zu erbringen.

Beabsichtigt der AN, vertragsgegenständliche Leistungen durch Dritte erbringen zu lassen, ist in jedem Einzelfall eine vorherige schriftliche Zustimmung des AG erforderlich, falls diese nicht schon in diesem Vertrag erteilt wurde. Der AG ist berechtigt, dem AN zur Erbringung der Leistungen im eigenen Betrieb eine Frist zu setzen und nach fruchtlosem Ablauf der Frist den Vertrag aus wichtigem Grund zu kündigen.

Der AN verpflichtet sich, sein Mitarbeiterteam hinsichtlich der Anzahl der Mitarbeiter und deren fachlicher Qualifikation so zu besetzen und während der Vertragsdurchführung vorzuhalten, dass keine Verzögerungen in Planung und Durchführung des Objekts entstehen und insbesondere die in vereinbarten und für weitere Leistungsstufen zu vereinbarenden Termine eingehalten werden.

Der AN verpflichtet sich, im Bedarfsfall weitere Mitarbeiter zur Verfügung zu stellen.

Der AN benennt nachfolgend diejenigen Personen, die die vereinbarten Leistungen persönlich erbringen. Sie sind berechtigt den AN gegenüber dem AG und Dritten zu vertreten:

Projektleiter: Planungsphase (bis Leistungsphase 4): _____
Ausführungsphase (ab Leistungsphase 5): _____

Weitere vorgesehene Personen bei der Projektbearbeitung und deren Funktionen:

☐ _____

☐ _____

Der AN ist nur mit Zustimmung des AG berechtigt die Leistung durch andere als die vorgenannten Personen erbringen zu lassen. Der AG darf die Zustimmung aus wichtigem Grund nicht verweigern, der insbesondere dann vorliegt, wenn in der persönlichen Leistungserbringung eine nicht zu vertretende Verhinderung eintritt, zum Beispiel Krankheit, Kündigung etc..

Es ist durch den AN beabsichtigt, Leistungen an Dritte weiterzugeben:

☐ Nein.

☐ Ja, folgende Leistungen werden vom AN an Dritte weitergegeben:

a) Leistung: _____
a) Nachunternehmer: _____

b) Leistung: _____
b) Nachunternehmer: _____

3.3 Der AN ist – soweit er als Objektplaner tätig ist - verpflichtet, den AG über die Notwendigkeit und den richtigen Zeitpunkt des Einsatzes von Fachingenieuren zu beraten.

3.4 Der AN wird alle ihm zugehenden oder zugänglichen Informationen über das Projekt, insbesondere im Zusammenhang mit Ausschreibungen und Verhandlungen mit Bietern absolut vertraulich behandeln und seine Mitarbeiter und Erfüllungsgehilfen zur absoluten Verschwiegenheit verpflichten.

3.5 Der AN ist verpflichtet, dem AG jederzeit und kurzfristig Auskunft über die von ihm zu erbringenden und bereits erbrachten Leistungen zu erteilen und Einsicht in alle Unterlagen zu gewähren. Diese Verpflichtung des AN besteht bis zum Zeitpunkt des Ablaufs der Verjährfrist der Mängelansprüche des AN. Während der Durchführung des Bauvorhabens ist der AN verpflichtet, dem AG alle Unterlagen digital und analog (colorierte Kopien) rechtzeitig zur Verfügung zu stellen, nach folgender Maßgabe für die beauftragten Leistungsbilder und Leistungsphasen:

Leistungsphase	digital	vervielfältigt
Lph 1: Grundlagenermittlung	1	1
Lph 2: Vorplanung	1	1
Lph 3: Entwurfsplanung	1	1
Lph 4: Genehmigungsplanung	1	5
Lph 5: Ausführungsplanung	1	3
Lph 6: Vorbereitung der Vergabe	1	1
Lph 7: Mitwirkung bei der Vergabe	1	1
Lph 8: Objektüberwachung / Dokumentation	1	1
Lph 9: Objektbetreuung	1	1

Die digitalen Ausfertigungen sind in folgendem Format auf CD-ROM abzugeben:
- Texte im Format Microsoft Word, Version 2010.
- Tabellenkalkulationen im Format Microsoft Excel, Version 2010.
- Zeichnungen im Format dwg oder dxf.
- Kostenschätzungen und -berechnungen sowie Leistungsverzeichnisse im GAEB-Format XML Version 3.1.
- Zusätzlich sind alle Unterlagen im PDF-Format abzugeben.

Der Abschluss und das Ergebnis jeder beauftragten Leistungsphase sind schriftlich zu dokumentieren. Dabei ist für beauftragte Leistungsbilder und Leistungsphasen auf jede beauftragte Grundleistung gemäß
- Anlage 15 HOAI 2013
  (Grundleistungen im Leistungsbild Technische Ausrüstung)

detailliert einzugehen.

Die erbrachten Leistungen sind durch den AG freizugeben. Bis zum Abschluss der Genehmigungsplanung des Projektes (oder von Projektabschnitten) darf mit der Bearbeitung der jeweils nächsten Planungsphase erst nach der schriftlichen Freigabe der vorhergehenden Leistungsphase begonnen werden.
Eine Teilabnahme der Leistung des AN ist mit der Freigabe nicht verbunden.

Nach Abschluss des Bauvorhabens hat der AN dem AG sämtliche noch nicht ausgehändigten Unterlagen in digitaler und in 1facher analoger Ausfertigung auszuhändigen. Gleiches gilt für die Beendigung des Vertrages durch Kündigung einer der beiden Vertragsparteien.

3.6 Der AN hat alle ihm zur Verfügung gestellten Unterlagen und Anordnungen des AG darauf zu prüfen, ob sie mit den vertraglich vereinbarten Kosten-, Quantitäts-, Qualitäts- und Terminvorgaben vereinbar sind. Bei Bedenken gegen Quantität und / oder Qualität dieser Unterlagen hat er den AG hierüber in Textform zu informieren und die Bedenken zu begründen.

3.7 Der AN hat an den Bau-, Planungs- und Koordinationsbesprechungen teilzunehmen, über den Inhalt der Besprechungen – sofern er als Objektplaner tätig ist - Niederschriften anzufertigen und dem AG unverzüglich digital zu übermitteln. Die Ergebnisse hat der AN in die von ihm geschuldeten Planungsleistungen einzuarbeiten.

Soweit er fachlich betroffen ist, hat er seine Leistung mit anderen an der Planung Beteiligten fachlich zu koordinieren und – sofern er als Objektplaner tätig ist - Koordinationsprotokolle anzufertigen.

3.8 Massenberechnungen, Abrechnungszeichnungen und Abschlags- und Schlussrechnungen sind sachlich, fachtechnisch und rechnerisch unverzüglich und vollständig zu prüfen und weiterzuleiten, und zwar so rechtzeitig, dass der AG in der Lage ist, unter Einhaltung der Prüfungsfrist nach § 16 Nr. 1 von 21 Tagen bzw. § 16 Nr. 3 VOB / B von 30 Tagen, fristgerecht seinen Zahlungspflichten nachzukommen. Für den Fall, dass die Rechnungen nicht prüffähig sind, hat der AN den AG unverzüglich zu informieren, damit der Auftraggeber rechtzeitig innerhalb der vorgenannten Prüfungsfristen die fehlende Prüfbarkeit der Rechnungen anzeigen kann. Die geprüften Abrechnungsunterlagen sind mit dem Prüfvermerk „fachtechnisch und rechnerisch richtig" zu versehen und zu unterzeichnen. Gleiches gilt für Abschlags- und Schlussrechnungen.

Ist zwischen dem AG und dem Werkunternehmer eine Skontovereinbarung getroffen, hat der AN die Prüfung und Weiterleitung der Rechnung nach Möglichkeit im Einzelfall so zu beschleunigen, dass der AG in der Lage ist die Skontofrist einzuhalten.

4. Beauftragter Leistungsumfang des AN

Eine stufenweise Beauftragung ist vorgesehen:

- ☐ Nein, es handelt sich um einen Vollauftrag, siehe Ziffer 4.1
- ☐ Ja, es handelt sich um eine stufenweise Beauftragung, siehe Ziffer 4.2

4.1. Vollauftrag

Der AG überträgt dem AN mit Vertragsabschluss nachbenannte Leistungen im Sinne des

- ☐ § 55 HOAI (Leistungen im Leistungsbild Technische Ausrüstung) in Verbindung mit Anlage 15 HOAI, und zwar die Leistungsphasen
  - ☐ Leistungsphase 1 Grundlagenermittlung,
  - ☐ Leistungsphase 2 Vorplanung,
  - ☐ Leistungsphase 3 Entwurfsplanung,
  - ☐ Leistungsphase 4 Genehmigungsplanung,
  - ☐ Leistungsphase 5 Ausführungsplanung,
  - ☐ Leistungsphase 6 Vorbereitung der Vergabe,
  - ☐ Leistungsphase 7 Mitwirkung bei der Vergabe,
  - ☐ Leistungsphase 8 Objektüberwachung - Bauüberwachung,
  - ☐ Leistungsphase 9 Objektbetreuung,

soweit unter Ziffer 8.2 dieses Vertrages nicht bestimmte Teilleistungen der jeweiligen Leistungsphase vom Leistungsumfang ausgenommen sind.

4.2. Stufenweise Beauftragung

Der AG beauftragt den AN mit Unterzeichnung dieses Vertrages im Sinne eines vom Auftragnehmer geschuldeten Teilerfolgs zunächst mit den in Ziffer 4.2.1 aufgeführten Leistungen der so genannten Leistungsstufe 1 dieses Vertrages.

Durch schriftliche Auftragserteilung kann der Auftraggeber dem Auftragnehmer ferner die weiteren erforderlichen Planungsleistungen der Objektplanung beauftragen, die unter Ziffer 4.2.2 genannt sind, die so genannte Leistungsstufe 2 im Sinne dieses Vertrages.

In seiner Entscheidung die Leistungsstufe 2 zu beauftragten ist der Auftraggeber frei, ob er zunächst den Abschluss der Stufe 1 durch den Auftragnehmer abwarten oder ob er die Leistungen der Stufe 2 bereits während der Erfüllung der Leistungen der Stufe 1 durch den Auftragnehmer beauftragt.

Ein Rechtsanspruch des Auftragnehmers auf Beauftragung weiterer Leistungen über die Leistungen der Stufe 1 hinaus im Sinne dieses Vertrages besteht nicht.

Der Auftragnehmer wird von seiner Verpflichtung zur Erbringung weiterer Leistungen gemäß Ziffer 4.2.2 frei, wenn diese vom Auftraggeber nicht innerhalb eines Zeitraums von 1 Jahr nach Beendigung der zuletzt beauftragten Leistungen in Auftrag gegeben werden.

4.2.1 Leistungsstufe 1

☐ § 55 HOAI (Leistungen im Leistungsbild Technische Ausrüstung) in Verbindung mit Anlage 15 HOAI, und zwar die Leistungsphasen
- ☐ Leistungsphase 1 Grundlagenermittlung,
- ☐ Leistungsphase 2 Vorplanung,
- ☐ Leistungsphase 3 Entwurfsplanung,
- ☐ Leistungsphase 4 Genehmigungsplanung

soweit unter Ziffer 8.2 dieses Vertrages nicht bestimmte Teilleistungen der jeweiligen Leistungsphase vom Leistungsumfang ausgenommen sind.

4.2.2. Leistungsstufe 2

☐ § 55 HOAI (Leistungen im Leistungsbild Technische Ausrüstung) in Verbindung mit Anlage 15 HOAI, und zwar die Leistungsphasen
- ☐ Leistungsphase 5 Ausführungsplanung,
- ☐ Leistungsphase 6 Vorbereitung der Vergabe,
- ☐ Leistungsphase 7 Mitwirkung bei der Vergabe,
- ☐ Leistungsphase 8 Objektüberwachung - Bauüberwachung,
- ☐ Leistungsphase 9 Objektbetreuung,

soweit unter Ziffer 8.2 dieses Vertrages nicht bestimmte Teilleistungen der jeweiligen Leistungsphasen vom Leistungsumfang ausgenommen sind.

Ein Rechtsanspruch des AN auf die Beauftragung der Leistungen der Leistungsstufe 2 besteht nicht.

4.3 Die in Anlage 1 aufgeführten Besonderen Leistungen sind im Zusammenhang mit der jeweils beauftragten Leistungsphase zum vereinbarten oder erforderlichen Zeitpunkt zu bearbeiten. Der AN ist zur Ausführung der vorgenannten Leistungen verpflichtet. Für die Vergütung gilt Ziffer 8 dieses Vertrages.

Der AN ist verpflichtet, den AG auf den Bedarf und die Erforderlichkeit weiterer Besonderer Leistungen hinzuweisen und dies in Textform zu begründen.

Die Beauftragung eventuell erforderlicher, weiterer Besonderer Leistungen erfolgen schriftlich durch den AG. Der AN verpflichtet sich die übertragenen Leistungen zu erbringen.

4.4 Ist gemäß vorstehender Regelung die Leistungsphase 6 - Vorbereitung der Vergabe - vereinbart, ist Gegenstand des Leistungsumfangs des Auftragnehmers ergänzend zur Anlage 15 HOAI folgendes:

Das Ergebnis der Leistungsphase 6 ist im GAEB-Format (XML Version 3.1) abzugeben. Hierzu gehören

☒ die Massenermittlung (Abgabeform: DA 11),
☒ das Leistungsverzeichnis (Abgabeform: DA 83) sowie
☒ die Bepreisung des Leistungsverzeichnisses (Abgabeform: DA 84).

4.5 Ist gemäß vorstehender Regelung die Leistungsphase 8 (Objektüberwachung – Bauüberwachung) vereinbart, ist Gegenstand des Leistungsumfangs des Auftragnehmers ergänzend zur Anlage 15 HOAI folgendes:

Der Mindestinhalt des Bautagebuchs umfasst Angaben zu:

- Witterungsverhältnissen
- Termine und Ergebnisse von Baubesprechungen
- Einweisung von Firmen in ihre Arbeit
- Beurteilungen von Lieferungen
- Besondere Vorkommnisse wie Arbeitsbehinderungen, Unterbrechungen und Verzögerungen
- Personeller und örtlicher Einsatz der Unternehmer
- Beschreibung der Bauleitertätigkeiten
- Beschreibung sonstiger wesentlicher Ereignisse
- Beschreibung von Bauablaufstörungen
- Anordnungen der Bauüberwachung
- Anordnungen des Auftraggebers

4.6 Grundsätzlich sind alle im Rahmen der beauftragten Grundleistungen zu erstellenden Kostenschätzungen und -berechnungen nach DIN 276-1 oder DIN 276-4 in der jeweils geltenden Fassung aufzustellen.

☐ Die Kostenschätzungen und -berechnungen sind gemäß der Gliederung entsprechend den im Rahmen der späteren Ausschreibung vorzusehenden Fachlose als „Ausführungsorientierte Gliederung der Kosten" nach Ziffer 4.2 DIN 276-1 oder DIN 276-4 zu erstellen.

Die Parteien vereinbaren, dass die Abgabe der Kostenschätzungen und -berechnungen nach vor stehender Regelung mit dem Honorar der jeweiligen Leistungsphase abgegolten ist.

5. Vollmacht des AN

5.1 Der AN ist im Rahmen der Bauüberwachung berechtigt und verpflichtet, die ausführenden Unternehmen zur Erfüllung der vertragsgemäßen Leistungen aufzufordern und Anordnungen gegenüber den ausführenden Unternehmern und den sonstigen an der Überwachung fachlich Beteiligten (Fachbauleiter etc.) zu erteilen.

5.2 Der AN ist grundsätzlich nicht bevollmächtigt, den AG rechtsgeschäftlich zu vertreten. Die Weisungsbefugnis des AN gegenüber anderen am Bauvorhaben Beteiligten beschränkt sich grundsätzlich auf solche Weisungen, die zur Sicherstellung des reibungslosen und uneingeschränkten Projektablaufs unbedingt erforderlich sind und keinerlei negative Auswirkungen qualitativer, terminlicher und finanzieller Art für den AG beinhalten. Finanzielle Verpflichtungen zu Lasten des AG darf der AN nicht eingehen.

6. Pflichten des AG

6.1 Der Auftraggeber erbringt folgende Leistungen:

- Vorgabe von Projektzielen.
- Freigabe der einzelnen Leistungsphasen, nachdem diese durch den AN abgeschlossen, dokumentiert und übergeben wurden.
- Beauftragen von Sonderfachleuten, sofern die Leistungen nicht Bestandteil dieses Architektenvertrags sind.
- Wahrnehmen von projektbezogenen Repräsentationspflichten.

Bei Durchführung des Vergabeverfahrens durch den AG:

- Übergabe der Vertragsunterlagen mit den ausführenden Unternehmen, je digital als pdf und als GAEB-Datei im Format X86.

6.2 Der AG fördert die Planung und Durchführung der Baumaßnahme und wird anstehende Entscheidungen rechtzeitig treffen. Der AG übergibt dem AN sämtliche das Bauvorhaben betreffende Rechnungen, soweit diese für die Vertragserfüllung und/oder die Erstellung der prüffähigen Honorarrechnungen vom AN benötigt werden.

7. Termine und Fristen

Unbeschadet der sich aus den übertragenen Grundleistungen ergebenden Pflicht des AN zur Terminplanung, Koordination und Terminkontrolle vereinbaren die Parteien folgendes:

7.1 Die zeitliche Ausführung der vom AN zu erbringenden Leistungen hat sich nach den vereinbarten Terminen mit den Planern, Fachplanern, Beratern und/oder Sonderfachleuten sowie den bauausführenden Unternehmern zu orientieren. Der AN hat diese zu koordinieren. Der AN hat seine Leistungen so rechtzeitig zu erbringen und fertig zu stellen, dass die gesamte Planung und Bauausführung termingerecht erfolgen kann.

7.2 Termine, Bearbeitungsdauer

Der AN wird seine Leistungen so rechtzeitig erbringen, dass nachfolgende Termine eingehalten werden bzw. die nachstehende Bearbeitungsdauer nicht überschritten wird:

☐ Abschluss Lph 1:	Wochen nach Auftragserteilung
☐ Abschluss Lph 2:	Wochen nach Freigabe der Lph 1
☐ Abschluss Lph 3:	Wochen nach Freigabe der Lph 2
☐ Abschluss Lph 4:	Wochen nach Freigabe der Lph 3

Alternativ:

☐ Die Vertragsparteien machen den als Anlage 3 beigefügten Terminplan zum Gegenstand dieses Vertrages. Als verbindliche Fristen vereinbaren die Parteien die in diesem Plan geregelten Termine von der Planungsvorbereitung bis zur Genehmigungsplanung. Diesen hat der AN insoweit spätestens bis zum _____ genehmigungsreif vorzulegen.

Die Termine für die weiteren Leistungen werden mit Beauftragung dieser Leistungen einvernehmlich festgelegt.

7.3 Der AN hat die erforderliche Ausführungsplanung rechtzeitig vor der Vergabe der jeweiligen Bauleistungen zu erstellen und die Ausführungsplanung während der Objektausführung so rechtzeitig fortzuschreiben, dass der abgestimmte Bauablauf und die vereinbarten Ausführungsfristen eingehalten werden und dass es keinerlei Störungen in der Arbeitsvorbereitung der jeweils ausführenden Firmen gibt.

7.4 Gerät der AN mit seiner Leistung in Verzug und leistet er trotz einer angemessenen Nachfrist nicht oder nicht vollständig, ist der AG berechtigt die Leistungen auf Kosten des AN durch Dritte ausführen zu lassen (Ersatzvornahme).

7.5 Glaubt sich der AN in der Ausführung seiner Leistung aus Gründen behindert, die nicht aus seinem Risikobereich stammen, hat er den hindernden Umstand dem AG unverzüglich schriftlich mitzuteilen. Nur in diesem Fall verlängern sich die Ausführungsfristen des AN entsprechend für die Dauer, in denen die Behinderung fortwirkt.

8. Honorar

8.1 Honorargrundlage bei Kostenschätzung oder Kostenberechnung

Für die Honorierung der nach diesem Vertrag übertragenen und zur weiteren Beauftragung vorbehaltenen Leistungen gem. Ziffer 4.1 bzw. 4.2 werden folgende Honorargrundlagen vereinbart:

☐ Technische Ausrüstung
Honorarzone: _____

Honorarsatz: Mindestsatz

Ist die Einordnung des Objekts in die Honorarzone nicht eindeutig und sind Bewertungsmerkmale aus mehreren Honorarzonen anwendbar, bewerten AG und AN diese einvernehmlich wie folgt:

Bewertungsmerkmale nach HOAI	Max. Pkte	Bewertung
1		
2		
3		
4		
5		

- Honorarzone I: bis zu Punkte
- Honorarzone II: bis Punkte
- Honorarzone III: bis Punkte
- Honorarzone IV: bis Punkte
- Honorarzone V: bis Punkte

Ergebnis: Das Projekt ist der Honorarzone zuzuordnen.

8.2 Eigenleistungen des AG / nicht beauftragte Teilleistungen

☐ Vom AG werden innerhalb der beauftragten Leistungsphasen keine Eigenleistungen erbracht. Es werden alle Teilleistungen beauftragt. (Hinweis: nachstehende Regelungen der Ziffer 8.2 gelten nicht)

☐ Vom AG werden innerhalb der beauftragten Leistungsphasen nachfolgende Leistungen ganz oder zum Teil selbst erbracht bzw. Teilleistungen werden nicht beauftragt. Daher reduzieren sich die Vom-Hundert-Sätze unter Berücksichtigung des zusätzlichen Koordinierungs- oder Einarbeitungsaufwands wie nachfolgend aufgeführt:

	vom AG zu erbringende Leistungen / nicht beauftragte Teilleistungen	Reduzierung in %
Leistungsphase 1:	•	
Leistungsphase 2:	• •	
Leistungsphase 3:	• •	

Leistungsphase 4:	• •	
Leistungsphase 5:	• •	
Leistungsphase 6:	• Zusammenstellen der Vergabeunterlagen •	5 %
Leistungsphase 7:	• Einholen von Angeboten • Prüfen und Werten der Angebote, Aufstellen der Preisspiegel nach Einzelpositionen • Führen von Bietergesprächen • Vergleichen der Ausschreibungsergebnisse mit den vom Planer bepreisten Leistungsverzeichnissen und der Kostenberechnung • Erstellen der Vergabevorschläge, Mitwirken bei der Dokumentation der Vergabeverfahren • Zusammenstellen der Vertragsunterlagen • Mitwirken bei der Auftragserteilung	90 %
Leistungsphase 8:	• •	
Leistungsphase 9:	•	

8.3 Anrechenbare Kosten außerhalb der Tafelwerte

☐ Die ermittelten anrechenbaren Kosten liegen <u>nicht außerhalb der Tafelwerte</u> der HOAI.
(Hinweis: nachstehende Regelungen der Ziffer 8.3 gelten nicht)

☐ Die ermittelten anrechenbaren Kosten liegen <u>außerhalb der Tafelwerte</u> der HOAI.

Für Leistungen deren ermittelte anrechenbaren Kosten, außerhalb der Tafelwerte der HOAI liegen, wird nachfolgendes Honorar vereinbart:

☐ Es gelten die Grundlagen der Honorarermittlung gemäß Ziffer 8.1, jedoch mit der Maßgabe, dass sich die Mindest- und Höchstsätze der Honorare aus der Tafelfortschreibung nach RifT (Richtlinien der Staatlichen Vermögens- und Hochbauverwaltung Baden-Württemberg für die Beteiligung freiberuflich Tätiger) in der zum Zeitpunkt des Vertragsabschlusses gültigen Fassung ergeben.

☐ Pauschalvereinbarung: Honorarpauschale _____ €

☐ Zeithonorar gem. Ziffer 9.3

☐ Prozentsatz der anrechenbaren Kosten auf Grundlage der
☐ Kostenberechnung: _____ %
☐ Kostenfeststellung: _____ %

8.4 Pauschalvereinbarung

☐ Es wird keine Pauschalvereinbarung getroffen.
(Hinweis: nachstehende Regelungen der Ziffer 8.4 gelten nicht)

☐ Die Vertragsparteien vereinbaren ein Pauschalhonorar in Höhe von _____ € netto zzgl. der jeweils gültigen gesetzlichen Mehrwertsteuer.

Diesem Pauschalhonorar liegen anrechenbare Baukosten nach einer vorläufigen Kostenschätzung in Höhe von _____ € netto zugrunde.

In dem Pauschalhonorar ist der erhöhte Aufwand in der Leistungsphase 8 für die Überwachung der Instandhaltungs- – und Instandsetzungsmaßnahme bereits enthalten.

Ein Umbauzuschlag ist in der Pauschale inkludiert.

8.5 Bei Leistungen im Bestand:

☐ Folgender Umbauzuschlag/Modernisierungszuschlag wird vereinbart: 0,0 % *[1]

☐ Folgender Instandhaltungs-/Instandsetzungszuschlag gem. § 12 HOAI wird für die Grundleistungen der Leistungsphasen Objektüberwachung und Bauoberleitung – sofern beauftragt - vereinbart: 0,0 % *[2]

8.6 Mitzuverarbeitende Bausubstanz:

☐ Den Wert und Umfang der mitzuverarbeitenden Bausubstanz im Sinne des § 2 Absatz 7 HOAI werden die Parteien zum Zeitpunkt der Kostenberechnung bewerten und durch schriftliche Vereinbarung festlegen. Die Ermittlung erfolgt bauteilbezogen nach der Elementmethode / Bauteilmethode. Für jedes Bauteil werden die Menge, der Neuwert, der Zustandsfaktor und der Leistungsfaktor ermittelt. Mit diesen Werten werden dann für jedes Bauteil die anrechenbaren Kosten aus der vorhandenen Bausubstanz nach § 4 Abs. 3 HOAI ermittelt. Der Gesamtwert der anrechenbaren Kosten aus der mitzuverarbeitenden vorhandenen Bausubstanz errechnet sich durch Addition der Einzelwerte.

---

[1] Bei einer Planung mit einer durchschnittlichen Schwierigkeit kann der Zuschlag für Ingenieurbauwerke und Verkehrsanlagen mit 0-33 %, für Tragwerksplanungen und Technische Ausrüstung mit 0-50 % vereinbart werden

[2] Der Instandhaltungs-/Instandsetzungszuschlag kann mit 0-50 % vereinbart werden.

☐ Den Wert der mitzuverarbeitenden Bausubstanz im Sinne des § 2 Absatz 7 HOAI können die Parteien bereits bei Vertragsschluss bewerten. Sie legen für die mitverarbeitete Bausubstanz hinsichtlich der anrechenbaren Kosten _____ € fest.

8.7 Besondere Leistungen iVm Anlage 1

Die Vergütung der Besonderen Leistungen ist in der Anlage 2 – Honorarzusammenstellung – festgelegt.

8.8 Nebenkosten

Die Nebenkosten gem. § 14 Abs. 2 HOAI werden entsprechend der Festlegungen in der Anlage 2 – Honorarzusammenstellung – vergütet.

8.9 Bonusregelung

☐ Es wird keine Bonusregelung vereinbart.
(Hinweis: nachstehende Regelungen der Ziffer 8.10 gelten nicht)

☐ Es wird nachstehende Bonusregelung vereinbart.

Die Parteien gehen von Bauwerkskosten in Höhe von _____ € (netto) im Sinne der DIN 276-1 Dezember 2008 oder DIN 276-4 (jeweils Kostengruppen 300 und 400) aus.

Der AG wird dem AN bei Kostenunterschreitungen, die unter Ausschöpfung technisch-wirtschaftlicher oder umweltverträglicher Lösungsmöglichkeiten zu einer wesentlichen Kostensenkung ohne Verminderung des vertraglich festgelegten Standards führen, einen Bonus i. H. v. _____ % je _____ € Kosteneinsparung, höchstens jedoch 10 % des vereinbarten Honorars als Erfolgshonorar zahlen.

8.10 Malusregelung

☐ Es wird keine Malusregelung vereinbart.
(Hinweis: nachstehende Regelungen der Ziffer 8.11 gelten nicht)

☐ Es wird nachstehende Malusregelung vereinbart

Die Parteien legen als anrechenbare Kosten einen Betrag von _____ € fest.

Der AG wird dem AN ab einer vom AN zu vertretenden Überschreitung dieser festgelegten Kosten von _____ % einen Malus i. H. v. _____ % je EUR Kostenüberschreitung bis zu 5% des vereinbarten Honorars vom Honorar der Schlussrechnung in Abzug bringen.

9. Andere Leistungen und Änderungsleistungen

Unbeschadet der Regelung des § 10 HOAI vereinbaren die Parteien hinsichtlich der Ausführung geänderter und zusätzlicher Leistung folgendes:

9.1 Andere Leistungen, die durch die Änderung des Leistungsziels, des Leistungsumfangs, einer Änderung des Leistungsablaufs -so genannte geänderte Leistungen- bleiben dem Auftraggeber vorbehalten anzuordnen.

Nicht vereinbarte Leistungen, die zur Ausführung der vertraglichen Leistung erforderlich werden -so genannte zusätzliche Leistungen-, hat der Auftragnehmer auf Verlangen des Auftraggebers mit auszuführen, außer wenn sein Büro auf derartige Leistungen nicht eingerichtet ist.

9.2 Hinsichtlich der Erforderlichkeit geänderter oder zusätzlicher Leistungen hat der Auftragnehmer den Auftraggeber in jeder Leistungsphase zu beraten. Vor Ausführung einer vom Auftragnehmer empfohlenen zusätzlichen oder geänderten Leistung, hat der Auftragnehmer dem Auftraggeber ein schriftliches Honorarangebot zu machen.

9.3 Für zusätzliche und geänderte Leistungen im Sinne von Ziffer 9.1 dieses Vertrages steht dem Auftragnehmer eine Vergütung zu. Sie ist vor der Ausführung der Leistung zu vereinbaren. Die Vereinbarung ist zwingend Voraussetzung für einen Vergütungsanspruch des AN, er ist vor Abschluss der Vereinbarung nicht zur Ausführung der Leistungen verpflichtet.

Für die Kalkulation solcher zusätzlichen und geänderten Leistungen gibt der Auftragnehmer folgende Stundensätze an:

Für den Auftragnehmer
(Geschäftsführer oder Partner der Gesellschafter) _____ €/h

Für freiberufliche Architekten / Ingenieure / Dipl.-Ingenieure _____ €/h

Für Technische Zeichner und sonstige Mitarbeiter mit vergleichbarer Qualifikation, die technische oder wirtschaftliche Aufgaben erfüllen _____ €/h

Vereinbaren die Parteien, dass zusätzliche oder geänderte Leistungen im Zeithonorar ausgeführt werden sollen, gelten die vorgenannten Sätze.

Umfang und Inhalt von vereinbarten Leistungen im Zeithonorar sind zeitnah – jedoch spätestens mit Abschluss der Leistungsphase, in der sie erbracht wurden - mit folgenden Mindestangaben zu dokumentieren:

- Zeitpunkt der jeweils ausgeführten Leistungen (Datum, Uhrzeit).
- Detaillierte fachliche Beschreibung der ausgeführten Arbeiten.
- Anzahl der Arbeitsstunden, die je Arbeitskraft angefallen sind.
- Namentliche Erfassung der Arbeitskräfte in den jeweils angefallenen Arbeitsstunden.

10. Zahlungen, Abnahme

10.1 Das Honorar wird fällig, wenn die Leistungen abgenommen sind und eine prüffähige Honorarschlussrechnung beim Auftraggeber eingegangen ist.

10.2 Der Auftragnehmer ist berechtigt, Abschlagszahlungen in angemessenen zeitlichen Abständen für nachgewiesene Leistungen zu verlangen. Abschlagszahlungen sind innerhalb von 21 Tagen nach Rechnungseingang beim Auftraggeber zur Zahlung fällig.

10.3 Die Leistung des AN ist förmlich abzunehmen. Ein Anspruch des AN auf Teilabnahme ist ausgeschlossen. Dies gilt auch im Falle einer stufenweisen Beauftragung (Ziffer 4.2 dieses Vertrages), wenn die schriftliche Auftragserteilung der Stufe 2 vor Abschluss der Leistungen der Stufe 1 erfolgt.

Einen Anspruch auf Abnahme hat der Auftragnehmer erst mit Fertigstellung der Leistungen der zuletzt beauftragten Leistungsstufe.

11. Mängelhaftung / Haftpflichtversicherung

11.1 Die Haftung des AN bestimmt sich nach den gesetzlichen Vorschriften.

11.2 Zur Absicherung von Ersatzansprüchen des AG aus diesem Vertrag hat der AN eine Berufshaftpflichtversicherung mit den Mindestdeckungssummen

- für Personenschäden in Höhe von 1.500.000 €.
- für sonstige Schäden (Sach- und Vermögensschäden) in Höhe von 750.000 €.

die 2fach pro Versicherungsjahr zur Verfügung stehen müssen, nachzuweisen, und für die gesamte Dauer des Vertrages aufrechtzuerhalten.

11.3 Zum Nachweis des Versicherungsschutzes ist der AN verpflichtet, vor Unterzeichnung des Vertrages eine entsprechende aktuelle Bestätigung seines Haftpflichtversicherers mit der Versicherungsnummer und den mit dem AG vereinbarten Deckungssummen zu überreichen, spätestens jedoch 3 Wochen nach Unterzeichnung dieses Vertrages.

Vor Vorlage dieses Nachweises über den Versicherungsschutz werden Honoraransprüche des AN nicht fällig.

Legt der AN dem AG den Versicherungsnachweis nicht fristgerecht vor, ist der AG nach Ablauf einer gesetzten Nachfrist von weiteren vier Wochen mit Kündigungsandrohung zur Kündigung des Vertrages aus wichtigem Grund berechtigt.

12. Herausgabe von Unterlagen / Zurückbehaltungsrechte

12.1 Die vom AN zur Erfüllung dieses Vertrages angefertigten Unterlagen (Zeichnungen, Pläne, Berichte, Berechnungen etc.) sind dem AG auszuhändigen. Sie werden dessen Eigentum. Gleiches gilt auch bei Beendigung des Vertrages durch Kündigung einer der beiden Vertragsparteien. Die Unterlagen sind binnen zwei Wochen nach Vertragsbeendigung vorzulegen.

12.2 Der AN ist berechtigt, die von ihm im Zusammenhang mit der Vertragserfüllung erstellten Unterlagen dem AG zur Übergabe anzubieten, bei dessen Ablehnung zu vernichten, jedoch nicht vor Ablauf von 5 Jahren nach der Vertragsbeendigung.

12.3 Zurückbehaltungsrechte des AN hinsichtlich der von ihm erstellten und für die Durchführung der Planung und die Realisierung des Bauvorhabens erforderlichen Planungs- und Bauunterlagen sind ausgeschlossen.

13. Kündigung

13.1 Unbeschadet der Regelung des § 649 BGB kann der AG den Vertrag bis zur Vollendung des Vertrages aus wichtigem Grund kündigen.

Ein wichtiger Kündigungsgrund liegt insbesondere vor, wenn

- der AN seine Zahlungen eingestellt hat, das Insolvenzverfahren über sein Vermögen beantragt worden oder die Leistungsfähigkeit des AN aus anderen Gründen so nachhaltig beeinträchtigt ist, dass ein Vertrauen in die weitere vertragsgerechte Erfüllung nicht mehr besteht.
- der AN gegen seine Vertragspflichten trotz Abmahnung verstößt.

Im Falle wiederholter Terminüberschreitungen durch den AN ist der AG nach erfolgloser Setzung einer angemessenen Frist berechtigt, den Vertrag aus wichtigem Grund fristlos zu kündigen und die Ausführung aller vertraglich vereinbarten Leistungen des AN an Dritte auf Kosten des AN zu übertragen sowie Schadensersatz statt der Leistung geltend zu machen.

13.2 Der AN kann den Vertrag nur aus wichtigem Grund kündigen.

Ein solcher Grund liegt insbesondere vor, wenn

- das Vertrauensverhältnis zwischen den Parteien auf Grund nach Vertragsabschluss eingetretener und vom AG zu vertretender Umstände erheblich und nachhaltig gestört ist oder
- der AG eine ihm obliegende wesentliche Mitwirkung trotz Fristsetzungen und Nachfristsetzungen unterlässt und dadurch den AN wesentlich behindert, seine Leistungen vertragsgerecht auszuführen oder
- der AG mit einer fälligen Zahlung in Verzug gerät und trotz Mahnung ausstehende Zahlungen nicht leistet.

Bei Streit über die Berechtigung der Höhe eines fälligen Zahlungsanspruchs ist eine Kündigung ausgeschlossen, wenn der AG berechtigte Gründe für einen Einbehalt darlegt und den nach seiner Auffassung berechtigten Vergütungsanteil bezahlt.

13.3 Kündigt der AG aus einem Grund, den der AN zu vertreten hat, steht dem AN nur die Vergütung der bis zur Kündigung erbrachten Leistungen zu.

Der AG ist in diesem Fall berechtigt, die infolge der Kündigung entstehenden Mehrkosten, vor allem aus der Beauftragung eines Dritten oder solche, die infolge eines Leistungsverzugs des AN entstehen oder entstanden sind, vom AN ersetzt zu bekommen. Ein weitergehender Schadensersatzanspruch des AG bleibt unberührt.

13.4 Im Falle einer Kündigung oder sonstigen Beendigung des Vertragsverhältnisses hat der AN seine Arbeiten so abzuschließen und die Leistungsergebnisse zu dokumentieren, dass ohne unangemessene Schwierigkeiten eine Übernahme der Leistungen und die Weiterführung der Leistungen und des Bauvorhabens durch einen etwaigen Dritten möglich ist. Der AN ist verpflichtet, dem AG binnen 3 Kalendertagen sämtliche Unterlagen iSv Ziffer 12.1 zur Verfügung zu stellen, ohne dass ihm ein Zurückbehaltungsrecht zusteht.

13.5 Die Kündigung bedarf der Schriftform mit Einschreiben / Rückschein.

14. Streitigkeiten, Schlichtungsverfahren

14.1 Streitfälle berechtigen die Vertragsparteien nicht, ihre Mitwirkung an der Vertragserfüllung einzustellen. Insbesondere ist der AN nicht zur Einstellung seiner Arbeiten oder zur Zurückbehaltung von Leistungen und Unterlagen berechtigt, es sei denn, dass einer Partei ein vertraglich vereinbartes oder gesetzliches Zurückbehaltungsrecht zusteht.

14.2 Gerichtsstand ist das für den Ort des geplanten Bauvorhabens zuständige Gericht.

15. Salvatorische Klausel/Vertragsänderungen und -ergänzungen

15.1 Sollten einzelne Bestimmungen dieses Vertrages rechtsunwirksam sein, so wird dadurch die Rechtswirksamkeit der übrigen Vereinbarungen nicht berührt. AG und AN verpflichten sich, die rechtsunwirksame Regelung durch eine solche zu ersetzen, die dem Vertragszweck am wirtschaftlichsten entspricht. Entsprechendes gilt, wenn sich bei der Durchführung dieses Vertrages eine Regelungslücke ergeben sollte.

15.2 Änderungen und Ergänzungen dieses Vertrages bedürfen der Schriftform. Gleiches gilt auch für den Verzicht auf die Schriftform.

Für den AG:	Für den AN:
______, den ______________	______, den ______________
______________________	______________________

Anlage 1: vereinbarte Besondere Leistungen

☐ Aufnahme der bestehenden Anlagen incl. Anfertigung von Bestandzeichnungen im Maßstab ____.

☐ Erarbeitung und / oder Unterstützung bei der Bedarfsplanung nach DIN 18205.

☐ Prüfen und Werten von Nebenangeboten nach Bedarf auf Basis des erforderlichen Zeitaufwands.

☐ Überwachung der Mangelbeseitigung innerhalb der Verjährfristen nach Bedarf auf Basis des erforderlichen Zeitaufwands.
(Hinweis: Im Zuge der Leistungsphase 9)

☐ ______

☐ ______

Anlage 2: Vorläufige Honorarzusammenstellung

Auftraggeber: **Stadt Musterhausen**
Projekt: **Testprojekt**

Fachplanung Technische Ausrüstung § 53 HOAI

Anlagengruppe:

- ☐ Gruppe 1: Abwasser-, Wasser- und Gasanlagen
- ☑ Gruppe 2: Wärmeversorgungsanlagen
- ☐ Gruppe 3: Lufttechnische Anlagen
- ☐ Gruppe 4: Starkstromanlagen
- ☐ Gruppe 5: Fernmelde- und informationstechnische Anlagen
- ☐ Gruppe 6: Förderanlagen
- ☐ Gruppe 7: nutzungsspez. Anlagen und verfahrenstechn. Anlagen
- ☐ Gruppe 8: Gebäudeautomation und Autom. Von Ing-Bauwerken

Honorartafel	§ 56	
Anrechenbare Kosten (vorläufig)		85.000,00 €
	mzB	0,00 €
	Summe vorläufig geschätzt	85.000,00 €
	Honorarzone gem. Ojektliste Anlage 15.2 HOAI	II
	Honorarsatz	0%
	Grundhonorar	23.851,00 €

Leistungsphase	nach HOAI	vereinbartes Honorar	Honorar
Lph 1	2,0 %	2,0 %	477,02 €
Lph 2	9,0 %	9,0 %	2.146,59 €
Lph 3	17,0 %	17,0 %	4.054,67 €
Lph 4	2,0 %	2,0 %	477,02 €
Lph 5	22,0 %	22,0 %	5.247,22 €
Lph 6	7,0 %	7,0 %	1.669,57 €
Lph 7	5,0 %	5,0 %	1.192,55 €
Lph 8	35,0 %	35,0 %	8.347,85 €
Lph 9	1,0 %	1,0 %	238,51 €
Zwischensumme	**100,0 %**	**100,0 %**	**23.851,00 €**
Umbauzuschlag	0 bis 80 %	0,0 %	0,00 €

Summe Fachplanung	**23.851,00 €**

Besondere Leistungen

Summe Besondere Leistungen	**0,00 €**

Honorar nach HOAI

Zw.-Summe netto		23.851,00 €
Nebenkosten	6%	1.431,06 €
Summe Honorar nach HOAI (netto)		**25.282,06 €**
Mehrwertsteuer	19%	4.803,59 €

Summe Honorar nach HOAI (brutto)	**30.085,65 €**

Kapitel 8
Festlegung des Leistungsziels, Umfang der Beauftragung

Nachdem in Teil 1 dieses Werkes die vergaberechtlichen Anforderungen an die Vergabe von Planungsleistungen behandelt sind und die Durchführung des Vergabeverfahrens besprochen ist, befasst sich der Teil 2 dieses Werkes mit den Inhalten eines abzuschließenden Vertrags über die Erbringung von Planungsleistungen. Die nachfolgenden Ausführungen beziehen sich auf die Musterverträge, die sich in Kapitel 7 befinden. 1

A. Die Festlegung der Vergabeart

I. Leistungsumfang der einzelnen Objekt- und Fachplanungen

Bevor das Vergabeverfahren für Architekten- oder Ingenieurleistungen eingeleitet werden kann, muss zunächst festgelegt werden, welche Leistungen von Architekten und Ingenieuren erforderlich werden. Diese Ermittlung sollte die zum „Zeitpunkt Null" erkennbaren Leistungen vollständig darstellen, unabhängig davon, ob es sich um verordnete Leistungen aus Teil 2 bis 4 der HOAI 2013 handelt oder ob es frei zu vereinbarende Besondere Leistungen sind. 2

Diese umfassende Darstellung im frühen Stadium ist aus zweierlei Hinsicht notwendig und sinnvoll: 3

- Bei der erforderlichen **Schwellenwertberechnung** für die freiberuflichen (Planungs-)Leistungen sind die insgesamt notwendigen Leistungen zugrunde zu legen. Basis für den Schwellenwert ist der wirklichkeitsnah berechnete Auftragswert einschließlich der besonderen Leistungen und Optionen.
- Im Verhandlungsverfahren – unabhängig vom Erreichen des Schwellenwertes – werden **Leistungen und Honorar** festgelegt. Es ist für beide Parteien sinnvoll, bereits mit Vertragsschluss **erkennbare** vertragsgegenständliche Leistungen (auch Besondere Leistung) in beiderlei Hinsicht (Leistung und Honorar) zu definieren.

Bei Routineplanungen, d. h. Leistungen, die von der Vergabestelle regelmäßig vergeben werden und deren Umfang die Vergabestelle hinreichend genau definieren kann, fällt dies in der Regel sehr leicht. 4

Bei Planungsaufgaben, deren Umfang z. B. auf Grund fehlender Vorgaben des Auftraggebers oder fehlender Bedarfsdefinition noch nicht festgelegt werden kann, sollte vor Einleitung des Vergabeverfahrens für die Planungsleistungen eine **„Leistungsphase 0"** vorgeschaltet werden. D. h., dass der Auftraggeber im Rahmen einer 5

Bedarfsplanung nach DIN 18205 oder im Rahmen einer Machbarkeitsstudie zunächst das Planungsziel näher definiert. Aus diesen Ergebnissen wiederum ist die Festlegung des Leistungsumfangs der einzelnen Objekt- und Fachplanungen hinreichend genau möglich.

II. Honorarprognose

6 Zum Projektstart stehen der Vergabestelle nur erste Annahmen zur Honorarprognose zur Verfügung. Dies ist systemimmanent, da es sich bei Planungsleistungen um **geistig-schöpferische Leistungen** handelt, deren Ergebnis erst durch den fortschreitenden Planungsprozess immer konkreter wird. Es obliegt somit der Vergabestelle, auf Basis der Kenntnisse zum Zeitpunkt der Einleitung des Vergabeverfahrens eine sorgfältige Honorarprognose für das zu erwartende **Gesamthonorar** zu erstellen.

7 Ist infolge der Ergebnisse der Bedarfsplanung oder bereits vorliegender Planungsergebnisse neben den Grundleistungen die Erforderlichkeit von Besonderen Leistungen erkennbar, so muss der Auftraggeber deren Honorar der Vergütung für die Grundleistungen hinzurechnen, um die Gesamtvergütung zu ermitteln.

8 Diese Honorarprognose wird in den seltensten Fällen den tatsächlichen Auftragswert oder gar die spätere Honorarabrechnung treffen. Dennoch ist es im Sinne einer **Annäherung** möglich, auf Basis vorliegender Erfahrungen aus vergleichbaren Projekten und den Umständen im Einzelfall eine ausreichend belastbare **Prognose** zu erstellen. Diese sollte sowohl die verordneten Leistungen der HOAI als auch die zu erwartenden Besonderen Leistungen beinhalten.

1. Verordnete Leistungen nach HOAI

9 § 3 Abs. 2 HOAI 2013 definiert Grundleistungen als Leistungen, die zur ordnungsgemäßen Erfüllung eines Auftrages im Allgemeinen erforderlich sind. **Grundleistungen**, die sachlich zusammengehören, sind zu jeweils in sich abgeschlossenen Leistungsphasen zusammengefasst. Mehrere **Leistungsphasen** wiederum, die im Hinblick auf das zu erreichende Ziel zusammengehören, bilden sogenannte **Leistungsbilder**, die sich in Teil 2 bis Teil 4 der HOAI 2013 als Flächen-, Objekt- oder Fachplanung wiederfinden.

10 In wie viele und in welche Leistungsphasen die jeweiligen Leistungsbilder unterteilt sind, regeln die betreffenden §§ der HOAI, z. B.:

- § 18 HOAI, Leistungsbild Flächennutzungsplan, unterteilt in
  - Leistungsphase 1 (Vorentwurf für die frühzeitigen Beteiligungen)
  - Leistungsphase 2 (Entwurf zur öffentlichen Auslegung)
  - Leistungsphase 3 (Plan zur Beschlussfassung)
- § 34 HOAI, Leistungsbild Gebäude und Innenräume, unterteilt in
  - Leistungsphase 1 (Grundlagenermittlung)

  - Leistungsphase 2 (Vorplanung)
  - Leistungsphase 3 (Entwurfsplanung)
  - Leistungsphase 4 (Genehmigungsplanung)
  - Leistungsphase 5 (Ausführungsplanung)
  - Leistungsphase 6 (Vorbereitung der Vergabe)
  - Leistungsphase 7 (Mitwirkung bei der Vergabe)
  - Leistungsphase 8 (Objekt-/Bauüberwachung und Dokumentation)
  - Leistungsphase 9 (Objektbetreuung)
- § 51 HOAI, Leistungsbild Tragwerksplanung, unterteilt in
  - Leistungsphase 1 (Grundlagenermittlung)
  - Leistungsphase 2 (Vorplanung)
  - Leistungsphase 3 (Entwurfsplanung)
  - Leistungsphase 4 (Genehmigungsplanung)
  - Leistungsphase 5 (Ausführungsplanung)
  - Leistungsphase 6 (Vorbereitung der Vergabe)

An den oben aufgeführten Beispielen ist zu erkennen, dass sich bereits die Leistungs- 11
bilder für die verschiedenen Flächen-, Objekt- und Fachplanungen stark unterscheiden. Sehr viel differenzierter sind die Inhalte der jeweiligen Leistungsphasen, die Grundleistungen. Sie sind **individuell** für jedes Leistungsbild und jede Leistungsphase in den Anlagen 2 bis 15 der HOAI 2013 geregelt.

Die Grundleistungen der Flächenplanung sind im Teil 2 der HOAI 2013 in Verbin- 12
dung mit den Anlagen 2 bis 8 der HOAI 2013 geregelt, mögliche Besondere Leistungen zur Flächenplanung in Anlage 9 der HOAI 2013. Zur Flächenplanung gehören die Leistungsbilder:

- Flächennutzungsplan
- Bebauungsplan
- Landschaftsplan
- Grünordnungsplan
- Landschaftsrahmenplan
- Landschaftspflegerischer Begleitplan
- Pflege- und Entwicklungsplan

Die Grundleistungen sowie die möglichen Besonderen Leistungen der Objekt- und 13
Fachplanung sind im Teil 3 und 4 der HOAI 2013 in Verbindung mit den Anlagen 10 bis 15 der HOAI 2013 geregelt. Der Aufbau dieser Anlagen unterscheidet sich von dem der Flächenplanung vor allem dadurch, dass in der tabellarischen Darstellung die Grundleistungen der einzelnen Leistungsphasen in der jeweils linken Spalte stehen und mögliche Besondere Leistungen in der jeweils rechten Spalte.

Die Grundleistungen unterscheiden sich inhaltlich in jedem Leistungsbild und 14
sind in der HOAI **abschließend** aufgeführt. Den einzelnen Leistungsphasen kommt im Hinblick auf das gesamte Architektenwerk ungleiches Gewicht zu. Dem trägt die

HOAI Rechnung, indem die Leistungsphasen in den einzelnen Leistungsbildern in Prozentsätzen verschieden stark bewertet sind. Dabei ergibt die Summe aller Bewertungen der Leistungsphasen eines Leistungsbildes immer 100 %.

15 Architekten- und Ingenieurleistungen sind nach der HOAI zu vergüten. Im Geltungsbereich der Honorartabellen der HOAI kommt es dabei auf möglichst zutreffende Annahmen für die Grundlagen des Honorars (§ 6 HOAI 2013) an. Das Honorar richtet sich für die Grundleistungen der HOAI nach:

- Den anrechenbaren Kosten des Objekts auf der Grundlage der **Kostenberechnung**,
- dem **Leistungsbild**,
- der **Honorarzone**,
- der dazugehörigen **Honorartafel**,
- für Leistungen bei Umbauten und Modernisierungen zusätzlich nach dem **Umbau- oder Modernisierungszuschlag** auf das Honorar.

16 Für die Honorarermittlung in Bezug auf die verordneten Leistungen der HOAI kommt es daher darauf an, einerseits den Leistungsumfang (Leistungsbild, Leistungsphasen und erforderliche Grundleistungen) und andererseits die Grundlagen nach § 6 HOAI sorgfältig zu prognostizieren.

17 Für regelmäßig wiederkehrende Planungsaufgaben wird die Ermittlung des Honorarumfangs kaum Probleme bereiten. Schwieriger wird es, wenn z. B.:

- Die Honorarzone vor Beauftragung noch nicht eindeutig bestimmt werden kann.
- Ein Umbauzuschlag voraussichtlich gewährt werden soll. Für dessen Höhe ist in der HOAI in Einzelfällen ein Vorschlag mit Höchstgrenzen enthalten. Die konkrete Höhe wird regelmäßig erst mit Abschluss des Verhandlungsverfahrens und nach Vorlage eines verbindlichen Honorarangebotes feststehen.
- Mitzuverarbeitende Bausubstanz zu berücksichtigen ist. Insbesondere die Mitzuverarbeitende Bausubstanz führt bei der Honorarermittlung vor Planungsbeginn zu Unsicherheiten, denn ihr Umfang kann erst mit Abschluss der Leistungsphase 3 definiert werden. Dies kann jedoch nicht dazu führen, dass diese Honorarbestandteile bei der Honorarprognose außen vor gelassen werden.

! Praxistipp

Grundsätzlich gilt für die Honorarprognose: Eine Prognose, die im Nachhinein nicht die tatsächliche Honorarvereinbarung trifft, ist besser als gar keine! Versuchen Sie nach bestem Wissen die Honorarparameter zu ermitteln, auch wenn die Grundlagen zum Zeitpunkt der Honorarprognose noch sehr vage sind.

---

2. Besondere Leistungen/Beratungsleistungen

Neben den Grundleistungen nach HOAI werden regelmäßig im Planungsprozess Besondere Leistungen oder Beratungsleistungen benötigt, um die Planungsaufgabe lösen zu können. 18

Besondere Leistungen sind Leistungen, die über die allgemeinen Leistungen (Grundleistungen) hinausgehen oder diese ändern. Sie können zu den Grundleistungen hinzu oder an deren Stelle treten, wenn besondere Anforderungen an die Ausführung des Auftrages gestellt werden. Ihre Aufzählung in den Anlagen der HOAI ist – anders als bei den Grundleistungen – **nicht abschließend.** 19

Die Besonderen Leistungen sind in der HOAI nicht bewertet und können nach § 3 (3) HOAI 2013 frei vereinbart werden. Dies erschwert die Prognose der zu erwartenden Honorare und erfordert in der Regel Projektkenntnis und ein gewisses Maß an Erfahrung. 20

a) Beratungsleistungen nach Anlage 1 HOAI

Viele nach aktueller HOAI frei zu vereinbarende Beratungsleistungen waren noch in der HOAI 1996 im verordneten Teil der HOAI enthalten. Sie sind heute als frei zu vereinbarende (Beratungs-)Leistungen in der **Anlage 1 der HOAI** enthalten. Dies sind z. B.: 21

- Leistungen für **Bauphysik** (Wärmeschutz und Energiebilanzierung, Bauakustik [Schallschutz], Raumakustik)
- Leistungen für **Geotechnik**
- Leistungen der **Ingenieurvermessung** (Planungsbegleitende Vermessung, Bauvermessung, Sonstige vermessungstechnische Leistungen)

Bei der Erstellung der Honorarprognose können die Honorarempfehlungen der Anlage 1 der HOAI zugrunde zu gelegt werden. 22

b) Besondere Leistungen nach Anlage 2 HOAI

Beispiele für regelmäßig erforderliche Besondere Leistungen, die vor 2009 noch im verordneten Teil der HOAI zu finden waren, sind: 23

- Im Bereich des Ingenieur- und Verkehrsanlagenbaus ist die örtliche Bauüberwachung als frei zu vereinbarende Besondere Leistung in der Anlage 12 (Leistungsbild Ingenieurbauwerke) bzw. in Anlage 13 (Leistungsbild Verkehrsanlagen) der HOAI enthalten.
- Im Bereich der Objektplanung wurde die Leistung „Überwachen der Mängelbeseitigung innerhalb der Verjährungsfrist“ aus dem Grundleistungskatalog herausgenommen. Diese Leistung stellt jetzt eine Besondere Leistung dar.

24 Neben den o. g. sehr häufig erforderlichen Besonderen Leistungen bietet es sich an, die sonstigen Besonderen Leistungen, die für die jeweiligen Objekt- und Fachplanungen in Anlage 10 bis Anlage 15 der HOAI aufgeführt sind, daraufhin zu prüfen, ob diese im Zuge der konkreten Planungsaufgabe (voraussichtlich) erforderlich werden. Die Auflistung der Besonderen Leistungen in den Anlagen der HOAI enthält nur eine **beispielhafte Aufzählung** möglicher Besonderer Leistungen und hat keinen abschließenden Charakter. Dennoch bietet sie eine gute **Hilfestellung** in der frühen Projektphase für die Definition des voraussichtlich erforderlichen Leistungsumfangs.

25 Insbesondere die Bauüberwachungsleistungen im Bereich des Ingenieur- und Verkehrsanlagenbaus können einen wesentlichen Teil des Gesamthonorars ausmachen. Der **sorgfältigen Prognose** fällt hier somit eine besondere Bedeutung zu. Zur Sicherstellung der Qualität der Bauüberwachung kann bei der Honorarprognose für die Örtliche Bauüberwachung wie folgt verfahren werden:

- Berechnungshonorar auf der Basis der anrechenbaren Baukosten unter Ansatz von **Prozentsätzen** (z. B. der Netto-Baukosten oder der anrechenbaren Kosten).
- Ein Prozentsatz vom Gesamthonorar der **Honorartabelle** des Leistungsbildes. Aufgrund des frei zu vereinbarenden Charakters der Honorare für Besondere Leistungen muss in diesem Fall die Bezugsgröße (Honorarzone und -satz) festgelegt werden. Dies können beispielsweise die gleiche Honorarzone und der gleiche Honorarsatz sein, die auch für die Honorarberechnung der Grundleistungen anzuwenden sind.
- **Zeithonorar** auf der Basis von Stunden-, Tages- oder Mann-Monats-Sätzen.

26 Bei der Ermittlung des Ingenieurhonorars für die Leistungen der Örtlichen Bauüberwachung nach der Kalkulationsmethode des v.H.-Satzes der anrechenbaren Baukosten ist der **Schwierigkeitsgrad** der zu überwachenden Baumaßnahme zu berücksichtigen. Beim Auftraggeber kann hierbei sicherlich auf eigene Erfahrungen in Bezug auf die zu erwartenden Honorare zurückgegriffen werden. Häufig liegen die Empfehlungen verschiedener Verbände und Institutionen für die Honorierung der Örtlichen Bauüberwachung bei einer Maßnahme mit durchschnittlichem Schwierigkeitsgrad zwischen 2,8 % und 3,2 % der anrechenbaren Baukosten.

27 Als Orientierungshilfe können auch die von der Facharbeitsgruppe 3 zum BMVBS-Abschlussbericht zur HOAI 2013 für Ingenieurbauwerke und Verkehrsanlagen vorgeschlagenen Mindest- und Höchstsätze für die Örtliche Bauüberwachung herangezogen werden:

Anrechenbare Kosten in Euro	von Satz	bis Satz
	in %	
25.000	3,1	4,1
10.000.000	2,9	3,9
15.000.000	2,5	3,5
25.000.000	1,9	3,9

Zu beachten ist, dass diese Sätze der Gutachter der Facharbeitsgruppe 3 nicht in den verbindlichen Teil der HOAI 2013 aufgenommen wurden und daher lediglich **Empfehlungscharakter** haben können. 28

c) Sonstige Besondere Leistungen

Unabhängig der in den Anlagen der HOAI aufgeführten Beratungs- und Besonderen Leistungen gibt es eine Vielzahl von Leistungen, die im Einzelfall notwendig werden, wie z. B.: 29

- besondere Untersuchungen und Nachweise im Sinne der Energieeinsparverordnung (EnEV);
- besondere Untersuchungen und Nachweise zum Brandschutz;
- Erstellung von Fluchtwegeplänen;
- Stellung des Sicherheits- und Gesundheitsschutzkoordinators gemäß Baustellenverordnung in Planungs- und Ausführungsphase;
- Sonderleistungen zur Bestandserfassung und Dokumentation beim Bauen im Bestand (z. B. Raumbuch, Schadenskataster);
- spezielle hydraulische Nachweise zur Netzdimensionierung z. B. von Abwasser- oder Wasserleitungsnetzen;
- Verkehrszählungen für die Auslegung der Verkehrsinfrastruktur;

Die Bewertung der o. g. Leistungen im Sinne einer Honorarprognose kann oft nur durch Schätzung des Zeitaufwandes in Verbindung mit einem ortsüblichen Zeithonorar auf Basis eines Stunden-, Tages- oder Mann-Monat-Satzes erfolgen. 30

3. Vorgehensweise bei der Honorarermittlung

Die Honorarermittlung sollte für die verordneten Leistungen standardisiert nach den zu berücksichtigenden Festlegungen der HOAI erfolgen. Ergänzend hierzu müssen anschließend die frei zu vereinbarenden Leistungen (Besondere Leistungen) und die Nebenkosten berücksichtigt werden. Falls die Honorarermittlung auch der Berechnung der erforderlichen Haushaltsmittel dient, darf die gesetzliche Mehrwertsteuer nicht vergessen werden. 31

32 Folgende Schritte führen zu einer korrekten und vollständigen Honorarermittlung:

a) Zuordnung der Leistungen zum richtigen Leistungsbild

33 Die HOAI kennt im Bereich der Objekt- und Fachplanung 6 verschiedene Leistungsbilder. Folgende Leistungsbilder sind in der HOAI für die Objekt- und Fachplanung enthalten:
- Objektplanung Gebäude und Innenräume
- Objektplanung Freianlagen
- Objektplanung Ingenieurbauwerke
- Objektplanung Verkehrsanlagen
- Fachplanung Tragwerksplanung
- Fachplanung Technische Ausrüstung

34 Die Zuordnung der erforderlichen Leistungen zum richtigen Leistungsbild kann im Einzelfall schwierig sein. Daher ist die jeweilige Definition bzw. der jeweils in der HOAI beschriebene Anwendungsbereich zu beachten. Im Einzelnen sind dies für die verschiedenen Leistungsbereiche:

aa) Gebäude und Innenräume

35 Die Definition von „**Gebäude**" war in § 2 Nummer 2 der HOAI 2009 neu aufgenommen worden und entsprach derjenigen der Musterbauordnung. Es hat sich allerdings gezeigt, dass diese Definition in der Praxis zu **Abgrenzungsschwierigkeiten** mit den Ingenieurbauwerken führt, die häufig auch die Kriterien der Definition des „Gebäudes" erfüllen (Beispiel: Tiefgarage). Da für die preisrechtliche Zuordnung die Definition des Gebäudebegriffs nicht erforderlich ist, ist diese aus dem Katalog der Begriffsbestimmungen entfallen. Für die Praxis bleibt die Möglichkeit einer **Negativabgrenzung zu anderen Objekten**, zum Beispiel im Anwendungsbereich der Ingenieurbauwerke gemäß § 41 HOAI bestehen.

bb) Freianlagen

36 Die Definition der Freianlagen (§ 2 Nr. 11 der HOAI 2009) ist im allgemeinen Teil entfallen und wurde in § 39 Abs. 1 HOAI wie folgt aufgenommen:

> *„Freianlagen sind planerisch gestaltete Freiflächen und Freiräume sowie entsprechend gestaltete Anlagen in Verbindung mit Bauwerken oder in Bauwerken und landschaftspflegerische Freianlagenplanungen in Verbindung mit Objekten."*

cc) Ingenieurbauwerke

Der Anwendungsbereich für Ingenieurbauwerke wird in § 41 HOAI 2013 festgelegt. 37
Danach umfassen Ingenieurbauwerke:

- Bauwerke und Anlagen der **Wasserversorgung**
- Bauwerke und Anlagen der **Abwasserentsorgung**
- Bauwerke und Anlagen des **Wasserbaus,** ausgenommen Freianlagen nach § 39 Absatz 1
- Bauwerke und Anlagen für **Ver- und Entsorgung** mit Gasen, Feststoffen und wassergefährdenden Flüssigkeiten, ausgenommen Anlagen der Technischen Ausrüstung nach § 53 Absatz 2
- Bauwerke und Anlagen der **Abfallentsorgung**
- konstruktive **Ingenieurbauwerke für Verkehrsanlagen**
- **sonstige Einzelbauwerke,** ausgenommen Gebäude und Freileitungsmaste

dd) Verkehrsanlagen

Der Anwendungsbereich für Verkehrsanlagen wird in § 45 HOAI 2013 festgelegt. 38
Danach sind Verkehrsanlagen:

- Anlagen des **Straßenverkehrs ausgenommen** selbstständige Rad-, Geh- und Wirtschaftswege und Freianlagen nach § 39 Absatz 1
- Anlagen des **Schienenverkehrs**
- Anlagen des **Flugverkehrs**

ee) Tragwerksplanung

Der Anwendungsbereich für die Tragwerksplanung wird in § 49 HOAI 2013 wie folgt 39
definiert:

- Leistungen der Tragwerksplanung sind die statische Fachplanung für die Objektplanungen „Gebäude" und „Ingenieurbauwerke".
- Das Tragwerk bezeichnet das statische Gesamtsystem der miteinander verbundenen, lastabtragenden Konstruktionen, die für die Standsicherheit von Gebäuden, Ingenieurbauwerken und Traggerüsten bei Ingenieurbauwerken maßgeblich sind.

ff) Technische Ausrüstung

Der Anwendungsbereich für die Technische Ausrüstung wird in § 53 HOAI 2013 wie 40
folgt definiert:

- Die Leistungen der Technischen Ausrüstung umfassen die **Fachplanungen für Objekte**.
- Zur Technischen Ausrüstung gehören folgende Anlagengruppen:
  - Anlagengruppe 1: Abwasser-, Wasser- und Gasanlagen

- Anlagengruppe 2: Wärmeversorgungsanlagen
- Anlagengruppe 3: Lufttechnische Anlagen
- Anlagengruppe 4: Starkstromanlagen
- Anlagengruppe 5: Fernmelde- und informationstechnische Anlagen
- Anlagengruppe 6: Förderanlagen
- Anlagengruppe 7: nutzungsspezifische Anlagen und verfahrenstechnische Anlagen
- Anlagengruppe 8: Gebäudeautomation und Automation von Ingenieurbauwerken

41 Insbesondere aus dem Absatz 1 des § 53 geht hervor, dass es sich um **Fachplanungen für Objekte** handelt. Folglich muss die Fachplanung **dem Objekt unmittelbar dienen**. Dies bedeutet z. B., dass die Planung einer Gasleitung in einer Straße, die der Versorgung der an der Straße gelegenen Anwesen dient, nicht als Fachplanung im Sinne der Technischen Ausrüstung, Anlagengruppe 1, verstanden werden darf. Die Gasleitung dient nicht dem Objekt (der Straße) und ist somit im Sinne der HOAI ein eigenes **Ingenieurbauwerk** nach § 41 HOAI (Bauwerke und Anlagen für Ver- und Entsorgung mit Gasen).

b) Ermittlung der Objekte nach § 11 HOAI

42 Nach § 11 Abs. 1 HOAI 2013 müssen die Honorare für Aufträge, die mehrere Objekte umfassen, grundsätzlich für jedes Objekt getrennt berechnet werden. Ausnahmeregelungen finden sich in den Absätzen 2 bis 4, die **streng auszulegen** sind. Liegen die Voraussetzungen der Absätze 2 bis 4 nicht vor, so kann der Auftragnehmer stets für jedes Objekt ein **getrenntes Honorar** ohne eine Honorarminderung in Ansatz bringen.

43 Nach der gesetzlichen Bestimmung ist die getrennte Honorierung folglich die Regel und eine Minderung nach Absatz 2 bis Absatz 4 die Ausnahme. Dies bedeutet, dass der Auftraggeber die Beweislast für das Vorliegen der Voraussetzungen für eine Honorarminderung nach Absatz 2 bis Absatz 4 hat, sofern er sich auf diese Vorschriften beruft. Allgemein verstößt die Zusammenfassung mehrerer Objekte zu einem Objekt gegen den Mindestpreischarakter, sofern die einzelnen Objekte sich mit ihren anrechenbaren Kosten im Rahmen der Honorartafeln halten.[1]

44 Die Ausnahmeregelung des § 11 Abs. 2 HOAI erfordert das **kumulative** Vorliegen folgender **fünf Voraussetzungen**:
- **mehrere vergleichbare** Gebäude, Ingenieurbauwerke, Verkehrsanlagen und Tragwerke
- weitgehend **gleichartige** Planungsbedingungen

1 *Locher*/Koeble/Frik, § 11 Rn 15.

- die derselben **Honorarzone** zuzuordnen sind
- **zeitlicher** und örtlicher Zusammenhang
- Planung und Errichtung als Teil einer **Gesamtmaßnahme**

Alle diese Tatbestandsvoraussetzungen werden eher selten **kumulativ** vorliegen, sodass § 11 Abs. 2 keine große Bedeutung zukommt.[2] 45

Die Ausnahmeregelung des § 11 Abs. 3 HOAI sieht vor, dass bei einem Auftrag, der mehrere Gebäude, Ingenieurbauwerke, Verkehrsanlagen oder Tragwerke umfasst, dem Auftragnehmer ein **vermindertes Wiederholungshonorar** in folgenden Fällen zusteht: 46

- bei **„im Wesentlichen gleichen“** Objekten, unter den weiteren Voraussetzungen, dass die Objekte sowohl im zeitlichen oder örtlichen Zusammenhang als auch unter **gleichen baulichen Verhältnissen** geplant und errichtet werden sollen
- bei „Objekten nach **Typenplanung**“ und **„Serienbauten“**

Die Ausnahmeregelung des § 11 Abs. 3 HOAI beschreibt weitergehend zum Abs. 3 die Minderung des Honorars bei gleichen Objekten, wenn die Grundleistungen nicht im zeitlichen oder örtlichen Zusammenhang erbracht werden. Die Voraussetzung des zeitlichen Zusammenhangs aus Abs. 3 ist also nicht mehr zwingend gegeben, dafür muss es sich allerdings um **gleiche Objekte** handeln. 47

c) Ermittlung der Mitzuverarbeitenden Bausubstanz

Gemäß der Definition des § 2 Abs. 4 HOAI 2013 ist „Mitzuverarbeitende Bausubstanz der Teil des zu planenden Objekts, der bereits durch Bauleistungen hergestellt ist und durch Planungs- oder Überwachungsleistungen **technisch oder gestalterisch** mitverarbeitet wird“. Auf die Intensität der Mitverarbeitung kommt es dabei nicht an, so dass man den Begriff weit auslegen kann. Nicht berücksichtigt wird Bausubstanz, welche bei der Baumaßnahme entfernt oder abgebrochen wird, weil dann gerade keine Mitverarbeitung im Sinn des Verordnungsgebers vorliegt. Gleiches gilt für Substanz, mit welcher sich der Architekt weder planerisch noch konstruktiv besonders auseinandersetzen muss. Eine gestalterische Mitverarbeitung liegt auch dann nicht vor, wenn lediglich Gestaltungselemente des Vorhandenen übernommen werden. 48

Die Mitzuverarbeitende Bausubstanz ist Bestandteil der verordneten Honorare nach HOAI 2013, deren Nichtberücksichtigung kann somit mindestsatzunterschreitend sein. Hintergrund der Regelungen zur Mitzuverarbeitenden Bausubstanz ist, dass der Planer durch die Mitverarbeitung dem Auftraggeber Kosten spart, die bei vollständigem Rückbau und Neuerrichtung entstanden wären. Ohne die Berücksichtigung der Mitzuverarbeitenden Bausubstanz würden beim Planer also höhere 49

2 Simmendinger, Jahrbuch BauR 2011, S. 269.

Planungsaufwendungen zur Erzielung eines für den Bauherrn wirtschaftlicheren Ergebnisses bei gleichzeitig sinkenden Honoraren entstehen. Nach §4 Abs. 3 HOAI 2013 ist daher festgelegt, wie und wann die Mitzuverarbeitende Bausubstanz bei den anrechenbaren Kosten Berücksichtigung findet:

- Die Mitzuverarbeitende Bausubstanz soll **angemessen** berücksichtigt werden.
- Die Berücksichtigung soll auf den Zeitpunkt der **Kostenberechnung** bzw. Kostenschätzung bezogen sein.
- Der Ansatz soll **objektbezogen** sein.
- Umfang und Wert sollen **schriftlich** vereinbart werden.

50 Mit Abschluss des Architekten- oder Ingenieurvertrags – und somit auch bei der vorausgehenden Honorarschätzung – kann regelmäßig nicht definiert werden, wie hoch der Ansatz für die Mitzuverarbeitende Bausubstanz konkret sein wird. Die Festlegung in §4 Abs. 3 HOAI, dass die Berechnung zum Zeitpunkt der Kostenberechnung, also mit Abschluss der **Leistungsphase 3** erfolgt, ist insofern logisch, da erst mit Abschluss dieser Leistungsphase tatsächlich feststeht, welche Bausubstanz entfernt oder schlicht ohne Mitverarbeitung belassen wird, oder technisch oder gestalterisch mitverarbeitet wird. Bei Auftragserteilung kann das in der Regel nicht vorausgesehen werden, daher ist keine Festlegung der Mitzuverarbeitenden Bausubstanz im abzuschließenden Architekten- oder Ingenieurvertrag erforderlich. Für eine ordnungsgemäße **Honorarprognose** ist dennoch ein – wenn auch mit großen Unsicherheiten behafteter – Ansatz für die erwartete Mitzuverarbeitende Bausubstanz zu berücksichtigen.

! **Praxistipp**

Legen Sie Ihrer Honorarprognose hinsichtlich der Mitzuverarbeitenden Bausubstanz Werte aus anderen Projekten oder **grobe Schätzungen** zu Grunde. Es ist besser, für die Honorarprognose bei der Generalsanierung eines Gebäudes z. B. im Einzelfall die Mitzuverarbeitende Bausubstanz überschlägig als %-Satz der anrechenbaren Kosten vorläufig abzuschätzen und bei den anrechenbaren Kosten entsprechend zu berücksichtigen, als aus Angst vor einer falschen Prognose diese überhaupt nicht anzusetzen. Fehlt der Ansatz komplett, werden Sie sich möglicherweise dem Vorwurf fehlender Sorgfalt und realitätsferner Berechnungen aussetzen.

---

51 Der Verordnungsgeber hat weder das **Verfahren** noch Hinweise zur **Beurteilung der Angemessenheit** vorgegeben. Dies mag auch damit zusammenhängen, dass die möglichen Anwendungsfälle bei Leistungen im Bestand so unterschiedlich sind, dass ein generell vorzugebendes Verfahren tatsächlich nicht praktikabel erscheint. Sofern sich im Einzelfall der Umfang der Mitzuverarbeitenden Bausubstanz aufgrund der vielen **Einflussfaktoren** im Rahmen der Ermittlung nicht einvernehmlich zwischen Auftraggeber und Auftragnehmer festlegen lässt, wird im Streitfall unter Umständen die Hinzuziehung eines Sachverständigen erforderlich. Unter anderem

stehen folgende Methoden zur Ermittlung der Mitzuverarbeitenden Bausubstanz zur Verfügung:[3]

Volumenmethode:

Bei dieser Methode wird der Bruttorauminhalt des Gebäudes/Objekts („umbauter Raum“) ermittelt und mit einem Kostenkennwert multipliziert. Das Ergebnis wird um einen Faktor (der den Abbruch von Bauteilen, den Erhaltungszustand der vorhandenen Bausubstanz und die Leistung des Planers für die Mitverarbeitung berücksichtigt) gemindert. 52

Hierbei handelt es sich um eine Methode, deren **Genauigkeitsgrad relativ niedrig** ist und etwas unter dem einer Kostenschätzung liegt. Da die HOAI nicht vorgibt, nach welcher Methode die Mitzuverarbeitende Bausubstanz zu ermitteln ist, kann die Volumenmethode nicht von vorneherein als untauglich oder unzulässig abgetan werden. Man kann allerdings argumentieren, dass die Vorgabe in §4 Abs. 3 HOAI, wonach die Vereinbarung über die Berücksichtigung der Mitzuverarbeitenden Bausubstanz bei den anrechenbaren Kosten zum Zeitpunkt der Kostenberechnung zu treffen ist, für die Anwendung der Elementmethode spricht, da deren Detaillierungsgrad i. d. R. der einer Kostenberechnung entspricht. Die Volumenmethode eignet sich daher z. B. für die **Honorarermittlung vor Planungsbeginn** zur Erstellung der Honorarprognose. 53

Elementmethode (Bauteilmethode):

Bei der Elementmethode wird ein Bauwerk gedanklich in **Bauelemente** (wie Außenwände, Innenwände, Decken, Dachflächen) zerlegt. Dabei entspricht die Detaillierung üblicherweise der einer Kostenberechnung, wobei höhere oder geringere Detaillierungen denkbar sind. Für jedes dieser Bauelemente werden die **Menge**, der **Neuwert**, der **Zustandsfaktor** und der **Leistungsfaktor** ermittelt. Mit diesen Werten werden dann für jedes Element die anrechenbaren Kosten aus der vorhandenen Bausubstanz nach §4 Abs. 3 HOAI ermittelt. Der Gesamtwert der anrechenbaren Kosten aus der Mitzuverarbeitenden Bausubstanz errechnet sich durch Addition der Einzelwerte. 54

Formel zur Ermittlung der anrechenbaren Kosten aus Mitzuverarbeitender Bausubstanz nach der Bauteilmethode:[4] 55

3 GPA-Mitteilung Bau 1/2014.

4 Siemon, Beitrag IWW-Institut zum Bauen im Bestand, 09/2013.

= M x W x WF x LF,

mit

M: Menge der Mitzuverarbeitenden Bausubstanz in m^2, m^3, Stück

W: Wert (ortsübliche angemessene Kosten in Euro)

WF: Wertfaktor/Erhaltungszustand

LF: Leistungsfaktor (Mitverarbeitung je Leistungsphase)

56 Erläuterungen zu den einzelnen Eingangsgrößen in die Berechnung:

M (Menge)

57 Die Menge der Mitzuverarbeitenden Bausubstanz ist einzelfallbezogen zu ermitteln. Nicht zu dieser Menge gehört die Bausubstanz, die abgebrochen und entfernt wird. Die Kosten dieser Bauteile tauchen in den Kostenermittlungen an anderen Stellen jeweils auf.

W (Wert)

58 Grundsätzlich ist der Wert nach dem Neubauwert des mitzuverarbeitenden Bauteils unter Berücksichtigung des Erhaltungszustandes zu bestimmen. Eine transparente Möglichkeit hierzu ist, zunächst den Wert der entsprechenden Bauteile mit den üblichen Kosten für die **fiktive Neuherstellung** (Neubauwert) zu ermitteln. Anschließend müssen die Kosten ermittelt werden, die für die Erhaltung, Ertüchtigung etc. dieser Bauteile aufgewendet werden müssen (Ertüchtigungskosten). Diese Ertüchtigungskosten sind ihrerseits anrechenbare Kosten nach §4 HOAI 2013. Der Wert W ermittelt sich nun aus dem Neubauwert **abzüglich** der **Ertüchtigungskosten**.

59 Ausnahmsweise kann es vorkommen, dass die Ertüchtigungskosten höher sind als der Neubauwert, wenn z. B. im denkmalgeschützten Bereich die vorhandene Bausubstanz erhalten werden muss, auch wenn es aus rein wirtschaftlichen Aspekten nicht opportun erscheint. In diesem Fall werden nur die ohnehin anzurechnenden Kosten für die Erhaltung der Mitzuverarbeitenden Bausubstanz bei der Honorarermittlung neben den im Übrigen ohnehin anzurechnenden Kosten berücksichtigt.

60 Wenn die Mitzuverarbeitende Bausubstanz z. B. aus der Zeit vor der „industriellen Revolution" stammt, ist davon auszugehen, dass sog. Äquivalenzwerte anzusetzen sind. Danach kann ein vergleichbares Neubauteil nach durchschnittlichem heutigem Ausführungsstand den Ausgangswert (W) darstellen.

LF (Leistungsfaktor)

61 Im Zuge der Ermittlung ist darzulegen, ob und inwieweit vorhandene Bausubstanz in den einzelnen Leistungsphasen bzw. Grundleistungen mitverarbeitet wurde. Der Leistungsfaktor muss, um sachgerecht zu sein, bezogen auf die einzelnen Leistungsphasen definiert werden. Ansonsten entstehen nicht vertretbare Ergebnisse, wenn der Planer nicht mit allen Leistungsphasen beauftragt wird. Dies kann in der Folge zu Wertungswidersprüchen mit der Regelung des §8 HOAI führen. Gemäß Studie

des BMWI[5] können überschlägig folgende Leistungsfaktoren angenommen werden (Auszug):

Leistungsbild/Leistungsphasen	LF (Leistungsfaktor)
Gebäude	
Leistungsphase 1 bis 6	0,9
Leistungsphase 7	0,3
Leistungsphase 8	0,6
Leistungsphase 9	0,5
Technische Ausrüstung	
Leistungsphase 1 und 2	0,9
Leistungsphase 2 und 4	1,0
Leistungsphase 3 und 7	0,8
Leistungsphase 5 und 9	0,6
Leistungsphase 6	0,7
Leistungsphase 8	0,5
Ingenieurbauwerke und Verkehrsanlagen	
Leistungsphase 1 und 2	0,9
Leistungsphase 3	0,8
Leistungsphase 4	0,7
Leistungsphase 5	1,0
Leistungsphase 6 und 9	0,5
Leistungsphase 7	0,6
Leistungsphase 8	0,4

5 http://www.neue-hoai-2013.de/Gutachten.html.

Beispiel
Die nachfolgende Tabelle zeigt einen Auszug aus der Ermittlung der Mitzuverarbeitenden Bausubstanz nach der Bauteilmethode.

Kostenberechnung aus Entwurfsplanung				Aufstellung der mitzuverarbeitenden Bausubstanz [mzB] (M= Menge; W = Wert; WF = Faktor Erhaltungszustand; GLF = Gesamtleistungsfaktor)				
Kostengruppe		Teilbetrag	Gesamtbetrag	mzB [M]	mzB [W]	mzB [WF]	mzB [GLF]	anr. Kosten
	Beispiel	115.000,00 €		+ (z.B. 1.350 m² x	z.B. 100 €/m² x	z.B. 0,75 x	z.B. 0,77) =	192.982,50 €
360	Dächer							
361	Dachkonstruktionen	29,600.00 €		+ (770.00 x	127.00 x	0.75 x	0.60) =	73,605.50 €
362	Dachfenster, Dachöffnungen			+ (19.00 x	1,653.00 x	0.75 x	0.60) =	14,133.15 €
363	Dachbeläge	198,200.00 €		+ (x	x	x	) =	198,200.00 €
364	Dachbekleidungen	4,600.00 €		+ (x	x	x	) =	4,600.00 €
369	Dächer, sonstiges	1,250.00 €		+ (770.00 x	12.00 x	0.75 x	0.60) =	5,408.00 €
	Gesamtbetrag Kostengruppe 360		233,650.00 €					295,946.65 €

Abb. 1: Ermittlung der Mitzuverarbeitenden Bausubstanz nach der Bauteilmethode

Aus der Tabelle ist erkennbar, dass die anrechenbaren Kosten der Kostenberechnung, also die direkten investiven Kosten der Kostengruppe 360 (Dächer) 233.650 € betragen. Die Ermittlung der Mitzuverarbeitenden Bausubstanz der Kostengruppen 361 (Dachkonstruktionen), 362 (Dachfenster) und 369 (Dächer sonstiges) ergibt einen Betrag von 62.296,65 €, sodass die anrechenbaren Kosten für die Kostengruppe 360 (Dächer) insgesamt 295.946,65 € betragen.

62 Vollständige Tabellen zur bauteilbezogenen Ermittlung der Mitzuverarbeitenden Bausubstanz für die Kostengruppen 300 bis 500 finden Sie unter C in diesem Kapitel.

d) Ermittlung der anrechenbaren Kosten

63 Die Ermittlung der anrechenbaren Kosten muss die Ergebnisse der vorgenannten Schritte zur Zuordnung der Leistungen zum richtigen Leistungsbild und der Ermittlung der bei der Honorarermittlung getrennt zu betrachtenden Objekte berücksichtigen. Die anrechenbaren Kosten sind dann nach den jeweiligen Vorgaben der §§ 4 und 6 HOAI sowie der **Besonderen Grundlagen des Honorars** der einzelnen Leistungsbilder zu ermitteln.

64 § 4 Abs. 1 HOAI bestimmt, dass die Kosten nach allgemein anerkannten Regeln der Technik oder nach Verwaltungsvorschriften (Kostenvorschriften) auf der Grundlage **ortsüblicher Preise** zu ermitteln sind. Die **Umsatzsteuer**, die auf die Kosten von Objekten entfällt, ist nicht Bestandteil der anrechenbaren Kosten.

65 Eine wichtige Regelung, die häufig berücksichtigt werden muss, enthält § 4 Abs. 2 HOAI. Demnach richten sich die anrechenbaren Kosten nach den ortsüblichen Preisen, wenn der Auftraggeber

- selbst Lieferungen oder Leistungen übernimmt,
- von bauausführenden Unternehmen oder von Lieferanten sonst nicht übliche Vergünstigungen erhält,
- Lieferungen oder Leistungen in Gegenrechnung ausführt oder
- vorhandene oder vorbeschaffte Baustoffe oder Bauteile einbauen lässt.

Beispiel
In folgenden Fällen sind die anrechenbaren Kosten nach ortsüblichen Preisen zu ermitteln, auch wenn diese Kosten nicht direkt anfallen:
- Bei der Schulhofgestaltung führen die Eltern die Bepflanzungsarbeiten in Eigenleistung aus.
- Die Sanierung und Erweiterung einer Natursteinpflasterfläche mit Natursteinen aus einem vorhandenen Lagerbestand des Auftraggebers.
- Die Leuchten zur Erweiterung der Straßenbeleuchtungsanlage im Zuge der Erschließung eines Neubaugebietes werden vom Auftraggeber direkt beschafft und bauseits zum Einbau zur Verfügung gestellt.

Bei der Ermittlung des Honorars sind je nach Objekt- oder Fachplanung die Besonderen Grundlagen des Honorars der HOAI 2013 zu berücksichtigen: 66
- § 33 HOAI 2013: für Grundleistungen bei Gebäuden und Innenräumen
- § 38 HOAI 2013: für Grundleistungen bei Freianlagen
- § 42 HOAI 2013: für Grundleistungen bei Ingenieurbauwerken
- § 46 HOAI 2013: für Grundleistungen bei Verkehrsanlagen
- § 50 HOAI 2013: für Grundleistungen bei der Tragwerksplanung
- § 54 HOAI 2013: für Grundleistungen bei der Technischen Ausrüstung

Wesentlich für die Ermittlung des Honorars bei der Objektplanung ist dabei die **Anrechenbarkeit der Kosten für Technische Anlagen**, die der Auftragnehmer nicht fachlich plant oder deren Ausführung er nicht fachlich überwacht. Diese Kosten sind für den Objektplaner vollständig anrechenbar bis zu einem Betrag von 25 Prozent der sonstigen anrechenbaren Kosten und zur Hälfte anrechenbar mit dem Betrag, der 25 Prozent der sonstigen anrechenbaren Kosten übersteigt. 67

In der Regel sollten bei öffentlichen Auftraggebern, die ständig Planungs- und Bauleistungen vergeben und die eine eigene Fachabteilung (Bauamt) zur Projektbetreuung besitzen, ausreichende Fachkenntnis und Erfahrung aus vergleichbaren Projekten vorliegen, um die anrechenbaren Kosten im Sinne einer Honorarprognose schätzen zu können. 68

e) Bestimmung der Honorarzone

Nach § 5 Abs. 1 HOAI 2013 sind die einzelnen Objektplanungen und die Fachplanung der Tragwerksplanung jeweils einer der 5 unterschiedlichen Honorarzonen zuzuordnen: 69
1. Honorarzone I: sehr geringe Planungsanforderungen
2. Honorarzone II: geringe Planungsanforderungen
3. Honorarzone III: durchschnittliche Planungsanforderungen
4. Honorarzone IV: hohe Planungsanforderungen
5. Honorarzone V: sehr hohe Planungsanforderungen

70 Bei Leistungen der Technischen Ausrüstung sieht § 5 Abs. 2 HOAI 2013 eine Einteilung in 3 Honorarzonen vor:

1. Honorarzone I: geringe Planungsanforderungen
2. Honorarzone II: durchschnittliche Planungsanforderungen
3. Honorarzone III: hohe Planungsanforderungen

71 Die Zuordnung erfolgt nach zwei sich ggf. ergänzenden Methoden:

aa) Bestimmung der Honorarzone nach Objektlisten

72 Die Objektlisten der Anlagen zur HOAI 2013, im Einzelnen

- Anlage 10.2: Objektliste Gebäude
- Anlage 11.2: Objektliste Freianlagen
- Anlage 12.2: Objektliste Ingenieurbauwerke
- Anlage 13.2: Objektliste Verkehrsanlagen
- Anlage 14.2: Objektliste Tragwerksplanung
- Anlage 15.2: Objektliste Technische Ausrüstung (Anlagengruppen 1–8)

geben Regelbeispiele für die Einordnung verschiedener Projekte in die entsprechenden Honorarzonen vor. Ist das konkrete Projekt nur einer einzigen Honorarzone zugeordnet und stimmen bei der Überprüfung die **Bewertungsmerkmale** aus § 5 HOAI 2013 mit den Bewertungsmerkmalen aus den einzelnen Leistungsbildern überein, ist die Bestimmung der Honorarzone abgeschlossen. Eine weitergehende, detaillierte Punktebewertung anhand der Bewertungsmerkmale ist dann nicht mehr erforderlich.[6]

bb) Bestimmung der Honorarzone anhand der Bewertungsmerkmale

73 Sofern die Bewertung nach den Objektlisten in Verbindung mit der Überprüfung anhand der Bewertungsmerkmale zu keinem eindeutigen Ergebnis führt, ist eine Bestimmung der Honorarzone bei der Objektplanung anhand einer detaillierten, **einzelfallbezogenen Punktebewertung** durchzuführen. Für jedes Leistungsbild sind hierzu 5 bis 6 eigene Bewertungsmerkmale in der HOAI vorgegeben, die jeweils einzeln zu bepunkten sind und mit unterschiedlicher Gewichtung in die Gesamtbewertung eingehen. Anhand der Summe der erreichten Punkte wird dann die Einordnung in die Honorarzone vorgenommen.

6 Locher/*Koeble*/Frik, § 5 Rn 8.

Praxistipp

Eine falsche, z. B. zu niedrige Festlegung der Honorarzone im Vertrag kann dazu führen, dass bei einer festgestellten Unterschreitung der Mindestsätze der Auftragnehmer dennoch den Mindestsatz der nächsthöheren Honorarzone seiner Honorarabrechnung zu Grunde legt.

cc) Sonderfall Bauen im Bestand

Beim Bauen im Bestand führen weder die Objektlisten noch die unveränderte Anwen- 74
dung der Bewertungsmerkmale zu einem befriedigenden Ergebnis. So kann beispielsweise das Merkmal „Anforderungen an die Einbindung in die Umgebung" bei einer Gebäudesanierung keine Rolle spielen, wenn sich die Sanierungs- und Umbauarbeiten ausschließlich auf das Innere des Gebäudes beschränken.

Praktisch kann in den Fällen des Bauens im Bestand das nicht relevante Bewer- 75
tungsmerkmal aus der Bewertung herausgenommen werden. Gleichzeitig ist die zu erreichende Punktzahl in den einzelnen Honorarzonen im Wege der Interpolation unter Berücksichtigung der reduzierten Gesamtpunktzahl neu zu ermitteln.

Für die Honorarzoneneinstufung beim Planen und Bauen im Bestand kommt 76
es nicht auf den Schwierigkeitsgrad des Bauwerks an, in dem Baumaßnahmen vorgenommen werden. Entscheidend ist vielmehr, welche Schwierigkeitsmerkmale die konkrete Maßnahme (z. B. der Umbau oder die anstehende Modernisierung) mit sich bringt.

Beispiel

Eine **Universitätsklinik** ist nach Anlage 10.2 regelmäßig der Honorarzone V zuzuordnen. Der Teilumbau mit geringfügiger Erweiterung des zum Klinikum gehörenden **Verwaltungstrakts** in einen Betriebskindergarten kann entsprechend der jeweiligen Bewertungsmerkmale der Honorarzone III zugeordnet werden.

f) Ermittlung des Grundhonorars der Honorartafel

Bei der Ermittlung des Grundhonorars sind die jeweiligen Honorartafeln der ver- 77
schiedenen Leistungsbilder zu berücksichtigen. Unter Beachtung der bereits ermittelten anrechenbaren Kosten, der Honorarzone und des Honorarsatzes ergibt sich das 100 %-Grundhonorar. Bei Zwischenstufen durch die anrechenbaren Kosten und/oder dem Honorarsatz ist gemäß § 13 HOAI 2013 das Grundhonorar durch **lineare Interpolation** zu ermitteln.

g) Ermittlung der erforderlichen Leistungen nach Leistungsphasen und Grundleistungen

Die einzelnen Leistungsbilder der Objekt- und Fachplanungen der HOAI gliedern 78
sich in Leistungsphasen. Die Objektplanung sowie die Fachplanung Technische Aus-

rüstung ist in 9 Leistungsphasen gegliedert, die Fachplanung Tragwerksplanung in 6 Leistungsphasen. In den einzelnen Leistungsbildern werden den Leistungsphasen nach individuellen Prozentsätzen der Honorare der jeweiligen Honorartafel bewertet.

79 Die Anlagen 10 bis 15 der HOAI regeln die Inhalte der Grundleistungen jeder Leistungsphase. Werden alle Leistungsphasen und alle Grundleistungen einer Leistungsphase benötigt, ergibt sich das resultierende Honorar aus dem ermittelten 100 %-Honorar der Honorartafel.

80 In den meisten Fällen werden jedoch nicht alle Leistungsphasen oder nicht alle Grundleistung der einzelnen Leistungsphasen benötigt.

aa) Nicht benötigte Leistungsphasen

81 Je nach Einzelfall liegt mit Beauftragung der Planung bereits ein vollständiges Ergebnis der Leistungsphase 1 vor, da diese Leistungen bereits in der Projektvorbereitung durch den Auftraggeber erbracht wurden. Ebenso kommt es regelmäßig vor, dass für Projekte keine Genehmigungsplanung erforderlich ist oder die Leistungen der Leistungsphase 7 im Rahmen des Vergabeprozesses durch die Vergabestelle des Auftraggebers erbracht werden.

! **Praxistipp**
Gehen Sie konservativ mit der Herausnahme ganzer Leistungsphasen oder einzelner Grundleistungen aus dem Leistungsumfang des Auftragnehmers um. Oft entpuppt sich bei näherem Hinsehen die beim Auftraggeber vermeintlich vorhandene Leistungsphase 1 lediglich als Skizze zum Projektumfang mit vagen Aussagen und Absichtserklärungen. Fragen Sie sich, ob Sie dem Architekt oder Ingenieur zusammengefasste und dokumentierte Ergebnisse aller Grundleistungen der Leistungsphase 1 übergeben können. Denken Sie bei der Herausnahme von Leistungsphasen auch an sich möglicherweise anschließende Abgrenzungsprobleme und **Haftungsfragen**.

---

82 Gemäß § 8 Abs. 3 HOAI 2013 ist bei Übertragung nicht aller, sondern einzelner Leistungsphasen ein zusätzlicher Koordinierungs- und Einarbeitungsaufwand zu berücksichtigen, der schriftlich zu vereinbaren ist.

bb) Nicht benötigte Grundleistungen einzelner Leistungsphasen

83 Werden nicht alle Grundleistungen oder wesentliche Teile von Grundleistungen einer Leistungsphase übertragen, so ist gemäß § 8 Abs. 3 HOAI 2013 ein Abzug vom Prozentsatz dieser Leistungsphase vorzunehmen.

! **Praxistipp**
Die Vergabestellen beim öffentlichen Auftraggeber übernehmen im Vergabeverfahren häufig wesentliche Leistungen der Leistungsphase 7, z. B. die Einholung von Angeboten, die formale und die rechnerische Prüfung der Angebote sowie Dokumentation des Vergabeverfahrens. Prüfen Sie jedoch vor Herausnahme von Leistungen immer, ob Ihre Organisation diese Leistung wirklich umfänglich und

zeitgerecht erbringen kann. So werden die meisten Vergabestellen z. B. mit der Leistung „Prüfen und Werten der Angebote zusätzlicher und geänderter Leistungen der ausführenden Unternehmen und der Angemessenheit der Preise“ aus der Leistungsphase 7 überfordert sein.

Zur Ermittlung eines angemessenen Abzugs bieten verschiedene Berechnungswerke, wie beispielsweise die Siemon-Tabellen[7] eine Hilfestellung. 84

h) Ermittlung der Zuschläge beim Bauen im Bestand

Bauen im Bestand erhöht in allen Leistungsphasen den (Arbeits-)Aufwand des Planers. Der höhere Aufwand kann wie folgt begründet sein: 85

- Schwierige statische Problemstellungen durch die vorhandene Bausubstanz.
- Höherer Koordinationsaufwand mit den Projektbeteiligten.
- Unvorhersehbare Problemstellungen, die sich aus der Bausubstanz ergeben und während des gesamten Planungsprozesses – evtl. erst im Zuge der Bauausführung – auftreten.
- Höhere Anforderungen an die Verkehrssicherungspflicht.
- Höheres Haftungsrisiko.
- Aufwendigere Bauüberwachung.

Neben der Erhöhung der anrechenbaren Kosten durch die Mitzuverarbeitende Bausubstanz soll dieser Mehraufwand unter Berücksichtigung des Schwierigkeitsgrads der Leistungen durch die Vereinbarung von Zuschlägen auf das Honorar bei Umbauten und Modernisierungen vergütet werden. 86

Höhe des Umbau-/Modernisierungszuschlags bis zu einem durchschnittlichen Schwierigkeitsgrad im Überblick: 87

– Gebäude § 36 (1):	bis 33 %
– Innenräume § 36 (2):	bis 50 %
– Freianlagen § 40 (6):	bis 33 %
– Ingenieurbauwerke § 44 (6):	bis 33 %
– Verkehrsanlagen § 48 (6):	bis 33 %
– Tragwerksplanungen § 52 (4):	bis 50 %
– Technische Gebäudeausrüstung § 56 (5):	bis 50 %

Ab einem überdurchschnittlichen Schwierigkeitsgrad sind in der HOAI keine Obergrenzen für die Höhe Umbau-/Modernisierungszuschlags enthalten. 88

Die Vereinbarung eines Umbau-/Modernisierungszuschlags kann für alle Schwierigkeitsgrade getroffen werden. 89

---

7 http://www.ibr-online.de/IBRMustertexte/index.php?zg=0&Textnr=202.

Praxistipp
Um Missverständnisse und Honorarstreitigkeiten zu vermeiden, sollten Sie unabhängig des Schwierigkeitsgrades der konkreten Maßnahme die Höhe des Umbau-/Modernisierungszuschlags im Architekten- bzw. Ingenieurvertrag immer schriftlich vereinbaren.

90 Die nachfolgende Grafik zeigt die Systematik der Vereinbarung des Umbau-/Modernisierungszuschlags mit und ohne Schriftform.

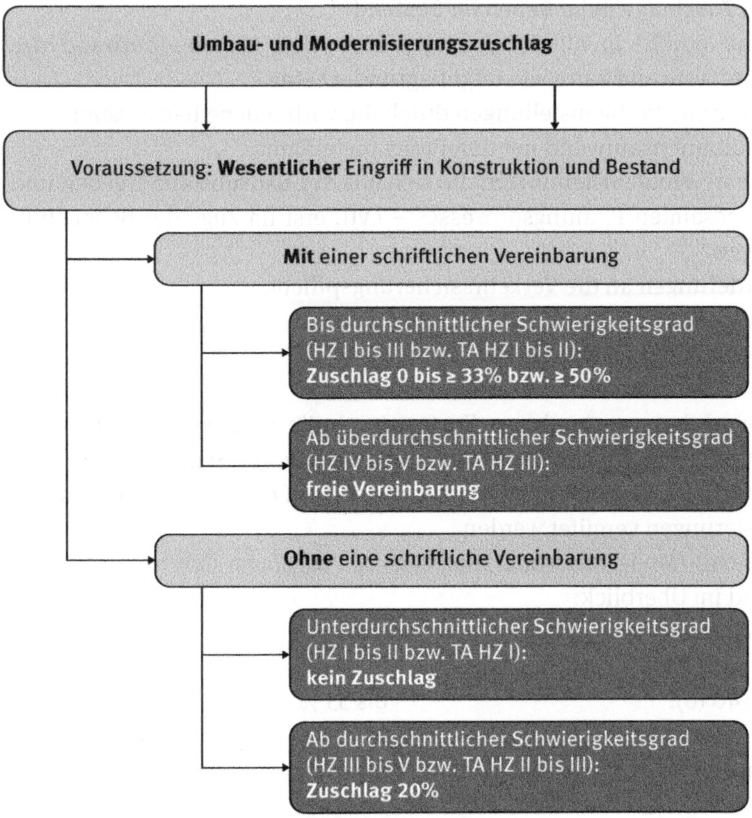

Abb. 2: Systematik Umbau- und Modernisierungszuschlag

91 Da der Umbau- und Modernisierungszuschlag nach § 6 Abs. 2 S. 2 HOAI 2013 unter **Berücksichtigung des Schwierigkeitsgrads** der Leistungen zu vereinbaren ist, können auch für Objekte mit einem unterdurchschnittlichen Schwierigkeitsgrad nur die jeweiligen Höchstsätze (z. B. 33 % für Gebäude nach § 36) vereinbart werden. Ansonsten würde der Höchstsatz bei einem durchschnittlichen Schwierigkeitsgrad keinen Sinn ergeben. Weist das Objekt dagegen einen überdurchschnittlichen Schwierigkeitsgrad auf, kann der Zuschlag frei ohne jede Obergrenze vereinbart werden. Letz-

tere wird alleine durch § 138 BGB (Sittenwidriges Rechtsgeschäft; Wucher) gezogen. In diesen Fällen kann der Umbau- und Modernisierungszuschlag für eine Höchstsatzüberschreitung keine Rolle spielen.[8]

Eine **Untergrenze** zum Umbau-/Modernisierungszuschlag ist in der HOAI nicht 92
enthalten, die Höhe des Zuschlags ist nach unten frei vereinbar. Es kann somit auch auf einen Umbauzuschlag durch eine entsprechende Vereinbarung selbst bei einem überdurchschnittlichen Schwierigkeitsgrad völlig verzichtet oder ein Zuschlag von unter 20 % vereinbart werden. Der Wegfall einer Untergrenze für den Umbau- und Modernisierungszuschlag führt auch dazu, dass diesem für eine Mindestsatzunterschreitung nach § 7 Abs. 3 keine Bedeutung zukommt. Da es für die Beurteilung einer Mindestsatzunterschreitung auf eine Gesamtbewertung aller Honorarparameter ankommt, ist auch der Umbau- bzw. Modernisierungszuschlag nicht in die Vergleichsberechnung auf der Grundlage der Mindestsätze einzustellen, weil dieser zulässigerweise mit 0 % vereinbart werden kann. Im Ergebnis führt dies dazu, dass bei Umbauten und Modernisierungen der Mindestpreischarakter über die Nichtberücksichtigung des Umbau- und Modernisierungszuschlags weitgehend ausgehebelt werden kann.[9]

i) Ermittlung der Honorare für Besondere Leistungen

Honorare für die Besonderen Leistungen sind **nicht** Bestandteil des verbindlichen 93
Preisrechts der HOAI. Sie sind frei verhandelbar. Für die Beratungsleistungen der Anlage 1 enthält die HOAI zwar Honorartabellen, diese haben jedoch nur **Empfehlungscharakter**.

Die Honorare für die Besonderen Leistungen sind vom Auftraggeber zu schät- 94
zen. Zur Ermittlung der voraussichtlichen Honorarhöhe für erforderliche Besondere Leistungen kann z. B. auf Erfahrungen aus vergangenen Projekten oder auf die Honorarempfehlungen für Beratungsleistungen zurückgegriffen werden. Ist dies nicht möglich, kann die Honorarhöhe auf Basis des erwarteten Zeitbedarfs in Verbindung mit marktüblichen Stundensätzen ermittelt werden.

4. Beispiele zur Honorarermittlung

Anhand von zwei grundsätzlich unterschiedlichen Projekten wird im Folgenden nach 95
der vorbeschriebenen Systematik eine Honorarprognose zu zwei fiktiven Projekten durchgeführt:

8 Locher/*Koeble*/Frik, § 6 Rn 53.
9 Locher/*Koeble*/Frik, § 6 Rn 54.

a) Neubau einer Anliegerstraße

96 Projektbeschreibung/Situation: Die Gemeinde beabsichtigt, eine ca. 400 m lange und 6,50 m breite Anliegerstraße für ein zukünftiges Neubaugebiet zu bauen. Als Trägerin der Abwasserbeseitigung plant die Gemeinde ebenfalls die Errichtung der Flächenkanalisation zur Entwässerung der zukünftigen Baugrundstücke und der Straßenoberfläche, bestehend aus je einem Schmutz- und Niederschlagswasserkanal sowie einem Regenrückhaltebecken als Erdbecken zum Ausgleich der Wasserführung. Die Straßeneinläufe der Erschließungsstraße werden an den Niederschlagswasserkanal angeschlossen. Die Ingenieurleistungen für die Bereiche „Anliegerstraße" und „Entwässerung" sollen an einen Planer vergeben werden, da es fachlich zwischen beiden Planungen enge Verknüpfungen und Abhängigkeiten gibt.

97 Weitere Versorgungsleitungen (Gas, Wasser, Telekommunikation) werden von den jeweiligen Versorgungsträgern in Eigenregie geplant.

aa) Zuordnung der Leistungen zum richtigen Leistungsbild

98 – Die Anliegerstraße fällt als „Anlage des Straßenverkehrs" unter den Anwendungsbereich des § 45 HOAI 2013 und ist dem Leistungsbild Verkehrsanlagen nach § 47 HOAI 2013 zuzuordnen.

99 – Die Straßenentwässerung mit Straßeneinläufen und Anschlussleitung bis zum Niederschlagswasserkanal ist als „Fachplanung für Objekte (Technische Ausrüstung, Anlagengruppe 1 Abwasser-, Wasser- und Gasanlagen)" im Sinne des Anwendungsbereichs des § 53 HOAI 2013 zu sehen und dem Leistungsbild Technische Ausrüstung nach § 55 HOAI 2013 zuzuordnen.

100 – Schmutz- und Niederschlagswasserkanalisation sowie das Regenrückhaltebecken fallen als „Bauwerke und Anlagen der Abwasserentsorgung" unter den Anwendungsbereich des § 41 HOAI 2013 und sind dem Leistungsbild Ingenieurbauwerke nach § 43 HOAI 2013 zuzuordnen.

bb) Ermittlung der Objekte nach § 11 HOAI 2013

101 Die Anliegerstraße sowie die unmittelbare Straßenentwässerung (Straßeneinläufe mit Anschlussleitungen) stellen jeweils ein Objekt nach § 11 HOAI 2013 dar.

102 Anders sieht es bei der Abwasserentsorgung aus: Hier liegen unterschiedliche Objekte vor, da die Voraussetzungen des § 11 Abs. 2 nicht vorliegen. Schmutz- und Niederschlagswasserkanäle sowie Regenrückhaltebecken werden nach grundsätzlich unterschiedlichen Planungsbedingungen geplant und errichtet. Sie sind als eigenständige Objekte bei der Honorarermittlung zu berücksichtigen.

cc) Ermittlung der Mitzuverarbeitenden Bausubstanz

103 Entfällt.

dd) Ermittlung der anrechenbaren Kosten

Aus den Erfahrungen von bereits realisierten Projekten werden die anrechenbaren Kosten wie folgt ermittelt: 104

- Erschließungsstraße: 2.600 m^2 x 140 €/m^2 = 364.000 €
  zzgl anr. Kosten aus TA gem. § 46 HOAI = 18.750 €
  Summe: 382.750 €
- Straßenentwässerung: 15 Stck x 1.250 €/Stck = 18.750 €
- Schmutzwasserkanal: 420 m x 350 €/m = 147.000 €
- Niederschlagswasserkanal: 500 m x 450 € = 225.000 €
- Regenrückhaltebecken: 380 m^3 x 75 €/m^3 = 28.500 €

ee) Bestimmung der Honorarzone

- Erschließungsstraße: Anlieger- und Sammelstraßen sind nach 13.2 Objektliste Verkehrsanlagen der Honorarzone II zugeordnet. 105
- Straßenentwässerung: Die Straßeneinläufe mit Anschlussleitungen werden gemäß Anlage 15.2 HOAI 2013 „Objektliste Anlagengruppe 1 Abwasser-, Wasser- oder Gasanlagen" als „Anlagen mit kurzen einfachen Netzen" der Honorarzone I zugeordnet. 106
- Schmutz- und Niederschlagswasserkanal: Die Flächenkanalisation wird gemäß Anlage 12.2 HOAI 2013 „12.2 Objektliste Ingenieurbauwerke, Gruppe 2 – Bauwerke und Anlagen der Abwasserentsorgung" als „Leitungsnetze für Abwasser mit mehreren Verknüpfungen und mehreren Zwangspunkten" der Honorarzone III zugeordnet. 107
- Regenrückhaltebecken: Es wird gemäß Anlage 12.2 HOAI 2013 „12.2 Objektliste Ingenieurbauwerke, Gruppe 2 – Bauwerke und Anlagen der Abwasserentsorgung" als „Erdbecken als Regenrückhaltebecken" der Honorarzone II zugeordnet. 108

ff) Ermittlung des Grundhonorars der Honorartafel

Die nachstehenden Grundhonorare (100 %-Honorare) wurden durch Interpolation der entsprechenden Werte der jeweiligen Honorartafeln, jeweils Mindestsatz, ermittelt: 109

- Erschließungsstraße: 34.620,05 €
- Straßenentwässerung: 6.033,13 €
- Schmutzwasserkanal: 18.750,45 €
- Niederschlagswasserkanal: 25.980,75 €
- Regenrückhaltebecken: 4.536,70 €

gg) Ermittlung der erforderlichen Leistungen nach Leistungsphasen und Grundleistungen

110 Für die Verkehrsanlage mit der Straßenentwässerung sowie für den Schmutzwasserkanal liegt Baurecht über die Bauleitplanung in Verbindung mit den Genehmigungsbescheiden der vorhandenen Abwasseranlagen vor. Die Leistungsphase 4 ist somit entbehrlich. Es entfallen somit folgende Leistungsphasen:
- Erschließungsstraße, Leistungsbild Verkehrsanlagen: Leistungsphase 4 (Genehmigungsplanung) mit 8 Prozent
- Straßenentwässerung, Leistungsbild Technische Ausrüstung: Leistungsphase 4 (Genehmigungsplanung) mit 2 Prozent
- Schmutzwasserkanal, Leistungsbild Ingenieurbauwerke: Leistungsphase 4 (Genehmigungsplanung) mit 5 Prozent

111 Für die Niederschlagswasserkanalisation und das Regenrückhaltebecken wird der volle Leistungsumfang nach HOAI benötigt.

hh) Ermittlung der Zuschläge beim Bauen im Bestand

112 Entfällt.

ii) Ermittlung der Honorare für Besondere Leistungen

113
- Erschließungsstraße:
  - Örtliche Bauüberwachung, Annahme: 2,9 % der anrechenbaren Baukosten
  - Koordination der verschiedenen Objektplanungen (Verkehrsanlage und alle beteiligten Ver- und Entsorgungsträger), Annahme: Zeithonorar, geschätzter Aufwand ca. 30 h Projektingenieur x 75 €/h
- Straßenentwässerung:
  - keine Besonderen Leistungen
- Schmutzwasserkanal:
  - Örtliche Bauüberwachung, Annahme: 2,9 % der anrechenbaren Baukosten
- Niederschlagswasserkanal:
  - Örtliche Bauüberwachung, Annahme: 2,9 % der anrechenbaren Baukosten
- Regenrückhaltebecken:
  - Örtliche Bauüberwachung, Annahme: 2,9 % der anrechenbaren Baukosten

jj) Gesamtergebnis der Honorarprognose:

114 Anhand der vor genannten Honorargrundlagen stellt sich das zu erwartende Gesamthonorar wie folgt dar:

– Erschließungsstraße:

Objektplanung Verkehrsanlagen § 45 HOAI			
Honorartafel	§ 48		
Anrechenbare Kosten		§46 (1)	364.000,00 €
		§46 (2)	18.750,00 €
	Summe vorläufig geschätzt		382.750,00 €
	Honorarzone gem.		
	Ojektliste Anlage 12.2 HOAI		II
	Honorarsatz		Mindestsatz
	Grundhonorar		34.620,05 €

Leistungsphase	nach HOAI	zu beauftragen	Honorar
Lph 1	2,0 %	2,0 %	692,40 €
Lph 2	20,0 %	20,0 %	6.924,01 €
Lph 3	25,0 %	25,0 %	8.655,01 €
Lph 4	8,0 %	0,0 %	0,00 €
Lph 5	15,0 %	15,0 %	5.193,01 €
Lph 6	10,0 %	10,0 %	3.462,01 €
Lph 7	4,0 %	4,0 %	1.384,80 €
Lph 8	15,0 %	15,0 %	5.193,01 €
Lph 9	1,0 %	1,0 %	346,20 €
Zwischensumme	**100,0 %**	**92,0 %**	**31.850,45 €**
	Summe Objektplanung		**31.850,45 €**

Besondere Leistungen		
- örtliche Bauüberwachung	2,9 %	10.556,00 €
Koordination der versch. Objektplanungen	Zeitaufwand	2.250,00 €
Summe Besondere Leistungen		**12.806,00 €**

Honorar nach HOAI			
Zw.-Summe netto			44.656,45 €
Nebenkosten		6%	2.679,39 €
Summe Honorar nach HOAI (netto)			**47.335,84 €**
Mehrwertsteuer		19%	8.993,81 €
	Summe Honorar (brutto)		**56.329,65 €**

– Straßenentwässerung:

Fachplanung Technische Ausrüstung § 53 HOAI		
Anlagengruppe:	☑ Gruppe 1: Abwasser-, Wasser- und Gasanlagen	
Honorartafel	§ 56	
Anrechenbare Kosten		18.750,00 €
	Honorarzone gem.	
	Ojektliste Anlage 15.2 H	I
	Honorarsatz	Mindestsatz
	Grundhonorar	6.033,13 €

Leistungsphase	nach HOAI	vereinbartes Honorar	Honorar
Lph 1	2,0 %	2,0 %	120,66 €
Lph 2	9,0 %	9,0 %	542,98 €
Lph 3	17,0 %	17,0 %	1.025,63 €
Lph 4	2,0 %	0,0 %	0,00 €
Lph 5	22,0 %	22,0 %	1.327,29 €
Lph 6	7,0 %	7,0 %	422,32 €
Lph 7	5,0 %	5,0 %	301,66 €
Lph 8	35,0 %	35,0 %	2.111,60 €
Lph 9	1,0 %	1,0 %	60,33 €
Zwischensumme	**100,0 %**	**98,0 %**	**5.912,47 €**
	Summe Fachplanung		**5.912,47 €**

Honorar nach HOAI		
Zw.-Summe netto		5.912,47 €
Nebenkosten	6%	354,75 €
Summe Honorar nach HOAI (netto)		**6.267,22 €**
Mehrwertsteuer	19%	1.190,77 €
Summe Honorar nach HOAI (brutto)		**7.457,99 €**

– Schmutzwasserkanal:

Objektplanung Ingenieurbauwerke § 41 HOAI			
Honorartafel	§ 44		
Anrechenbare Kosten		§42 (1)	147.000,00 €
	Honorarzone gem.		
	Ojektliste Anlage 12.2 HOAI		III
	Honorarsatz		Mindestsatz
	Grundhonorar		18.750,45 €

Leistungsphase	nach HOAI	zu beauftragen	Honorar
Lph 1	2,0 %	2,0 %	375,01 €
Lph 2	20,0 %	20,0 %	3.750,09 €
Lph 3	25,0 %	25,0 %	4.687,61 €
Lph 4	5,0 %	0,0 %	0,00 €
Lph 5	15,0 %	15,0 %	2.812,57 €
Lph 6	13,0 %	13,0 %	2.437,56 €
Lph 7	4,0 %	4,0 %	750,02 €
Lph 8	15,0 %	15,0 %	2.812,57 €
Lph 9	1,0 %	1,0 %	187,50 €
Zwischensumme	**100,0 %**	**95,0 %**	**17.812,93 €**
	Summe Objektplanung		**17.812,93 €**

Besondere Leistungen		
- örtliche Bauüberwachung	2,9 %	4.263,00 €
Summe Besondere Leistungen		**4.263,00 €**

Honorar nach HOAI		
Zw.-Summe netto		22.075,93 €
Nebenkosten	6%	1.324,56 €
Summe Honorar nach HOAI (netto)		**23.400,49 €**
Mehrwertsteuer	19%	4.446,09 €
	Summe Honorar (brutto)	**27.846,58 €**

– Niederschlagswasserkanal:

Objektplanung Ingenieurbauwerke § 41 HOAI			
Honorartafel	§ 44		
Anrechenbare Kosten		§42 (1)	225.000,00 €
	Honorarzone gem. Ojektliste Anlage 12.2 HOAI		III
	Honorarsatz		Mindestsatz
	Grundhonorar		25.980,75 €

Leistungsphase	nach HOAI	zu beauftragen	Honorar
Lph 1	2,0 %	2,0 %	519,62 €
Lph 2	20,0 %	20,0 %	5.196,15 €
Lph 3	25,0 %	25,0 %	6.495,19 €
Lph 4	5,0 %	5,0 %	1.299,04 €
Lph 5	15,0 %	15,0 %	3.897,11 €
Lph 6	13,0 %	13,0 %	3.377,50 €
Lph 7	4,0 %	4,0 %	1.039,23 €
Lph 8	15,0 %	15,0 %	3.897,11 €
Lph 9	1,0 %	1,0 %	259,81 €
Zwischensumme	**100,0 %**	**100,0 %**	**25.980,76 €**
	Summe Objektplanung		**25.980,76 €**

Besondere Leistungen		
- örtliche Bauüberwachung	2,9 %	6.525,00 €
Summe Besondere Leistungen		**6.525,00 €**

Honorar nach HOAI		
Zw.-Summe netto		32.505,76 €
Nebenkosten	6%	1.950,35 €
Summe Honorar nach HOAI (netto)		**34.456,11 €**
Mehrwertsteuer	19%	6.546,66 €
Summe Honorar (brutto)		**41.002,77 €**

– Regenrückhaltebecken:

Objektplanung Ingenieurbauwerke § 41 HOAI			
Honorartafel	§ 44		
Anrechenbare Kosten		§42 (1)	28.500,00 €
	Honorarzone gem.		
	Ojektliste Anlage 12.2 HOAI		II
	Honorarsatz		Mindestsatz
	Grundhonorar		4.536,70 €

Leistungsphase	nach HOAI	zu beauftragen	Honorar
Lph 1	2,0 %	2,0 %	90,73 €
Lph 2	20,0 %	20,0 %	907,34 €
Lph 3	25,0 %	25,0 %	1.134,18 €
Lph 4	5,0 %	5,0 %	226,84 €
Lph 5	15,0 %	15,0 %	680,51 €
Lph 6	13,0 %	13,0 %	589,77 €
Lph 7	4,0 %	4,0 %	181,47 €
Lph 8	15,0 %	15,0 %	680,51 €
Lph 9	1,0 %	1,0 %	45,37 €
Zwischensumme	**100,0 %**	**100,0 %**	**4.536,72 €**
	Summe Objektplanung		**4.536,72 €**

Besondere Leistungen		
- örtliche Bauüberwachung	2,9 %	826,50 €
Summe Besondere Leistungen		**826,50 €**

Honorar nach HOAI		
Zw.-Summe netto		5.363,22 €
Nebenkosten	6%	321,79 €
Summe Honorar nach HOAI (netto)		**5.685,01 €**
Mehrwertsteuer	19%	1.080,15 €
	Summe Honorar (brutto)	**6.765,16 €**

– Gesamthonorar, Ergebnis:

Zusammenstellung des zu erwartenden Gesamthonorars	
Honorar Verkehrsanlage	44.656,45 €
Honorar Straßenentwässerung	5.912,47 €
Honorar Schmutzwasserkanal	22.075,93 €
Honorar Niederschlagswasserkanal	32.505,76 €
Honorar Regenrückhaltebecken	5.363,22 €
Zwischensumme:	**110.513,83 €**
Nebenkosten (6 %)	6.630,83 €
Summe netto:	**1117.144,66 €**
MwSt. (19 %)	22.257,49 €
Summe brutto:	**139.402,15**

115 Im Ergebnis wird also festgestellt, dass die Honorarprognose (netto, ohne Nebenkosten) mit ca. 110.500 € abschließt. Das Vergabeverfahren für die Vergabe der freiberuflichen Leistungen der Gemeinde kann somit nach den jeweiligen Vergabevorschriften **unterhalb des Schwellenwertes** der Vergabeverordnung eingeleitet werden.

b) Sanierung eines Büro-/Verwaltungsgebäudes

116 Projektbeschreibung/Situation: Die Kreisverwaltung beabsichtigt, ihr Verwaltungsgebäude aus den 60er Jahren umfassend zu sanieren. Die Bedarfsplanung hat ergeben, dass die vorhandene Gebäudegröße auch für Deckung des zukünftig zu erwartenden Raumbedarfs ausreichend ist. Das äußere Erscheinungsbild des Gebäudes soll aus urheberrechlichen und städtebaulichen Erwägungen erhalten bleiben.

117 Nach ersten Untersuchungen zum Sanierungsbedarf ist festzustellen:
- Die Gebäudehülle (Flachdach) weist Undichtigkeiten auf.
- Die energetische Sanierung nach EnEV-Standard soll durch eine Innendämmung erreicht werden.
- Es sind brandschutztechnische Maßnahmen erforderlich.
- Nahezu die vollständige Technische Gebäudeausrüstung ist generalsanierungsbedürftig.

118 Es ist geplant, zunächst nur die Objektplanungsleistungen nach § 34 HOAI zu vergeben. Erst nach Abschluss der Leistungsphase 1 sollen auf Basis dieser Ergebnisse („Formulieren der Entscheidungshilfen für die Auswahl anderer an der Planung fachlich Beteiligter") die Eignungskriterien an die Fachplaner für die Vergabe der Fachplanungsleistungen definiert werden.

aa) Zuordnung der Leistungen zum richtigen Leistungsbild

Die Planungsleistungen zur Sanierung des Verwaltungsgebäudes sind dem Leistungsbild „Gebäude und Innenräume" nach § 34 HOAI 2013 zuzuordnen. 119

bb) Ermittlung der Objekte nach § 11 HOAI

Das Verwaltungsgebäude hat keine Gliederung in unabhängige Abschnitte oder Aufteilung in Haupt- und Nebengebäude. Es liegen somit nicht mehrere Objekte nach § 11 HOAI 2013 vor. 120

cc) Ermittlung der Mitzuverarbeitenden Bausubstanz

Der Umfang der Mitzuverarbeitenden Bausubstanz kann ohne vertiefende Planungsergebnisse nur überschlägig geschätzt werden. Zur Honorarprognose wird auf die Volumenmethode zurückgegriffen. 121

> Bruttorauminhalt x ortsüblicher Wert x Faktor (zur Berücksichtigung des Abbruchs von Bauteilen, des Erhaltungszustands der vorhandenen Bausubstanz und der Leistung des Planers für die Mitverarbeitung).
> 11.500 m³ x 350 €/m³ x 0,20 = 805.000 €

dd) Ermittlung der anrechenbaren Kosten

Im Rahmen der Bedarfsplanung wurden die anrechenbaren Kosten wie folgt ermittelt: 122

- Kostengruppe 300 = 2.400.000 €
- Kostengruppe 400 = 1.600.000 €

Die anrechenbaren Kosten für die Objektplanung ermitteln sich demnach aus den vorgenannten Grundlagen wie folgt: 123

Kostengruppen	**Kosten in Euro netto**
Bauwerk – Baukonstruktionen (KG 300)	2.400.000,00 €
zzgl. mitzuverarb. Bausubstanz	805.000,00 €
zzgl. TGA, KG 400 (§ 33 Abs. 2 Nr. 1)	801.250,00 €
zzgl. TGA, KG 400 (§ 33 Abs. 2 Nr. 2)	399.375,00 €
Summe anrechenbare Kosten	**4.405.625,00 €**

ee) Bestimmung der Honorarzone

124 Nach 10.2 Objektliste Gebäude sind Büro- und Verwaltungsgebäude der Honorarzone III oder IV zugeordnet. Nach § 5 Abs. 3 HOAI gilt: „Die Honorarzonen sind anhand der Bewertungsmerkmale in den Honorarregelungen der jeweiligen Leistungsbilder der Teile 2 bis 4 zu ermitteln. Die Zurechnung zu den einzelnen Honorarzonen ist nach Maßgabe der Bewertungsmerkmale und gegebenenfalls der Bewertungspunkte sowie unter Berücksichtigung der Regelbeispiele in den Objektlisten der Anlagen dieser Verordnung vorzunehmen."

125 Demnach sind die Bewertungsmerkmale und gegebenenfalls die Bewertungspunkte unter Berücksichtigung der Regelbeispiele zu beachten. Da die Regelbeispiele nur für Neubauten gelten, können diese im vorliegenden Fall nicht greifen und auch nicht berücksichtigt werden. Wie nachfolgend noch aufgezeigt, werden Zuordnungen aus mehreren Honorarzonen vorliegen, sodass § 35 Abs. 4 Satz 1 HOAI greift und folglich eine Punktebewertung der Merkmale vorzunehmen ist.

126 Gemäß § 2 Abs. 5 und 6 HOAI sind die Honorare für Leistungen bei Umbauten und Modernisierungen nach der Honorarzone, welcher der Umbau oder die Modernisierung in sinngemäßer Anwendung der Bewertungsmerkmale zuzuordnen ist, zu ermitteln. Demnach ist nicht der Schwierigkeitsgrad des Neubaus eines Verwaltungsgebäudes maßgeblich, sondern der Schwierigkeitsgrad, welcher sich „in sinngemäßer Anwendung" der Bewertungsmerkmale aus den Bewertungspunkten für die hier vorliegende Modernisierung eines bestehenden Verwaltungsgebäudes ergibt.[10]

127 Nach § 35 Abs. 2 HOAI gilt für Gebäude: „Welchen Honorarzonen die Grundleistungen für Gebäude zugeordnet werden, richtet sich nach folgenden Bewertungsmerkmalen:

1. Anforderungen an die Einbindung in die Umgebung,
2. Anzahl der Funktionsbereiche,
3. gestalterische Anforderungen,
4. konstruktive Anforderungen,
5. technische Ausrüstung,
6. Ausbau."

128 Diese 6 Bewertungsmerkmale sind somit für den vorliegenden Fall „sinngemäß" für eine Modernisierung zu bewerten.

129 Daher entfällt hier das Bewertungsmerkmal 1 vollständig. Deshalb werden die auf das Bewertungskriterium 1 entfallenden 6 Punkte hierfür nicht angesetzt, sondern im Verhältnis von 42/36 auf die anderen Bewertungsmerkmale verteilt. D. h. die Summe der Bewertungspunkte aus den anderen 5 Merkmalen wird jeweils mit dem Faktor von 1,17 multipliziert.[11]

10 Locher/*Koeble*/Frick, § 6 Rdn. 48.
11 Locher/*Koeble*/Frick, § 6 Rdn. 49.

Zu den einzelnen Kriterien: 130

1. Anforderungen an die Einbindung in die Umgebung:
Das Kriterium findet im vorliegenden Fall keine Anwendung. 131

2. Anzahl der Funktionsbereiche:
Die üblichen Funktionsbereiche eines Verwaltungsgebäudes, also Arbeiten, Teeküchen, Besprechungen, Sitzungen und Zulassungsstelle werden auch weiterhin erhalten bleiben. Dies stellt eine durchschnittliche Anzahl von Funktionsbereichen dar, mit Tendenz zu überdurchschnittlich, sodass das Kriterium mit 6 von 9 Punkten bewertet wird. 132

3. Gestalterische Anforderungen:
Das Verwaltungsgebäude dient zwar Repräsentationszwecken, dies aber mit zurückhaltenden gestalterischen Anforderungen, insbesondere an die Innenraumgestaltung. Die gestalterischen Anforderungen werden als durchschnittlich mit leichter Tendenz zu überdurchschnittlich bewertet, sodass das Kriterium mit 5 von 9 Punkten bewertet wird. 133

4. Konstruktive Anforderungen:
Die hier vorzunehmende Sanierung spiegelt sich in den konstruktiven Anforderungen wider. D. h., dass hier Konstruktionen zu planen sind, die die Sanierungsprobleme lösen, was durch die vorgegebene Fassade mit Innendämmung schwierig ist. Dies stellt sehr hohe Anforderungen dar, sodass das Kriterium mit 6 von 6 Punkten bewertet wird. 134

5. Technische Ausrüstung:
Es wird davon ausgegangen, dass die üblichen aktuellen Anforderungen an die Technische Ausrüstung greifen. Hier sind also eine eher unterdurchschnittliche Wasser- und Abwasseranlage, eine überdurchschnittliche Wärmeversorgung mit moderneren Technologien, eine überdurchschnittliche lufttechnische Anlage (wg. der schwierigen raumklimatischen Bedingungen), durchschnittliche Starkstromanlagen, eine durchschnittliche Fernmelde- und informationstechnische Anlage (Telefon und EDV) zu koordinieren und integrieren. Dies wird als durchschnittlich mit Tendenz zu überdurchschnittlich bewertet, sodass das Kriterium mit 4 von 6 Punkten bewertet wird. 135

6. Ausbau:
Das Gebäude dient zwar Repräsentationszwecken, aber es sind dennoch zurückhaltende Anforderungen zum Ausbau gegeben. Da allerdings die Sanierung massiv in den Ausbau der Innenseite der Außenwände eingreift, werden die Anforderungen als überdurchschnittlich bewertet, sodass das Kriterium mit 5 von 6 Punkten bewertet wird. 136

Zusammenfassung und Übersicht über die Punktebewertung:

Bewertungsmerkmal	Punkte nach HOAI	Gewählt für Objekt
Anforderungen an die Einbindung in die Umgebung	1 bis 6	entfällt
Anzahl der Funktionsbereiche	1 bis 9	6
Gestalterische Anforderungen	1 bis 9	5
konstruktive Anforderungen	1 bis 6	6
Technische Ausrüstung	1 bis 6	4
Ausbau	1 bis 6	5
Zwischensumme ZW		26
Maßgebliche Punktesumme (ZW multipliziert mit 42/36)		30,3

137 Hieraus resultiert die Einordnung in die Honorarzone nach § 35 Abs. 6 HOAI 2013:

Honorarzone	
Honorarzone I:	bis zu 10 Punkte
Honorarzone II:	11 bis 18 Punkte
Honorarzone III:	19 bis 26 Punkte
Honorarzone IV:	27 bis 34 Punkte
Honorarzone V:	35 bis 42 Punkte
Punktesumme aus Bewertung:	**30,3**
Einordnung in Honorarzone:	**IV**

138 Das Projekt ist hinsichtlich der Objektplanung somit der **Honorarzone IV** zuzuordnen.

ff) Ermittlung des Grundhonorars der Honorartafel

139 Das Grundhonorar (100 %-Honorar) wurde durch Interpolation der entsprechenden Werte der Honorartafel nach § 35 Abs. 1 HOAI 2013, Mindestsatz, ermittelt:
- Anrechenbare Kosten: 4.405.625,00 €
- 100 %-Honorar nach Honorartafel: 532.647,59 €

gg) Ermittlung der erforderlichen Leistungen nach Leistungsphasen und Grundleistungen

Der Auftraggeber beabsichtigt, mit der verwaltungseigenen Vergabestelle das Vergabeverfahren abzuwickeln. Es entfallen somit folgende Teilleistungen aus den Leistungsphasen 6 und 7: 140

1. Leistungsphase 6: 141

- Zusammenstellen der Vergabeunterlagen (für alle Leistungsbereiche)

Die nicht beauftragte Teilleistung wird mit 0,5 von 10,0 bewertet. Der Satz der HOAI für diese Leistungsphase wird daher auf 9,5 v.H. reduziert.

2. Leistungsphase 7: 142

- Einholen von Angeboten
- Prüfen und Werten der Angebote einschließlich Aufstellen eines Preisspiegels nach Einzelpositionen oder Teilleistungen
- Führen von Bietergesprächen
- Erstellen der Vergabevorschläge, Dokumentation des Vergabeverfahrens
- Zusammenstellen der Vertragsunterlagen für alle Leistungsbereiche
- Vergleichen der Ausschreibungsergebnisse mit den vom Planer bepreisten Leistungsverzeichnissen oder der Kostenberechnung
- Mitwirken bei der Auftragserteilung

Die nicht beauftragten Teilleistungen werden mit 3,5 von 4,0 bewertet. Der Satz der HOAI für diese Leistungsphase wird daher auf 0,5 v.H. reduziert. 143

hh) Ermittlung der Zuschläge beim Bauen im Bestand

Für die Honorarprognose wird ein Umbau-/Modernisierungszuschlag von 20 % angenommen. 144

ii) Ermittlung der Honorare für Besondere Leistungen

Für die Abwicklung der Baumaßnahme wird die Einschaltung eines SiGeKo nach Baustellenverordnung erforderlich. Die Leistungen des SiGeKo gliedern sich in die Leistungen für die Planungsphase und die Ausführungsphase. Das Honorar für die Planungsphase wird mit psch 1.000 € geschätzt. Das Honorar für die Ausführungsphase wird mit einer Bauzeit von 40 Wochen und einem Honorar von 250 €/Woche geschätzt. 145

Des Weiteren wird davon ausgegangen, dass für noch nicht genauer definierbare Leistungen bei einem Projekt dieser Größenordnung Besondere Leistungen auf Nachweis des erforderlichen Zeitbedarfs zu erbringen sind. Daher werden hierfür bei der 146

Honorarprognose entsprechende Ansätze gebildet. Das geschätzte Honorar für die Besonderen Leistungen ergibt sich somit wie folgt:

– SiGeKo für die Planungsphase:	1.000 €
– SiGeKo für die Ausführungsphase:	10.000 €
– Stundenaufwand AN (25 h x 115 €/h)	2.875 €
– Stundenaufwand Architekt/Ing. (75 h x 85 €/h)	6.375 €
– Stundenaufwand Zeichner (50 h x 50 €/h)	2.500 €
– Summe Besondere Leistungen:	22.750 €

jj) Gesamtergebnis der Honorarprognose:

147 Anhand der vorgenannten Honorarprognosen stellt sich das zu erwartende Gesamthonorar wie folgt dar:

Leistungsbild Gebäude gem. § 34 HOAI			
Honorartafel	§ 35		
Anrechenbare Kosten		§ 33 (1)	2.400.000,00 €
		mitzuverarb. Bausubstanz	805.000,00 €
		§ 33 (2) Nr. 1	801.250,00 €
		§ 33 (2) Nr. 2	399.375,00 €
		Summe vorläufig geschätzt	4.405.625,00 €
	Honorarzone gem. Ojektliste		
	Anlage 10.2 HOAI		IV
	Honorarsatz		Mindestsatz
	Grundhonorar hier:		**532.647,59 €**

Leistungsphase	nach HOAI	vereinbartes Honorar	Honorar
Lph 1	2,0 %	2,0 %	10.652,95 €
Lph 2	7,0 %	7,0 %	37.285,33 €
Lph 3	15,0 %	15,0 %	79.897,14 €
Lph 4	3,0 %	3,0 %	15.979,43 €
Lph 5	25,0 %	25,0 %	133.161,90 €
Lph 6	10,0 %	9,5 %	50.601,52 €
Lph 7	4,0 %	0,5 %	2.663,24 €
Lph 8	32,0 %	32,0 %	170.447,23 €
Lph 9	2,0 %	2,0 %	10.652,95 €
Zwischensumme	**100,0 %**	**96,0 %**	**511.341,69 €**
Umbau-/Modernisierungszuschlag		20,0 %	102.268,34 €
	Summe Objektplanung		**613.610,03 €**

Besondere Leistungen		
SiGeKo:		
a) SiGeKo Planungsphase		1.000,00 €
b) SiGeKo Ausführungsphase		10.000,00 €
Leistungen nach Stundenaufwand:		
Für den AN (GF, Partner, Gesellschafter), ca. 25 h:	115,00 €/h	2.875,00 €
Für Architekten / Ingenieure, ca. 75 h:	85,00 €/h	6.375,00 €
Für Zeichenr, Schreibkräfte, ca. 50 h:	50,00 €/h	2.500,00 €
Summe Besondere Leistungen		**22.750,00 €**

Zusammenstellung Honorar nach HOAI		
Zw.-Summe netto		636.360,03 €
Nebenkosten	6%	38.181,60 €
Summe Honorar nach HOAI (netto)		**674.541,63 €**
Mehrwertsteuer	19%	128.162,91 €
Summe Honorar nach HOAI (brutto)		**802.704,54 €**

Im Ergebnis wird also festgestellt, dass die Honorarprognose (netto, ohne Nebenkosten) mit ca. 636.000 € abschließt. Da der **Schwellenwert** nach Vergabeverordnung überschritten ist, muss das Vergabeverfahren für die Vergabe der freiberuflichen Leistungen **nach VOF** durchgeführt werden. 148

III. Die unterschiedlichen Verfahrensarten

Die Grundsatzentscheidung, ob ein Verfahren nach den Regeln der VOF (oberhalb des Schwellenwertes nach VGV) oder nach den für den jeweiligen Auftraggeber aus im Haushaltsrecht festgelegten Regeln für die Vergabe von freiberuflichen Leistungen (unterhalb des Schwellenwertes nach VGV) erfolgen muss, resultiert aus der Honorarprognose in Verbindung mit der geplanten Vergabeart (z. B. getrennte Vergabe der Objekt- und Fachplanungsleistungen oder Generalplanervergabe). 149

Generell ist zur Dokumentation des Unter- bzw. Überschreitens des Schwellenwertes bei der Schätzung der **voraussichtlichen Gesamtvergütung** vom zu erwartenden Gesamthonorar einschließlich eventueller Optionen auszugehen. 150

Maßgeblicher Zeitpunkt für die Schätzung des Auftragswertes zur Festlegung der Verfahrensart ist der Zeitpunkt der Bekanntmachung bzw. der Zeitpunkt der Einleitung des Vergabeverfahrens. Alle zu diesem Zeitpunkt vorliegenden Erkenntnisse müssen in die Schätzung des Auftragswertes einfließen. Bei der Schätzung ist mit Sorgfalt vorzugehen und – insbesondere bei nicht in der HOAI verordneten Leistungen (Besondere Leistungen) – für die Honorarerwartung sind realitätsnahe Erwartungen zu definieren. 151

Praxistipp !

Stellen Sie realistische Prognosen für die zu erwartenden Honorare auf und dokumentieren Sie die Gründe hierfür. Liegt das tatsächliche Bieterangebot außerhalb Ihrer Prognose und überschreitet deshalb der Auftragswert entgegen Ihrer Schätzung den Schwellenwert, führt dies nicht automatisch dazu, dass das Vergabeverfahren (nach den Regeln der VOF) zu wiederholen ist. Entscheidend bleibt der sorgfältig und ermessensfehlerfrei geschätzte Auftragswert.

Um das Vergabeverfahren zu starten, bedarf es der Feststellung, ob es sich bei den zu erbringenden Leistungen eindeutig und erschöpfend beschreibbare Leistungen oder geistig-schöpferische (Planungs-)Leistungen handelt. Sind die Leistungen **eindeutig und erschöpfend beschreibbar**, sind sie regelmäßig nach den Vorschriften der VOL zu beschaffen. 152

Handelt es sich um **geistig-schöpferische (Planungs-)Leistungen**, ist im zweiten Schritt festzustellen, ob der voraussichtliche Auftragswert den geltenden Schwellenwert erreicht oder überschreitet. 153

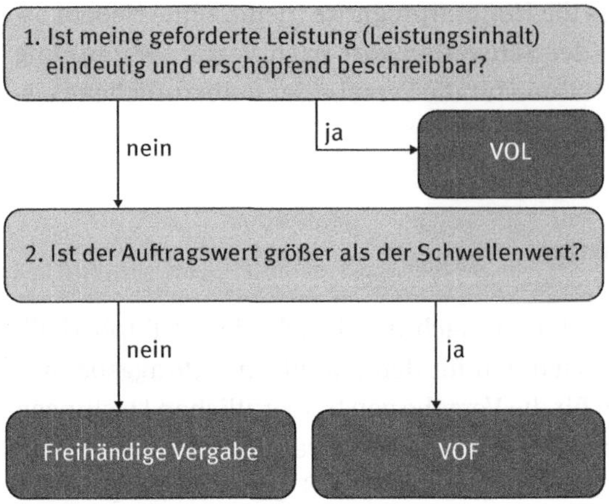

Abb. 4: Entscheidungsmatrix zur Festlegung der Vergabeart

1. Oberhalb des Schwellenwertes

154 Bei Leistungen oberhalb des Schwellenwertes nach Vergabeverordnung (VGV) sind die Leistungen nach der Vergabeordnung für freiberufliche Leistungen (VOF) bzw. der Verordnung über die Vergabe von Aufträgen im Bereich des Verkehrs, der Trinkwasserversorgung und der Energieversorgung (Sektorenverordnung- SektVO) zu vergeben. Sie sollen sicherstellen, dass ein Auftraggeber das Ziel des Verfahrens mit vertretbarem Aufwand erreicht, demjenigen den Auftrag zu erteilen, der nach § 11 Abs. 6 VOF die bestmögliche Leistung erwarten lässt bzw. nach § 29 SektVO das wirtschaftlichste Angebot vorgelegt hat. Der Auftragnehmer soll sich einem **transparenten Verfahren** gegenübersehen.

155 Das Verhandlungsverfahren mit vorheriger öffentlicher Aufforderung zur Teilnahme (Teilnahmewettbewerb) gem. § 3 Abs. 1 VOF 2009 ist das Regelvergabeverfahren der VOF. Verhandlungsverfahren bedeutet, dass der Auftraggeber aus dem Kreis aller Bewerber diejenigen auswählt, mit denen er über die Auftragsbedingungen verhandelt, und am Ende der Verhandlungen denjenigen Bewerber auswählt, mit dem er den Vertrag schließen will (zweistufiges Verfahren).

156 Ein Verhandlungsverfahren ohne Teilnahmewettbewerb ist nur in Sonderfällen zulässig, z. B. bei besonderer Geheimhaltung, Wiederholungsleistungen, Ausführung nur von einer Person möglich (§ 3 Abs. 4 VOF 2009). In diesen Fällen fordert der Auftraggeber die Bewerber direkt zur Abgabe eines Angebots auf.

157 Daneben besteht die Möglichkeit, Aufträge über freiberufliche Leistungen auch im Rahmen von Wettbewerben nach § 15 ff. VOF 2009 zu vergeben. Für diese sind die RPW 2013 (Richtlinie für Planungswettbewerbe 2013) anzuwenden.

2. Unterhalb des Schwellenwertes

Freihändige Verfahren unterhalb des Schwellenwertes unterliegen nicht den Regelungen der VOF. Ob mit einem oder mehreren Bewerbern verhandelt wird, ist grundsätzlich eine freie Entscheidung der Vergabestelle. Allerdings sind dabei die allgemeinen **haushaltsrechtlichen Grundsätze** von Wirtschaftlichkeit und Sparsamkeit zu beachten. Grundlage dafür sind die Landes- bzw. Kommunal-Haushaltsordnungen. 158

Allgemeingültige, bundeseinheitliche Regelungen hierbei gibt es nicht. Die 159
Gesetz- und Verordnungsgeber der einzelnen Bundesländer handeln hier sehr unterschiedlich. Teilweise werden entsprechende Vorgaben in Landesvergabegesetzen gemacht, teilweise enthalten Verwaltungsvorschriften spezielle Regelungen.

Beispiele

– **Hessen**:
  Das „Hessische Vergabegesetz“ vom 25.03.2013 verlangt bei freihändiger Vergabe von Dienst- und Werkleistungen ab 80.000 Euro je Auftrag die Durchführung eines öffentlichen Interessenbekundungsverfahrens.
– **Rheinland-Pfalz**:
  Die „Verwaltungsvorschrift öffentliches Auftrags- und Beschaffungswesen in Rheinlad-Pfalz“ vom 24.04.2014 verlangt, dass auch bei freiberuflichen Leistungen – unterhalb des Schwellenwertes ab einem Auftragswert von 500 Euro netto – mind. 3 Angebote einzuholen sind. Ausnahme: Es handelt sich bei den zu vergebenden Leistungen um „Standardleistungen“.

Praxistipp

Die Beispiele verdeutlichen, wie unterschiedlich die rechtlichen Rahmenbedingungen in den einzelnen Bundesländern sein können. Insbesondere bei Maßnahmen, für die Zuwendungen zu erwarten sind, ist die Einhaltung der landesspezifischen Vorgaben regelmäßig Bestandteil der Nebenbestimmungen des Zuwendungsbescheids. Vergewissern Sie sich – insbesondere bei bezuschussten Projekten – welche Regelwerke einzuhalten sind, damit Sie sich nicht nach Abschluss des Projektes im Zuge der Prüfung des Schlussverwendungsnachweises einer (teilweisen) Zuwendungsrückforderung aussetzen.

Zu den **landesspezifischen Regelungen** kommt im Einzelfall noch das jeweils zu 160
berücksichtigende Ortsrecht, d. h. zum Beispiel die verwaltungsinterne **Dienstanweisung** im Beschaffungswesen. Auch wenn das Ortsrecht in der Regel keinen bieterschützenden Charakter entfaltet oder im Zuge der Prüfung von Zuwendungsmitteln keine Berücksichtigung findet, ist dessen Berücksichtigung dennoch für die ordnungsgemäße Aufgabenerfüllung des Mitarbeiters gegenüber dem Dienstherren alternativlos.

Unterhalb der im Einzelfall auch national geregelten Schwellen oder speziellen 161
Vorgaben können unter Berücksichtigung der Wirtschaftlichkeit und Sparsamkeit „Direktaufträge“ vergeben werden, d. h. es wird nur mit einem geeigneten Bieter ein Verhandlungsverfahren durchgeführt. Die Bieter, die zu solchen Verhandlungen eingeladen werden bzw. die in solchen Verfahren Aufträge erhalten, sind regelmäßig zu wechseln; es ist immer auf eine gesunde **Streuung der Aufträge** zu achten.

B. Vorgaben an den Planer

I. Leistungsziel

162 Die Leistungsziele sind die **Anforderungen des Auftraggebers** an das Objekt, dessen Entstehenlassen der Architekt schuldet. Schuldrechtlich betrachtet, werden mit den Leistungszielen die Beschaffenheiten der vom Architekten geschuldeten Planungs-, Ausschreibungs- und Überwachungsleistungen und damit der von ihm zu erreichende **Werkerfolg** vorgegeben, der sich zunächst aus dem Bedarf des Auftraggebers entwickelt, um sich im Verlauf der Planungsphasen objektbezogen (und nicht bezogen auf die Planungsleistungen) regelmäßig hinsichtlich

- Qualitäten und Quantitäten,
- Kosten sowie
- Terminen

zu konkretisieren.

163 Im Architekten- bzw. Ingenieurvertrag sollte das Leistungsziel durch den Auftraggeber hinreichend genau **bestimmbar** vorgegeben werden. Aus dem Leistungsziel ergeben sich jedoch nicht nur die vertraglich zu vereinbarenden Leistungspflichten. Sie spielen insbesondere bei der Frage nach der Honorierung von Änderungs- oder Wiederholungsplanungen eine Rolle, denn regelmäßig geht solchen Änderungsplanungen eine Änderung des Leistungsziels voraus. Hieraus leitet sich automatisch die Frage ab, wie die Änderung des Leistungsziels qualitativ und quantitativ festgestellt werden kann, wenn dieses Ziel im Vorfeld nicht festgelegt war.

164 Regelmäßig kann die Bedarfsplanung ein gutes Instrument für den Auftraggeber sein, verbindliche **Leistungsziele** für die Grundlagenermittlung und den Entwurf zu entwickeln. Die Definition des Leistungsziels ist so ein **Ergebnis der Bedarfsplanung** des Auftraggebers vor Beauftragung der Architekten- bzw. Ingenieurleistungen. Die Festlegung des Leistungsziels sollte sich daher im Vertrag wiederfinden und im Verhandlungsverfahren mit dem zukünftigen Planer besprochen werden.

165 Die definierten Leistungsziele des Auftraggebers konkretisieren sich im Laufe des Planungsprozesses:

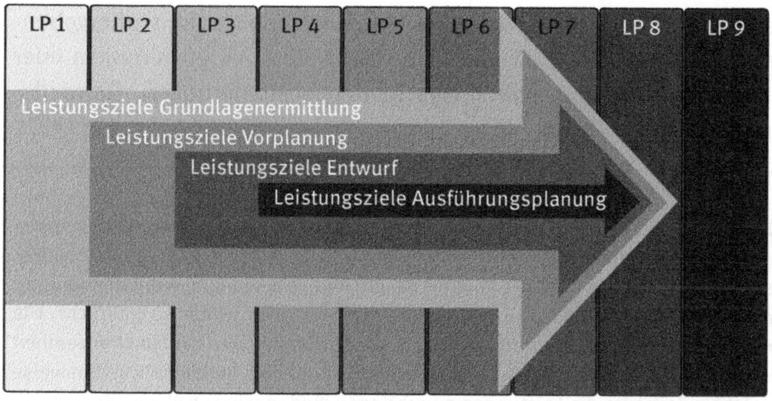

Abb. 5: Leitungsziele im Planungsprozess

- Die im Vertrag definierten Leistungsziele (der Bedarfsplanung) werden im Zuge der Leistungsphase 1 (Grundlagenermittlung) **präzisiert**, vom Planer mit dem Auftraggeber kommuniziert und dokumentiert.
- In der Phase der Vorplanung (Leistungsphase 2) werden diese Grundlagen nochmals analysiert, Randbedingungen und Zielkonflikte abgestimmt, ein planungsbezogener Zielkatalog aufgestellt und ein Planungskonzept erarbeitet. Hier findet auch eine **Untersuchung alternativer Lösungsmöglichkeiten nach gleichen Anforderungen** – also nach den in der Grundlagenermittlung konkretisierten Leistungszielen – statt. Am Ende der Leistungsphase steht nach dem Grundleistungskatalog der Anlage zur HOAI 2013 wieder das „Zusammenfassen, Erläutern und Dokumentieren der Ergebnisse". Dies ist mit Abschluss der Vorplanung von besonderer Bedeutung, da insbesondere nach der Untersuchung alternativer Lösungsmöglichkeiten eine bewusste Bauherrenentscheidung für Leistungsziel und gewählte Lösungsmöglichkeit herbeigeführt und dokumentiert werden sollte.
- Die Erarbeitung der Leistungsphase 3 (Entwurfsplanung) sieht die Ausarbeitung der vom Auftraggeber gewählten Lösungsmöglichkeit der Vorplanung vor. In dieser Phase werden die wesentlichen **gestalterischen** und vor allem **kostenrelevanten** Festlegungen getroffen. Änderungswünsche des Auftraggebers jenseits der am Ende der Vorplanung ausgewählten Lösung (Variante) lösen in der Regel Honoraransprüche (Änderung des Leistungsziels) aus.
- Die Leistungsphase 5 (Ausführungsplanung) beinhaltet die Erarbeitung der detaillierten Unterlagen mit allen für die Ausführung notwendigen Einzelangaben. Die Leistungsziele werden dadurch nicht geändert, sondern die Lösungsmöglichkeit zur Erreichung der Leistungsziele werden planerisch aus Ausführungsniveau entwickelt.

166 Die Leistungsziele jeder Stufe müssen sich jeweils in den Grenzen der vorhergehenden Stufen bewegen, sonst handelt es sich nicht mehr um Konkretisierungen oder Optimierungen, sondern um grundsätzlich verschiedene Anforderungen, die wiederum Honorarfolgen auslösen können.

! **Praxistipp**

Die Festlegungen der **Vertragsziele** sind in Verträgen häufig wenig aussagekräftig. Sie münden später oft in Auslegungsstreitigkeiten, weil sich die Parteien vor Vertragsabschluss nicht oder nicht ausreichend darüber verständigt haben, wie die Ziele konkret beschaffen sein sollen, die mit dem Auftrag verfolgt werden. Mit der Zielvorgabe „Neubau eines Kindergartens" wird weder ausgedrückt, wie groß dieser Kindergarten werden soll, also für wie viele Kindergartengruppen als Funktionseinheit er auszulegen ist, noch ob der Auftraggeber einen High-Tech-Bau oder eine herkömmliche Bauweise wünscht, noch in welchem Zeitraum die Leistungen zu erbringen sind, noch zu welchen Kosten das Bauvorhaben zu realisieren ist. Im **Architektenvertrag** sollten zumindest die technischen, gestalterischen und wirtschaftlichen Vertragsziele beschrieben werden.

---

167 Die Leistungsziele sind nicht statisch und können sich ggf. mit dem Fortschreiten der Planung aufgrund neuer Erkenntnisse oder veränderter Rahmenbedingungen weiter entwickeln oder verändern. Die frühe Definition der Leistungsziele und deren Überprüfung mit jedem weitergehenden Planungsschritt bieten für alle Beteiligten die Chance, erforderlichen Änderungsbedarf oder Änderungswünsche am Leistungsziel zeitnah zu erkennen und dadurch den Umfang notwendiger Änderungsplanungen zu minimieren.

1. Technische Vorgaben und Lösungsanforderungen

168 Die technische Definition von Leistungszielen auf Grundlage der Bedarfsplanung muss auf die konkrete Bauaufgabe zugeschnitten werden. Es sind z. B. Vorgaben zu folgenden Kriterien denkbar:

- Qualität
  - Materialqualitäten
  - Energie- oder Umweltstandards
  - Einhaltung von Förderrichtlinien
- Quantität, z. B.
  - Raumprogramm mit Haupt- und Nebenflächen
  - Funktionsprogramm mit Beschreibung der erforderlichen ständigen oder variablen Nutzungsmöglichkeiten
  - Reservekapazitäten
  - Größe des Planungsbereichs (von Station ... bis Station ...)
  - Einhaltung von Förderrichtlinien
- Gestaltung
  - Baustil, z. B. Kunstwerk oder Gebrauchsarchitektur
  - Farbgebung

- Technik
  - Geforderte technische Funktionen
  - Redundanzen
  - Daten-Schnittstellen
  - Energieverbrauch
  - Wartungsintensität
- Zeitliche Zielvorstellungen
  - Zeitpunkt des Abschlusses bestimmter Leistungsphasen
  - Bearbeitungsdauer für bestimmter Leistungsphasen
  - Inbetriebnahme des Objektes

2. Wirtschaftliche Vorgaben

a) Festlegung/Begrenzung der Baukosten

Grundsätzlich ist die Vereinbarung eines **Kostenrahmens** oder einer **Baukostenobergrenze** möglich. Ist der Vertrag mit einer Kostengrenze geschlossen, ist diese prinzipiell auch einzuhalten, denn die Einhaltung der Kostengrenze stellt eine **zugesicherte Eigenschaft** dar. Da diese Regelungen in der Praxis sehr streitträchtig sind, sollten im Vertrag klare Regelungen getroffen werden, die später wenig Auslegungsschwierigkeiten nach sich ziehen. So sollten beiden Vertragsparteien mit Abschluss des Vertrages z. B. klar sein: 169

- Auf welche Kostengruppen bezieht sich die Kostengrenze?
- Welche Ermittlung unter Berücksichtigung von welchem technischen Projektumfang liegt der Kostengrenze zu Grunde?
- Handelt es sich um eine absolute Kostenobergrenze oder lässt z. B. der Begriff Kostenrahmen eine gewisse Offenheit für Abweichungen erkennen?
- Ist es sinnvoll, Kostenzusicherungen für solche Kostengruppen zu vereinbaren, die das Planungsbüro nicht selbst verantwortlich plant und auf die es nur eingeschränkten Einfluss hat?
- Ist es vertretbar, neben Kostenzusicherungen auch Standards und materielle Dinge (wie zum Beispiel die Nutzfläche oder Materialqualitäten) festzulegen, wenn ja, stehen diese im Widerspruch zueinander?

Ist die vereinbarte Kostengrenze für die inhaltlichen Ziele und gewünschten Standards des Auftraggebers nicht ausreichend dimensioniert, muss der Planer den Auftraggeber rechtzeitig (bevor er eine zu teure Planungslösung ausarbeitet) darauf hinweisen. Er darf nur insoweit planen, wie es die zugesicherte Kostengrenze erlaubt. 170

Kostengrenzen sind keine Einbahnstraße, sondern erfordern beiderseitiges Einhalten der vereinbarten Rahmenbedingungen. Treten zum Beispiel Änd**erungen** gegenüber der vertraglichen Ausgangslage ein, ist der Planungsvertrag nicht nur hinsichtlich der veränderten Planung anzupassen, sondern es ist auch auf die damit **geänderten Kosten** zu reagieren. Für den Auftraggeber bedeutet dies, dass von ihm 171 ausgehende Änderungen des Leistungsziels die ursprüngliche Kostengrenze also annullieren können. Denn eine vereinbarte Kostengrenze gilt zunächst nur bezogen auf den ursprünglich vereinbarten Planungsinhalt.

b) Begrenzung/Optimierung der laufenden Kosten/Betriebskosten

172 Bei Betrachtung der Lebenszykluskosten einer technischen Anlage oder eines Gebäudes liegen die **Betriebskosten** oft deutlich über den Entstehungskosten. Dies könnte dazu führen, dass neben der Festlegung von Kostengrenzen hinsichtlich der Baukosten auch Kostengrenzen für z. B. Energiekosten oder sonstige Betriebskosten im Vertrag vereinbart werden sollen.

173 Auch wenn dies grundsätzlich möglich ist, stellt sich die Frage nach der Sinnhaftigkeit, da die Betriebskosten in der Regel vielen **nicht prognostizierbaren Einflüssen** ausgesetzt sind:
- Welchen Einfluss hat die Entwicklung von Lohn- oder Energiekosten auf die Betriebskosten?
- Welche sonstigen Einflussfaktoren (z. B. Zinsentwicklung, Inflation) wirken sich auf die Betriebskosten aus?
- Wie können die Einflussfaktoren rechnerisch für die Überprüfung zukünftig anfallenden Kosten zu berücksichtigt werden?
- Hat der Planer Einfluss auf den Betrieb?
- Haben außergewöhnliche Belastungen z. B. aus Witterung, Nutzung, Schadstoffen etc. Einfluss auf den Betrieb oder einzelne Bauteile?
- Liegt fehlerhaftes Verhalten des Betriebspersonals oder der Nutzer vor?

174 Anders als die zugesicherte Eigenschaft „Baukosten" ist eine Zusicherung der Einhaltung bestimmter Betriebskosten nur **schwer überprüfbar** und somit streitträchtig.

II. Leistungsbeschreibung

1. Leistungsbeschreibung/Grundleistungen nach HOAI

175 Die HOAI stellt zunächst nur reines Preisrecht dar. Die konkreten Leistungspflichten ergeben sich aus dem **Architektenvertrag** und der Auslegung seines **Leistungsumfanges**. Maßgebend ist immer das zu erreichende Ziel, in der Regel die Errichtung eines Bauwerks, nicht jedoch das Bauwerk selbst. Letzteres ist nicht das vom Architekten geschuldete „Werk", sondern das Bewirken der Entstehung des Bauwerks in technisch und wirtschaftlich einwandfreier Hinsicht.[12]

12 Locher/*Koeble*/Frick, 11. Das Werk des Architekten, Rn. 111.

Die in den einzelnen **Leistungsbildern** und deren Leistungsphasen mit den in der Anlage zur HOAI 2013 beschriebenen Grundleistungen begründen jedoch noch keine detaillierten, unmittelbaren Leistungspflichten, da die HOAI hier nur die **typischerweise** für die Erfüllung eines bestimmten Honoraranspruchs notwendigen Leistungen beschreibt. 176

Da die Auslegung des Leistungsumfanges in der Praxis immer wieder zu Meinungsverschiedenheiten zwischen Auftraggeber und Auftragnehmer führt, ist eine klare Festlegung der Leistungspflichten im Planungsvertrag immer zu empfehlen. So können alle Beteiligten nachvollziehen, was zu leisten ist und – im Umkehrschluss – was nicht mehr zum vereinbarten Leistungsumfang gehört. Dieses Vorgehen bietet u. a. folgende Vorteile: 177

- Beide Vertragspartner können im Vertrag konkret (zum Beispiel je Leistungsphase) ablesen, was geschuldet ist und was nicht mehr zum Leistungsumfang gehört. Hierdurch wird auch die Freigabe einzelner Leistungsphasen durch den Auftraggeber, nachdem diese vom Planer abgeschlossen und dokumentiert sind, erleichtert.
- Das Risiko für Missverständnisse und Auslegungsdebatten wird deutlich geringer.
- Die Abnahme der Planungsleistungen wird erleichtert, da weniger kontroverse Auslegungen über den vertraglichen Leistungsumfang im Raum stehen.
- Planungsnachträge und die in § 10 HOAI 2013 geregelten Planungsänderungshonorare sind – dem Grunde nach – einfacher zu definieren.
- Das Risiko, später bei der Prüfung der Honorarschlussrechnung über Honorarkürzungen zu streiten, die sich aus nicht erbrachten vertraglichen Leistungen ergeben, wird deutlich reduziert.
- Beide Vertragsparteien minimieren das Risiko, Zeit und Kosten für gerichtliche Auseinandersetzungen und die Einschaltung von Sachverständigen zur Auslegung des vertraglichen Leistungsumfanges investieren zu müssen.

Praxistipp !

Folgende Grundregeln vermeiden Streitigkeiten bei der Vertragsauslegung und bei der Honorierung von Änderungsleistungen:

- Leistungsvereinbarungen sollten Sie immer strikt nach Grundleistungen und anderen Leistungen trennen und dabei inhaltliche Überschneidungen vermeiden.
- Gliedern Sie Honorarvereinbarungen immer in Honorarvereinbarungen für Grundleistungen von Leistungsbildern einerseits und anderen Leistungen andererseits.
- Beziehen Sie Honorarvereinbarungen immer unmittelbar auf einzelne Leistungsvereinbarungen. Vermeiden Sie eine Honorarvereinbarung, die mehrere Leistungsvereinbarungen umschließt.
- Stellen Sie sicher, dass Leistungsvereinbarungen immer konkrete Inhalte haben, die es ermöglichen, die Leistungen von anderen Vertragsinhalten und vertraglichen Leistungen abzugrenzen.

---

2. Ermittlung und Bewertung der nicht erforderlichen Grundleistungen

178 Wenn z. B. durch **Eigenleistungen oder Vorleistungen** Anderer im Projekt nicht alle Leistungsphasen oder bestimmte Teilleistungen aus einzelnen Leistungsphasen erforderlich sind, können diese Leistungsphasen oder Teilleistungen von der Beauftragung **ausgenommen** werden. Entsprechende Regelungen finden sich in § 8 Abs. 1 und Abs. 2 HOAI 2013. In diesen Fällen sollten die nicht beauftragten Leistungsphasen oder Grundleistungen einer Leistungsphase im Vertrag ausdrücklich einzeln aufgeführt werden, um spätere Irritationen zu vermeiden.

179 Wird die Leistung eines Leistungsbildes also durch Herausnahme einzelner Leistungen einer bestimmten Leistungsphase reduziert, darf der Auftragnehmer nur ein Honorar berechnen, welches dem Anteil der übertragenen Leistung an den gesamten Leistungen der Leistungsphase entspricht. In der Regel erfolgt dies durch eine **Reduzierung des Prozentsatzes** für diese Leistungsphase um einen Betrag, der dem Umfang der herausgenommenen Leistung entspricht. Die Vertragsparteien sollten die Reduzierung für die nicht übertragenen Grundleistungen einzelfallbezogen bewerten und bereits mit Vertragsabschluss schriftlich fixieren.

180 Für die Ermittlung der Höhe der Reduzierung spielen immer die spezifischen Projektumstände eine Rolle. Eine Orientierungshilfe für die **Bewertung von Teilleistungen** können z. B. die **Siemon-Tabellen** oder ähnlich Berechnungswerke bieten.

Beispiel

Die Vergabestelle des Auftraggebers führt in wesentlichen Teilen das Vergabeverfahren durch. Im Architektenvertrag werden die aus Leistungsphase 7 nicht beauftragten Teilleistungen durch Streichung kenntlich gemacht und die Höhe der Minderung bewertet:

Nicht beauftragte Teilleistungen der Leistungsphase 7 sind (Streichungen):

- a) Koordinieren der Vergaben der Fachplaner
- ~~b) Einholen von Angeboten~~
- c) ~~Prüfen und Werten der Angebote einschließlich Aufstellen eines Preisspiegels nach Einzelpositionen oder Teilleistungen,~~ Prüfen und Werten der Angebote zusätzlicher und geänderter Leistungen der ausführenden Unternehmen und der Angemessenheit der Preise
- ~~d) Führen von Bietergesprächen~~
- ~~e) Erstellen der Vergabevorschläge, Dokumentation des Vergabeverfahrens~~
- ~~f) Zusammenstellen der Vertragsunterlagen für alle Leistungsbereiche~~
- ~~g) Vergleichen der Ausschreibungsergebnisse mit den vom Planer bepreisten Leistungsverzeichnissen oder der Kostenberechnung~~
- ~~h) Mitwirken bei der Auftragserteilung~~

Die Vertragsparteien bewerten den Umfang der nicht beauftragten Teilleistungen (Streichungen) mit insgesamt 3,2 Prozent von 4 Prozent. Die beauftragten Teilleistungen der Leistungsphase 7 werden mit 0,8 Prozent von 4 Prozent bewertet.

---

181 Eine Kürzung des Prozentsatzes ist aber nur dann zulässig, wenn dem Auftragnehmer „wesentliche Teile" von Leistungen nicht übertragen werden. Bei der Frage, ob eine Teilleistung **wesentlich** ist oder nicht, muss auf den konkreten Einzelfall abgestellt werden. Für Leistungen, die objektiv im Einzelfall gar nicht erbracht werden müssen,

kommt ein „Nichtübertragen" bzw. „Herausnehmen aus dem Leistungsumfang" überhaupt nicht in Frage. Sind also z. B. im Einzelfall energiewirtschaftliche, biologische oder ökologische Zusammenhänge nicht zu klären oder Vorverhandlungen mit Behörden nicht zu führen, so kann der Auftraggeber eine Honorarminderung nicht verlangen, da diese Leistungen im konkreten Einzelfall nicht wesentlich sind.[13]

Wenn ganze Leistungsphasen oder Teilleistungen einer Leistungsphase aus dem 182
Leistungsumfang herausgenommen werden, ist zu prüfen, ob dadurch ein zusätzlichen **Koordinierungs- und Einarbeitungsaufwand** nach §8 Abs. 3 HOAI 2013 zu vereinbaren ist. Ein zusätzlicher Einarbeitungsaufwand kann dann entstehen, wenn von Dritten erbrachte Grundleistungen dem obligatorischen Integrationsprozess zugeführt werden. Zusätzlicher Koordinationsaufwand kann anfallen, wenn eine zusätzliche Schnittstelle von Planungsbeteiligten zu bearbeiten ist. Entsprechende Aufwendungen können ferner entstehen, wenn Grundleistungen nicht beauftragt wurden, weil sie nicht erforderlich sind. Dieser kalkulatorische Ausgleich ist der Höhe nach nicht geregelt, weil einzelfallbezogen unterschiedliche Situationen vorliegen können. Die Vertragsparteien sollten sich daher im Zuge der **Vertragsverhandlungen** auf den Einarbeitungs- und Koordinierungsaufwand einigen und dies schriftlich regeln.

3. Leistungsbeschreibung für Besondere Leistungen

Soweit über die Grundleistungen der einzelnen Leistungsphasen hinaus Besondere 183
Leistungen erforderlich werden, muss der Leistungsumfang einzelfallbezogen und detailliert beschrieben werden. Bei Beratungsleistungen nach Anlage 1 HOAI 2013 kann dabei auf die dort beschriebenen Grundleistungen zurückgegriffen werden.

Bei vielen Besonderen Leistungen wird es jedoch erforderlich sein, diese im Ein- 184
zelfall detailliert zu beschreiben und im Vertrag aufzunehmen. Hierdurch wird sichergestellt, dass es zum Umfang der besonderen Leistungen nicht zu Missverständnissen kommt. Des Weiteren kann auf Basis der Leistungsbeschreibung für die Besonderen Leistungen der Architekt bzw. der Ingenieur diese Leistungen kalkulieren, um neben der Leistungsvereinbarung auch zu einer vertraglichen Honorarvereinbarung zu kommen.

Praxistipp !

So reicht z. B. bei einer Sanierungsmaßnahme, für die eine bestehende Gebäudesubstanz zunächst aufzunehmen ist, die Beschreibung „Bestandsaufnahme der bestehenden Gebäudesubstanz" nicht aus. Für die Bestandsaufnahme sind neben Umfang und Qualität auch die Form der Darstellung zu definieren und im Vertrag zu regeln. Leistungsinhalte einer Bestandsaufnahme könnten z. B. sein: Gebäudepläne im Maßstab 1:100/1:50 mit den dem Maßstab entsprechenden Planungsinformationen und Vermaßungen mit nachfolgenden Darstellungen. Die Pläne sind je Nutzungsart gesondert

13 Locher/*Koeble*/Frick, § 8 Rdn. 10.

zu erstellen, bzw. müssen verschiedene Layerebenen haben, die mit dem Auftraggeber abzustimmen sind.

- Grundrisse aller Geschosse und des nutzbaren Dachraumes.
- Alle Ansichten und Dachaufsichten.
- Alle bestimmenden Schnitte der Gebäudegeometrie, Schnitte in Treppenhausbereichen.
- Textliche Bezeichnung aller Räume (Nutzungsart).
- Nummerische Bezeichnung aller Räume in der Hierarchie Gebäude (maximal zwei Stellen), Gebäudeteil (maximal zwei Stellen), Ebene (maximal zwei Stellen) und Raum (maximal vier Stellen); die Systematik der Bezeichnung ist mit dem Auftraggeber gesondert festzulegen.
- Raumfläche.
- Rohbaumaße für Raumfläche und -umfang, Raumlängen und -breiten, Wanddicken, Öffnungen von Fenstern und Türen, für Querschnitte von Kanälen, Schächten, Schornsteinen usw., Treppen und Rampen mit Steigungsverhältnis.
- Materialangaben über die Art des Fußbodenbelages und der Wand- und Deckenbekleidungen.

C. Ermittlung der anrechenbaren Kosten aus mitzuverarbeitender Baustoffe nach HOAI 2013

I. Kostengruppe 300

Muster

Einzelfallspezifische Ermittlung der anrechenbaren Kosten aus mitzuverarbeitender Bausubstanz 185

Auftraggeber / Bauherr:
Projektbezeichnung:
Ermittlung auf Basis der Entwurfsplanung vom:
Erstellt durch:

Kostenberechnung aus Entwurfsplanung				Aufstellung der mitzuverarbeitenden Bausubstanz [mzB] (M= Menge; W = Wert; WF = Faktor Erhaltungszustand; GLF = Gesamtleistungsfaktor)									
	Kostengruppe	Teilbetrag	Gesamtbetrag		mzB **[M]**		mzB **[W]**		mzB **[WF]**		mzB **[GLF]**		**anr. Kosten**
	Beispiel	115.000,00 €		+(	z.B. 1.350 m²	x	z.B. 180 €/m²	x	z.B. 0,75	x	z.B. 0,77	)=	182.982,50 €
300	**Bauwerk - Baukonstruktionen**												
310	**Baugrube**												
311	Baugrubenherstellung			+(		x		x		x		)=	- €
312	Baugrubenumschließung			+(		x		x		x		)=	- €
313	Wasserhaltung			+(		x		x		x		)=	- €
319	Baugrube, sonstiges			+(		x		x		x		)=	- €
	Gesamtbetrag Kostengruppe 310		- €										- €
320	**Gründung**												
321	Baugrundverbesserung			+(		x		x		x		)=	- €
322	Flachgründungen			+(		x		x		x		)=	- €
323	Tiefgründungen			+(		x		x		x		)=	- €
324	Unterböden und Bodenplatten			+(		x		x		x		)=	- €
325	Bodenbeläge			+(		x		x		x		)=	- €
326	Bauwerksabdichtungen			+(		x		x		x		)=	- €
327	Dränagen			+(		x		x		x		)=	- €
329	Gründung, sonstiges			+(		x		x		x		)=	- €
	Gesamtbetrag Kostengruppe 320		- €										- €
330	**Außenwände**												
331	Tragende Außenwände			+(		x		x		x		)=	- €
332	Nichttragende Außenwände			+(		x		x		x		)=	- €
333	Außenstützen			+(		x		x		x		)=	- €
334	Außentüren und -fenster			+(		x		x		x		)=	- €
335	Außenwandbekleidungen, außen			+(		x		x		x		)=	- €
336	Außenwandbekleidungen, innen			+(		x		x		x		)=	- €
337	Elementierte Außenwände			+(		x		x		x		)=	- €
338	Sonnenschutz			+(		x		x		x		)=	- €
339	Außenwände, sonstiges			+(		x		x		x		)=	- €
	Gesamtbetrag Kostengruppe 330		- €										- €
340	**Innenwände**												
341	Tragende Innenwände			+(		x		x		x		)=	- €
342	Nichttragende Innenwände			+(		x		x		x		)=	- €
343	Innenstützen			+(		x		x		x		)=	- €
344	Innentüren und -fenster			+(		x		x		x		)=	- €
345	Innenwandbekleidungen			+(		x		x		x		)=	- €
346	Elementierte Innenwände			+(		x		x		x		)=	- €
349	Innenwände, sonstiges			+(		x		x		x		)=	- €
	Gesamtbetrag Kostengruppe 340		- €										- €
350	**Decken**												
351	Deckenkonstruktionen			+(		x		x		x		)=	- €
352	Deckenbeläge			+(		x		x		x		)=	- €
353	Deckenbekleidungen			+(		x		x		x		)=	- €
359	Decken, sonstiges			+(		x		x		x		)=	- €
	Gesamtbetrag Kostengruppe 350		- €										- €
360	**Dächer**												
361	Dachkonstruktionen			+(		x		x		x		)=	- €
362	Dachfenster, Dachöffnungen			+(		x		x		x		)=	- €
363	Dachbeläge			+(		x		x		x		)=	- €
364	Dachbekleidungen			+(		x		x		x		)=	- €
369	Dächer, sonstiges			+(		x		x		x		)=	- €
	Gesamtbetrag Kostengruppe 360		- €										- €
370	**Baukonstruktive Einbauten**												
371	Allgemeine Einbauten			+(		x		x		x		)=	- €
372	Besondere Einbauten			+(		x		x		x		)=	- €
379	Baukonstruktive Einbauten, sonstiges			+(		x		x		x		)=	- €
	Gesamtbetrag Kostengruppe 370		- €										- €
390	**Sonstige Maßnahmen für Baukonstruktionen**												
391	Baustelleneinrichtung			+(		x		x		x		)=	- €
392	Gerüste			+(		x		x		x		)=	- €
393	Sicherungsmaßnahmen			+(		x		x		x		)=	- €
394	Abbruchmaßnahmen			+(		x		x		x		)=	- €
395	Instandsetzungen			+(		x		x		x		)=	- €
396	Materialentsorgung			+(		x		x		x		)=	- €
397	Zusätzliche Maßnahmen			+(		x		x		x		)=	- €
398	Provisorien Provisorische Baukonstruktion			+(		x		x		x		)=	- €
399	Sonstige Maßn. für Baukonstruktionen, sonstiges			+(		x		x		x		)=	- €
	Gesamtbetrag Kostengruppe 390		- €										- €
	Gesamtbetrag Bauwerk - Baukonstruktionen		- €	**anr. Kosten Bauwerk - Baukonstruktionen einschl. mzB**									- €

II. Kostengruppe 400

Muster

186

Einzelfallspezifische Ermittlung der anrechenbaren Kosten aus mitzuverarbeitender Bausubstanz

Auftraggeber / Bauherr:
Projektbezeichnung:
Ermittlung auf Basis der Entwurfsplanung vom:
Erstellt durch:

Kostenberechnung aus Entwurfsplanung | **Aufstellung der mitzuverarbeitenden Bausubstanz [mzB]**

(M= Menge; W = Wert; WF = Faktor Erhaltungszustand; GLF = Gesamtleistungsfaktor)

KG	Kostengruppe	Teilbetrag	Gesamtbetrag	mzB [M]	mzB [W]	mzB [WF]	mzB [GLF]	anr. Kosten
	Beispiel	115.000,00 €		+ (z.B. 1.350 m²	x z.B. 100 €/m²	x z.B. 0,75	x z.B. 0,77	) = 192.982,50 €
400	Bauwerk - Technische Anlagen							
410	Abwasser-, Wasser-, Gasanlagen							
411	Abwasseranlagen			+ (	x	x	x	) = - €
412	Wasseranlagen			+ (	x	x	x	) = - €
413	Gasanlagen			+ (	x	x	x	) = - €
414	Feuerlöschanlagen			+ (	x	x	x	) = - €
419	Abwasser-, Wasser-, Gasanlagen, sonstiges			+ (	x	x	x	) = - €
	Gesamtbetrag Kostengruppe 410		- €					- €
420	Wärmeversorgungsanlagen							
421	Wärmeerzeugungsanlagen			+ (	x	x	x	) = - €
422	Wärmeverteilnetze			+ (	x	x	x	) = - €
423	Raumheizflächen			+ (	x	x	x	) = - €
429	Wärmeversorgungsanlagen, sonstiges			+ (	x	x	x	) = - €
	Gesamtbetrag Kostengruppe 420		- €					- €
430	Lufttechnische Anlagen							
431	Lüftungsanlagen			+ (	x	x	x	) = - €
432	Teilklimaanlagen			+ (	x	x	x	) = - €
433	Klimaanlagen			+ (	x	x	x	) = - €
434	Kälteanlagen			+ (	x	x	x	) = - €
439	Lufttechnische Anlagen, sonstiges			+ (	x	x	x	) = - €
	Gesamtbetrag Kostengruppe 430		- €					- €
440	Starkstromanlagen							
441	Hoch- und Mittelspannungsanlagen			+ (	x	x	x	) = - €
442	Eigenstromversorgungsanlagen			+ (	x	x	x	) = - €
443	Niederspannungsschaltanlagen			+ (	x	x	x	) = - €
444	Niederspannungsinstallationsanlagen			+ (	x	x	x	) = - €
445	Beleuchtungsanlagen			+ (	x	x	x	) = - €
446	Blitzschutz- und Erdungsanlagen			+ (	x	x	x	) = - €
449	Starkstromanlagen, sonstiges			+ (	x	x	x	) = - €
	Gesamtbetrag Kostengruppe 440		- €					- €
450	Fernmelde- und informationstechnische Anlagen							
451	Telekommunikationsanlagen			+ (	x	x	x	) = - €
452	Such- und Signalanlagen			+ (	x	x	x	) = - €
453	Zeitdienstanlagen			+ (	x	x	x	) = - €
454	Elektroakustische Anlagen			+ (	x	x	x	) = - €
455	Fernseh- und Antennenanlagen			+ (	x	x	x	) = - €
456	Gefahrenmelde- und Alarmanlagen			+ (	x	x	x	) = - €
457	Übertragungsnetze			+ (	x	x	x	) = - €
459	Fernmelde- und informationstechn. Anl., sonstiges			+ (	x	x	x	) = - €
359	Decken, sonstiges			+ (	x	x	x	) = - €
	Gesamtbetrag Kostengruppe 450		- €					- €
460	Förderanlagen							
461	Aufzugsanlagen			+ (	x	x	x	) = - €
462	Fahrtreppen, Fahrsteige			+ (	x	x	x	) = - €
463	Befahranlagen			+ (	x	x	x	) = - €
464	Transportanlagen			+ (	x	x	x	) = - €
465	Krananlagen			+ (	x	x	x	) = - €
469	Förderanlagen, sonstiges			+ (	x	x	x	) = - €
	Gesamtbetrag Kostengruppe 460		- €					- €
470	Nutzungsspezifische Anlagen							
471	Küchentechnische Anlagen			+ (	x	x	x	) = - €
472	Wäscherei- und Reinigungsanlagen			+ (	x	x	x	) = - €
473	Medienversorgungsanlagen			+ (	x	x	x	) = - €
474	Medizin- und labortechnische Anlagen			+ (	x	x	x	) = - €
475	Feuerlöschanlagen			+ (	x	x	x	) = - €
476	Badetechnische Anlagen			+ (	x	x	x	) = - €
477	Prozesswärme-, -kälte- und -luftanlagen			+ (	x	x	x	) = - €
478	Entsorgungsanlagen			+ (	x	x	x	) = - €
479	Nutzungsspezifische Anlagen, sonstiges			+ (	x	x	x	) = - €
	Gesamtbetrag Kostengruppe 470		- €					- €
480	Gebäudeautomation							
481	Automationssysteme			+ (	x	x	x	) = - €
482	Schaltschränke			+ (	x	x	x	) = - €
483	Management- und Bedieneinrichtungen			+ (	x	x	x	) = - €
484	Raumatomationssysteme			+ (	x	x	x	) = - €
485	Übertragungsnetze			+ (	x	x	x	) = - €
489	Gebäudeautomation, sonstiges			+ (	x	x	x	) = - €
	Gesamtbetrag Kostengruppe 480		- €					- €
490	Sonstige Maßnahmen für Technische Anlagen							
491	Baustelleneinrichtung			+ (	x	x	x	) = - €
492	Gerüste			+ (	x	x	x	) = - €
493	Sicherungsmaßnahmen			+ (	x	x	x	) = - €
494	Abbruchmaßnahmen			+ (	x	x	x	) = - €

Kostengruppe		Teilbetrag	Gesamtbetrag		mzB [M]		mzB [W]		mzB [WF]		mzB [GLF]		anr. Kosten
495	Instandsetzungen			+ (		x		x		x		) =	- €
496	Materialentsorgung			+ (		x		x		x		) =	- €
497	Zusätzliche Maßnahmen			+ (		x		x		x		) =	- €
498	Provisorische Technische Anlagen Provisorien			+ (		x		x		x		) =	- €
499	Sonstige Maßn. für Technische Anlagen, sonstiges			+ (		x		x		x		) =	- €
	Gesamtbetrag Kostengruppe 490		- €										- €

	Gesamtbetrag Bauwerk - Baukonstruktionen	- €	anr. Kosten Bauwerk - Baukonstruktionen einschl. mzB	- €

III. Kostengruppe 500

Muster

187 **Einzelfallspezifische Ermittlung der anrechenbaren Kosten aus mitzuverarbeitender Bausubstanz**

Auftraggeber / Bauherr:
Projektbezeichnung:
Ermittlung auf Basis der Entwurfsplanung vom:
Erstellt durch:

Kostenberechnung aus Entwurfsplanung

Aufstellung der mitzuverarbeitenden Bausubstanz [mzB]
(M= Menge; W = Wert; WF = Faktor Erhaltungszustand; GLF = Gesamtleistungsfaktor)

Kostengruppe		Teilbetrag	Gesamtbetrag	mzB [M]	mzB [W]	mzB [WF]	mzB [GLF]	anr. Kosten
	Beispiel	115.000,00 €		+ (z.B. 1.350 m²	x z.B. 100 €/m²	x z.B. 0,75	x z.B. 0,77	) = 192.962,50 €
500	Außenanlagen							
510	Geländeflächen							
511	Oberbodenarbeiten			+ (	x	x	x	) = - €
512	Bodenarbeiten			+ (	x	x	x	) = - €
519	Geländeflächen, sonstiges			+ (	x	x	x	) = - €
	Gesamtbetrag Kostengruppe 510		- €					- €
520	Befestigte Flächen							
521	Wege			+ (	x	x	x	) = - €
522	Straßen			+ (	x	x	x	) = - €
523	Plätze, Höfe			+ (	x	x	x	) = - €
524	Stellplätze			+ (	x	x	x	) = - €
525	Sportplatzflächen			+ (	x	x	x	) = - €
526	Spielplatzflächen			+ (	x	x	x	) = - €
527	Gleisanlagen			+ (	x	x	x	) = - €
529	Befestigte Flächen, sonstiges			+ (	x	x	x	) = - €
	Gesamtbetrag Kostengruppe 520		- €					- €
530	Baukonstruktionen in Außenanlagen							
531	Einfriedungen			+ (	x	x	x	) = - €
532	Schutzkonstruktionen			+ (	x	x	x	) = - €
533	Mauern, Wände			+ (	x	x	x	) = - €
534	Rampen, Treppen, Tribünen			+ (	x	x	x	) = - €
535	Überdachungen			+ (	x	x	x	) = - €
536	Brücken, Stege			+ (	x	x	x	) = - €
537	Kanal- und Schachtbauanlagen			+ (	x	x	x	) = - €
538	Wasserbauliche Anlagen			+ (	x	x	x	) = - €
539	Baukonstruktion in Außenanlagen, sonst.			+ (	x	x	x	) = - €
	Gesamtbetrag Kostengruppe 530		- €					- €
540	Technische Anlagen in Außenanlagen							
541	Abwasseranlagen			+ (	x	x	x	) = - €
542	Wasseranlagen			+ (	x	x	x	) = - €
543	Gasanlagen			+ (	x	x	x	) = - €
544	Wärmeversorgungsanlagen			+ (	x	x	x	) = - €
545	Lufttechnische Anlagen			+ (	x	x	x	) = - €
546	Starkstromanlagen			+ (	x	x	x	) = - €
547	Fernmelde- und informationstechnische Anlagen			+ (	x	x	x	) = - €
548	Nutzungsspezifische Anlagen			+ (	x	x	x	) = - €
549	Technische Anlagen in Außenanlagen, sonstiges			+ (	x	x	x	) = - €
	Gesamtbetrag Kostengruppe 540		- €					- €
550	Einbauten in Außenanlagen							
551	Allgemeine Einbauten			+ (	x	x	x	) = - €
552	Besondere Einbauten			+ (	x	x	x	) = - €
559	Einbauten in Außenanlagen, sonstiges			+ (	x	x	x	) = - €
	Gesamtbetrag Kostengruppe 550		- €					- €
560	Wasserflächen							
561	Abdichtungen			+ (	x	x	x	) = - €
562	Besondere Einbauten			+ (	x	x	x	) = - €
569	Waserflächen, sonstiges			+ (	x	x	x	) = - €
	Gesamtbetrag Kostengruppe 560		- €					- €
570	Pflanz- und Saatflächen							
571	Oberbodenarbeiten			+ (	x	x	x	) = - €
572	Vegetationstechnische Bodenbearbeitung			+ (	x	x	x	) = - €
573	Sicherungsbauweisen			+ (	x	x	x	) = - €
574	Pflanzen			+ (	x	x	x	) = - €
575	Rasen und Ansaaten			+ (	x	x	x	) = - €
576	Begrünung unbebauter Flächen			+ (	x	x	x	) = - €
579	Pflanz- und Saatflächen, sonstiges			+ (	x	x	x	) = - €
	Gesamtbetrag Kostengruppe 570		- €					- €
590	Sonstige Außenanlagen							
591	Baustelleneinrichtung			+ (	x	x	x	) = - €
592	Gerüste			+ (	x	x	x	) = - €
593	Sicherungsmaßnahmen			+ (	x	x	x	) = - €
594	Abbruchmaßnahmen			+ (	x	x	x	) = - €
595	Instandsetzungen			+ (	x	x	x	) = - €
596	Materialentsorgung			+ (	x	x	x	) = - €
597	Zusätzliche Maßnahmen			+ (	x	x	x	) = - €
598	Provisorische Außenanlagen Provisorien			+ (	x	x	x	) = - €
599	Sonstige Maßnahmen für Außenanlagen, sonstiges			+ (	x	x	x	) = - €
	Gesamtbetrag Kostengruppe 590		- €					- €
	Gesamtbetrag Bauwerk - Baukonstruktionen		- €	anr. Kosten Bauwerk - Baukonstruktionen einschl. mzB				- €

Kostengruppe		Teilbetrag	Gesamtbetrag	mzB [M]	mzB [W]	mzB [WF]	mzB [GLF]	anr. Kosten

Kapitel 9
Das Zustandekommen von Architekten- und Ingenieurverträgen

A. Regelungen im Mustervertrag[1]

I. Muster-Architektenvertrag

Vertragsmuster

4. Beauftragter Leistungsumfang des AN 1

Eine stufenweise Beauftragung ist vorgesehen:

☐ Nein, es handelt sich um einen Vollauftrag, siehe Ziffer 4.1
☐ Ja, es handelt sich um eine stufenweise Beauftragung, siehe Ziffer 4.2

4.1. Vollauftrag

Der AG überträgt dem AN mit Vertragsabschluss nachbenannte Leistungen im Sinne des

☐ § 34 HOAI (Leistungsbild Gebäude und Innenräume) in Verbindung mit Anlage 10 HOAI, und zwar die Leistungsphasen
- ☐ Leistungsphase 1 Grundlagenermittlung,
- ☐ Leistungsphase 2 Vorplanung,
- ☐ Leistungsphase 3 Entwurfsplanung,
- ☐ Leistungsphase 4 Genehmigungsplanung,
- ☐ Leistungsphase 5 Ausführungsplanung,
- ☐ Leistungsphase 6 Vorbereitung der Vergabe,
- ☐ Leistungsphase 7 Mitwirkung bei der Vergabe,
- ☐ Leistungsphase 8 Objektüberwachung und Dokumentation
- ☐ Leistungsphase 9 Objektbetreuung

☐ § 39 HOAI (Leistungsbild Freianlagen) in Verbindung mit Anlage 11 HOAI, und zwar die Leistungsphasen
- ☐ Leistungsphase 1 Grundlagenermittlung,
- ☐ Leistungsphase 2 Vorplanung,
- ☐ Leistungsphase 3 Entwurfsplanung,
- ☐ Leistungsphase 4 Genehmigungsplanung,
- ☐ Leistungsphase 5 Ausführungsplanung,
- ☐ Leistungsphase 6 Vorbereitung der Vergabe,
- ☐ Leistungsphase 7 Mitwirkung bei der Vergabe,
- ☐ Leistungsphase 8 Objektüberwachung und Dokumentation,
- ☐ Leistungsphase 9 Objektbetreuung,

soweit unter Ziffer 8.2 dieses Vertrages nicht bestimmte Teilleistungen der jeweiligen Leistungsphase vom Leistungsumfang ausgenommen sind.

---

1 Die kompletten, zusammenhängenden Vertragsmuster finden Sie in Kapitel 7.

4.2. Stufenweise Beauftragung

Der AG beauftragt den AN mit Unterzeichnung dieses Vertrages im Sinne eines vom Auftragnehmer geschuldeten Teilerfolgs zunächst mit den in Ziffer 4.2.1 aufgeführten Leistungen der so genannten Leistungsstufe 1 dieses Vertrages.

Durch schriftliche Auftragserteilung kann der Auftraggeber dem Auftragnehmer ferner die weiteren erforderlichen Planungsleistungen beauftragen, die unter Ziffer 4.2.2 genannt sind, die so genannte Leistungsstufe 2 im Sinne dieses Vertrages.

In seiner Entscheidung die Leistungsstufe 2 zu beauftragten ist der Auftraggeber frei, ob er zunächst den Abschluss der Stufe 1 durch den Auftragnehmer abwarten oder ob er die Leistungen der Stufe 2 bereits während der Erfüllung der Leistungen der Stufe 1 durch den Auftragnehmer beauftragt.

Ein Rechtsanspruch des Auftragnehmers auf Beauftragung weiterer Leistungen über die Leistungen der Stufe 1 hinaus im Sinne dieses Vertrages besteht nicht.
Der Auftragnehmer wird von seiner Verpflichtung zur Erbringung weiterer Leistungen gemäß Ziffer 4.2.2 frei, wenn diese vom Auftraggeber nicht innerhalb eines Zeitraums von 1 Jahr nach Beendigung der zuletzt beauftragten Leistungen in Auftrag gegeben werden.

4.2.1 Leistungsstufe 1

- ☐ § 34 HOAI (Leistungsbild Gebäude und Innenräume) in Verbindung mit Anlage 10 HOAI, und zwar die Leistungsphasen
  - ☐ Leistungsphase 1 Grundlagenermittlung
  - ☐ Leistungsphase 2 Vorplanung
  - ☐ Leistungsphase 3 Entwurfsplanung
  - ☐ Leistungsphase 4 Genehmigungsplanung

- ☐ § 39 HOAI (Leistungsbild Freianlagen) in Verbindung mit Anlage 11 HOAI,
  und zwar die Leistungsphasen
  - ☐ Leistungsphase 1 Grundlagenermittlung
  - ☐ Leistungsphase 2 Vorplanung
  - ☐ Leistungsphase 3 Entwurfsplanung
  - ☐ Leistungsphase 4 Genehmigungsplanung

soweit unter Ziffer 8.2 dieses Vertrages nicht bestimmte Teilleistungen der jeweiligen Leistungsphase vom Leistungsumfang ausgenommen sind.

4.2.2. Leistungsstufe 2

☐ § 34 HOAI (Leistungsbild Gebäude und Innenräume) in Verbindung mit Anlage 10 HOAI, und zwar die Leistungsphasen
- ☐ Leistungsphase 5 Ausführungsplanung
- ☐ Leistungsphase 6 Vorbereitung der Vergabe
- ☐ Leistungsphase 7 Mitwirkung bei der Vergabe,
- ☐ Leistungsphase 8 Objektüberwachung
- ☐ Leistungsphase 9 Objektbetreuung

☐ § 39 HOAI (Leistungsbild Freianlagen) in Verbindung mit Anlage 11 HOAI,
und zwar die Leistungsphasen
- ☐ Leistungsphase 5 Ausführungsplanung,
- ☐ Leistungsphase 6 Vorbereitung der Vergabe,
- ☐ Leistungsphase 7 Mitwirkung bei der Vergabe,
- ☐ Leistungsphase 8 Objektüberwachung,
- ☐ Leistungsphase 9 Objektbetreuung

soweit unter Ziffer 8.2 dieses Vertrages nicht bestimmte Teilleistungen der jeweiligen Leistungsphase vom Leistungsumfang ausgenommen sind.

4.3 Die in Anlage 1 aufgeführten Besonderen Leistungen sind im Zusammenhang mit der jeweils beauftragten Leistungsphase zum vereinbarten oder erforderlichen Zeitpunkt zu bearbeiten. Der AN ist zur Ausführung der vorgenannten Leistungen verpflichtet. Für die Vergütung gilt Ziffer 8 dieses Vertrages.

Der AN ist verpflichtet, den AG auf den Bedarf und die Erforderlichkeit weiterer Besonderer Leistungen hinzuweisen und dies in Textform zu begründen.

Die Beauftragung eventuell erforderlicher, weiterer Besonderer Leistungen erfolgen schriftlich durch den AG. Der AN verpflichtet sich die übertragenen Leistungen zu erbringen.

4.4 Ist gemäß vorstehender Regelung die Leistungsphase 6 - Vorbereitung der Vergabe - vereinbart, ist Gegenstand des Leistungsumfangs des Auftragnehmers ergänzend zur Anlage 10 bzw. Anlage 11 HOAI folgendes:

Das Ergebnis der Leistungsphase 6 ist im GAEB-Format (XML Version 3.1) abzugeben. Hierzu gehören
- ☒ die Massenermittlung (Abgabeform: DA 11),
- ☒ das Leistungsverzeichnis (Abgabeform: DA 83) sowie
- ☒ die Bepreisung des Leistungsverzeichnisses (Abgabeform: DA 84).

4.5 Ist gemäß vorstehender Regelung die Leistungsphase 8 - Objektüberwachung - vereinbart, ist Gegenstand des Leistungsumfangs des Auftragnehmers ergänzend zur Anlage 10 bzw. Anlage 11 HOAI folgendes:

Der Mindestinhalt des Bautagebuchs umfasst Angaben zu:

- Witterungsverhältnissen
- Termine und Ergebnisse von Baubesprechungen
- Einweisung von Firmen in ihre Arbeit
- Beurteilungen von Lieferungen
- Besondere Vorkommnisse wie Arbeitsbehinderungen, Unterbrechungen und Verzögerungen
- Personeller und örtlicher Einsatz der Unternehmer
- Beschreibung der Bauleitertätigkeiten
- Beschreibung sonstiger wesentlicher Ereignisse
- Beschreibung von Bauablaufstörungen
- Anordnungen der Bauüberwachung
- Anordnungen des Auftraggebers

4.6 Grundsätzlich sind alle im Rahmen der beauftragten Grundleistungen zu erstellenden Kostenschätzungen und -berechnungen nach DIN 276-1 oder DIN 276-4 in der jeweils geltenden Fassung aufzustellen.

☐ Die Kostenschätzungen und -berechnungen sind gemäß der Gliederung entsprechend den im Rahmen der späteren Ausschreibung vorzusehenden Fachlose als „Ausführungsorientierte Gliederung der Kosten“ nach Ziffer 4.2 der DIN 276-1 oder DIN 276-4 zu erstellen.

II. Muster-Ingenieurvertrag

1. Ing.-Bau und Verkehr

Vertragsmuster

4. Beauftragter Leistungsumfang des AN 2

Eine stufenweise Beauftragung ist vorgesehen:

☐ Nein, es handelt sich um einen Vollauftrag, siehe Ziffer 4.1
☐ Ja, es handelt sich um eine stufenweise Beauftragung, siehe Ziffer 4.2

4.1. Vollauftrag

Der AG überträgt dem AN mit Vertragsabschluss nachbenannte Leistungen im Sinne des

☐ § 43 HOAI (Leistungen im Leistungsbild Ingenieurbauwerke) in Verbindung mit Anlage 12 HOAI, und zwar die Leistungsphasen
- ☐ Leistungsphase 1 Grundlagenermittlung,
- ☐ Leistungsphase 2 Vorplanung,
- ☐ Leistungsphase 3 Entwurfsplanung,
- ☐ Leistungsphase 4 Genehmigungsplanung,
- ☐ Leistungsphase 5 Ausführungsplanung,
- ☐ Leistungsphase 6 Vorbereitung der Vergabe,
- ☐ Leistungsphase 7 Mitwirkung bei der Vergabe,
- ☐ Leistungsphase 8 Bauoberleitung,
- ☐ Leistungsphase 9 Objektbetreuung,

☐ § 47 HOAI (Leistungen im Leistungsbild Verkehrsanlagen) in Verbindung mit Anlage 13 HOAI, und zwar die Leistungsphasen
- ☐ Leistungsphase 1 Grundlagenermittlung,
- ☐ Leistungsphase 2 Vorplanung,
- ☐ Leistungsphase 3 Entwurfsplanung,
- ☐ Leistungsphase 4 Genehmigungsplanung,
- ☐ Leistungsphase 5 Ausführungsplanung,
- ☐ Leistungsphase 6 Vorbereitung der Vergabe,
- ☐ Leistungsphase 7 Mitwirkung bei der Vergabe,
- ☐ Leistungsphase 8 Bauoberleitung,
- ☐ Leistungsphase 9,

soweit unter Ziffer 8.2 dieses Vertrages nicht bestimmte Teilleistungen der jeweiligen Leistungsphase vom Leistungsumfang ausgenommen sind.

4.2. Stufenweise Beauftragung

Der AG beauftragt den AN mit Unterzeichnung dieses Vertrages im Sinne eines vom Auftragnehmer geschuldeten Teilerfolgs zunächst mit den in Ziffer 4.2.1 aufgeführten Leistungen der so genannten Leistungsstufe 1 dieses Vertrages.

Durch schriftliche Auftragserteilung kann der Auftraggeber dem Auftragnehmer ferner die weiteren erforderlichen Planungsleistungen der

Objektplanung beauftragen, die unter Ziffer 4.2.2 genannt sind, die so genannte Leistungsstufe 2 im Sinne dieses Vertrages.

In seiner Entscheidung die Leistungsstufe 2 zu beauftragten ist der Auftraggeber frei, ob er zunächst den Abschluss der Stufe 1 durch den Auftragnehmer abwarten oder ob er die Leistungen der Stufe 2 bereits während der Erfüllung der Leistungen der Stufe 1 durch den Auftragnehmer beauftragt.

Ein Rechtsanspruch des Auftragnehmers auf Beauftragung weiterer Leistungen über die Leistungen der Stufe 1 hinaus im Sinne dieses Vertrages besteht nicht.
Der Auftragnehmer wird von seiner Verpflichtung zur Erbringung weiterer Leistungen gemäß Ziffer 4.2.2 frei, wenn diese vom Auftraggeber nicht innerhalb eines Zeitraums von 1 Jahr nach Beendigung der zuletzt beauftragten Leistungen in Auftrag gegeben werden.

4.2.1 Leistungsstufe 1

- ☐ § 43 HOAI (Leistungen im Leistungsbild Ingenieurbauwerke) in Verbindung mit Anlage 12 HOAI, und zwar die Leistungsphasen,
  - ☐ Leistungsphase 1 Grundlagenermittlung
  - ☐ Leistungsphase 2 Vorplanung
  - ☐ Leistungsphase 3 Entwurfsplanung
  - ☐ Leistungsphase 4 Genehmigungsplanung

- ☐ § 47 HOAI (Leistungen im Leistungsbild Verkehrsanlagen) in Verbindung mit Anlage 13 HOAI, und zwar die Leistungsphasen
  - ☐ Leistungsphase 1 Grundlagenermittlung
  - ☐ Leistungsphase 2 Vorplanung
  - ☐ Leistungsphase 3 Entwurfsplanung
  - ☐ Leistungsphase 4 Genehmigungsplanung

soweit unter Ziffer 8.2 dieses Vertrages nicht bestimmte Teilleistungen der jeweiligen Leistungsphase vom Leistungsumfang ausgenommen sind.

4.2.2. Leistungsstufe 2

☐ § 43 HOAI (Leistungen im Leistungsbild Ingenieurbauwerke) in Verbindung mit Anlage 12 HOAI, und zwar die Leistungsphasen
- ☐ Leistungsphase 5 Ausführungsplanung
- ☐ Leistungsphase 6 Vorbereitung der Vergabe
- ☐ Leistungsphase 7 Mitwirkung bei der Vergabe,
- ☐ Leistungsphase 8 Bauoberleitung
- ☐ Leistungsphase 9 Objektbetreuung

☐ § 47 HOAI (Leistungen im Leistungsbild Verkehrsanlagen) in Verbindung mit Anlage 13 HOAI, und zwar die Leistungsphasen
- ☐ Leistungsphase 5 Ausführungsplanung,
- ☐ Leistungsphase 6 Vorbereitung der Vergabe,
- ☐ Leistungsphase 7 Mitwirkung bei der Vergabe,
- ☐ Leistungsphase 8 Bauoberleitung,
- ☐ Leistungsphase 9 Objektbetreuung,

soweit unter Ziffer 8.2 dieses Vertrages nicht bestimmte Teilleistungen der jeweiligen Leistungsphasen vom Leistungsumfang ausgenommen sind.

Ein Rechtsanspruch des AN auf die Beauftragung der Leistungen der Leistungsstufe 2 besteht nicht.

4.3 Die in Anlage 1 aufgeführten Besonderen Leistungen sind im Zusammenhang mit der jeweils beauftragten Leistungsphase zum vereinbarten oder erforderlichen Zeitpunkt zu bearbeiten. Der AN ist zur Ausführung der vorgenannten Leistungen verpflichtet. Für die Vergütung gilt Ziffer 8 dieses Vertrages.

Der AN ist verpflichtet, den AG auf den Bedarf und die Erforderlichkeit weiterer Besonderer Leistungen hinzuweisen und dies in Textform zu begründen.

Die Beauftragung eventuell erforderlicher, weiterer Besonderer Leistungen erfolgen schriftlich durch den AG. Der AN verpflichtet sich die übertragenen Leistungen zu erbringen.

4.4 Ist gemäß vorstehender Regelung die Leistungsphase 6 - Vorbereitung der Vergabe - vereinbart, ist Gegenstand des Leistungsumfangs des Auftragnehmers ergänzend zur Anlage 12 / 13 / 14 / 15 HOAI folgendes:

Das Ergebnis der Leistungsphase 6 ist im GAEB-Format (XML Version 3.1) abzugeben. Hierzu gehören
- ☒ die Massenermittlung (Abgabeform: DA 11),
- ☒ das Leistungsverzeichnis (Abgabeform: DA 83) sowie
- ☒ die Bepreisung des Leistungsverzeichnisses (Abgabeform: DA 84).

4.5 Grundsätzlich sind alle im Rahmen der beauftragten Grundleistungen zu erstellenden Kostenschätzungen und -berechnungen nach DIN 276-1 oder DIN 276-4 in der jeweils geltenden Fassung aufzustellen.

☐ Die Kostenschätzungen und -berechnungen sind gemäß der Gliederung entsprechend den im Rahmen der späteren Ausschreibung vorzusehenden Fachlose als „Ausführungsorientierte Gliederung der Kosten" nach Ziffer 4.2 DIN 276-1 oder DIN 276-4 zu erstellen.

☐ Die Kostenberechnung (Leistungsphase 3) ist außerdem nach der „Anweisung zur Kostenberechnung für Straßenbaumaßnahmen, Ausgabe 1985 (AKS 1985)" zu erstellen.

Die Parteien vereinbaren, dass die Abgabe der Kostenschätzungen und -berechnungen nach vor stehender Regelung mit dem Honorar der jeweiligen Leistungsphase abgegolten ist.

---

2. TGA

Vertragsmuster

4. Beauftragter Leistungsumfang des AN 3

Eine stufenweise Beauftragung ist vorgesehen:

- ☐ Nein, es handelt sich um einen Vollauftrag, siehe Ziffer 4.1
- ☐ Ja, es handelt sich um eine stufenweise Beauftragung, siehe Ziffer 4.2

4.1. Vollauftrag

Der AG überträgt dem AN mit Vertragsabschluss nachbenannte Leistungen im Sinne des

- ☐ § 55 HOAI (Leistungen im Leistungsbild Technische Ausrüstung) in Verbindung mit Anlage 15 HOAI, und zwar die Leistungsphasen
  - ☐ Leistungsphase 1 Grundlagenermittlung,
  - ☐ Leistungsphase 2 Vorplanung,
  - ☐ Leistungsphase 3 Entwurfsplanung,
  - ☐ Leistungsphase 4 Genehmigungsplanung,
  - ☐ Leistungsphase 5 Ausführungsplanung,
  - ☐ Leistungsphase 6 Vorbereitung der Vergabe,
  - ☐ Leistungsphase 7 Mitwirkung bei der Vergabe,
  - ☐ Leistungsphase 8 Objektüberwachung - Bauüberwachung,
  - ☐ Leistungsphase 9 Objektbetreuung,

soweit unter Ziffer 8.2 dieses Vertrages nicht bestimmte Teilleistungen der jeweiligen Leistungsphase vom Leistungsumfang ausgenommen sind.

4.2. Stufenweise Beauftragung

Der AG beauftragt den AN mit Unterzeichnung dieses Vertrages im Sinne eines vom Auftragnehmer geschuldeten Teilerfolgs zunächst mit den in Ziffer 4.2.1 aufgeführten Leistungen der so genannten Leistungsstufe 1 dieses Vertrages.

Durch schriftliche Auftragserteilung kann der Auftraggeber dem Auftragnehmer ferner die weiteren erforderlichen Planungsleistungen der Objektplanung beauftragen, die unter Ziffer 4.2.2 genannt sind, die so genannte Leistungsstufe 2 im Sinne dieses Vertrages.

In seiner Entscheidung die Leistungsstufe 2 zu beauftragten ist der Auftraggeber frei, ob er zunächst den Abschluss der Stufe 1 durch den Auftragnehmer abwarten oder ob er die Leistungen der Stufe 2 bereits während der Erfüllung der Leistungen der Stufe 1 durch den Auftragnehmer beauftragt.

Ein Rechtsanspruch des Auftragnehmers auf Beauftragung weiterer Leistungen über die Leistungen der Stufe 1 hinaus im Sinne dieses Vertrages besteht nicht.

Der Auftragnehmer wird von seiner Verpflichtung zur Erbringung weiterer Leistungen gemäß Ziffer 4.2.2 frei, wenn diese vom Auftraggeber nicht innerhalb eines Zeitraums von 1 Jahr nach Beendigung der zuletzt beauftragten Leistungen in Auftrag gegeben werden.

4.2.1 Leistungsstufe 1

☐ § 55 HOAI (Leistungen im Leistungsbild Technische Ausrüstung) in Verbindung mit Anlage 15 HOAI, und zwar die Leistungsphasen
- ☐ Leistungsphase 1 Grundlagenermittlung,
- ☐ Leistungsphase 2 Vorplanung,
- ☐ Leistungsphase 3 Entwurfsplanung,
- ☐ Leistungsphase 4 Genehmigungsplanung

soweit unter Ziffer 8.2 dieses Vertrages nicht bestimmte Teilleistungen der jeweiligen Leistungsphase vom Leistungsumfang ausgenommen sind.

4.2.2. Leistungsstufe 2

☐ § 55 HOAI (Leistungen im Leistungsbild Technische Ausrüstung) in Verbindung mit Anlage 15 HOAI, und zwar die Leistungsphasen
- ☐ Leistungsphase 5 Ausführungsplanung,
- ☐ Leistungsphase 6 Vorbereitung der Vergabe,
- ☐ Leistungsphase 7 Mitwirkung bei der Vergabe,
- ☐ Leistungsphase 8 Objektüberwachung - Bauüberwachung,
- ☐ Leistungsphase 9 Objektbetreuung,

soweit unter Ziffer 8.2 dieses Vertrages nicht bestimmte Teilleistungen der jeweiligen Leistungsphasen vom Leistungsumfang ausgenommen sind.

Ein Rechtsanspruch des AN auf die Beauftragung der Leistungen der Leistungsstufe 2 besteht nicht.

4.3 Die in Anlage 1 aufgeführten Besonderen Leistungen sind im Zusammenhang mit der jeweils beauftragten Leistungsphase zum vereinbarten oder erforderlichen Zeitpunkt zu bearbeiten. Der AN ist zur Ausführung der vorgenannten Leistungen verpflichtet. Für die Vergütung gilt Ziffer 8 dieses Vertrages.

Der AN ist verpflichtet, den AG auf den Bedarf und die Erforderlichkeit weiterer Besonderer Leistungen hinzuweisen und dies in Textform zu begründen.

Die Beauftragung eventuell erforderlicher, weiterer Besonderer Leistungen erfolgen schriftlich durch den AG. Der AN verpflichtet sich die übertragenen Leistungen zu erbringen.

4.4 Ist gemäß vorstehender Regelung die Leistungsphase 6 - Vorbereitung der Vergabe - vereinbart, ist Gegenstand des Leistungsumfangs des Auftragnehmers ergänzend zur Anlage 15 HOAI folgendes:

Das Ergebnis der Leistungsphase 6 ist im GAEB-Format (XML Version 3.1) abzugeben. Hierzu gehören

☒ die Massenermittlung (Abgabeform: DA 11),

☒ das Leistungsverzeichnis (Abgabeform: DA 83) sowie

☒ die Bepreisung des Leistungsverzeichnisses (Abgabeform: DA 84).

4.5 Ist gemäß vorstehender Regelung die Leistungsphase 8 (Objektüberwachung – Bauüberwachung) vereinbart, ist Gegenstand des Leistungsumfangs des Auftragnehmers ergänzend zur Anlage 15 HOAI folgendes:

Der Mindestinhalt des Bautagebuchs umfasst Angaben zu:

- Witterungsverhältnissen
- Termine und Ergebnisse von Baubesprechungen
- Einweisung von Firmen in ihre Arbeit
- Beurteilungen von Lieferungen
- Besondere Vorkommnisse wie Arbeitsbehinderungen, Unterbrechungen und Verzögerungen
- Personeller und örtlicher Einsatz der Unternehmer
- Beschreibung der Bauleitertätigkeiten
- Beschreibung sonstiger wesentlicher Ereignisse
- Beschreibung von Bauablaufstörungen
- Anordnungen der Bauüberwachung
- Anordnungen des Auftraggebers

4.6 Grundsätzlich sind alle im Rahmen der beauftragten Grundleistungen zu erstellenden Kostenschätzungen und -berechnungen nach DIN 276-1 oder DIN 276-4 in der jeweils geltenden Fassung aufzustellen.

☐ Die Kostenschätzungen und -berechnungen sind gemäß der Gliederung entsprechend den im Rahmen der späteren Ausschreibung vorzusehenden Fachlose als „Ausführungsorientierte Gliederung der Kosten“ nach Ziffer 4.2 DIN 276-1 oder DIN 276-4 zu erstellen.

Die Parteien vereinbaren, dass die Abgabe der Kostenschätzungen und -berechnungen nach vor stehender Regelung mit dem Honorar der jeweiligen Leistungsphase abgegolten ist.

B. Erläuterungen zu dem Mustervertrag

4 Nachfolgend werden die zuvor dargestellten Regelungen erläutert.

I. Ziffer 4.1

5 Die Regelung in Ziffer 4 des Mustervertrages gewährt den Vertragsparteien verschiedene Möglichkeiten, den zu erbringenden Leistungsumfang des Architekten festzulegen. Die Regelung sieht die Option vor, durch die reine Bezugnahme auf die Leistungsphasen der HOAI den jeweiligen **Inhalt der Leistungsphasen zum Leistungssoll** des Architekten zu machen.

6 Je nach Bedarf kann der Architekt mit dem sogenannten **Vollauftrag**, d. h. allen Leistungsphasen der Objektplanung gemäß §§ 33, 34 HOAI beauftragt werden. Selbstverständlich haben die Parteien aber auch die Möglichkeit, nur einzelne Leistungsphasen zu beauftragen, so z. B. die Leistungsphasen 1 bis 3.

7 Der Mustervertrag sieht eine Trennung zwischen der Gebäudeplanung gemäß §§ 33, 34 HOAI und den Leistungen für Freianlagen gemäß §§ 38, 39 HOAI vor.

8 Somit besteht die Möglichkeit, den Architekten hinsichtlich der Gebäudeplanung mit einzelnen oder allen Leistungsphasen zu beauftragen, bezüglich der Freianlagen dagegen gar nicht oder mit gleichgelagerten oder völlig anderen Leistungsphasen. Die verschiedenen Optionen des Vertrages gewähren den Parteien also volle Flexibilität. Sie können den Inhalt der zu erbringenden Architektenleistungen den jeweiligen Gegebenheiten des Bauprojektes anpassen.

II. Ziffer 4.2

9 Ziffer 4.2 gibt die Möglichkeit einer **stufenweisen Beauftragung**.

10 Die Parteien können einzelne Leistungsphasen der HOAI zu entsprechenden Leistungsstufen zusammenfassen.

11 Nach Ziffer 4.2.1 bilden die Leistungsphasen 1 bis 4 gemäß § 34 HOAI die sogenannte **Leistungsstufe 1**. Entsprechend gilt dies für Freianlagen gemäß § 39 HOAI.

12 Die **Leistungsstufe 2**, geregelt in Ziffer 4.2.2, beinhaltet jeweils die Leistungsphasen 5 bis 9 gemäß §§ 33, 34 HOAI für die Gebäudeplanung und die Freianlagen gemäß § 39 HOAI.

13 Der Architekt ist für den Fall, dass zunächst ausschließlich die **Leistungsstufe 1** beauftragt wird, auch nur mit den Leistungsphasen 1 bis 4 beauftragt. Nur durch eine weitergehende schriftliche Auftragserteilung kann der Architekten mit der **Leistungsstufe 2** beauftragt werden.

14 Nach der Regelung unter Ziffer 4.2 ist es die alleinige Entscheidung des Auftraggebers, ob er auch die **Leistungsstufe 2** in Auftrag gibt. Es handelt sich um ein einsei-

tiges **Optionsrecht** des Auftraggebers. Diesem steht es frei, auch die Leistungsstufe 2 zu beauftragen. Der Architekt hat folglich keinen vertraglichen Anspruch auf eine weitergehende Beauftragung.

Erfolgt durch den Auftraggeber **keine schriftliche Beauftragung**, endet der Architektenvertrag mit dem Abschluss der Leistungsphase 4. In diesem Fall schuldet der Auftraggeber weder weitere Vergütung, noch macht er sich gegenüber dem Architekten schadensersatzpflichtig, wenn eine weitere Beauftragung nicht erfolgt. 15

In Ziffer 4.2 ist zudem eine Bindung des Architekten von einem Jahr vorgesehen. 16
Der Auftraggeber hat somit für einen Zeitraum von einem Jahr nach der letzten Tätigkeit des Architekten die Möglichkeit, weitere Leistungsstufen zu beauftragen. Erfolgt innerhalb eines Jahres nach der letzten Tätigkeit des Architekten **eine schriftliche Auftragserteilung**, kommt automatisch ein Architektenvertrag über die Leistungsstufe 2 zu Stande. Einer gesonderten Annahmeerklärung des Architekten bedarf es für den Vertragsschluss nicht. Die Beauftragung der Leistungsstufe 2 kommt bereits durch die fristgemäße schriftliche Auftragserteilung zu Stande. Der Architekt ist dann vertraglich verpflichtet, die Leistungsstufe 2 auch zu erbringen.

Erfolgt die schriftliche Auftragserteilung außerhalb der Jahresfrist, kommt ein 17
Vertrag über die Leistungsstufe 2 dagegen nicht ohne weiteres zustande. Der Vertrag kommt nur dann zustande, wenn der Architekt sich mit der Auftragserteilung einverstanden erklärt.

Die außerhalb der Jahresfrist liegende schriftliche Auftragserteilung stellt recht- 18
lich lediglich ein Angebot im Sinne des § 145 BGB dar. Ein solches Angebot kann der Architekt annehmen, er muss es aber nicht.

III. Ziffer 4.4 und 4.5

Die Regelungen in den Ziffern 4.4. und 4.5 erweitern den Leistungsbereich des Archi- 19
tekten über den Text der Leistungsphasen 6 und 8. Hier soll sichergestellt werden, dass die Ausschreibung der verschiedenen Bauleistungen vergaberechtskonform erfolgt. Sind Nachbesserungen erforderlich, wird die Vergütung des Architekten im Umfang des tatsächlich erforderlichen Aufwandes der Nachbesserung gekürzt. Bei Beauftragung der Objektüberwachung gemäß Leistungsphase 8 ist der Architekt zum Führen eines Baubuches verpflichtet, das dem Auftraggeber wöchentlich vorzulegen ist.

C. Rahmenbedingungen

I. HOAI

20 Die HOAI ist reine **Preisverordnung**, nicht **Vertragsrecht**.

Die HOAI enthält als Preisverordnung ausschließlich Regelungen zur Höhe des dem Architekten zustehenden Honorars. Der HOAI lassen sich daher auch keinerlei Vorgaben für die Begründung von Architektenverträgen und für deren Inhalt entnehmen. Die in der HOAI beschriebenen Leistungsphasen enthalten keine normativen Leitbilder für Architekten- und Ingenieurverträge und die zu erbringenden Leistungen.

21 Vielmehr handelt es sich bei den in der HOAI geregelten Leistungsbildern ausschließlich um **reine Gebührentatbestände** für die Berechnung des dem Architekten zustehenden Honorars. Dies hat der Bundesgerichtshof in mehreren Entscheidungen betont.[2]

22 Die **Leistungsbilder** der HOAI bestimmen also nicht, was zivilrechtlich vom Architekten geschuldet ist, sondern regeln nur für den Fall, dass die den Leistungsphasen entsprechenden Architektenleistungen zu erbringen sind, welche Honorare vom Architekten geltend gemacht werden können.

23 In der Praxis erlangen die **Leistungsbilder** jedoch häufig dadurch **vertragsrechtliche Bedeutung**, dass in vielen Architekten- und Ingenieurverträgen auf die einzelnen Leistungsphasen aus §34 HAOI verwiesen wird. Die so in Bezug genommenen Leistungen werden dann vom Architekten tatsächlich vertraglich geschuldet.[3]

24 Gemäß §7 Abs.1 HOAI richtet sich das vom Auftraggeber zu zahlende Honorar nach der **schriftlichen Vereinbarung**, die die Vertragsparteien **bei Auftragserteilung** im Rahmen der durch die HOAI **festgesetzten Mindest- und Höchstsätze** treffen. Schriftlich bedeutet, dass beide Vertragsparteien in einem Schriftstück den Auftrag unterzeichnet haben. Treffen die Parteien keine Vereinbarung, gelten unwiderlegbar die Mindestsätze als vereinbart, §7 Abs. 5 HOAI.

25 Die gesetzlichen Anforderungen für die gemäß §7 Abs.1 HOAI **erforderliche Schriftform** der Honorarvereinbarung finden sich in den §§126 ff. BGB.

26 Gemäß §126 Abs.2 BGB muss die Unterzeichnung zur Einhaltung der Schriftform von beiden Vertragspartnern auf derselben Urkunde erfolgen. Werden über den Vertrag mehrere gleichlautende Urkunden ausgestellt, reicht es allerdings zur Wahrung der Schriftform grundsätzlich aus, wenn jede Partei die für die andere Partei bestimmte Urkunde unterzeichnet, §126 Abs.2 Satz 1 BGB.

27 Maßgeblich ist aber, dass es sich um die gleiche Urkunde handeln muss. Wechselseitige Bestätigungsschreiben, in Form eines Angebotes und einer Annahme durch

2 BGH, Urt. v. 24.6.2004 – VII ZR 259/02 – NJW 2004, 2588.
3 BGH, Urt. v. 26.7.2007 – VII ZR 43/05.

ein anderes Schriftstück sind zur Wahrung der Schriftform nicht ausreichend im Sinne des §7 HOAI.

Entspricht die schriftliche Vereinbarung nicht den gesetzlichen Vorgaben, ist die Honorarvereinbarung gemäß §125 BGB wegen Formnichtigkeit **unwirksam.** 28

Der Architektenvertrag als solcher bleibt aber wirksam. Die Unwirksamkeit betrifft also alleine die Honorarabrede. An die Stelle der unwirksamen Honorarvereinbarung treten dann die Mindestsätze der HOAI. Dies kann der Architekt also auch im Fall der unwirksamen Honorarvereinbarung als Vergütung beanspruchen. 29

Die erforderliche schriftliche Vereinbarung muss in zeitlicher Hinsicht bei der Auftragserteilung erfolgen. 30

Daraus folgt, dass mündliche Abreden sowie spätere schriftliche Honorarvereinbarungen keinerlei Relevanz mehr haben, da durch die HOAI die Vertragsfreiheit der Parteien eingeschränkt ist. Der Begriff **„bei Auftragserteilung“** wird von der Rechtsprechung sehr eng ausgelegt. Die Vereinbarung muss im Vertrag enthalten sein, der dann von beiden Parteien unterzeichnet wird. Gibt es neben dem eigentlichen Architektenvertrag eine gesonderte Honorarvereinbarung ist diese spätestens zeitgleich mit dem Architektenvertrag zu unterzeichnen. Bei (zulässiger) mündlicher Auftragserteilung ist es erforderlich, dass die Honorarvereinbarung zumindest dann unterzeichnet wird, wenn eine abschließende Einigung über den Auftrag erfolgt ist. 31

Zu beachten ist, dass die bei Auftragserteilung **versäumte Honorarvereinbarung** später **nicht wirksam nachgeholt werden kann.**[4] 32

Wird bei der Auftragserteilung also keine schriftliche Vereinbarung bzw. keine wirksame schriftliche Vereinbarung über das Honorar getroffen, gelten im Verhältnis der Vertragsparteien die Mindestsätze der HOAI als vereinbart, §7 Abs. 5 HOAI. 33

Dies gilt auch dann, wenn die Parteien überhaupt keine Vergütungsvereinbarung, ob bewusst oder unbewusst, getroffen haben. Die nach der HOAI geltenden Mindestsätze kann der Architekt gemäß §7 Abs. 5 HOAI dann als Honorar beanspruchen. 34

Innerhalb der von der HOAI vorgegebene Mindest- und Höchstsätze sind der Bauherr und der Architekt bei der Bestimmung der Höhe gemäß §7 Abs. 1 HOAI wiederum frei. In dem Korridor zwischen Mindest- und Höchstsätzen unterliegt die Honorarhöhe der freien Parteivereinbarung. 35

II. BGB

1. Einführung und Rechtsnatur des Architektenvertrages

Der Architektenvertrag ist ein rein zivilrechtlicher Vertrag zwischen dem Bauherrn und dem Architekten. Der **vertragliche Inhalt**, d. h. die Einzelheiten und der Umfang 36

4 BGH, Urt. v. 6.5.1999 – VII ZR 379/97 – BauR 1999, 1045; BGH, Urt. v. 27.2.2003 – VII ZR 169/02 – BauR 2003, 748.

der gegenseitigen Leistungspflichten richten sich dementsprechend allein nach den konkreten Vereinbarungen der beteiligten Vertragsparteien. Dies betrifft die Art und Umfang der zu erbringenden Architektenleistungen.

37 Die HOAI dagegen enthält, wie bereits dargestellt, **ausschließlich Gebührentatbestände** und trifft als reine Honorarordnung bezüglich der Rechtsnatur des Architektenvertrages und den vertraglichen Leistungspflichten grundsätzlich keine Aussagen. Die HOAI als reines Preisrecht unterliegt **nicht der Disposition** der Vertragsparteien. Die Vorschriften der HOAI könne also nicht durch Vereinbarung abbedungen werden, sondern sind bindend.

38 Die systematische Trennung zwischen den allgemeinen zivilrechtlichen Regelungen einerseits und der HOAI anderseits ist in der Baupraxis allgemein anerkannt und entspricht der ständigen und gefestigten Rechtsprechung des BGH.[5]

39 Die Trennung zwischen dem BGB und der HOAI hat für die Praxis folgende Konsequenzen: Ob ein Architektenvertrag geschlossen wurde, bestimmt sich **ausschließlich nach den Regelungen des Bürgerlichen Gesetzbuches. Wie beim Architektenvertrag das Honorar des Architekten im Einzelfall ermittelt wird, richtet sich gemäß §7 HOAI nach der (wirksamen) Vereinbarung der Parteien**, im Fall der unwirksamen oder fehlenden Vereinbarung ausschließlich nach den Gebührentatbeständen der HOAI.

40 Im Bürgerlichen Gesetzbuch ist der Architektenvertrag als eigenständiger Vertragstyp nicht gesondert geregelt. Nach der gefestigten Rechtsprechung des BGH handelt es sich beim Architekten aber **fast immer um einen Werkvertrag** im Sinne des §631 BGB.[6]

41 Den Inhalt und den Umfang der zu erbringenden Architektenleistungen können die Vertragsparteien frei vereinbaren. Hierfür gelten die allgemeinen Vorschriften des BGB. Die Parteien haben aufgrund der Vertragsfreiheit die Möglichkeit, einen für ihre jeweiligen Bedürfnisse passenden Vertrag inhaltlich frei zu gestalten. Die HOAI durchbricht lediglich die bestehende Vertragsfreiheit bezogen auf die Höhe des Architektenhonorars des und dessen konkrete Berechnung.

42 Die fehlende eigenständige Regelung des Architektenvertrages im Bürgerlichen Gesetzbuch hat für die Parteien einerseits den bereits dargestellten Vorteil, die inhaltliche Gestaltung des Vertrages im Wesentlichen frei bestimmen zu können.

43 Zur sicheren Einordnung von Vergütungsansprüchen, Mängelrechten, Verjährungsfristen und Kündigungsgründen ist es andererseits unerlässlich, **die Rechtsnatur** des jeweiligen Architektenvertrages zu bestimmen. Hierzu ist eine Zuordnung zu den Vertragstypen des besonderen Schuldrechts erforderlich, insbesondere dann, wenn spezielle Regelungen im konkreten Architektenvertrag fehlen. Dem hat der BGH Rechnung getragen und den Architektenvertrag als Werkvertrag eingeordnet. Durch

5 BGH, Urt. vom 24.10.1996 – Az. ZR VII 283/95.
6 BGH, Urt. vom 22.10.1981 – Az. VII ZR 310/79 – BGHZ 82, 100.

diese Einordnung **finden auch beim Architektenvertrag die werkvertraglichen Vorschriften der §§ 631 ff. BGB Anwendung.**

Die Einordnung als Werkvertrag hat der BGH damit begründet, dass der Architekt regelmäßig eine auf einen **Erfolg gerichtete Tätigkeit** schuldet. Erbringt der Architekt also Planungsleistungen, übt bauüberwachende Tätigkeiten aus oder erstellt eine objektbezogene Dokumentation, so führt er erfolgsbezogene Tätigkeiten aus. Dies ist wesentliches Merkmal eines Werkvertrages. Bei Beauftragung aller Leistungsphasen (Vollarchitektur) gemäß § 34 Abs. 3 HOAI, gilt dies nach der Rechtsprechung uneingeschränkt.[7] 44

Eine hiervon abweichende Beurteilung kommt dann in Betracht, wenn der Auftraggeber nur bestimmte Teilleistungen beauftragt. Es kann dann in einzelnen Fällen durchaus sein, dass dem Architekten lediglich Tätigkeiten (Dienste) übertragen werden und daher ein Dienstvertrag im Sinne des § 611 BGB vorliegt. Ein solcher Dienstvertrag kommt in Betracht, wenn dem Architekten lediglich die Leistungsphase 1 (Grundlagenermittlung) gemäß § 34 Nr. 1 HOAI übertragen wird. Auf einen solchen Dienstvertrag finden die Vorschriften der §§ 631 ff. BGB keine Anwendung. 45

Wenn der Architekten aber auch mit weiteren Leistungsphasen beauftragt ist, liegt nach der Rechtsprechung immer ein Werkvertrag im Sinne des § 631 Abs. 1 BGB vor. Damit sind die werkvertraglichen Vorschriften auch beim Architektenvertrag anwendbar. 46

2. Zustandekommen des Vertrages

Als zivilrechtlicher Vertrag kommt der Architektenvertrag **ausschließlich nach den Vorschriften des Bürgerlichen Gesetzbuches** zustande. Die Regelungen der HOAI spielen für den Vertragsabschluss nach Maßgabe der bereits dargestellten Trennung zum Bürgerlichen Gesetzbuch keinerlei Rolle. Der jeweilige Vertragsschluss richtet sich demnach ausschließlich nach den §§ 145 ff. BGB. Der Architektenvertrag kommt also wie jeder zivilrechtliche Vertrag durch ein Angebot und eine entsprechende Annahme zustande. 47

Der Architektenvertrag bedarf zu seiner Wirksamkeit grundsätzlich **auch keiner besonderen** Form. Der Vertrag kann also schriftlich, mündlich oder auch durch schlüssiges Verhalten der Vertragsparteien zustande kommen. Letzteres kommt dann in Betracht, wenn der Architekt Leistungen erbringt, der Bauherr diese annimmt, über den genauen Inhalt aber zuvor keine bestimmten Festlegungen erfolgten. 48

7 BGH, Urt. v. 26.11.1959 – VII ZR 120/58 – BauR 1974, 211.

3. Kommunales Formerfordernis

49 Von der grundsätzlich geltenden Formfreiheit gibt es allerdings Ausnahmen. Bei einem Architektenvertrag mit einem öffentlich-rechtlichen Auftraggeber, insbesondere einer Gemeinde, müssen die **besonderen Formvorschriften und Vertreterbefugnisse aus den jeweiligen Gemeindeordnungen beachtet werden**. Gemäß § 49 Abs. 1 GemO RhlPf, § 54 GO Baden-Württemberg oder § 63 GO Niedersachen (ähnliche Regelungen sehen auch die Gemeindeordnungen der übrigen Bundesländer vor) **bedürfen** Erklärungen, durch die eine Gemeinde verpflichtet werden soll, **der Schriftform**.

50 Gemäß § 64 Abs. 1 GO Nordrhein-Westfalen muss die Erklärung nach dem Vieraugenprinzip sogar noch zusätzlich durch einen vertretungsberechtigten Beamten oder Angestellten unterzeichnet werden.

51 Sie sind nur **rechtsverbindlich**, wenn sie vom Bürgermeister oder dem zur allgemeinen Vertretung berufenden Beigeordneten oder einem ständigen Vertreter unter Beifügung der Amtsbezeichnung handschriftlich unterzeichnet sind. Gemäß § 49 Abs. 2 GemO RhlPf sind Verpflichtungserklärungen eines Bevollmächtigten nur dann rechtsverbindlich, wenn sie schriftlich abgegeben werden und die Vollmacht in der Form des § 49 Abs. 1 Satz 2 GemO RhlPf erteilt worden ist.

52 Bei diesen kommunalrechtlichen Formvorschriften handelt es sich nach der Rechtsprechung **um materielle Vorschriften über die Beschränkung der Vertretungsmacht**, die dem Schutz der Körperschaft und ihrer Mitglieder dienen.[8] Damit ist ein entgegen den Formvorgaben der jeweiligen Gemeindeordnung geschlossene Architektenvertrag nicht automatisch gemäß § 125 BGB nichtig, sondern schwebend unwirksam. Er kann also auch im Nachhinein durch eine Genehmigung des Auftraggebers, also der Gemeinde, noch wirksam werden.

53 Um Diskussionen über die Wirksamkeit des Vertrages zu vermeiden, sollten Auftraggeber und Architekt allerdings darauf achten, einen Vertrag mit einer öffentlich-rechtlichen Körperschaft grundsätzlich schriftlich abzuschließen. Zudem ist darauf zu achten, dass der Vertrag von einem vertretungsberechtigten Organ unterzeichnet ist.

54 Die Einhaltung der Schriftform liegt in beiderseitigem Interesse und sollte von beiden Vertragsparteien ernst genommen werden. Zu beachten ist in diesem Zusammenhang, dass sich eine Gemeinde gegenüber dem Architekten schadensersatzpflichtig machen kann, wenn der Bürgermeister als vertretungsberechtigtes Organ den Architekten dazu bewegt, auf die Schriftform zu verzichten, die Gemeinde aber gleichwohl Architektenleistungen annimmt.[9]

---

8 BGH, Urt. vom 2.3.1972 – Az. VII ZR 143/70.

9 OLG Frankfurt, Urt. v. 30.4.2012 – 24 U 63/13 – IBR 2012, 397..

III. Abgrenzung vertraglicher Bindung und honorarfreie Akquise

Ob und wann bereits eine vergütungspflichtige Beauftragung eines Architekten erfolgt ist, ist vor allen Dingen in den Fällen problematisch, in denen es nicht zu einem schriftlichen Architektenvertrag gekommen ist, die rechtlichen Beziehungen der Parteien jedoch bereits frühzeitig beendet werden und der Architekt zu diesem Zeitpunkt bereits Leistungen erbracht hat. In diesen Fallkonstellationen kommt es zwischen den Parteien oftmals zum Streit über die Vergütungspflicht für die bereits erbrachten Architektenleistungen. Während der Architekt eine Vergütung beansprucht, steht der Bauherr regelmäßig auf dem Standpunkt, die erbrachten Leistungen seien lediglich dem Bereich der noch **honorarfreien Akquise** zuzuordnen. 55

Diese äußerst praxisrelevante Konstellation erfordert stets eine genaue Auseinandersetzung mit den Besonderheiten des Einzelfalles, wobei die Rechtsprechung bestimmte Kriterien zur **Abgrenzung des Bereichs der honorarfreien Akquise und einer vergütungspflichtigen Architektenleistung aufgestellt hat.** Die Grenze zwischen einer noch vergütungsfreien Akquisetätigkeit und einer vergütungspflichtigen Tätigkeit des Architekten ist regelmäßig fließend und kann nur anhand der konkreten Umstände und Besonderheiten des jeweiligen Einzelfalls beurteilt werden. 56

Nach der höchstrichterlichen Rechtsprechung gelten in diesen Fällen die nachfolgend dargestellten Grundsätze: 57

Grundsätzlich schließt **jeder**, der die Dienste eines Architekten in Anspruch nimmt, auch einen Architektenvertrag ab und muss demgemäß mit der Verpflichtung zur Zahlung einer Vergütung rechnen.[10] Dies gilt insbesondere dann, wenn die verlangte Leistung mit einem nicht unerheblichen Arbeitsaufwand des Architekten verbunden ist. 58

Demgegenüber erbringt der Architekt als Freiberufler regelmäßig gewisse Vorleistungen unentgeltlich und ohne vertragliche Bindung, da dies der Gewinnung neuer Aufträge dient. 59

Einen Anhaltspunkt zur **Abgrenzung** kann der Umfang des erbrachten Aufwands bezogen auf das konkrete Bauwerk sein. Je **umfangreicher** die Leistungen sind, desto eher wird man von einer Vergütungspflicht ausgehen müssen. 60

Stellt der Auftraggeber dem Architekten seine grobe Planungsidee vor und erteilt der Architekt ganz allgemein gehaltene Auskünfte, Ratschläge oder gibt sonstige erste Anregungen, wird dieses Handeln der Akquisetätigkeit des Architekten zuzuordnen sein. Dies gilt insbesondere bei allgemeinen und noch nicht konkret projektbezogenen Tätigkeiten. 61

Beziehen sich die Tätigkeiten aber auf ein **konkretes abgrenzbares Projekt**, ist der Akquisebereich regelmäßig bereits überschritten mit der Folge der Vergütungspflicht. 62

---

10 BGH, Urt. v. 9.4.1987 – VII ZR 266/86 – NJW 1987, 2742.

63 Zur konkreten Bewertung können die Inhalte der Leistungsphasen der HOAI herangezogen werden. Soweit der Architekt also damit beginnt, auf Weisung des Auftraggebers abgrenzbare und konkret projektbezogene Leistungen zu erbringen, ist die Leistung vergütungspflichtig, insbesondere auch weil jeder Bauherr wissen muss, dass projektbezogene Leistungen nur gegen Vergütung erbracht werden.[11]

64 Trägt der Auftraggeber Anregungen oder Planungswünsche an den Architekten heran, der diese dann weisungsgemäß verarbeitet, sind die Leistungen bereits vergütungspflichtig.[12]

65 Dies gilt gleichermaßen, wenn der Architekt anbietet, bestimmte Leistungen zunächst kostenlos zu erbringen, z. B. drei verschiedene Entwürfe, er aber später auf Geheiß des Bauherren darüber hinaus gehende Leistungen ausführt, z. B. fünf Entwürfe zur Verfügung stellt.[13]

66 Uneinheitlich ist die Rechtsprechung zu der Frage, wann der Akquisebereich unter Berücksichtigung der Leistungsphasen der HOAI endet.

67 Zum Teil wird in der obergerichtlichen Rechtsprechung die Auffassung vertreten, dass der Akquisebereich spätestens mit Leistungen der Leistungsphase 2 gemäß § 34 HOAI endet.[14]

68 Nach Auffassung anderer Obergerichte, soll auch bei Leistungen aus der Leistungsphase 4 unter Umständen noch eine honorarfreie Akquise möglich sein, wenn dies dem Parteiwillen entspricht.[15]

69 Besteht der übereinstimmende Wille der Parteien, dass der Architekt bis zu einer Beauftragung auf eigenes Risiko im Bereich der kostenlosen Akquise tätig ist, besteht kein Vergütungsanspruch. Dies kann z. B. dann der Fall sein, wenn beiden Parteien klar ist, dass die zur Verwirklichung des Bauvorhabens erforderliche Finanzierungsgrundlage noch fehlt.

70 Nach ganz überwiegender Auffassung endet der Bereich der Akquise aber spätestens mit der **Verwertung der Architektenleistungen** z. B. Einreichung des Bauantrages oder Genehmigung von Plänen, da sich der Bauherr mit diesem Verhalten regelmäßig die bis zu diesem Zeitpunkt erbrachten Leistungen zu eigen macht.[16]

Grundsätzlich gelten hierbei folgende Beweislastregeln:

11 OLG Hamburg, Urt. v. 21.11.2007 – 10 U 1/07 – IBR 2009, 719.

12 OLG Frankfurt, Urt. v. 30.4.2012 – 24 U 63/11 – IBR 2012, 397.

13 OLG München, Urt. v. 28.9.2010 – IBR 2012, 459.

14 OLG Dresden, Urt. v. 16.2.2011 – 1 U 261/10 – IBR 2013, 86; NZB durch BGH, Beschl. v. 21.11.2012 – VII ZR 51/11 zurückgewiesen; OLG Karlsruhe, Beschl. v. 17.2.2010 – 8 U 143/09 – IBR 2010, 275.

15 OLG Celle, Urt. v. 26.10.2011 – 14 O 54/11 – IBR 2012, 2010.

16 KG Berlin, Urt. v. 28.12.2010 – 21 U 97/09 – IBR 2013, 688; NZB durch BGH, Beschl. v. 29.4.2013 – VII ZR 32/11 zurückgewiesen.

Der Architekt muss die genauen Umstände darlegen und gegebenenfalls beweisen, nach denen Architektenleistungen nur gegen Vergütung zu erwarten sind.[17] 71

Demgegenüber muss der Auftraggeber darlegen und beweisen, dass die Leistungen gleichwohl unentgeltlich zu erbringen sind. 72

Ein Abgrenzungskriterium hierbei ist der Umstand, ob der Architekt von sich aus Leistungen anbietet oder zur Erbringung von Leistungen aufgefordert wird. Im letzteren Fall wird es sich regelmäßig bereits um einen vergütungspflichtigen Architektenvertrag handeln, jedenfalls dann, wenn der Architekt der Aufforderung des Auftraggebers nachkommt und die angeforderte Leistung erbringt. Dagegen kann es sich um noch honorarfreie Akquise handeln, wenn der Auftraggeber sich selbst noch um einen Auftrag bemüht und dies für den Architekten erkennbar ist. 73

In der Rechtsprechung ist nach wie vor umstritten, ob der Bauherr seinen Bindungswillen bezogen auf den Abschluss eines vergütungspflichtigen Vertrages davon abhängig machen kann, dass er den Architekt zunächst zwar um die Erbringung von Leistungen bittet, jedoch gleichzeitig klarstellt, dass ein Architektenvertrag erst später geschlossen wird.[18] 74

Nach den **allgemeinen vertragsrechtlichen Grundsätzen** kann der Bauherr eine vertragliche Bindungswirkung und damit eine Vergütungspflicht nicht dadurch umgehen, dass er einen Architektenvertrag erst später in Aussicht stellt. Fordert der Auftraggeber zur Erbringung von Architektenleistungen auf, die der Architekt dann weisungsgemäß erbringt, liegen nach den allgemeinen schuldrechtlichen Regelungen alle Voraussetzungen für einen Vertragsschluss vor, § 154 BGB. Die Aufforderung zur Erbringung der Leistungen ist die auf Abschluss eines Vertrages gerichtete Willenserklärung, die der Architekt durch die Leistungsausführung angenommen hat. Die erbrachten Leistungen sind damit vergütungspflichtig. Dies vermag sich nicht dadurch zu ändern, dass der Bauherr sich einseitig einen Vertragsschluss später vorbehält. Etwas anderes kann nur dann gelten, wenn der Architekt sich **ausdrücklich bereit erklärt**, auf eigenes Risiko Leistungen bis zu einer endgültigen Beauftragung zu erbringen. 75

1. § 101 a) GWB

Jeder öffentliche Auftraggeber im Sinne des § 93 GWB, ist nach § 97 GWB verpflichtet, bei der **Vergabe von Dienstleistungen**, die im Rahmen einer freiberuflichen Tätigkeit erbracht oder ein Wettbewerb mit freiberuflich Tätigen angeboten werden, die VOF anzuwenden. Die VOF ist anwendbar für Leistungen der Architekten, der technischen Beratung und Planung. Maßgebend ist hierbei der **Auftragswert**, der 76

17 OLG München, Urt. v. 15.4.2008 – 9 U 4609/07 – IBR 2009, 394; OLG Hamm, Urt. v. 9.9.2008 – 19 U 23/08 – IBR 2009, 278.

18 Dafür OLG Celle, Urt. v. 26.10.2011 – 14 U 54/11 – IBR 2012, 210.

207.000,00 € erreichen oder übersteigen muss. Zu beachten ist, dass bei der Stufenbeauftragung der Gesamtwert berechnet werden muss. Dies ergibt sich aus § 3 VOF. Dabei darf die Berechnung des Auftragswertes seitens des Auftraggebers allerdings nicht in der Absicht erfolgen, die Vorschriften der VOF zu umgehen. Daher erfolgt bei Teilaufträgen eine Addition.

77 Gemäß § 101 a) GWB muss der Auftraggeber die Bieter, die den Zuschlag nicht bekommen, über das Unternehmen informieren, das er zu beauftragen beabsichtigt. Er muss gegenüber dem nicht berücksichtigten Bieter zudem die **konkreten Gründe** für die Nichtberücksichtigung angeben, sowie den Zeitpunkt des geplanten Vertragsschlusses mit dem berücksichtigten Bieter.

78 Einen Vertrag darf der Auftraggeber erst nach **15 Kalendertagen** (bei Faxabsendung nach 10 Kalendertagen) abschließen.

79 Die in § 101 a) GWB normierte **Informationspflicht** des Auftraggebers dient dem Rechtschutz des nicht berücksichtigten Bieters. Diesem soll die Möglichkeit bleiben, die Zuschlagsentscheidung des Auftraggebers überprüfen zu lassen.

80 Hält der Auftraggeber, um die nichtberücksichtigten Bieter zu umgehen, die Wartefrist nicht ein, sondern schließt innerhalb laufender Frist einen Vertrag, ist dieser gemäß § 101 b) GWB schwebend unwirksam.

81 Schwierigkeiten können entstehen, wenn der Auftraggeber und der Bieter, der den Zuschlag erhalten soll aufgrund der **15-tägigen Wartefrist** gemäß § 101 a GWB noch keinen Vertrag abschließen können, aber bereits Verhandlungen über das Honorar aufgenommen haben. Insbesondere wenn sich die Parteien über das Honorar abschließend verständigt haben, gilt es einen Konflikt zwischen der Wartefrist des § 101 a GWB und dem Erfordernis der schriftlichen Honorarvereinbarung bei Auftragserteilung gemäß § 7 Abs. 1 HOAI.

82 Regelmäßig werden im Rahmen der Vergabeverhandlungen in Bezug auf die Höhe der Vergütung von Nebenkosten schon endgültige Abstimmungen erzielt. Die erzielten Verhandlungsergebnisse werden oftmals bereits in schriftlichen Protokollen festgehalten. Dies kann aufgrund der Wartefrist dann problematisch sein, wenn beide Parteien **bereits** von einer **endgültigen Honorarvereinbarung** ausgehen.

83 Der Auftraggeber ist durch die vorgegebene Wartefrist gehalten, einen Architektenvertrag **frühestens nach 15 Kalendertagen** zu schließen. Eine vorherige Verständigung über die Höhe der Vergütung wäre zwar für sich genommen noch kein Vertragsschluss und damit keine Verstoß gegen die Wartefrist aus § 101 a) GWB. Jedoch kann eine vorherige Verständigung allein zeitlich aufgrund der **vorgeschriebenen Wartefrist** mit dem bereits dargestellten Erfordernis einer **schriftlichen Honorarvereinbarung „bei Auftragserteilung“** gemäß § 7 Abs. 1 HOAI **kollidieren**.

Allgemein anerkannt ist zwar, dass Honorarvereinbarungen bereits vor Auftragserteilung getroffen werden können, weil mit der Formulierung „bei Auftragserteilung“ der späteste Zeitpunkt benannt wird.[19] 84

Ungeachtet dessen spricht der insoweit eindeutige Wortlaut des §7 Abs. 1 HOAI aber für das Erfordernis eines sehr **engen zeitlichen Zusammenhangs** zwischen der Honorarvereinbarung und der Auftragserteilung. In der Rechtsprechung werden daher **vor Auftragserteilung** getroffene Honorarvereinbarungen teilweise als **unwirksam** erachtet, zumindest bei Fehlen eines zeitlichen Zusammenhanges zur Auftragserteilung.[20] 85

Die Vertragsparteien sollten im Anwendungsbereich des §101 a) GWB zur Vermeidung von Diskussionen über eine wirksame Honorarvereinbar die zuvor ausgehandelte Honorarabrede beim eigentlichen Vertragsschluss nach Ablauf der Wartefrist noch einmal schriftlich festhalten. Entweder wird die Honorarvereinbarung in den Vertragstext eingeführt oder die Parteien unterzeichnen eine separate schriftliche Honorarvereinbarung gleichzeitig mit dem Architektenvertrag. Riskant ist eine Bezugnahme auf das Verhandlungsprotokoll und die dort festgehaltene Honorarvereinbarung. Dies könnte für das Erfordernis einer „schriftlichen Vereinbarung bei Auftragserteilung“ nicht ausreichen. 86

2. Stufenweise Beauftragung

Wenn noch nicht abschließend feststeht, ob ein Bauvorhaben tatsächlich durchgeführt wird, besteht die Möglichkeit, den Architekten **stufenweise** zu beauftragen. 87

Bei einer stufenweisen Beauftragung liegt ein wirksamer Architektenvertrag zunächst immer nur hinsichtlich der **jeweils beauftragten Stufe vor**. Die Parteien schließen also nicht einen einheitlichen Vertrag ab, sondern mehrere Einzelverträge bezogen auf die jeweilige Stufe. Im Hinblick auf die Einteilung von Stufen zeigen sich in der Praxis verschiedene Modelle. So ist es durchaus üblich, den Architekten zunächst mit den Leistungen der Leistungsphasen 1 – 3 gemäß §34 HOAI zu beauftragen, sodann die Leistungsphasen 4 – 7 in einer weiteren Stufe und in einer letzten Stufe die Leistungsphase 8 und 9. Denkbar ist aber auch, den Architekten zunächst mit den Leistungsphasen 1 – 4 als Stufe 1 zu beauftragen und später mit den Leistungsphasen 5 – 9 als Stufe 2. Die Parteien sind hier frei, die Arten der stufenweisen Beauftragung zu regeln. 88

Im Fall der stufenweisen Beauftragung stellt sich die regelmäßig Frage, **welche Fassung der HOAI** für die **jeweils** beauftragte Stufe **maßgeblich** ist, wenn bei Vorhaben mit langer Bauzeit zwischen den einzelnen Stufen große Zeitabstände liegen 89

19 Locher/Koeble/Frick, Kommentar zur HOAI, §7 Rn. 59.

20 OLG Bamberg, Urt. v. 3.6.2005 – 6 U 49/04 – BauR 2005, 1372; OLG Braunschweig, Urt. v. 24.8.2006 – 8 U 154/05 – BauR 2006, 1948.

und die HOAI in der Zwischenzeit geändert wurde. Diese Frage ist durch den Bundesgerichtshof höchstrichterlich noch nicht geklärt. Die Instanzgerichte tendieren wohl zu der Auffassung, dass für die Berechnung der Vergütung der noch zu erbringenden Leistungen die zum **Zeitpunkt des Abrufs gültige HOAI** maßgeblich sein soll.[21]

90 Dieser Auffassung dürfte im Ergebnis beizupflichten sein, da bei der stufenweisen Beauftragung ein wirksamer Vertrag zunächst nur für die jeweils beauftragte Stufe geschlossen worden ist. Damit liegt konsequenterweise für die spätere Stufe also noch kein wirksamer Vertrag vor. Wird die nachfolgende Stufe dann zu einem späteren Zeitpunkt beauftragt, kann sich das Honorar, da erst dann ein wirksamer Architektenvertrag geschlossen wurde, auch nur nach den Vorschriften der zu diesem Zeitpunkt gültigen HOAI richten.

D. Folgen für die Vertragsgestaltung

91 Welche Leistungen im Einzelfall beauftragt werden sollen, hängt naturgemäß von den Einzelheiten des jeweiligen Bauprojektes ab. Die Möglichkeiten von vornherein eine Vollarchitektur zu beauftragen oder auch nur einzelne Leistungsphasen bzw. eine stufenweise Beauftragung gewähren dem Auftraggeber **volle Flexibilität**.

92 Insbesondere wenn der Auftraggeber mit einem Architekten erstmalig zusammenarbeitet, sollte er von den flexiblen Möglichkeiten Gebrauch machen. Im Falle der erstmaligen Zusammenarbeit kann sich eine stufenweise Beauftragung mit der entsprechenden Bindungswirkung des Architekten über den zuvor beschriebenen Zeitraum von einem Jahr für die Ausführung weiterer Leistungsstufe anbieten. Beauftragt der Auftraggeber einen Architekten erstmalig, so kann er dessen fachliche Qualitäten regelmäßig nur schwer beurteilen.

93 Wird der Vertrag dagegen mit einem dem Auftraggeber bekannten Architekten geschlossen, so kann regelmäßig bereits eine Vollarchitektur beauftragt werden. Dies bietet dann für beide Vertragsparteien eine **entsprechende Planungssicherheit**.

94 Auch im Falle der erstmaligen Beauftragung ist von Seiten des Auftraggebers gut zu überlegen, ob lediglich einzelne Leistungsphasen beauftragt werden sollen. Beauftragt der Auftraggeber zunächst die Leistungsphasen 1 bis 3 und möchte nach Fertigstellung der Leistungsphase 3 die weiteren Leistungsphasen ebenfalls durch den Architekten ausführen lassen, da er die bisherigen Leistungen zufriedenstellend erbracht hat, ist der Auftraggeber darauf angewiesen, dass der Architekt ebenfalls eine weitergehende Beauftragung der Leistungsphasen 4 bis 9 möchte. Ein Anspruch des Auftraggebers besteht ohne eine entsprechende Bindung nicht. Es gibt in der Praxis vielfältige Gründe, dass auch ein Architekt, der schon einige Leistungsphasen erbracht hat, an der Ausführung weiterer Leistungsphasen kein Interesse hat. Dies

21 OLG Koblenz, Urt. v. 6.12.2013 – Az. 10 U 344/13 – IBR 2014, 90.

kann z. B. daran liegen, dass das Projekt aus Sicht des Architekten wirtschaftlich nicht rentabel war oder sich bereits bei der Ausführung der ersten Leistungsphasen gezeigt hat, dass es sich um ein problembehaftetes Projekt handelt oder handeln könnte.

Hat der Auftraggeber zunächst einzelne Leistungsphasen beauftragt und kommt 95 während der Ausführung des Objektes zu dem Entschluss, den Architekten auch mit weiteren Leistungen beauftragen zu wollen, so ist der Auftraggeber gut beraten, dies möglichst schnell mit dem Architekten schriftlich zu vereinbaren. Der Auftraggeber, der zunächst nur einzelne Leistungsphasen beauftragen möchte, sollte stets die mit dem Architekten geltenden Verjährungsfristen für Mängelansprüche im Auge behalten.

Beabsichtigt der Auftraggeber zu Beginn des Projekts bereits, die **Leistungsphasen 1 bis 8** gemäß § 34 HOAI zu beauftragen, so sollte er **gleichzeitig** immer auch die 96 **Leistungsphase 9** (Objektbetreuung) beauftragen.

Viele Architekten versuchen, eine Beauftragung der Leistungsphase 9 zu 97 umgehen. Dies geschieht aus zwei Gründen: Die Leistungsphase 9 gemäß § 33 Nr. 9 HOAI wird nach der HOAI 2013 nur noch mit 2 % vergütet und ist für den Architekten damit wirtschaftlich kaum lukrativ. Zudem ist die Leistungsphase 9 für den Architekten sehr **haftungsträchtig**. Der objektbetreuende Architekt ist bezogen auf die verschiedenen ausführenden Unternehmer verpflichtet, die Verjährungsfristen für jedes einzelne Gewerk zu erfassen und eigenständig zu überwachen. Darüber hinaus ist der Architekt verpflichtet, kurz vor Ablauf der Fristen mit den Unternehmern noch einmal jedes einzelne Gewerk auf das Vorliegen von Mängeln zu untersuchen. Gerade bei einem Objekt mit keinen oder nur wenigen Mängeln kann diese Verpflichtung des Architekten leicht in Vergessenheit geraten. Nicht selten unterbleibt daher eine Überprüfung von Mängeln und der Auftraggeber kann den Architekten im Falle der eingetretenen Verjährung gegenüber dem Unternehmer auf Schadenersatz wegen Pflichtverletzung aus dem Architektenvertrag in Anspruch nehmen, da die Leistungspflichten aus der Leistungsphase 9 nicht ordnungsgemäß erbracht sind.

Architektenfehler aus der Leistungsphase 9 fallen regelmäßig erst dann auf, 98 wenn Ansprüche gegen bauausführende Unternehmer bereits der Verjährung unterliegen. Oftmals verbleibt der Architekt als einziger Haftungspartner, wie sich aus der Berechnung von Verjährungsfristen der Architektenleistungen bei Beauftragung der Leistungsphase 9 ergibt.

Die Beauftragung der Leistungsphase 9 ist für den Architekten nämlich stets mit 99 einer **erheblichen Verlängerung der Verjährungsfristen** verbunden. Bei Beauftragung der Leistungsphase 9 beginnt die Verjährungsfrist für Mängelansprüche des Auftraggebers für sämtliche Architektenleistungen **erst nach dem Abschluss** der Leistungsphase 9. Dies entspricht gefestigter Rechtsprechung.[22] Die erst nach Abschluss der Leistungsphase 9 beginnende Verjährungsfrist umfasst alle Leistun-

22 BGH, Urt. v. 10.2.1994 – VII ZR 20/93.

gen, die der Architekt erbracht hat. Selbst die Verjährung für Mängel in der Leistungsphase 1 beginnt **erst dann** zu laufen, also erst mehrere Jahre nachdem die Leistung erbracht wurde.

100 Beispielsfall: Der Architekt hat mit seinen Planungsleistungen betreffend ein Großobjekt nach schriftlichem Auftrag im Jahr 2005 begonnen. Im Jahr 2010 ist das Objekt endgültig fertiggestellt. Sämtliche ausführende Unternehmer haben ihre Leistungen beendet. Die werkvertraglichen Leistungen sind abgenommen.

101 Geht man gemäß §13 VOB/B von einer vierjährigen Verjährungsfrist für Mängelansprüche für die ausführenden Unternehmer aus, ergeben sich folgende Fristen: Im Jahr 2014 tritt bezüglich der Ansprüche gegen die ausführenden Unternehmern Verjährung ein, die Leistungsphase 9 des Architekten ist damit erbracht. Erst mit diesem Zeitpunkt beginnt die fünfjährige Verjährungsfrist für die Architektenleistungen zu laufen. Die Frist aus dem Architektenvertrag endet in diesem Fall nicht vor 2019. Sollte sich also im Jahr 2018 herausstellen, dass der Architekt Fehler während der Leistungsphase 5 oder 6 erbracht hat, so haftet er bis in das Jahr 2019 auch für Fehler, die aus den Jahren 2006 oder 2007 stammen.

102 Die Haftung des Architekten wird bei Beauftragung der Leistungsphase 9 also in zeitlicher Hinsicht nach hinten hinausgeschoben.

103 Da ausweislich Ziffer 10 des Mustervertrages eine Teilabnahme nach der Leistungsphase 8 ausgeschlossen ist, beginnt die Verjährung also einheitlich für alle Architektenleistungen der Leistungsphasen 1 bis 9 erst mit dem Abschluss der Leistungsphase 9.

104 Dem Auftraggeber kann daher nur geraten werden, stets auch die Leistungsphase 9 beauftragen und mit dem Architekten weder eine Teilabnahme nach der Leistungsphase 8 vereinbaren.

105 Dies ist insbesondere wichtig, da sich einige fehlerhafte Architektenleistung erst nach vielen Jahren zeigen. Insbesondere bei Bauprojekten, die mit öffentlichen Geldern gefördert werden, sollte zwingend auf eine Beauftragung der Leistungsphase 9 mit der Folge der später beginnenden Verjährungsfrist geachtet werden.

106 In der Praxis zeigen sich oft nach Abschluss der Projekte erst nach vielen Jahren Fehler im Rahmen der Vergabe, die zu den Leistungen des Architekten in der Leistungsphase 5 und 6 gehört. Regelmäßig ergeben erst deutlich später durchgeführte Rechnungsprüfungen, dass bei der Vergabe Fehler unterlaufen sind. Nicht selten ordnet der Fördermittelgeber in diesem Fall an, dass Fördermittel vom Begünstigten zurückgewährt werden müssen. Sind in diesem Fall Ansprüche gegen den Architekten bereits verjährt, so bleibt der Auftraggeber im Ergebnis auf seinem Schaden in Form der zurückzugewährenden Fördermittel hängen. Dieses Risiko sollte vermieden werden.

Kapitel 10
Die Architektenvollmacht

Ein zentraler Bestandteil der Tätigkeit der **bauleitenden Architekten** ist die **Koordination der Bauausführung** und die **Überwachung der Bauarbeiten** unter Beachtung der gewerksbezogenen Leistungsbeschreibungen. Die bauablaufsbezogenen Koordinierungspflichten obliegen grundsätzlich dem Bauherrn, nicht den ausführenden Unternehmern. Diese Koordinierungspflicht überträgt der Bauherr regelmäßig ganz oder teilweise auf den Architekten, der damit zu seinem Sachwalter auf der Baustelle wird. 1

Auf die jeweiligen Vertragsverhältnisse hat dies keinen Einfluss. Diese stellen sich im Regelfall wie folgt dar: Der Bauherr schließt einerseits eigenständige Bauverträge mit den bauausführenden Unternehmen und andererseits einen Architektenvertrag mit dem planenden und bauleitenden Architekten. Diese Verträge haben im Idealfall klar definierte Leistungspflichten. So gibt es für jedes auszuführende Gewerk regelmäßig eine eigenständige Plangrundlage und eine detailliert vorgegebene Leistungsbeschreibung. 2

Nicht selten stellt sich während der Bauphase aber heraus, dass Änderungen der Bauausführung erforderlich sind. Dies kann vielfältige Gründe haben. Diese können technischer, wirtschaftlicher oder zeitlicher Natur sein. Auf die ursprünglichen Vertragsinhalte haben solche Änderungen zunächst keine Auswirkungen. Es stellt sich aber regelmäßig die Frage, inwiefern der bauleitende Architekt berechtigt ist, abändernd in die zwischen dem Bauherrn und dem Unternehmer geschlossenen Bauverträge einzugreifen. Im Ausgangspunkt geht es also darum, ob der Architekt vom Bauherrn hierzu ermächtigt wurde und ihm daher die Befugnis zusteht, den Bauherrn rechtsgeschäftlich wirksam gegenüber den ausführenden Unternehmern zu vertreten, z. B. durch die Beauftragung vergütungspflichtiger Nachträge. Diese Konstellation kommt in der Baupraxis regelmäßig vor. Sowohl Architekten als auch ausführende Unternehmer gehen oftmals wie selbstverständlich davon aus, dass der Architekt zur Beauftragung von Nachträgen oder zur Anordnung von Änderungen der Bauausführung mit Wirkung für den Bauherrn berechtigt ist und der Unternehmer gleichermaßen verpflichtet ist, den Änderungsanordnungen des bauleitenden Architekten Folge zu leisten. 3

A. Vereinbarung im Mustervertrag

I. Muster-Architektenvertrag[1]

Vertragsmuster

4 **5. Vollmacht des AN**

5.1 Der AN ist im Rahmen der Bauüberwachung berechtigt und verpflichtet, die ausführenden Unternehmen zur Erfüllung der vertragsgemäßen Leistungen aufzufordern und Anordnungen gegenüber den ausführenden Unternehmern und den sonstigen an der Überwachung fachlich Beteiligten (Fachbauleiter etc.) zu erteilen.

5.2 Der AN ist grundsätzlich nicht bevollmächtigt, den AG rechtsgeschäftlich zu vertreten. Die Weisungsbefugnis des AN gegenüber anderen am Bauvorhaben Beteiligten beschränkt sich grundsätzlich auf solche Weisungen, die zur Sicherstellung des reibungslosen und uneingeschränkten Projektablaufs unbedingt erforderlich sind und keinerlei negative Auswirkungen qualitativer, terminlicher und finanzieller Art für den AG beinhalten. Finanzielle Verpflichtungen zu Lasten des AG darf der AN nicht eingehen.

---

1 Die kompletten, zusammenhängenden Vertragsmuster finden Sie in Kapitel 7.

II. Muster-Ingenieurvertrag

1. Ing.-Bau und Verkehr

Vertragsmuster

5. Vollmacht des AN 5

5.1 Der AN ist im Rahmen der Bauüberwachung berechtigt und verpflichtet, die ausführenden Unternehmen zur Erfüllung der vertragsgemäßen Leistungen aufzufordern und Anordnungen gegenüber den ausführenden Unternehmern und den sonstigen an der Überwachung fachlich Beteiligten (Fachbauleiter etc.) zu erteilen.

5.2 Der AN ist grundsätzlich nicht bevollmächtigt, den AG rechtsgeschäftlich zu vertreten. Die Weisungsbefugnis des AN gegenüber anderen am Bauvorhaben Beteiligten beschränkt sich grundsätzlich auf solche Weisungen, die zur Sicherstellung des reibungslosen und uneingeschränkten Projektablaufs unbedingt erforderlich sind und keinerlei negative Auswirkungen qualitativer, terminlicher und finanzieller Art für den AG beinhalten. Finanzielle Verpflichtungen zu Lasten des AG darf der AN nicht eingehen.

---

2. TGA

Vertragsmuster

6 **5. Vollmacht des AN**

5.1 Der AN ist im Rahmen der Bauüberwachung berechtigt und verpflichtet, die ausführenden Unternehmen zur Erfüllung der vertragsgemäßen Leistungen aufzufordern und Anordnungen gegenüber den ausführenden Unternehmern und den sonstigen an der Überwachung fachlich Beteiligten (Fachbauleiter etc.) zu erteilen.

5.2 Der AN ist grundsätzlich nicht bevollmächtigt, den AG rechtsgeschäftlich zu vertreten. Die Weisungsbefugnis des AN gegenüber anderen am Bauvorhaben Beteiligten beschränkt sich grundsätzlich auf solche Weisungen, die zur Sicherstellung des reibungslosen und uneingeschränkten Projektablaufs unbedingt erforderlich sind und keinerlei negative Auswirkungen qualitativer, terminlicher und finanzieller Art für den AG beinhalten. Finanzielle Verpflichtungen zu Lasten des AG darf der AN nicht eingehen.

B. Erläuterungen zu dem Mustervertrag

Zur Vollmacht enthält der Musterarchitektenvertrag die nachfolgenden Regelungen. 7

I. Ziffer 5.1

In Ziffer 5.1 ist zunächst ausdrücklich geregelt, dass der Architekt im Rahmen der 8 Bauüberwachung (Leistungsphase 8 gemäß §34 HOAI) **berechtigt und auch verpflichtet ist, die ausführenden Unternehmen zur Erfüllung der vertragsgemäßen Leistungen aufzufordern und diesen Anordnungen zu erteilen.** Hierdurch soll sichergestellt werden, dass der Architekt derjenige auf der Baustelle ist, der den Bauablauf koordiniert und dessen Weisungen, insbesondere die Arbeitsabläufe betreffend, alle Unternehmen zwingend Folge zu leisten haben.

II. Ziffer 5.2

Ziffer 5.2 **schließt eine Vollmacht des Architekten für die rechtsgeschäftliche** 9 **Vertretung des Bauherrn aus.** Hervorgehoben wird, dass sich die in der Ziffer 5.1 dargestellte Weisungsbefugnis nur auf solche Weisungen bezieht, die zur Sicherstellung des reibungslosen und uneingeschränkten Projektablaufes unbedingt erforderlich sind und die mit keinerlei negativen Auswirkungen qualitativer, terminlicher und finanzieller Art für den Auftraggeber verbunden sind.

Mit dieser Formulierung ist zunächst eindeutig klargestellt, dass der Architekt 10 z. B. **nicht eigenmächtig vergütungspflichtige Nachtragleistungen oder eine qualitativ andere Ausführung beauftragen darf.** Überreicht ein Unternehmen ein Nachtragsangebot für eine zusätzliche Leistung, so darf der Architekt die Ausführung nicht ohne Zustimmung des Auftraggebers beauftragen. Selbst wenn der Architekt der Überzeugung ist, dass der Nachtrag dem Grunde und der Höhe nach gerechtfertigt ist, muss er vor der Beauftragung eine Zustimmung des Auftraggebers einholen. Holt er die Zustimmung nicht ein und beauftragt einen Nachtrag, so ist der Nachtrag im Verhältnis zwischen dem Bauherrn und dem Unternehmer aufgrund der fehlenden Vollmacht grundsätzlich nicht wirksam beauftragt worden.

C. Rahmenbedingungen

I. HOAI

Die HOAI enthält keine Regelungen zur Architektenvollmacht. 11

II. BGB

Zitat

12 ***§ 164 BGB***

Wirkung der Erklärung des Vertreters

(1) Eine Willenserklärung, die jemand innerhalb der ihm zustehenden Vertretungsmacht im Namen des Vertretenen abgibt, wirkt unmittelbar für und gegen den Vertretenen. Es macht keinen Unterschied, ob die Erklärung ausdrücklich im Namen des Vertretenen erfolgt oder ob die Umstände ergeben, dass sie in dessen Namen erfolgen soll.

(2) Tritt der Wille, in fremdem Namen zu handeln, nicht erkennbar hervor, so kommt der Mangel des Willens, im eigenen Namen zu handeln, nicht in Betracht.

(3) Die Vorschriften des Absatzes 1 finden entsprechende Anwendung, wenn eine gegenüber einem anderen abzugebende Willenserklärung dessen Vertreter gegenüber erfolgt.

§ 177 BGB

Vertragsschluss durch Vertreter ohne Vertretungsmacht

(1) Schließt jemand ohne Vertretungsmacht im Namen eines anderen einen Vertrag, so hängt die Wirksamkeit des Vertrags für und gegen den Vertretenen von dessen Genehmigung ab.

(2) Fordert der andere Teil den Vertretenen zur Erklärung über die Genehmigung auf, so kann die Erklärung nur ihm gegenüber erfolgen; eine vor der Aufforderung dem Vertreter gegenüber erklärte Genehmigung oder Verweigerung der Genehmigung wird unwirksam. Die Genehmigung kann nur bis zum Ablauf von zwei Wochen nach dem Empfang der Aufforderung erklärt werden; wird sie nicht erklärt, so gilt sie als verweigert.

§ 179 BGB

Haftung des Vertreters ohne Vertretungsmacht

(1) Wer als Vertreter einen Vertrag geschlossen hat, ist, sofern er nicht seine Vertretungsmacht nachweist, dem anderen Teil nach dessen Wahl zur Erfüllung oder zum Schadensersatz verpflichtet, wenn der Vertretene die Genehmigung des Vertrags verweigert.

(2) Hat der Vertreter den Mangel der Vertretungsmacht nicht gekannt, so ist er nur zum Ersatz desjenigen Schadens verpflichtet, welchen der andere Teil dadurch erleidet, dass er auf die Vertretungsmacht vertraut, jedoch nicht über den Betrag des Interesses hinaus, welches der andere Teil an der Wirksamkeit des Vertrags hat.

(3) Der Vertreter haftet nicht, wenn der andere Teil den Mangel der Vertretungsmacht kannte oder kennen musste. Der Vertreter haftet auch dann nicht, wenn er in der Geschäftsfähigkeit beschränkt war, es sei denn, dass er mit Zustimmung seines gesetzlichen Vertreters gehandelt hat.

Nach den gesetzlichen Regelungen über die Vertretung und Vollmacht des 5. Titel des BGB (§§ 164 ff. BGB) ist der Architekt immer dann zur rechtsgeschäftlichen Vertretung des Bauherrn berechtigt, wenn er hierzu vom Bauherrn gemäß § 164 Abs. 1 BGB entsprechend bevollmächtigt worden ist.

1. Rechtsgeschäftliche Vollmacht

13 Eine **rechtsgeschäftliche Vollmacht** kann **vertraglich vereinbart oder aber ausgeschlossen werden**. Sie kann als Generalvollmacht umfassend für diverse Rechtsgeschäfte erteilt werden oder aber auf bestimmte Rechtsgeschäfte beschränkt werden. Enthält der Architektenvertrag hinsichtlich einer Vollmacht keine Regelung gelten folgende Grundsätze: Aus der **Stellung als bauleitender Architekt ergibt sich grundsätzlich keine Befugnis** des Architekten, den Bauherrn rechtsgeschäftlich zu

vertreten oder die getroffenen rechtsgeschäftlichen Vereinbarungen zwischen Unternehmer und Besteller im Nachhinein zu ändern.[2] Dies hat der BGH mehrfach bestätigt. Damit gibt die Stellung des bauleitenden Architekten **keine Befugnis** zu wesentlichen Vertragsänderungen. Die Rechte des Architekten sind also begrenzt, um den Bauherrn vor ungewollten rechtsgeschäftlichen Verpflichtungen zu schützen.[3]

Da sich aus der Stellung als bauleitender Architekt keine Berechtigung zur rechts- 14
geschäftlichen Vertretung gegenüber den Unternehmern herleiten lässt, ergibt sich hieraus gleichermaßen eine Begrenzung der Befugnisse des Architekten mit zwei wichtigen Konsequenzen:

Zum Einen kann er allein aus seiner Stellung als bauleitender Architekt den Bau- 15
herrn grundsätzlich nicht wirksam rechtsgeschäftlich vertreten, zum Anderen darf er dies auch nicht, wenn er sich gegenüber dem Auftraggeber vertragstreu verhalten will. Der Architekt kann somit grundsätzlich keine rechtsgeschäftlichen Änderungen des Vertrages mit Wirkung für den Bauherrn vornehmen. Er darf folglich nicht in vereinbarte Fristen aus dem Vertrag zwischen Besteller und Unternehmer eingreifen, vergütungspflichtige Nachträge beauftragen oder eingereichte Stundenzettel genehmigen. Der Architekt ist nicht berechtigt, die Abnahme von Unternehmerleistungen gemäß § 640 BGB für den Bauherrn zu erklären, da die Abnahme eine rechtsgeschäftliche Handlung darstellt.[4] **Überschreitet der Architekt gleichwohl seine Befugnisse**, kann er sich gegenüber dem Bauherrn **schadensersatzpflichtig** machen, soweit diesem hieraus ein Schaden entsteht.

Nur mit ausdrücklicher erteilter Vollmacht des Bauherrn darf der bauleitende 16
Architekt daher nach den allgemeinen gesetzlichen Vorgaben entsprechende Handlungen mit Wirkung für und gegen den Bauherrn vornehmen. Das ohne Vollmacht geschlossene Rechtsgeschäft ist gemäß § 177 Abs. 1 BGB nicht per se nichtig, sondern zunächst schwebend unwirksam. Der Auftraggeber kann das Handeln des Architekten nachträglich genehmigen. In diesem Fall wird das ohne Vollmacht geschlossene Rechtsgeschäft rückwirkend wirksam.

2. Duldung- und Anscheinsvollmacht:

Handlungen des Architekten können aber auch ohne Vollmacht aus **Rechtsschein-** 17
haftung eine Verpflichtung des Vertretenden begründen. Eine solche Rechtscheinhaftung kann sich aus einer **Duldungsvollmacht oder Anscheinsvollmacht** ergeben und eine rechtsgeschäftliche Verpflichtung des Auftraggebers begründen.

2 BGH, Urt. v. 4.7.1960 – VII ZR 107/59.

3 OLG Hamm, Urt. v. 5.5.2011 – 24 U 147/08 – IBR 2011, 687; OLG Stuttgart, Urt. v. 13.4.1994 – 9 U 320/93 – IBR 1995, 7.

4 Vgl. OLG Düsseldorf, Urt. v. 12.11.1996 – 21 U 68/98 – IBR 1997, 380.

Der vertretene Auftraggeber muss sich also im Verhältnis zum Unternehmer so behandeln lassen, **als sei eine Vollmacht erteilt worden.**

18 Hierzu hat die Rechtsprechung verschiedene Ansätze entwickelt:

19 Eine **Duldungsvollmacht** liegt vor, wenn es der vertretene Auftraggeber **wissentlich geschehen lässt**, dass der Architekt für ihn wie ein Vertreter auftritt und der Geschäftsgegner dieses Dulden nach Treu und Glauben dahin verstehen darf, dass der als Vertreter handelnde entsprechend bevollmächtigt ist.[5] Erstellt der Architekt infolge einer Baubesprechung ein Protokoll über notwendige Zusatzarbeiten, die er für den Bauherrn beauftragt und schickt dieses Protokoll auch dem Bauherrn zu, der gleichwohl nicht widerspricht, liegen die Voraussetzungen der Duldungsvollmacht vor, wenn der Unternehmer die Zusatzarbeiten ausführt.[6]

20 In Abgrenzung dazu liegt eine Anscheinsvollmacht vor, wenn der **Vertretene das Handeln seines angeblichen Vertreters nicht kennt, es aber bei pflichtgemäßer Sorgfalt hätte erkennen und verhindern können** und wenn ferner der Geschäftsgegner nach Treu und Glauben annehmen durfte, der Vertretene dulde und billige das Handeln seines Vertreters.[7] Ein solcher Fall liegt vor, wenn der Auftraggeber dem Architekten die gesamten Vertragsverhandlungen mit dem ausführenden Unternehmer überlässt. Kommt es im Verlauf der Ausführung zur Beauftragung von Nachträgen, liegt eine Anscheinsvollmacht vor.[8]

21 Hat der Auftraggeber Kenntnis vom eigenmächtigen Handeln seines Architekten, so **muss er einschreiten**, wenn er verhindern will, dass das Handeln des Architekten ihn bindet. Er darf sich nicht auf die vertragliche Einschränkung im Architektenvertrag verlassen. Liegen die Voraussetzungen einer Duldungsvollmacht vor, kann ein Bauleiter rechtswirksam Verpflichtungen des Auftraggebers begründen und zwar unbeschadet einer entgegenstehenden schriftlichen Vertragsklausel.[9]

3. Rechtsfolgen

22 Liegen die Vorrausetzungen einer Anscheins- oder Duldungsvollmacht vor, hat das Handeln des Architekten für den Auftraggeber **unmittelbar rechtsgeschäftliche Wirkung.** Diese Wirkung hängt dann nicht von einer weiteren Genehmigung des Auftraggebers ab.

23 Ist das Geschäft dagegen zunächst schwebend unwirksam, da weder eine ausdrückliche Vollmacht vorlag, noch Voraussetzungen der Anschein- und Duldungs-

5 Vgl. BGH, Urt. v. 9.11.1989 – VII ZR 200/88.

6 OLG Karlsruhe, Urt. v. 23.3.2010 – 8 U 43/09 – IBR 2011, 686.

7 Vgl. BGH, Urt. v. 5.3.1998 – III ZR 183/96.

8 KG Berlin, Urt. v. 10.10.2006 – 21 U 75/04 – IBR 2007, 599; OLG Hamburg, Urt. v. 29.9.1995 – 6 U 105/95 – IBR 1996, 335.

9 Vgl. OLG Jena, Urt. v. 9.10.2007 – 5 U 684/06; BGH, Beschl. v. 19.6.2008 – VII ZR 193/07 (Nichtzulassungsbeschwerde zurückgewiesen).

vollmacht vorliegen, hängt seine Wirksamkeit von der Genehmigung des Auftraggebers ab.

Verweigert der Auftraggeber die **Genehmigung**, wird das Rechtsgeschäft **endgültig unwirksam**. Der Auftraggeber ist zur Erfüllung gegenüber dem ausführenden Unternehmen nicht verpflichtet. Der Architekt dagegen haftet gegenüber dem ausführenden Unternehmer als Vertreter ohne Vertretungsmacht gemäß § 179 BGB. Der Unternehmer kann in diesem Fall unter Umständen vom Architekten Erfüllung oder Schadensersatz verlangen. Die diesbezüglichen Folgen können für den Architekten in einem solchen Fall also fatal sein. 24

Eingeschränkt wird diese mögliche Haftung des Architekt allerdings wiederum in den Fällen, in denen der Unternehmer erkennt, dass der Architekt nicht über eine entsprechende Vertretungsmacht des Bauherrn verfügt, § 179 Abs. 3 BGB. **Grundsätzlich darf kein Bauunternehmer erwarten**, dass der Architekt zur **Beauftragung** von Nachträgen **berechtigt** ist. Vielmehr hat einem in der Bauwirtschaft tätigen Auftragnehmer bekannt zu sein, dass die Bauleitung des Auftraggebers grundsätzlich nicht zu dessen rechtsgeschäftlicher Vertretung berechtigt ist.[10] Im Regelfall kann der Unternehmer dann weder vom Architekten noch vom Bauherrn Zahlung verlangen. 25

Ohne ausdrückliche Zustimmung des Bauherrn kann der Architekt grundsätzlich keine Abnahme mit dem bauausführenden Unternehmen mit Wirkung für den Auftraggeber durchführen. Erteilt der Architekt gleichwohl eine Abnahme oder führt eine Abnahme durch und unterzeichnet ein entsprechendes Abnahmeprotokoll, so hat dies für den Auftraggeber grundsätzlich keine Wirkung. Im Verhältnis zum Auftraggeber kann sich der Unternehmer folgerichtig nicht auf eine Abnahme und deren Wirkungen berufen. 26

Erklärt der Architekt eine Abnahme und gilt diese im Verhältnis zum Auftraggeber nicht, so treten die weitreichenden Wirkungen der Abnahme nicht ein. Der Bauherr ist in diesem Fall z. B. vor wirtschaftlichen Nachteilen durch Beschädigungen am Bauvorhaben geschützt. Gemäß § 4 Abs. 5 VOB/B hat der Unternehmer die von ihm ausgeführten Leistungen bis zur Abnahme vor Beschädigung zu schützen. Der Unternehmer ist damit bis zur Abnahme allein für sein Gewerk verantwortlich. Kommt es z. B. zu einer nicht mehr aufklärbaren Beschädigung seines Gewerkes, so ist er, wenn die Abnahmewirkungen nicht eingetreten sind, gegenüber dem Bauherrn verpflichtet, die Beschädigung zu beseitigen. Eine Vergütung kann der Auftragnehmer hierfür aufgrund der Gefahrtragung vor Abnahme ebenfalls nicht verlangen. Der Auftraggeber ist also in diesem Fall entsprechend geschützt. 27

Beauftragt der Architekt ohne Vollmacht den Unternehmer mit der Ausführung von Nachträgen, kann der Bauherr eine Zahlung gegenüber dem Unternehmer in Ermangelung eines vertraglichen Vergütungsanspruchs gegebenenfalls verweigern. Muss der Bauherr sich dessen Handeln über die Grundsätze der Anscheins- oder 28

10 Vgl. OLG Celle, Urt. v. 6.12.1995 – 6 U 250/94 – IBR 1996, 458.

Duldungsvollmacht aber zurechnen lassen und den Unternehmer vergüten, kann er gegebenenfalls Regress beim Architekten nehmen, insbesondere wenn Nachträge beauftragt waren, die unter Berücksichtigung technischer Vorgaben nicht zwingend erforderlich waren. Den Unternehmer muss der Auftraggeber in diesem Fall gleichwohl vergüten.

D. Folgen für die Vertragsgestaltung

29 Eine Vollmacht des Architekten sollte im Vertrag **ausdrücklich ausgeschlossen werden**. Der Auftraggeber ist so grundsätzlich vor bösen Überraschungen in Form von Nachträgen, genehmigten Stundenzetteln oder der ungewollten Abnahme von Unternehmerleistungen geschützt. Dem ausdrücklichen Ausschluss im Vertrag kommt zudem eine Warnfunktion zu. Der Architekt, der seine Leistungen in Kenntnis der mit dem Auftraggeber getroffenen vertraglichen Vereinbarungen erbringt, wird im Normalfall nicht ohne Rücksprache mit dem Auftraggeber Nachträge zu beauftragen oder eine Abnahme mit einem Unternehmer durchzuführen.

30 Der Auftraggeber muss aber stets im Blick haben, dass der eigenmächtig handelnde Architekt ihn über die aufgezeigten Grundsätze der Rechtsscheinvollmacht sehr wohl binden kann. Hat der Auftraggeber Kenntnis oder Anhaltspunkte vom eigenmächtigen Handeln des Architekten, **muss er entsprechend einschreiten.**

31 Es empfiehlt sich, auch in die Bauverträge mit den bauausführenden Unternehmern aufzunehmen, dass der Architekt nicht über eine Vollmacht des Bauherrn verfügt. Ein **solcher ausdrücklicher Hinweis im Bauvertrag** schließt dann in der Regel eine Anscheins- oder Duldungsvollmacht aus.[11]

32 Ungeachtet dessen bleibt der Auftraggeber aber auch im Fall einer vertraglichen Klausel verpflichtet, gegen eigenmächtiges Handeln seines Architekten einzuschreiten, soweit er hiervon Kenntnis hat.[12]

33 Der Auftraggeber **darf den Architekten also nicht einfach gewähren lassen** im Vertrauen auf eine anderslautende vertragliche Regelung.

34 Widersprechen sich nämlich tatsächliches Handeln und vertragliche Vereinbarungen, entsteht schnell eine Rechtsunsicherheit, die im Streitfall zu Lasten des Auftraggebers gehen kann. Kann der Unternehmer in einem Prozess um Vergütung von Nachträgen, welche vom Architekten beauftragt wurden, die Kenntnis des Auftraggebers vom Handeln des Architekten ebenso nachweisen, wie die Tatsache, dass der Auftraggeber trotz der Kenntnis nicht eingeschritten ist, liegt es nahe, dem tatsächlichen Handeln einen höheren Stellenwert einzuräumen, als einer vertraglichen Klausel.

11 OLG Düsseldorf, Urt. v. 8.9.2000 – 22 U 47/00 – IBR 2001, 157.

12 OLG Jena, Urt. v. 9.10.2007 – 5 U 684/06 – IBR 2008, 632.

Kapitel 11
Die Mitwirkungsobliegenheiten des Auftraggebers

Im Regelfall bindet der Architektenvertrag die beteiligten Vertragsparteien auf längere 1
Zeit und verfolgt dabei einen **bestimmten Zweck**, die Realisierung des Bauvorhabens im Rahmen der planerischen Vorgaben. Seine **erfolgreiche Durchführung** hängt regelmäßig davon ab, dass die Vertragsparteien **kooperativ zusammenwirken**. Im Architektenvertrag bestehen **vielfältigste gegenseitige Verpflichtungen und Obliegenheiten**. Es wäre daher deutlich verkürzt, die gegenseitigen verschiedenen Verpflichtungen auf die bloße Planung und Überwachung durch den Architekten und die korrespondierende Zahlungsverpflichtung des Auftraggebers zu reduzieren, denn hierbei handelt es sich nur um die Hauptleistungspflichten. Gerade der Architektenvertrag beinhaltet aber auch für den Auftraggeber regelmäßig weitergehende Verpflichtungen und Obliegenheiten, die für das Gelingen des gemeinsamen Projektes erforderlich sind.

A. Vereinbarung im Mustervertrag

I. Muster-Architektenvertrag[1]

Vertragsmuster

2 **6. Pflichten des AG**

6.1 Der Auftraggeber erbringt folgende Leistungen:

- Vorgabe von Projektzielen.
- Freigabe der einzelnen Leistungsphasen, nachdem diese durch den AN abgeschlossen, dokumentiert und übergeben wurden.
- Beauftragen von Sonderfachleuten, sofern die Leistungen nicht Bestandteil dieses Architektenvertrags sind.
- Wahrnehmen von projektbezogenen Repräsentationspflichten.

Bei Durchführung des Vergabeverfahrens durch den AG:
- Übergabe der Vertragsunterlagen mit den ausführenden Unternehmen, je digital als pdf und als GAEB-Datei im Format X86.

6.2 Der AG fördert die Planung und Durchführung der Baumaßnahme und wird anstehende Entscheidungen rechtzeitig treffen. Der AG übergibt dem AN sämtliche das Bauvorhaben betreffende Rechnungen, soweit diese für die Vertragserfüllung und/oder die Erstellung der prüffähigen Honorarrechnungen vom AN benötigt werden.

1 Die kompletten, zusammenhängenden Vertragsmuster finden Sie in Kapitel 7.

II. Muster-Ingenieurvertrag

1. Ing.-Bau und Verkehr

Vertragsmuster

6. Pflichten des AG 3

6.1 Der Auftraggeber erbringt folgende Leistungen:

- Vorgabe von Projektzielen.
- Freigabe der einzelnen Leistungsphasen, nachdem diese durch den AN abgeschlossen, dokumentiert und übergeben wurden.
- Beauftragen von Sonderfachleuten, sofern die Leistungen nicht Bestandteil dieses Architektenvertrags sind.
- Wahrnehmen von projektbezogenen Repräsentationspflichten.

Bei Durchführung des Vergabeverfahrens durch den AG:
- Übergabe der Vertragsunterlagen mit den ausführenden Unternehmen, je digital als pdf und als GAEB-Datei im Format X86.

6.2 Der AG fördert die Planung und Durchführung der Baumaßnahme und wird anstehende Entscheidungen rechtzeitig treffen. Der AG übergibt dem AN sämtliche das Bauvorhaben betreffende Rechnungen, soweit diese für die Vertragserfüllung und/oder die Erstellung der prüffähigen Honorarrechnungen vom AN benötigt werden.

---

2. TGA

Vertragsmuster

4 **6. Pflichten des AG**

6.1 Der Auftraggeber erbringt folgende Leistungen:

- Vorgabe von Projektzielen.
- Freigabe der einzelnen Leistungsphasen, nachdem diese durch den AN abgeschlossen, dokumentiert und übergeben wurden.
- Beauftragen von Sonderfachleuten, sofern die Leistungen nicht Bestandteil dieses Architektenvertrags sind.
- Wahrnehmen von projektbezogenen Repräsentationspflichten.

Bei Durchführung des Vergabeverfahrens durch den AG:

- Übergabe der Vertragsunterlagen mit den ausführenden Unternehmen, je digital als pdf und als GAEB-Datei im Format X86.

6.2 Der AG fördert die Planung und Durchführung der Baumaßnahme und wird anstehende Entscheidungen rechtzeitig treffen. Der AG übergibt dem AN sämtliche das Bauvorhaben betreffende Rechnungen, soweit diese für die Vertragserfüllung und/oder die Erstellung der prüffähigen Honorarrechnungen vom AN benötigt werden.

B. Erläuterungen zu dem Mustervertrag

Nachstehend werden die wesentlichen Regelungen erläutert. 5

I. Ziffer 6.1

Dem Auftraggeber **obliegt es, die Projektziele vorzugeben**. Die Formulierung im 6
Vertrag ist bewusst allgemein gehalten. Dies ist dem Umstand geschuldet, dass der Auftraggeber oftmals erst während der Durchführung des Bauvorhabens entscheiden kann, welche Zielvorstellungen er tatsächlich hat und welche Planungsergebnisse er daher vom Architekten verlangt. Der Architekt hat die Wünsche und Vorgaben des Auftraggebers zu beachten. Dies gilt auch dann, wenn diese bei Vertragsschluss noch nicht vereinbart oder bekannt waren.

Der Architekt muss daher alle Arbeitsschritte erbringen, die für den Auftragge- 7
ber zum **Erreichen des Projektziels** von Interesse sind. Dieses Interesse kann durch Auslegung bestimmt werden, wobei die Inhalte der Leistungsphasen nach §§ 33, 34 HOAI herangezogen werden können. So kann im Einzelfall ermittelt werden, welche Arbeitsschritte erforderlich sind, um den geschuldeten Gesamterfolg des Architektenwerkes zu erreichen.[2]

Dem Auftraggeber **obliegt es ferner, Sonderfachleute zu beauftragen**, z. B. 8
Bodengutachter oder Tragwerksplaner. Der Architekt darf im Umkehrschluss nicht eigenmächtig Fachleute beauftragen. Der Auftraggeber hat es somit in der Hand, welchen Sonderfachmann er beauftragt. Ferner hat der Auftraggeber die Einhaltung der veranschlagten Kosten voll im Blick.

II. Ziffer 6.2

Dem Auftraggeber obliegt die Förderung der Planung und Durchführung des Bauvor- 9
habens. Er soll die hierfür erforderlichen Entscheidungen rechtzeitig treffen. Auch diese Formulierung ist bewusst allgemein gehalten. Schon im eigenen Interesse wird der Auftraggeber die Realisierung des Bauvorhabens fördern.

2 BGH, Urt. v. 24.6.2004 – VII ZR 259/02 – NJW 2004, 2588.

C. Rahmenbedingungen

I. HOAI

10 Die HOAI enthält als Gebührenordnung keine Regelungen zu den Obliegenheiten des Auftraggebers.

II. BGB

Zitat

11 ***§ 642 BGB***

Mitwirkung des Bestellers

(1) Ist bei der Herstellung des Werkes eine Handlung des Bestellers erforderlich, so kann der Unternehmer, wenn der Besteller durch das Unterlassen der Handlung in Verzug der Annahme kommt, eine angemessene Entschädigung verlangen.

(2) Die Höhe der Entschädigung bestimmt sich einerseits nach der Dauer des Verzugs und der Höhe der vereinbarten Vergütung, andererseits nach demjenigen, was der Unternehmer infolge des Verzugs an Aufwendungen erspart oder durch anderweitige Verwendung seiner Arbeitskraft erwerben kann.

§ 643

Kündigung bei unterlassener Mitwirkung

Der Unternehmer ist im Falle des § 642 berechtigt, dem Besteller zur Nachholung der Handlung eine angemessene Frist mit der Erklärung zu bestimmen, dass er den Vertrag kündige, wenn die Handlung nicht bis zum Ablauf der Frist vorgenommen werde. Der Vertrag gilt als aufgehoben, wenn nicht die Nachholung bis zum Ablauf der Frist erfolgt.

12 Regelungen zu den Mitwirkungsobliegenheiten des Auftraggebers finden sich im Gesetz in den §§ 642, 643 BGB. Systematisch regeln diese Vorschriften die Rechte des Auftragnehmers, wenn der Auftraggeber die ihm obliegenden Mitwirkungshandlungen nicht oder nicht rechtzeitig erbringt.

13 § 642 BGB gewährt einen **verschuldensunabhängigen Entschädigungsanspruch** des Auftragnehmers bei **Verzug des Gläubigers** und ist sowohl beim **Bauvertrag**, als auch beim **Architektenvertrag** anwendbar.[3] Die Vorschrift knüpft dabei nicht an echte Vertragspflichten an, sondern an **Obliegenheiten**. Die Mitwirkung des Auftraggebers ist **keine vertragliche Hauptleistungspflicht**, sondern eine reine **Gläubigerobliegenheit**.[4]

14 Rechtlich handelt es sich bei **Obliegenheiten um Verhaltensanforderungen** und damit **Pflichten minderen Grades**. Diese können vom Gläubiger **nicht selb-**

3 BGH, Urt. v. 7.7.1988 – VII ZR 179/87.

4 BGH, Urt. v. 13.11.1953 – I ZR 140/52 – BGHZ 11, 80.

ständig eingeklagt werden. Die Verletzung von Obliegenheiten begründet regelmäßig auch keinen Schadensersatzanspruch des Auftragnehmers, da ein solcher regelmäßig die Verletzung einer vertraglichen Leistungspflicht voraussetzt.

§ 642 BGB knüpft zunächst an eine **unterbliebene oder verspätet erbrachte Handlung** des Auftraggebers bzw. Bestellers an. Inwieweit eine Handlung des Auftraggebers bzw. Bestellers bei der Herstellung des Werkes erforderlich ist, ergibt sich stets aus dem jeweiligen Vertrag. Es kann sich um ausdrücklich geregelte Handlungen handeln. Denkbar sind auch Handlungen, die nicht ausdrücklich geregelt sind, sich aber gleichwohl aus dem Vertrag ergeben, z. B. weil beide Parteien davon ausgegangen sind, dass der Gläubiger eine bestimmte Handlung erbringen muss. Der Umfang der verschiedenen Mitwirkungshandlungen des Bestellers ist jeweils unter Betrachtung der im Einzelnen getroffenen Vertragsvereinbarungen durchaus beträchtlich. 15

Zu den originären Obliegenheiten gehören z. B. die **Beschaffung des Baugrundstücks,[5] die Herbeiführung öffentlicher Genehmigungen,[6] oder aber auch die Lieferung bestimmter Pläne**. Insbesondere die Beschaffung und Zurverfügungstellung des Baugrundes wird in Architektenverträgen im Regelfall nicht ausdrücklich schriftlich festgehalten, sondern von den Vertragsparteien als selbstverständlich vorausgesetzt. Die Planungs- und Überwachungspflichten des Architekten beziehen sich normalerweise auf ein Bauvorhaben, welches auf einem Baugrund des Auftraggebers errichtet wird. Damit wird die Bereitstellung des Baugrundes damit vertraglich zur Obliegenheit des Auftraggebers. 16

Nicht zu den Obliegenheiten des Auftraggebers gegenüber dem Architekten gehört die Einhaltung der Bauzeit. Dem Auftraggeber obliegt es also gegenüber dem Architekten nicht, dafür Sorge zu tragen, dass die ausführenden Bauunternehmer den vorgesehenen Zeitrahmen einhalten. Allein die zeitliche Verzögerung des Bauablaufs bildet folgerichtig kein Leistungshindernis des Architekten, bei Verzögerungen der Bauarbeiten scheidet deshalb ein Anspruch des bauleitenden Architekten gegen den Auftraggeber aus § 642 BGB aus. 17

Ausdrücklich geregelt werden bestimmte Mitwirkungshandlungen des Auftraggebers in der VOB/B. Hierzu gehören die Überlassung der erforderlichen Unterlagen, § 3 Abs. 1 VOB/B. Ferner hat der Auftraggeber für die Aufrechterhaltung der allgemeinen Ordnung auf der Baustelle zu sorgen, § 4 Abs. 1 VOB/B, sowie die Voraussetzungen für die Baustelleneinrichtungen zu schaffen. Diese Obliegenheiten betreffen aber **nur das Verhältnis zum ausführenden Unternehmer**, nicht zum Architekten. 18

5 BGH, Urt. v. 20.10.2005 – VII ZR 155/04 – BauR 2000, 729.
6 KG Berlin, Urt. v. 23.4.2010 – 6 U 30/09 – IBR 2010, 559.

III. Entschädigung gemäß § 642 BGB

19 Unterlässt der Auftraggeber eine erforderliche Handlung, können dem Auftragnehmer **Entschädigungsansprüche** gemäß § 642 BGB zustehen.

20 Der **Entschädigungsanspruch setzt einen Annahmeverzug** des Auftraggebers voraus.

21 Der Architekt muss seine Leistung also wie geschuldet anbieten. Gemäß § 294 BGB muss die Leistung dem Gläubiger **tatsächlich so angeboten** werden, wie sie zu bewirken ist. Für Architektenleistungen bedeutet das, dass der Architekt alles versuchen muss, die jeweilige Leistung tatsächlich zu erbringen. Er muss seine Leistungen dem Auftraggeber **tatsächlich im Sinne des § 294 BGB** anbieten. Der Gläubiger muss durch das Angebot in die Lage versetzt werden, durch bloßes Zugreifen die Leistung anzunehmen.

22 Liegen die Voraussetzungen des Annahmeverzuges vor, kann der Architekt eine Entschädigung verlangen.

IV. Kündigungsmöglichkeit gemäß § 643 BGB

23 § 643 BGB gibt dem Architekten das Recht, den **Vertrag zu kündigen**, wenn der Auftraggeber die erforderliche Mitwirkungshandlung nicht vornimmt. § 643 BGB nimmt ausdrücklich auf § 642 BGB Bezug. Das Kündigungsrecht setzt also zunächst allein voraus, dass die dem Auftraggeber obliegende Handlung nicht erbracht wird, also die Voraussetzungen des § 642 BGB vorliegen.

24 Der Auftragnehmer muss dem Auftraggeber zudem eine **angemessene Frist zur Nachholung der Handlung** setzen. Es reicht aber aus, dass mit der Erklärung des Architekten gleichzeitig die Voraussetzungen des Annahmeverzugs geschaffen werden. Dies ergibt sich aus dem Wortlaut des § 642 BGB. Ein wörtliches Angebot des Architekten gemäß § 295 BGB und eine mit dem Angebot gesetzte Frist zur Vornahme der Handlung unter Kündigungsandrohung genügt, um den Auftraggeber in Annahmeverzug zu setzen. Die **Mahnung und die Fristsetzung mit Ablehnungsandrohung können zeitlich zusammenfallen.**

25 Die vom Architekten gesetzte Frist muss **angemessen** sein. Welche Frist angemessen ist, ergibt sich immer aus den Umständen des Einzelfalls. Der Auftraggeber muss zeitlich jedenfalls in die Lage versetzt werden, die erforderliche Mitwirkung vorzunehmen. Dafür muss ihm ausreichend Gelegenheit gegeben werden. Auf der anderen Seite ist der Auftraggeber verpflichtet, alle möglichen Anstrengungen zu unternehmen, die ihm zumutbar sind.

26 Eine **unangemessene Frist** führt nach allgemeiner Auffassung **nicht zur Unwirksamkeit** der Fristsetzung, sondern setzt eine **angemessene Frist** in Gang.

Nach **Ablauf** der gesetzten Frist bedarf es **keiner weitergehenden Kündigungserklärung** des Architekten. Gemäß § 643 Satz 2 BGB ist der Vertrag mit Fristablauf **unmittelbar aufgehoben**.

Das Kündigungsrecht des Auftragnehmers aus § 643 BGB kann individualvertraglich wirksam ausgeschlossen werden.

Ein **Ausschluss** des Kündigungsrechts in **Allgemeinen Geschäftsbedingungen** 27
des Auftraggebers wäre dagegen wohl wegen **unwirksam**. Dies ist, soweit ersichtlich, von der Rechtsprechung noch nicht entschieden. Für die Unwirksamkeit spricht aber, dass die Kündigungsmöglichkeit aus § 643 BGB zu den Grundgedanken der gesetzlichen Regelung im Sinne des § 307 Abs. 1 Nr. 1 BGB gehört. Behält sich der Auftraggeber in Allgemeinen Geschäftsbedingungen z. B. längere Fristen zur Erbringung der erforderlichen Handlung vor, als dies objektiv erforderlich ist, liegt neben der Abweichung von der gesetzlichen Regelung wohl auch eine unangemessene Benachteiligung des Auftragnehmers vor.[7]

D. Folgen für die Vertragsgestaltung

Der Architektenvertrag ist wie der Bauvertrag auf Kooperation der Vertragsparteien 28
ausgelegt. Die Leistungen des Architekten können im Regelfall nicht getrennt von Leistungen bzw. Obliegenheit des Auftraggebers erbracht werden.

Daher sollten bereits bei der Vertragsgestaltung die **zeitliche und inhaltliche** 29
Förderung des Bauvorhabens und die Einhaltung der Projektziele durch den Auftraggeber **sinnvoll** mit den Leistungspflichten des Architekten **verbunden werden**. Andererseits ist es sinnvoll, die jeweiligen Verpflichtungen hinreichend voneinander abgrenzbar sein, damit Klarheit herrscht, wer welche Verpflichtungen hat. Vieles hängt hier naturgemäß vom Umfang und den jeweiligen Besonderheiten des Projektes ab.

Ausdrücklich sollte vertraglich geregelt werden, dass **allein** der Auftraggeber die 30
Projektziele vorgibt und gegebenenfalls noch einmal anpasst. Zudem sollte ausdrücklich festgeschrieben werden, dass **ausschließlich der Auftraggeber** berechtigt ist, bestimmte Sonderfachleute hinzuziehen. Der Auftraggeber behält so die Kosten und die Wirtschaftlichkeit des Projektes im Auge.

7 Staudinger/Peters/Jacoby, BGB, § 643 Rdn. 24.

Kapitel 12
Fristen und Termine

Die **erfolgreiche Realisierung** eines Bauvorhabens hängt im Wesentlichen nicht nur davon ab, dass das Bauwerk mängelfrei und im kalkulierten Kostenrahmen erschaffen wird, sondern auch innerhalb des vom Bauherrn **vorgegebenen Zeitrahmens**. Insbesondere wenn ein Bauwerk einem bestimmten Zweck dienen soll, z. B. seine Nutzung für ein bestimmtes Ereignis vorgesehen ist, ist eine **Realisierung des Bauvorhabens** innerhalb der vom Bauherrn **vorgegebenen Zeit- und Terminpläne unabdingbar**, so z. B. die Fertigstellung eines Stadions für eine anstehende Fußballweltmeisterschaft. 1

Doberstein

A. Vereinbarung im Mustervertrag

I. Muster-Architektenvertrag[1]

Vertragsmuster

2 **7. Termine und Fristen**

Unbeschadet der sich aus den übertragenen Grundleistungen ergebenden Pflicht des AN zur Terminplanung, Koordination und Terminkontrolle vereinbaren die Parteien folgendes:

7.1 Die zeitliche Ausführung der vom AN zu erbringenden Leistungen hat sich nach den vereinbarten Terminen mit den Planern, Fachplanern, Beratern und/oder Sonderfachleuten sowie den bauausführenden Unternehmern zu orientieren. Der AN hat diese zu koordinieren. Der AN hat seine Leistungen so rechtzeitig zu erbringen und fertig zu stellen, dass die gesamte Planung und Bauausführung termingerecht erfolgen kann.

1 Die kompletten, zusammenhängenden Vertragsmuster finden Sie in Kapitel 7.

7.2 Termine, Bearbeitungsdauer

Der AN wird seine Leistungen so rechtzeitig erbringen, dass nachfolgende Termine eingehalten werden bzw. die nachstehende Bearbeitungsdauer nicht überschritten wird:

- ☐ Abschluss Lph 1: _____ Wochen nach Auftragserteilung
- ☐ Abschluss Lph 2: _____ Wochen nach Freigabe der Lph 1
- ☐ Abschluss Lph 3: _____ Wochen nach Freigabe der Lph 2
- ☐ Abschluss Lph 4: _____ Wochen nach Freigabe der Lph 3

Alternativ:

☐ Die Vertragsparteien machen den als Anlage 3 beigefügten Terminplan zum Gegenstand dieses Vertrages. Als verbindliche Fristen vereinbaren die Parteien die in diesem Plan geregelten Termine von der Planungsvorbereitung bis zur Genehmigungsplanung. Diesen hat der AN insoweit spätestens bis zum _____ genehmigungsreif vorzulegen.

Die Termine für die weiteren Leistungen werden mit Beauftragung dieser Leistungen einvernehmlich festgelegt.

7.3 Der AN hat die erforderliche Ausführungsplanung rechtzeitig vor der Vergabe der jeweiligen Bauleistungen zu erstellen und die Ausführungsplanung während der Objektausführung so rechtzeitig fortzuschreiben, dass der abgestimmte Bauablauf und die vereinbarten Ausführungsfristen eingehalten werden und dass es keinerlei Störungen in der Arbeitsvorbereitung der jeweils ausführenden Firmen gibt.

7.4 Gerät der AN mit seiner Leistung in Verzug und leistet er trotz einer angemessenen Nachfrist nicht oder nicht vollständig, ist der AG berechtigt die Leistungen auf Kosten des AN durch Dritte ausführen zu lassen (Ersatzvornahme).

7.5 Glaubt sich der AN in der Ausführung seiner Leistung aus Gründen behindert, die nicht aus seinem Risikobereich stammen, hat er den hindernden Umstand dem AG unverzüglich schriftlich mitzuteilen. Nur in diesem Fall verlängern sich die Ausführungsfristen des AN entsprechend für die Dauer, in denen die Behinderung fortwirkt.

II. Muster-Ingenieurvertrag

1. Ing.-Bau und Verkehr

Vertragsmuster

3 **7. Termine und Fristen**

Unbeschadet der sich aus den übertragenen Grundleistungen ergebenden Pflicht des AN zur Terminplanung, Koordination und Terminkontrolle vereinbaren die Parteien folgendes:

7.1 Die zeitliche Ausführung der vom AN zu erbringenden Leistungen hat sich nach den vereinbarten Terminen mit den Planern, Fachplanern, Beratern und/oder Sonderfachleuten sowie den bauausführenden Unternehmern zu orientieren. Der AN hat diese zu koordinieren. Der AN hat seine Leistungen so rechtzeitig zu erbringen und fertig zu stellen, dass die gesamte Planung und Bauausführung termingerecht erfolgen kann.

7.2 Termine, Bearbeitungsdauer

Der AN wird seine Leistungen so rechtzeitig erbringen, dass nachfolgende Termine eingehalten werden bzw. die nachstehende Bearbeitungsdauer nicht überschritten wird:

☐ Abschluss Lph 1:	Wochen nach Auftragserteilung
☐ Abschluss Lph 2:	Wochen nach Freigabe der Lph 1
☐ Abschluss Lph 3:	Wochen nach Freigabe der Lph 2
☐ Abschluss Lph 4:	Wochen nach Freigabe der Lph 3

Alternativ:

☐ Die Vertragsparteien machen den als Anlage 3 beigefügten Terminplan zum Gegenstand dieses Vertrages. Als verbindliche Fristen vereinbaren die Parteien die in diesem Plan geregelten Termine von der Planungsvorbereitung bis zur Genehmigungsplanung. Diesen hat der AN insoweit spätestens bis zum _____ genehmigungsreif vorzulegen.

Die Termine für die weiteren Leistungen werden mit Beauftragung dieser Leistungen einvernehmlich festgelegt.

7.3 Der AN hat die erforderliche Ausführungsplanung rechtzeitig vor der Vergabe der jeweiligen Bauleistungen zu erstellen und die Ausführungsplanung während der Objektausführung so rechtzeitig fortzuschreiben, dass der abgestimmte Bauablauf und die vereinbarten Ausführungsfristen eingehalten werden und dass es keinerlei Störungen in der Arbeitsvorbereitung der jeweils ausführenden Firmen gibt.

7.4 Gerät der AN mit seiner Leistung in Verzug und leistet er trotz einer angemessenen Nachfrist nicht oder nicht vollständig, ist der AG berechtigt die Leistungen auf Kosten des AN durch Dritte ausführen zu lassen (Ersatzvornahme).

7.5 Glaubt sich der AN in der Ausführung seiner Leistung aus Gründen behindert, die nicht aus seinem Risikobereich stammen, hat er den hindernden Umstand dem AG unverzüglich schriftlich mitzuteilen. Nur in diesem Fall verlängern sich die Ausführungsfristen des AN entsprechend für die Dauer, in denen die Behinderung fortwirkt.

2. TGA

Vertragsmuster

4 **7.** Termine und Fristen

Unbeschadet der sich aus den übertragenen Grundleistungen ergebenden Pflicht des AN zur Terminplanung, Koordination und Terminkontrolle vereinbaren die Parteien folgendes:

7.1 Die zeitliche Ausführung der vom AN zu erbringenden Leistungen hat sich nach den vereinbarten Terminen mit den Planern, Fachplanern, Beratern und/oder Sonderfachleuten sowie den bauausführenden Unternehmern zu orientieren. Der AN hat diese zu koordinieren. Der AN hat seine Leistungen so rechtzeitig zu erbringen und fertig zu stellen, dass die gesamte Planung und Bauausführung termingerecht erfolgen kann.

7.2 Termine, Bearbeitungsdauer

Der AN wird seine Leistungen so rechtzeitig erbringen, dass nachfolgende Termine eingehalten werden bzw. die nachstehende Bearbeitungsdauer nicht überschritten wird:

☐ Abschluss Lph 1:	Wochen nach Auftragserteilung
☐ Abschluss Lph 2:	Wochen nach Freigabe der Lph 1
☐ Abschluss Lph 3:	Wochen nach Freigabe der Lph 2
☐ Abschluss Lph 4:	Wochen nach Freigabe der Lph 3

Alternativ:

☐ Die Vertragsparteien machen den als Anlage 3 beigefügten Terminplan zum Gegenstand dieses Vertrages. Als verbindliche Fristen vereinbaren die Parteien die in diesem Plan geregelten Termine von der Planungsvorbereitung bis zur Genehmigungsplanung. Diesen hat der AN insoweit spätestens bis zum _____ genehmigungsreif vorzulegen.

Die Termine für die weiteren Leistungen werden mit Beauftragung dieser Leistungen einvernehmlich festgelegt.

7.3 Der AN hat die erforderliche Ausführungsplanung rechtzeitig vor der Vergabe der jeweiligen Bauleistungen zu erstellen und die Ausführungsplanung während der Objektausführung so rechtzeitig fortzuschreiben, dass der abgestimmte Bauablauf und die vereinbarten Ausführungsfristen eingehalten werden und dass es keinerlei Störungen in der Arbeitsvorbereitung der jeweils ausführenden Firmen gibt.

7.4 Gerät der AN mit seiner Leistung in Verzug und leistet er trotz einer angemessenen Nachfrist nicht oder nicht vollständig, ist der AG berechtigt die Leistungen auf Kosten des AN durch Dritte ausführen zu lassen (Ersatzvornahme).

7.5 Glaubt sich der AN in der Ausführung seiner Leistung aus Gründen behindert, die nicht aus seinem Risikobereich stammen, hat er den hindernden Umstand dem AG unverzüglich schriftlich mitzuteilen. Nur in diesem Fall verlängern sich die Ausführungsfristen des AN entsprechend für die Dauer, in denen die Behinderung fortwirkt.

B. Erläuterungen zu dem Mustervertrag

Nachstehend werden die wichtigsten Regelungen erläutert. 5

I. Ziffer 7.1

Die Regelung in Ziffer 7.1 **koppelt** zunächst die Leistungszeiträume des Architekten 6 sinnvollerweise an die der **übrigen Projektbeteiligten**. Gleichzeitig ist der Auftragnehmer verpflichtet, sämtliche Leistungszeiträume zu koordinieren. Damit ist **gewährleistet**, dass Planung und Ausführung **zeitlich eng miteinander** verknüpft sind.

Die Regelung sieht weiter vor, dass unvorhergesehene terminliche Änderungen 7 keinen Einfluss auf die Verpflichtungen des Architekten haben. Dieser ist verpflichtet, seine Leistungen auch bei geänderter Terminierung zu erbringen. Rechte kann er hieraus dann nicht herleiten, wenn die Verzögerung von einem anderen Projektbeteiligten als dem Auftraggeber zu vertreten ist.

II. Ziffer 7.2

Ziffer 7.2 legt konkret fest, welche Planungsleistungen zu welchem Zeitpunkt erbracht 8 sein müssen. Die zu erbringenden Verpflichtungen orientieren sich hierbei an den Leistungsphasen der HOAI. Der Auftraggeber behält so **stets im Blick**, ob sich das Vorhaben **noch im vorgegebenen Zeitrahmen** befindet. Die Fristen sind als **echte Vertragsfristen** ausgestaltet. Ihre **schuldhafte Überschreitung** begründet automatisch einen Verzug des Architekten, der Ersatzansprüche des Auftraggebers auslösen kann.

Alternativ kann ein Zeitplan auch separat, d. h. außerhalb der Vertragsurkunde 9 erstellt werden. Dies kann insbesondere bei Großvorhaben sinnvoll sein, wenn der Terminplan sehr umfangreich ist. Dieser Terminplan kann als **Anlage** zum Vertrag genommen werden. Durch die **Bezugnahme im Vertrag** ist sichergestellt, dass die vorgegebenen Termine und Fristen verbindlich sind.

III. Ziffer 7.3

Ziffer 7.3 verpflichtet den Architekten zur **rechtzeitigen Erstellung** der jeweiligen 10 Ausführungsplanung vor der Vergabe an die Unternehmer. So ist gewährleistet, dass die ausführenden Unternehmer ihre Angebote konkret auf die gewünschte Ausführung abstimmen können.

Der Architekt ist überdies zur **ständigen Fortschreibung** der Ausführungsplanung verpflichtet. Damit soll gewährleistet werden, dass Planung und Ausführung stets **aufeinander abgestimmt** sind.

IV. Ziffer 7.4

11 Ziffer 7.4 regelt die **Folgen einer Fristenüberschreitung**, also des Verzugs des Architekten. Ist eine der vereinbarten Fristen **schuldhaft** überschritten, kann der Auftraggeber eine Nachfrist zur Lieferung der Planungsleistung setzen und nach fruchtlosem Ablauf der Nachfrist die erforderliche Leistung zu Lasten des Architekten durch einen anderen Architekten erstellen lassen. Dem Auftraggeber steht also ein **Recht zur Durchführung der Ersatzvornahme** zu.

V. Ziffer 7.5

12 Ziffer 7.5 verpflichtet den Architekten zur **unverzüglichen Anzeige** einer etwaigen **Behinderung**. Nur wenn die Anzeige **unverzüglich**, d. h. ohne schuldhaftes Zögern im Sinne des § 120 BGB erfolgt, verlängern sich die Fristen für den Architekten im Umfang der Behinderung.

C. Rahmenbedingungen

I. HOAI

13 Soweit die Inhalte der **Leistungsbilder der HOAI** durch Vereinbarung zum **Vertragsinhalt** geworden sind, ist der Architekt zu den nachfolgenden Leistungen verpflichtet:

14 Der mit der Vorplanung (Leistungsphase 2) beauftragte Architekt ist zur Erstellung eines Terminplans verpflichtet, der die wesentlichen Vorgänge des Planung- und Bauablaufs enthält, Anlage 10 zu §§ 34, 35 HOAI Ziffer 10.1.

15 Ist der Architekt auch mit der Entwurfsplanung (Leistungsphase 3) beauftragt, muss er den erstellten Terminplan fortschreiben, Anlage 10 zu §§ 34, 35 HOAI Ziffer 10.1. Dies gilt gleichermaßen für den mit der Ausführungsplanung (Leistungsphase 5) beauftragten Architekt, Anlage 10 zu §§ 34, 35 HOAI Ziffer 10.1.

16 Der mit der Bauüberwachung (Leistungsphase 8) beauftragte Architekt ist darüber hinaus zum Aufstellen, Fortschreiben und Überwachen eines Terminplans (Balkendiagramm) verpflichtet.

17 Sind die entsprechenden **Leistungsbilder zum Vertragsinhalt** geworden, so hat der Architekt sämtliche Leistungen zu erbringen.

II. BGB

Das Gesetz enthält im Hinblick auf Fristen und Terminen nur wenige Vorgaben. In den §§ 186 ff. BGB finden sich einige Vorgaben für die konkrete Berechnung von Fristen. § 271 BGB bestimmt, wann eine vertragliche Leistung zu erbringen ist, wenn eine Vereinbarung hierüber nicht getroffen wurde. 18

Der Gesetzgeber überlässt die Bestimmung von Terminen und Fristen ganz bewusst den Vertragsparteien. Als **Ausfluss der Vertragsfreiheit** können die Parteien Termine und Fristen **frei vereinbaren**. Es steht ihnen frei, bestimmte Termine und Fristen als **echte Fristen** zu vereinbaren, mit der Folge, dass der Schuldner mit der Überschreitung der vorgesehenen Fristen automatisch in Verzug gerät und dem Gläubiger hierfür haftet. Die Parteien bestimmen frei, zu welchem genauen Zeitpunkt ein bestimmtes Bauvorhaben fertiggestellt sein muss. Sie können auch festlegen, zu welchen Zeitpunkten bestimmte Zwischenleistungen erbracht werden müssen. 19

D. Folgen für die Vertragsgestaltung

In den Verträgen mit den ausführenden Unternehmen orientieren sich die Vertragsfristen normalerweise am Baufortschritt. Dies ist beim Architektenvertrag aufgrund der Komplexität des Planungsvorgangs naturgemäß nur schwer möglich. Gleichwohl empfiehlt es sich, einige **wesentliche Termine** als für den Architekten **verbindliche Vertragsfristen** zu vereinbaren. Jede schuldhafte Überschreitung führt dann zu einem Verzug des Architekten gemäß § 286 BGB. Soweit die weiteren Voraussetzungen der §§ 280, 286 BGB vorliegen, kann der Auftraggeber den entstandenen Verzögerungsschaden beim Architekten geltend machen. 20

Welche Termine wesentlich sind kann nicht verallgemeinert werden, sondern hängt vom jeweiligen Bauvorhaben ab. Zur Bestimmung können die Leistungsphasen nach der HOAI eine **sinnvolle Orientierungshilfe** bieten. Die Parteien sollten bei der Ausgestaltung des Vertrages auch darauf achten, die Fristen **entsprechend ausreichend** zu bemessen, so dass sie vom Architekten auch eingehalten werden können. Ein unrealistischer Terminplan nützt keiner Partei. 21

Gerade bei Großbauvorhaben, deren termingerechte Realisierung vom zeitlichen Funktionieren aller Gewerke abhängig ist, ist es zwingend erforderlich, bereits zu Beginn der Planungsphase die Planungsziele nicht nur inhaltlich, sondern auch zeitlich festzulegen. Da ohne abgeschlossene Planung nicht mit den Bauarbeiten begonnen werden kann, sollten mit dem Architekten die Zeitpunkte festgelegt werden, zu welchen dieser die verschiedenen Planungsleistungen zu erbringen hat. 22

Bereits zur Planung gehört es, einen entsprechenden Bauzeitenplan aufzustellen. Der Bauzeitenplan dient der Koordination und Kontrolle der verschiedenen Gewerke zur Erreichung eines geordneten und reibungslosen Arbeitens. Ziel ist, den vorgese- 23 henen Fertigstellungstermin des Bauprojektes zu sichern. Dies sollte im Vertrag entsprechend festgeschrieben werden.

24 Der Bauzeitenplan wird im Regelfall von der Bauleitung in Abstimmung mit dem Auftraggeber nach den erfahrungsgemäßen Erfordernissen aufgestellt. Der Bauzeitenplan muss während der Realisierung laufend den sich ergebenden Notwendigkeiten der Ablaufpraxis (Wetter, Ausfälle von Auftragnehmern, bereits eingetretene Verzögerungen) angepasst werden. Bei größeren Bauprojekten werden zudem regelmäßig gewerkeweise untergeordnete Bauzeitenpläne geführt.

25 Bei nahezu jedem Bauvorhaben können einige Gewerke parallel ausgeführt werden, andere dagegen nur nacheinander. Um sicherzustellen, dass die Vorgaben des Bauzeitplans **tatsächlich eingehalten** werden, ist es erforderlich, diesen gegenüber den Unternehmern **verbindlich** zu machen. Der Auftraggeber sollte mit den Architekten und den Unternehmern **echte Vertragsfristen** vereinbaren. Diese sind dann für den Architekten bezogen auf die Planungsleistungen und die ausführenden Unternehmer bindend. Dies bedeutet, dass jede Überschreitung der vertraglich vorgesehenen Termine, seien es Zwischentermine oder auch Fertigstellungstermine, zu einem Verzug des jeweiligen Auftragnehmers führt, der je nach den Umständen des Einzelfalls Ersatzansprüche des Auftraggebers begründen kann. Den echten Vertragsfristen kommt zudem eine **gewisse Warnfunktion** zu. Der Architekten, dem die Konsequenzen einer Überschreitung echter Vertragsfristen bekannt sind, wird selbstverständlich im eigenen Interesse jede Fristenüberschreitung vermeiden wollen.

Kapitel 13
Honorarvereinbarung, Vergütung

A. Vereinbarung im Mustervertrag

I. Muster-Architektenvertrag[1]

Vertragsmuster

8. Honorar 1

8.1 Honorargrundlage bei Kostenschätzung oder Kostenberechnung

Für die Honorierung der nach diesem Vertrag übertragenen und zur weiteren Beauftragung vorbehaltenen Leistungen gem. Ziffer 4.1 bzw. 4.2 werden folgende Honorargrundlagen vereinbart:

☐ § 35 HOAI Objektplanung (Leistungsbild Gebäude und Innenräume)
Honorarzone: ____
Honorarsatz: Mindestsatz

☐ § 40 HOAI Objektplanung (Leistungsbild Freianlagen)
Honorarzone: ____
Honorarsatz: Mindestsatz

Ist die Einordnung des Objekts in die Honorarzone nicht eindeutig und sind Bewertungsmerkmale aus mehreren Honorarzonen anwendbar, bewerten AG und AN diese einvernehmlich wie folgt:

Bewertungsmerkmale nach HOAI	Max. Pkte	Bewertung
1		
2		
3		
4		
5		
6		

- Honorarzone I: bis zu Punkte
- Honorarzone II: bis Punkte
- Honorarzone III: bis Punkte
- Honorarzone IV: bis Punkte
- Honorarzone V: bis Punkte

Ergebnis: Das Projekt ist der Honorarzone zuzuordnen.

---

1 Die kompletten, zusammenhängenden Vertragsmuster finden Sie in Kapitel 7.

8.2 Eigenleistungen des AG / nicht beauftragte Teilleistungen

☐ Vom AG werden innerhalb der beauftragten Leistungsphasen keine Eigenleistungen erbracht. Es werden alle Teilleistungen beauftragt.
(Hinweis: nachstehende Regelungen der Ziffer 8.2 gelten nicht)

☐ Vom AG werden innerhalb der beauftragten Leistungsphasen nachfolgende Leistungen ganz oder zum Teil selbst erbracht bzw. Teilleistungen werden nicht beauftragt. Daher wird einvernehmlich eine Reduzierung der Vom-Hundert-Sätze der einzelnen Leistungsphasen unter Berücksichtigung des zusätzlichen Koordinierungs- oder Einarbeitungsaufwands wie folgt vereinbart:

	vom AG zu erbringende Leistungen / nicht beauftragte Teilleistungen	Reduzierung um %
Leistungsphase 1:	•	
Leistungsphase 2:	• •	
Leistungsphase 3:	• •	
Leistungsphase 4:	• •	
Leistungsphase 5:	• •	
Leistungsphase 6:	• Zusammenstellen der Vergabeunterlagen (für alle Leistungsbereiche) •	5 %
Leistungsphase 7:	• Einholen von Angeboten • Prüfen und Werten der Angebote einschließlich Aufstellen eines Preisspiegels nach Einzelpositionen oder Teilleistungen, Prüfen und Werten der Angemessenheit der Preise • Führen von Bietergesprächen • Erstellen der Vergabevorschläge, Dokumentation des Vergabeverfahrens • Zusammenstellen der Vertragsunterlagen • Kostenkontrolle durch Vergleichen der Ausschreibungsergebnisse mit den vom Planer bepreisten Leistungsverzeichnissen oder der Kostenberechnung • Mitwirken bei der Auftragserteilung	90 %
Leistungsphase 8:	• •	
Leistungsphase 9:	•	

8.3 Anrechenbare Kosten außerhalb der Tafelwerte

☐ Die ermittelten anrechenbaren Kosten liegen nicht außerhalb der Tafelwerte der HOAI.
(Hinweis: nachstehende Regelungen der Ziffer 8.3 gelten nicht)

☐ Die ermittelten anrechenbaren Kosten liegen außerhalb der Tafelwerte der HOAI.

Für Leistungen deren ermittelte anrechenbaren Kosten, außerhalb der Tafelwerte der HOAI liegen, wird nachfolgendes Honorar vereinbart:

☐ Es gelten die Grundlagen der Honorarermittlung gemäß Ziffer 8.1, jedoch mit der Maßgabe, dass sich die Mindest- und Höchstsätze der Honorare aus der Tafelfortschreibung nach RifT (Richtlinien der Staatlichen Vermögens- und Hochbauverwaltung Baden-Württemberg für die Beteiligung freiberuflich Tätiger) in der zum Zeitpunkt des Vertragsabschlusses gültigen Fassung ergeben.

☐ Pauschalvereinbarung: Honorarpauschale _____ €

☐ Zeithonorar gem. Ziffer 9.3

☐ Prozentsatz der anrechenbaren Kosten auf Grundlage der
☐ Kostenberechnung: %
☐ Kostenfeststellung: _____ %

8.4 Pauschalvereinbarung

☐ Es wird keine Pauschalvereinbarung getroffen.
(Hinweis: nachstehende Regelungen der Ziffer 8.4 gelten nicht)

☐ Die Vertragsparteien vereinbaren ein Pauschalhonorar in Höhe von _____ € netto zzgl. der jeweils gültigen gesetzlichen Mehrwertsteuer.

Diesem Pauschalhonorar liegen anrechenbare Baukosten nach einer vorläufigen Kostenschätzung in Höhe von _____ € netto zugrunde.

In dem Pauschalhonorar ist der erhöhte Aufwand in der Leistungsphase 8 für die Überwachung der Instandhaltungs- und Instandsetzungsmaßnahme bereits enthalten.

Ein Umbauzuschlag ist in der Pauschale inkludiert.

8.5 Bei Leistungen im Bestand

- ☐ Folgender Umbauzuschlag/Modernisierungszuschlag wird vereinbart: 0,0 % *[1]

- ☐ Folgender Instandhaltungs-/Instandsetzungszuschlag gem. § 12 HOAI wird für die Grundleistungen der Leistungsphasen Objektüberwachung und Bauoberleitung – sofern beauftragt - vereinbart: 0,0 % *[2]

8.6 Mitzuverarbeitende Bausubstanz

- ☐ Den Wert und Umfang der mitzuverarbeitenden Bausubstanz im Sinne des § 2 Absatz 7 HOAI werden die Parteien zum Zeitpunkt der Kostenberechnung bewerten und durch schriftliche Vereinbarung festlegen. Die Ermittlung erfolgt bauteilbezogen nach der Elementmethode / Bauteilmethode. Für jedes Bauteil werden die Menge, der Neuwert, der Zustandsfaktor und der Leistungsfaktor ermittelt. Mit diesen Werten werden dann für jedes Bauteil die anrechenbaren Kosten aus der vorhandenen Bausubstanz nach § 4 Abs. 3 HOAI ermittelt. Der Gesamtwert der anrechenbaren Kosten aus der mitzuverarbeitenden vorhandenen Bausubstanz errechnet sich durch Addition der Einzelwerte.

- ☐ Den Wert der mitzuverarbeitenden Bausubstanz im Sinne des § 2 Absatz 7 HOAI können die Parteien bereits bei Vertragsschluss bewerten. Sie legen für die mitverarbeitete Bausubstanz hinsichtlich der anrechenbaren Kosten _____ € fest.

8.7 Besondere Leistungen i.V.m. Anlage 1

Die Vergütung der Besonderen Leistungen ist in der Anlage 2 – Honorarzusammenstellung – festgelegt.

8.8 Nebenkosten

Die Nebenkosten gem. § 14 Abs. 2 HOAI werden
- ☐ entsprechend der Festlegungen in der Anlage 2 – Honorarzusammenstellung – vergütet.
- ☐ auf Nachweis vergütet.
- ☐ sind mit dem Honorar abgegolten.

---

[1] Bei einer Planung mit einer durchschnittlichen Schwierigkeit kann der Zuschlag für Gebäude mit 0-33 %, für Innenräume mit 0-50 % und für Freianlagen mit 0-33 % vereinbart werden.
[2] Der Instandhaltungs-/Instandsetzungszuschlag kann mit 0-50 % vereinbart werden.

8.9 Bonusregelung (nach § 7 Abs. 6 HOAI)

☐ Es wird keine Bonusregelung vereinbart
(Hinweis: nachstehende Regelungen der Ziffer 8.10 gelten nicht)

☐ Es wird nachstehende Bonusregelung vereinbart

Die Parteien gehen von Bauwerkskosten in Höhe von _____ € (netto) im Sinne der DIN 276-1 Dezember 2008 oder DIN 276-4 (jeweils Kostengruppen 300 und 400) aus.

Der AG wird dem AN bei Kostenunterschreitungen, die unter Ausschöpfung technisch-wirtschaftlicher oder umweltverträglicher Lösungsmöglichkeiten zu einer wesentlichen Kostensenkung ohne Verminderung des vertraglich festgelegten Standards führen, einen Bonus i. H. v. _____ % je _____ € Kosteneinsparung, höchstens jedoch 10 % des vereinbarten Honorars als Erfolgshonorar zahlen.

8.10 Malusregelung (nach § 7 Abs. 6 HOAI)

☐ Es wird keine Malusregelung vereinbart.
(Hinweis: nachstehende Regelungen der Ziffer 8.11 gelten nicht)

☐ Es wird nachstehende Malusregelung vereinbart

Die Parteien legen als anrechenbare Kosten einen Betrag von _____ € fest. Der AG wird dem AN ab einer vom AN zu vertretenden Überschreitung dieser festgelegten Kosten von _____ % einen Malus i. H. v. _____ % je € Kostenüberschreitung bis zu 5% des vereinbarten Honorars vom Honorar der Schlussrechnung in Abzug bringen.

II. Muster-Ingenieurvertrag

1. Ing.-Bau und Verkehr

Vertragsmuster

2 **8. Honorar**

8.1 Honorargrundlage bei Kostenschätzung oder Kostenberechnung

Für die Honorierung der nach diesem Vertrag übertragenen und zur weiteren Beauftragung vorbehaltenen Leistungen gem. Ziffer 4.1 bzw. 4.2 werden folgende Honorargrundlagen vereinbart:

☐ Ingenieurbauwerke
Honorarzone: _____
Honorarsatz: Mindestsatz

☐ Verkehrsanlagen
Honorarzone: _____
Honorarsatz: Mindestsatz

Ist die Einordnung des Objekts in die Honorarzone nicht eindeutig und sind Bewertungsmerkmale aus mehreren Honorarzonen anwendbar, bewerten AG und AN diese einvernehmlich wie folgt:

Bewertungsmerkmale nach HOAI	Max. Pkte	Bewertung
1		
2		
3		
4		
5		

- Honorarzone I: bis zu Punkte
- Honorarzone II: bis Punkte
- Honorarzone III: bis Punkte
- Honorarzone IV: bis Punkte
- Honorarzone V: bis Punkte

Ergebnis: Das Projekt ist der Honorarzone   zuzuordnen.

8.2 Eigenleistungen des AG / nicht beauftragte Teilleistungen

☐ Vom AG werden innerhalb der beauftragten Leistungsphasen keine Eigenleistungen erbracht. Es werden alle Teilleistungen beauftragt.
(Hinweis: nachstehende Regelungen der Ziffer 8.2 gelten nicht)

☐ Vom AG werden innerhalb der beauftragten Leistungsphasen nachfolgende Leistungen ganz oder zum Teil selbst erbracht bzw. Teilleistungen werden nicht beauftragt. Daher reduzieren sich die Vom-Hundert-Sätze unter Berücksichtigung des zusätzlichen Koordinierungs- oder Einarbeitungsaufwands wie nachfolgend aufgeführt:

	vom AG zu erbringende Leistungen / nicht beauftragte Teilleistungen	Reduzierung in %
Leistungsphase 1:	•	
Leistungsphase 2:	• •	
Leistungsphase 3:	• •	
Leistungsphase 4:	• •	
Leistungsphase 5:	• •	
Leistungsphase 6:	• Zusammenstellen der Vergabeunterlagen •	5 %
Leistungsphase 7:	• Einholen von Angeboten • Prüfen und Werten der Angebote, Aufstellen des Preisspiegels • Abstimmen und Zusammenstellen der Leistungen der fachlich Beteiligten, die an der Vergabe mitwirken • Führen von Bietergesprächen • Erstellen der Vergabevorschläge, Dokumentation des Vergabeverfahrens • Zusammenstellen der Vertragsunterlagen • Vergleichen der Ausschreibungsergebnisse mit den vom Planer bepreisten Leistungsverzeichnissen und der Kostenberechnung • Mitwirken bei der Auftragserteilung	100 %
Leistungsphase 8:	• •	
Leistungsphase 9:	•	

8.3 Anrechenbare Kosten außerhalb der Tafelwerte

☐ Die ermittelten anrechenbaren Kosten liegen nicht außerhalb der Tafelwerte der HOAI.
(Hinweis: nachstehende Regelungen der Ziffer 8.3 gelten nicht)

☐ Die ermittelten anrechenbaren Kosten liegen außerhalb der Tafelwerte der HOAI.

Für Leistungen deren ermittelte anrechenbaren Kosten, außerhalb der Tafelwerte der HOAI liegen, wird nachfolgendes Honorar vereinbart:

☐ Es gelten die Grundlagen der Honorarermittlung gemäß Ziffer 8.1, jedoch mit der Maßgabe, dass sich die Mindest- und Höchstsätze der Honorare aus der Tafelfortschreibung nach RifT (Richtlinien der Staatlichen Vermögens- und Hochbauverwaltung Baden-Württemberg für die Beteiligung freiberuflich Tätiger) in der zum Zeitpunkt des Vertragsabschlusses gültigen Fassung ergeben.

☐ Pauschalvereinbarung: Honorarpauschale _____ €

☐ Zeithonorar gem. Ziffer 9.3

☐ Prozentsatz der anrechenbaren Kosten auf Grundlage der
☐ Kostenberechnung: _____ %
☐ Kostenfeststellung: _____ %

8.4 Pauschalvereinbarung

☐ Es wird keine Pauschalvereinbarung getroffen.
(Hinweis: nachstehende Regelungen der Ziffer 8.4 gelten nicht)

☐ Die Vertragsparteien vereinbaren ein Pauschalhonorar in Höhe von _____ € netto zzgl. der jeweils gültigen gesetzlichen Mehrwertsteuer.

Diesem Pauschalhonorar liegen anrechenbare Baukosten nach einer vorläufigen Kostenschätzung in Höhe von _____ € netto zugrunde.

In dem Pauschalhonorar ist der erhöhte Aufwand in der Leistungsphase 8 für die Überwachung der Instandhaltungs- – und Instandsetzungsmaßnahme bereits enthalten.

Ein Umbauzuschlag ist in der Pauschale inkludiert.

8.5 Bei Leistungen im Bestand:

☐ Folgender Umbauzuschlag/Modernisierungszuschlag wird vereinbart: 0,0 % *[1]

☐ Folgender Instandhaltungs-/Instandsetzungszuschlag gem. § 12 HOAI wird für die Grundleistungen der Leistungsphasen Objektüberwachung und Bauoberleitung – sofern beauftragt - vereinbart: 0,0 % *[2]

8.6 Mitzuverarbeitende Bausubstanz:

☐ Den Wert und Umfang der mitzuverarbeitenden Bausubstanz im Sinne des § 2 Absatz 7 HOAI werden die Parteien zum Zeitpunkt der Kostenberechnung bewerten und durch schriftliche Vereinbarung festlegen. Die Ermittlung erfolgt bauteilbezogen nach der Elementmethode / Bauteilmethode. Für jedes Bauteil werden die Menge, der Neuwert, der Zustandsfaktor und der Leistungsfaktor ermittelt. Mit diesen Werten werden dann für jedes Bauteil die anrechenbaren Kosten aus der vorhandenen Bausubstanz nach § 4 Abs. 3 HOAI ermittelt. Der Gesamtwert der anrechenbaren Kosten aus der mitzuverarbeitenden vorhandenen Bausubstanz errechnet sich durch Addition der Einzelwerte.

☐ Den Wert der mitzuverarbeitenden Bausubstanz im Sinne des § 2 Absatz 7 HOAI können die Parteien bereits bei Vertragsschluss bewerten. Sie legen für die mitverarbeitete Bausubstanz hinsichtlich der anrechenbaren Kosten _____ € fest.

8.7 Besondere Leistungen iVm Anlage 1

Die Vergütung der Besonderen Leistungen ist in der Anlage 2 – Honorarzusammenstellung – festgelegt.

8.8 Nebenkosten

Die Nebenkosten gem. § 14 Abs. 2 HOAI werden entsprechend der Festlegungen in der Anlage 2 - Honorarzusammenstellung – vergütet.

---

[1] Bei einer Planung mit einer durchschnittlichen Schwierigkeit kann der Zuschlag für Ingenieurbauwerke und Verkehrsanlagen mit 0-33 %, für Tragwerksplanungen und Technische Ausrüstung mit 0-50 % vereinbart werden.
[2] Der Instandhaltungs-/Instandsetzungszuschlag kann mit 0-50 % vereinbart werden.

8.9 Bonusregelung

☐ Es wird keine Bonusregelung vereinbart.
(Hinweis: nachstehende Regelungen der Ziffer 8.10 gelten nicht)

☐ Es wird nachstehende Bonusregelung vereinbart.

Die Parteien gehen von Bauwerkskosten in Höhe von _____ € (netto) im Sinne der DIN 276-1 Dezember 2008 oder DIN 276-4 (jeweils Kostengruppen 300 und 400) aus.

Der AG wird dem AN bei Kostenunterschreitungen, die unter Ausschöpfung technisch-wirtschaftlicher oder umweltverträglicher Lösungsmöglichkeiten zu einer wesentlichen Kostensenkung ohne Verminderung des vertraglich festgelegten Standards führen, einen Bonus i. H. v. _____ % je _____ € Kosteneinsparung, höchstens jedoch 10 % des vereinbarten Honorars als Erfolgshonorar zahlen.

8.10 Malusregelung

☐ Es wird keine Malusregelung vereinbart.
(Hinweis: nachstehende Regelungen der Ziffer 8.11 gelten nicht)

☐ Es wird nachstehende Malusregelung vereinbart

Die Parteien legen als anrechenbare Kosten einen Betrag von _____ € fest.

Der AG wird dem AN ab einer vom AN zu vertretenden Überschreitung dieser festgelegten Kosten von _____ % einen Malus i. H. v. _____ % je EUR Kostenüberschreitung bis zu 5% des vereinbarten Honorars vom Honorar der Schlussrechnung in Abzug bringen.

2. TGA

Vertragsmuster

8. Honorar 3

8.1 Honorargrundlage bei Kostenschätzung oder Kostenberechnung

Für die Honorierung der nach diesem Vertrag übertragenen und zur weiteren Beauftragung vorbehaltenen Leistungen gem. Ziffer 4.1 bzw. 4.2 werden folgende Honorargrundlagen vereinbart:

☐ Technische Ausrüstung
Honorarzone: _____

Honorarsatz: Mindestsatz

Ist die Einordnung des Objekts in die Honorarzone nicht eindeutig und sind Bewertungsmerkmale aus mehreren Honorarzonen anwendbar, bewerten AG und AN diese einvernehmlich wie folgt:

Bewertungsmerkmale nach HOAI	Max. Pkte	Bewertung
1		
2		
3		
4		
5		

- Honorarzone I: bis zu Punkte
- Honorarzone II: bis Punkte
- Honorarzone III: bis Punkte
- Honorarzone IV: bis Punkte
- Honorarzone V: bis Punkte

Ergebnis: Das Projekt ist der Honorarzone zuzuordnen.

8.2 Eigenleistungen des AG / nicht beauftragte Teilleistungen

☐ Vom AG werden innerhalb der beauftragten Leistungsphasen <u>keine Eigenleistungen</u> erbracht. Es werden alle Teilleistungen beauftragt.
(Hinweis: nachstehende Regelungen der Ziffer 8.2 gelten nicht)

☐ Vom AG werden innerhalb der beauftragten Leistungsphasen nachfolgende Leistungen ganz oder zum Teil selbst erbracht bzw. Teilleistungen werden nicht beauftragt. Daher reduzieren sich die Vom-Hundert-Sätze unter Berücksichtigung des zusätzlichen Koordinierungs- oder Einarbeitungsaufwands wie nachfolgend aufgeführt:

	vom AG zu erbringende Leistungen / nicht beauftragte Teilleistungen	Reduzierung in %
Leistungsphase 1:	•	
Leistungsphase 2:	• •	
Leistungsphase 3:	• •	

Leistungsphase 4:	• •	
Leistungsphase 5:	• •	
Leistungsphase 6:	• Zusammenstellen der Vergabeunterlagen •	5 %
Leistungsphase 7:	• Einholen von Angeboten • Prüfen und Werten der Angebote, Aufstellen der Preisspiegel nach Einzelpositionen • Führen von Bietergesprächen • Vergleichen der Ausschreibungsergebnisse mit den vom Planer bepreisten Leistungsverzeichnissen und der Kostenberechnung • Erstellen der Vergabevorschläge, Mitwirken bei der Dokumentation der Vergabeverfahren • Zusammenstellen der Vertragsunterlagen • Mitwirken bei der Auftragserteilung	90 %
Leistungsphase 8:	• •	
Leistungsphase 9:	•	

8.3 Anrechenbare Kosten außerhalb der Tafelwerte

☐ Die ermittelten anrechenbaren Kosten liegen nicht außerhalb der Tafelwerte der HOAI.
(Hinweis: nachstehende Regelungen der Ziffer 8.3 gelten nicht)

☐ Die ermittelten anrechenbaren Kosten liegen außerhalb der Tafelwerte der HOAI.

Für Leistungen deren ermittelte anrechenbaren Kosten, außerhalb der Tafelwerte der HOAI liegen, wird nachfolgendes Honorar vereinbart:

☐ Es gelten die Grundlagen der Honorarermittlung gemäß Ziffer 8.1, jedoch mit der Maßgabe, dass sich die Mindest- und Höchstsätze der Honorare aus der Tafelfortschreibung nach RifT (Richtlinien der Staatlichen Vermögens- und Hochbauverwaltung Baden-Württemberg für die Beteiligung freiberuflich Tätiger) in der zum Zeitpunkt des Vertragsabschlusses gültigen Fassung ergeben.

☐ Pauschalvereinbarung: Honorarpauschale _____ €

☐ Zeithonorar gem. Ziffer 9.3

☐ Prozentsatz der anrechenbaren Kosten auf Grundlage der
☐ Kostenberechnung: _____ %
☐ Kostenfeststellung: _____ %

8.4 Pauschalvereinbarung

☐ Es wird keine Pauschalvereinbarung getroffen.
(Hinweis: nachstehende Regelungen der Ziffer 8.4 gelten nicht)

☐ Die Vertragsparteien vereinbaren ein Pauschalhonorar in Höhe von _____ € netto zzgl. der jeweils gültigen gesetzlichen Mehrwertsteuer.

Diesem Pauschalhonorar liegen anrechenbare Baukosten nach einer vorläufigen Kostenschätzung in Höhe von _____ € netto zugrunde.

In dem Pauschalhonorar ist der erhöhte Aufwand in der Leistungsphase 8 für die Überwachung der Instandhaltungs- – und Instandsetzungsmaßnahme bereits enthalten.

Ein Umbauzuschlag ist in der Pauschale inkludiert.

8.5 Bei Leistungen im Bestand:

☐ Folgender Umbauzuschlag/Modernisierungszuschlag wird vereinbart: 0,0 % *[1]

☐ Folgender Instandhaltungs- /Instandsetzungszuschlag gem. § 12 HOAI wird für die Grundleistungen der Leistungsphasen Objektüberwachung und Bauoberleitung – sofern beauftragt - vereinbart: 0,0 % *[2]

8.6 Mitzuverarbeitende Bausubstanz:

☐ Den Wert und Umfang der mitzuverarbeitenden Bausubstanz im Sinne des § 2 Absatz 7 HOAI werden die Parteien zum Zeitpunkt der Kostenberechnung bewerten und durch schriftliche Vereinbarung festlegen. Die Ermittlung erfolgt bauteilbezogen nach der Elementmethode / Bauteilmethode. Für jedes Bauteil werden die Menge, der Neuwert, der Zustandsfaktor und der Leistungsfaktor ermittelt. Mit diesen Werten werden dann für jedes Bauteil die anrechenbaren Kosten aus der vorhandenen Bausubstanz nach § 4 Abs. 3 HOAI ermittelt. Der Gesamtwert der anrechenbaren Kosten aus der mitzuverarbeitenden vorhandenen Bausubstanz errechnet sich durch Addition der Einzelwerte.

---

[1] Bei einer Planung mit einer durchschnittlichen Schwierigkeit kann der Zuschlag für Ingenieurbauwerke und Verkehrsanlagen mit 0-33 %, für Tragwerksplanungen und Technische Ausrüstung mit 0-50 % vereinbart werden.

[2] Der Instandhaltungs-/Instandsetzungszuschlag kann mit 0-50 % vereinbart werden.

☐ Den Wert der mitzuverarbeitenden Bausubstanz im Sinne des § 2 Absatz 7 HOAI können die Parteien bereits bei Vertragsschluss bewerten. Sie legen für die mitverarbeitete Bausubstanz hinsichtlich der anrechenbaren Kosten _____ € fest.

8.7 Besondere Leistungen iVm Anlage 1

Die Vergütung der Besonderen Leistungen ist in der Anlage 2 – Honorarzusammenstellung – festgelegt.

8.8 Nebenkosten

Die Nebenkosten gem. § 14 Abs. 2 HOAI werden entsprechend der Festlegungen in der Anlage 2 – Honorarzusammenstellung – vergütet.

8.9 Bonusregelung

☐ Es wird keine Bonusregelung vereinbart.
(Hinweis: nachstehende Regelungen der Ziffer 8.10 gelten nicht)

☐ Es wird nachstehende Bonusregelung vereinbart.

Die Parteien gehen von Bauwerkskosten in Höhe von _____ € (netto) im Sinne der DIN 276-1 Dezember 2008 oder DIN 276-4 (jeweils Kostengruppen 300 und 400) aus.

Der AG wird dem AN bei Kostenunterschreitungen, die unter Ausschöpfung technisch-wirtschaftlicher oder umweltverträglicher Lösungsmöglichkeiten zu einer wesentlichen Kostensenkung ohne Verminderung des vertraglich festgelegten Standards führen, einen Bonus i. H. v. _____ % je _____ € Kosteneinsparung, höchstens jedoch 10 % des vereinbarten Honorars als Erfolgshonorar zahlen.

8.10 Malusregelung

☐ Es wird keine Malusregelung vereinbart.
(Hinweis: nachstehende Regelungen der Ziffer 8.11 gelten nicht)

☐ Es wird nachstehende Malusregelung vereinbart

Die Parteien legen als anrechenbare Kosten einen Betrag von _____ € fest.

Der AG wird dem AN ab einer vom AN zu vertretenden Überschreitung dieser festgelegten Kosten von _____ % einen Malus i. H. v. _____ % je EUR Kostenüberschreitung bis zu 5% des vereinbarten Honorars vom Honorar der Schlussrechnung in Abzug bringen.

B. Erläuterungen zu dem Mustervertrag:

I. Zu Ziffer 8.1

Das Honorar wird nach der HOAI bestimmt. Die Vertragsparteien müssen bei der Vertragserstellung beachten, dass eine von den Mindest- oder Höchstsätzen der HOAI abweichende Honorarvereinbarung gegen das gesetzliche Preisrecht verstößt. Der Architekt oder Ingenieur hat als Folge der unwirksamen Vereinbarungen einen Honoraranspruch nach den Mindestsätzen der HOAI, s. §7 Abs. 5 HOAI. 4

Honorarvereinbarungen innerhalb der Spanne der Mindest- und Höchstsätze sind möglich und wirksam, s. §7 Abs. 1 HOAI. 5

Aus haushaltsrechtlichen Gründen ist der öff. Auftraggeber verpflichtet, regelmäßig den Mindestsatz zu vereinbaren. Sofern andere Sätze (z. B. Mittelsatz) vereinbart werden, sind die Gründe hierfür im Vergabevermerk für die freiberuflichen Leistungen zu dokumentieren. Dies gilt insbesondere für die Vereinbarung von Honorarsätzen zwischen Mindest- und Höchstsatz. 6

Abweichungen von den Mindest- und Höchstsätzen sind grundsätzlich nur in den in der HOAI geregelten Fällen möglich: 7
- Honorar außerhalb der Tafelwerte, §7 Abs. 2 HOAI,
- Unterschreitung nur in Ausnahmefällen, §7 Abs. 3 HOAI,
- Überschreitung nur bei außergewöhnlich oder ungewöhnlich lang andauernden Grundleistungen, §7 Abs. 4 HOAI.

Die Honorarparameter nach §4 Abs. 1 HOAI müssen auch bei einer Honorarvereinbarung beachtet werden: 8
- Honorarsatz
- Honorarzone
- anrechenbare Kosten
- Leistungsbild
- Umfang der Leistungsphasen

Wichtig ist zunächst, dass jeweilige Leistungsbild zu vereinbaren.

Der Architektenmustervertrag sieht die Objekte Gebäude, Innenräume und Freianlagen als Gegenstand der Leistungsbilder vor. 9

Der Ingenieurmustervertrag beinhaltet die Leistungsbilder Ingenieurbauwerke, Verkehrsanlagen, Tragwerksplanung und Technische Ausrüstung. 10

In den Musterverträgen wurden unter der Ziffer 8.1 eine Tabelle aufgenommen, in der die einzelnen Bewertungsmerkmale und deren Bewertung zur Festlegung der Honorarzone in schwierigen Fällen dokumentiert werden können. Dies ist dann zweckmäßig, wenn z. B. ein Objekt gemäß Objektliste der Anlage zur HOAI in verschiedene Honorarzonen eingeordnet werden kann oder wenn vom Regelfall „Mindestsatz" abgewichen werden soll. 11

Beispiel
Planung und Errichtung einer Mensa: HZ III oder HZ IV? In der HZ III sind als Regelobjekt Mensen aufgeführt. Unter der HZ IV eine Großküche, unter der eine Mensa ebenfalls eingeordnet werden könnte.

II. Zu Ziffer 8.2

12 Das Honorar richtet sich nach dem Umfang der übertragenen Leistungsphasen und den Umfang der übertragenen Grundleistungen. Die HOAI ist nur reines Preisrecht. Der Umfang der Leistungen ist frei vereinbar, es gibt daher keine Regel für die Beauftragung einer Vollarchitektur, d. h. sämtlicher Leistungsphasen und sämtlicher Grundleistungen.[1] Zur Prüfung, welchen Umfang der Architektenvertrag hat, sind sämtliche Umstände des Einzelfalls heranzuziehen.

13 Nicht alle Leistungsphasen bzw. nicht alle Grundleistungen der Leistungsphasen müssen beauftragt werden. Selbstverständlich kann der Auftraggeber Leistungen des Architekten selbst erbringen oder einfach nur herausnehmen. Diese Leistungsreduzierung spiegelt sich auch in der Berechnung des Honorars wider. Aus Beweisgründen ist immer zu empfehlen, eine schriftliche Vereinbarung über den Umfang der beauftragten und auszuführenden Leistungen zu treffen. Dies gilt für den Umfang der Leistungsphasen als auch über den Umfang der Grundleistungen. Im ersten Schritt müssen die Parteien festlegen, welche Leistungsphasen beauftragt werden sollen, ob als Vollauftrag oder als stufenweiser Auftrag, auf Ziffer 4.1 des Mustervertrages wird verwiesen. Im zweiten Schritt müssen die Vertragsparteien festlegen, ob alle Grundleistungen der Leistungsphasen beauftragt werden sollen. Die HOAI lässt es zu, dass nicht alle Grundleistungen beauftragt werden müssen, s. § 8 Abs. 2 Satz 1 HOAI. Gleiches gilt, wenn wesentliche Teile von Grundleistungen nicht übertragen werden sollen, § 8 Abs. Satz 3 HOAI.

14 Nach § 8 Abs. 2 Satz 2 HOAI soll eine Vereinbarung über die Herausnahme von Grundleistungen oder Teilen der Grundleistung schriftlich erfolgen. Es ist allerdings so, dass auch ohne eine schriftliche Vereinbarung die Rechtsfolge eintritt, dass bei Übertragung von einzelnen Grundleistungen oder Teilen der Grundleistungen ein Honoraranspruch auf den Mindestsätzen entsteht. Die schriftliche Vereinbarung dient letztendlich nur dazu, spätere Meinungsverschiedenheit über den Umfang der vereinbarten Leistungen zu vermeiden. Im Mustervertrag ist für die Vertragsparteien eine Formulierungshilfe vorgegeben, die nicht zu beauftragenden Teilleistungen konkret zu benennen und in Prozent zu beziffern. Es wird angeraten, sich bei der Benennung der nicht beauftragten Leistungsphasen oder Grundleistungen der Leistungsphasen an dem Katalog der Grundleistungen, der in der Anlage 10 zur HOAI enthalten ist, zu orientieren. Die HOAI gibt bei der Berechnung des Honorars vor, dass

1 BGH, Urt. v. 4.10.1979 – VII ZR 319/78 – BauR 1980, 84.

dieses dem Anteil der übertragenen Grundleistungen an der gesamten Leistungsphase entsprechen muss. Bei der Bezifferung der Prozentzahlen steht den Parteien ein Beurteilungsspielraum zu.

Als Orientierung dienen den Parteien die bestehenden Bewertungstabellen von Siemon,[2] Steinfort oder Simmendinger.[3] 15

III. Zu Ziffer 8.3

Werden die Werte der Honorartafeln überschritten, sind die Parteien bei der Vereinbarung des Honorars frei, die Honorare sind frei verhandelbar, § 7 Abs. 2 HOAI. 16

Zunächst muss aber feststehen, dass die anrechenbaren Kosten die Werte der Honorartafel überschreiten. Wie stets bei allen Honorarparametern kommt es auf den objektiven Maßstab an. 17

Das Honorar kann mündlich oder, aus Beweisgründen immer zu empfehlen, schriftlich vereinbart werden. 18

Es besteht die Möglichkeit, auf Basis der sog. RIFT-Tabelle, die eine analoge Fortführung der Werte der Honorartafel darstellt, eine Honorarvereinbarung zu treffen. Dies ist aber nicht verpflichtend, da der BGH in ständiger Rechtsprechung die Auffassung vertritt, dass die o. g. RIFT-Tabelle nicht verbindlich ist.[4] 19

Daher kann alternativ eine Honorarvereinbarung entweder als Pauschale, im Zeithonorar oder in Höhe eines bestimmten Prozentsatzes der anrechenbaren Kosten getroffen werden. 20

Die Grenze nach unten ergibt sich aus § 632 BGB iVm § 242, 138 BGB, d. h. der Sittenwidrigkeit. 21

IV. Zu Ziffer 8.4

Bei einer Pauschalpreisvereinbarung ist darauf zu achten, dass diese sich innerhalb der Höchst- und Mindestsätze bewegt. 22

Wichtig ist, dass die Vereinbarung bei der Auftragserteilung schriftlich getroffen werden muss. 23

---

2 Für HOAI 2013: Siemon, BauR 2013, 1764 ff.

3 In der Kommentierung von Koeble/Frik/Locher, 12. Auflage HOAI Kommentar, Anhang 3.

4 BGH, Urt. v. 24.6.2004 – VII ZR 259/02 – BauR 2004, 1640.

V. Zu Ziffer 8.5

24 Die Honorare für Umbauten und Modernisierungen ergeben sich aus § 6 Abs. 4 HOAI iVm den in den Leitungsbildern jeweils geregelten Zuschlägen.

25 Für die Leistungsbilder Gebäude und Innenräume regelt § 36 HOAI die Höhe des Zuschlages.

26 Bei Aufträgen mit einer durchschnittlichen Schwierigkeit kann eine Vereinbarung des Umbau- oder Modernisierungszuschlags für Objektplanungsleistungen von Gebäuden, Freianlagen und Ingenieurbauwerken von 0 bis 33 %, für Planungsleistungen von Innenräumen, für Tragwerksplanungsleistungen und Planungsleistungen der technischen Gebäudeausrüstung von 0 bis 50 % getroffen werden.

27 Wird eine schriftliche Vereinbarung von 0 % getroffen, liegt eine wirksame Vereinbarung vor.

28 Liegt keine schriftliche Vereinbarung vor, gilt ab einem durchschnittlichen Schwierigkeitsgrad ein Umbauzuschlag von 20 % als vereinbart. Dies bedeutet auch, dass bei sehr geringen oder geringen Planungsanforderungen bei fehlender schriftlicher Vereinbarung ein Umbauzuschlag nicht als vereinbart gilt.

29 Für den Instandsetzungszuschlag finden die Vorschriften des § 12 HOAI Anwendung. Danach kann ein Zuschlag für Objektüberwachung und Bauoberleitung von bis zu 50 % vereinbart werden. Der Zuschlag muss schriftlich vereinbart werden, wobei der Zeitpunkt dieser Vereinbarung, entweder bei Auftragserteilung oder später, sich aus dem Gesetzestext leider nicht eindeutig ergibt. Schriftform ist zwar Anspruchsvoraussetzung, der Zeitpunkt der schriftlichen Vereinbarung ist aber nicht der **bei** Auftragserteilung.[5] Somit kann ein solcher Zuschlag auch nach Auftragserteilung vereinbart werden. Hier ist aber der Architekt eindeutig im Nachteil, denn er wird bestimmt praktische Schwierigkeiten erhalten, eine schriftliche Vereinbarung durchzusetzen.

Beachten
Eine Erhöhung um 50 % bedeutet bei der Objektüberwachung eine Erhöhung des Prozentsatzes der Lph 7 von 32 % auf 48 %, nicht um 50 % auf 82 %.

VI. Zu Ziffer 8.6

30 Nach § 4 Abs. 3 HOAI ist die mitzuverarbeitende Bausubstanz im Rahmen der Bemessung der anrechenbaren Kosten angemessen zu berücksichtigen, wie, regelt die Vorschrift nicht.

5 BGH, Urt. v. 27.11.2008 – VII ZR 211/07 – BauR 2009, 264.

Nach § 4 Abs. 3 HOAI ist: 31

„Der Umfang der mitzuverarbeitenden Bausubstanz im Sinne des § 2 Absatz 7 ist bei den anrechenbaren Kosten angemessen zu berücksichtigen. Umfang und Wert der mitzuverarbeitenden Bausubstanz sind zum Zeitpunkt der Kostenberechnung oder, sofern keine Kostenberechnung vorliegt, zum Zeitpunkt der Kostenschätzung objektbezogen zu ermitteln und schriftlich zu vereinbaren."

Ist schon zum Zeitpunkt der Beauftragung absehbar, in welchem Umfang vorhandene Bausubstanz im Rahmen der Planung mitverarbeitet wird, gibt es die Möglichkeit, hierüber bereits bei Vertragsschluss eine Vereinbarung zu treffen, was jedoch nicht zwingend ist. Die Vereinbarung kann entweder bei Vorliegen der Kostenschätzung, spätestens jedoch bei der Kostenberechnung schriftlich geschlossen werden. 32

Wenn keine schriftliche Vereinbarung über die mitzuverarbeitende Bausubstanz getroffen wird, dann soll diese gleichwohl bei den anrechenbaren Kosten berücksichtigt werden. Die Schriftform dient in diesem Fall nur der Beweiserleichterung, stellt aber keine Anspruchsvoraussetzung dar.[6] 33

Da die Berechnung der mitzuverarbeitenden Bausubstanz im Einzelfall schwierig sein kann, bietet sich auch an, die vorhandene Bausubstanz durch Erhöhung des Mindestsatzes auf einen Viertelsatz oder Mittelsatz zu berücksichtigen. 34

Die HOAI gibt nicht vor, wie die mitzuverarbeitende Bausubstanz berücksichtigt werden kann. Da nach der Definition in § 2 Abs. 7 HOAI es auf die bereits hergestellte Bausubstanz und auf die durch Planungs- und Überwachungsleistungen technisch oder gestalterische Mitverarbeitung ankommt, werden nachfolgende Schritte empfohlen: 35
- Ermittlung der Bausubstanz in Art und Menge
- Ermittlung des Wertes der zuvor festgestellten Bausubstanz
- Anpassung des Wertes an den Zeitpunkt der Mitverarbeitung (Wertfaktor)
- Ermittlung der Leistungen für Planung und Überwachung getrennt nach den Leistungsphasen bezogen auf die mitverarbeitete Bausubstanz.

Als Berechnungsmethoden werden die 36
- Kubikmetermethode
- Elementmethode
- Vergleichsmethode

in der Literatur dargestellt.[7]

In der Studie im Auftrag des Bundesministeriums für Wirtschaft und Technologie „Aktualisierungsbedarf zur Honorarstruktur der Honorarordnung für Architek- 37

6 BGH, Urt. v. 27.2.2003 – VII ZR 11/02 – BauR 2003, 745.
7 Seifert, BauR 1999, 310.

ten und Ingenieure (HOAI)“ werden auf den Seiten 223 ff. ebenfalls Vorschläge zur Berücksichtigung der mitzuverarbeitenden Bausubstanz unterbreitet.

VII. Zu Ziffer 8.7

38 Die Vergütung von Besonderen Leistungen ist gem. § 3 Abs. 3 Satz 3 HOAI frei vereinbar. Der Mustervertrag regelt eine solche Vereinbarung in dessen Anlage.

VIII. Zu Ziffer 8.8

39 Die Parteien sind bei der Vereinbarung von Nebenkosten gem. § 14 HOAI im Wesentlichen frei.

40 Bei Vertragsabschluss kann vereinbart werden, dass Nebenkosten ganz oder teilweise ausgeschlossen werden, § 14 Abs. 1 Satz 2 HOAI. Diese Vereinbarung muss schriftlich bei Auftragserteilung getroffen werden.

41 Daneben ist eine Pauschale oder eine Abrechnung nach Einzelnachweis frei vereinbar.

42 Um für beide Parteien den Abrechnungsaufwand in einem vernünftigen Verhältnis zur Leistung zu belassen und dennoch eine individuelle, auftragsbezogene Bewertung zu ermöglichen, empfiehlt sich eine prozentuale Bewertung der Nebenkosten, z. B. 5 % des Honorars. Diese Vereinbarung muss aber bei Auftragserteilung schriftlich getroffen werden.

43 Fehlt bei Auftragserteilung eine schriftliche Vereinbarung über den Ausschluss oder über eine Pauschalierung, ist gem. § 14 Abs. 3 HOAI auf Einzelnachweis abzurechnen.

IX. Zu Ziffer 8.9 und 8.10

44 Über den Sinn und Zweck der Bonus- bzw. Malusregelung im § 7 Abs. 6 HOAI kann man heftig streiten. Der Mustervertrag sieht eine Regelung vor, wobei die Parteien selbst entscheiden müssen, welche Vor- bzw. Nachteile eine solche Vereinbarung mit sich bringt.

45 Möglicherweise werden die Nachteile einer solchen Regelung die möglichen Vorteile regelmäßig überwiegen. Es wird daher empfohlen, entsprechende Vereinbarungen nur in Ausnahmefällen zu treffen und dabei die möglichen Vor- und Nachteile genau abzuwägen.

46 Insbesondere die Vereinbarung einer Bonusregelung kann den Architekten oder Ingenieur dazu verleiten, an notwendiger Bauleistung zu sparen, was zu Mängeln am Bauwerk führen kann.

C. Rahmenbedingungen

I. HOAI

Zitat

§ 6 HOAI 47

Grundlagen des Honorars

(1) Das Honorar für Grundleistungen nach dieser Verordnung richtet sich
1. für die Leistungsbilder des Teils 2 nach der Größe der Fläche und für die Leistungsbilder der Teile 3 und 4 nach den anrechenbaren Kosten des Objekts auf der Grundlage der Kostenberechnung oder, sofern keine Kostenberechnung vorliegt, auf der Grundlage der Kostenschätzung,
2. nach dem Leistungsbild,
3. nach der Honorarzone,
4. nach der dazugehörigen Honorartafel.
(2) Honorare für Leistungen bei Umbauten und Modernisierungen gemäß § 2 Absatz 5 und Absatz 6 sind zu ermitteln nach
1. den anrechenbaren Kosten,
2. der Honorarzone, welcher der Umbau oder die Modernisierung in sinngemäßer Anwendung der Bewertungsmerkmale zuzuordnen ist,
3. den Leistungsphasen,
4. der Honorartafel und
5. dem Umbau- oder Modernisierungszuschlag auf das Honorar.
Der Umbau- oder Modernisierungszuschlag ist unter Berücksichtigung des Schwierigkeitsgrads der Leistungen schriftlich zu vereinbaren. Die Höhe des Zuschlags auf das Honorar ist in den jeweiligen Honorarregelungen der Leistungsbilder der Teile 3 und 4 geregelt. Sofern keine schriftliche Vereinbarung getroffen wurde, wird unwiderleglich vermutet, dass ein Zuschlag von 20 Prozent ab einem durchschnittlichen Schwierigkeitsgrad vereinbart ist.
(3) Wenn zum Zeitpunkt der Beauftragung noch keine Planungen als Voraussetzung für eine Kostenschätzung oder Kostenberechnung vorliegen, können die Vertragsparteien abweichend von Absatz 1 schriftlich vereinbaren, dass das Honorar auf der Grundlage der anrechenbaren Kosten einer Baukostenvereinbarung nach den Vorschriften dieser Verordnung berechnet wird. Dabei werden nachprüfbare Baukosten einvernehmlich festgelegt.

§ 7 HOAI

Honorarvereinbarung

(1) Das Honorar richtet sich nach der schriftlichen Vereinbarung, die die Vertragsparteien bei Auftragserteilung im Rahmen der durch diese Verordnung festgesetzten Mindest- und Höchstsätze treffen.
(2) Liegen die ermittelten anrechenbaren Kosten oder Flächen außerhalb der in den Honorartafeln dieser Verordnung festgelegten Honorarsätze, sind die Honorare frei vereinbar.
(3) Die in dieser Verordnung festgesetzten Mindestsätze können durch schriftliche Vereinbarung in Ausnahmefällen unterschritten werden.
(4) Die in dieser Verordnung festgesetzten Höchstsätze dürfen nur bei außergewöhnlichen oder ungewöhnlich lange dauernden Grundleistungen durch schriftliche Vereinbarung überschritten werden. Dabei bleiben Umstände, soweit sie bereits für die Einordnung in die Honorarzonen oder für die Einordnung in den Rahmen der Mindest- und Höchstsätze mitbestimmend gewesen sind, außer Betracht.
(5) Sofern nicht bei Auftragserteilung etwas anderes schriftlich vereinbart worden ist, wird unwiderleglich vermutet, dass die jeweiligen Mindestsätze gemäß Absatz 1 vereinbart sind.

(6) Für Planungsleistungen, die technisch-wirtschaftliche oder umweltverträgliche Lösungsmöglichkeiten nutzen und zu einer wesentlichen Kostensenkung ohne Verminderung des vertraglich festgelegten Standards führen, kann ein Erfolgshonorar schriftlich vereinbart werden. Das Erfolgshonorar kann bis zu 20 Prozent des vereinbarten Honorars betragen. Für den Fall, dass schriftlich festgelegte anrechenbare Kosten überschritten werden, kann ein Malus-Honorar in Höhe von bis zu 5 Prozent des Honorars schriftlich vereinbart werden.

§ 8 HOAI
Berechnung des Honorars in besonderen Fällen
(1) Werden dem Auftragnehmer nicht alle Leistungsphasen eines Leistungsbildes übertragen, so dürfen nur die für die übertragenen Phasen vorgesehenen Prozentsätze berechnet und vereinbart werden. Die Vereinbarung hat schriftlich zu erfolgen.
(2) Werden dem Auftragnehmer nicht alle Grundleistungen einer Leistungsphase übertragen, so darf für die übertragenen Grundleistungen nur ein Honorar berechnet und vereinbart werden, das dem Anteil der übertragenen Grundleistungen an der gesamten Leistungsphase entspricht. Die Vereinbarung hat schriftlich zu erfolgen. Entsprechend ist zu verfahren, wenn dem Auftragnehmer wesentliche Teile von Grundleistungen nicht übertragen werden.
(3) Die gesonderte Vergütung eines zusätzlichen Koordinierungs- oder Einarbeitungsaufwands ist schriftlich zu vereinbaren.

II. BGB

Zitat
48 ***§ 631 BGB***
Vertragstypische Pflichten beim Werkvertrag
(1) Durch den Werkvertrag wird der Unternehmer zur Herstellung des versprochenen Werkes, der Besteller zur Entrichtung der vereinbarten Vergütung verpflichtet.
(2) Gegenstand des Werkvertrags kann sowohl die Herstellung oder Veränderung einer Sache als auch ein anderer durch Arbeit oder Dienstleistung herbeizuführender Erfolg sein.
§ 632 BGB Vergütung
(1) Eine Vergütung gilt als stillschweigend vereinbart, wenn die Herstellung des Werkes den Umständen nach nur gegen eine Vergütung zu erwarten ist.
(2) Ist die Höhe der Vergütung nicht bestimmt, so ist bei dem Bestehen einer Taxe die taxmäßige Vergütung, in Ermangelung einer Taxe die übliche Vergütung als vereinbart anzusehen.
(3) Ein Kostenanschlag ist im Zweifel nicht zu vergüten.

D. Folgen für die Vertragsgestaltung

I. Honorarvereinbarung im Geltungsbereich der HOAI

Der Architektenvertrag ist ebenso wie der Ingenieurvertrag ein Werkvertrag.[8] Da es auch bei der Beauftragung der Lph 1 bis 4 auf die Ergebnisse ankommt, stellt der Auftrag auch jeder einzelnen Leistungsphase ein Werkvertrag dar.[9] 49

Mit dem Gesetz zur Regelung von Ingenieur- und Architektenleistungen (MRVG) wurde die Bundesregierung durch Rechtsverordnung mit Zustimmung des Bundesrates ermächtigt, eine Honorarordnung für Leistungen des Ingenieurs und des Architekt zu erlassen. Dabei sind Mindest- und Höchstsätze festzusetzen, §1 Abs. 2 Satz 1, §2 Abs. 1 Satz 1 MRVG. 50

Diese gesetzlichen Vorgaben spiegeln sich im Wesentlichen im §7 HOAI wieder. 51

In Rechtsprechung und Literatur ist die Wirksamkeit der HOAI unumstritten. Die HOAI ist gesetzliche Preisrecht und ist nicht abdingbar. Vereinbarungen, die zum Inhalt den Ausschluss der HOAI haben, sind unwirksam. Das MRVG stellt ein gesetzliches Verbot iSv §134 BGB dar, sodass entgegenstehende Vereinbarungen nichtig sind. Allerdings ist nicht der gesamte Architektenvertrag nichtig, sondern nur die Honorarvereinbarung.[10] 52

Andererseits kann der Auftragnehmer seine Honorarforderung aus einer unwirksamen Honorarvereinbarung geltend machen.[11] Erst wenn sich eine Vertragspartei auf die Unwirksamkeit beruft, darf das Gericht die Unwirksamkeit der Honorarvereinbarung prüfen. Eine Prüfung von Amts wegen findet in den Fällen nicht statt, indem sich der Architekt selbst auf die Honorarvereinbarung beruft, auch wenn diese gegen das geltende Preisrecht der HOAI verstoßen sollte. Der Auftragnehmer hat die Darlegungs- und Beweislast dafür, dass die Honorarvereinbarung unwirksam ist. 53

Die HOAI selbst wird mit dem Bundesrecht als vereinbar angesehen.[12] Die Übereinstimmung der HOAI mit europäischem Recht ist umstritten. 54

Daher ist der Spielraum bei der Vereinbarung eines Honorars sehr gering, was in der Praxis unterschiedlich beurteilt wird. 55

Gestaltungsspielräume gibt es wenige. Zwar kann im Rahmen der Mindest- und Höchstsätze jegliche Vereinbarung getroffen werden, die von den Honorarberechnungsparametern abweichen. 56

---

8 BGH, Urt. v. 26.11.1959 – VII ZR 120/58 – NJW 1960, 431 (bei Vollbeauftragung), BGH, Urt. v. 7.3.1974 – VII ZR 217/72 – BauR 1974, 211 (bei Übertragung der Lph 4 bis 8), BGH, Urt. v. 23.6.2005 – VII ZR 197/13 – BauR 1982, 79 (für örtliche Bauaufsicht und Objektüberwachung).

9 BGH, Urt. v. 11.10.2001 – VII ZR 475/00 – BauR 2002, 315 (für reine Objektüberwachung).

10 BGH, Urt. v. 9.11.1989 – VII ZR 252/88 – BauR 1990, 239.

11 BGH, Urt. v. 13.9.2001 – VII ZR 380/00 – BauR 2001, 1926; BGH, Urt. v. 16.12.2004 – VII ZR 16/03 – BauR 2005, 739.

12 BVerfG, Kammer-Beschl. v. 26.9.2005 – 1 BvR 82/03 – BauR 2005, 1946.

57 Wenn bei Auftragserteilung eine schriftliche Honorarvereinbarung getroffen wird, können die Vertragsparteien Pauschalhonorare oder Stundenhonorare vereinbaren. Gestaltungsfreiheit besteht auch bei der Berechnung der anrechenbaren Kosten, z. B. welche Kostengruppen mit welchen Beträgen herangezogen werden, auch eine objektiv unzutreffende Honorarzone oder sogar objektiv von der HOAI abweichende Prozentsätze der Leistungserbringung können der vertraglichen Honorarvereinbarung zu Grunde gelegt werden.

58 Die Vereinbarung von über den §7 Abs. 6 HOAI hinausgehenden Bonus- oder Malusregelungen sind möglich. Die Honorarberechnungsparameter der HOAI können geändert, abgewandelt oder durch andere ersetzt werden.

59 Eine nach Erhebung der Unwirksamkeitseinrede einer Vertragspartei von dem Gericht durchzuführende Wirksamkeitskontrolle auf Übereinstimmung mit dem verbindlichen Preisrecht der HOAI findet nur derart statt, dass die Honorarvereinbarung dahin überprüft wird, ob das vertraglich vereinbarte Honorar im Rahmen der Mindest- und Höchstsätze liegt.

60 Es findet eine Vergleichsberechnung zwischen dem Vertragshonorar und HOAI-Honorar statt.

61 Bei der Vergleichsberechnung wird das Honorar nach den Honorarparametern der HOAI nach rein objektiven, d. h. objektiv richtigen Kriterien, z. B. der objektiv richtigen Honorarzone und der objektiv richtigen anrechenbaren Kosten, ermittelt.

62 Die vertraglichen Vereinbarungen sind nicht mehr relevant, auch die evtl. für den Auftragnehmer günstigen Honorarvereinbarung.

Beispiel

Wird in der unwirksamen Honorarvereinbarung Mittelsatz vereinbart, dann findet diese Vereinbarung bei der Vergleichsberechnung keine Berücksichtigung mehr.[13]

Vereinbaren die Parteien des schriftlichen Ingenieurvertrags über die Tragwerksplanung die Abrechnung nach Honorarzone II „Mitte“ und wird dadurch das Mindesthonorar unterschritten, weil die Statik der Honorarzone III zuzuordnen ist, gilt das Mindesthonorar der Honorarzone III „unten“.

---

63 Allerdings gesteht die HOAI als auch die Rechtsprechung den Vertragsparteien auch im Rahmen der HOAI Gestaltungsmöglichkeiten zu, wenn auch nur geringe.

64 Die vertragliche Einordnung des **Leistungsbildes** ist überprüfbar, da es auf das tatsächlich errichtete Objekt ankommt.[14] Die vertragliche Zusammenfassung von Objekten ist unwirksam (Anmerkung: Wohl aus den Umständen des Einzelfalls hergeleitet, m. E. aber in der Begründung und im Ergebnis nicht zutreffend).[15]

---

13 OLG Stuttgart, Urt. v. 23.12.2010 – 10 U 15/09 – BauR 2011, 1358.

14 OLG Düsseldorf, Urt. v. 17.8.2001 – 22 U 223/00 – BauR 2002, 510.

15 BGH, Urt. v. 2.5.1991 – I ZR 227/89 – BauR 1991, 638, aA OLG Stuttgart, Urt. v. 3.5.2007 – 19 U 13/05 – BauR 2009, 842: *„Ebenso wie die Parteien aber im Rahmen des ihnen durch die HOAI eröffneten Beurteilungsspielraums eine vertretbare Festlegung der Honorarzone vorsehen können, bleibt es ihnen*

Beispiel
Der Architekt wird zur Durchführung von Planungsleistungen für den Neubau einer Schule beauftragt. Im Architektenvertrag ist vereinbart: „Gebäudeplanung des Neubaus einer Grundschule."
Der Architekt beruft sich später bei der Honorarabrechnung darauf, er habe auch Leistungen für den raumbildenden Ausbau bzw. Innenräume erbracht und rechnet diese Leistungen separat ab.
Der Auftraggeber kann sich nicht zu Recht darauf berufen, im Vertrag sei nur die Planung für das Objekt Gebäude vereinbart. Erbringt der Architekt tatsächlich Grundleistungen des Objektes Innenraum, dann sind diese Leistungen iSv § 11 HOAI getrennt abrechenbar. Diese für die HOAI 2009 relevante Abrechnungsfrage, wurde durch § 37 Abs. 2 HOAI Fassung 2013 dahingehend geändert, dass bei gleichzeitiger Beauftragung von Gebäude und Innenräume ein gesondertes Honorar iSv § 11 HOAI nicht abgerechnet werden darf.

Grundsätzlich ist es nicht möglich, dass die Parteien die Einordnung in die **Honorarzone** frei vereinbaren.[16] Die Einordnung in die richtige Honorarzone ist letztendlich eine Rechtsfrage, dessen Beantwortung auf den tatsächlichen Umständen des Vertrages dem Tatrichter obliegt. In der Praxis wird ein Sachverständiger den Richter als „Gehilfen" unterstützen, welche Honorarzone objektiv richtig ist. Über die letztendlich zutreffende rechtliche Einordnung entscheidet der Richter. Daher ist bei der Vereinbarung über die Honorarzone eine sorgfältige Bewertung unter Heranziehung der maßgeblichen Bewertungsmerkmale und Berücksichtigung der Zuordnung der Bewertungspunkte vorzunehmen. Der von dem BGH den Vertragsparteien ermöglichte Beurteilungsspielraum ist sehr eng.[17] 65

Der BGH steht den Vertragsparteien in „engen" Fällen einen nicht angreifbaren Beurteilungsspielraum zur Einordnung eines Objekts in die Honorarzone zu. Unter „enge Fälle" sind nur solche zu verstehen, bei denen es um eine Abweichung von einen oder maximal zwei Punkte bei der Ermittlung der Punkte der einzelnen Bewertungsmerkmale geht. 66

Die vertragliche Festlegung von höheren **Honorarsätzen** als den Mindestsätzen ist zulässig und gerichtlich nicht überprüfbar, da von der freien Preisvereinbarung gedeckt. Bei richtiger Anwendung der übrigen Honorarparameter verstößt die Vereinbarung eines höheres Honorarsatzes zwischen Mindest- und Höchstsatz nicht gegen 67

unbenommen, eine vertretbare Einschätzung hinsichtlich der Möglichkeit des isolierten Betreibens von einzelnen Teilen des in Auftrag gegeben Projekts unter Aufrechterhaltung deren Funktionsfähigkeit zu treffen.".

16 BGH, Urt. v. 13.11.2003 – VII ZR 362/02 – BauR 2004, 354.

17 BGH, Urt. v. 13.11.2003 – VII ZR 362/02 – BauR 2004, 354: *„Die Vereinbarung einer zu niedrigen Honorarzone, die zu einer Unterschreitung der Mindestsätze der in Betracht kommenden zutreffenden Honorarzone führt, ist grundsätzlich nicht wirksam. Für die Einordnung in die zutreffende Honorarzone kommt es auf eine objektive Beurteilung der für die Bewertung maßgeblichen Kriterien in § 11 HOAI an. Soweit die Parteien im Rahmen des ihnen durch die HOAI eröffneten Beurteilungsspielraums eine vertretbare Festlegung der Honorarzone vorgesehen haben, ist dies vom Richter regelmäßig zu berücksichtigen.".*

das Preisrecht und ist daher zulässig ist. Andererseits kann aber bei z. B. Einordnung des Objekts in eine objektiv unzutreffende Honorarzone auch bei Vereinbarung eines Mittelsatzes eine Unterschreitung des Mindestsatzgebotes vorliegen, sodass die Honorarvereinbarung unwirksam ist.

68 Die **anrechenbaren Kosten** werden nach § 4 HOAI iVm mit besonderen Vorschriften bei den einzelnen Leistungsbildern ermittelt (s. § 33 HOAI für Leistungsbilder Gebäude und Innenräume).

69 Vereinbarungen über die Höhe der anrechenbaren Kosten unterliegen auch der uneingeschränkten Nachprüfung durch die Gerichte, wenn es um die Frage der Unterschreitung der Mindestsätze bzw. Überschreitung der Höchstsätze geht.

70 Unterliegen die Parteien bei der Berechnung der anrechenbaren Kosten einem Irrtum, so kommt es darauf an: liegen die tatsächlich ermittelten anrechenbaren Kosten über den Werten der Honorartafel, obwohl die Parteien geringere anrechenbare Kosten angenommen und gleichwohl eine Pauschalvereinbarung unterhalb der Mindestsätze getroffen haben, so ist diese Pauschalvereinbarung wirksam. Umgekehrt wäre eine Pauschalvereinbarung unwirksam, wenn die geschätzten anrechenbaren Kosten tatsächlich innerhalb der Tafelwerte liegen. Liegen allerdings die anrechenbaren Kosten sowohl nach der Schätzung der Parteien als auch nach objektiven Kriterien oberhalb der Werte der Honorartafel, sind die Parteien frei bei der Honorarvereinbarung.

71 Zulässige und freie Vereinbarungen sind für den Umbauzuschlag möglich. Auf die Ausführungen in den Erläuterungen zu Ziffer 8.5 des Mustervertrages wird verwiesen.

72 Gleiches gilt für den Instandsetzungszuschlag gem. Ziffer 8.5 des Mustervertrags.

II. Honorarvereinbarung außerhalb der HOAI

73 Das BGB ist was die Vergütungsfrage angeht recht überschaubar und lässt, bei Außerachtlassung der HOAI jede Preisgestaltung bis zu Sittenwidrigkeit und Wucher gem. § 138 BGB zu.

74 Honorare die außerhalb des Anwendungsbereichs der HOAI vereinbart werden können, unterliegen daher dem Anwendungsbereich des §§ 631, 632 BGB.

75 Die HOAI bestimmt einige Leistungen, für die das Honorar frei vereinbar ist:

- Besondere Leistungen
- Beratungsleistungen
- außerhalb der Tafelwerte

76 Die Vertragsparteien können sowohl mündlich als auch, aus Beweisgründen zu empfehlen, schriftlich Honorarvereinbarungen schließen.

Wird bei Vertragsabschluss oder vor Ausführung der vorgenannten Leistungen eine Vergütungsvereinbarung getroffen, so ist diese bindend. Die Vergütungsvereinbarung kann aber auch bei Auftragserteilung oder später abgeschlossen werden. 77

Besondere Leistungen sind die in den Anlagen zur HOAI neben den als Grundleistungen genannten Leistungen. Die Aufzählung soll aber nicht abschließend sein. 78

Das Honorar kann pauschal, im Stundenlohn und in Höhe von Prozentsätzen des Honorars der Grundleistungen vereinbart werden. 79

Die Vertragsparteien können für die **Beratungsleistungen** (Anlage 1 HOAI) Pauschalhonorare vereinbaren, die Abrechnung der Leistung im Stundenlohn oder sie können auf die Empfehlungen der HOAI in der Anlage 1 für Beratungsleistungen zurückgreifen. 80

Erfolgt eine Beauftragung von Beratungsleistungen, wird aber keine Vergütung vereinbart, dann folgt aus § 632 Abs. 2 BGB, dass eine übliche Vergütung als vereinbart gilt. 81

Welche Vergütung als üblich angesehen wird, ist noch nicht endgültig richterlich entschieden. Die Anlage 1 hat nur Empfehlungscharakter, sie enthält weder Mindest- noch Höchstpreise. Die Praxis muss ergeben, welche Vergütung als üblicherweise angemessen ist. 82

Kapitel 14
Die Vergütung geänderter Leistungen

A. Vereinbarung im Mustervertrag

I. Muster-Architektenvertrag[1]

Vertragsmuster

9. Andere Leistungen und Änderungsleistungen 1

Unbeschadet der Regelung des § 10 HOAI vereinbaren die Parteien hinsichtlich der Ausführung geänderter und zusätzlicher Leistung folgendes:

9.1 Andere Leistungen, die durch die Änderung des Leistungsziels, des Leistungsumfangs, einer Änderung des Leistungsablaufs -so genannte geänderte Leistungen- bleiben dem Auftraggeber vorbehalten anzuordnen.

Nicht vereinbarte Leistungen, die zur Ausführung der vertraglichen Leistung erforderlich werden -so genannte zusätzliche Leistungen-, hat der Auftragnehmer auf Verlangen des Auftraggebers mit auszuführen, außer wenn sein Büro auf derartige Leistungen nicht eingerichtet ist.

9.2 Hinsichtlich der Erforderlichkeit geänderter oder zusätzlicher Leistungen hat der Auftragnehmer den Auftraggeber in jeder Leistungsphase zu beraten. Vor Ausführung einer vom Auftragnehmer empfohlenen zusätzlichen oder

---

1 Die kompletten, zusammenhangenden Vertragsmuster finden Sie in Kapitel 7.

geänderten Leistung, hat der Auftragnehmer dem Auftraggeber ein schriftliches Honorarangebot zu machen.

9.3 Für zusätzliche und geänderte Leistungen im Sinne von Ziffer 9.1 dieses Vertrages steht dem Auftragnehmer eine Vergütung zu. Sie ist vor der Ausführung der Leistung zu vereinbaren. Die Vereinbarung ist zwingend Voraussetzung für einen Vergütungsanspruch des AN, er ist vor Abschluss der Vereinbarung nicht zur Ausführung der Leistungen verpflichtet.

Für die Kalkulation solcher zusätzlichen und geänderten Leistungen gibt der Auftragnehmer folgende Stundensätze an:

Für den Auftragnehmer
(Geschäftsführer oder Partner der Gesellschafter) _____ €/h

Für freiberufliche Architekten / Ingenieure / Dipl.-Ingenieure _____ €/h

Für Technische Zeichner und sonstige Mitarbeiter mit vergleichbarer Qualifikation, die technische oder wirtschaftliche Aufgaben erfüllen _____ €/h

Vereinbaren die Parteien, dass zusätzliche oder geänderte Leistungen im Zeithonorar ausgeführt werden sollen, gelten die vorgenannten Sätze.

Umfang und Inhalt von vereinbarten Leistungen im Zeithonorar sind zeitnah – jedoch spätestens mit Abschluss der Leistungsphase, in der sie erbracht wurden - mit folgenden Mindestangaben zu dokumentieren:

- Zeitpunkt der jeweils ausgeführten Leistungen (Datum, Uhrzeit).
- Detaillierte fachliche Beschreibung der ausgeführten Arbeiten.
- Anzahl der Arbeitsstunden, die je Arbeitskraft angefallen sind.
- Namentliche Erfassung der Arbeitskräfte in den jeweils angefallenen Arbeitsstunden.

II. Muster-Ingenieurvertrag

1. Ing.-Bau und Verkehr

Vertragsmuster

9. Andere Leistungen und Änderungsleistungen 2

Unbeschadet der Regelung des § 10 HOAI vereinbaren die Parteien hinsichtlich der Ausführung geänderter und zusätzlicher Leistung folgendes:

9.1 Andere Leistungen, die durch die Änderung des Leistungsziels, des Leistungsumfangs, einer Änderung des Leistungsablaufs -so genannte geänderte Leistungen- bleiben dem Auftraggeber vorbehalten anzuordnen.

Nicht vereinbarte Leistungen, die zur Ausführung der vertraglichen Leistung erforderlich werden -so genannte zusätzliche Leistungen-, hat der Auftragnehmer auf Verlangen des Auftraggebers mit auszuführen, außer wenn sein Büro auf derartige Leistungen nicht eingerichtet ist.

9.2 Hinsichtlich der Erforderlichkeit geänderter oder zusätzlicher Leistungen hat der Auftragnehmer den Auftraggeber in jeder Leistungsphase zu beraten. Vor Ausführung einer vom Auftragnehmer empfohlenen zusätzlichen oder geänderten Leistung, hat der Auftragnehmer dem Auftraggeber ein schriftliches Honorarangebot zu machen.

9.3 Für zusätzliche und geänderte Leistungen im Sinne von Ziffer 9.1 dieses Vertrages steht dem Auftragnehmer eine Vergütung zu. Sie ist vor der Ausführung der Leistung zu vereinbaren. Die Vereinbarung ist zwingend Voraussetzung für einen Vergütungsanspruch des AN, er ist vor Abschluss der Vereinbarung nicht zur Ausführung der Leistungen verpflichtet.

Für die Kalkulation solcher zusätzlichen und geänderten Leistungen gibt der Auftragnehmer folgende Stundensätze an:

Für den Auftragnehmer
(Geschäftsführer oder Partner der Gesellschafter) _____ €/h

Für freiberufliche Architekten / Ingenieure / Dipl.-Ingenieure _____ €/h

Für Technische Zeichner und sonstige Mitarbeiter mit vergleichbarer Qualifikation, die technische oder wirtschaftliche Aufgaben erfüllen _____ €/h

Vereinbaren die Parteien, dass zusätzliche oder geänderte Leistungen im Zeithonorar ausgeführt werden sollen, gelten die vorgenannten Sätze.

Umfang und Inhalt von vereinbarten Leistungen im Zeithonorar sind zeitnah – jedoch spätestens mit Abschluss der Leistungsphase, in der sie erbracht wurden - mit folgenden Mindestangaben zu dokumentieren:

- Zeitpunkt der jeweils ausgeführten Leistungen (Datum, Uhrzeit).
- Detaillierte fachliche Beschreibung der ausgeführten Arbeiten.
- Anzahl der Arbeitsstunden, die je Arbeitskraft angefallen sind.
- Namentliche Erfassung der Arbeitskräfte in den jeweils angefallenen Arbeitsstunden.

2. TGA

Vertragsmuster

9. Andere Leistungen und Änderungsleistungen 3

Unbeschadet der Regelung des § 10 HOAI vereinbaren die Parteien hinsichtlich der Ausführung geänderter und zusätzlicher Leistung folgendes:

9.1 Andere Leistungen, die durch die Änderung des Leistungsziels, des Leistungsumfangs, einer Änderung des Leistungsablaufs -so genannte geänderte Leistungen- bleiben dem Auftraggeber vorbehalten anzuordnen.

Nicht vereinbarte Leistungen, die zur Ausführung der vertraglichen Leistung erforderlich werden -so genannte zusätzliche Leistungen-, hat der Auftragnehmer auf Verlangen des Auftraggebers mit auszuführen, außer wenn sein Büro auf derartige Leistungen nicht eingerichtet ist.

9.2 Hinsichtlich der Erforderlichkeit geänderter oder zusätzlicher Leistungen hat der Auftragnehmer den Auftraggeber in jeder Leistungsphase zu beraten. Vor Ausführung einer vom Auftragnehmer empfohlenen zusätzlichen oder geänderten Leistung, hat der Auftragnehmer dem Auftraggeber ein schriftliches Honorarangebot zu machen.

9.3 Für zusätzliche und geänderte Leistungen im Sinne von Ziffer 9.1 dieses Vertrages steht dem Auftragnehmer eine Vergütung zu. Sie ist vor der Ausführung der Leistung zu vereinbaren. Die Vereinbarung ist zwingend Voraussetzung für einen Vergütungsanspruch des AN, er ist vor Abschluss der Vereinbarung nicht zur Ausführung der Leistungen verpflichtet.
Für die Kalkulation solcher zusätzlichen und geänderten Leistungen gibt der Auftragnehmer folgende Stundensätze an:

Für den Auftragnehmer
(Geschäftsführer oder Partner der Gesellschafter) _____ €/h

Für freiberufliche Architekten / Ingenieure / Dipl.-Ingenieure _____ €/h

Für Technische Zeichner und sonstige Mitarbeiter mit vergleichbarer Qualifikation, die technische oder wirtschaftliche Aufgaben erfüllen _____ €/h

Vereinbaren die Parteien, dass zusätzliche oder geänderte Leistungen im Zeithonorar ausgeführt werden sollen, gelten die vorgenannten Sätze.

Umfang und Inhalt von vereinbarten Leistungen im Zeithonorar sind zeitnah – jedoch spätestens mit Abschluss der Leistungsphase, in der sie erbracht wurden - mit folgenden Mindestangaben zu dokumentieren:

- Zeitpunkt der jeweils ausgeführten Leistungen (Datum, Uhrzeit).
- Detaillierte fachliche Beschreibung der ausgeführten Arbeiten.
- Anzahl der Arbeitsstunden, die je Arbeitskraft angefallen sind.
- Namentliche Erfassung der Arbeitskräfte in den jeweils angefallenen Arbeitsstunden.

B. Erläuterungen zu dem Mustervertrag

4 Die Ziffer 9.1 resultiert im Wesentlichen noch aus der Fassung der HOAI 2009 und ist dem Wortlaut an den § 1 Abs. 3 und 4 VOB/B orientiert.

5 Danach behält sich der Auftraggeber vor, die Leistungen zu ändern oder zusätzliche Leistungen zu verlangen.

6 Dem Grunde orientiert sich die Vorschrift noch an den in die HOAI 2009 aufgenommene Regelungen. Dort wurde in § 3 Abs. 2 Satz 2 und § 7 Abs. 5 Regelungen neu aufgenommen, die zum Inhalt die Folgen bei der einseitigen Beauftragung von geänderten, zusätzlichen Leistungen sowie bei der Änderung der Ausführung des Leistungsumfangs hat. Es stellte sich nach der Einführung des § 3 Abs. 2 Satz 2 und § 7 Abs. 5 die Frage, wie sich geänderte, zusätzliche Leistungen von denen der Grundleistungen bzw. Besonderen Leistungen abgrenzen.

7 In Ziffer 9.2 ist eine Beratungspflicht für die Erforderlichkeit geänderter oder zusätzlicher Leistungen enthalten. Denkbar sind Fälle, in denen eine Anpassung der Planung wegen z. B. geänderter örtlicher Verhältnisse notwendig wird. Der Aufragnehmer ist in der Regel näher an dem Bauwerk und der Umsetzung seiner Planung, sodass ihm die Pflicht obliegt, den Auftraggeber insoweit zu beraten.

8 Das Pendant, wie auch in der VOB/B, zur Anordnung einer geänderten oder zusätzlichen Leistung, stellt die Vergütungspflicht des Auftraggebers dar. Der Auftragnehmer hat mit der Empfehlung ein Honorarangebot zu unterbreiten. Dieses soll vor der Ausführung nach Abs. 3 vereinbart werden, im anderen Fall der Auftragnehmer zur Ausführung nicht verpflichtet ist.

C. Rahmenbedingungen

Zitat – HOAI

9 ***§ 10 HOAI***

Berechnung des Honorars bei vertraglichen Änderungen des Leistungsumfangs

(1) Einigen sich Auftraggeber und Auftragnehmer während der Laufzeit des Vertrags darauf, dass der Umfang der beauftragten Leistung geändert wird, und ändern sich dadurch die anrechenbaren Kosten oder Flächen, so ist die Honorarberechnungsgrundlage für die Grundleistungen, die infolge des veränderten Leistungsumfangs zu erbringen sind, durch schriftliche Vereinbarung anzupassen.

(2) Einigen sich Auftraggeber und Auftragnehmer über die Wiederholung von Grundleistungen, ohne dass sich dadurch die anrechenbaren Kosten oder Flächen ändern, ist das Honorar für diese Grundleistungen entsprechend ihrem Anteil an der jeweiligen Leistungsphase schriftlich zu vereinbaren.

D. Folgen für die Vertragsgestaltung

I. § 10 HOAI

Zunächst regelt § 10 Abs. 1 HOAI, dass sich die Parteien während der Laufzeit des Vertrages einigen sollen, wenn der Umfang der beauftragten Leistungen geändert wird. 10

Gemeint ist, dass sich der Inhalt der Leistung der Architekten ändert. Werden die Bauleistungen geändert und damit die Planungen des Architekten, ändern sich dadurch auch die anrechenbaren Kosten, so entsteht ein Honoraranpassungsanspruch. Dabei sind die Honorarberechnungsgrundlagen für die Grundleistungen anzupassen. Bei den Honorarberechnungsgrundlagen kann es nur um die anrechenbaren Kosten selbst gehen, die angepasst werden müssen. 11

Die Anpassung ist durch eine schriftliche Vereinbarung über die neue Vergütung vorzunehmen. Die Schriftform ist Anspruchsvoraussetzung, so zumindest nach dem Wortlaut des § 10 HOAI. Hierzu wird jedoch die Auffassung vertreten, dass der Auftragnehmer Anspruch auf Anpassung hat, ohne dass es auf eine schriftliche Vereinbarung ankommt. Er muss nicht auf Anpassung klagen, er kann sofort das nach seiner Auffassung höhere Honorar geltend machen und einklagen. Daher ist die Schriftform, entgegen des Wortlauts des § 10, keine Anspruchsvoraussetzung. Etwaige Vereinbarungen im Formularvertrag, die Schriftform voraussetzen, wären nicht wirksam. 12

Die Änderung ist dann vergütungspflichtig, wenn sich dadurch die anrechenbaren Kosten oder Flächen ändern. Auf welche Veranlassung die Änderung erfolgt, ist in diesem Zusammenhang nicht relevant. In der Vorgängerfassung kam es noch auf die Veranlassung des Auftraggebers an, in der Fassung HOAI 2013 auf eine Einigung der Parteien. Notwendig ist daher ein Ursachenzusammenhang zwischen der Änderung der Leistung und der Änderung der anrechenbaren Kosten. Planungsfehler sollen über diese Ebene nicht korrigierbar sein. 13

Wenn Grundleistungen im Sinne von Abs. 2 wiederholt werden, so beruht dies ebenfalls auf einer Einigung der Vertragsparteien. Die anrechenbaren Kosten sollen sich dann aber nicht ändern. 14

Daneben führt dies auch zu einem Honoraranspruch entsprechend dem Anteil an der jeweiligen Leistungsphase. Auch hier gilt, dass eine schriftliche Vereinbarung nicht Anspruchsvoraussetzung ist. Grundlage der Honorarforderung ist, dass sich die Parteien über die Wiederholung der Grundleistungen einigen. Diese Einigung kann ausdrücklich oder auch konkludent erfolgen. 15

Für Besondere Leistungen gilt diese Regelung nicht. Eine Änderung der anrechenbaren Kosten ist nicht Voraussetzung. Die anrechenbaren Kosten dürfen sich nicht ändern. Andererseits, ändern sich die anrechenbaren Kosten, steht dem Architekten auch in diesem Fall ein Vergütungsanspruch für die Wiederholung der Grundleistungen zu. 16

II. Mustervertrag

17 Der Mustervertrag enthält eine Regelung, die eine Einigung über eine geänderte oder zusätzliche Grundleistung nicht voraussetzt.

18 Andererseits kann der Auftraggeber einseitig Leistungsänderungen oder Zusätzliche Leistungen anordnen, entweder nach dem Rat des Auftragnehmers im Sinne von Abs. 2 oder auf eigene Veranlassung hin.

19 Der Architekt kann dem einseitigen Änderungsverlangen des Auftraggebers nachgeben, dann würde eine konkludente Einigung entstehen und damit ein einvernehmlicher Änderungsvertrag. Dem Architekt wird es aber rechtlich schwer fallen, dem einseitigen Änderungsverlangen des Architekten entgegenzutreten und dieses abzulehnen. Die HOAI kann in diesem Fall keine Regelung treffen, da es sich um ein rein vertragsrechtliches Problem handelt, nicht aber um ein Preisrechtliches.

20 Soweit Änderungen oder Zusatzleistungen notwendig werden, kann sich der Architekt im Ergebnis der Befolgung dieser Anordnung nicht verschließen. Insoweit wäre ein beschränktes Weisungsrecht des Auftraggebers aus den Grundsätzen von Treu und Glauben oder im Sinne von § 315 ff. BGB zulässig.

21 Es ist zwar richtig, dass ein einmal geschlossener Vertrag nur einvernehmlich geändert werden kann. Im Wege einer Anpassung einer Beschaffenheitsvereinbarung zur Herbeiführung eines mangelfreien Werks ist der Architekt sogar insoweit zur Anpassung verpflichtet, wenn sein Werk nicht mangelhaft werden soll. Im Weg der Bedenkenanmeldung (s. Abs. 2: Pflicht zur Beratung) muss der Architekt von sich aus den Auftraggeber auf notwendige Änderungen oder Zusatzleistungen hinweisen, wenn nicht der Auftraggeber vorher schon selbst die Entscheidungen getroffen hat.

22 Der Auftragnehmer ist mit dem Abs. 3 auch nicht schutzlos. Im Gegensatz zur VOB/B gibt der Mustervertrag ihm das Recht, eine Vergütungsvereinbarung zu verlangen, ohne die kein Anspruch besteht und ohne die er auch nicht verpflichtet ist, die geänderten oder zusätzlichen Leistungen auszuführen.

Kapitel 15
Abnahme

A. Regelung im Mustervertrag

I. Muster-Architektenvertrag[1]

Vertragsmuster

10. Zahlung, Abnahme 1

10.1 Das Honorar wird fällig, wenn die Leistungen abgenommen sind und eine prüffähige Honorarschlussrechnung beim Auftraggeber eingegangen ist.

10.2 Der Auftragnehmer ist berechtigt, Abschlagszahlungen in angemessenen zeitlichen Abständen für nachgewiesene Leistungen zu verlangen. Abschlagszahlungen sind innerhalb von 21 Tagen nach Rechnungseingang beim Auftraggeber zur Zahlung fällig.

10.3 Die Leistung des AN ist förmlich abzunehmen. Ein Anspruch des AN auf Teilabnahme ist ausgeschlossen. Dies gilt auch im Falle einer stufenweisen Beauftragung (Ziffer 4.2 dieses Vertrages), wenn die schriftliche Auftragserteilung der Stufe 2 vor Abschluss der Leistungen der Stufe 1 erfolgt.

Einen Anspruch auf Abnahme hat der Auftragnehmer erst mit Fertigstellung der Leistungen der zuletzt beauftragten Leistungsstufe.

---

1 Die kompletten, zusammenhängenden Vertragsmuster finden Sie in Kapitel 7.

II. Muster-Ingenieurvertrag

1. Ing.-Bau und Verkehr

Vertragsmuster

2 **10. Zahlungen, Abnahme**

10.1 Das Honorar wird fällig, wenn die Leistungen abgenommen sind und eine prüffähige Honorarschlussrechnung beim Auftraggeber eingegangen ist.

10.2 Der Auftragnehmer ist berechtigt, Abschlagszahlungen in angemessenen zeitlichen Abständen für nachgewiesene Leistungen zu verlangen. Abschlagszahlungen sind innerhalb von 21 Tagen nach Rechnungseingang beim Auftraggeber zur Zahlung fällig.

10.3 Die Leistung des AN ist förmlich abzunehmen. Ein Anspruch des AN auf Teilabnahme ist ausgeschlossen. Dies gilt auch im Falle einer stufenweisen Beauftragung (Ziffer 4.2 dieses Vertrages), wenn die schriftliche Auftragserteilung der Stufe 2 vor Abschluss der Leistungen der Stufe 1 erfolgt.

Einen Anspruch auf Abnahme hat der Auftragnehmer erst mit Fertigstellung der Leistungen der zuletzt beauftragten Leistungsstufe.

2. TGA

Vertragsmuster

10. Zahlungen, Abnahme 3

10.1 Das Honorar wird fällig, wenn die Leistungen abgenommen sind und eine prüffähige Honorarschlussrechnung beim Auftraggeber eingegangen ist.

10.2 Der Auftragnehmer ist berechtigt, Abschlagszahlungen in angemessenen zeitlichen Abständen für nachgewiesene Leistungen zu verlangen. Abschlagszahlungen sind innerhalb von 21 Tagen nach Rechnungseingang beim Auftraggeber zur Zahlung fällig.

10.3 Die Leistung des AN ist förmlich abzunehmen. Ein Anspruch des AN auf Teilabnahme ist ausgeschlossen. Dies gilt auch im Falle einer stufenweisen Beauftragung (Ziffer 4.2 dieses Vertrages), wenn die schriftliche Auftragserteilung der Stufe 2 vor Abschluss der Leistungen der Stufe 1 erfolgt.

Einen Anspruch auf Abnahme hat der Auftragnehmer erst mit Fertigstellung der Leistungen der zuletzt beauftragten Leistungsstufe.

B. Erläuterungen

I. Ziffer 10 Satz 1

4 Nach der ständigen Rechtsprechung des BGH sind Architektenleistungen abnahmefähig.[2]

5 Die Abnahme ist Voraussetzung für den Beginn der Gewährleistungsfristen[3] sowie neuerdings gem. § 15 HOAI Fassung 2013 auch für die Fälligkeit der Vergütung.

6 Der Mustervertrag regelt, dass eine förmliche Abnahme vorzunehmen ist. Eine förmliche Abnahme ist aus Beweisgründen zu empfehlen, da regelmäßig über die Durchführung der Abnahme in Gerichtsverfahren streitige Meinungen bestehen.

7 Allerdings ist die Durchführung einer förmlichen Abnahme bei einer Architektenleistung als geistige Leistung im Gegensatz zu der Abnahme einer Bauleistung eher mit praktischen Schwierigkeiten verbunden. Eine „Begehung" mit Abnahmeprotokoll ist in der Praxis nicht die Regel.

8 Andererseits kann der Auftraggeber von Architekten- und Ingenieurleistungen in einem Abnahmeprotokoll selbstverständlich erklären, dass er die Architekten-/ Ingenieurleistungen abnimmt. Die Abnahmeerklärung kann auch in einem separaten Schreiben erfolgen. Die Verwendung vergleichbarer Formulare in Anlehnung der für die Abnahme von Bauleistungen ist sicherlich nicht das Problem, wird sich auch in Anbetracht der Neufassung des § 15 HOAI durchsetzen.

9 In der Praxis stellt der Architekt/Ingenieur seine Schlussrechnung und glaubt nach derer Begleichung, dass auch seine Werkleistung abgenommen gilt. Dies kann, muss aber nicht der Fall sein, insbesondere dann wenn die Schlussrechnung entweder nur teilweise oder vorbehaltlich der Beseitigung von Mängel oder der Geltendmachung von Schadensersatz beglichen wird.

10 Die Vereinbarung einer nur förmlichen Abnahme ist unbedenklich.

II. Ziffer 10 Satz 2

11 Der Ausschluss des Anspruchs auf Teilabnahme ist ebenfalls eine zulässige vertragliche Vereinbarung.[4] Der Architekt kann eine Teilabnahme nur verlangen, wenn dies ausdrücklich vereinbart worden ist.[5]

2 BGH, Urt. v. 30.9.1999 – VII ZR 16/92 – BauR 2000, 128.
3 BGH, Urt. v. 8.7.2010 – VII ZR 171/08 – BauR 2010, 1778.
4 BGH, Urt. v. 5.4.2001 – VII ZR 161/00 – BauR 2001, 1928.
5 BGH , Urt. v. 25.9.1986 – VII ZR 324/85 – BauR 1987, 113.

Der Auftraggeber hat in der Regel kein Interesse durch Vereinbarung einer Teilabnahme seine Rechte insbesondere wegen Gewährleistung (Verkürzung der Verjährungsfrist für die gesamten Leistungen) einzuschränken. 12

Insbesondere bei einem Vollauftrag der Leistungsphasen 1 bis 9 streben die Architekten eine Teilabnahme nach der Leistungsphase 8 an. Damit würde für die bis zur Leistungsphase 8 erbrachten Leistungen die Verjährungsfrist schon vor Beendigung der Leistungsphase 9 beginnen. 13

Eine Teilabnahme wäre nur bei teilbaren, also in sich abgeschlossenen Leistungen möglich. Eine Teilabnahme setzt einen ausdrücklichen Willen des Auftragsgebers voraus. 14

Der Ausschluss der Teilabnahme auch bei einer stufenweisen Beauftragung beinhaltet ebenfalls eine zulässige Vereinbarung. Dies bedeutet, dass der Architekt nach der Beauftragung weiterer Stufen keinen Anspruch auf Teilabnahme der bereits in der 1. Stufe beauftragten Teilleistungen hat. 15

Satz 3 stellt nochmals klar, dass ein Anspruch auf Abnahme mit der zuletzt beauftragten Stufe entsteht. 16

C. Rahmenbedingungen

I. HOAI

Zitat

§ 15 HOAI 17

Zahlungen

(1) Das Honorar wird fällig, wenn die Leistung abgenommen und eine prüffähige Honorarschlussrechnung überreicht worden ist, es sei denn, es würde etwas anderes schriftlich vereinbart.

(2) Abschlagszahlungen können zu den schriftlich vereinbarten Zeitpunkten oder in angemessenen zeitlichen Abständen für nachgewiesene Grundleistungen gefordert werden.

(3) Die Nebenkosten sind auf Einzelnachweis oder bei pauschaler Abrechnung mit der Honorarrechnung fällig.

(4) Andere Zahlungsweisen können schriftlich vereinbart werden.

II. BGB

Zitat

§ 640 BGB 18

Abnahme

(1) Der Besteller ist verpflichtet, das vertragsmäßig hergestellte Werk abzunehmen, sofern nicht nach der Beschaffenheit des Werkes die Abnahme ausgeschlossen ist. Wegen unwesentlicher Mängel kann

die Abnahme nicht verweigert werden. Der Abnahme steht es gleich, wenn der Besteller das Werk nicht innerhalb einer ihm vom Unternehmer bestimmten angemessenen Frist abnimmt, obwohl er dazu verpflichtet ist.
(2) Nimmt der Besteller ein mangelhaftes Werk gemäß Absatz 1 Satz 1 ab, obschon er den Mangel kennt, so stehen ihm die in § 634 Nr. 1 bis 3 bezeichneten Rechte nur zu, wenn er sich seine Rechte wegen des Mangels bei der Abnahme vorbehält.
§ 641 BGB – Fälligkeit der Vergütung
(1) Die Vergütung ist bei der Abnahme des Werkes zu entrichten. Ist das Werk in Teilen abzunehmen und die Vergütung für die einzelnen Teile bestimmt, so ist die Vergütung für jeden Teil bei dessen Abnahme zu entrichten.
(2) Die Vergütung des Unternehmers für ein Werk, dessen Herstellung der Besteller einem Dritten versprochen hat, wird spätestens fällig,
1. soweit der Besteller von dem Dritten für das versprochene Werk wegen dessen Herstellung seine Vergütung oder Teile davon erhalten hat,
2. soweit das Werk des Bestellers von dem Dritten abgenommen worden ist oder als abgenommen gilt oder
3. wenn der Unternehmer dem Besteller erfolglos eine angemessene Frist zur Auskunft über die in den Nummern 1 und 2 bezeichneten Umstände bestimmt hat.
Hat der Besteller dem Dritten wegen möglicher Mängel des Werks Sicherheit geleistet, gilt Satz 1 nur, wenn der Unternehmer dem Besteller entsprechende Sicherheit leistet.
(3) Kann der Besteller die Beseitigung eines Mangels verlangen, so kann er nach der Fälligkeit die Zahlung eines angemessenen Teils der Vergütung verweigern; angemessen ist in der Regel das Doppelte der für die Beseitigung des Mangels erforderlichen Kosten.
(4) Eine in Geld festgesetzte Vergütung hat der Besteller von der Abnahme des Werkes an zu verzinsen, sofern nicht die Vergütung gestundet ist.

D. Folgen für die Vertragsgestaltung

I. Wirkungen der Abnahme

19 Die Abnahme der Werkleistung ist ein wichtiger Schritt zur Abgrenzung des Erfüllungsanspruchs zu dem Gewährleistungsanspruch des Auftraggebers.

20 Die Architekten/Ingenieurleistungen sind werkvertragliche Leistungen i. S. v. § 631 BGB, diese Leistungen sind abnahmefähig.[6]

21 Mit der Abnahme treten einschneidende Rechtswirkungen ein:
- Beginn der Gewährleistungsfrist,
- Umkehr der Beweislast für Mängel,
- Gefahrübergang,
- Fälligkeit der Vergütung.

6 BGH, Urt. v. 30.9.1999 – VII ZR 162/97 – BauR 2000, 128.

Daher muss es vor allem im Interesse des Auftragnehmers liegen, eine zeitnahe Abnahme rechtssicher herbeizuführen. 22

Der Auftragnehmer ist für die Abnahme darlegungs- und beweispflichtig, wenn er sich auf die Fälligkeit des Vergütungsanspruchs und auf den Ablauf der Verjährungsfrist beruft. 23

Klauseln in Formularverträgen wonach der Auftragnehmer auch für die Zeit nach der Abnahme die Darlegungs- und Beweislast trägt, benachteiligen den Auftragnehmer unangemessen und sind unwirksam.[7] 24

Werden nur einzelne Leistungsphasen beauftragt, daran anschießend jedoch keine weiteren Leistungsphasen, entsteht nach Satz 3 in Ziffer 10 für den Auftragnehmer ein Anspruch auf Abnahme. 25

Wird ein Vollarchitekturauftrag erteilt, ist umstritten, ob einzelne Leistungsphasen teilabnahmefähig sind. Daher stellt sich die Frage, ob bei einem Vollarchitekturauftrag eine Teilabnahme nach Beendigung der Leistungsphase 4 vereinbart werden kann. Dagegen spricht das Argument, dass sich der Auftraggeber bei Teilabnahme nach der Lph 4 unterschiedlichen Verjährungsfristen ausgesetzt sehen würde. Daher wäre eine Vereinbarung in Formularverträgen, wonach der Auftragnehmer sich in dem Vertrag eine Teilabnahme nach vertragsgemäßer Erbringung der Lph 4 ausbedingt, als Verstoß gegen § 307 Abs. 1 BGB unwirksam. Für eine Teilabnahmefähigkeit spricht dagegen, dass die Herbeiführung der Genehmigung als eine in sich abgeschlossene Leistung angesehen werden kann und daher eine Zäsur in der Leistungserbringung des Auftragnehmers darstellt. 26

Die Abnahme setzt aber voraus, dass die Leistungen durch den Auftragnehmer vollständig erbracht worden sind. Vollständige Mängelfreiheit steht einer Abnahme nicht entgegen, der Auftraggeber kann eine Abnahme nur dann verweigern, wenn wesentliche Mängel vorhanden sind, § 640 Abs. 1 Satz 2 BGB. 27

II. Abnahme bei Beauftragung der Lph 1 bis 9

Wird die sog. Vollarchitektur beauftragt, entweder bei Auftragserteilung sämtlicher Leistungsphasen 1 bis 9 oder im Wege des Stufenauftrages, so entstehen gegenläufige Interessen bei der Vertragsvereinbarung. Der Architekt strebt eine Teilabnahme nach der Leistungsphase 8 an, dagegen der Auftraggeber eine Vollabnahme erst nach vollständiger Fertigstellung sämtlicher Leistungsphasen inklusive der beauftragten Leistungsphase 9. 28

Wird eine Teilabnahme nach der Leistungsphase 8 durchgeführt, beginnt die Gewährleistungsfrist bereits ab diesem Zeitpunkt. Fällt die Abnahme zeitnah mit der 29

7 BGH, Beschl. v. 6.2.2014 – VII ZR 160/12 – IBR 2014, 261.

Fertigstellung des Bauwerks, beträgt die Verjährungsfrist nach § 634 a BGB 5 Jahre und endet u. U. mit der Gewährleistungsfrist der Bauunternehmer.

30 Erfolgt stattdessen eine Abnahme nach Fertigstellung der Leistungsphase 9, dann beginnt die Gewährleistungsfrist erst mit der Objektbegehung vor Ablauf der Gewährleistungsfrist für das letzte Gewerk.[8] Folge: Die den Architekten betreffende fünfjährige Sachmängelhaftungsfrist beginnt erst dann, wenn die Gewährleistungsfrist für das letzte Ausführungsgewerk beendet ist. Der Architekt ist fünf Jahre länger in der Gewährleistung, als der letzte der bauausführenden Unternehmer. Somit verlängert sich die Gewährleistungsfrist für die bis zur Leistungsphase 8 erbrachten Leistungen um 10 Jahre.

31 Wegen diesen für den Auftragnehmer gravierenden Folgen wird er sich im Falle einer Inanspruchnahme wegen Planungs- und Überwachungsfehler nicht selten darauf berufen, dass die Leitungsphase 9 nicht beauftragt worden ist. Der Auftragnehmer trägt allerdings die Beweislast für seine Behauptung, die Lph 9 sei nicht beauftragt. Gerade bei mündlich abgeschlossenen Verträgen wird dieser Beweis nicht gelingen, da der Auftraggeber behaupten wird, die Lph 9 sei ebenfalls beauftragt.[9]

III. Teilabnahme

32 § 640 BGB enthält keine Regelung zur Teilabnahme, es besteht daher kein gesetzlicher Anspruch auf Teilabnahme. Aus § 641 Abs. 1 Satz 2 BGB könnte hergeleitet werden, wonach für in sich abgeschlossene Leistungen ein Anspruch auf Abschlagszahlungen besteht, dass in sich abgeschlossene Teilleistungen des Architektengewerkes abgenommen werden könnten, mit den gesamten sich hieraus ergebenden Folgen.

Demgegenüber steht jedoch die Rechtsprechung:

33 Eine Teilabnahme muss ausdrücklich zwischen den Vertragsparteien vereinbart werden.[10] Eine Teilabnahme nur aus der Stellung der Schlussrechnung anzunehmen, ist ebenso nicht berechtigt wie eine Teilabnahme aufgrund Fortführung der Leistungen.[11]

---

8 BGH, Urt. v. 10.2.1994 – VII ZR 20/93 – BauR 1994, 392.

9 OLG Düsseldorf, Urt. v. 6.8.2004 – 22 U 135/03 – BauR 2005, 1660:" *Der Schuldner hat die Voraussetzungen darzulegen und zu beweisen, aus denen sich der Beginn des Laufs der Verjährung ergibt. Zu den Voraussetzungen des Verjährungsbeginns gehört vorliegend aber die Beschränkung des Architektenauftrages auf die Leistungsphasen 1–8, da nur dann die Verjährung mit der Abnahme des Objekts bzw. Rechnungserteilung beginnen kann.*".

10 BGH, Urt. v. 5.4.2001 – VII ZR 161/00 – BauR 2001, 1928.

11 BGH, Urt. v. 20.10.2005 – VII ZR 155/04 – BauR 2006, 396: „*Eine konkludente Abnahme setzt voraus, dass nach den Umständen des Einzelfalls das Verhalten des Bestellers den Schluss rechtfertigt, er billige das Werk als im Wesentlichen vertragsgemäß (...) Sie kann regelmäßig erst dann angenommen werden, wenn der Architekt sein Werk abnahmefähig hergestellt hat. Erst dann kann er ein bestimmtes Verhal-*

Die Praxis zeigt, dass der Auftraggeber freiwillig keine Teilabnahme erklären wird. 34

Teilabnahmen können im Vertrag im Rahmen der Vertragsfreiheit individuell vereinbart werden. 35

Anders ist dies bei Formularverträgen, die den Anforderungen des §§ 307 ff. BGB standhalten müssen. 36

Der BGH hat die Auffassung des OLG Schleswig[12] nicht geteilt, im Architektenvertrag könne die Teilabnahme nach Phase 8 des § 15 Abs. 2 HOAI formularmäßig nicht wirksam vereinbart werden.[13] 37

Eine solche Vereinbarung ist wegen zuvor gemachten Darstellung der Interessen- und Risikolage für beide Parteien tragbar und verstößt nicht das gesetzliche Leitbilder der Abnahme und der Sachmängelverjährung nach Beendigung einer in sich abgeschlossenen Leistung und es liegt keine Benachteiligung des Auftraggebers dar. 38

Die Vereinbarung einer Teilabnahme muss eindeutig und klar sein. 39

So hat der BGH im Urteil vom 11.05.2006[14] entschieden: 40

„Die unter der Überschrift „Gewährleistungs- und Haftungsdauer" stehende Klausel 6.2 der Allgemeinen Vertragsbestimmungen zum Einheitsarchitektenvertrag für Gebäude (AVA)
„Die Verjährung beginnt mit der Abnahme der letzten nach diesem Vertrag zu bringenden Leistung, spätestens mit Abnahme der in Leistungsphase 8 (Objektüberwachung) zu erbringenden Leistung (Teilabnahme). Für Leistungen, die danach noch zu erbringen sind, beginnt die Verjährung mit Abnahme der letzten Leistung."
enthält keine Vereinbarung über eine Teilabnahme."

Der BGH führt weiter aus: 41

„Der Architekt kann eine Abnahme in Teilen nur aufgrund einer entsprechenden Vereinbarung verlangen, die unmissverständlich gefasst sein muss. Die bloße Regelung zum Beginn der Verjährung für den Fall einer Teilabnahme genügt hierfür nicht. Für die Annahme einer konkludent erklärten Teilabnahme des Bauherren muss dessen Wille zur Vorwegabnahme wegen der gravierenden Folgen der Abnahme klar zum Ausdruck kommen und ist vom Architekten, der sich darauf beruft, zu beweisen."

Der Anspruch des Auftragnehmers auf eine Teilabnahme muss in dem Vertrag eindeutig und zweifelsfrei zum Ausdruck kommen. 42

---

ten des Bestellers als Billigung verstehen. Zur abnahmefähigen Herstellung gehört die Vollendung aller vertraglich geschuldeten Leistungen (...) Wenn der Architekt auch die Leistungen der Phase 9 des § 15 Abs. 2 HOAI übernommen hat, ist sein Werk erst dann vollendet, wenn auch diese Leistungen erbracht sind. Dabei dauert die Objektbetreuung bis zum Ablauf der Gewährleistungsfristen gegenüber den Bauhandwerkern fort (...)".

12 OLG Schleswig, Urt. v. 11.1.2000 – 11 U 197/98 – BauR 2001, 286.

13 BGH, Urt. v. 5.4.2001 – VII ZR 161/00 – BauR 2001, 1928.

14 BGH, Urt. v. 11.5.2006 – VII ZR 300/04 – BauR 2006, 1332.

43 Daneben hat der BGH ausgeführt, dass

> *„Zweifel am Inhalt der Klausel gemäß § 5 AGBG zu Lasten des Beklagten als Verwender des Formulars gehen. Ein durchschnittlich verständiger Bauherr erwartet unter der Überschrift einer Klausel „Gewährleistungs- und Haftungsdauer“ keine Vereinbarung eines Teilabnahmeanspruchs des Auftragnehmers, für den der Text keinen hinreichenden Anhaltspunkt enthält.“*

44 Daher kommt es bei der Wirksamkeit auch darauf, an welcher Stelle und unter welcher Überschrift eine solche Teilabnahmevereinbarung formuliert wird.

IV. Wirksame Teilabnahmevereinbarungen

45 Eine wirksame Vereinbarung einer Teilabnahme könnte wie folgt lauten:

Klauselmuster
„Der Auftragnehmer hat nach Beendigung der Leistungsphase 8 Anspruch auf Teilabnahme der vertragsgemäß erbrachten Leistungen“

---

46 Das damit verbundene praktische Problem lautet: Wann ist die Leistungsphase 8 beendet? Selbstverständlich dann, wenn alle Grundleistungen erbracht worden sind. Allerdings „ragen“ einige Grundleistungen in den Bereich der Leistungsphase 9 hinüber: Die Prüfung der Rechnung kann ebenfalls wie die Überwachung der bei der Abnahme festgestellten Mängel zeitlich so weit reichen, indem bereits Leistungen der Lph 9 anfallen, wie z. B. Objektbegehung oder Bewertung der nach Abnahme festgestellten Mängel. Insoweit ist eine genaue Abgrenzung „Ende Lph 8 und Beginn Lph 9“ nicht möglich. Andererseits kann eine Teilabnahme erfolgen, wenn die Grundleistungen komplett „abgehakt“ sind.

47 Ein weiterer Vorschlag könnte wie folgt lauten:

Klauselmuster
„Der Auftragnehmer hat nach Abnahme des letzten Ausführungsgewerkes Anspruch auf Teilabnahme der bis dahin erbrachten vertragsgemäßen Leistungen“

---

48 Dieser Vorschlag[15] beruht auf dem Gedanken, mit der Abnahme des letzten Gewerkes sei eine Zäsur der Bauüberwachung i. S. d. Lph 8 eingetreten mit der Folge der Möglichkeit einer Teilabnahme. Andererseits führt dieser Vorschlag dazu, dass zum Zeitpunkt der Abnahme des letzten Gewerkes von dem Architekten noch nicht alle Leis-

15 Entnommen aus: Leupertz, BauR 2009, 393.

tungen der Lph 8 ausgeführt worden sind, wie z. B. Rechnungsprüfung bzw. Prüfung der bei Abnahme vorbehaltenen Mängel.

Der Auftraggeber müsste eine unvollständige Lph 8 abnehmen, was dem Argu- 49
ment widersprechen würde, dass einzelne Teilleistungen von Grundleistungen nicht in sich abgeschlossen sind und damit nicht abnahmefähig sind.

V. Konkludente oder stillschweigende Abnahme

Der Auftragnehmer kann nicht immer davon ausgehen, dass der Auftraggeber durch 50
eine Handlung eine konkludente oder stillschweigende Teilabnahme vornehmen wird. Die Voraussetzungen für eine konkludente oder stilschweigende Abnahme sind durch die Rechtsprechung sehr eng gesetzt:

Beispiel
In der Unterzeichnung des Baugesuchs liegt keine konkludente Abnahme.[16]

Auch bei der Erstellung der Schlussrechnung nach der Lph 8 und der vollständigen 51
Begleichung vor Beendigung der Lph 9 liegt keine konkludente Abnahme.[17]

In dem Bezug des renovierten und erweiterten Schulgebäudes liege ebenso wenig 52
wie in der Abnahme der Arbeiten der Bauhandwerker eine konkludent erklärte Teilabnahme der Leistungen des Beklagten.[18]

In der Bezahlung der Schlussrechnung ... sei nicht mit der erforderlichen Klarheit 53
der rechtsgeschäftliche Wille des Klägers zu einer Teilabnahme zu erkennen.[19]

Die Vollendung des Werks ist jedoch nicht ausnahmslos Voraussetzung für eine 54
konkludente Abnahme, da es stets maßgeblich darauf ankommt, ob nach den gesamten Umständen das Verhalten des Auftraggebers vom Auftragnehmer dahin verstanden werden kann, er billige die erbrachte Leistung als im Wesentlichen vertragsgerecht. Das kann auch dann der Fall sein, wenn die Leistung Mängel hat oder noch nicht vollständig fertig gestellt ist.[20]

So hat der Bundesgerichtshof entschieden, dass eine noch ausstehende Restleis- 55
tung der Annahme einer konkludenten Abnahme des Architektenwerks dann nicht entgegensteht, wenn der Besteller bereit ist, das Werk auch ohne diese Restleistungen als im Wesentlichen vertragsgerecht zu akzeptieren.[21]

---

16 OLG Düsseldorf, Urt. v. 30.4.1985 – 23 U 208/84 – BauR 1986, 472.
17 BGH, Urt. v. 20.10.2005 – VII ZR 155/04 – BauR 2006, 396.
18 BGH, Urt. v. 11.5.2006 – VII ZR 300/04 – BauR 2006, 1332, 1334.
19 BGH, Urt. v. 11.5.2006 – VII ZR 300/04 – BauR 2006, 1332, 1334.
20 BGH, Urt. v. 18.2.2003 – X ZR 245/00 – BauR 2004, 337, 339.
21 BGH, Urt. v. 26.9.2013 – VII ZR 220/12 – BauR 2013, 2031 Rn. 22.

56 Eine konkludente Abnahme kommt dementsprechend in Betracht, wenn das Werk jedenfalls nach den Vorstellungen des Auftraggebers im Wesentlichen mangelfrei fertiggestellt ist und der Auftragnehmer das Verhalten des Auftraggebers als Billigung seiner erbrachten Leistung als im Wesentlichen vertragsgerecht verstehen darf.[22]

22 BGH, Urt. v. 20.2.2014 – VII ZR 26/12 – IBR 2014, 216.

Kapitel 16
Gewährleistung/Haftpflichtversicherung

A. Regelung im Mustervertrag

I. Muster-Architektenvertrag[1]

Vertragsmuster

11. Mängelhaftung / Haftpflichtversicherung 1

11.1 Die Haftung des AN bestimmt sich nach den gesetzlichen Vorschriften.

11.2 Zur Absicherung von Ersatzansprüchen des AG aus diesem Vertrag hat der AN eine Berufshaftpflichtversicherung mit den Mindestdeckungssummen

- für Personenschäden in Höhe von 1.500.000 €.
- für sonstige Schäden (Sach- und Vermögensschäden) in Höhe von 750.000 €.

die 2fach pro Versicherungsjahr zur Verfügung stehen müssen, nachzuweisen, und für die gesamte Dauer des Vertrages aufrechtzuerhalten.

11.3 Zum Nachweis des Versicherungsschutzes ist der AN verpflichtet, vor Unterzeichnung des Vertrages eine entsprechende aktuelle Bestätigung seines Haftpflichtversicherers mit der Versicherungsnummer und den mit dem AG vereinbarten Deckungssummen zu überreichen, spätestens jedoch 3 Wochen nach Unterzeichnung dieses Vertrages.

Vor Vorlage dieses Nachweises über den Versicherungsschutz werden Honoraransprüche des AN nicht fällig.

Legt der AN dem AG den Versicherungsnachweis nicht fristgerecht vor, ist der AG nach Ablauf einer gesetzten Nachfrist von weiteren vier Wochen mit Kündigungsandrohung zur Kündigung des Vertrages aus wichtigem Grund berechtigt.

---

1 Die kompletten, zusammenhängenden Vertragsmuster finden Sie in Kapitel 7.

II. Muster-Ingenieurvertrag

1. Ing.-Bau und Verkehr

Vertragsmuster

2 **11. Mängelhaftung / Haftpflichtversicherung**

11.1 Die Haftung des AN bestimmt sich nach den gesetzlichen Vorschriften.

11.2 Zur Absicherung von Ersatzansprüchen des AG aus diesem Vertrag hat der AN eine Berufshaftpflichtversicherung mit den Mindestdeckungssummen

- für Personenschäden in Höhe von 1.500.000 €.
- für sonstige Schäden (Sach- und Vermögensschäden) in Höhe von 750.000 €.

die 2fach pro Versicherungsjahr zur Verfügung stehen müssen, nachzuweisen, und für die gesamte Dauer des Vertrages aufrechtzuerhalten.

11.3 Zum Nachweis des Versicherungsschutzes ist der AN verpflichtet, vor Unterzeichnung des Vertrages eine entsprechende aktuelle Bestätigung seines Haftpflichtversicherers mit der Versicherungsnummer und den mit dem AG vereinbarten Deckungssummen zu überreichen, spätestens jedoch 3 Wochen nach Unterzeichnung dieses Vertrages.

Vor Vorlage dieses Nachweises über den Versicherungsschutz werden Honoraransprüche des AN nicht fällig.

Legt der AN dem AG den Versicherungsnachweis nicht fristgerecht vor, ist der AG nach Ablauf einer gesetzten Nachfrist von weiteren vier Wochen mit Kündigungsandrohung zur Kündigung des Vertrages aus wichtigem Grund berechtigt.

---

2. TGA

Vertragsmuster

11. Mängelhaftung / Haftpflichtversicherung 3

11.1 Die Haftung des AN bestimmt sich nach den gesetzlichen Vorschriften.

11.2 Zur Absicherung von Ersatzansprüchen des AG aus diesem Vertrag hat der AN eine Berufshaftpflichtversicherung mit den Mindestdeckungssummen

- für Personenschäden in Höhe von 1.500.000 €.
- für sonstige Schäden (Sach- und Vermögensschäden) in Höhe von 750.000 €.

die 2fach pro Versicherungsjahr zur Verfügung stehen müssen, nachzuweisen, und für die gesamte Dauer des Vertrages aufrechtzuerhalten.

11.3 Zum Nachweis des Versicherungsschutzes ist der AN verpflichtet, vor Unterzeichnung des Vertrages eine entsprechende aktuelle Bestätigung seines Haftpflichtversicherers mit der Versicherungsnummer und den mit dem AG vereinbarten Deckungssummen zu überreichen, spätestens jedoch 3 Wochen nach Unterzeichnung dieses Vertrages.

Vor Vorlage dieses Nachweises über den Versicherungsschutz werden Honoraransprüche des AN nicht fällig.

Legt der AN dem AG den Versicherungsnachweis nicht fristgerecht vor, ist der AG nach Ablauf einer gesetzten Nachfrist von weiteren vier Wochen mit Kündigungsandrohung zur Kündigung des Vertrages aus wichtigem Grund berechtigt.

B. Erläuterungen

4 Der Mustervertrag verweist bei der Haftung und der Gewährleistung auf die gesetzlichen Vorschriften.

5 Der Architekt/Ingenieur wird in der Regel auf Schadensersatz in Anspruch genommen, der ebenso in der Regel über eine Haftpflichtversicherung abgedeckt ist.

6 Damit der Auftraggeber wegen seiner möglichen Ansprüche auf Schadensersatz abgesichert ist, hat der Auftragnehmer nach Ziffer 11.2 eine Haftpflichtversicherung in einer bestimmten Höhe für Personenschäden und für sonstige Schäden nachzuweisen.

7 Die in dem Mustervertrag enthaltene Mindestdeckungssumme ist nur ein Vorschlag, kann aber auf den konkreten Einzelfall angepasst werden. Die Deckung sollte auch mindestens 2-fach vorhanden sein.

8 Neben dem Nachweis der Haftpflichtversicherung bei Auftragsabschluss ist es auch zwingend notwendig, diese auch bis zur Vertragsbeendigung vorzuhalten. Die „gesamte Dauer“ bedeutet, dass bis zum Ablauf der Gewährleistungsfristen des Architekten die Versicherung vorgehalten werden muss.

9 Diese kann, wie unter Kapitel 9 erläutert wird, bei Beauftragung der Leistungsphase 9 noch 5 Jahre nach Ablauf der Gewährleistungsfristen der bauausführenden Unternehmen andauern.

10 Die Versicherungspolice muss von dem Auftragnehmer binnen drei Wochen nach Vertragsabschluss vorgelegt werden.

11 Der Auftraggeber kann den Vertrag kündigen, wenn der Architekt die Versicherungspolice nicht vorlegen sollte. Hierzu muss er den Architekten mit einer Frist von vier Wochen zur Vorlage der Police auffordern, in diesem Schreiben die Kündigung des Vertrages androhen und den Vertrag nach Fristablauf aus wichtigem Grund kündigen.

Die Kündigung ist aber nur eine Möglichkeit des Auftraggebers, auf die Nichtvorlage der Versicherungspolice zu reagieren.

12 Daneben regelt der Mustervertrag, dass vor Vorlage der Haftpflichtversicherung die Honorarforderung nicht fällig wird. Damit wird iSv § 15 HOAI neben der Abnahme und der Vorlage einer prüfbaren Rechnung eine weitere Fälligkeitsvoraussetzung schriftlich vereinbart, welches von § 15 HOAI gedeckt sein dürfte.

C. Rahmenbedingungen

I. HOAI

13 Keine Regelung.

II. BGB

Zitat

§ 633 BGB 14

Sach- und Rechtsmangel

(1) Der Unternehmer hat dem Besteller das Werk frei von Sach- und Rechtsmängeln zu verschaffen.

(2) Das Werk ist frei von Sachmängeln, wenn es die vereinbarte Beschaffenheit hat. Soweit die Beschaffenheit nicht vereinbart ist, ist das Werk frei von Sachmängeln,

1. wenn es sich für die nach dem Vertrag vorausgesetzte, sonst

2. für die gewöhnliche Verwendung eignet und eine Beschaffenheit aufweist, die bei Werken der gleichen Art üblich ist und die der Besteller nach der Art des Werks erwarten kann.

Einem Sachmangel steht es gleich, wenn der Unternehmer ein anderes als das bestellte Werk oder das Werk in zu geringer Menge herstellt.

(3) Das Werk ist frei von Rechtsmängeln, wenn Dritte in Bezug auf das Werk keine oder nur die im Vertrag übernommenen Rechte gegen den Besteller geltend machen können.

§ 634 BGB

Rechte des Bestellers bei Mängeln

Ist das Werk mangelhaft, kann der Besteller, wenn die Voraussetzungen der folgenden Vorschriften vorliegen und soweit nicht ein anderes bestimmt ist,

1. nach § 635 Nacherfüllung verlangen,

2. nach § 637 den Mangel selbst beseitigen und Ersatz der erforderlichen Aufwendungen verlangen,

3. nach den §§ 636, 323 und 326 Abs. 5 von dem Vertrag zurücktreten oder nach § 638 die Vergütung mindern und

4. nach den §§ 636, 280, 281, 283 und 311 a Schadensersatz oder nach § 284 Ersatz vergeblicher Aufwendungen verlangen.

§ 635 BGB

Nacherfüllung

(1) Verlangt der Besteller Nacherfüllung, so kann der Unternehmer nach seiner Wahl den Mangel beseitigen oder ein neues Werk herstellen.

(2) Der Unternehmer hat die zum Zwecke der Nacherfüllung erforderlichen Aufwendungen, insbesondere Transport-, Wege-, Arbeits- und Materialkosten zu tragen.

(3) Der Unternehmer kann die Nacherfüllung unbeschadet des § 275 Abs. 2 und 3 verweigern, wenn sie nur mit unverhältnismäßigen Kosten möglich ist.

(4) Stellt der Unternehmer ein neues Werk her, so kann er vom Besteller Rückgewähr des mangelhaften Werks nach Maßgabe der §§ 346 bis 348 verlangen.

1. *§ 280 BGB – Schadensersatz wegen Pflichtverletzung*

(1) Verletzt der Schuldner eine Pflicht aus dem Schuldverhältnis, so kann der Gläubiger Ersatz des hierdurch entstehenden Schadens verlangen. Dies gilt nicht, wenn der Schuldner die Pflichtverletzung nicht zu vertreten hat.

(2) Schadensersatz wegen Verzögerung der Leistung kann der Gläubiger nur unter der zusätzlichen Voraussetzung des § 286 verlangen.

(3) Schadensersatz statt der Leistung kann der Gläubiger nur unter den zusätzlichen Voraussetzungen des § 281, des § 282 oder des § 283 verlangen.

D. Folgen für die Vertragsgestaltung

I. Mängelrechte

15 Aus Sicht des Auftraggebers ist der alleinige Verweis auf die im Gesetz geregelten Mängelrechte zunächst ausreichend.

16 Verbesserungen der Mängelrechte des Auftraggebers oder Einschränkungen der Gewährleistungspflichten des Auftragnehmers sind einzelvertraglich stets möglich.

17 In den häufigsten Fällen der Formularverträge enthält das Gesetz Verbotsvorschriften für bestimmte Vertragsvereinbarungen.

18 Die im Gesetz enthaltenen Mängelrechte stehen dem Auftraggeber nach der Abnahme zu. Es ist in der Rechtsprechung anerkannt, die Mängelrechte dem Auftraggeber auch vor der Abnahme zu gewähren.

19 Voraussetzung ist stets, dass der Architekten iSv § 633 BGB mangelhafte Werkleistungen erbracht hat.

20 Die Gewährleistung wegen mangelhafter Planungsleistungen ist verschuldensunabhängig. Wird der Auftragnehmer auf Schadensersatz in Anspruch genommen, ist sein Verschulden Anspruchsvoraussetzung. Das Verschulden wird jedoch vermutet, sodass sich der Auftragnehmer entlasten muss, d. h. er muss sich fehlendes Verschulden nachweisen.

II. Nachbesserungsrecht

21 Dem Auftragnehmer steht ein Nachbesserungsrecht zu.

22 Dieses Nachbesserungsrecht kann nicht durch formularmäßige Vereinbarung ausgeschlossen werden.

23 Die nachfolgend aufgeführten sog. sekundären Mängelrechte nach §§ 634 ff. BGB kommen nur in Betracht, wenn dem Auftragnehmer zur Erbringung seiner Leistungen zuvor zur Nacherfüllung mit angemessener Frist aufgefordert worden ist.

24 Der Auftragnehmer hat ein Nacherfüllungsrecht, welches ihm der Auftraggeber nur in bestimmten Fällen verwehren kann, wenn:

- der Architekt die Nacherfüllung ernsthaft und endgültig verweigert, weil sie unverhältnismäßigen Kosten verbunden wäre oder in einem groben Missverhältnis zum Leistungserfolg stehen würde oder die Nacherfüllung dem Auftragnehmer unzumutbar ist,
- wenn bestimmte Umstände vorliegen, die unter Abwägung beiderseitiger Interessen die sofortige Selbstvornahme rechtfertigen,
- der Architekt bereits nacherfüllt hat und diese fehlgeschlagen ist oder
- für den Auftraggeber die Nacherfüllung nicht mehr zumutbar ist.

25 Die Frage ist allerdings, welche Architektenleistungen noch erfüllbar sind.

Dies wird für Planungsleistungen in den Lph 1 bis 4, solange noch nicht gebaut oder die Auftragsvergabe erfolgt ist, bejaht: 26

„Ein Anspruch scheitert nicht daran, dass eine Mängelrüge gegenüber dem Kläger nicht erhoben und ihm keine Gelegenheit zur Nachbesserung gegeben worden ist. Ein Schadensersatzanspruch gegen den Architekten setzt nicht voraus, dass ihm Gelegenheit zur Nachbesserung seines eigenen Werkes gegeben wird, wenn sich der Mangel seiner Leistung bereits im Bauwerk verkörpert hat. Denn eine Nachbesserung der durch den Architekten erbrachten Leistungen ist dann in der Regel nicht mehr möglich. Auch hat der Architekt grundsätzlich keinen Anspruch darauf, dass ihm Gelegenheit gegeben wird, den Mangel des Bauwerks zu beseitigen.“[2]

Eine nicht erteilte Baugenehmigung könnte der Auftragnehmer ebenso nacherfüllen, wie eine Kostenermittlung nachholen. Ist das Leistungsverzeichnis mangelhaft, kann der Architekt dieses noch nachbessern, wenn noch kein Auftrag erteilt worden ist. 27

Klauselmuster
Klauseln, dass *„der Architekt verlangen kann, mit der Beseitigung des Mangels beauftragt werden zu werden“*, sollen unwirksam sein.[3]

III. Selbstvornahme

Sind die Voraussetzungen für das Nachbesserungsrecht entfallen, dann kann der Auftraggeber im Wege der Selbstvornahme mangelhafte Leistungen selbst beseitigen bzw. beseitigen lassen. Insbesondere kann der Auftraggeber Drittauftragnehmer beauftragen, die Leistungen des Auftragnehmers nachzubessern. 28

Die hierbei entstehenden Aufwendungen kann der Auftraggeber von dem vertragswidrig handelnden Auftragnehmer ersetzt verlangen. 29

IV. Rücktritt

Ein Rücktritt vom Vertrag kommt bei Architekten- und Ingenieurverträge nicht in Betracht. Rücktritt würde zur Rückabwicklung des Vertrages führen, d. h. der Rückgewähr der erbrachten Leistungen. Da es sich bei Architektenleistungen um eher geistige, aber erfolgsbezogene Leistungen handelt, ist deren Rückabwicklung praktisch schwer vorstellbar. Wie soll eine geistige, aber in Plänen umgesetzte Leistung rückabgewickelt werden? 30

---

2 BGH, Urt. v. 11.10.2007 – VII ZR 65/06 – BauR 2007, 2083.
3 OLG Hamm, Urt. v. 27.11.1991 – 25 U 51/91 – BauR 1992, 800.

V. Minderung

31 Eine Minderung des Werklohns kommt dagegen in der Praxis eher in Betracht. Dabei ist auf die Rechtsprechung des Bundesgerichtshofs zu verweisen, dass beauftragte, aber nicht erbrachte Teilleistungen der Grundleistungen zu einer Minderung der Vergütung des Architekten führen.

32 Mit der Entscheidung des BGH vom 24.06.2004[4] steht fest:

> *„d) Eine an den Leistungsphasen des § 15 HOAI orientierte vertragliche Vereinbarung begründet im Regelfall, dass der Architekt die vereinbarten Arbeitsschritte als Teilerfolg des geschuldeten Gesamterfolges schuldet."*

33 Dies bedeutet, dass jede einzelne Leistung der Grundleistungen einen Teilerfolg darstellt.

34 Wird dieser Teilerfolg nicht ausgeführt oder weggelassen, kann dies zu einer Reduzierung oder Minderung des Honorars führen:

> *„Erbringt der Architekt eine vertraglich geschuldete Leistung teilweise nicht, dann entfällt der Honoraranspruch des Architekten ganz oder teilweise nur dann, wenn der Tatbestand einer Regelung des allgemeinen Leistungsstörungsrechts des BGB oder des werkvertragliche Gewährleistungsrechts erfüllt ist, die den Verlust oder die Minderung der Honorarforderung als Rechtsfolge vorsieht."*

35 Ebenso hat das OLG Frankfurt[5] geurteilt:

> *„Erbringt der Architekt eine vertraglich geschuldete Leistung teilweise nicht, dann entfällt der Honoraranspruch gemäß dem Rechtsgedanken des § 649 Satz 2 BGB nur dann, wenn der Tatbestand einer Regelung des allgemeinen Leistungsstörungsrechts des BGB oder des werkvertraglichen Gewährleistungsrechts erfüllt ist, die den Verlust oder die Minderung der Honorarforderung vorsieht."*

36 Wichtig und für die Vertragsgestaltung wesentlich ist: Umfang und Inhalt der vom Architekten geschuldeten Leistung richten sich nach dem Vertragsrecht des BGB und nicht nach den Leistungsbildern und Leistungsphasen der HOAI.

37 Die HOAI ist reines Preisrecht und kann ein Leistungsbild nicht definieren. Dieses ergibt sich nur aus im Vertrag zwischen den Parteien vereinbartem Leistungsumfang. Daher ist es anzuraten, in dem Architekten- oder Ingenieurvertrag die Leistungen aufzunehmen, die der Auftragnehmer zu erbringen hat.

38 Andererseits haben es die Vertragsparteien auch in der Hand, den Umfang und deren Bewertung der Leistungen selbst zu regeln und die Leistungen einzeln

---

4 BGH, Urt. v. 24.6.2004 – VII ZR 259/02 – BauR 2004, 1640.

5 OLG Frankfurt, Urt. v. 17.8.2006 – 26 U 20/05 – IBR 2007, 496.

zu beschreiben. Denkbar ist nämlich, dass einzelne Leistungen für den konkreten Auftrag gar nicht benötigt werden.

Die einzelnen Teilleistungen von Grundleistungen und damit der Minderungsanspruch des Auftraggebers orientieren sich an dem Verhältnis des Wertes der tatsächlich erbrachten Leistungen zu dem Wert der Leistungen im mangelfreien, also letztendlich im beauftragten, Zustand. Daher wird das Honorar der beauftragten Leistungen zu dem Honoraranteil der tatsächlich beauftragten Leistungen ins Verhältnis gesetzt. Diese Berechnung setzt voraus, dass sämtliche Teilleistungen der Grundleistungen angemessen bewertet werden, um im nächsten Schritt anhand der tatsächlich erbrachten Teilleistungen das tatsächlich berechtigte Honorar zu ermitteln. Diese Bewertungen erfolgen anhand von sog. Bewertungstabellen, wobei der BGH für die HOAI 2002 die sog. Steinfort-Tabelle akzeptiert hat.[6] 39

Der BGH akzeptiert auch andere, vergleichbare Berechnungstabellen, wie nachfolgende Tabellen: 40

- Steinfort-Tabelle[7]
- Tabelle von Dipl.-Ing (FH) Simmendinger[8]
- Siemon Tabelle[9]

Klauselmuster

Den Parteien ist es sicherlich möglich, sich auf die Anwendung einer bestimmten Tabelle zu verständigen, sodass eine im Vertrag getroffene Vereinbarung, dass *die XY-Tabelle zur Berechnung des Wertes der nicht beauftragten Teilleistungen bzw. der Wert der zwar beauftragten, aber nicht ausgeführten Teilleistung herangezogen wird* zulässig sein dürfte.

VI. Schadensersatz

Mit dem Schadensersatzanspruch werden die sog. Bauwerksschäden erfasst, den in der Regel häufigsten Fall des Anspruchs des Auftraggebers gegen den Auftragnehmer. 41

6 BHG, Urt. v. 16.12.2004 – VII ZR 174/03 – BauR 2005, 588 „… *Die Steinfort-Tabelle oder ähnliche Berechnungsvorschläge beruhen i. d. R. auf dem Durchschnitt der Erfahrungswerte von sachverständigen Praktikern, so dass sie sich als Orientierungshilfe auch für die Bewertung nicht erbrachter Leistungen eignen. Allerdings kann eine Abrechnung im Einzelfall auch auf hiervon abweichenden Berechnungsmaßstäben beruhen, wobei es dann maßgeblich auf die im Einzelfall geschuldeten, aber nicht erbrachten Leistungen ankommt.)*".

7 Pott/Dahlhof/Kniffka, HOAI Kommentar, 9. Auflage, 2011.

8 bei Locher/Koeble/Frik, Anhang 3 ff.

9 BauR 2006, 910; zur HOAI 2013: BauR 2013, 1764 ff.

42 Die Bauwerksschäden als sog. Folgeschäden können auch ohne Fristsetzung zur Nacherfüllung geltend gemacht werden, da *Bauwerksschäden nicht als Mangelschaden angesehen werden.*[10]

43 In der Regel werden aufgrund Planungs- und Überwachungsfehler aufgetretene Schäden an dem Bauwerk als Schadenersatz gegenüber dem Auftragnehmer geltend gemacht.

44 Neben einer Pflichtverletzung besteht ein Anspruch des Auftraggebers auf Schadensersatz nur bei Verschulden des Auftragnehmers.

45 Eine Haftung kann von dem Auftragnehmer in Formularverträge nur auf grobe Fahrlässigkeit oder Vorsatz beschränkt werden (§ 309 Nr. 7 b BGB):

Klauselmuster

Klauseln wie *„Der Auftragnehmer haftet nur bei grober Fahrlässigkeit und Vorsatz"* sind daher als zulässig anzusehen.

Klauselmuster

Eine Klausel, die die Beweislast für das Verschulden zu Lasten des Auftraggebers umkehrt, ist unzulässig:

Für Vorsatz und grobe Fahrlässigkeit haftet der Architekt unbeschränkt. Im Übrigen haftet er für von ihm schuldhaft verursachten Schaden".[11]

---

10 OLG Stuttgart, Urt. v. 30.11.2010 – 10 U 67/10 – BauR 2012, 1987.

11 BGH, Urt. v. 15.3.1990 – VII ZR 61/89 – BauR 1990, 489.

Kapitel 17
Herausgabe von Unterlagen/Zurückbehaltungsrecht

A. Regelung im Mustervertrag

I. Muster-Architektenvertrag[1]

Vertragsmuster

12. Herausgabe von Unterlagen / Zurückbehaltungsrechte 1

12.1 Die vom AN zur Erfüllung dieses Vertrages angefertigten Unterlagen (Zeichnungen, Pläne, Berichte, Berechnungen etc.) sind dem AG auszuhändigen. Sie werden dessen Eigentum. Gleiches gilt auch bei Beendigung des Vertrages durch Kündigung einer der beiden Vertragsparteien. Die Unterlagen sind binnen zwei Wochen nach Vertragsbeendigung vorzulegen.

12.2 Der AN ist berechtigt, die von ihm im Zusammenhang mit der Vertragserfüllung erstellten Unterlagen dem AG zur Übergabe anzubieten, bei dessen Ablehnung zu vernichten, jedoch nicht vor Ablauf von 5 Jahren nach der Vertragsbeendigung.

12.3 Zurückbehaltungsrechte des AN hinsichtlich der von ihm erstellten und für die Durchführung der Planung und die Realisierung des Bauvorhabens erforderlichen Planungs- und Bauunterlagen sind ausgeschlossen.

---

1 Die kompletten, zusammenhängenden Vertragsmuster finden Sie in Kapitel 7.

II. Muster-Ingenieurvertrag

1. Ing.-Bau und Verkehr

Vertragsmuster

2 **12. Herausgabe von Unterlagen / Zurückbehaltungsrechte**

12.1 Die vom AN zur Erfüllung dieses Vertrages angefertigten Unterlagen (Zeichnungen, Pläne, Berichte, Berechnungen etc.) sind dem AG auszuhändigen. Sie werden dessen Eigentum. Gleiches gilt auch bei Beendigung des Vertrages durch Kündigung einer der beiden Vertragsparteien. Die Unterlagen sind binnen zwei Wochen nach Vertragsbeendigung vorzulegen.

12.2 Der AN ist berechtigt, die von ihm im Zusammenhang mit der Vertragserfüllung erstellten Unterlagen dem AG zur Übergabe anzubieten, bei dessen Ablehnung zu vernichten, jedoch nicht vor Ablauf von 5 Jahren nach der Vertragsbeendigung.

12.3 Zurückbehaltungsrechte des AN hinsichtlich der von ihm erstellten und für die Durchführung der Planung und die Realisierung des Bauvorhabens erforderlichen Planungs- und Bauunterlagen sind ausgeschlossen.

2. TGA

Vertragsmuster

12. Herausgabe von Unterlagen / Zurückbehaltungsrechte 3

12.1 Die vom AN zur Erfüllung dieses Vertrages angefertigten Unterlagen (Zeichnungen, Pläne, Berichte, Berechnungen etc.) sind dem AG auszuhändigen. Sie werden dessen Eigentum. Gleiches gilt auch bei Beendigung des Vertrages durch Kündigung einer der beiden Vertragsparteien. Die Unterlagen sind binnen zwei Wochen nach Vertragsbeendigung vorzulegen.

12.2 Der AN ist berechtigt, die von ihm im Zusammenhang mit der Vertragserfüllung erstellten Unterlagen dem AG zur Übergabe anzubieten, bei dessen Ablehnung zu vernichten, jedoch nicht vor Ablauf von 5 Jahren nach der Vertragsbeendigung.

12.3 Zurückbehaltungsrechte des AN hinsichtlich der von ihm erstellten und für die Durchführung der Planung und die Realisierung des Bauvorhabens erforderlichen Planungs- und Bauunterlagen sind ausgeschlossen.

B. Erläuterungen

4 Ziffer 12 Absatz 1 regelt den Herausgabeanspruch. Der Auftragnehmer erstellt die Planungen, Zeichnungen etc., die für die Errichtung des Bauwerks notwendig sind. Der Auftraggeber ist darauf angewiesen, diese Unterlagen zu erhalten, um zum einen über den Bestand des Bauwerks informiert zu sein, zum andern wegen einer evtl. Änderung oder Erweiterung über die notwendigen Informationen zu verfügen, insbesondere statische Voraussetzungen, Leitungsverlauf etc.

5 Demgegenüber regelt Ziffer 12 Absatz 2, dass der Architekt/Ingenieur dem Auftraggeber die von ihm erstellten Unterlagen anbieten kann. Der Architekt oder Ingenieur ist daran interessiert, die von ihm erstellten Unterlagen dem Auftraggeber anzubieten, da sie nach Verwirklichung des Bauvorhabens von ihm nicht mehr benötigt werden. Er darf sie nach dem Anbieten vernichten, aber erst nach einer Aufbewahrungszeit von 5 Jahren.

6 In Ziffer 12 Absatz 3 wird ein Zurückbehaltungsrecht des Auftragnehmers an den von ihm erstellten Unterlagen ausgeschlossen. Diese Vereinbarung beruht darauf, dass ansonsten der Auftraggeber nicht in die Lage versetzt wird, im Falle einer Kündigung das Bauvorhaben fortzusetzen oder im Falle einer jahrelangen Honorarstreitigkeit keine Änderungen oder Erweiterungen vornehmen zu können.

C. Rahmenbedingungen

Zitat

7 ***§ 273 BGB***

Zurückbehaltungsrecht

(1) Hat der Schuldner aus demselben rechtlichen Verhältnis, auf dem seine Verpflichtung beruht, einen fälligen Anspruch gegen den Gläubiger, so kann er, sofern nicht aus dem Schuldverhältnis sich ein anderes ergibt, die geschuldete Leistung verweigern, bis die ihm gebührende Leistung bewirkt wird (Zurückbehaltungsrecht).

(2) Wer zur Herausgabe eines Gegenstands verpflichtet ist, hat das gleiche Recht, wenn ihm ein fälliger Anspruch wegen Verwendungen auf den Gegenstand oder wegen eines ihm durch diesen verursachten Schadens zusteht, es sei denn, dass er den Gegenstand durch eine vorsätzlich begangene unerlaubte Handlung erlangt hat.

(3) Der Gläubiger kann die Ausübung des Zurückbehaltungsrechts durch Sicherheitsleistung abwenden. Die Sicherheitsleistung durch Bürgen ist ausgeschlossen.

§ 320 BGB

Einrede des nicht erfüllten Vertrags

(1) Wer aus einem gegenseitigen Vertrag verpflichtet ist, kann die ihm obliegende Leistung bis zur Bewirkung der Gegenleistung verweigern, es sei denn, dass er vorzuleisten verpflichtet ist. Hat die Leistung an mehrere zu erfolgen, so kann dem einzelnen der ihm gebührende Teil bis zur Bewirkung der ganzen Gegenleistung verweigert werden. Die Vorschrift des § 273 Abs. 3 findet keine Anwendung.

(2) Ist von der einen Seite teilweise geleistet worden, so kann die Gegenleistung insoweit nicht verweigert werden, als die Verweigerung nach den Umständen, insbesondere wegen verhältnismäßiger Geringfügigkeit des rückständigen Teils, gegen Treu und Glauben verstoßen würde.

D. Folgen für die Vertragsgestaltung

Im BGB ist keine Regelung enthalten, die einen Herausgabeanspruch des Auftragge- **8**
bers gegen den Auftragnehmer beinhaltet. Daher bedarf es der vertraglichen Regelungen, welche Unterlagen an den Auftraggeber herausgegeben werden müssen. Als Teil der Grundleistungen hat der Architekt/Ingenieur nur die Verpflichtung, die Unterlagen systematisch Zusammenzustellen. Eine ausdrückliche Übergabe der von dem Auftragnehmer erstellten Unterlagen ist nicht Teil der Grundleistungen.

Nach einer Entscheidung des OLG Hamm ergibt sich die Herausgabeverpflich- **9**
tung aus § 631 BGB.[2] Ob die Herausgabepflicht eine Haupt- oder Nebenpflicht aus § 631 BGB darstellt, lässt das OLG offen. Im Ergebnis ist die Auffassung des OLG sicherlich richtig. Auch Urheberrechtliche Argumente stehen diesem Herausgabeanspruch nicht entgegen, zumal mit dem Mustervertrag eine umfassende Übertragung des Urheberrechts an den Auftraggeber geregelt ist.

Das Gericht führt weiter aus, das der Architekt im Hinblick auf die erstellten Bau- **10**
pläne und sonstigen Unterlagen vorleistungspflichtig ist, sodass ein Zurückbehaltungsrecht ausscheiden würde.[3] Wegen der Vorleistungspflicht entfällt das Zurückbehaltungsrecht des Auftragnehmers, sodass gegen die Wirksamkeit von Ziffer 12.3 keine Bedenken bestehen.

2 OLG Hamm, Urt. v. 20.8.1999 – 25 U 88/99 – BauR 2000, 295.
3 OLG Hamm, Urt. v. 20.8.1999 – 25 U 88/99 – BauR 2000, 295.

Kapitel 18
Urheberecht

A. Regelung im Mustervertrag

I. Muster-Architektenvertrag[1]

Vertragsmuster

13. Urheberrecht 1

13.1 Der AN überträgt dem AG die Verwertungs-, Nutzungs- und Änderungsrechte an allen von ihm für das vertragsgegenständliche Objekt erstellten Unterlagen, Pläne und die ausgeführten Leistungen.

Der AG ist berechtigt, das Bauwerk nach seiner Fertigstellung ohne Mitwirkung des AN zu ändern, insbesondere umzubauen und zu modernisieren.

13.2 Der AG darf die Unterlagen und sonstigen Leistungen des AN für das vertragsgegenständliche Bauvorhaben ohne Mitwirkung des AN unter Wahrung von dessen eventuellen Urheberpersönlichkeitsrechten nutzen und ändern. Dies gilt auch für das ausgeführte Bauwerk.

Der AG ist berechtigt, das Werk zu vollenden:
- im Falle einer vorzeitigen Beendigung des Vertrages oder
- im Falle der Nichtbeauftragung weiterer Leistungen oder
- im Falle einer vereinbarten Stufenbeauftragung.

Der AG wird den AN vor Änderungen eines nach dem Urheberrecht geschützten Werkes - soweit zumutbar - anhören.

13.3 Der AG hat das Recht zur Veröffentlichung des vom AN geplanten Bauwerks unter Namensangabe des AN.

---

1 Die kompletten, zusammenhängenden Vertragsmuster finden Sie in Kapitel 7.

13.4 Der AG ist berechtigt, diese Nutzungs-, Verwertungs- und Änderungsrechte auf Dritte zu übertragen.

13.5 Mit der vereinbarten Vergütung sind sämtliche Ansprüche des AN im Zusammenhang mit der Übertragung der Nutzungs-, Verwertungs- und Änderungsrechte an seiner Leistung abgegolten.

13.6 Der AN ist zu Veröffentlichungen über das vertragsgegenständliche Bauvorhaben mit Einwilligung des AG, die nur aus berechtigten Interessen heraus vom AG verweigert werden darf, befugt.

13.7 Der AN steht dafür ein, dass seine Planung frei von Urheberrechten Dritter ist und auch auf Dauer frei hiervon bleibt. Er stellt den AG von möglichen Ansprüchen Dritter wegen Verletzung von Urheber- und Leistungsschutzrechten oder sonstigen Rechten frei.

13.8 Sämtliche vorgenannten Regelungen gelten uneingeschränkt auch in jedem Fall der vorzeitigen Vertragsbeendigung.

B. Erläuterungen

Bei geschützten Werken nach dem Urheberrechtsgesetz bedarf es vertraglichen Regelungen über die Nutzungs-, Verwertungs- und Änderungsrechte des Auftraggebers. 2

Mit den Regelungen unter Ziffer 13 im Vertragsmuster wird eine umfassende Übertragung der Urheberrechte von dem Auftragnehmer an den Auftraggeber angestrebt. 3

C. Rahmenbedingungen

Gesetzliche Regelungen enthält das Urheberrechtsgesetz. Weder in der HOAI noch im BGB bestehen vertragsrechtliche Regelungen für das Urheberrecht des Architekten bzw. Ingenieurs. 4

Zitat

§ 1 UrhG 5

Die Urheber von Werken der Literatur, Wissenschaft und Kunst genießen für ihre Werke Schutz nach Maßgabe dieses Gesetzes.

§ 2 UrhG

(1) *Zu den geschützten Werken der Literatur, Wissenschaft und Kunst gehören insbesondere:*

[...]

4 Werke der bildenden Künste einschließlich der Werke der Baukunst und der angewandten Kunst und Entwürfe solcher Werke.

[...]

(2) *Werke im Sinne dieses Gesetzes sind nur persönliche Schöpfungen.*

D. Folgen für die Vertragsgestaltung

I. Inhaber der Urheberrechte

Mit der Urheberschaft sind zahlreiche Urheberrechte verbunden. Der Urheber kann bei Verletzung seiner Rechte Ansprüche auf Unterlassung, Beseitigung oder Schadensersatz geltend machen. 6

Das Urheberrecht ist höchstpersönlich, kann daher nur eine natürliche Person zustehen, dem „Schöpfer“. Urheberrechte von Kapitalgesellschaften bestehen daher bereits aus rechtlichen Gründen nicht. 7

Mehrere Personen können jedoch „Miturheber“ sein, wenn bei der Planung mehrere natürliche Personen beteiligt sind. 8

Daher ist es nicht zulässig, wenn vertraglich eine Vereinbarung getroffen wird, nicht der Architekt, sondern *der Bauherr sei Urheber*. 9

II. Übertragung der Urheberrechte

10 In der Regel übertragen angestellte Architekten/Ingenieure seine Urheberrechte an deren Arbeitgeber. Dieser wiederum ist Inhaber der Urheberrechte und kann die Rechte wirksam an Dritte übertragen. Daher ist darauf zu achten, dass der Auftragnehmer dafür Sorge trägt, dass Urheberrechte Dritter nicht bestehen (s. Ziffer 13.6).

11 Die Urheberrechte können auf den Bauherrn übertragen werden. Hierfür ist eine ausdrückliche Vereinbarung möglich und zulässig.

12 Bei der einvernehmlichen Übertragung der Urheberrechte von dem Auftragnehmer an den Bauherrn steht dem Auftragnehmer eine angemessene Vergütung zu, wobei nach der Rechtsprechung die angemessene Vergütung mit der Vergütung nach der HOAI abgegolten sein kann (s. Ziffer 13.5).

III. Schöpferisches Bauwerk

13 Nicht jedes geplante Bauwerk ist „schöpferisch", sodass nicht immer gesetzlich geschützte Urheberrechte bestehen.

14 Das Bauwerk muss „aus der Masse des durchschnittlichen üblichen und alltäglichen Bauschaffens herausragen und nicht nur das Ergebnis eines rein handwerklichen routinemäßigen Schaffens darstellen." Je origineller und je individueller das Bauwerk ist, umso eher liegt eine geschützte schöpferische Leitung vor. Übliche und gängige Planungen können daher nicht urheberrechtsfähig sein.

Beispiel

Planung einer Halle mit gekrümmten Formen, bogenförmige Strahlträger im inneren und Oberlichtband.[2]

Urheberrechtsschutz kann auch bei einem Bauwerk zum Gebrauchszweck sein (Lärmschutzwand).[3]

Innengestaltung eines Treppenhauses: ein im Boden eingelassene Sternrosette aus verschiedenen Steinarten.[4]

---

2 OLG Celle, Urt. v. 2.3.2011 – 14 U 140/10 – BauR 2011, 1187.

3 BGH, Urt. v. 12.5.2010 – I ZR 209/07 – NZBau 2011, 43.

4 BGH, Urt. v. 1.10.1998 – I ZR 104/96 – BauR 1999, 272.

IV. Rechte des Urhebers

1. Verwertungsrechte

Zu den Verwertungsrechten zählt das Vervielfältigungsrecht des Objektes. Dies bedeutet, das Recht das Objekt an anderer Stelle nochmals in gleicher Art und Weise zu bauen. Daneben gehören die Nutzungsrechte an Plänen zu den Verwertungsrechten. 15

Verwertungsrechte können übertragen werden. Hierzu bedarf es einer ausdrücklichen Vereinbarung zwischen den Vertragsparteien. Dem Auftraggeber steht es nicht zu, ohne Zustimmung des Auftragnehmers das geplante und verwirklichte Bauwerk nochmals zu errichten. 16

Wird lediglich die Entwurfsplanung beauftragt, kann der Auftraggeber diese Planung ohne Zustimmung des Architekten nicht umsetzen. Auch wenn die Entwurfsplanung honoriert wird, ergibt sich keine abweichende Rechtslage. 17

Praxistipp !

Dem Auftraggeber wird daher z. B. bei stufenweiser Beauftragung angeraten, sich frühzeitig die Verwertungsrechte zu verschaffen.

Wird die Genehmigungsplanung ebenfalls beauftragt, dann kann sich die Rechtslage anders darstellen. Mit der Beauftragung der genehmigungsreifen Leistungen und deren Vergütung soll dem Architekten klar sein, dass das Nutzungsrecht auf den Auftraggeber übergeht. 18

2. Zugangsrecht

Der Architekt kann gem. § 25 UrhG von dem Auftraggeber verlangen, zu dem Bauwerk Zugang zu erhalten. Dieses Zugangsrecht zählt zu den Urheberpersönlichkeitsrechten und kann dem Architekten vertraglich nicht verwehrt werden. 19

3. Veröffentlichungsrecht

Der Planer als Schöpfer des Bauwerks kann bestimmen, wer, wie und wo er sein Objekt veröffentlichen kann. 20

Daher wird es für den Bauherr problematisch sein, die von dem Architekten geplanten und verwirklichten Leistungen ohne dessen Zustimmung z. B. in einem Werbeprospekt zu veröffentlichen. Dies gilt auch für Fotografen, die immer wieder abgemahnt und auf Schadensersatz in Anspruch genommen werden, wenn sie von Bauwerken, meist die Inneneinrichtung, Fotos für Firmenprospekte erstellen. 21

Selbstverständlich kann der Architekt seine eigene Planung an anderer Stelle erneut verwenden. Aus dem Gesichtspunkt von Treu und Glauben ist es dem Architekt jedoch verwehrt, das Bauwerk in unmittelbarer Nähe erneut zu errichten. 22

23 Das Veröffentlichungsrecht kann auf den Auftraggeber durch Vertrag übertragen werden bzw. der Auftraggeber holt sich durch den Vertrag das Zustimmungsrecht des Architekten ein (s. Ziffer 13.6.).

4. Änderungsverbot/Entstellungsverbot

24 Veränderungen jeglicher Art kann der Architekt untersagen. Soll ein Gebäude verändert werden, stellt sich die Frage, ob der Bauherr, zwar Eigentümer des Bauwerks, das Recht hat, bei einem urheberrechtlich geschützten Bauwerk ohne Einwilligung des Architekten Veränderungen vorzunehmen.

25 Hier stehen Eigentumsrecht und Urheberrecht als gegenseitige Interessen gegenüber. Welches Recht nun Vorrang hat, bedarf der Abwägung im Einzelfall.

Beispiel
Eine Kirchengemeinde will den Innenraum eines Sakralbaus verändern. Zwar habe der Urheber grundsätzlich das Recht, das sein Werk unverändert bleibt, allerdings stehen dem Urheber das kirchliche Selbstbestimmungsrecht und das Grundrecht der Religionsfreiheit entgegen.[5]

Beispiel
Frage des Urheberrechts bei der Planung des Umbaus des Stuttgarter Hauptbahnhofs. In diesem Fall stellt das Gericht auf das Alter des Urheberrechts ab. Urheberrechte erlöschen 70 Jahre nach dem Tod des Schöpfers. Daher kann ein Urheberrecht an Bedeutung verlieren, je länger der Urheber nicht mehr lebt.[6]

26 Wichtig ist daher, dass Recht der Änderung sich vertraglich übertragen zu lassen (Ziffer 13.1 und 13.2).

V. Folgen der Urheberrechtsverletzung

27 Der Urheber kann bei Verletzungen seiner Rechte Ansprüche auf Schadensersatz, Unterlassung oder Beseitigung geltend machen.

28 Der Schaden wird danach berechnet, welche angemessene bzw. übliche Vergütung entrichtet worden wäre, wenn ein Entgelt für eine vertraglich vereinbarte Nutzungseinräumung normalerweise vereinbart worden wäre. Als Maßstab könnte man das Honorarsystem der HOAI heranziehen. Wenn der Architekt für die Veränderung, Entstellung oder Neubau beauftragt worden wäre, wäre ein Honorar ein HOAI verein-

5 BGH, Urt. v. 19.3.2008 – I ZR 166/05 – IBR 2008, 582.
6 OLG Stuttgart, Urt. v. 6.12.2010 – 4 U 106/10 – BauR 2001, 305.

bart worden. Daher kann die HOAI zu Recht als Orientierung für eine Schadensberechnung herangezogen werden.

Bei drohender Gefahr oder Wiederholungsgefahr stehen dem Urheber Ansprüche 29
auf Unterlassung zu, welche im Zweifel auch durch eine einstweilige Verfügung verfolgt werden kann.

Daneben kann sich bei Verletzung auch der Anspruch auf Beseitigung richten. 30
Wird ein Gebäude von dem Auftraggeber urheberrechtswidrig erneut geplant oder verändert, stünde dem Urheber das Recht auf Rückbau zu.

Kapitel 19
Kündigung

A. Regelung im Mustervertrag

I. Muster-Architektenvertrag[1]

Vertragsmuster

14. Kündigung 1

14.1 Unbeschadet der Regelung des § 649 BGB kann der AG den Vertrag bis zur Vollendung des Vertrages aus wichtigem Grund kündigen.

Ein wichtiger Kündigungsgrund liegt insbesondere vor, wenn
- der AN seine Zahlungen eingestellt hat, das Insolvenzverfahren über sein Vermögen beantragt worden oder die Leistungsfähigkeit des AN aus anderen Gründen so nachhaltig beeinträchtigt ist, dass ein Vertrauen in die weitere vertragsgerechte Erfüllung nicht mehr besteht.
- der AN gegen seine Vertragspflichten trotz Abmahnung verstößt.

Im Falle wiederholter Terminüberschreitungen durch den AN ist der AG nach erfolgloser Setzung einer angemessenen Frist berechtigt, den Vertrag aus wichtigem Grund fristlos zu kündigen und die Ausführung aller vertraglich vereinbarten Leistungen des AN an Dritte auf Kosten des AN zu übertragen sowie Schadensersatz statt der Leistung geltend zu machen.

14.2 Der AN kann den Vertrag nur aus wichtigem Grund kündigen.

Ein solcher Grund liegt insbesondere vor, wenn
- das Vertrauensverhältnis zwischen den Parteien auf Grund nach Vertragsabschluss eingetretener und vom AG zu vertretender Umstände erheblich und nachhaltig gestört ist oder

---

1 Die kompletten, zusammenhängenden Vertragsmuster finden Sie in Kapitel 7.

- der AG eine ihm obliegende wesentliche Mitwirkung trotz Fristsetzungen und Nachfristsetzungen unterlässt und dadurch den AN wesentlich behindert, seine Leistungen vertragsgerecht auszuführen oder
- der AG mit einer fälligen Zahlung in Verzug gerät und trotz Mahnung ausstehende Zahlungen nicht leistet.

Bei Streit über die Berechtigung der Höhe eines fälligen Zahlungsanspruchs ist eine Kündigung ausgeschlossen, wenn der AG berechtigte Gründe für einen Einbehalt darlegt und den nach seiner Auffassung berechtigten Vergütungsanteil bezahlt.

14.3 Kündigt der AG aus einem Grund, den der AN zu vertreten hat, steht dem AN nur die Vergütung der bis zur Kündigung erbrachten Leistungen zu.

Der AG ist in diesem Fall berechtigt, die infolge der Kündigung entstehenden Mehrkosten, vor allem aus der Beauftragung eines Dritten oder solche, die infolge eines Leistungsverzugs des AN entstehen oder entstanden sind, vom AN ersetzt zu bekommen. Ein weitergehender Schadensersatzanspruch des AG bleibt unberührt.

14.4 Im Falle einer Kündigung oder sonstigen Beendigung des Vertragsverhältnisses hat der AN seine Arbeiten so abzuschließen und die Leistungsergebnisse zu dokumentieren, dass ohne unangemessene Schwierigkeiten eine Übernahme der Leistungen und die Weiterführung der Leistungen und des Bauvorhabens durch einen etwaigen Dritten möglich ist. Der AN ist verpflichtet, dem AG binnen 3 Kalendertagen sämtliche Unterlagen iSv Ziffer 12.1 zur Verfügung zu stellen, ohne dass ihm ein Zurückbehaltungsrecht zusteht.

14.5 Die Kündigung bedarf der Schriftform mit Einschreiben / Rückschein.

II. Muster-Ingenieurvertrag

1. Ing.-Bau und Verkehr

Vertragsmuster

13. Kündigung 2

13.1 Unbeschadet der Regelung des § 649 BGB kann der AG den Vertrag bis zur Vollendung des Vertrages aus wichtigem Grund kündigen.

Ein wichtiger Kündigungsgrund liegt insbesondere vor, wenn
- der AN seine Zahlungen eingestellt hat, das Insolvenzverfahren über sein Vermögen beantragt worden oder die Leistungsfähigkeit des AN aus anderen Gründen so nachhaltig beeinträchtigt ist, dass ein Vertrauen in die weitere vertragsgerechte Erfüllung nicht mehr besteht.
- der AN gegen seine Vertragspflichten trotz Abmahnung verstößt.

Im Falle wiederholter Terminüberschreitungen durch den AN ist der AG nach erfolgloser Setzung einer angemessenen Frist berechtigt, den Vertrag aus wichtigem Grund fristlos zu kündigen und die Ausführung aller vertraglich vereinbarten Leistungen des AN an Dritte auf Kosten des AN zu übertragen sowie Schadensersatz statt der Leistung geltend zu machen.

13.2 Der AN kann den Vertrag nur aus wichtigem Grund kündigen.

Ein solcher Grund liegt insbesondere vor, wenn

- das Vertrauensverhältnis zwischen den Parteien auf Grund nach Vertragsabschluss eingetretener und vom AG zu vertretender Umstände erheblich und nachhaltig gestört ist oder
- der AG eine ihm obliegende wesentliche Mitwirkung trotz Fristsetzungen und Nachfristsetzungen unterlässt und dadurch den AN wesentlich behindert, seine Leistungen vertragsgerecht auszuführen oder
- der AG mit einer fälligen Zahlung in Verzug gerät und trotz Mahnung ausstehende Zahlungen nicht leistet.

Bei Streit über die Berechtigung der Höhe eines fälligen Zahlungsanspruchs ist eine Kündigung ausgeschlossen, wenn der AG berechtigte Gründe für einen Einbehalt darlegt und den nach seiner Auffassung berechtigten Vergütungsanteil bezahlt.

13.3 Kündigt der AG aus einem Grund, den der AN zu vertreten hat, steht dem AN nur die Vergütung der bis zur Kündigung erbrachten Leistungen zu.

Der AG ist in diesem Fall berechtigt, die infolge der Kündigung entstehenden Mehrkosten, vor allem aus der Beauftragung eines Dritten oder solche, die infolge eines Leistungsverzugs des AN entstehen oder entstanden sind, vom AN ersetzt zu bekommen. Ein weitergehender Schadensersatzanspruch des AG bleibt unberührt.

13.4 Im Falle einer Kündigung oder sonstigen Beendigung des Vertragsverhältnisses hat der AN seine Arbeiten so abzuschließen und die Leistungsergebnisse zu dokumentieren, dass ohne unangemessene Schwierigkeiten eine Übernahme der Leistungen und die Weiterführung der Leistungen und des Bauvorhabens durch einen etwaigen Dritten möglich ist. Der AN ist verpflichtet, dem AG binnen 3 Kalendertagen sämtliche Unterlagen iSv Ziffer 12.1 zur Verfügung zu stellen, ohne dass ihm ein Zurückbehaltungsrecht zusteht.

13.5 Die Kündigung bedarf der Schriftform mit Einschreiben / Rückschein.

2. TGA

Vertragsmuster

13. Kündigung 3

13.1 Unbeschadet der Regelung des § 649 BGB kann der AG den Vertrag bis zur Vollendung des Vertrages aus wichtigem Grund kündigen.

Ein wichtiger Kündigungsgrund liegt insbesondere vor, wenn
- der AN seine Zahlungen eingestellt hat, das Insolvenzverfahren über sein Vermögen beantragt worden oder die Leistungsfähigkeit des AN aus anderen Gründen so nachhaltig beeinträchtigt ist, dass ein Vertrauen in die weitere vertragsgerechte Erfüllung nicht mehr besteht.
- der AN gegen seine Vertragspflichten trotz Abmahnung verstößt.

Im Falle wiederholter Terminüberschreitungen durch den AN ist der AG nach erfolgloser Setzung einer angemessenen Frist berechtigt, den Vertrag aus wichtigem Grund fristlos zu kündigen und die Ausführung aller vertraglich vereinbarten Leistungen des AN an Dritte auf Kosten des AN zu übertragen sowie Schadensersatz statt der Leistung geltend zu machen.

13.2 Der AN kann den Vertrag nur aus wichtigem Grund kündigen.

Ein solcher Grund liegt insbesondere vor, wenn

- das Vertrauensverhältnis zwischen den Parteien auf Grund nach Vertragsabschluss eingetretener und vom AG zu vertretender Umstände erheblich und nachhaltig gestört ist oder
- der AG eine ihm obliegende wesentliche Mitwirkung trotz Fristsetzungen und Nachfristsetzungen unterlässt und dadurch den AN wesentlich behindert, seine Leistungen vertragsgerecht auszuführen oder
- der AG mit einer fälligen Zahlung in Verzug gerät und trotz Mahnung ausstehende Zahlungen nicht leistet.

Bei Streit über die Berechtigung der Höhe eines fälligen Zahlungsanspruchs ist eine Kündigung ausgeschlossen, wenn der AG berechtigte Gründe für einen Einbehalt darlegt und den nach seiner Auffassung berechtigten Vergütungsanteil bezahlt.

13.3 Kündigt der AG aus einem Grund, den der AN zu vertreten hat, steht dem AN nur die Vergütung der bis zur Kündigung erbrachten Leistungen zu.

Der AG ist in diesem Fall berechtigt, die infolge der Kündigung entstehenden Mehrkosten, vor allem aus der Beauftragung eines Dritten oder solche, die infolge eines Leistungsverzugs des AN entstehen oder entstanden sind, vom AN ersetzt zu bekommen. Ein weitergehender Schadensersatzanspruch des AG bleibt unberührt.

13.4 Im Falle einer Kündigung oder sonstigen Beendigung des Vertragsverhältnisses hat der AN seine Arbeiten so abzuschließen und die Leistungsergebnisse zu dokumentieren, dass ohne unangemessene Schwierigkeiten eine Übernahme der Leistungen und die Weiterführung der Leistungen und des Bauvorhabens durch einen etwaigen Dritten möglich ist. Der AN ist verpflichtet, dem AG binnen 3 Kalendertagen sämtliche Unterlagen iSv Ziffer 12.1 zur Verfügung zu stellen, ohne dass ihm ein Zurückbehaltungsrecht zusteht.

13.5 Die Kündigung bedarf der Schriftform mit Einschreiben / Rückschein.

B. Erläuterungen

Ziffer 14.1 regelt, wann ein wichtiger Grund vorliegt, nur Beispielhaft. Dies ergibt sich aus dem Wort „insbesondere". Dabei ist der Kündigungsgrund wegen Insolvenz oder wegen drohender Insolvenz aus § 8 Nr. 2 VOB/B entnommen worden. 4

Daneben kann der Auftraggeber das Vertragsverhältnis kündigen wenn der Auftragnehmer gegen seine Vertragspflichten verstößt, muss jedoch vorher abmahnen. In der Literatur wird die Auffassung vertreten, dass eine Abmahnung eigentlich keine Voraussetzung für eine wichtige Kündigung ist, aber aus dem Gesichtspunkt der Kooperationsverpflichtungen wird eine Abmahnung vor der Kündigung empfohlen. Der Mustervertrag enthält daher eine solche Abmahnung, mit dem Ziel, den Auftragnehmer zu vertragsgerechtem Verhalten zu ermahnen. 5

Im Falle wiederholter Terminsüberschreitung ist eine Fristsetzung notwendig. Erst dann ist eine Kündigung und die darauf folgende Drittbeauftragung zulässig. 6

In Ziffer 14.2 sind die Kündigungsgründe für den Auftragnehmer geregelt, die ebenfalls nicht abschließend sind. Dabei geht es zum einen um das Vertrauensverhältnis, das zwischen Auftraggeber und Auftragnehmer eine grundlegende Basis ist, den Architektenvertrag von Anfang bis zum Ende durchzuführen. Wird dieses nachhaltig gestört, steht dem Auftragnehmer ein Kündigungsrecht zu. 7

Daneben darf der Auftragnehmer kündigen, wenn der Auftraggeber seinen Mitwirkungspflichten nicht nachkommt, insbesondere keine Auskünfte erteilt oder keine Unterlagen vorlegt. 8

Letztendlich kann der Auftragnehmer bei Zahlungsverzug des Auftraggebers das Vertragsverhältnis kündigen. Vor der Kündigung muss der Auftragnehmer den Auftraggeber zur Zahlung mahnen. Zahlungsverzug setzt Verschulden voraus, macht der Auftraggeber ein Zurückbehaltungsrecht wegen Mängeln der Werkleistung des Auftragnehmers geltend, dann schließt dieses Zurückbehaltungsrecht Verschulden und damit Verzug aus. 9

Nach Ziffer 14.3 steht dem Auftragnehmer nur die Vergütung der bis zur Kündigung erbrachten Leistungen zu. Hierbei sind Leistungen, die bis zur Kündigung erbracht worden sind, gegenüber den Leistungen, die wegen der Kündigung nicht mehr erbracht werden können, abzugrenzen. Ist eine Abgrenzung nach Leistungsphasen möglich, kann die Vergütung ermittelt werden. Erfolgt die Kündigung innerhalb der Leistungsphase, ist eine Bewertung der einzelnen Leistungen nach den gängigen Bewertungstabellen vorzunehmen und die Vergütung zu berechnen. Der Auftraggeber kann, wenn der Auftragnehmer die Kündigung zu vertreten hat, Drittbeauftragung vornehmen und eventuelle Mehrkosten und weiteren Schadensersatz von dem vertragswidrig handelnden Auftragnehmer geltend machen. 10

Mit der Vertragskündigung ist die „Stimmung" zwischen den Vertragsparteien jedoch nicht unbedingt die Beste. Daher regelt Ziffer 14.4, welche darüber hinausgehenden Verpflichtungen die Vertragsparteien treffen. Dies gilt insbesondere für vom Auftragnehmer erbrachte Planungsleistungen, Zeichnungen etc. die der Auftraggeber 11 benötigt um die Weiterführung der Arbeiten zu ermöglichen. Insoweit ist der Auftragnehmer dann verpflichtet, die Unterlagen herauszugeben ohne dass ein Zurückbehaltungsrecht, auch nicht wegen offener Honorarforderungen, besteht.

12 In der Praxis kommt es nach Vertragsbeendigung durch eine Kündigung zu erheblichen Diskussionen. Der Auftraggeber kann das Bauvorhaben nicht fortführen, da notwendige Unterlagen fehlen, was zu erheblichen Mehrkosten führen kann. Der Auftragnehmer vertritt demgegenüber häufig die Auffassung, er habe noch einen Honoraranspruch.

13 Der Mustervertrag sieht in Ziffer 14.5 vor, dass die Kündigung schriftlich mit Einschreiben/Rückschein erfolgen soll. Aus beweisrechtlichen Gründen ist Schriftform zu empfehlen.

C. Rahmenbedingungen

Zitat

14 ***§ 649 BGB***

Kündigungsrecht des Bestellers

Der Besteller kann bis zur Vollendung des Werkes jederzeit den Vertrag kündigen. Kündigt der Besteller, so ist der Unternehmer berechtigt, die vereinbarte Vergütung zu verlangen; er muss sich jedoch dasjenige anrechnen lassen, was er infolge der Aufhebung des Vertrags an Aufwendungen erspart oder durch anderweitige Verwendung seiner Arbeitskraft erwirbt oder zu erwerben böswillig unterlässt. Es wird vermutet, dass danach dem Unternehmer 5 vom Hundert der auf den noch nicht erbrachten Teil der Werkleistung entfallenden vereinbarten Vergütung zustehen.

D. Folgen für die Vertragsgestaltung

15 § 649 BGB kann in einem Formularvertrag nicht ausgeschlossen oder eingeschränkt werden. Daher wären vertragliche Vereinbarungen unwirksam, die dem Auftraggeber das Recht ausschließen, den Werkvertrag frei zu kündigen.

16 Der nach einer „freien" Kündigung zustehende Vergütungsanspruch des Auftragnehmers kann ebenfalls in Formularverträgen nicht ausgeschlossen werden.

17 In Individualverträgen kann eine Pauschalierungsvereinbarung getroffen werden, in welcher Höhe sich die ersparten Aufwendungen beziffern oder in Prozent ergeben. Daher wäre eine Regelung zulässig, dass „pauschal 40 % der Vergütung als ersparte Aufwendungen" angesehen werden.

18 In Formularverträgen ist eine Pauschalregelung „40 % ersparte Aufwendungen" von dem Bundesgerichtshof nicht für wirksam erachtet worden. Nach Auffassung des Bundesgerichtshofs muss der Nachweis höherer ersparter Aufwendungen möglich sein und es muss auch auf die Möglichkeit hingewiesen werden, dass sich der Archi-

tekt sich das anrechnen lassen muss, was er durch anderweitige Verwendung seiner Arbeitskraft erwirbt oder zu erwerben böswillig unterlässt.

Wenn der Auftraggeber eine Pauschalierungsabrede trifft, ist diese grundsätzlich unwirksam. Wird zum Beispiel von dem Auftraggeber eine Pauschalierungsregelung in den Architektenvertrag aufgenommen, das vermutet wird, dass 40 % der Honorarvergütung erspart sind, kann sich der Auftraggeber als Verwender nicht auf die Unwirksamkeit berufen. Der Auftragnehmer hat allerdings das Recht, sich auf diese Pauschalierung zu berufen. Er kann aber auch die Unwirksamkeit der Pauschalabrede geltend machen und auf weniger ersparter Aufwendungen verweisen. 19

Ist der Architekt Verwender des Formularvertrages, ist eine Pauschalierung „60 % zu 40 %" nicht per se unangemessen und damit unwirksam. Allerdings muss eine formularmäßige Pauschalierungsabrede die Möglichkeit des Nachweises höherer ersparter Aufwendungen durch den Auftraggeber enthalten. Der Architekt als Verwender kann sich allerdings selbst nicht auf die Unwirksamkeit der von ihm gestellten Formulierung berufen. 20

Daher wäre folgende Formulierung möglich: 21

Klauselmuster

„Im Falle der freien Kündigung hat der Auftragnehmer Anspruch auf Vergütung abzüglich der ersparten Aufwendungen. Die ersparten Aufwendungen werden pauschal mit 40 % angenommen, wobei dem Auftraggeber das Recht zusteht, höhere ersparter Aufwendungen nachzuweisen bzw. nachzuweisen, dass der Auftragnehmer wegen anderweitigen Erwerb seiner Tätigkeit einen Abzug hinnehmen muss."

In dem Mustervertrag ist geregelt, dass der Auftragnehmer im Falle der Kündigung aus wichtigem Grund, die er selbst zu vertreten hat, lediglich die Vergütung für Leistungen erhält, die er bis zur Kündigung erbracht hat. Der Auftraggeber darf in seinem Vertrag keine weitergehenden Voraussetzungen aufnehmen, dass die Vergütung nur dann fällig wird, wenn er die Einzelleistungen auch tatsächlich verwerten kann. In diesem Fall soll dem Auftraggeber in unzulässiger Weise das Recht eingeräumt werden, über die Verwertung einseitig zu bestimmen. Natürlich bleiben dem Auftraggeber die Einwendungen aus dem Gewährleistungsrecht für den Fall, dass der Auftragnehmer mangelhafte oder unvollständige Leistungen erbracht hat. 22

Den Parteien steht es selbstverständlich frei, den Architektenvertrages einvernehmlich aufzuheben. In Falle der Aufhebungsvereinbarung sind die Parteien in der Gestaltung, wie sich dieser Aufhebungsvertrag auf das Vertragsverhältnis auswirkt, selbstverständlich frei. 23

Stichwortverzeichnis

S

T

U

V

Printed and bound by CPI Group (UK) Ltd, Croydon, CR0 4YY
30/09/2026
14973061-0005